# 中国国家标准汇编

2013年修订-7

中国标准出版社　编

中国标准出版社
北京

**图书在版编目(CIP)数据**

中国国家标准汇编:2013年修订.7/中国标准出版社编.—北京:中国标准出版社,2014.9
ISBN 978-7-5066-7626-7

Ⅰ.①中… Ⅱ.①中… Ⅲ.①国家标准-汇编-中国-2013 Ⅳ.①T-652.1

中国版本图书馆CIP数据核字(2014)第186757号

中国标准出版社出版发行
北京市朝阳区和平里西街甲2号(100029)
北京市西城区三里河北街16号(100045)

网址 www.spc.net.cn
总编室:(010)64275323 发行中心:(010)51780235
读者服务部:(010)68523946
中国标准出版社秦皇岛印刷厂印刷
各地新华书店经销

*

开本 880×1230 1/16 印张 38.5 字数 1184千字
2014年9月第一版 2014年9月第一次印刷

*

定价 220.00 元

# 出 版 说 明

1.《中国国家标准汇编》是一部大型综合性国家标准全集。自1983年起，按国家标准顺序号以精装本、平装本两种装帧形式陆续分册汇编出版。它在一定程度上反映了我国建国以来标准化事业发展的基本情况和主要成就，是各级标准化管理机构，工矿企事业单位，农林牧副渔系统，科研、设计、教学等部门必不可少的工具书。

2.《中国国家标准汇编》收入我国每年正式发布的全部国家标准，分为“制定”卷和“修订”卷两种编辑版本。

“制定”卷收入上一年度我国发布的、新制定的国家标准，顺延前年度标准编号分成若干分册，封面和书脊上注明“20××年制定”字样及分册号，分册号一直连续。各分册中的标准是按照标准编号顺序连续排列的，如有标准顺序号缺号的，除特殊情况注明外，暂为空号。

“修订”卷收入上一年度我国发布的、被修订的国家标准，视篇幅分设若干分册，但与“制定”卷分册号无关联，仅在封面和书脊上注明“20××年修订-1，-2，-3，……”字样。“修订”卷各分册中的标准，仍按标准编号顺序排列（但不连续）；如有遗漏的，均在当年最后一分册中补齐。需提请读者注意的是，个别非顺延前年度标准编号的新制定的国家标准没有收入在“制定”卷中，而是收入在“修订”卷中。

读者配套购买《中国国家标准汇编》“制定”卷和“修订”卷则可收齐由我社出版的上一年度我国制定和修订的全部国家标准。

3. 由于读者需求的变化，自1996年起，《中国国家标准汇编》仅出版精装本。

4. 2013年我国制修订国家标准共1 979项。本分册为“2013年修订-7”，收入新制修订的国家标准35项。

中国标准出版社

2014年8月

# 目　　录


GB/T 6730.32—2013　铁矿石　钒含量的测定　硫酸亚铁铵滴定法 …… 1
GB/T 6730.70—2013　铁矿石　全铁含量的测定　氯化亚锡还原滴定法 …… 13
GB/T 6759—2013　输送带　层间粘合强度　试验方法 …… 27
GB 6783—2013　食品安全国家标准　食品添加剂　明胶 …… 35
GB/T 6809.2—2013　往复式内燃机　零部件和系统术语　第2部分:气门、凸轮轴传动和驱动机构 …… 47
GB/T 6809.3—2013　往复式内燃机　零部件和系统术语　第3部分:主要运动件 …… 61
GB/T 6809.9—2013　往复式内燃机　零部件和系统术语　第9部分:监控系统 …… 85
GB/T 6839—2013　缝纫线润滑性试验方法 …… 97
GB 6975—2013　棉花包装 …… 103
GB 7000.203—2013　灯具　第2-3部分:特殊要求　道路与街路照明灯具 …… 110
GB/T 7044—2013　色素炭黑 …… 125
GB/T 7217—2013　滚动轴承　凸缘外圈向心球轴承　凸缘尺寸 …… 133
GB/T 7218—2013　滚动轴承　凸缘外圈微型向心球轴承　外形尺寸 …… 141
GB/T 7247.13—2013　激光产品的安全　第13部分:激光产品的分类测量 …… 151
GB 7251.1—2013　低压成套开关设备和控制设备　第1部分:总则 …… 179
GB 7251.12—2013　低压成套开关设备和控制设备　第2部分:成套电力开关和控制设备 …… 289
GB/T 7257—2013　氦氖激光器参数测量方法 …… 311
GB/T 7351—2013　纤维级聚乙烯醇树脂 …… 323
GB/T 7404.1—2013　轨道交通车辆用铅酸蓄电池　第1部分:电力机车、地铁车辆用阀控式铅酸蓄电池 …… 335
GB/T 7404.2—2013　轨道交通车辆用铅酸蓄电池　第2部分:内燃机车用阀控式铅酸蓄电池 …… 351
GB/T 7631.10—2013　润滑剂、工业用油和有关产品(L类)的分类　第10部分:T组(涡轮机) …… 365
GB/T 7660.1—2013　反射棱镜　第1部分:几何特性 …… 373
GB/T 7660.2—2013　反射棱镜　第2部分:像偏转特性 …… 447
GB/T 7660.3—2013　反射棱镜　第3部分:光学平行度及其检验方法 …… 529
GB/T 7689.1—2013　增强材料　机织物试验方法　第1部分:厚度的测定 …… 539
GB/T 7689.2—2013　增强材料　机织物试验方法　第2部分:经、纬密度的测定 …… 545
GB/T 7689.3—2013　增强材料　机织物试验方法　第3部分:宽度和长度的测定 …… 551
GB/T 7689.4—2013　增强材料　机织物试验方法　第4部分:弯曲硬挺度的测定 …… 555
GB/T 7689.5—2013　增强材料　机织物试验方法　第5部分:玻璃纤维拉伸断裂强力和断裂伸长的测定 …… 561
GB/T 7690.1—2013　增强材料　纱线试验方法　第1部分:线密度的测定 …… 571
GB/T 7690.2—2013　增强材料　纱线试验方法　第2部分:捻度的测定 …… 579
GB/T 7690.3—2013　增强材料　纱线试验方法　第3部分:玻璃纤维断裂强力和断裂伸长的测定 …… 585
GB/T 7690.4—2013　增强材料　纱线试验方法　第4部分:硬挺度的测定 …… 593
GB/T 7690.5—2013　增强材料　纱线试验方法　第5部分:玻璃纤维纤维直径的测定 …… 599
GB/T 7690.6—2013　增强材料　纱线试验方法　第6部分:捻度平衡指数的测定 …… 605

# 目　次

ICS 73.060.10
D 31

# 中华人民共和国国家标准

GB/T 6730.32—2013
代替 GB/T 6730.32—1986

# 铁矿石　钒含量的测定
# 硫酸亚铁铵滴定法

**Iron ores—Determination of vanadium content—The ammonium ferrous sulfate titrimetric method**

2013-05-09 发布　　2014-02-01 实施

中华人民共和国国家质量监督检验检疫总局
中国国家标准化管理委员会　发布

# 前言

本部分按照 GB/T 1.1—2009 给出的规则起草。

本部分代替 GB/T 6730.32—1986《铁矿石化学分析方法　硫酸亚铁铵容量法测定钒量》。

本部分此次修订，名称修改为《铁矿石　钒含量的测定　硫酸亚铁铵滴定法》。增加了“警告”、“2 规范性引用文件”、“5 仪器”、“9 试验报告”等章节及内容，并对下列条文进行了修改：

——原导言，现为第 1 章范围，测定范围由“0.1%以上”修改为“0.100%～1.00%”；

——原第 1 章，现为第 3 章，并修改了本章名称；

——原第 2 章，现为第 4 章，增加了分析中对试剂和水的说明内容并修改溶液浓度的表示方法；

——原第 3 章，现为第 6 章，增加了“实验室试样”；

——原第 4 章，现为第 7 章，修改称取试料量的表示，增加了“碳酸钠-硼酸混合熔剂预处理试样方法”，“测定”按“试料处理、钒的氧化、滴定”进行修改；

——原第 5 章，第 6 章，现为第 8 章，修改结果计算式及式中量的单位；规范精密度表达，允许差修改为 $r$、$R$。

本部分由中国钢铁工业协会提出。

本部分由全国铁矿石与直接还原铁标准化技术委员会(SAC/TC 317)归口。

本部分起草单位：攀钢集团有限公司、冶金工业信息标准研究院、国家钒钛制品监督检验中心(筹)。

本部分主要起草人：杨新能、张玉东、李小青、郑小敏、陈自斌、宾西、徐本平、周开著、叶云良、颜启光、郭锦辉。

本部分所代替标准的历次版本发布情况为：

——GB/T 1376—1978，GB/T 6730.32—1986。

# 铁矿石　钒含量的测定 硫酸亚铁铵滴定法

**警告——使用本部分的人员应有正规实验室工作的实践经验。本部分并未指出所有可能的安全问题。使用者有责任采取适当的安全和健康措施，并保证符合国家有关法规规定的条件。**

## 1　范围

本部分规定了硫酸亚铁铵滴定法测定钒含量。

本部分适用于天然铁矿石、铁精矿、铁块矿、烧结矿和球团矿中钒含量的测定，测定范围（质量分数）：0.100%～1.00%。

## 2　规范性引用文件

下列文件对于本文件的应用是必不可少的。凡是注日期的引用文件，仅注日期的版本适用于本文件。凡是不注日期的引用文件，其最新版本（包括所有的修改单）适用于本文件。

GB/T 6379.1　测量方法与结果的准确度（正确度与精密度）　第1部分：总则与定义

GB/T 6379.2　测量方法与结果的准确度（正确度与精密度）　第2部分：确定标准测量方法重复性与再现性的基本方法

GB/T 6682　分析实验室用水规格和试验方法

GB/T 6730.1　铁矿石化学分析方法　分析用预干燥试样的制备

GB/T 8170　数值修约规则与极限数值的表示和判定

GB/T 10322.1　铁矿石　取样和制样方法

GB/T 12805　实验室玻璃仪器　滴定管

GB/T 12806　实验室玻璃仪器　单标线容量瓶

GB/T 12808　实验室玻璃仪器　单标线吸量管

## 3　原理

试样用过氧化钠或混合熔剂熔融，用硫酸酸化，先用亚铁将钒、铬及其他氧化态物质还原，然后用高锰酸钾将钒（Ⅳ）氧化至钒（Ⅴ），过量的高锰酸钾在尿素存在下以亚硝酸钠还原，以N-苯代邻氨基苯甲酸为指示剂，用硫酸亚铁铵标准滴定溶液滴定，借此测定钒含量。

## 4　试剂与材料

除非另有说明，在分析中仅使用确认为分析纯的试剂和符合GB/T 6682规定的三级以上蒸馏水或去离子水或相当纯度的水。

4.1　过氧化钠。

4.2　混合熔剂，2份无水碳酸钠和1份硼酸研细后混匀，烘干，备用。

4.3　石墨粉。

4.4 硫酸，1+1。

4.5 磷酸，1+1。

4.6 氢氧化钠溶液，260 g/L。

4.7 氢氧化钠溶液，40 g/L。

4.8 高锰酸钾溶液，20 g/L。

4.9 尿素溶液，100 g/L。

4.10 亚硝酸钠溶液，20 g/L。

4.11 亚砷酸钠溶液，5 g/L。

4.12 N-苯代邻氨基苯甲酸溶液，2 g/L。

称取 0.2 g N-苯代邻氨基苯甲酸及 0.2 g 碳酸钠溶于 100 mL 水中，混匀。

4.13 硫酸亚铁铵溶液，50 g/L。

称取 5.0 g 硫酸亚铁铵，溶于适量硫酸(5+95)中，加水稀至 100 mL。

4.14 重铬酸钾标准溶液，$c(\frac{1}{6}K_2Cr_2O_7)=0.010\ 00\ mol/L$。

称取 0.490 3 g 预先经 145 ℃～150 ℃烘 1 h 并置于干燥器中冷却至室温的基准重铬酸钾，用水溶解，移入 1 000 mL 容量瓶中，用水稀释至刻度，混匀。

4.15 硫酸亚铁铵标准滴定溶液，$c[(NH_4)_2Fe(SO_4)_2\cdot 6H_2O]\approx 0.005\ mol/L$。

4.15.1 配制

称取 2.0 g 硫酸亚铁铵$[(NH_4)_2Fe(SO_4)_2\cdot 6H_2O]$溶于 1 000 mL 硫酸(5+95)中混匀。

4.15.2 标定及指示剂的校正

分取 10.00 mL($V_1$)重铬酸钾标准溶液(4.14)三份，分别置于锥形瓶中，加 20 mL 硫酸(4.4)，加 5 mL磷酸(4.5)，加水 70 mL。加 3 滴 N-苯代邻氨基苯甲酸溶液(4.12)，用硫酸亚铁铵标准滴定溶液滴定至溶液由玫瑰红色变为亮黄绿色为终点，不计消耗的硫酸亚铁铵标准滴定溶液体积。再加 10.00 mL 重铬酸钾标准溶液(4.14)后，用硫酸亚铁铵标准滴定溶液(4.15)滴定至溶液由玫瑰红色变为亮黄绿色为终点，消耗硫酸亚铁铵标准滴定溶液体积 $V_2$。

4.15.3 计算

按式(1)计算硫酸亚铁铵标准滴定溶液浓度：

$$c_1=\frac{c\times V_1}{V_2} \qquad \cdots\cdots(1)$$

式中：

$c$ ——重铬酸钾标准溶液(4.14)的浓度，单位为摩尔每升(mol/L)；

$c_1$ ——硫酸亚铁铵标准滴定溶液的浓度，单位为摩尔每升(mol/L)；

$V_1$——分取重铬酸钾标准溶液的体积，单位为毫升(mL)；

$V_2$——滴定重铬酸钾标准溶液消耗硫酸亚铁铵标准溶液的体积，单位为毫升(mL)。

4.16 五氧化二钒标准溶液，0.5 mg/mL。

称取 0.500 0 g 预先经 110 ℃±5 ℃烘 2 h 后并于干燥器中冷却至室温的高纯五氧化二钒(>99.95%)，置于 500 mL 烧杯中，沿杯壁加约 10 mL 水湿润并摇散，加入 100 mL 硫酸(4.4)加热溶解后，取下冷却，混匀，冷却至室温后，移入 1 000 mL 容量瓶中，用水稀释至刻度，混匀。

## 5 仪器

分析中，仅用通常的实验室仪器，所用的滴定管、容量瓶、吸量管应分别符合 GB/T 12805、GB/T 12806 和 GB/T 12808 要求。

## 6 试样

### 6.1 实验室试样

分析用实验室样品应按 GB/T 10322.1 进行取样和制备，粒度应小于 100 μm。若铁矿石化合水或易氧化物含量较高时，粒度应小于 160 μm。

注：化合水和易氧化物含量高的规定见 GB/T 6730.1。

### 6.2 预干燥试样

充分混匀实验室试样，按 GB/T 6730.1 的规定，在 105 ℃±2 ℃温度下干燥试样，冷却至室温备用。

## 7 分析步骤

### 7.1 试料量

称取 0.50 g 试样，精确至 0.000 1 g。试样中钒含量不大于 0.2%(质量分数)时，称取 1.00 g，精确至 0.000 1 g。

### 7.2 测定次数

同一试料，至少独立测定 2 次。

### 7.3 空白试验

随同试料进行空白试验的预处理试液(体积保持在 120 mL 左右)，加入 5.00 mL 五氧化二钒标准溶液(4.16)后，加 3 滴 N-苯代邻氨基苯甲酸溶液(4.12)，用硫酸亚铁铵标准滴定溶液(4.15)缓慢滴定，接近终点时，逐滴至溶液由玫瑰红色变为亮黄绿色为终点，消耗的硫酸亚铁铵标准滴定溶液体积 $V_3$。在滴定完溶液中，再加 5.00 mL 五氧化二钒标准溶液(4.16)，用硫酸亚铁铵标准滴定溶液(4.15)缓慢滴定，接近终点时，逐滴至溶液由玫瑰红色变为亮黄绿色为终点，消耗的硫酸亚铁铵标准滴定溶液体积 $V_4$。试料分析用试剂空白 $V_0=V_3-V_4$。

### 7.4 验证试验

随同试料分析同类型标准样品。

### 7.5 测定

#### 7.5.1 过氧化钠熔融酸化法(不含稀土的样品)

##### 7.5.1.1 试料分解

将称取的试料(7.1)置于预先盛有 4 g～5 g 过氧化钠(4.1)的刚玉坩埚中，混匀，再覆盖 1 g 过氧化钠，在 700 ℃±20 ℃熔融约 10 min，取出冷却。将坩埚放入盛有 100 mL 热水的烧杯中，直至熔融物浸取完毕。

##### 7.5.1.2 试液的预处理

用水和少量硫酸(4.4)洗出坩埚于 7.5.1.1 试液中，加几粒玻璃球，加热煮沸 5 min～6 min，含钛高试液和空白溶液煮沸时间可适当延长，以赶尽过氧化氢，在煮沸过程中适当补加水以控制试液体积。取下冷却，加 55 mL 硫酸(4.4)，煮沸片刻，加 10 mL 磷酸(4.5)(试料量为 1.000 g 时，加 15 mL)，继续煮沸至体积为 120 mL 左右。

#### 7.5.1.3 钒的氧化

将预处理的试液(7.5.1.2)冷却至室温，加 5mL 硫酸亚铁铵溶液(4.13)，放置 2 min 后，滴加高锰酸钾溶液(4.8)至稳定紫红色并保持 5 min，加 10 mL 尿素溶液(4.9)，滴加亚硝酸钠溶液(4.10)至红色消失并过量 1～2 滴，放置 3 min。

注：铬含量大于 1%的试样，加 5 mL 亚砷酸钠溶液(4.11)，再滴加 1～2 滴亚硝酸钠溶液(4.10)。

#### 7.5.1.4 滴定

加 3 滴 N-苯代邻氨基苯甲酸溶液(4.12)，用硫酸亚铁铵标准滴定溶液(4.15)缓慢滴定，接近终点时，逐滴至溶液由玫瑰红色变为亮黄绿色为终点。

注：低含量钒用硫酸亚铁铵还原缓慢，因此，应勤摇慢滴，特别接近终点时，要逐滴加入。

### 7.5.2 过氧化钠熔融酸化-沉淀分离法(含稀土的样品)

#### 7.5.2.1 试料分解

按 7.5.1.1 进行操作。

#### 7.5.2.2 沉淀分离

用水洗出坩埚于 7.5.1.1 试液中，用水稀释至 150 mL。加热煮沸 5 min～6 min，取下冷却，过滤于 500 mL 烧杯中，用氢氧化钠溶液(4.7)洗涤烧杯及沉淀 6～7 次，浓缩滤液体积作主液保存。

沉淀用热水冲入原烧杯中，用 12 mL 硫酸(4.4)洗滤纸及坩埚，再以热水洗滤纸及坩埚数次，加热溶液至沸使铁等溶解完全(二氧化锰可不考虑)，取下冷却。倾入盛有 50 mL 氢氧化钠溶液(4.6)的另一烧杯中，洗净原烧杯，将溶液加热煮沸浓缩体积至 130 mL 左右，冷却后过滤于 500 mL 烧杯中，并与主液合并，再用氢氧化钠溶液(4.7)洗涤沉淀及烧杯 6～7 次，弃去沉淀，滤液加热浓缩体积至 180 mL 左右，取下冷却。

以硫酸(4.4)中和至氢氧化铝沉淀恰好溶解，再过量 45 mL，加 5 mL 磷酸(4.5)，继续煮沸至体积为 120 mL 左右。

#### 7.5.2.3 钒的氧化及滴定

按 7.5.1.3～7.5.1.4 进行钒的氧化、滴定操作。

### 7.5.3 混合熔剂熔融酸化法(不含稀土样品)

#### 7.5.3.1 试料分解-石墨垫底坩埚熔融

7.5.3.1.1 石墨垫底坩埚：将 50 mL 瓷坩埚盛满石墨粉(4.3)，移入高温炉，关闭炉门，再在 850 ℃±10 ℃灼烧 1 h，用合适尺寸的圆球棒磨或容量瓶边压实边加石墨粉，直至离瓷坩埚上口 1 cm 左右，且全部覆盖瓷坩埚上口内表面，石墨粉表面光滑，无脱落。再次使用时，将上部的杂质除去，重新取 2 g 经高温处理过的石墨粉(4.3)于坩埚中，用合适尺寸的圆球棒磨或容量瓶压实成凹形直至表面光滑。

7.5.3.1.2 混合熔剂袋：将半张滤纸折成锥形袋，放于 30 mL 的坩埚中，向每个袋中加入 4 g～5 g 混合熔剂。

7.5.3.1.3 称取的试料(7.1)倒入混合熔剂袋(7.5.3.1.2)中,将试料与熔剂混匀,叠成锥体包紧,放入石墨垫底坩埚(7.5.3.1.1)中。移入高温炉,打开炉门灰化滤纸,灰化完后,关闭炉门,将炉温升至850 ℃±10 ℃熔融15 min,取出坩埚,稍冷。用镊子将熔块取出,清除熔块表面的石墨粉。

7.5.3.1.4 将熔块置于预先盛有80 mL水、50 mL硫酸(4.4)、10 mL磷酸(4.5)的500 mL三角瓶中加热浸取至试料溶解,继续煮沸至体积为120 mL左右。

#### 7.5.3.2 试料分解-铂金坩埚熔融

7.5.3.2.1 将试料(7.1)置于预先盛有4.0 g混合熔剂(4.1)的铂坩埚中,混匀,再覆盖1.0 g混合熔剂(4.2),盖上铂盖(留一缝隙)后,置于950 ℃~1 000 ℃的高温炉中熔15 min~20 min,取出,转动铂坩埚,冷却。

7.5.3.2.2 将铂坩埚及盖置于预先盛有80 mL水、50 mL硫酸(4.4)、10 mL磷酸(4.5)的500 mL烧杯中加热至试料溶解,洗出铂坩埚及盖,继续煮沸至体积为120 mL左右。

#### 7.5.3.3 钒的氧化及滴定

按7.5.1.3~7.5.1.4进行钒的氧化、滴定操作。

## 8 分析结果及其表示

### 8.1 钒含量的计算

按式(2)计算试样中钒含量 $w_V$,以质量分数(%)表示:

$$w_V = \frac{c_1(V - V_0) \times 50.94}{m_1 \times 1\,000} \times 100\% \qquad \cdots\cdots(2)$$

式中:

$c_1$ ——硫酸亚铁铵标准滴定溶液的浓度,单位为摩尔每升(mol/L);

$V$ ——滴定试料溶液所消耗硫酸亚铁铵标准滴定溶液的体积,单位为毫升(mL);

$V_0$ ——滴定空白试验溶液所消耗硫酸亚铁铵标准滴定溶液的体积,单位为毫升(mL);

$m_1$ ——试料量,单位为克(g);

50.94——钒的摩尔质量,单位为克每摩尔(g/mol)。

### 8.2 结果的一般处理

#### 8.2.1 重复性和再现性

本部分的精密度试验是在2011年由8个实验室,对5个水平的钒含量进行测定;每个实验室对每个水平的钒含量在GB/T 6379.1规定的重复性条件下测定3次。

各实验室报出的原始数据(测定结果)参见附录B。

根据GB/T 6379.2,对得到的测定结果进行统计分析,精密度见表1。

表 1 精密度

| 钒的质量分数/% | 重复性限 $r$ | 再现性限 $R$ |
|---|---|---|
| 0.100～1.00 | $r=0.0250\,m+0.0025$ | $R=0.0553\,m+0.0262$ |

8.2.2 **分析结果的确定**

根据附录 A 的程序，按式(2)计算独立重复测量结果，并与重复性限 $r$ 进行比较，来确定分析结果。

8.2.3 **实验室间的精密度**

实验室间精密度常用于评价两个实验室报告的最终结果间的一致性。两个实验室按 8.2.2 中的程序报告结果后，计算：

$$\mu_{12}=\frac{\mu_1+\mu_2}{2} \qquad (3)$$

式中：

$\mu_1$ ——实验室 1 报告的最终结果；

$\mu_2$ ——实验室 2 报告的最终结果；

$\mu_{12}$——最终结果平均值。

如果 $|\mu_1-\mu_2|\leqslant R$，最终结果是一致的。

8.2.4 **分析值的验收**

分析值的验收使用认证标准样品(CRM)或标准样品(RM)来进行验证，程序与上叙述相同。精密度确认以后，实验室最终结果用来与参考或认证值 $A_C$ 比较，按式(4)将出现两种可能：

a) $|\mu_C-A_C|\leqslant 0.7\,R$ 在这种情况下，报告的结果与参考/认证值之间无显著差异；

b) $|\mu_C-A_C|>0.7\,R$ 在这种情况下，报告的结果与参考/认证值之间有显著差异。

式中：

$\mu_C$ ——认证标样的测量值；

$A_C$——CRM 认证值或 RM 参考值。

8.2.5 **最终结果的计算**

最终结果是试样可接受值的算术平均值，或者是按附录 A 中规定的操作测得的其他值。分析结果按 GB/T 8170 的规定修约，最终结果保留三位有效数字。

8.3 **氧化物系数**

按式(4)计算五氧化二钒的含量，以质量分数(%)表示。

$$w_{V_2O_5}=1.7852\times w_V \qquad (4)$$

## 9 试验报告

试验报告应包括下列内容：

a） 实验室名称和地址；

b） 试验报告发布日期；

c） 标准出版号；

d） 样品识别必要的详细说明；

e） 分析结果；

f） 结果的测定次数；

g） 测定过程中存在的任何异常特性以及标准中未规定而可能对试样或认证标样的分析结果产生影响的任何操作。

# 附 录 A
## （规范性附录）
## 试验样分析值接受程序流程图

试验样分析值接受程序流程图见图 A.1。

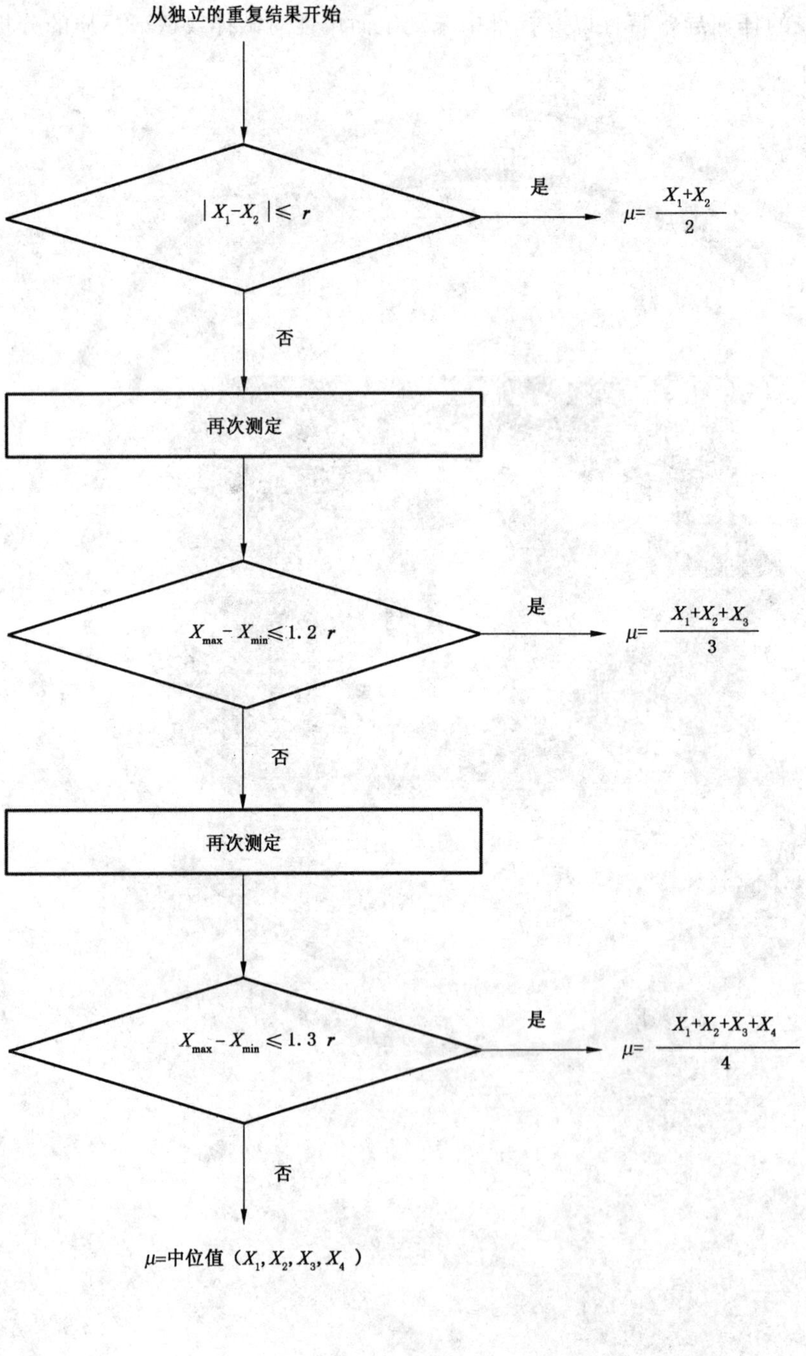


图 A.1 试验样分析值接受程序流程图

# 附 录 B
## （资料性附录）
## 共同精密度试验附加资料

精密度试验原始数据(见表 B.1)。

**表 B.1 精密度试验原始数据**

| 样品 | 实验室测试钒含量(质量分数)/% | | | | | | | |
|---|---|---|---|---|---|---|---|---|
| | 1 | 2 | 3 | 4 | 5 | 6 | 7 | 8 |
| 水平 1 | 0.174 | 0.170 | 0.155 | 0.178 | 0.164 | 0.173 | 0.140 | 0.178 |
| | 0.175 | 0.169 | 0.153 | 0.180 | 0.169 | 0.177 | 0.143 | 0.181 |
| | 0.174 | 0.168 | 0.148 | 0.181 | 0.170 | 0.169 | 0.140 | 0.177 |
| 水平 2 | 0.318 | 0.309 | 0.300 | 0.319 | 0.311 | 0.329 | 0.280 | 0.310 |
| | 0.316 | 0.308 | 0.292 | 0.320 | 0.316 | 0.321 | 0.280 | 0.312 |
| | 0.318 | 0.306 | 0.296 | 0.320 | 0.313 | 0.329 | 0.277 | 0.314 |
| 水平 3 | 0.426 | 0.439 | 0.408 | 0.437 | 0.426 | 0.449 | 0.441 | 0.432 |
| | 0.429 | 0.437 | 0.411 | 0.432 | 0.437 | 0.442 | 0.448 | 0.430 |
| | 0.431 | 0.437 | 0.402 | 0.434 | 0.425 | 0.464 | 0.454 | 0.436 |
| 水平 4 | 0.874 | 0.812 | 0.879 | 0.880 | 0.897 | 0.902 | 0.868 | 0.892 |
| | 0.875 | 0.836 | 0.896 | 0.882 | 0.898 | 0.919 | 0.851 | 0.888 |
| | 0.881 | 0.809 | 0.891 | 0.884 | 0.892 | 0.919 | 0.868 | 0.887 |
| 水平 5 | 0.971 | 1.012 | 0.962 | 0.941 | 1.008 | 1.014 | 1.003 | 0.944 |
| | 0.968 | 1.014 | 0.966 | 0.952 | 0.980 | 0.980 | 1.003 | 0.939 |
| | 0.975 | 1.021 | 0.949 | 0.947 | 0.997 | 1.014 | 0.986 | 0.942 |

ICS 73.060.10
D 31

# 中华人民共和国国家标准

GB/T 6730.70—2013

# 铁矿石 全铁含量的测定 氯化亚锡还原滴定法

**Iron Ores—Determination of total iron content—Titrimetric method after tin (Ⅱ) chloride reduction**

[ISO 2597-1:2006, Iron Ores—Determination of total iron content—Part 1: Titrimetric method after tin (Ⅱ) chloride reduction, MOD]

2013-05-09 发布　　2014-02-01 实施

中华人民共和国国家质量监督检验检疫总局
中国国家标准化管理委员会 发布

# 前　言

本部分按照 GB/T 1.1—2009 给出的规则起草。

本部分使用翻译法修改采用 ISO 2597-1:2006《铁矿石　全铁含量的测定　第 1 部分:氯化亚锡还原滴定法》。

本部分除规范性引用文件中用我国文件替换国际标准文件外,结构和技术内容与国际标准 ISO 2597-1:2006 一致。

本部分由中国钢铁工业协会提出。

本部分由全国铁矿石与直接还原铁标准化技术委员会(SAC/TC 317)归口。

本部分起草单位:中华人民共和国上海出入境检验检疫局、冶金工业信息标准研究院。

本部分主要起草人:王凯、任丽萍、李晨、蔡婧、陈自斌。

# 铁矿石　全铁含量的测定<br>氯化亚锡还原滴定法

**警告——本部分可能涉及到有害物质、危险操作和设备的安全。本部分并未指出所有可能的安全问题。使用者有责任采取适当的安全和健康措施，并保证符合国家有关法规规定的要求。**

## 1　范围

本部分规定了氯化亚锡还原三价铁后用重铬酸钾滴定法测定铁矿石中全铁含量。

本部分适用于天然铁矿石、铁精矿和造块，包括烧结产品中全铁含量的测定，测定范围(质量分数)：30%～72%。

## 2　规范性引用文件

下列文件对于本文件的应用是必不可少的。凡是注日期的引用文件，仅注日期的版本适用于本文件。凡是不注日期的引用文件，其最新版本(包括所有的修改单)适用于本文件。

GB/T 6682　分析实验室用水规范和试验方法(GB/T 6682—2008，ISO 3696:1987，MOD)

GB/T 6730.1　铁矿石化学分析方法　分析用预干燥试样的制备(GB/T 6730.1—1986，ISO 7764:1985，IDT)

GB/T 6730.3　铁矿石化学分析方法　重量法测定分析试样中吸湿水量(GB/T 6730.3—1986，ISO 2596:1984，IDT)

GB/T 10322.1　铁矿石　取样和制样方法(GB/T 10322.1—2000，ISO 3082:1998，IDT)

GB/T 12805　实验室玻璃仪器　滴定管(GB/T 12805—1991，ISO 385:1984，NEQ)

GB/T 12806　实验室玻璃仪器　单标线容量瓶(GB/T 12806—1991，ISO 1042:1983，MOD)

GB/T 12808　实验室玻璃仪器　单标线吸量管(GB/T 12808—1991，ISO 648:1977，MOD)

GB/T 12810　实验室玻璃仪器　玻璃量器的容量校准和使用方法(GB/T 12810—1991，ISO 4787:1984，IDT)

## 3　原理

试样按以下一种方法分解：

a)　对含钒不大于0.05%(质量分数)、含钼不大于0.1%(质量分数)或含铜不大于0.1%(质量分数)的试样，用盐酸溶样，过滤残渣灼烧后用氢氟酸和硫酸处理，去除二氧化硅，用焦硫酸钾熔融。将熔融物溶于盐酸，加氨水沉淀出铁，加盐酸再次溶解沉淀，将该溶液并入到主液中。

b)　对含钒大于0.05%(质量分数)的试样，用碱熔融，用水浸出熔融物并过滤，弃去滤液，用盐酸溶解酸化。

用氯化亚锡还原溶液中的三价铁，用氯化汞氧化过量的氯化亚锡。

以二苯胺磺酸钠溶液作指示剂，用重铬酸钾标准滴定溶液滴定还原的铁。

## 4　试剂

分析中只使用认可的分析纯试剂，只使用符合GB/T 6682规定的二级水。

4.1 盐酸，$\rho=1.19$ g/mL。

4.2 盐酸，1+1。

4.3 盐酸，1+2。

4.4 盐酸，1+10。

4.5 盐酸，1+50。

4.6 硫酸，$\rho=1.84$ g/mL。

4.7 硫酸，1+1。

4.8 氢氟酸，$\rho=1.13$ g/mL[40%(质量分数)]，或 $\rho=1.19$ g/mL[48%(质量分数)]。

4.9 磷酸，$\rho=1.7$ g/mL。

4.10 氨水，$\rho=0.90$ g/mL。

4.11 碳酸钠($Na_2CO_3$)，无水粉状。

在 500 ℃加热 30 min，或确认其含水量不大于 1%(质量分数)(试样在 500 ℃加热 30 min，测其质量损失。)

4.12 过氧化钠($Na_2O_2$)，干粉或粒状。

贮存于干燥处，已经结块就不能使用。

4.13 焦硫酸钾($K_2S_2O_7$)，细粉。

块状焦硫酸钾使用时需适当粉碎。

4.14 硫磷混合酸

边搅拌边慢慢将 150 mL 硫酸(4.6)加入 300 mL 水中，在水浴或流水中冷却，加入 150 mL 磷酸(4.9)，用水稀释至 1 L，混匀。

4.15 氢氧化钠溶液，20 g/L。

4.16 氯化亚锡溶液，100 g/L。

将 100 g 氯化亚锡($SnCl_2 \cdot 2H_2O$)溶于 200 mL 盐酸(4.1)中，水浴加热使其溶解，冷却后用水稀释至 1 L，混匀。

将该溶液贮存于棕色玻璃瓶中，加入少量粒状或海绵状金属锡。

注：氯化亚锡溶液可以按 250 mL 的批量制备。

4.17 氯化汞($HgCl_2$)溶液，50 g/L。

4.18 高锰酸钾($KMnO_4$)溶液，30 g/L。

4.19 铁标准溶液，0.1 mol/L。

称取 5.58 g 纯铁[最低纯度 99.9%(质量分数)]，精确至 0.002 g，置于 500 mL 锥形瓶中，在颈口放一小过滤漏斗，逐次少量加入 75 mL 盐酸(4.2)，加热至铁溶解。冷却后慢慢加入 5 mL 过氧化氢[30%(质量分数)]氧化，加热至沸，并煮沸至过量的过氧化氢分解，去除氯气。冷却至室温后移入 1 000 mL 容量瓶中，用水稀释至刻度，混匀。

1.00 mL 的该溶液相当于 1.00 mL 的重铬酸钾标准滴定溶液(4.20)。

4.20 重铬酸钾标准滴定溶液，0.016 67 mol/L。

在玛瑙研钵中研碎约 6 g 重铬酸钾基准物质[最低纯度 99.9%(质量分数)]，在 140 ℃～150 ℃干燥 2 h 并于干燥器中冷却至室温。称取 4.904 g 干燥后的重铬酸钾溶于水中，移入 1 000 mL 容量瓶中，用水稀释至刻度，混匀。

在容量瓶上记下该溶液稀释时的温度($t_1$)。

4.21 二苯胺磺酸钠溶液，0.2 g/100 mL。

将 0.2 g 粉状二苯胺磺酸钠($C_6H_5NHC_6H_4SO_3Na$)溶于少量水中，稀释至 100 mL。

将该溶液贮存于棕色玻璃瓶中。

## 5 仪器

除非特别说明，普通实验室仪器，包括滴定管、单标线移液管和单标线容量瓶，需分别符合 GB/T 12805，GB/T 12808 和 GB/T 12806 的规定。

5.1 锆石或刚玉坩埚，容量 25 mL～30 mL。

5.2 铂坩埚，容量 25 mL～30 mL。

5.3 瓷坩埚，容量 25 mL～30 mL。

5.4 称量勺，由非磁性材料或消磁的不锈钢制成。

5.5 高温炉，温度能控制在 500 ℃±10 ℃至 800 ℃±10 ℃之间。

## 6 取样和试样

### 6.1 实验室样品

分析用实验室样品应按 GB/T 10322.1 进行取样和制备，粒度应小于 100 μm。若铁矿石化合水或易氧化物含量较高时，粒度应小于 160 μm。

注：化合水和易氧化物含量高的规定在 GB/T 6730.1 中。

如果全铁量的测定涉及还原性试验，那么制备实验室样品时，将整个还原性试验中留作化学分析的试样破碎和研碎至 100 μm 以下，如果铁矿石化合水和易氧化物含量较高，粒度要小于 160 μm。

### 6.2 试样的制备

根据铁矿石的类型，按 6.2.1 或 6.2.2 进行。

#### 6.2.1 化合水或易氧化物含量较高的矿石

下列类型的矿石，按 GB/T 6730.3 制备实验室空气平衡试样：

a) 化合水大于 2.5%(质量分数)的天然或加工矿；

b) 含金属铁的加工矿；

c) 含硫量大于 0.2%(质量分数)的天然或加工矿。

#### 6.2.2 除 6.2.1 范围外的矿石

按下列步骤制备预干燥试样：

充分混匀实验室样品，采用份样缩分法取样。按 GB/T 6730.1 的规定，在 105 ℃±2 ℃温度下干燥试样。

## 7 分析步骤

**重要提示：为了消除废液中的汞的排放，附录 C 给出了废液在进入排污管道前除汞的推荐步骤。**

### 7.1 测定次数

对同一试样(6.2)按附录 A 至少独立测定两次。

注："独立"的意思是指再次及后续任何一次测定结果均不受前一个试验结果的影响。对于本分析方法，此条件是指同一操作者在不同时间，或不同操作者重复测定。

## 7.2 试料量

用称量勺(5.4)称取近 0.4 g 试料(6.2),精确至 0.000 2 g。

注:对于铁含量大于 68%(质量分数)的试样,称取约 0.38 g。

如果使用预干燥试样,应在预干燥的当天快速称取,以避免再吸湿。

## 7.3 吸湿水的测定

当矿石种类符合 6.2.1 的规定时,在取全铁测定试样的同时,按 GB/T 6730.3 的要求做吸湿水含量的测定。

## 7.4 空白试验和验证试验

每批试验时,在同等条件下做一个空白试验和一个与所验矿石同类型的认证标准样品分析。认证标准样品试样的制备与同类矿石制备方法相似(见 6.2)。

认证标准样品与分析的矿石种类相同,组分相近,以保证这两种情况下,分析步骤将都无显著改变。

注:认证标样只是用来确认分析步骤的有效性,不是用于标定重铬酸钾溶液。

同时进行几个试样测定时,可以只用一个空白值作代表,但是应步骤相同,使用同一个试剂瓶中试剂。

同时对同类矿石进行多个试样分析时,可用某个认证标准样品做验证试验。

## 7.5 测定

### 7.5.1 试料的分解

**7.5.1.1 酸分解**[对含钒不大于 0.05%(质量分数)、含钼不大于 0.1%(质量分数)或含铜不大于0.1%(质量分数)的样品]

将试料(7.2)放入 300 mL 烧杯中,加 30 mL 盐酸(4.1),盖上表面皿,在电热板低温区(约 80 ℃)加热约 1 h。移至高温区,在近沸状况下加热 10 min 左右,直到试料充分分解。

对于只用盐酸分解困难的试料,可以使用氯化亚锡,步骤如下:

首先将试料(7.2)放入 300 mL 烧杯中,加 30 mL 盐酸(4.1),在电热板低温区加热,尽可能地多分解试料,然后加 10 mL 氯化亚锡溶液(4.16),低温加热直至溶液出现黄色,再加氯化亚锡溶液(4.16),过量几滴,继续加热。如有必要,可再加氯化亚锡溶液(4.16)直至试料完全分解。滴加高锰酸钾溶液(4.18),使过量的氯化亚锡氧化,再现三氯化铁的黄色。移至高温区,在近沸状况下加热 10 min 左右。

试料若用焙烧法较易分解,可按以下步骤进行试料的分解:

将试料(7.2)放于瓷坩埚(5.3)中,盖上盖,在 700 ℃～750 ℃下焙烧约 30 min,冷却后将试料转移至 300 mL 烧杯中,用盐酸(4.1)洗涤坩埚中的残留物,一并转入烧杯,加盐酸(4.1)使溶液总体积达 30 mL,在电热板低温区加热。加入 10 mL 氯化亚锡溶液(4.16),低温加热直至溶液出现黄色,再加氯化亚锡溶液(4.16),过量几滴,继续加热。如有必要,可再加氯化亚锡溶液(4.16)直至试料完全分解。滴加高锰酸钾溶液(4.18),使过量的氯化亚锡氧化,再现三氯化铁的黄色。移至高温区,在近沸状况下加热 10 min 左右。

试料分解完后用温水冲洗表面皿,并稀释至 50 mL 左右,用中速滤纸过滤残渣,擦净杯壁,用温盐酸(4.5)洗残渣,直至不再看到三氯化铁的黄色为止。然后用温水洗 6～8 次,将滤液和洗液收集在 600 mL 烧杯中,不沸状况下蒸发浓缩至 30 mL 左右(作为主液保存)。

将滤纸和残渣放入铂坩埚(5.2)中,干燥,灰化滤纸,最后在 750 ℃～800 ℃下灼烧。冷却坩埚,加硫酸(4.7)湿润残渣,加 5 mL 氢氟酸(4.8),缓慢加热以除去硅和硫酸(到冒尽三氧化硫白烟为止)。将

2 g 焦硫酸钾(4.13)加入冷却的坩埚中,先缓慢加热,然后高温加热,至熔融物清亮,加热中避免熔融物流出,冷却,将铂坩埚放入原 300 mL 烧杯中,加约 100 mL 的温水和约 5 mL 盐酸(4.1),温热溶解熔融物,洗出坩埚,加入氨水(4.10)调节溶液呈现弱碱性,煮沸几分钟后取下。用快速滤纸过滤,用温水洗 6～8 次,弃去滤液和洗液,将盛有主液的烧杯放于漏斗下,用 10 mL 盐酸(4.3)冲洗溶解沉淀,先用温盐酸(4.5)洗 6～8 次,然后用热水洗 2 次,下面按 7.5.2 规定的步骤继续操作。

#### 7.5.1.2 熔融酸化[对含钒大于 0.05%(质量分数)的样品]

将试料(7.2)放于刚玉坩埚(5.1)中,加约 4 g 混合熔剂[1 份碳酸钠(4.11)与 2 份过氧化钠(4.12)的混合物],充分混匀,在 500 ℃±10 ℃高温炉(5.5)中放置 30 min。从炉中取出,放在燃烧器上加热熔化烧结物(30 s 内)并不时转动坩埚,继续加热使总时间达 2 min。冷却熔融物,将坩埚放于 300 mL 烧杯中,加约 100 mL 温水,煮沸几分钟,浸出熔融物。洗出坩埚,将洗液并入溶液中,保留坩埚。冷却溶液,用中速滤纸过滤,用氢氧化钠溶液(4.15)洗 2 次,弃去滤液和洗液。

将滤纸上沉淀用射水洗入原烧杯中,加 10 mL 盐酸(4.1),加热溶解沉淀。溶液用原滤纸过滤,用温盐酸(4.3)洗滤纸 3 次,用温盐酸(4.5)洗数次,最后用温水洗至洗液无酸性为止,将滤液和洗液收集于 500 mL 烧杯中。在保留的坩埚中,用热盐酸(4.2)溶解残留的沉淀,用热水洗涤坩埚,一并转入到 500 mL 烧杯中。不沸状况下蒸发浓缩至 30 mL 左右,下面按 7.5.2 规定的步骤继续操作。

### 7.5.2 还原

加热试液,煮至近沸,加 3～5 滴高锰酸钾(4.18)溶液,在该温度下保持 5 min,氧化砷或有机物,蒸发浓缩至 30 mL 左右。用少量热盐酸(4.4)洗涤表面皿和烧杯内壁,立刻边搅拌边滴加氯化亚锡溶液(4.16),当三氯化铁的黄色消失时,再多加 1 滴氯化亚锡溶液(4.16),在水中冷却后立刻加入 8 mL 氯化汞溶液(4.17),轻轻摇匀,放置 5 min。

### 7.5.3 滴定

用冷水稀释溶液至 300 mL 左右,加 30 mL 硫磷混合酸(4.14),用 5 滴二苯胺磺酸钠溶液(4.21)作指示剂,用重铬酸钾标准滴定溶液(4.20)滴定。当溶液由绿色变为蓝绿到最后一滴滴定使之突变为紫色时即为终点。

应注意重铬酸钾溶液的环境温度($t_2$),如果与制备时的温度($t_1$)相差 1 ℃以上,就要按"GB/T 12810实验室玻璃仪器玻璃量器的容量校准和使用方法"标准中规定的方法进行滴定校正。例如,如果滴定期间的环境温度高于制备标准溶液时的温度,滴定度应减小。温度差校正是有必要的。

### 7.5.4 空白值的测定

使用同样量的所有试剂和按照试料相同的操作步骤测定空白试验值(7.4)。在用氯化亚锡溶液(4.16)还原(7.5.2)之前,用单标线移液管加入 1.00 mL 铁标准溶液(4.19),并按 7.5.3 步骤滴定溶液。将该滴定体积记作($V_0$)。该滴定的空白试验值($V_2$)按式(1)计算:

$$V_2 = V_0 - 1.00 \qquad \cdots\cdots(1)$$

1 mL 单标线移液管应事先通过称量移取的水的质量并换算成体积来进行校正。

注:溶液无铁存在时,二苯胺磺酸钠指示剂不与重铬酸钾溶液作用,因此需加入铁溶液以促进空白溶液中指示剂的反应,并根据所用重铬酸钾标准滴定溶液(4.20)的毫升数来进行空白校正。

## 8 结果表示

### 8.1 全铁含量计算

按式(2)计算试样中全铁含量 $w_{Fe}$,以质量分数(%)表示。

$$w_{Fe}=\frac{(V_1-V_2)[1-(t_2-t_1)\times 0.000\ 2]}{m}\times 0.005\ 584\ 7\times 100\times K \qquad \cdots\cdots(2)$$

式中：

$V_1$——试料消耗的重铬酸钾标准滴定溶液(4.20)的体积，单位为毫升(mL)；

$V_2$——空白值测定结果，单位为毫升(mL)；

$t_1$——重铬酸钾溶液制备时的温度，单位为摄氏度(℃)；

$t_2$——重铬酸钾溶液使用时的温度，单位为摄氏度(℃)；

$m$——试料(7.2)的质量，单位为克(g)；

$K$——对于预干燥试样(6.2.2)为1.00，对于空气平衡试样(6.2.1)，是由式(3)计算的转换系数：

$$K=\frac{100}{100-A} \qquad \cdots\cdots(3)$$

式中：

$A$——是按GB/T 6730.3规定测定的吸湿水含量，以质量分数(%)表示。

铁的相对原子质量$A_r$(Fe)应将最终试验结果代入式(4)验证：

$$A_r(\mathrm{Fe})=\frac{w_{Fe}\times 100\times m}{K(V_1-V_2)[1-(t_2-t_1)\times 0.000\ 2]} \qquad \cdots\cdots(4)$$

如果铁的理论相对原子质量(55.847)与计算值之差大于0.01，那么应检查原因以修正试验结果。如果找不到原因，试验结果应舍去，重做试验。

## 8.2 结果的一般处理

### 8.2.1 重复性和允许差

本分析方法的精密度[1)]用式(5)～式(8)表示：

$$\sigma_d=0.084 \qquad \cdots\cdots(5)$$

$$\sigma_L=0.178 \qquad \cdots\cdots(6)$$

$$R_d=0.235 \qquad \cdots\cdots(7)$$

$$P=0.53 \qquad \cdots\cdots(8)$$

式中：

$\sigma_d$——实验室内标准偏差；

$\sigma_L$——实验室间标准偏差；

$R_d$——实验室内重复性限；

$P$——实验间的允许差。

### 8.2.2 分析结果的确定

根据附录A的步骤，按式(2)计算独立重复测量结果，并与重复性限($R_d$)进行比较。

### 8.2.3 实验室间的精密度

实验室间精密度常用于评价两个实验室报告的最终结果间的一致性。两个实验室都按8.2.2中规定的相同步骤报告结果后，计算如下：

$$\mu_{12}=\frac{\mu_1+\mu_2}{2} \qquad \cdots\cdots(9)$$

---

1) 附加资料见附录B。

式中：

$\mu_1$ ——实验室 1 报告的最终结果；

$\mu_2$ ——实验室 2 报告的最终结果；

$\mu_{12}$——最终结果平均值。

如果 $|\mu_1-\mu_2|\leqslant P$（见 8.2.1），最终结果是一致的。

#### 8.2.4 分析值的验收

分析值的验收使用认证标准样品进行验证，步骤与以上所述相同。确认精密度后，实验室最终结果与标准值 $A_C$ 比较。如：

a) $|\mu_C-A_C|\leqslant C$，测量值与标准值之间无显著差异；

b) $|\mu_C-A_C|>C$，测量值与标准值之间有显著差异。

式中：

$\mu_C$ ——标准样品的测量值；

$A_C$——标准样品的标准值；

$C$ ——该值取决于所使用标准样品的种类。

本试验所使用的认证标样应按“ISO 指南 35：2006 标准样品的认证　总则和统计原则”制备并认证。

对于通过实验室间确定的标准样品：

$$C=2\sqrt{\sigma_L^2+\frac{\sigma_d^2}{n}+V(A_C)} \qquad \cdots\cdots(10)$$

式中：

$n$ ——重复测量次数；

$V(A_C)$——标准值 $A_C$ 的方差。

对于仅由一个实验室确定的标准样品：

$$C=2\sqrt{\sigma_L^2+\frac{\sigma_d^2}{n}} \qquad \cdots\cdots(11)$$

除非已知该标准样品标准值没有偏差，否则应避免使用。

#### 8.2.5 最终结果的计算

最终结果是试样可接受值的算术平均值，或者是按附录 A 中规定的操作测得的其他值，计算到第四位小数并按下列方法修约到第二位小数：

a) 当第三位小数的数字小于 5 时，舍去，第二位小数保持不变；

b) 当第三位小数的数字是 5 第四位小数不是 0 时，或者第三位小数大于 5 时，那么第二位小数上进 1；

c) 当第三位小数的数字是 5 第四位小数是 0 时，如果第二位小数为 0、2、4、6、8 时，则保持不变，如果为 1、3、5、7、9 时，则在该位上进 1。

### 8.3 氧化物转换系数

见式（12）～式（14）。

$$w_{Fe_2O_3}=1.430w_{Fe} \qquad \cdots\cdots(12)$$

$$w_{FeO}=1.286w_{Fe} \qquad \cdots\cdots(13)$$

$$w_{Fe_3O_4}=1.382w_{Fe} \qquad \cdots\cdots(14)$$

## 9 试验报告

试验报告应包括下列内容：

a) 实验室名称和地址；
b) 试验报告发布日期；
c) 标准出版号；
d) 样品识别必要的详细说明；
e) 分析结果；
f) 结果的测定次数；
g) 测定过程中存在的任何异常特性以及标准中未规定而可能对试样或认证标样的分析结果产生影响的任何操作。

# 附　录　A
## （规范性附录）
## 试样分析值接受程序流程图

试样分析值接受程序流程图见图 A.1。

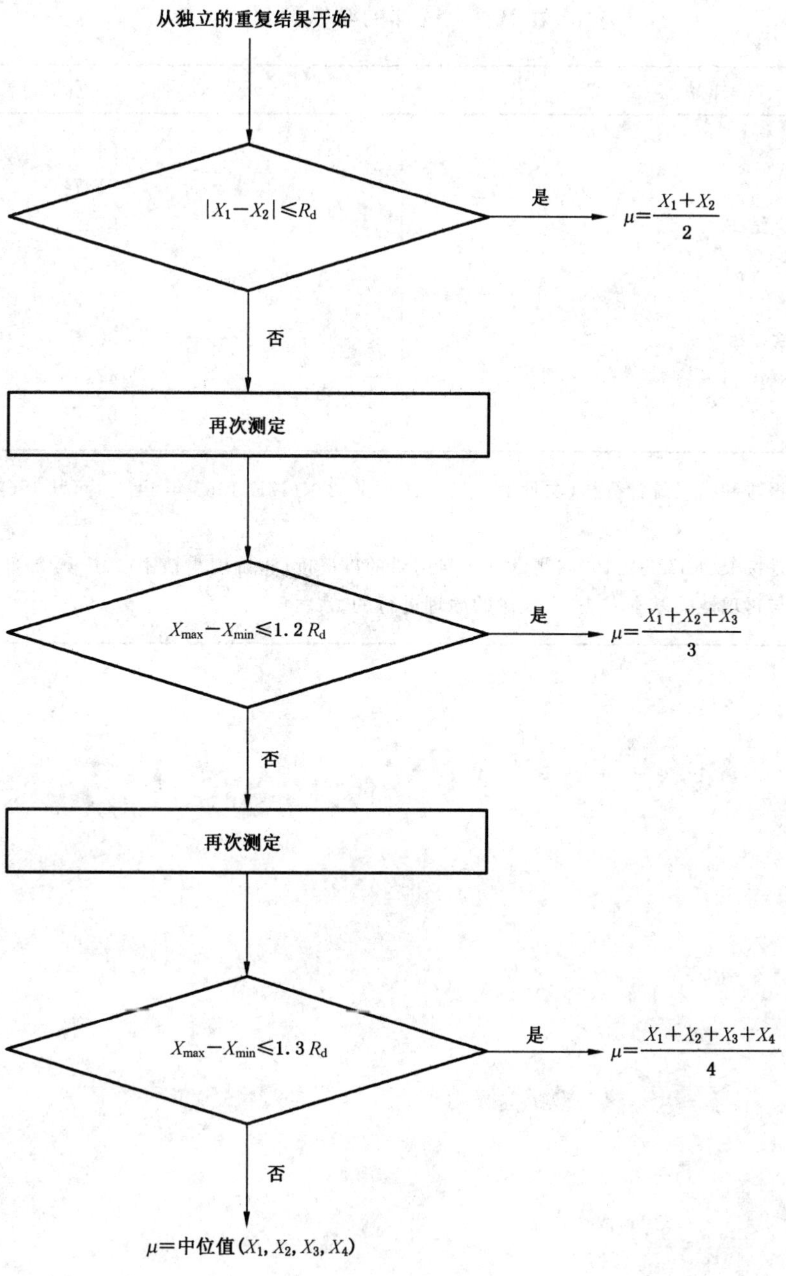


**图 A.1　试样分析值接受程序流程图**

# 附 录 B
## （资料性附录）
## 精密度表述

8.2.1中所述精密度是在1966～1967年由各国30个实验室对8个铁矿石试样（见表B.1）进行国际分析试验所得的结果推导出来的。

**表B.1 试样的全铁含量**

| 样品 | 铁含量/%（质量分数） |
|---|---|
| 瑞典-2 | 64.8 |
| 瑞典-7 | 61.7 |
| 英国 烧结矿 | 35.9 |
| 加拿大 | 65.3 |
| Minette | 31.8 |
| 菲律宾铁矿砂 | 60.6 |
| Krivoj Rog | 47.4 |
| Marcona | 62.7 |

注1：国际试验报告和结果统计分析（文件ISO/TC 102/SC 2 N147E，1968年11月）可从ISO/TC 102/SC 2秘书处得到。

注2：统计分析是按ISO 5725-2：1994《测量方法与结果的准确度（正确度与精密度） 第2部分：确定标准测量方法重复性与再现性的基本方法》中叙述的原理进行的。

## 附 录 C
## （资料性附录）
## 试验废液的回收

测定全铁含量后的废液中含有汞，这种废液应收集起来，以便将其中的汞去除，避免污染环境。

处理装置如下：

用 3 个 10 L 的塑料瓶如图 C.1 所示连接（连接装置上的膨胀室，如果发生剧烈反应时，可用于减压）。瓶(a)、瓶(b)每只瓶子装有 3 kg 铝条或铁条以便诱发汞的电化学沉淀。

瓶(c)中的废液进入中和装置后最终排放掉。聚积有汞的金属条定期取出、收集，然后送到回收厂，必要时更换铝条或铁条。

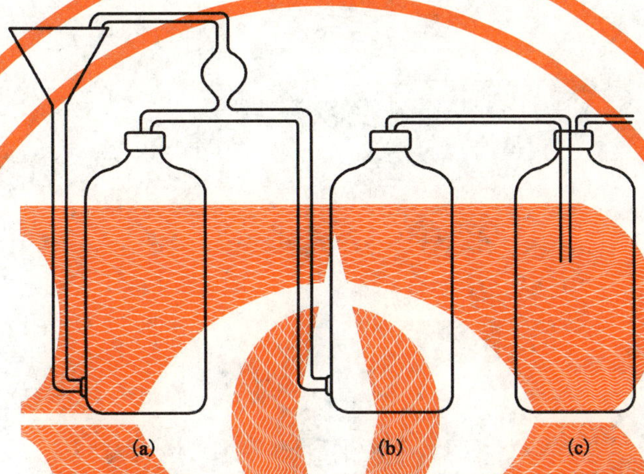


图 C.1 废液除汞装置

ICS 53.040.20
G 42

# 中华人民共和国国家标准

GB/T 6759—2013/ISO 252:2007
代替 GB/T 6759—2002

# 输送带　层间粘合强度　试验方法

## Conveyor belts—Adhesion between constitutive elements—Test methods

(ISO 252:2007,IDT)

2013-06-09 发布　　2014-03-01 实施

中华人民共和国国家质量监督检验检疫总局
中国国家标准化管理委员会　发布

# 前　言

本标准按照 GB/T 1.1—2009 给出的规则起草。

本标准代替 GB/T 6759—2002《织物芯输送带的层间粘合强度试验方法》，与 GB/T 6759—2002 相比，主要技术变化如下：

——修改了标准名称(见封面)；

——修改了范围(见第 1 章，2002 年版的第 1 章)；

——增加了规范性引用文件 ISO 18573《输送带　试验环境和状态调节时间》(见第 2 章)；

——修改了图 1 中的说明(见图 1，2002 年版的图 1)；

——修改了试样数量(见 5.3，2002 年版的 5.3)；

——修改了状态调节(见 5.5，2002 年版的第 6 章)；

——修改了试验程序中的 A 法和 B 法(见 6.1 和 6.2，2002 年版的 7.1 和 7.2)；

——修改了结果表示(见第 7 章，2002 年版的第 8 章)；

——增加了参考文献。

本标准使用翻译法等同采用 ISO 252:2007《输送带　层间粘合强度　试验方法》。

与本标准中规范性引用的国际文件有一致性对应关系的我国文件如下：

——GB/T 532—2008　硫化橡胶或热塑性橡胶与织物粘合强度的测定(ISO 36:2005，IDT)；

——GB/T 12833—2006　橡胶和塑料　撕裂强度和粘合强度测定中的多峰曲线分析(ISO 6133:1998，IDT)。

为便于使用，本标准做了下列编辑性修改：

——“本国际标准”一词改为“本标准”；

——删除国际标准的前言。

本标准由中国石油和化学工业联合会提出。

本标准由全国带轮与带标准化技术委员会输送带分技术委员会(SAC/TC 428/SC 1)归口。

本标准起草单位：浙江双箭橡胶股份有限公司、无锡宝通带业股份有限公司、浙江三维橡胶制品股份有限公司、青岛新干线技术咨询有限公司、青岛科技大学。

本标准主要起草人：沈会民、吴建国、张国方、吕桂芹、李程程、朱汉华。

本标准所代替标准的历次版本发布情况为：

——GB/T 6759—1986、GB/T 6759—2002。

# 输送带 层间粘合强度 试验方法

## 1 范围

本标准规定了测定输送带结构层之间，即各织物层之间、带芯与覆盖层之间的粘合强度的两个试验方法(A 法和 B 法)。其基本试验条件见 ISO 36。

本标准适用于各种结构的输送带，不适用于钢丝绳芯输送带、全厚度拉伸强度小于 160 N/mm 的织物芯输送带、ISO 21183-1[1] 标准中规定的轻型输送带。

注：可选择 A 法和 B 法中的任何一种试验方法，但是采用两种方法计算出的粘合力平均值可能不同，且这两种方法在所有输送带结构中的适用范围也不完全重合，具体选择哪种试验方法可向带的生产者征求意见。

## 2 规范性引用文件

下列文件对于本文件的应用是必不可少的。凡是注日期的引用文件，仅注日期的版本适用于本文件。凡是不注日期的引用文件，其最新版本(包括所有的修改单)适用于本文件。

ISO 36 硫化橡胶或热塑性橡胶与织物粘合强度的测定(Rubber, vulcanized or thermoplastic—Determination of adhesion to textile fabrics)

ISO 6133 橡胶和塑料 撕裂强度和粘合强度测定中的多峰曲线分析(Rubber and plastics—Analysis of multi-peak traces obtained in determinations of tear strength and adhesion strength)

ISO 18573 输送带 试验环境和状态调节时间(Conveyor belts—Test atmospheres and conditioning periods)

## 3 原理

使用拉力试验机以恒定速度将覆盖层与织物层剥离并将每一织物层与相邻织物层剥离，测定所需要的平均剥离力。

## 4 装置

具有适当功率的拉力试验机，其参数符合 ISO 36 的要求。

## 5 试样

### 5.1 从输送带制成到试验开始的时间间隔

从输送带制成到试验开始的时间间隔应不小于 24 h。该时间段应包含 5.5 中所述的状态调节的时间。

### 5.2 形状和尺寸

试样应具有矩形截面，其切割面应整齐。试样宽度为(25±0.5) mm，长度应不小于 200 mm。可剥离长度应不小于 100 mm。当必要且可能时，可适当减小试样厚度，以保证在试验中剥离线尽可能与夹在两夹持器中的试样两部分的中心线位于同一平面(见图 1)。

试样最小厚度应保证试样最薄弱部分亦能传递剥离力而不发生断裂。

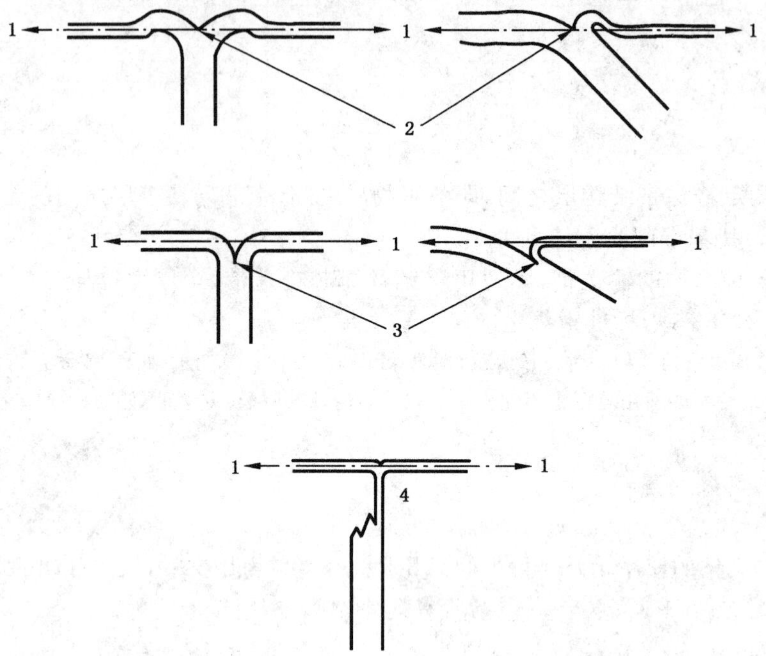


说明:

1——试样被夹持两部分的中心线所在平面;

2——剥离线(位于被夹持两部分中心线所在平面上);

3——剥离线(没有位于被夹持两部分中心线所在平面上);

4——为保证剥离线的正确位置而制备的薄型试样。

**图 1　剥离线的位置**

## 5.3　试样数目

A 法和 B 法均需两个沿带的纵向切取的试样。

在生产者和购买者双方均同意的情况下,可同时采用横向试样。

## 5.4　取样方法

试样应在距带边至少 100 mm 的部位切取。各试样的切取位置应尽量间隔远些。

## 5.5　状态调节

按 ISO 18573 的规定在 D 类环境或者 E 类环境下进行试样的状态调节,调节完成后立即进行试验。

# 6　程序

## 6.1　A 法(见图 2)

在一个纵向试样的一端,使上覆盖层与第一织物层分离一段长度,该长度大致相当于夹持器的长度。将分离开来的两个夹持段夹入拉力试验机夹持器。使夹持器以(100±10) mm/min 的速度移动进行剥离试验,同时自动记录剥离 100 mm 过程中的拉力曲线。试验过程中试样是不受支撑的。

对同一试样各相邻层重复上述程序，直至试样中心层。

对第二个纵向试样进行类似的试验，但从下覆盖层开始。

对于横向试样，按同样的方法进行试验。

在试样被剥离两部分的接触面以外发生的分离（如在覆盖层内部发生的撕裂）均应视为带的部件本身的破坏，而不是部件之间的剥离。这些试验值应予以记录，但不能用来计算试样粘合强度。

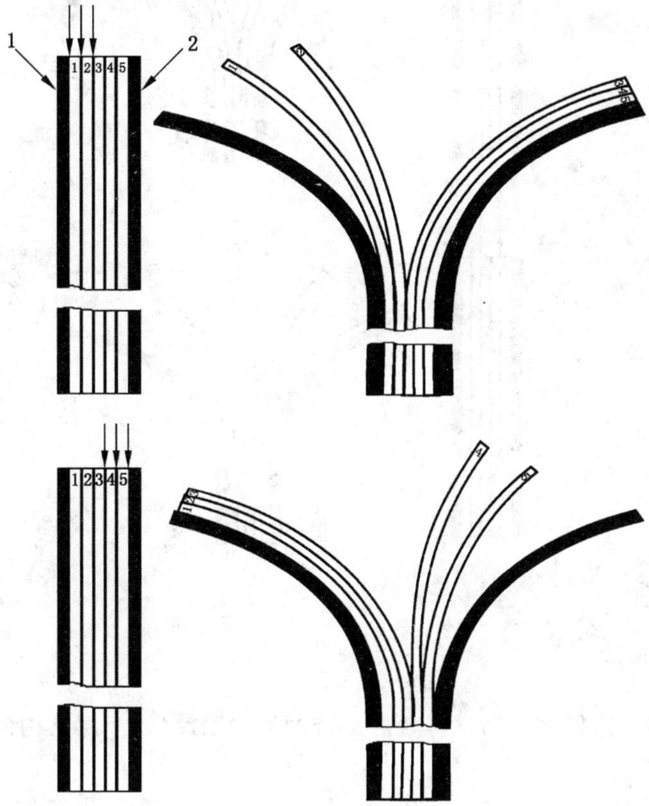


说明：

1——上覆盖层；

2——下覆盖层。

**图 2 采用 A 法对试样各层进行剥离的顺序（以 5 层结构为例）**

## 6.2 B 法（见图 3）

在一个纵向试样的一端，使上覆盖层与第一织物层分离一段长度，该长度大致相当于夹持器的长度。将分离开来的两个夹持段夹入拉力试验机夹持器。使夹持器以（100±10）mm/min 的速度移动进行剥离试验，同时自动记录剥离 100 mm 过程中的拉力曲线。试验过程中试样是不受支撑的。

用同一试样对各织物层重复上述程序，每次剥离两层。

对第二个纵向试样进行类似的试验，但开始时是将上覆盖层连同第一织物层一起从第二织物层上剥离。

对于横向试样，按同样的方法进行试验。

在试样被剥离两部分的接触面以外发生的分离（如在覆盖层内部发生的撕裂）均应视为带的部件本身的破坏，而不是部件之间的剥离。这些试验值应予以记录，但不能用来计算试样粘合强度。

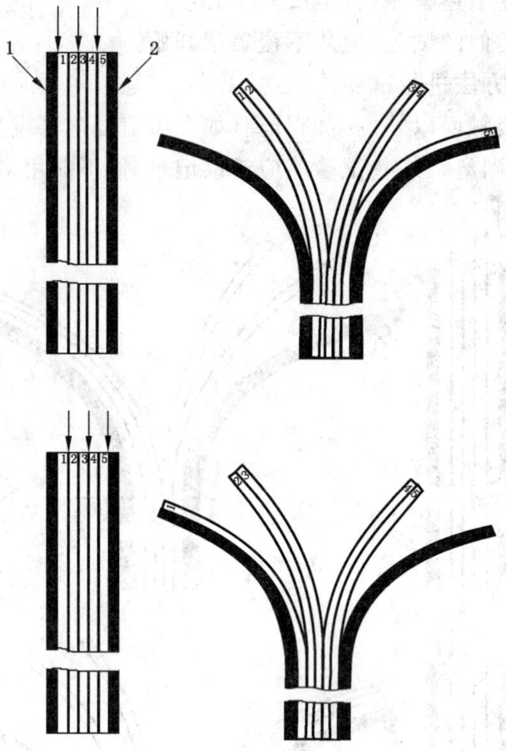


说明：

1——上覆盖层；

2——下覆盖层。

**图 3 采用 B 法对试样各层进行剥离的顺序(以 5 层结构为例)**

## 7 结果表示

### 7.1 纵向试样试验曲线的处理

试验得到的粘合力多峰曲线的分析处理按 ISO 6133 进行。以中峰值作为平均粘合力，以最低峰值作为最小粘合力。

计算平均粘合强度，即以平均粘合力(单位为牛顿)除以试样公称宽度(单位为毫米)，精确到0.1 N/mm。

同样地，计算最小粘合强度，即以最小粘合力(单位为牛顿)除以试样公称宽度(单位为毫米)，精确到 0.1 N/mm。

### 7.2 横向试样试验曲线的处理

若试样是横向切取的，也按 7.1 的规定进行处理。

## 8 试验报告

试验报告应包含以下内容：

a) 提及按本标准(即 GB/T 6759)进行试验；

b) 被试带的标记；

c) 从输送带制成到试验开始的时间间隔；

d) 试样状态调节和试验中的温度及状态调节的时间；

e) 采用的试验方法(A 法或 B 法)；

f) 按照 7.1 所示方法通过对上覆盖层与带芯织物层、下覆盖层与带芯织物层以及带芯各相邻织物层之间粘合力的测量而计算出来的平均粘合强度；

g) 按照 7.1 所示方法通过对上覆盖层与带芯织物层、下覆盖层与带芯织物层以及带芯各相邻织物层之间粘合力的测量而计算出来的最低粘合强度；

h) 关于试验中在达到规定剥离长度之前出现的被剥离两部件之一断裂的情况，以及断裂时记录的力值(见 6.1 和 6.2 的最后一段)；

i) 试验日期。

## 参考文献

[1] ISO 21183-1 轻型输送带 第1部分:基本性能及应用

# 中华人民共和国国家标准

GB 6783—2013

# 食品安全国家标准
# 食品添加剂　明胶

2013-11-29 发布　　　　2014-06-01 实施

中华人民共和国
国家卫生和计划生育委员会　发布

# 前　言

本标准代替 GB 6783—1994《食品添加剂　明胶》。

本标准与 GB 6783—1994 相比，主要变化如下：

——修改了标准中文名称；

——删除了对明胶的分类，统一了明胶的指标要求；

——删除了勃氏黏度、pH、等离子点、重金属的指标要求；

——修改了透明度，更名为透射比，并修订了检测方法；

——增加了过氧化物、铅的指标要求；

——修改了砷、铬、二氧化硫的检测方法；

——删除了对检验规则、标志、包装、运输的要求。

# 食品安全国家标准
# 食品添加剂　明胶

## 1　范围

本标准适用于以动物的骨、皮、筋、腱和鳞等为原料经适度水解所制得的食品添加剂明胶。

## 2　要求

### 2.1　原料要求

2.1.1　可以使用的原料：

a)　屠宰场、肉联厂、罐头厂、菜市场等提供的经检疫合格的新鲜牛、猪、羊和鱼等动物的皮、骨、筋、腱和鳞等；

b)　制革鞣制工艺前，剪切下的带毛边皮或剖下的内层皮；

c)　骨粒加工厂加工的清洁骨粒和自然风干的骨料。

2.1.2　禁止使用的原料：

a)　制革厂鞣制后的任何废料；

b)　无检验检疫合格证明的牛、猪、羊或鱼等动物的皮、骨、筋、腱和鳞等；

c)　经有害物处理过或使用苯等有机溶剂进行脱脂的动物的皮、骨、筋、腱和鳞等。

### 2.2　感官要求

感官要求应符合表1的规定。

表1　感官要求

| 项　　目 | 要　　求 | 检验方法 |
|---|---|---|
| 色泽 | 淡黄色至黄色 | 取适量样品置于洁净透明的玻璃器皿中，在自然光线下，观察其色泽和状态 |
| 状态 | 固体状(如颗粒、片状、粉末等) | |
| 气味 | 无不适气味 | 配制明胶溶液(2.5%)，嗅其味 |

### 2.3　理化指标

理化要求应符合表2的规定。

表2　理化指标

| 项　　目 | | 指标要求 | 检验方法 |
|---|---|---|---|
| 水分($w$)% | ≤ | 14.0 | GB 5009.3 直接干燥法[a] |
| 凝冻强度(6.67%)/(Bloom g) | ≥ | 50 | 附录A中A.4 |

表 2（续）

| 项　　目 | | | 指标要求 | 检验方法 |
|---|---|---|---|---|
| 灰分($w$)% | | ≤ | 2.0 | GB 5009.4[b] |
| 透射比/% | 波长 450 nm | ≥ | 30 | A.5 |
| | 波长 620 nm | ≥ | 50 | |
| 水不溶物($w$)% | | ≤ | 0.2 | A.6 |
| 二氧化硫/(mg/kg) | | ≤ | 30 | A.7 |
| 过氧化物/(mg/kg) | | ≤ | 10 | A.8 |
| 总砷(As)/(mg/kg) | | ≤ | 1.0 | GB/T 5009.11 |
| 铬(Cr)/(mg/kg) | | ≤ | 2.0 | GB/T 5009.123 原子吸收石墨炉法[c] 或 A.9 |
| 铅(Pb)/(mg/kg) | | ≤ | 1.5 | GB 5009.12 石墨炉原子吸收光谱法 |
| [a] 称样量为 1.0 g，精确至 0.001 g，干燥温度为 105 ℃±2 ℃。<br>[b] 称样量为 1 g±0.1 g，精确至 0.001 g。<br>[c] 为仲裁法。 | | | | |

## 2.4 微生物指标

微生物指标应符合表 3 的规定。

表 3　微生物指标

| 项　　目 | | 指标要求 | 检验方法 |
|---|---|---|---|
| 菌落总数/(CFU/g) | ≤ | 10 000 | GB 4789.2 |
| 沙门氏菌 | | 不得检出 | GB 4789.4 |
| 大肠菌群/(MPN/g) | ≤ | 3 | GB 4789.3 MPN 计数法 |

# 附 录 A
# 检验方法

## A.1 一般规定

除非另有说明，在分析中仅使用确认为分析纯的试剂和 GB/T 6682 中规定的水。分析中所用标准滴定溶液、杂质测定用标准溶液、制剂及制品，在没有注明其他要求时，均按 GB/T 601、GB/T 602、GB/T 603 的规定制备。本方法所用溶液在未注明用何种溶剂配制时，均指水溶液。

## A.2 试样溶液的配制

称取一定量的试样，精确到 0.1 g，放入干燥洁净的容器中，按所需质量浓度加入一定量的水，在室温下放置 2 h，使其充分吸水膨胀，然后将容器置于 65 ℃±1 ℃的水浴中，在 20 min±5 min 内缓慢搅拌溶解成为均匀的液体。

## A.3 鉴别试验

**A.3.1** 在冻力瓶中配制试样溶液(6.67 %)120 mL，冷却至约 30 ℃，加盖，在 10 ℃±0.1 ℃低温槽内冷却 16 h～18 h，样品应呈凝胶状，加热后可再次形成溶液。

**A.3.2** 取试样约 0.5 g，加水 50 mL，加热使溶解后，取溶液 5 mL，加重铬酸钾试液(称取 7.5 g 重铬酸钾，配制成 100 mL 溶液)4 份与稀盐酸(量取 234 mL 浓盐酸稀释至 1 000 mL)1 份的混合液数滴，即生成橘黄色絮状沉淀。取上述鉴别试验中剩余的溶液 1 mL，加水 100 mL，摇匀后，加鞣酸试液数滴，即发生浑浊。

## A.4 凝冻强度的测定

### A.4.1 原理

在规定的条件下，向直径为 12.7 mm 的圆柱内压入含 6.67%明胶溶液的胶冻表面以下 4 mm 时，所施加的力代表凝冻强度，以 Bloom g 为单位。

### A.4.2 仪器和设备

**A.4.2.1** 冻力仪：组织分析仪或冻力测试仪。

**A.4.2.2** 圆柱：直径 12.700 mm±0.013 mm。

**A.4.2.3** 冻力瓶：容量 150 mL，内径 59 mm，高度 85 mm。

**A.4.2.4** 恒温槽：可控制温度为 10 ℃±0.1 ℃。

**A.4.2.5** 水浴锅：可控制水浴温度为 65 ℃±1 ℃。

**A.4.2.6** 锥形瓶：250 mL。

A.4.3 分析步骤

在冻力瓶中配制6.67%试样溶液120 mL,加盖,在10 ℃±0.1 ℃低温槽内冷却16 h～18 h。将冻力瓶从恒温水槽中取出,迅速放在冻力仪圆台上。冻力仪“深度”选择4 mm,“速度”选择0.5 mm/s或1 mm/s,测定凝冻强度,样品测试需在2 min内完成。

A.4.4 结果计算

直接从冻力仪中读出测定的凝冻强度数值,单位以Bloom g表示。结果取整数,取平行测定结果的算术平均值为测定结果。重复性条件下获得的两次独立结果的绝对差值不得超过10 Bloom g。

## A.5 透射比的测定

A.5.1 原理

在45 ℃下,用分光光度法来测定明胶溶液(6.67%)在波长450 nm和620 nm下的透射比。

A.5.2 仪器和设备

A.5.2.1 可见光分光光度计。

A.5.2.2 天平:感量0.1 g。

A.5.3 分析步骤

A.5.3.1 配制试样溶液(6.67%),并恒温至48 ℃。

A.5.3.2 将分光光度计波长调节到450 nm。

A.5.3.3 以水作基准校准仪器。

A.5.3.4 将溶液倒入10 mm比色皿中,在45 ℃下,测定试样溶液的透射比。

A.5.3.5 将波长调节至620 nm,并重复A.5.3.3～A.5.3.4操作。

A.5.4 结果计算

直接用两个波长的透射百分比(%)来表示。结果保留整数位。取平行测定结果的算术平均值为测定结果。在重复性条件下获得的两次独立结果的绝对差值应不大于1%。

## A.6 水不溶物的测定

A.6.1 原理

用玻璃坩埚过滤明胶溶液而得出不溶物的量。

A.6.2 仪器和设备

砂芯玻璃坩埚:G3。

A.6.3 分析步骤

A.6.3.1 将玻璃坩埚在105 ℃～110 ℃烘干,烘至恒重。

A.6.3.2 称取试样10 g±1 g,精确到0.1 g,倒入烧杯中,加500 mL水,室温下放置2 h,然后放入65 ℃±1 ℃

的水浴中溶解,溶解时间最长不大于 0.5 h。

**A.6.3.3** 将试样溶液用抽滤法通过玻璃坩埚。

**A.6.3.4** 用热水洗玻璃坩埚上残渣 3 次。

**A.6.3.5** 将玻璃坩埚置于 105 ℃~110 ℃干燥箱里烘干。

**A.6.3.6** 从干燥箱中取出玻璃坩埚,置于干燥器中冷却至室温。

**A.6.3.7** 取出玻璃坩埚称量。

**A.6.3.8** 重复 A.6.3.5~ A.6.3.7 操作,直至恒重。

**A.6.4 结果计算**

试样中水不溶物的质量分数 $w_1$(%)按式(A.1)计算。

$$w_1=\frac{m_1-m_0}{m_2}\times 100\% \qquad \cdots\cdots(A.1)$$

式中:

$m_1$——玻璃坩埚与残渣的质量,单位为克(g);

$m_0$——玻璃坩埚的质量,单位为克(g);

$m_2$——试样的质量,单位为克(g)。

计算结果表示到小数点后两位。取平行测定结果的算术平均值为测定结果。在重复性条件下获得的两次独立测定结果的绝对差值应不超过 0.02 %。

## A.7 二氧化硫的测定

**A.7.1 原理**

将明胶中的亚硫酸盐转变成硫酸,用碱滴定,通过所消耗的碱量计算出二氧化硫含量。

**A.7.2 试剂和材料**

**A.7.2.1** 过氧化氢溶液:3%。

**A.7.2.2** 溴酚蓝乙醇溶液:1 g/L。将溴酚蓝溶于体积分数 20%的乙醇中。

**A.7.2.3** 氢氧化钠标准滴定溶液:$c(NaOH)=0.01$ mol/L。

**A.7.2.4** 盐酸溶液:2 mol/L。

**A.7.3 仪器和设备**

二氧化硫测定装置见图 A.1。

**A.7.4 分析步骤**

**A.7.4.1** 在烧瓶(A)中加入 150 mL 水,并在整个系统中通入二氧化碳气体(纯度不低于 99%),持续 15 min,流速为 100 mL/min。

**A.7.4.2** 在过氧化氢溶液 10 mL 中加入溴酚蓝-乙醇溶液 0.15 mL,用氢氧化钠标准滴定溶液滴定直至出现蓝紫色,不能滴过,并将此溶液加入到试管中(D)。

**A.7.4.3** 在不影响二氧化碳气流的情况下取下分液漏斗(B),往烧瓶中加入试样 25.0 g 和水 100 mL。

**A.7.4.4** 通过分液漏斗,往烧瓶中加入盐酸溶液 80 mL,煮沸 1 h。

**A.7.4.5** 打开分液漏斗活塞,停止通入二氧化碳气体,并停止加热和冷凝水。

单位为毫米

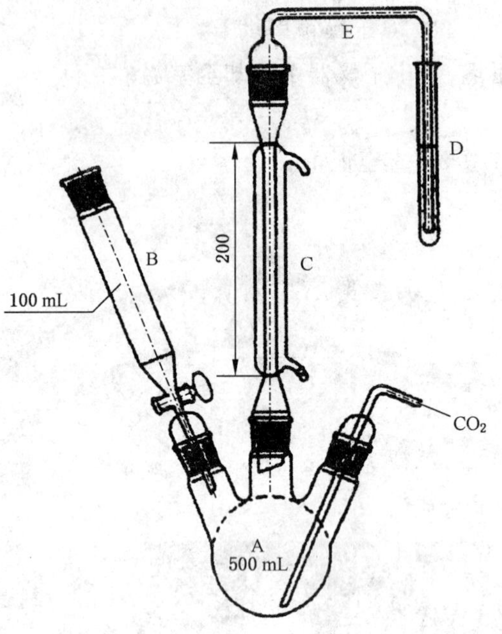


说明：

A ——圆底烧瓶；

B ——分液漏斗；

C ——冷凝管；

D ——试管；

E ——导管。

**图 A.1　二氧化硫测定装置**

**A.7.4.6**　在试管中加入少量水，并将试管内溶液移至 200 mL 的广口锥形烧瓶中，然后将其在 60 ℃～70 ℃水浴中加热 15 min，冷却。

**A.7.4.7**　加入溴酚蓝-乙醇溶液 0.1 mL，然后用氢氧化钠标准溶液滴定，直至颜色由黄色变为蓝紫色（消耗体积为 $V_1$）。

**A.7.4.8**　进行一次空白滴定（消耗体积为 $V_0$）。

### A.7.5　结果计算

试样中二氧化硫的含量的质量分数 $w_2$ 数值以 mg/kg 表示，按式（A.2）计算。

$$w_2 = 64.060 \times 10^3 \times 0.5 \times (V_1 - V_0) \times \frac{c}{m} \times 100\% \quad \cdots\cdots\cdots\cdots (A.2)$$

式中：

64.060——二氧化硫（$SO_2$）的摩尔质量的数值，单位为克每摩尔（g/mol）[$M(SO_2)=64.060$]；

$10^3$ ——换算系数；

0.5 ——换算系数；

$V_1$ ——消耗氢氧化钠标准滴定溶液的体积，单位为毫升（mL）；

$V_0$ ——空白消耗氢氧化钠标准滴定溶液的体积，单位为毫升（mL）；

$c$ ——氢氧化钠标准滴定溶液的浓度，单位为摩尔每升(mol/L)；

$m$ ——试样的质量，单位为克(g)。

计算结果取整数。取平行测定结果的算术平均值为测定结果。在重复性条件下获得的两次独立测定结果的绝对差值应不超过1 mg/kg。

## A.8 过氧化物的测定

### A.8.1 原理

采用碘量法，利用I的还原性测定氧化性物质。在被测的物质中，如果存在氧化性物质，加入过量的碘化钾，然后用硫代硫酸钠标准溶液滴定析出的碘。

### A.8.2 试剂和材料

**A.8.2.1** 硫酸溶液：20%。

**A.8.2.2** 碘化钾溶液：20 g/L。

**A.8.2.3** 淀粉溶液：10 g/L。

**A.8.2.4** 钼酸铵溶液：5 g/L。

**A.8.2.5** 硫代硫酸钠标准滴定溶液：0.01 mol/L。

### A.8.3 分析步骤

**A.8.3.1** 称取试样10 g于250 mL锥形瓶中，加140 mL水，膨胀2 h，在50 ℃的水浴中尽快地溶解，轻轻地搅拌以免产生气泡，迅速冷却至30 ℃，并依次加入以下试剂：

a) 硫酸溶液6 mL，并摇匀；

b) 碘化钾溶液10 mL，并摇匀；

c) 淀粉溶液2 mL～3 mL，并摇匀；

d) 钼酸铵溶液1 mL，彻底摇匀后置放在黑暗处10 min。

**A.8.3.2** 用硫代硫酸钠标准滴定溶液滴定至溶液蓝色消退，消耗硫代硫酸钠标准滴定溶液体积为$V_1$。

**A.8.3.3** 按A.8.3.1、A.8.3.2做试样空白试验。

### A.8.4 结果计算

试样中过氧化物的质量分数$w_3$数值以mg/kg表示，按式(A.3)计算。

$$w_3 = \frac{34 \times 10^3 \times 0.5 \times (V_1 - V_0) \times c}{m} \times 100\% \qquad \text{(A.3)}$$

式中：

34 ——过氧化氢($H_2O_2$)的摩尔质量的数值，单位为克每摩尔(g/mol)[$M(H_2O_2)=34$]；

$10^3$——换算系数；

0.5——换算系数；

$V_1$ ——试样消耗硫代硫酸钠标准滴定溶液的体积，单位为毫升(mL)；

$V_0$ ——空白试验消耗硫代硫酸钠标准滴定溶液的体积，单位为毫升(mL)；

$c$ ——硫代硫酸钠标准滴定溶液浓度，单位为摩尔每升(mol/L)；

$m$ ——试样的质量，单位为克(g)。

计算结果取整数。取平行测定结果的算术平均值为测定结果。在重复性条件下获得的两次独立测定结果的绝对差值应不超过 1 mg/kg。

## A.9 铬(Cr)的测定

### A.9.1 原理

采用二苯碳酰二肼(二苯氨基脲)比色法。二苯碳酰二肼(二苯氨基脲)与铬生成红色络合物,于 540 nm 处测定吸光度,吸光度值与铬的浓度符合朗勃-比尔定律。

### A.9.2 仪器和设备

**A.9.2.1** 721 型可见分光光度计或能达到同等要求的可见分光光度计。

**A.9.2.2** 高温炉。

### A.9.3 试剂和材料

**A.9.3.1** 高锰酸钾溶液(5 g/L):称取 0.5 g 高锰酸钾,溶解并稀释至 100 mL,贮存于棕色瓶中。

**A.9.3.2** 尿素溶液(100 g/L):称取 10 g 尿素,溶解并稀释至 100 mL,贮存于棕色瓶中,置于暗冷处。

**A.9.3.3** 亚硝酸钠溶液(100 g/L):称取 10 g 亚硝酸钠,溶解并稀释至 100 mL,贮存于棕色瓶中,置于暗处,或现用现配。

**A.9.3.4** 二苯碳酰二肼丙酮溶液:称取 0.125 g 二苯碳酰二肼,溶于由 25 mL 丙酮和 25 mL 水配成的混合液中,现用现配,放置于暗处。

**A.9.3.5** 焦磷酸钠溶液(5 g/L):称取 0.5 g 焦磷酸钠,溶解并稀释至 100 mL,贮存于试剂瓶中。

**A.9.3.6** 铬标准储备液(0.02 mg/mL):准确称取 0.056 6 g 重铬酸钾(优级纯,在玛瑙研钵中研细,并在 105 ℃～110 ℃干燥 3 h～4 h 后,置于干燥器中冷却),置于小烧杯中,用水溶解,移入 100 mL 容量瓶中,加水至刻度。

**A.9.3.7** 硫酸溶液(1 mol/L):量取 28 mL 硫酸,缓缓加入盛有一定量纯水的 500 mL 容量瓶中,再加水至刻度。

### A.9.4 分析步骤

**A.9.4.1** 绘制标准工作曲线:移取铬标准溶液 0.00 mL、0.20 mL、0.40 mL、0.60 mL、1.00 mL、1.60 mL、2.00 mL、2.60 mL,相当于含铬 0.0 μg、4.0 μg、8.0 μg、12.0 μg、20.0 μg、32.0 μg、40.0 μg、52.0 μg,分别置于烧杯中。各加入硫酸溶液 10 mL 及水 10 mL,加热煮沸,滴加高锰酸钾溶液至溶液不褪色,冷却,定量转移至 50 mL 容量瓶中,加入尿素溶液 10 mL,剧烈振摇下滴加亚硝酸钠溶液至溶液褪色。加入焦磷酸钠溶液 2.0 mL、二苯碳酰二肼 0.5 mL。用水定容,摇匀,放置 30 min 后,于波长 540 nm 处测定吸光度值,绘制出 $c_{cr}$-$D_{540}$ 标准工作曲线。

**A.9.4.2** 样品预处理及测定:准确称取明胶 1.000 g 于坩埚中,缓慢升温,使之炭化,放冷。加浓硝酸数滴,慢慢加热,气体停止逸出时,移入高温炉中,于 600 ℃下灼烧至所有黑色颗粒消失(2 h),取出待冷却后加硫酸溶液 10 mL 和水 20 mL 使残渣溶解,在水浴上加热 5 min。滴加高锰酸钾溶液煮沸,溶液紫红色消失时再滴加高锰酸钾溶液煮沸,如此反复直至紫红色不褪为止,放冷、加尿素溶液 10 mL,剧烈振摇下滴加亚硝酸钠溶液,直至过量的高锰酸钾完全消除,溶液呈无色。如二氧化锰明显存在则过滤。定量转移至 50 mL 容量瓶中,加入焦磷酸钠溶液 2 mL、二苯碳酰二肼溶液 0.5 mL,用水定容,摇匀。放置 30 min。

**A.9.4.3** 取 A.9.4.2 中所得样品溶液,在 540 nm 波长处测定出吸光度值,即可由 $c_{cr}$-$D_{540}$ 标准工作曲线计算得到试样的铬含量。

### A.9.5 结果计算

由 $c_{cr}$-$D_{540}$ 标准工作曲线计算得到铬含量，单位为毫克每千克(mg/kg)。结果表示到小数点后一位。取平行测定结果的算术平均值为测定结果。在重复性条件下获得的两次独立测定结果的绝对差值应不超过 0.2 mg/kg。

ICS 27.020
J 90

# 中华人民共和国国家标准

GB/T 6809.2—2013/ISO 7967-3:2010
代替 GB/T 6809.2—2006

# 往复式内燃机　零部件和系统术语
# 第2部分:气门、凸轮轴传动和驱动机构

**Reciprocating internal combustion engines—Vocabulary of components and systems—Part 2:Valves,camshaft drives and actuating mechanisms**

(ISO 7967-3:2010,IDT)

2013-12-31 发布　　　　2014-10-01 实施

中华人民共和国国家质量监督检验检疫总局
中国国家标准化管理委员会　发布

# 前　言

GB/T 6809《往复式内燃机　零部件和系统术语》分为九个部分：

——第1部分：固定件及外部罩盖；

——第2部分：气门、凸轮轴传动和驱动机构；

——第3部分：主要运动件；

——第4部分：增压及进排气管系统；

——第5部分：冷却系统；

——第6部分：润滑系统；

——第7部分：调节系统；

——第8部分：起动系统；

——第9部分：监控系统。

本部分为GB/T 6809的第2部分。

本部分按照GB/T 1.1—2009给出的规则起草。

本部分代替GB/T 6809.2—2006《往复式内燃机零部件和系统术语　第2部分：气门、凸轮轴传动和驱动机构》，与GB/T 6809.2—2006相比主要技术变化如下：

——为与ISO 7967-3:2010保持一致，将规范性引用文件中所列标准列入参考文献（见参考文献，2006年版第2章）；

——修改了部分术语及定义（见第2章，2006年版第3章、第4章、第5章、第6章和第7章）；

——对文本进行全面重新编辑（见第2章，2006年版第3章、第4章、第5章、第6章和第7章）。

本部分采用翻译法等同采用ISO 7967-3:2010《往复式内燃机　零部件和系统词汇　第3部分：气门、凸轮轴传动和驱动机构》（英文版）。

本部分由中国机械工业联合会提出。

本部分由全国内燃机标准化技术委员会（SAC/TC 177）归口。

本部分起草单位：潍柴动力股份有限公司、上海内燃机研究所、浙江平柴泵业有限公司、浙江宇太汽车零部件制造有限公司、怀集登云汽配股份有限公司、安徽金庆龙机械制造有限公司、江苏常动机械有限公司、常州常昊发柴油机有限公司。

本部分主要起草人：王建平、乔亮亮、陈贤明、李云强、计维斌、姚必武、瞿俊鸣、陈刚、左克祥、华建文、邹定国、许林峰。

本部分于1988年6月首次发布，2006年2月第一次修订，本次为第二次修订。

# 往复式内燃机 零部件和系统术语
# 第2部分:气门、凸轮轴传动和驱动机构

## 1 范围

GB/T 6809 的本部分规定了与往复式内燃机气门、凸轮轴传动和驱动机构有关的术语。

GB/T 1883.1 则提供了往复式内燃机的分类和规定了这种内燃机及其工作特性的基本术语。

## 2 术语和定义

### 2.1 凸轮轴

| 序号 | 术语 | 定　　义 | 图　　例 |
|---|---|---|---|
| 2.1.1 | 凸轮轴<br>**camshaft** | 用以控制内燃机工作循环中的各种动作(例如气门定时开闭、喷油或点火),而带有凸轮的轴。 | |
| 2.1.2 | 整体式凸轮轴<br>**one-piece camshaft** | 将凸轮和轴制成一体的凸轮轴。 | 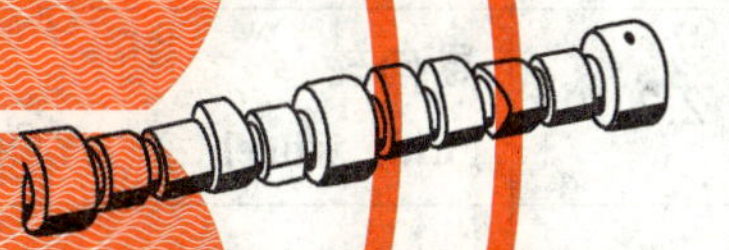 |
| 2.1.3 | 组合式凸轮轴<br>**assembled camshaft** | 将各个凸轮用法兰组装在轴上的凸轮轴。 | 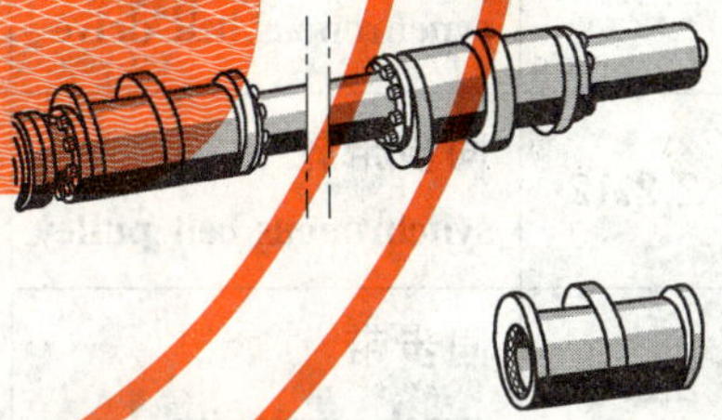 |
| 2.1.4 | 凸轮<br>**cam** | 用以驱动气门或燃料喷射泵的零件。 | |

### 2.2 凸轮轴传动机构

| 序号 | 术语 | 定　　义 | 图　　例 |
|---|---|---|---|
| 2.2.1 | 凸轮轴传动机构<br>**camshaft drive** | 用以转动凸轮轴的机构。 | |
| 2.2.2 | 齿轮传动<br>**gear drive** | 通过一系列齿轮而实施的由曲轴至凸轮轴的传动。 | 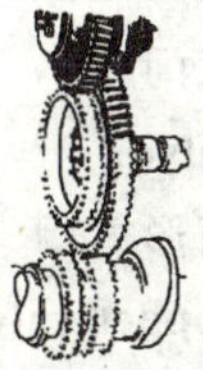 |

| 序号 | 术语 | 定　　义 | 图　　例 |
|---|---|---|---|
| 2.2.3 | **链传动**<br>**chain drive** | 通过链轮和正时链条而实施的由曲轴至凸轮轴的传动。 | |
| 2.2.4 | **链轮**<br>**sprocket wheel** | 用以传动正时链条或由正时链条传动的轮子。 | 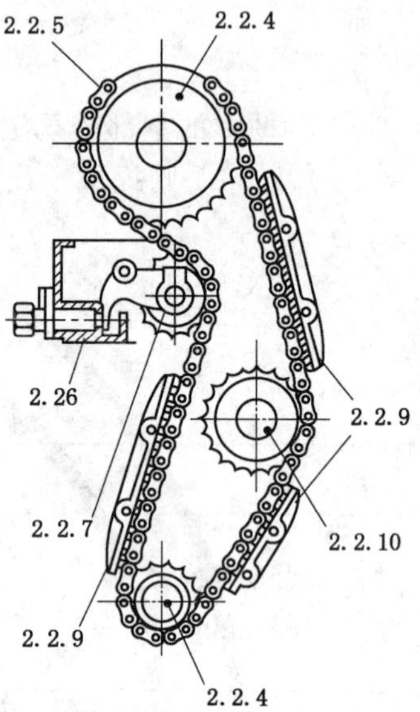 |
| 2.2.5 | **正时链条**<br>**timing chain** | 将运动从曲轴传递到凸轮轴的零件。 | |
| 2.2.6 | **传动链张紧装置总成**<br>**chain tension adjuster assembly** | 利用张紧轮或张紧滑轨，以补偿因磨损而使链条伸长的机构。<br>注：由弹簧或液压机构进行驱动。 | |
| 2.2.7 | **张紧轮**<br>**tensioning wheel** | 紧压在链条上，用以调节张紧度的轮子。 | |
| 2.2.8 | **张紧滑轨**<br>**slide rail** | 紧压在链条上，用以调节张紧度的导轨。 | |
| 2.2.9 | **导杆**<br>**slide bars** | 用以吸收链条振动和对链条进行导向的成对零件。 | |
| 2.2.10 | **导向轮**<br>**guide wheel** | 用以对链条进行导向的轮子。 | |
| 2.2.11 | **同步带传动**<br>**synchronous belt drive** | 通过同步带轮和皮带而实施的由曲轴至凸轮轴的传动。 | |
| 2.2.12 | **同步带轮**<br>**synchronous belt pulley** | 与同步皮带进行齿啮合的带齿轮子。 | 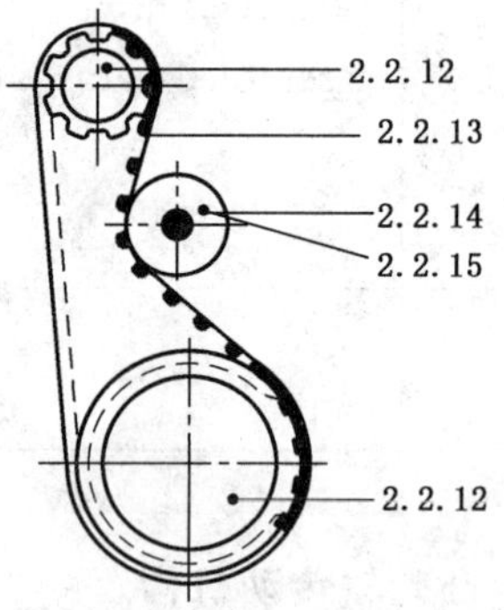 |
| 2.2.13 | **同步带**<br>**synchronous belt** | 弹性环状齿形皮带。 | |
| 2.2.14 | **皮带张紧装置**<br>**belt tensioner** | 用以调节皮带张紧度的机构。 | |
| 2.2.15 | **张紧带轮**<br>**tensioning pulley** | 紧压在皮带上，用以调节皮带张紧度的轮子。 | |

## 2.3　气门

| 序号 | 术语 | 定　　义 | 图　　例 |
|---|---|---|---|
| 2.3.1 | **气门**<br>**valve;**<br>**菌形气门**<br>**poppet valve** | 由阀杆、阀盘和阀面（阀座）所组成，用以使燃烧气体进出气缸的零件。 | |

| 序号 | 术语 | 定　　义 | 图　　例 |
|---|---|---|---|
| 2.3.2 | **进气门**<br>**inlet valve** | 使新鲜充气进入发动机燃烧室的气门。 | 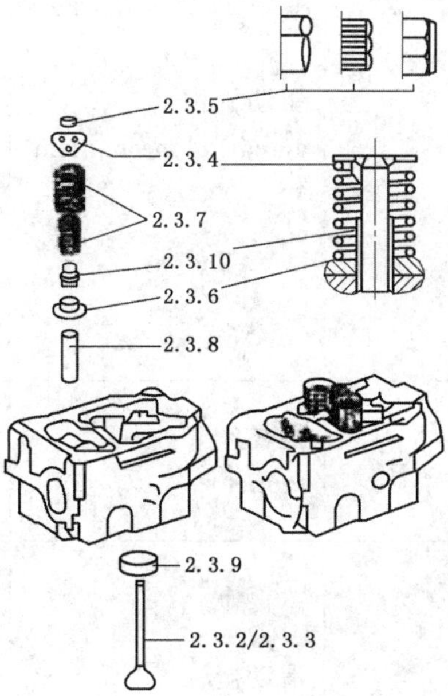 |
| 2.3.3 | **排气门**<br>**exhaust valve** | 使废气从发动机燃烧室排出的气门。 | |
| 2.3.4 | **气门弹簧座**<br>**valve spring;retainer** | 用于固定气门弹簧,并将弹簧作用力传递给阀杆的零件。 | |
| 2.3.5 | **气门锁夹**<br>**valve collet;**<br>**气门锁键**<br>**valve key;**<br>**气门锁片**<br>**valve lock** | 用以将气门弹簧座固紧在阀杆上的成对零件。 | |
| 2.3.6 | **气门弹簧垫圈**<br>**valve spring washer** | 用以防止气缸盖损坏的垫圈。 | |
| 2.3.7 | **气门弹簧**<br>**valve spring** | 用以关闭气门的弹簧。 | |
| 2.3.8 | **气门导管**<br>**valve guide** | 用于对气门导向的零件。 | |
| 2.3.9 | **气门座圈**<br>**valve seat insert** | 安装在气缸盖上可更换的气门座。 | |
| 2.3.10 | **气门杆油封**<br>**valve stem seal** | 安装在气门导管上部和/或下部,位于阀杆与气门导管之间用以防止机油进入气缸盖的密封件。 | |
| 2.3.11 | **阀壳**<br>**valve cage** | 内部装有气门并与气缸盖分离的零件。<br>**注**:冷却式阀壳应标注“冷却式”的标记。 | 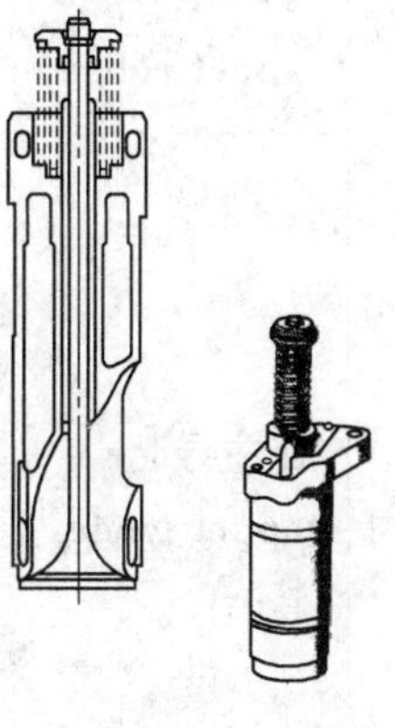 |

## 2.4 驱动机构

| 序号 | 术语 | 定　义 | 图　例 |
|---|---|---|---|
| 2.4.1 | 驱动机构<br>**actuating mechanism** | 用于将凸轮的旋转运动转换为气门和喷油泵的往复运动的零件。 | 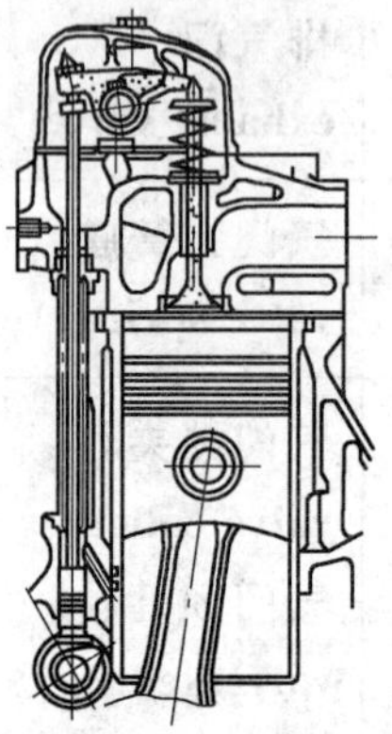 |
| 2.4.2 | 挺柱<br>**tappet** | 支承在凸轮上并在导套内滑动，以传递往复运动的装置。 | |
| 2.4.3 | 滑动挺柱<br>**sliding tappet** | 与凸轮作滑动接触的平面挺柱。 |  |
| 2.4.4 | 滚轮挺柱<br>**roller tappet** | 带有滚轮，并与凸轮作滚动接触的挺柱。 |  |
| 2.4.5 | 挺柱滚轮<br>**tappet roller** | 滚轮挺柱中用于将凸轮升程传递给挺柱的零件。 | 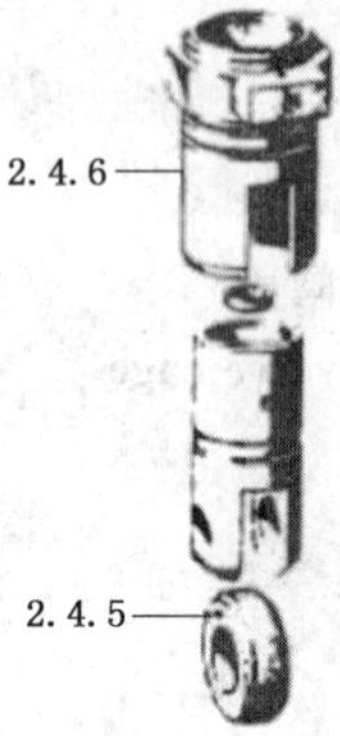 |
| 2.4.6 | 挺柱导套<br>**tappet guide** | 挺柱的导向零件。 | |

| 序号 | 术语 | 定　　义 | 图　　例 |
|---|---|---|---|
| 2.4.7 | **凸轮从动件**<br>**cam follower** | 支承在凸轮上,用以传递往复运动的摇臂。 | 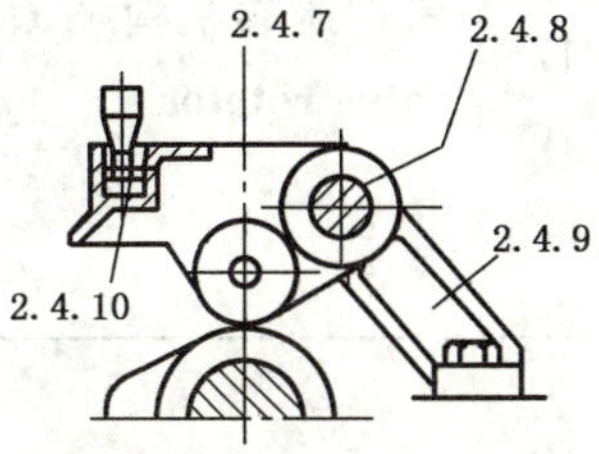 |
| 2.4.8 | **凸轮从动件销轴**<br>**cam follower shaft** | 凸轮从动件绕其摆动的轴。 | |
| 2.4.9 | **凸轮从动件支架**<br>**cam follower bracket** | 用以支承凸轮从动件的支架。 | |
| 2.4.10 | **止推座**<br>**thrust cup** | 凸轮从动件或摇臂中用以承受推杆压力的部分。 | |
| 2.4.11 | **推杆**<br>**push-rod** | 将挺柱或凸轮从动件的运动传递到摇臂的杆子。 | 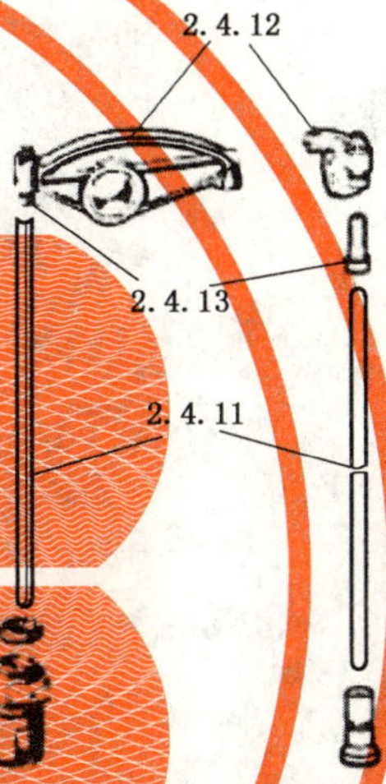 |
| 2.4.12 | **摇臂**<br>**rocker arm;**<br>**rocker** | 用于使推杆反向运动的零件。 | |
| 2.4.13 | **气门调整螺钉**<br>**valve adjuster** | 用以调节气门间隙的螺钉。 | |
| 2.4.14 | **摇臂座**<br>**rocker arm bracket;**<br>**rocker arm pedestal** | 用以支承摇臂的零件。 | 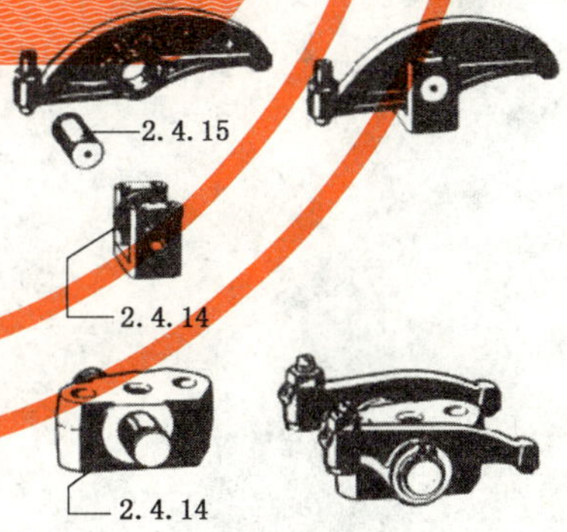 |
| 2.4.15 | **摇臂轴**<br>**rocker arm shaft** | 摇臂在其上作摆动的零件。 | |
| 2.4.16 | **阀桥**<br>**valve bridge;**<br>**阀顶架**<br>**bridge piece** | 用单个作用力驱动两个或多个气门的零件。 | 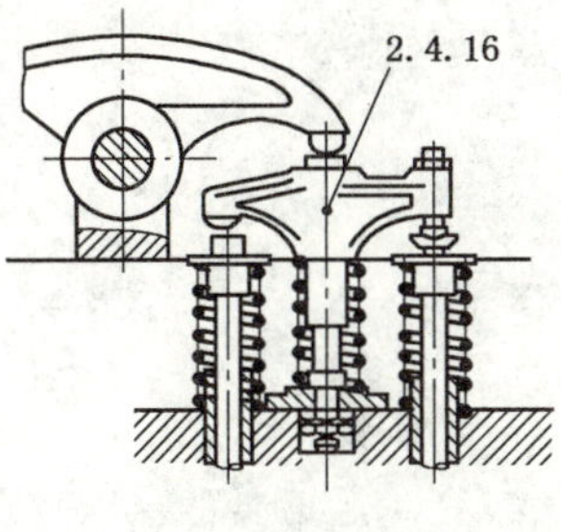 |

| 序号 | 术语 | 定　义 | 图　例 |
|---|---|---|---|
| 2.4.17 | **气门旋转机构**<br>**valve rotator** | 用以使气门旋转的机构。 | 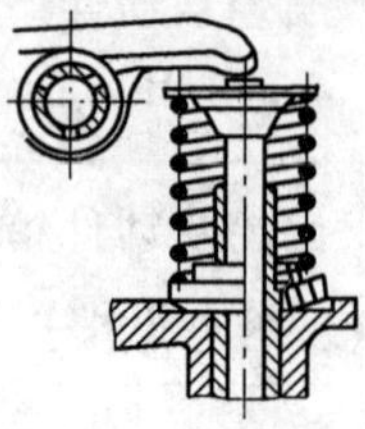 |

# 参 考 文 献

[1] GB/T 1883.1—2005 往复式内燃机 词汇 第1部分:发动机设计和运行术语(ISO 2710-1:2000,IDT)

# 索　引

## 汉语拼音索引

C

齿轮传动 …… 2.2.2
传动链张紧装置总成 …… 2.2.6

D

导杆 …… 2.2.9
导向轮 …… 2.2.10

F

阀顶架 …… 2.4.16
阀壳 …… 2.3.11
阀桥 …… 2.4.16

G

滚轮挺柱 …… 2.4.4

H

滑动挺柱 …… 2.4.3

J

进气门 …… 2.3.2
菌形气门 …… 2.3.1

L

链传动 …… 2.2.3
链轮 …… 2.2.4

P

排气门 …… 2.3.3
皮带张紧装置 …… 2.2.14

Q

气门 …… 2.3.1
气门导管 …… 2.3.8
气门杆油封 …… 2.3.10
气门锁夹 …… 2.3.5
气门锁键 …… 2.3.5

气门锁片 …… 2.3.5
气门弹簧 …… 2.3.7
气门弹簧垫圈 …… 2.3.6
气门弹簧座 …… 2.3.4
气门调整螺钉 …… 2.4.13
气门旋转机构 …… 2.4.17
气门座圈 …… 2.3.9
驱动机构 …… 2.4.1

T

挺柱 …… 2.4.2
挺柱导套 …… 2.4.6
挺柱滚轮 …… 2.4.5
同步带轮 …… 2.2.12
同步带 …… 2.2.13
同步带传动 …… 2.2.11
凸轮 …… 2.1.4
凸轮从动件 …… 2.4.7
凸轮从动件销轴 …… 2.4.8
凸轮从动件支架 …… 2.4.9
凸轮轴 …… 2.1.1
凸轮轴传动机构 …… 2.2.1
推杆 …… 2.4.11

Y

摇臂 …… 2.4.12
摇臂轴 …… 2.4.15
摇臂座 …… 2.4.14

Z

张紧带轮 …… 2.2.15
张紧轮 …… 2.2.7
张紧滑轨 …… 2.2.8
整体式凸轮轴 …… 2.1.2
正时链条 …… 2.2.5
止推座 …… 2.4.10
组合式凸轮轴 …… 2.1.3

英文对应词索引

A

**actuating mechanism** …… 2.4.1

assembled camshaft ........ 2.1.3

B

belt tensioner ........ 2.2.14
bridge piece ........ 2.4.16

C

cam ........ 2.1.4
cam follower ........ 2.4.7
cam follower bracket ........ 2.4.9
cam follower shaft ........ 2.4.8
camshaft ........ 2.1.1
camshaft drive ........ 2.2.1
chain drive ........ 2.2.3
chain tension adjuster assembly ........ 2.2.6

E

exhaust valve ........ 2.3.3

G

gear drive ........ 2.2.2
guide wheel ........ 2.2.10

I

inlet valve ........ 2.3.2

O

one-piece camshaft ........ 2.1.2

P

poppet valve ........ 2.3.1
push-rod ........ 2.4.11

R

rocker ........ 2.4.12
rocker arm ........ 2.4.12
rocker arm bracket ........ 2.4.14
rocker arm pedestal ........ 2.4.14
rocker arm shaft ........ 2.4.15
roller tappet ........ 2.4.4

S

slide bars ........ 2.2.9

slide rail …… 2.2.8
sliding tappet …… 2.4.3
sprocket wheel …… 2.2.4
synchronous belt …… 2.2.13
synchronous belt drive …… 2.2.11
synchronous belt pulley …… 2.2.12

T

tappet …… 2.4.2
tappet guide …… 2.4.6
tappet roller …… 2.4.5
tensioning pulley …… 2.2.15
tensioning wheel …… 2.2.7
thrust cup …… 2.4.10
timing chain …… 2.2.5

V

valve …… 2.3.1
valve adjuster …… 2.4.13
valve bridge …… 2.4.16
valve cage …… 2.3.11
valve collet …… 2.3.5
valve guide …… 2.3.8
valve key …… 2.3.5
valve lock …… 2.3.5
valve rotator …… 2.4.17
valve seat insert …… 2.3.9
valve spring …… 2.3.7
valve spring retainer …… 2.3.4
valve spring washer …… 2.3.6
valve stem seal …… 2.3.10

ICS 27.020
J 90

# 中华人民共和国国家标准

GB/T 6809.3—2013/ISO 7967-2:2010
代替 GB/T 6809.3—2006

# 往复式内燃机　零部件和系统术语
# 第3部分:主要运动件

Reciprocating internal combustion engines—
Vocabulary of components and systems—
Part 3: Main running gear

(ISO 7967-2:2010,IDT)

2013-12-31 发布　　2014-10-01 实施

中华人民共和国国家质量监督检验检疫总局
中国国家标准化管理委员会　发布

# 前　言

GB/T 6809《往复式内燃机　零部件和系统术语》分为九个部分：

——第 1 部分：固定件及外部罩盖；

——第 2 部分：气门、凸轮轴传动和驱动机构；

——第 3 部分：主要运动件；

——第 4 部分：增压及进排气管系统；

——第 5 部分：冷却系统；

——第 6 部分：润滑系统；

——第 7 部分：调节系统；

——第 8 部分：起动系统；

——第 9 部分：监控系统。

本部分为 GB/T 6809 的第 3 部分。

本部分按照 GB/T 1.1—2009 给出的规则起草。

本部分代替 GB/T 6809.3—2006《往复式内燃机　零部件和系统术语　第 3 部分：主要运动件》，与 GB/T 6809.3—2006 相比主要技术变化如下：

——为与 ISO 7967-2:2010 保持一致，将规范性引用文件中所列标准列入参考文献(见参考文献，2006 年版第 2 章)；

——修改了部分术语及定义(见第 2 章，2006 年版第 3 章、第 4 章、第 5 章、第 6 章和第 7 章)；

——增加了部分术语及定义(见第 2 章)；

——修改了标准的编辑方式(见第 2 章，2006 年版第 3 章、第 4 章、第 5 章、第 6 章和第 7 章)。

本部分采用翻译法等同采用 ISO 7967-2:2010《往复式内燃机　零部件和系统词汇　第 2 部分：主要运动件》(英文版)。

本部分由中国机械工业联合会提出。

本部分由全国内燃机标准化技术委员会(SAC/TC 177)归口。

本部分起草单位：广西玉柴机器股份有限公司、浙江平柴泵业有限公司、潍柴动力股份有限公司、上海内燃机研究所、江苏常动机械有限公司、常州常昊发柴油机有限公司。

本部分主要起草人：林铁坚、乔亮亮、王建平、罗志坚、计维斌、李云强、陈贤明、瞿俊鸣、华建文、邹定国、许林峰。

本部分于 1989 年 6 月首次发布，2006 年 12 月第一次修订，本次为第二次修订。

# 往复式内燃机　零部件和系统术语　第3部分:主要运动件

## 1　范围

GB/T 6809的本部分规定了与往复式内燃机主要运动件有关的术语。

GB/T 1883.1则提供了往复式内燃机的分类和规定了这种内燃机及其工作特性的基本术语。

## 2　术语和定义

### 2.1　活塞类型

| | | |
|---|---|---|
| 2.1.1 | **活塞**<br>**piston**<br>受燃气压力作用,在发动机气缸内作往复运动的零部件,通常与连杆铰接。 | 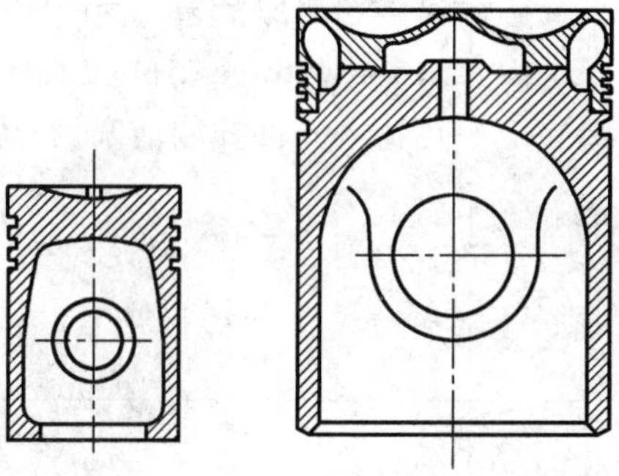 |
| 2.1.2 | **十字头活塞**<br>**crosshead piston**<br>与活塞杆刚性连接的活塞。 | 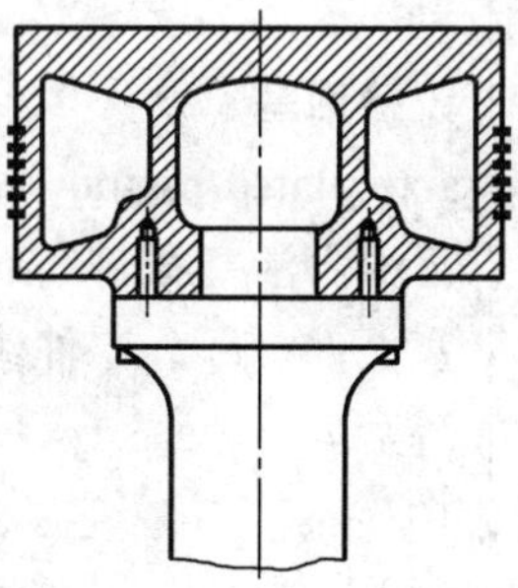 |
| 2.1.3 | **整体活塞**<br>**one-piece piston**<br>由一个或数个零件永久连接在一起所组成的活塞。 | 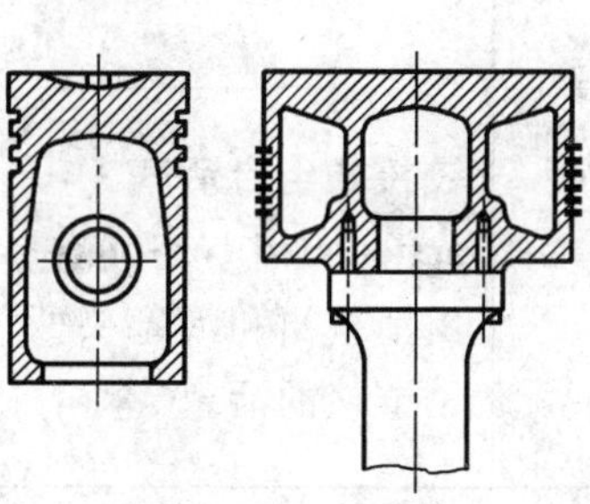 |

| | | |
|---|---|---|
| 2.1.4 | **组合活塞**<br>**multi-piece piston**<br>由几个零件组成，其中有些可以装拆的活塞。 | 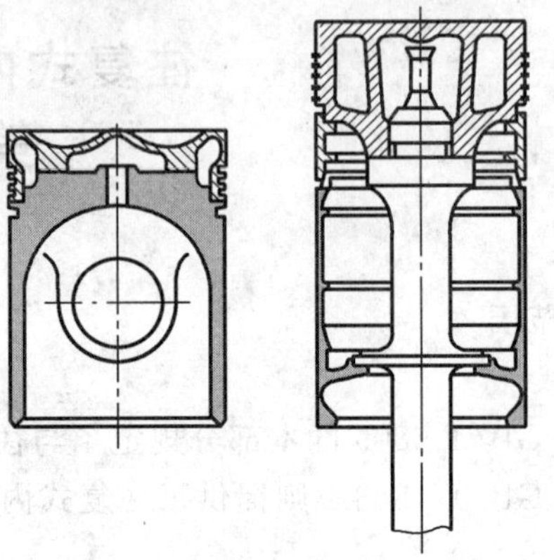 |
| 2.1.5 | **可控热膨胀活塞**<br>**piston with controlled thermal expansion**<br>用铸入元件控制活塞裙部热膨胀的活塞。 | 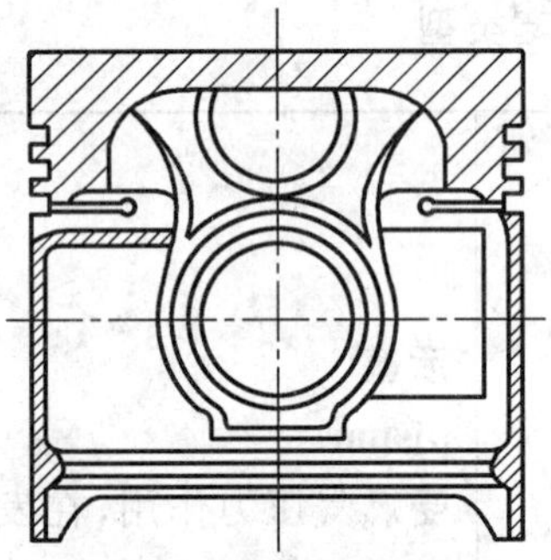 |
| 2.1.6 | **铰接活塞**<br>**articulated piston**<br>至少由活塞裙部（活塞下部）和活塞头部（活塞上部）两个零件组成，并用活塞销连接的活塞。 | 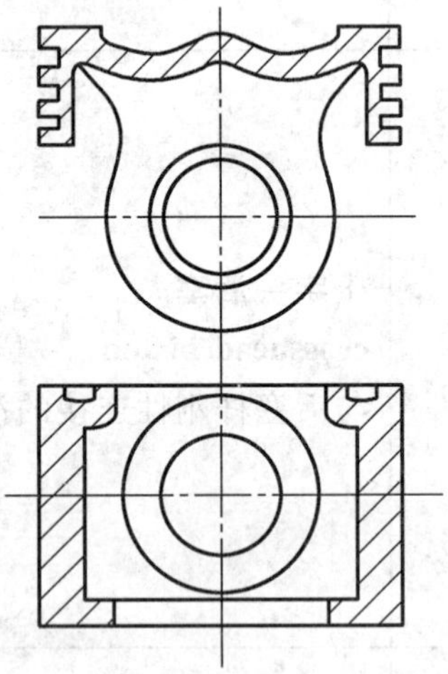 |
| 2.1.7 | **铰接式组合活塞**<br>**articulated two-piece piston**<br>由活塞裙和活塞头两部分组成，并通过活塞销链接的活塞。 | |

2.2 活塞零部件

| | | |
|---|---|---|
| 2.2.1 | **活塞头部**<br>**piston crown;**<br>**活塞上部**<br>**piston upper part**<br>由活塞顶和活塞环带所组成,用以承受气缸内燃气作用,并装有全部或部分活塞环的部分。 | 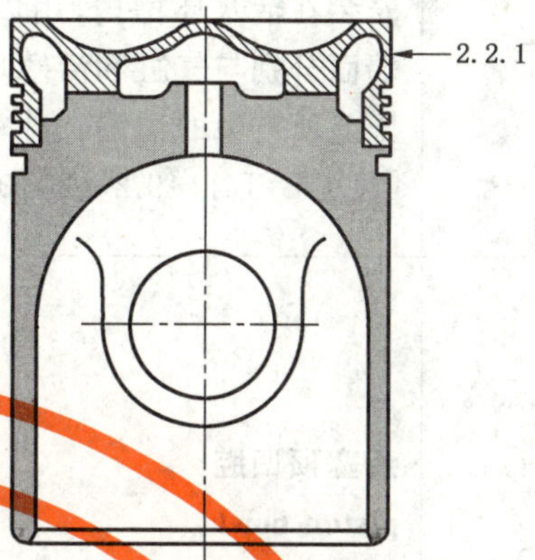 |
| 2.2.2 | **活塞裙部**<br>**piston skirt;**<br>**活塞下部**<br>**piston lower part**<br>活塞下面用以对活塞进行导向的部分,可有或可无活塞环槽。<br>注:如为二冲程发动机,裙部将在部分行程时盖住气口。 | 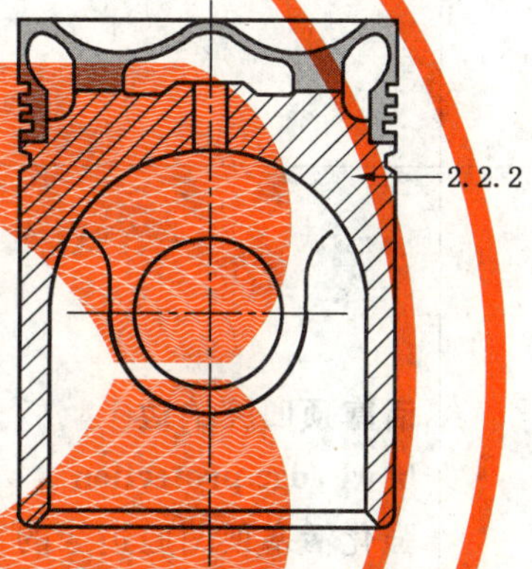 |
| 2.2.3 | **活塞导向环**<br>**piston guide ring**<br>十字头活塞上位于活塞头部和活塞裙部之间,用以对十字头活塞进行导向的部分。 | 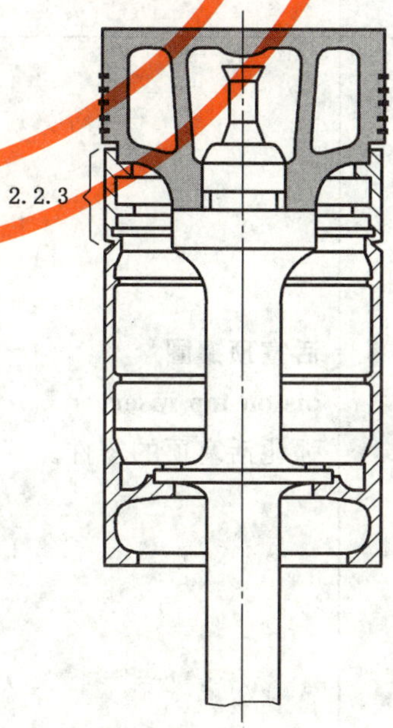 |

| | | |
|---|---|---|
| 2.2.4 | **活塞环**<br>**piston ring**<br>安装在活塞环槽内,用以密封活塞环周面和端面分别与气缸和活塞环槽间由气体或液体压差所产生的泄漏。<br>[见 GB/T 1149.2—2010,定义 6.1.1] | |
| 2.2.5 | **活塞顶凹腔**<br>**piston bowl**<br>利用活塞头部形状在活塞向上止点移动时,使充气产生挤流的活塞顶凹坑。 | 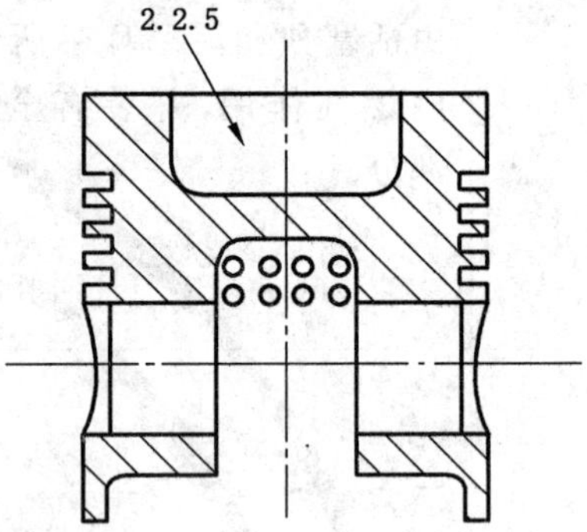 |
| 2.2.6 | **活塞顶凹腔护边**<br>**bowl edge protection**<br>强化活塞顶凹腔边缘的零件。 | 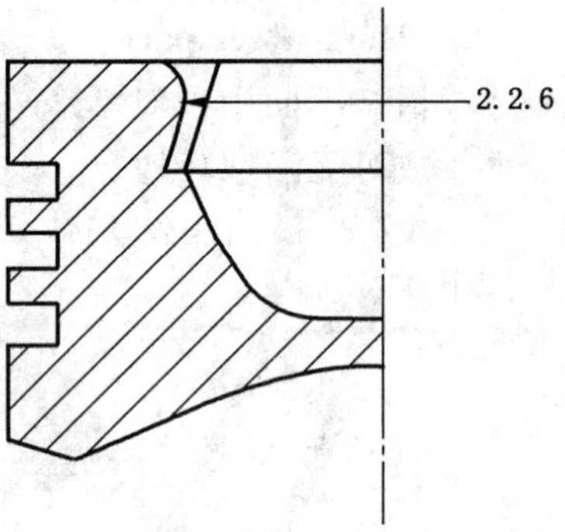 |
| 2.2.7 | **活塞顶镶圈**<br>**piston top insert**<br>强化活塞顶的零件。 | 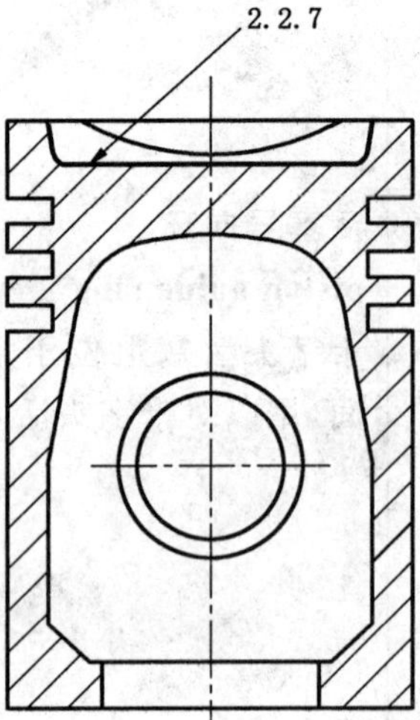 |

| | | |
|---|---|---|
| 2.2.8 | **活塞销衬套**<br>**piston pin bushing**<br>支承活塞销的部分。 | 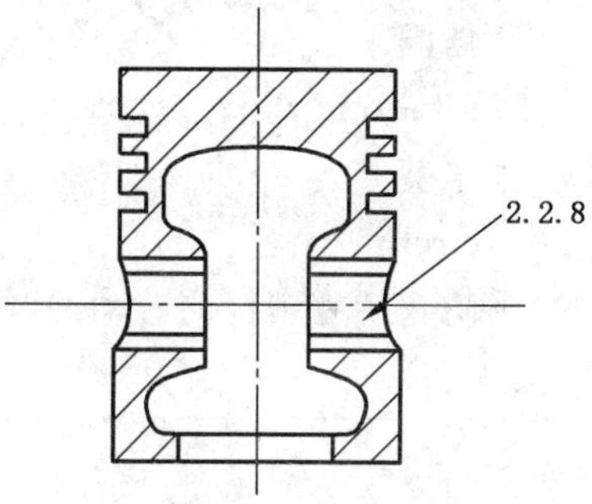 |
| 2.2.9 | **活塞壳体**<br>**piston shell**<br>组合式活塞的外部,其中活塞销轴承位于与活塞分离的零件内。 | 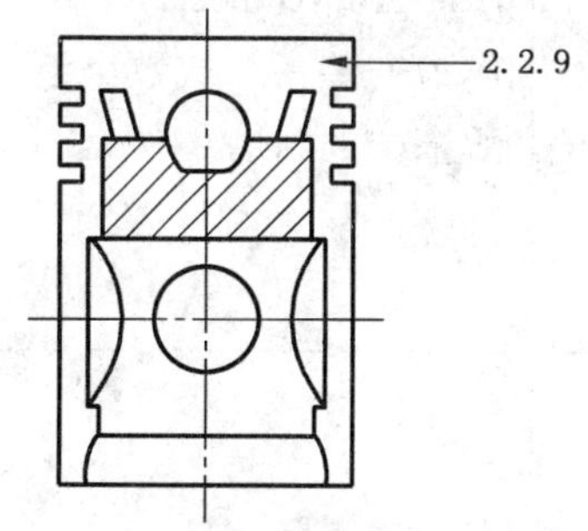 |
| 2.2.10 | **活塞销支座**<br>**piston pin carrier**<br>用以支承活塞销轴承,并在装入活塞壳体后可以拆卸的零件。 | 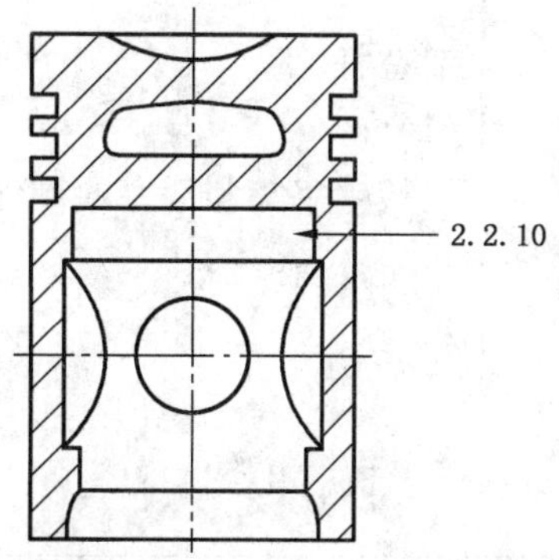 |
| 2.2.11 | **活塞销座**<br>**piston pin boss**<br>活塞中用以支承活塞销的部分。 | |
| 2.2.12 | **活塞销**<br>**piston pin;**<br>**gudgeon pin**<br>连接活塞和连杆的零件。 | 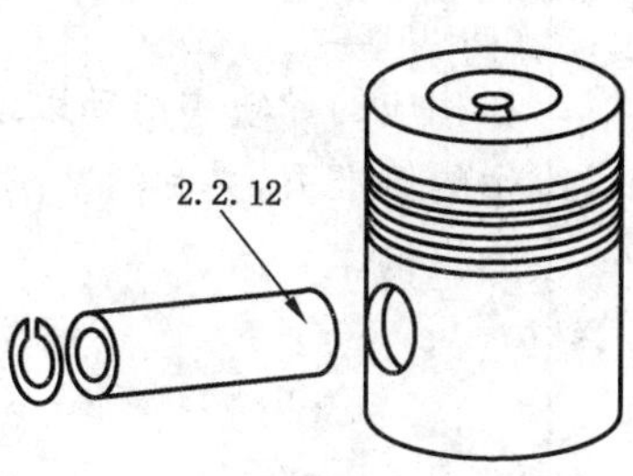 |

| | | |
|---|---|---|
| 2.2.13 | **挡圈**<br>**retaining clip;**<br>**卡簧**<br>**circlip**<br>防止活塞销横向移动的圆环。 | 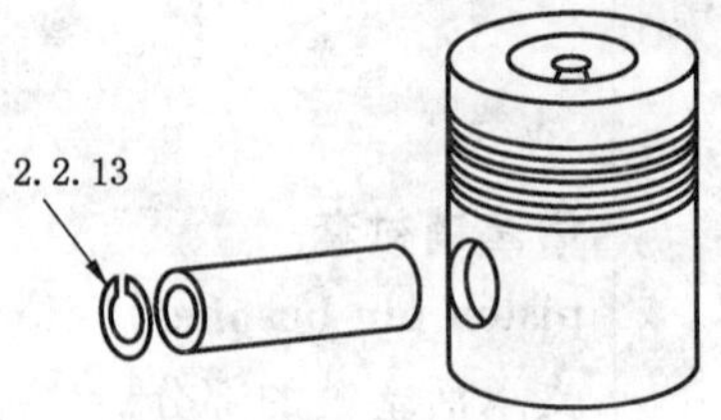 |
| 2.2.14 | **活塞环槽镶圈**<br>**ring groove insert**<br>作为安装一个或数个活塞环用的镶圈而铸入活塞中的耐磨零件。 | 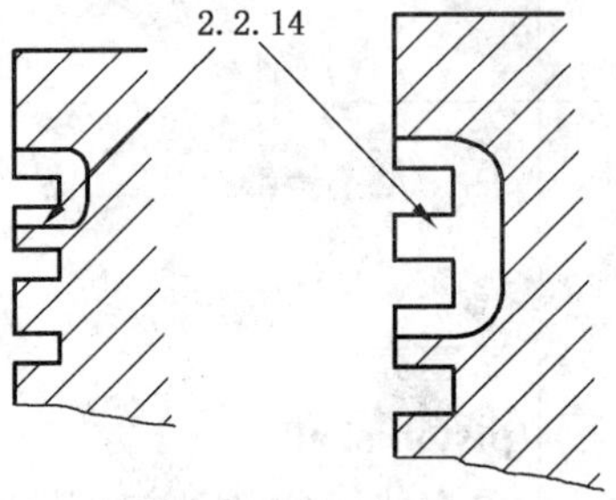 |
| 2.2.15 | **活塞杆**<br>**piston rod**<br>连接十字头和活塞的零件。 | 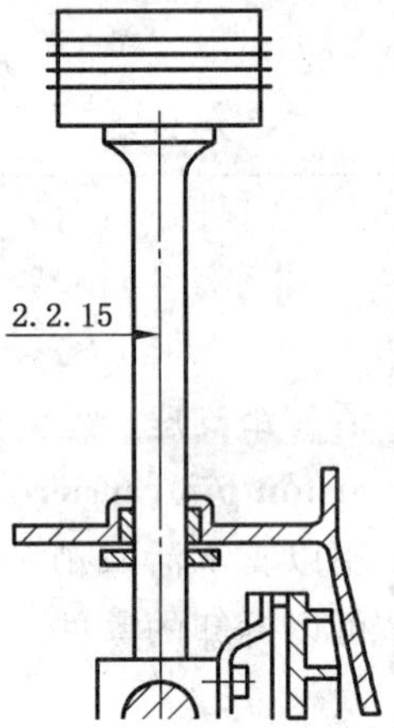 |
| 2.2.16 | **十字头**<br>**crosshead**<br>在相应的导轨中滑动以承受由连杆摆动所产生的侧推力,并和活塞刚性连接、和连杆铰接的机构。 | 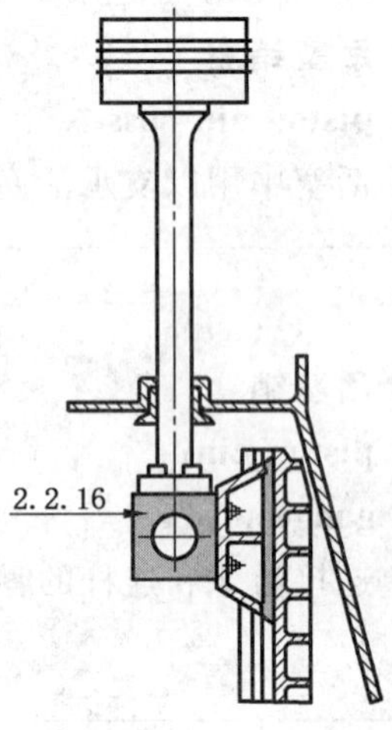 |

## 2.3 活塞结构

| | | |
|---|---|---|
| 2.3.1 | **活塞顶**<br>**piston top**<br>活塞面向燃烧室的表面。 | 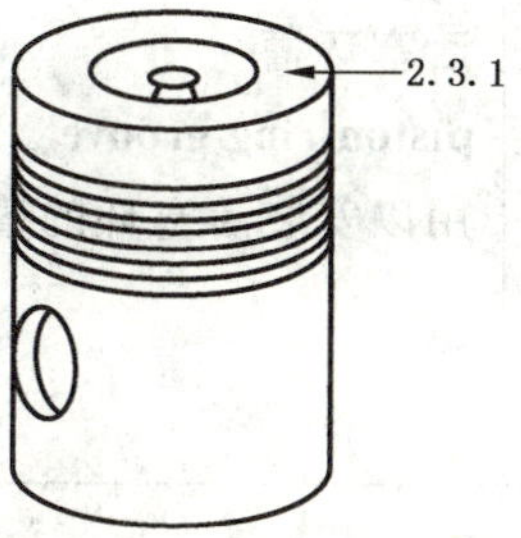 |
| 2.3.2 | **活塞环带**<br>**piston ring belt**<br>活塞顶与最低活塞环槽底部之间，用以安装活塞环的活塞侧面部分。 | 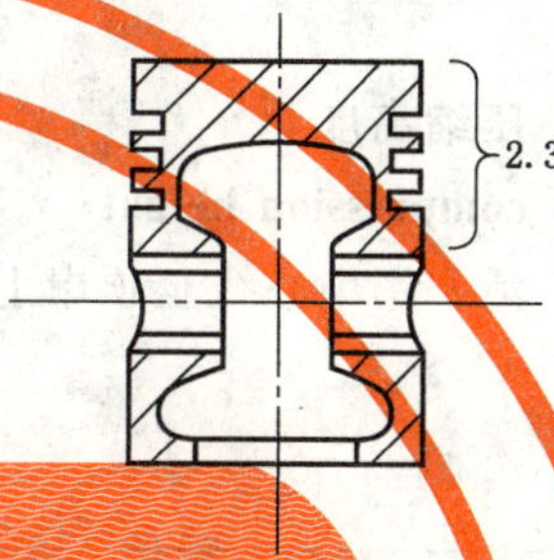 |
| 2.3.3 | **火力岸**<br>**top land;**<br>**活塞顶岸**<br>**piston junk**<br>活塞顶环环槽上部的活塞侧面部分。 | 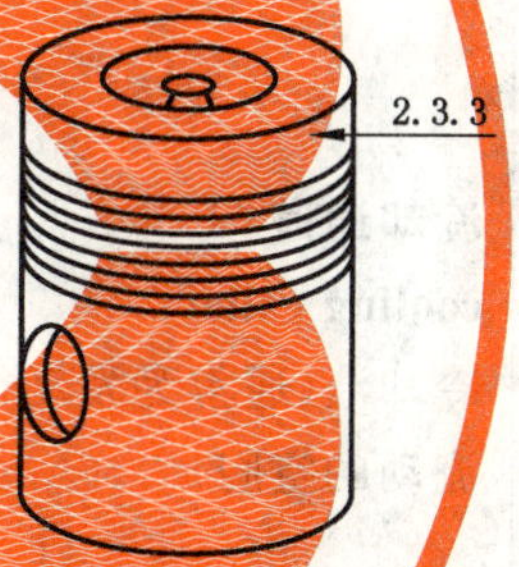 |
| 2.3.4 | **活塞环岸**<br>**piston ring land**<br>活塞环槽间的活塞侧面部分。 | 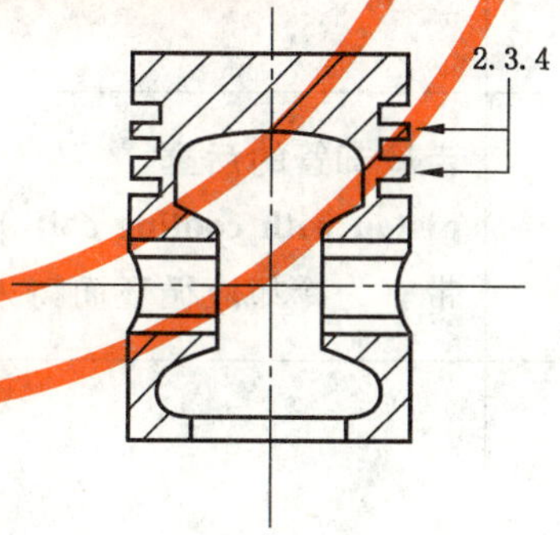 |
| 2.3.5 | **第二环岸**<br>**second land**<br>活塞在第一环槽与第二环槽之间的环岸 | 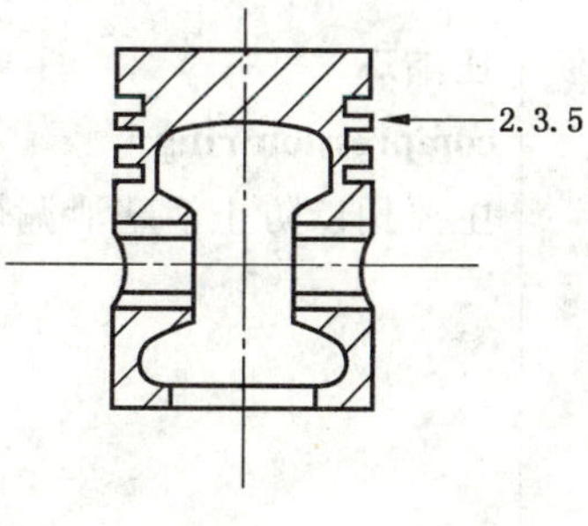 |

| | | |
|---|---|---|
| 2.3.6 | **活塞环槽**<br>**piston ring groove**<br>用以安装活塞环的槽。 | 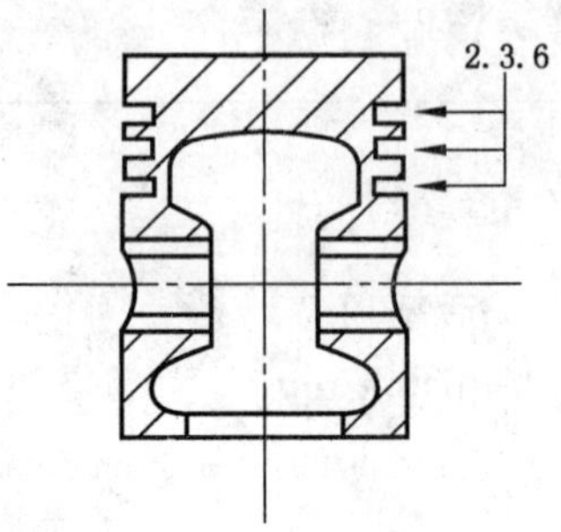 |
| 2.3.7 | **压缩高度**<br>**compression height**<br>活塞销中心线至顶岸上部边缘的距离。 | 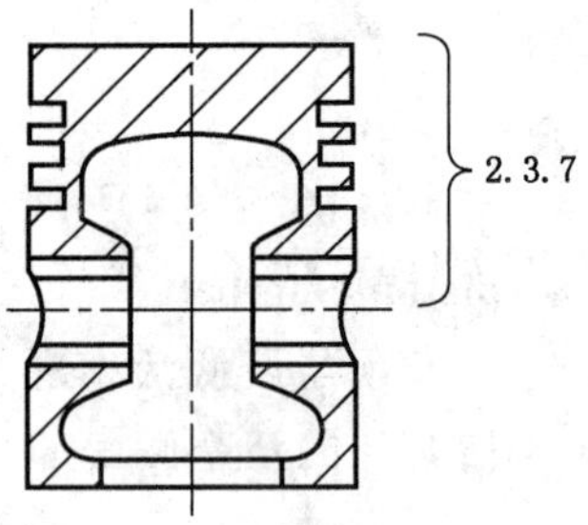 |
| 2.3.8 | **冷却通道**<br>**cooling gallery**<br>冷却液(通常为发动机机油)在活塞内部循环流动的空腔。 | 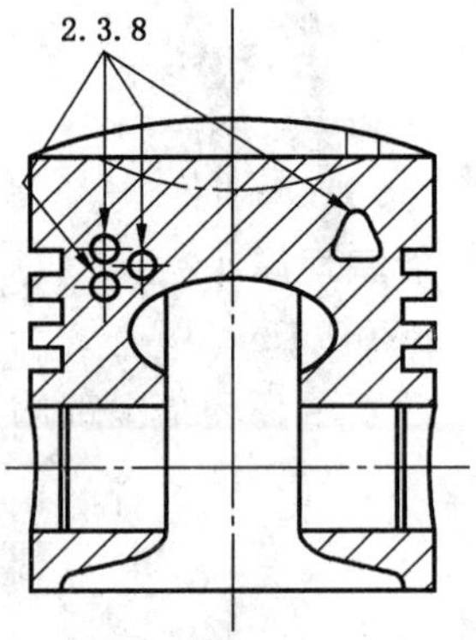 |
| 2.3.9 | **带冷却管的活塞**<br>**piston with cooling coil**<br>带有为冷却液循环而铸入盘形管的活塞。 | |
| 2.3.10 | **压缩环**<br>**compression ring**<br>主要用以防止活塞泄漏燃气的环。 | 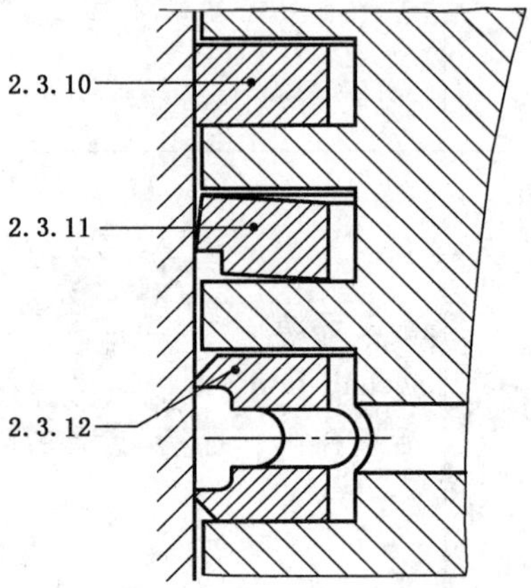 |

| | | |
|---|---|---|
| 2.3.11 | **刮环**<br>**scraper ring**<br>不带环槽，主要用以刮除气缸壁上机油的环。<br>注：它也可以用作下压缩环。 | 见 2.3.10 |
| 2.3.12 | **油环**<br>**oil control ring**<br>带有回油槽，用以将气缸壁上的机油刮至油底壳的环。 | 见 2.3.10 |

## 2.4 连杆机构

| | | |
|---|---|---|
| 2.4.1 | **连杆**<br>**connecting rod**<br>通过轴承与活塞或十字头和曲轴相连接，用以将往复运动转换为旋转运动的零件。 | |
| 2.4.2 | **连杆小头**<br>**connecting rod small end;**<br>**连杆上端**<br>**connecting rod top end**<br>连杆与活塞或十字头连接的部分。 | 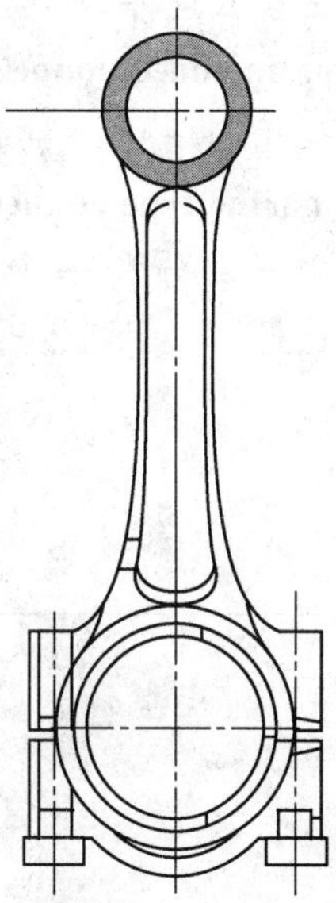 |
| 2.4.3 | **连杆大头**<br>**connecting rod big end;**<br>**连杆下端**<br>**connecting rod bottom end**<br>连杆上用以连接曲轴或主连杆大端的部分。<br>注：通常为了能方便地安装在曲柄销上，连杆大头一般采用剖分式结构。 | 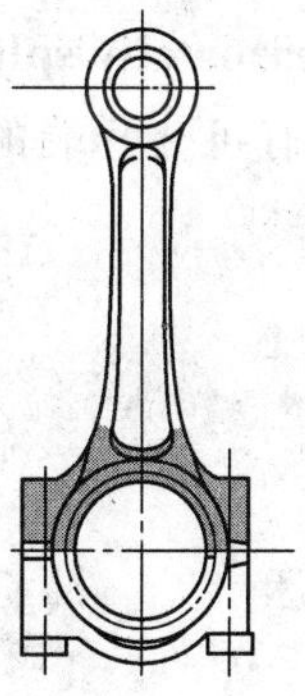 |

| | | |
|---|---|---|
| 2.4.4 | **连杆杆身**<br>**connecting rod shank**<br>连杆中用以连接连杆小头和大头的部分。 | 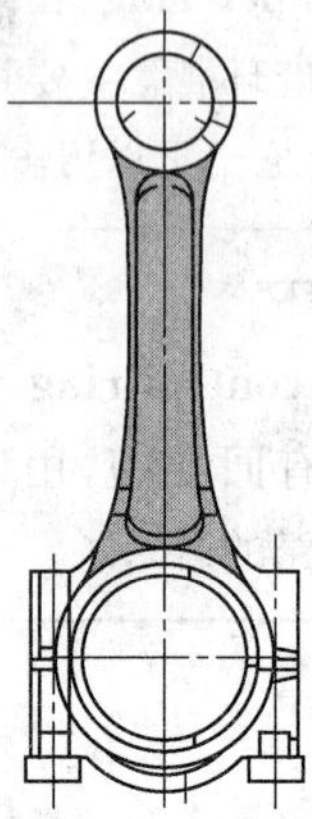 |
| 2.4.5 | **三段式连杆**<br>**palm-ended connecting rod;**<br>**船用连杆**<br>**marine type connecting rod**<br>由三部分和一个可拆式大头组装而成的连杆。 | 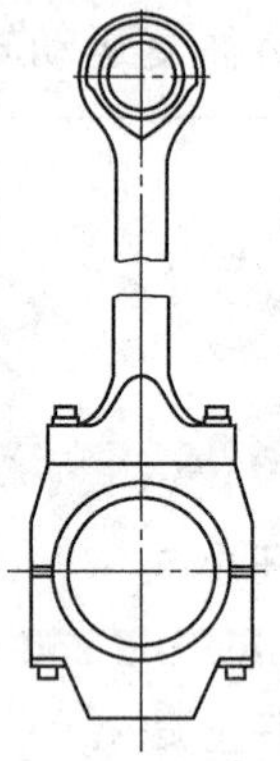 |
| 2.4.6 | **平切口连杆**<br>**horizontally split connecting rod**<br>带有可分开端的连杆,其分开面垂直于连杆轴线。 | 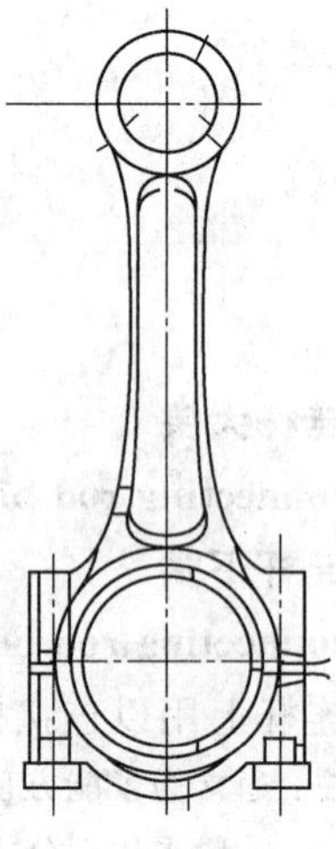 |

| | | |
|---|---|---|
| 2.4.7 | **斜切口连杆**<br>**obliquely split connecting rod**<br>带有可分开端的连杆，其分开面不与连杆轴线垂直。 | 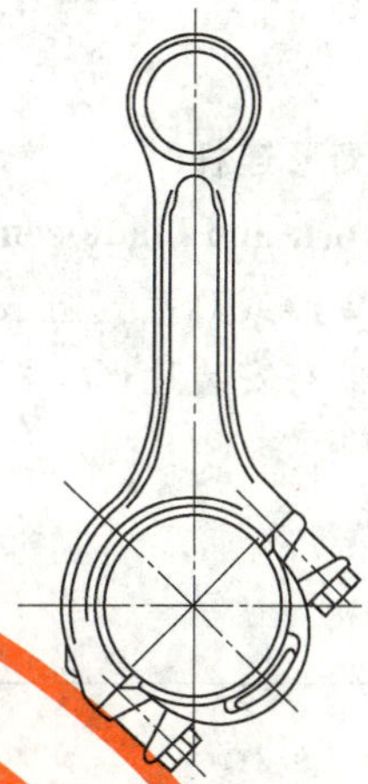 |
| 2.4.8 | **主副连杆**<br>**articulated connecting rod**<br>一个主连杆带有一个或数个副连杆的总成。 | |
| 2.4.9 | **主连杆**<br>**master connecting rod**<br>大头上铰接有一个或数个副连杆大头的连杆。 | 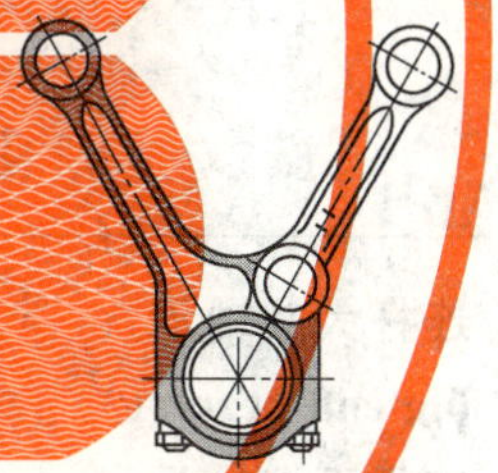 |
| 2.4.10 | **副连杆**<br>**slave connecting rod**<br>大头与主连杆大头铰接的连杆。 | 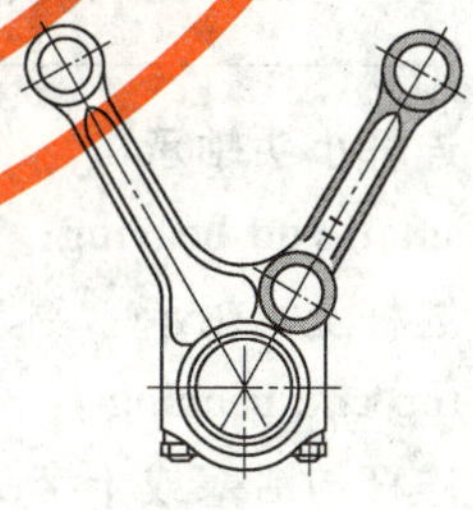 |
| 2.4.11 | **关节销**<br>**wrist pin;**<br>**铰接销**<br>**knuckle pin**<br>连接主副连杆并使其作铰接接合的零件。 | |

| | | |
|---|---|---|
| 2.4.12 | **叉形连杆**<br>**fork-and-blade connecting rod**<br>V形或对置气缸发动机的叉形连杆大头上，带有安装片形连杆用切槽的连杆装置。 | 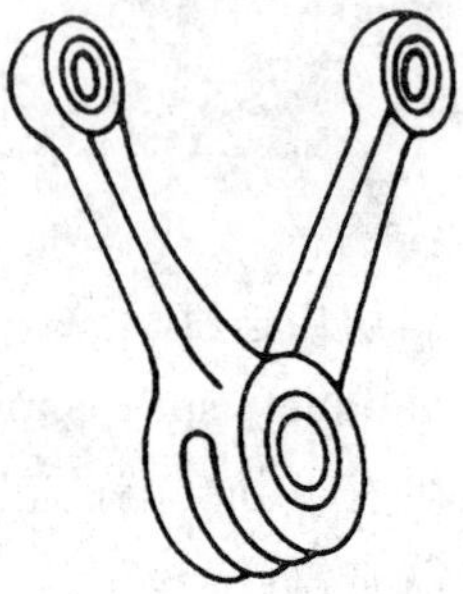 |
| 2.4.13 | **并列连杆**<br>**side-by-side connecting rod**<br>V形或对置气缸发动机中，大头并列安置在同一曲柄销上的连杆。 | 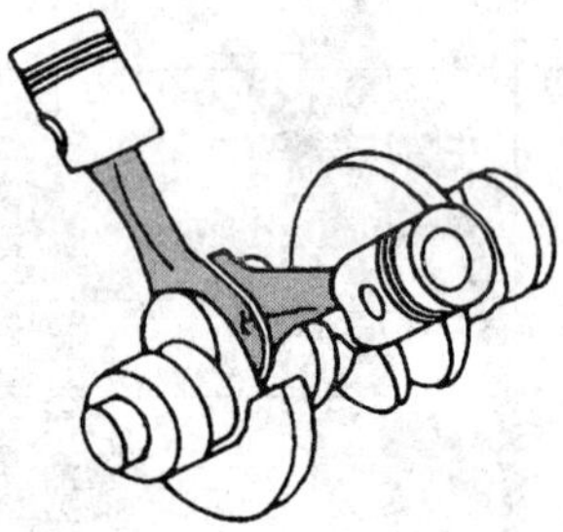 |
| 2.4.14 | **连杆大头轴承**<br>**big end bearing;**<br>**连杆下端轴承**<br>**bottom end bearing**<br>连杆与曲轴之间的轴承。 | |
| 2.4.15 | **连杆小头轴承**<br>**small end bearing;**<br>**连杆上端轴承**<br>**top end bearing**<br>连杆与活塞或十字头销之间的轴承。 | |

## 2.5 曲轴

| | | |
|---|---|---|
| 2.5.1 | **曲轴**<br>**crankshaft**<br>通过连杆将活塞往复运动转变为旋转运动的带有曲柄的轴。 | |

| | | |
|---|---|---|
| 2.5.2 | **整体式曲轴**<br>**one-piece crankshaft**<br>由整块材料制成的曲轴。<br>**注**：平衡重可以与其制成一体或另行装上。 | 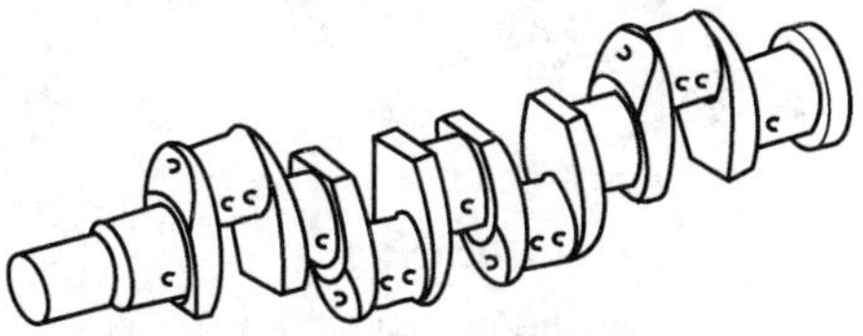 |
| 2.5.3 | **组合式曲轴**<br>**built-up crankshaft**<br>由各个单独元件组成,不能进行拆卸的曲轴。 | 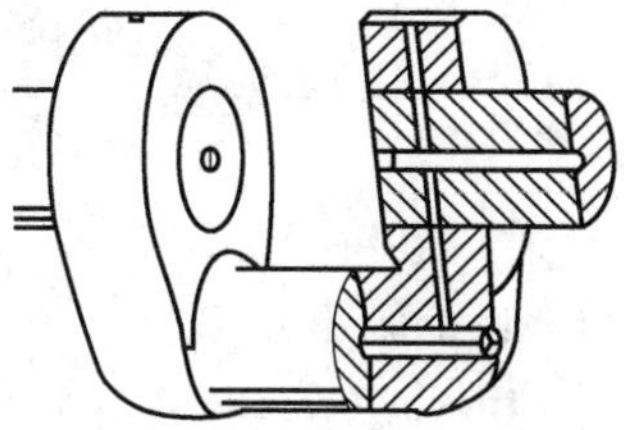 |
| 2.5.4 | **装配式曲轴**<br>**assemb led crankshaft**<br>由各个单独元件组成,可以进行拆卸的曲轴。 | |
| 2.5.5 | **曲柄**<br>**crank throw;**<br>**crank**<br>由曲柄销和相关联的曲柄臂组成的曲轴部分。<br>**注**：这个术语也可以用来衡量曲轴中心线与曲轴销之间的尺寸 | 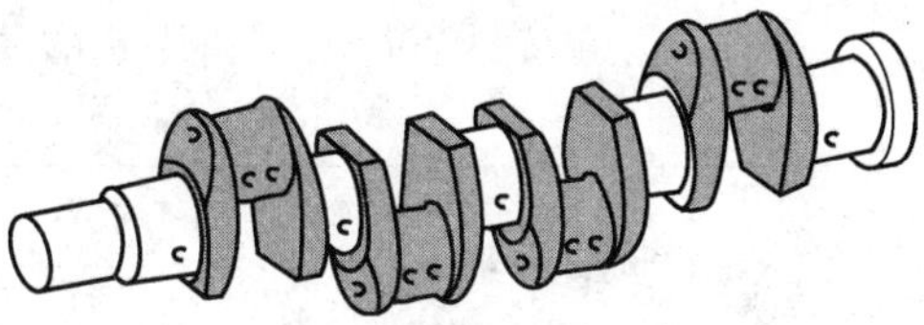 |
| 2.5.6 | **主轴颈**<br>**crank journal**<br>在主轴承内旋转的曲轴部分。 | 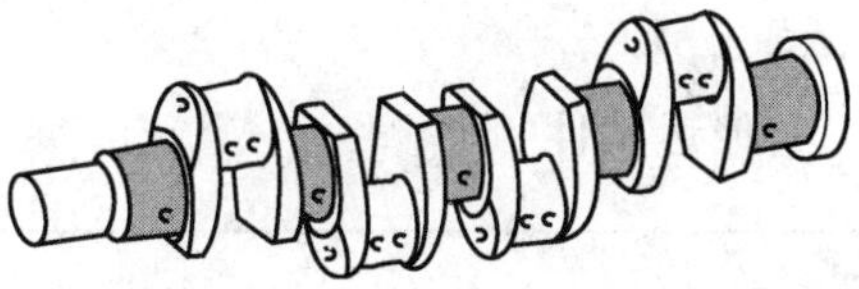 |
| 2.5.7 | **连杆轴颈**<br>**crank pin**<br>曲轴上安装有一个或数个连杆大头的部分。 | 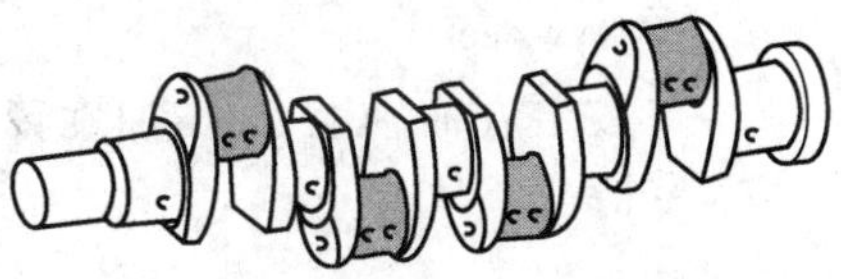 |
| 2.5.8 | **曲柄臂**<br>**crank web**<br>曲轴上连接主轴颈和曲柄销的部分。 |  |

| | | |
|---|---|---|
| 2.5.9 | **主轴承**<br>**main bearing**<br>曲轴在其中旋转的轴承。 | 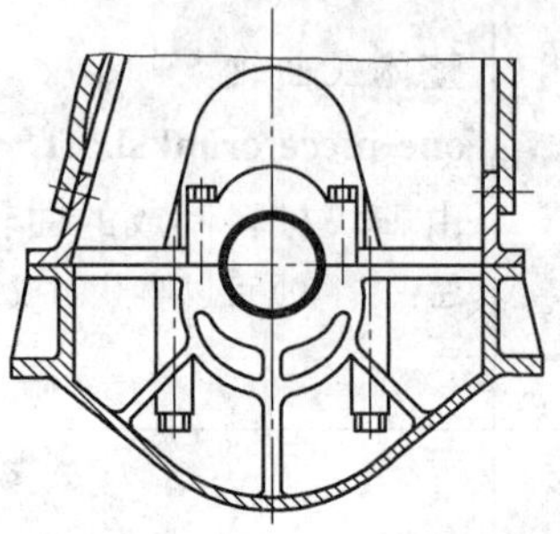 |
| 2.5.10 | **止推轴承**<br>**thrust bearing**<br>位于曲轴轴向，用以承载曲轴轴向力的轴承。 | 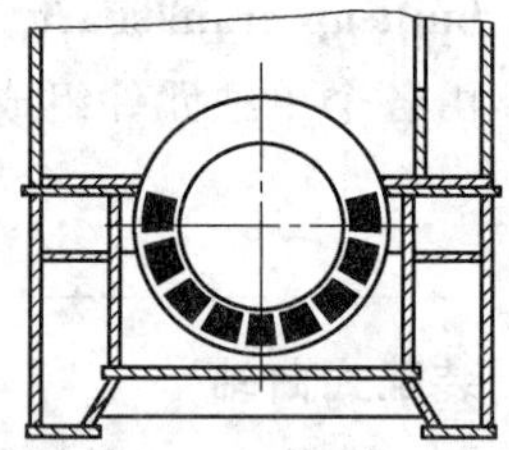 |
| 2.5.11 | **平衡重**<br>**balance weight**<br>安装在曲轴上或与曲轴制成一体，以降低往复和旋转质量不平衡影响的质量。 | 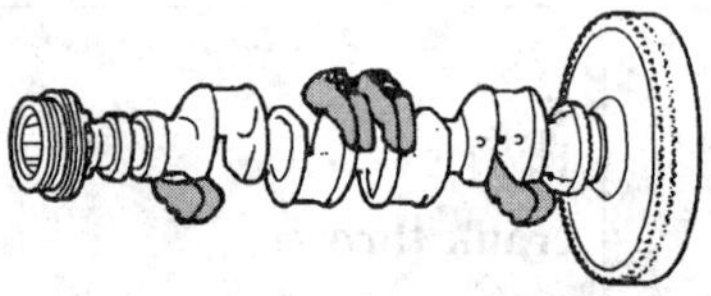 |
| 2.5.12 | **曲轴齿轮**<br>**crankshaft gear**<br>安装在曲轴上，通过齿轮系来驱动曲轴齿轮、燃料喷射泵以及点火发电机等的齿轮。 | |

## 2.6 其他运动件

| | | |
|---|---|---|
| 2.6.1 | **飞轮**<br>**flywheel**<br>安装在曲轴上，以增加旋转惯性力的质量。 | 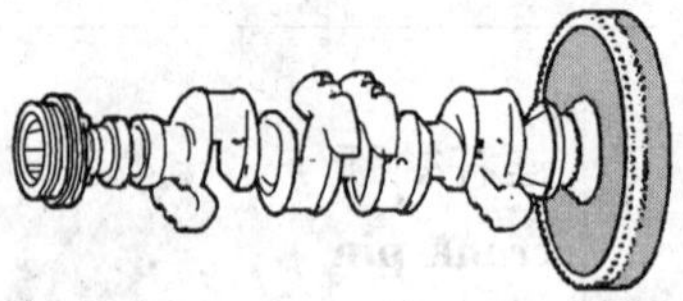 |
| 2.6.2 | **扭振减振器**<br>**torsional vibration damper**<br>安装在曲轴上，用以防止扭振振幅过大的能量吸收装置。 | |

| | | |
|---|---|---|
| 2.6.3 | **动平衡机构**<br>**dynamic balancer**<br>由各个偏心质量所组成，并按照与曲轴转速相适宜的传动比随曲轴转动，以降低不平衡力和/或频率的机构。 | |
| 2.6.4 | **主传动系**<br>**main drive gear**<br>在发动机输出轴与从动机械之间传动系统内的所有零部件。 | |
| 2.6.5 | **整体传动齿轮系**<br>**integral drive gearing**<br>安装在发动机内，用以在曲轴与发动机传动轴之间提供一定速比的齿轮。 | |

# 参 考 文 献

［1］ GB/T 1149.2—2010 内燃机 活塞环 第2部分:术语(ISO 6621-1:2007,IDT)

［2］ GB/T 1883.1—2005 往复式内燃机 词汇 第1部分:发动机设计和运行术语(ISO 2710-1:2000,IDT)

# 索　引

汉语拼音索引

B

并列连杆 …… 2.4.13

C

船用连杆 …… 2.4.5
叉形连杆 …… 2.4.12

D

带冷却管的活塞 …… 2.3.9
挡圈 …… 2.2.13
第二环岸 …… 2.3.5
动平衡机构 …… 2.6.3

F

飞轮 …… 2.6.1
副连杆 …… 2.4.10

G

刮环 …… 2.3.11
关节销 …… 2.4.11

H

活塞 …… 2.1.1
活塞导向环 …… 2.2.3
活塞顶 …… 2.3.1
活塞顶岸 …… 2.3.3
活塞顶凹腔 …… 2.2.5
活塞顶凹腔护边 …… 2.2.6
活塞顶镶圈 …… 2.2.7
活塞杆 …… 2.2.15
活塞环 …… 2.2.4
活塞环岸 …… 2.3.4
活塞环槽 …… 2.3.6
活塞环槽镶圈 …… 2.2.14
活塞环带 …… 2.3.2
活塞壳体 …… 2.2.9
活塞上部 …… 2.2.1

活塞头部 …… 2.2.1
活塞裙部 …… 2.2.2
活塞下部 …… 2.2.2
活塞销 …… 2.2.12
活塞销衬套 …… 2.2.8
活塞销支座 …… 2.2.10
活塞销座 …… 2.2.11
火力岸 …… 2.3.3

J

铰接活塞 …… 2.1.6
铰接式组合活塞 …… 2.1.7
铰接销 …… 2.4.11

K

卡簧 …… 2.2.13
可控热膨胀活塞 …… 2.1.5

L

冷却通道 …… 2.3.8
连杆 …… 2.4.1
连杆大头 …… 2.4.3
连杆大头轴承 …… 2.4.14
连杆杆身 …… 2.4.4
连杆上端 …… 2.4.2
连杆上端轴承 …… 2.4.15
连杆下端 …… 2.4.3
连杆下端轴承 …… 2.4.14
连杆小头 …… 2.4.2
连杆小头轴承 …… 2.4.15
连杆轴颈 …… 2.5.7

N

扭振减振器 …… 2.6.2

P

平衡重 …… 2.5.11
平切口连杆 …… 2.4.6

Q

曲柄 …… 2.5.5
曲柄臂 …… 2.5.8
曲轴 …… 2.5.1

曲轴齿轮 …… 2.5.12

S

三段式连杆 …… 2.4.5
十字头 …… 2.2.16
十字头活塞 …… 2.1.2

X

斜切口连杆 …… 2.4.7

Y

压缩高度 …… 2.3.7
压缩环 …… 2.3.10
油环 …… 2.3.12

Z

止推轴承 …… 2.5.10
整体传动齿轮系 …… 2.6.5
整体活塞 …… 2.1.3
整体式曲轴 …… 2.5.2
主传动系 …… 2.6.4
主副连杆 …… 2.4.8
主连杆 …… 2.4.9
主轴承 …… 2.5.9
主轴颈 …… 2.5.6
装配式曲轴 …… 2.5.4
组合活塞 …… 2.1.4
组合式曲轴 …… 2.5.3

英文对应词索引

A

articulated connecting rod …… 2.4.8
articulated piston …… 2.1.6
articulated two-piece piston …… 2.1.7
assembled crankshaft …… 2.5.4

B

balance weight …… 2.5.11
big end bearing …… 2.4.14
bottom end bearing …… 2.4.14
bowl edge protection …… 2.2.6

built-up crankshaft …… 2.5.3

C

circlip …… 2.2.13
compression height …… 2.3.7
compression ring …… 2.3.10
connecting rod …… 2.4.1
connecting rod big end …… 2.4.3
connecting rod bottom end …… 2.4.3
connecting rod shank …… 2.4.4
connecting rod small end …… 2.4.2
connecting rod top end …… 2.4.2
cooling gallery …… 2.3.8
crank …… 2.5.5
crank journal …… 2.5.6
crank pin …… 2.5.7
crank throw …… 2.5.5
crank web …… 2.5.8
crankshaft …… 2.5.1
crankshaft gear …… 2.5.12
crosshead …… 2.2.16
crosshead piston …… 2.1.2

D

dynamic baiancer …… 2.6.3

F

flywheel …… 2.6.1
fork-and-blade connecting rod …… 2.4.12

G

gudgeon pin …… 2.2.12

H

horizontally split connecting rod …… 2.4.6

I

integral drive gearing …… 2.6.5

K

knuckle pin …… 2.4.11

M

main bearing …… 2.5.9

main drive gear ························ 2.6.4
marine type connecting rod ························ 2.4.5
master connecting rod ························ 2.4.9
multi-piece piston ························ 2.1.4

O

obliquely split connecting rod ························ 2.4.7
oil control ring ························ 2.3.12
one-piece crankshaft ························ 2.5.2
one-piece piston ························ 2.1.3

P

palm-ended connecting rod ························ 2.4.5
piston ························ 2.1.1
piston bowl ························ 2.2.5
piston crown ························ 2.2.1
piston guide ring ························ 2.2.3
piston junk ························ 2.3.3
piston lower part ························ 2.2.2
piston pin ························ 2.2.12
piston pin boss ························ 2.2.11
piston pin bushing ························ 2.2.8
piston pin carrier ························ 2.2.10
piston ring ························ 2.2.4
pison ring belt ························ 2.3.2
pison ring groove ························ 2.3.6
pison ring land ························ 2.3.4
piston rod ························ 2.2.15
piston shell ························ 2.2.9
piston skirt ························ 2.2.2
pison top ························ 2.3.1
pison top insert ························ 2.2.7
piston upper part ························ 2.2.1
piston with controlled thermal expansion ························ 2.1.5
piston with cooling coil ························ 2.3.9

R

retaining clip ························ 2.2.13
ring groove insert ························ 2.2.14

S

scraper ring ························ 2.3.11
second land ························ 2.3.5

**side-by-side connecting rod** ······ 2.4.13
**slave connecting rod** ······ 2.4.10
**small end bearing** ······ 2.4.15

**T**

**thrust bearing** ······ 2.5.10
**top land** ······ 2.3.3
**top end bearing** ······ 2.4.15
**torsional vibration damper** ······ 2.6.2

**W**

**wrist pin** ······ 2.4.11

---

ICS 27.020
J 90

# 中华人民共和国国家标准

GB/T 6809.9—2013/ISO 7967-9:2010
代替 GB/T 6809.9—2007

# 往复式内燃机　零部件和系统术语
# 第9部分:监控系统

Reciprocating internal combustion engines—Vocabulary of components and systems—Part 9:Control and monitoring systems

(ISO 7967-9:2010,IDT)

2013-12-31 发布　　2014-10-01 实施

中华人民共和国国家质量监督检验检疫总局
中国国家标准化管理委员会　发布

# 前　言

GB/T 6809《往复式内燃机　零部件和系统术语》分为九个部分：

——第1部分：固定件及外部罩盖；

——第2部分：气门、凸轮轴传动和驱动机构；

——第3部分：主要运动件；

——第4部分：增压及进排气管系统；

——第5部分：冷却系统；

——第6部分：润滑系统；

——第7部分：调节系统；

——第8部分：起动系统；

——第9部分：监控系统。

本部分是GB/T 6809的第9部分。

本部分按照GB/T 1.1—2009给出的规则起草。

本部分代替GB/T 6809.9—2007《往复式内燃机　零部件和系统术语　第9部分：监控系统》。与GB/T 6809.9—2007相比，主要内容变化如下：

——修改了规范性引用文件(见第2章)；

——对术语和定义进行了重新分类；

——修改了部分术语(见3.1.9,2007版5.2.4)；

——修改了部分术语的定义。

本部分使用翻译法等同采用ISO 7967-9:2010《往复式内燃机　零部件和系统术语　第9部分：监控系统》(英文版)。

与本部分中规范性引用的国际文件有一致性对应关系的我国文件如下：

——GB/T 1883.1—2005　往复式内燃机　词汇　第1部分：发动机设计和运行术语(ISO 2710-1:2000,IDT)；

——GB/T 1883.2—2005　往复式内燃机　词汇　第2部分：发动机维修术语(ISO 2710-2:1999,IDT)。

本部分由中国机械工业联合会提出。

本部分由全国内燃机标准化技术委员会(SAC/TC 177)归口。

本部分起草单位：广西玉柴机器股份有限公司、上海内燃机研究所、雪龙集团股份有限公司。

本部分主要起草人：林志强、陈云清、贺财霖、计维斌、钟瀚、谢正良。

本部分所代替标准的历次版本发布情况为：

——GB/T 6809.9—2007。

# 往复式内燃机　零部件和系统术语
# 第9部分:监控系统

## 1　范围

GB/T 6809的本部分规定了与往复式内燃机监控系统有关的术语。

ISO 2710则提供了往复式内燃机的分类和规定了这种发动机及其工作和特性的基本术语。

## 2　规范性引用文件

下列文件对于本文件的应用是必不可少的。凡是注日期的引用文件,仅注日期的版本适用于本文件。凡是不注日期的引用文件,其最新版本(包括所有的修改单)适用于本文件。

ISO 2710(所有部分)　往复式内燃机　词汇(Reciprocating internal combustion engines—Vocabulary)

## 3　术语和定义

### 3.1　一般术语

3.1.1

**系统　system**

由相关元件所组成的集合,通过执行规定功能来达到某一给定目标。

3.1.2

**控制　control**

为达到规定目标而对系统或由系统采取的针对性措施。

注:除了控制措施本身外,控制还可包括监测和防护。

3.1.3

**监测　monitoring**

对系统或系统零件的运行所作的观察,以便通过检测不正确的功能来检验正确功能。

注:这可以通过测量系统的一个或多个变量并将实测值与规定值进行比较来达到。

3.1.4

**控制系统　control system**

使发动机和/或其相关系统中的受控条件保持在预期值的系统。

3.1.5

**监测系统　monitoring system**

用于对运行中的发动机系统或零部件进行连续监视的系统。

3.1.6

**受控条件　controlled condition**

系统设计时要求保持的物理量或工况。

3.1.7

**预期值　desired value**

系统设计时要求受控条件应保持的值。

3.1.8

**控制点　control point**

受控条件在稳态工况下实际所保持的值。

3.1.9

**控制点范围　range of control point**

受控条件值在稳态工况下实际所保持的范围。

3.1.10

**设定点　set point**

自动控制器所设定的受控条件值。

注：通常与预期值相同。

3.1.11

**限值　limiting value**

由保护装置限定的受控条件值。

示例：停机机构、停机阀。

3.1.12

**限值范围　range of limiting value**

两极或通/断控制器起作用时的受控条件值的范围。

## 3.2　控制系统类型

3.2.1

**手动控制系统　manual control system**

将受控条件值与预期值进行比较，并通过人为干预采取纠正措施的控制系统。

3.2.2

**自动控制系统　automatic control system**

将受控条件值与预期值进行比较，并自动采取纠正措施的控制系统。

3.2.3

**遥控系统　remote control system**

由中央统一进行的控制。可以人工或者自动采取纠正措施。

示例：主机的驾驶台操纵。

3.2.4

**转速控制系统　speed control system**

由受控对象（如发动机）和速度控制器（如发动机的调速器）所组成的控制系统。

3.2.5

**温度控制系统　temperature control system**

由受控对象（如发动机）和温度控制器所组成的控制系统。无论负荷和/或环境状况如何变化，该系统均能使流动介质（例如，冷却液、润滑油、增压空气）或发动机零部件的温度保持在预定水平。

3.2.6

**串级控制系统　cascade control system**

用一个控制器改变另一个或其他多个控制器设定点的控制系统。

示例：对发动机冷却系统的综合控制。

3.2.7

**再循环控制系统　recirculating control system**

用阀门控制流体在发动机出口处的流动，使其直接再循环通过发动机的控制系统。

3.2.8

**旁通控制系统　bypass control system**

用旁通阀门控制流体通过发动机和/或冷却系统的流动，以控制发动机出口参数的控制系统。

3.2.9

**压力控制系统　pressure control system**

由受控流体和压力控制器所组成的控制系统。无论负荷和/或环境状况如何变化，该系统均能使流动介质(例如润滑油、增压空气等)的压力保持在预定水平。

3.2.10

**比值控制系统　ratio control system**

利用控制器使两被测变量的比值保持在预期值的控制系统(例如对空/燃比的控制)。

3.2.11

**多元控制系统　multi-element control system**

将多个测量元件的信号综合后向控制器提供操作信号的控制系统。

3.2.12

**伺服控制系统　servo control system**

通过伺服机构的作用来增强驱动力的控制系统。

## 3.3　控制系统零部件

3.3.1

**测量单元　measuring unit**

由检测元件所组成，用以确定受控条件值的装置。

3.3.2

**纠正单元　correcting unit**

由调节受控条件相关物理量的元件所组成的装置(例如调节阀、流体加热器、燃油泵油量调节杆)。

3.3.3

**控制器　controller**

**控制单元　control unit**

将受控条件值与预期值进行比较，并对纠正单元施加纠正措施以减小偏差的装置。

3.3.4

**自作用控制器　self-acting controller**

直接从测量元件获得使校正元件工作所需作用力的控制器。

示例：蜡式节温阀、弹簧式调压阀、单极式调速器。

3.3.5

**间接作用控制器　indirect acting controller**

从单独能源获得使校正元件工作所需作用力的控制器。

示例：气动恒温阀、液压调速器。

3.3.6

**执行机构　actuator**

当收到控制信号后可产生机械动作的装置。

示例：气缸或液压缸、电磁阀。

3.3.7

**定位器　positioner**

确保执行机构的动作符合控制器要求的装置。

3.3.8

**设定点调节器　set point adjuster**

用于调节设定点的机构。

注：可以用人工、气动、液压、电动等方法。

## 3.4　控制器类型

3.4.1

**两极控制器　two-step controller**

仅在受控条件处于最大和最小值时才进行校正的控制器。

示例：简易油箱液位控制器，暖风装置自动节温器。

3.4.2

**比例作用控制器　proportional action controller**

**单作用控制器　one-term controller**

输出随偏差按比例变化的持续作用式控制器。

3.4.3

**积分作用控制器　integral action controller**

输出变化率与偏差成比例，亦即控制器输出信号随偏差的时间积分按比例变化的控制器。

3.4.4

**微分作用控制器　differential action controller**

输出与偏差变化率成比例的控制器。

3.4.5

**双作用控制器　two-term controller**

具有比例作用、加上微分作用或积分作用的控制器。

3.4.6

**三作用控制器　three-term controller**

具有比例作用、加上微分作用和积分作用的控制器。

## 3.5　监测系统类型

3.5.1

**性能监测　performance monitoring**

用于对运行中的发动机性能参数进行监测的系统。

3.5.2

**人工监测　manual monitoring**

通过在发动机附近或远离发动机处（例如中央控制室）直接从仪表上读取数据对系统运行进行的观测。

注：可将读数记入发动机运行日志，从而可以规定关键变量的限值。

3.5.3

**自动监测　automatic monitoring**

对若干变量自动进行扫描，并可显示所选变量数值，包括最大值、最小值、平均值或与平均值的偏差的系统。

3.5.4

**自监测　self-monitoring**

能对系统本身进行监测的自动监测系统。

注:该系统可以诊断诸如热电偶失效、电绝缘损坏、扫描故障等。

3.5.5

**计算机控制监测　computer controlled monitoring**

用计算机接收被监测变量信号的自动监测系统。

3.5.6

**工况监测　condition monitoring**

对工作变量进行长期观测的监测系统,可用于按工况制定保养规范。

注:也可包含信号分析元件(例如光谱分析仪)。

3.5.7

**功能诊断　functional diagnostic**

能在发动机运行过程中采集数据的工况监测系统。

3.5.8

**测试诊断　test diagnostic**

需要对发动机进行特殊试验,并可能要求发动机停机的工况监测系统。

3.5.9

**报警监测　alarm monitoring**

当被监测变量达到限值时可以显示视频和/或音频报警的系统。

注:系统也可显示故障的性质(例如瞬时故障、由清零引起的临时性故障或者持续存在的故障)。

3.5.10

**一级报警　single-level alarm**

由某变量的单一限值触发的报警系统。

3.5.11

**两级报警　two-level alarm**

当变量值达到报警级时进行首次触发,而当变量达到紧急级、发动机必须停机或卸载等时进行二次触发的报警系统。

3.5.12

**自动保护监测　automatic protection monitoring**

依靠监测系统所检测的故障,触发某一保护性功能(如使发动机停机、卸载)的系统。

3.5.13

**停机　shut-down**

当被自动保护监测系统触发时,可以超越发动机的控制系统,使发动机停机的系统。

注:为使发动机停机可采取切断燃料和/或燃烧空气的供应,对火花点燃式发动机则可断开点火系统。

3.5.14

**手动越控停机　shut-down with manual override**

除非另有特许,自动保护监测系统将提供手动越控,以防止发动机停机的控制系统。

注:当进行手动越控时应提供适宜的报警措施。

## 参 考 文 献

[1] IEC 60050-351 International electrotechnical vocabulary—Part 351:Control technology

# 索　引

## 汉语拼音索引

**B**

报警监测 …… 3.5.9
比例作用控制器 …… 3.4.2
比值控制系统 …… 3.2.10

**C**

测量单元 …… 3.3.1
测试诊断 …… 3.5.8
串级控制系统 …… 3.2.6
伺服控制系统 …… 3.2.12

**D**

单作用控制器 …… 3.4.2
定位器 …… 3.3.7
多元控制系统 …… 3.2.11

**G**

工况监测 …… 3.5.6
功能诊断 …… 3.5.7

**J**

积分作用控制器 …… 3.4.3
计算机控制监测 …… 3.5.5
间接作用控制器 …… 3.3.5
监测 …… 3.1.3
监测系统 …… 3.1.5
纠正单元 …… 3.3.2

**K**

控制 …… 3.1.2
控制点 …… 3.1.8
控制点范围 …… 3.1.9
控制单元 …… 3.3.3
控制器 …… 3.3.3
控制系统 …… 3.1.4

**L**

两级报警 …… 3.5.11

两极控制器 …… 3.4.1

**P**

旁通控制系统 …… 3.2.8

**R**

人工监测 …… 3.5.2

**S**

三作用控制器 …… 3.4.6
设定点 …… 3.1.10
设定点调节器 …… 3.3.8
手动控制系统 …… 3.2.1
手动越控停机 …… 3.5.14
受控条件 …… 3.1.6
双作用控制器 …… 3.4.5

**T**

停机 …… 3.5.13

**W**

微分作用控制器 …… 3.4.4
温度控制系统 …… 3.2.5

**X**

系统 …… 3.1.1
限值 …… 3.1.11
限值范围 …… 3.1.12
性能监测 …… 3.5.1

**Y**

压力控制系统 …… 3.2.9
遥控系统 …… 3.2.3
一级报警 …… 3.5.10
预期值 …… 3.1.7

**Z**

再循环控制系统 …… 3.2.7
执行机构 …… 3.3.6
转速控制系统 …… 3.2.4
自动保护监测 …… 3.5.12
自动监测 …… 3.5.3
自动控制系统 …… 3.2.2

自监测 …… 3.5.4
自作用控制器 …… 3.3.4

英文对应词索引

A

actuator …… 3.3.6
alarm monitoring …… 3.5.9
automatic control system …… 3.2.2
automatic monitoring …… 3.5.3
automatic protection monitoring …… 3.5.12

B

bypass control system …… 3.2.8

C

cascade control system …… 3.2.6
computer controlled monitoring …… 3.5.5
condition monitoring …… 3.5.6
control …… 3.1.2
control point …… 3.1.8
control system …… 3.1.4
controlled condition …… 3.1.6
controller …… 3.3.3
controlling unit …… 3.3.3
correcting unit …… 3.3.2

D

desired value …… 3.1.7
differential action controller …… 3.4.4

F

functional diagnostic …… 3.5.7

I

indirect acting controller …… 3.3.5
integral action controller …… 3.4.3

L

limiting value …… 3.1.11

M

manual control system …… 3.2.1

manual monitoring …… 3.5.2
measuring unit …… 3.3.1
monitoring …… 3.1.3
monitoring system …… 3.1.5
multi-element control system …… 3.2.11

O

one-term controller …… 3.4.2

P

performance monitoring …… 3.5.1
positioner …… 3.3.7
pressure control system …… 3.2.9
proportional action controller …… 3.4.2

R

range of control point …… 3.1.9
range of limiting value …… 3.1.12
ratio control system …… 3.2.10
recirculating control system …… 3.2.7
remote control system …… 3.2.3

S

self-acting controller …… 3.3.4
self-monitoring …… 3.5.4
servo control system …… 3.2.12
set point adjuster …… 3.3.8
set point …… 3.1.10
shut-down with manual override …… 3.5.14
shut-down …… 3.5.13
single-level alarm …… 3.5.10
speed control system …… 3.2.4
system …… 3.1.1

T

temperature control system …… 3.2.5
test diagnostic …… 3.5.8
two-step controller …… 3.4.1
three-term controller …… 3.4.6
two-level alarm …… 3.5.11
two-term controller …… 3.4.5

ICS 59.080
W 58

# 中华人民共和国国家标准

GB/T 6839—2013
代替 GB/T 6839—1986

# 缝纫线润滑性试验方法

## Testing method for lubrication of sewing threads

2013-11-12 发布　　2014-05-01 实施

中华人民共和国国家质量监督检验检疫总局
中国国家标准化管理委员会　发布

# 前　言

本标准按照 GB/T 1.1—2009 给出的规则起草。

本标准代替 GB/T 6839—1986《缝纫线润滑性试验方法》，与原标准相比，除编辑性修改外，主要技术变化如下：

——试验方法做了调整，通过动摩擦系数来表征缝纫线润滑性；

——增加了缝纫线退绕速度、缠绕角度以及动摩擦系数计算方法等内容；

——对检测装置的要求进行了说明。

本标准由中国纺织工业联合会提出。

本标准由全国家用纺织品标准化技术委员会线带分技术委员会(SAC/TC 302/SC 2)归口。

本标准起草单位：华美线业有限公司、沪江线业有限公司、上海市纺织工业技术监督所、浙江竞宏新材料科技有限公司、浙江沪江线业有限公司。

本标准主要起草人：奚德昌、唐映华、王憬义、邵子良、史建民、贺美娣、陈倩。

本标准所代替标准的历次版本发布情况为：

——GB/T 6839—1986。

# 缝纫线润滑性试验方法

## 1 范围

本标准规定了缝纫线与固体金属接触的动摩擦性能的测量方法。

本标准适用于线密度在 10 tex～120 tex、动摩擦系数在 0.1～0.5 的缝纫线，绣花线或超过以上范围的缝纫线产品可参照使用。

## 2 规范性引用文件

下列文件对于本文件的应用是必不可少的。凡是注日期的引用文件，仅注日期的版本适用于本文件。凡是不注日期的引用文件，其最新版本(包括所有的修改单)适用于本文件。

GB/T 6529 纺织品 调湿和试验用标准大气

## 3 术语和定义

下列的术语和定义适用于本文件。

3.1

**摩擦系数 coefficient of friction**

阻止两实体相对运动的摩擦力对作用在该两物体接触表面的法向力之比值。

3.2

**动摩擦 dynamic friction**

相对运动两表面之间的摩擦。

3.3

**缠绕角度 wrap angle**

在纱线摩擦试验当中，测试样品与摩擦设备之间的累积接触角度，以弧度表示。

## 4 原理

将缝纫线绕在摩擦棒(缠绕角度为 $\alpha$)上，分别测出在纱线输入端的纱线张力($t_1$)和输出端的纱线张力($t_2$)，根据 $\alpha$、$t_1$、$t_2$ 即可算出纱线的动摩擦系数 $\mu$，并通过动摩擦系数的大小及变异系数表征缝纫线润滑性的好坏。

## 5 装置

装置部件的组成：

a) 检测装置，部件有：

——纱线张力输入控制；

——导纱辊和张力测量头；

——摩擦棒(直径为 12.7 mm，粗糙度 4 μm～6 μm 的铬合金表面)，对使用摩擦棒的材料、大小、粗糙度有变化的必须在试验报告中说明；

——圈数调节和角度调节装置；

——驱动系统：能使纱线以一定的速度经过检测装置。该系统由记录和调节纱线传输速度装置及测量和控制纱线传输速度的设备构成。

b) 信号处理单元：

——计算并且显示动摩擦系数 $\mu$(包括平均值、最大值、最小值)，摩擦系数变异系数值，摩擦系数图形曲线。

c) 打印机(可选)：

——提供缝纫线摩擦系数指标、图形输出等。

## 6 调湿和试验用的大气

按 GB/T 6529 中规定的标准大气进行调湿和试验，将样品放在试验用标准大气下调湿 24 h 以上。

## 7 取样

7.1 按下列方法之一选择实验室样品：

——根据产品标准有关规定抽取；

——按有关方的协议。

7.2 推荐抽样数量：宝塔线、绞线(3 个)。

7.3 测试材料应在试验过程中直接退绕，避免纱线变形。

7.4 每个卷装的试样数量按产品标准规定。如果产品标准没有规定，每个卷装各测试一次。

## 8 程序

8.1 根据设定的缠绕角度所规定的引纱路线，引出纱线。

8.2 纱线预加张力：(9.8±1)mN/tex。

8.3 缠绕角度的选择：不同缠绕角度测试的动摩擦系数会有所差异，按仪器生产商的推荐选择不同动摩擦系数适于的缠绕角度，通过导角轮调节缠绕角度范围在 0°～360°，但一般情况下试验时不应小于 90°。如没有任何可应用的说明书或者协议的情况下，使用缠绕角度为 180°。

8.4 纱线退绕速度的选择：纱线的退绕速度设置为 100 m/min，除非可应用的说明书或者协议表述为其他值，但应在测试报告中表明。

8.5 测试长度：正常情况下，每个卷装应不少于 100 m。如果纱线条干均匀度不好或易断纱，应选取整卷纱线，进行多次测试，直至完成整个试验。如出现缠纱、脱纱、断纱等致使试验中断的情况，应在试验报告中注明。

## 9 结果的计算和表示

在已知输入端、输出端的纱线张力 $t_1$、$t_2$，以及纱线缠绕角度 $\alpha$ 的情况下，按式(1)计算得到缝纫线动摩擦系数，计算结果修约至小数点后两位。

$$\mu = \frac{\ln t_2 - \ln t_1}{\alpha} \qquad \cdots\cdots (1)$$

式中：

$\mu$ ——动摩擦系数；

$t_1$ ——平均输入张力，单位为毫牛顿(mN)；

$t_2$ ——平均输出张力，单位为毫牛顿(mN)；

$\alpha$ ——缠绕角度，单位为弧度。

## 10 试验报告

试验报告应包括以下内容：

a) 说明试验是按本标准进行的；

b) 测试日期及试验条件；

c) 样品名称、规格；

d) 仪器型号和参数；

e) 退绕速度、缠绕角度、测试长度等必要参数；

f) 试样数量及测试长度；

g) 批样的试验结果，包括：动摩擦系数，摩擦系数变异系数值等；

h) 任何偏离本标准细节。

ICS 55.020
A 80

# 中华人民共和国国家标准

GB 6975—2013
代替 GB 6975—2007

# 棉 花 包 装

## Cotton baling

2013-12-31 发布　　2014-04-01 实施

中华人民共和国国家质量监督检验检疫总局
中国国家标准化管理委员会　发布

# 前 言

**本标准的全部技术内容为强制性。**

本标准按照GB/T 1.1—2009给出的规则起草。

本标准代替GB 6975—2007《棉花包装》。

本标准与GB 6975—2007相比，主要技术变化如下：

——删除了GB 6975—2007中200 kg的Ⅱ型包，将原Ⅲ型包改为Ⅱ型包；

——增加了棉包塑料包装袋的基本制作要求，增加了其断裂伸长率指标和抗老化指标；

——在捆扎材料中删除了规格为$\phi$2.5 mm、$\phi$3.2 mm、$\phi$3.75 mm、$\phi$4.0 mm的镀锌钢丝、碳钢钢带和高强度钢带；

——将"塑料捆扎带"名称改为"棉花包装用聚酯捆扎带"，增加其接头拉断力和接头剥离力的性能指标；

——增加棉花包装用聚酯捆扎带的接头重叠长度和表面标明内容。

本标准由中华全国供销合作总社提出。

本标准由全国棉花加工标准化技术委员会(SAC/TC 407)归口。

本标准起草单位：中棉工业有限责任公司、中国棉花协会棉花加工分会、中华全国供销合作总社郑州棉麻工程技术设计研究所、中国纤维检验局、中国储备棉管理总公司、中国铁道科学研究院、郑州商品交易所、北京中棉机械成套设备有限公司、北京中棉工程技术有限公司、南通棉花机械有限公司、山东天鹅棉业机械股份有限公司、南通御丰塑钢包装有限公司、常州远东塑料机械有限公司、新疆伊犁州伊欣棉业有限公司、上海自立塑料制品有限公司、新疆石河子天银物流有限公司。

本标准主要起草人：岳洪壮、王丹涛、胡春雷、尹青云、王瑞霞、李晓健、车德慧、姬广坡、李文侠、沈洁强、韩金、季宏斌、杨丙生、蔡光泉、朱志峰、杨省孝、陈子兴、王海平。

本标准所代替标准的历次版本发布情况为：

——GB/T 6975—1986，GB/T 6975—2001，GB 6975—2007。

# 棉 花 包 装

## 1 范围

本标准规定了棉包的技术要求、包装方法、棉包标志和试验方法。

本标准适用于成包皮棉和棉短绒的包装。

## 2 规范性引用文件

下列文件对于本文件的应用是必不可少的。凡是注日期的引用文件，仅注日期的版本适用于本文件。凡是不注日期的引用文件，其最新版本(包括所有的修改单)适用于本文件。

GB/T 228.1 金属材料 拉伸试验 第1部分：室温试验方法

GB/T 1040.3—2006 塑料 拉伸性能的测定 第3部分：薄膜和薄片的试验条件

GB 1103.1 棉花 第1部分：锯齿加工细绒棉

GB 1103.2 棉花 第2部分：皮辊加工细绒棉

GB/T 3923.1 纺织品 织物拉伸性能 第1部分：断裂强力和断裂伸长率的测定(条样法)

GB/T 4668 机织物密度的测定

GB/T 6672 塑料薄膜和薄片厚度测定 机械测量法

GB/T 16422.2 塑料实验室光源暴露试验方法 第2部分：氙弧灯

GB/T 16422.3 塑料实验室光源暴露试验方法 第3部分：荧光紫外灯

GH/T 1068 棉花包装用聚酯捆扎带

## 3 技术要求

### 3.1 棉包的外形尺寸

3.1.1 棉包的外形和尺寸代号见图1。

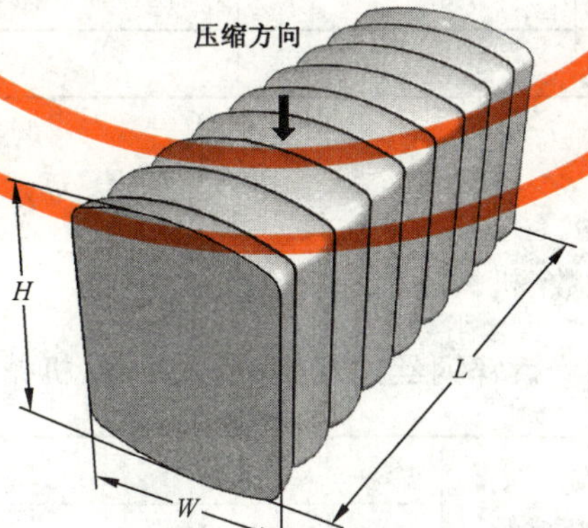


说明：

L——棉包长度；

W——棉包宽度；

H——棉包高度。

图1 棉包的外形示意图和尺寸代号

3.1.2 棉包外形尺寸、重量及允许偏差应符合表1规定。

表1 棉包外形尺寸、重量及允许偏差

| 棉包型号 | 长度 $L$/mm | | 宽度 $W$/mm | | 高度 $H$/mm | | 棉包重量/kg | |
|---|---|---|---|---|---|---|---|---|
| | 基本尺寸 | 允许偏差 | 基本尺寸 | 允许偏差 | 基本尺寸 | 允许偏差 | 重量 | 允许偏差 |
| Ⅰ | 1 400 | −30 | 530 | −10 | 700 | +150 | 227 | ±10 |
| Ⅱ | 800 | −15 | 400 | −10 | 600 | +50 | 85 | ±5 |

3.1.3 Ⅰ型棉包两端的高度差不应大于50 mm，Ⅱ型棉包两端的高度差不应大于20 mm。

## 3.2 包装物

### 3.2.1 包装材料

3.2.1.1 采用不污染棉花、不产生异性纤维的本白色纯棉布、塑料进行包装。

3.2.1.2 棉包塑料包装袋应有透气孔，透气性良好，应防止杂质、灰尘进入棉包，不污染棉花。透气孔隙的制作不得在袋体内外残留薄膜废屑。

3.2.1.3 棉花包装用本白色纯棉布技术要求见表2。

表2 棉花包装用本白色纯棉布技术要求

| 项目 | 棉布密度/(根/10 cm) | 棉布断裂强力/N |
|---|---|---|
| 经向 | ≥118 | ≥180 |
| 纬向 | ≥118 | ≥220 |

3.2.1.4 棉包塑料包装袋膜的技术要求见表3。

表3 棉包塑料包装袋膜的技术要求

| 厚度/mm | 拉伸强度/MPa | | 断裂伸长率/% | 抗老化(800 h氙灯光源老化) | |
|---|---|---|---|---|---|
| | 纵向 | 横向 | | 拉伸强度保留率/% | 断裂伸长率保留率/% |
| 0.145±0.015 | ≥24 | ≥23 | ≥700 | ≥87 | ≥87 |

### 3.2.2 捆扎材料

3.2.2.1 镀锌钢丝的规格、捆扎根数、机械性能应符合表4规定。

表4 镀锌钢丝的规格、捆扎根数、机械性能

| 捆扎材料 | 规格/mm | 捆扎根数 | 机械性能 | | | |
|---|---|---|---|---|---|---|
| | | | 拉伸强度/MPa | | 断裂伸长率/% | |
| | | | 高碳 | 低碳[b] | 高碳 | 低碳[b] |
| 镀锌钢丝 | $\phi$2.8[a] | 8～10 | 1 400～1 650 | 400～510 | ≥4 | ≥15 |
| | $\phi$3.4 | | | | | |

[a] 规格为 $\phi$2.8 mm 的镀锌钢丝只适用于Ⅱ型包。

[b] 低碳镀锌钢丝只适用于Ⅱ型包的棉短绒包装。

3.2.2.2 棉花包装用聚酯捆扎带的规格、捆扎根数、机械性能应符合表5的规定。

**表5 棉花包装用聚酯捆扎带的规格、捆扎根数、机械性能**

| 捆扎材料 | 规格[a]/mm | 捆扎根数 | 机械性能 | | | | |
|---|---|---|---|---|---|---|---|
| | | | 断裂强力/N | 断裂伸长率/% | 抗老化(120 h紫外光老化拉伸断裂强度保留率)/% | 接头拉断力/N | 接头剥离力/N |
| 棉花包装用聚酯捆扎带 | (19.0～20.0)×(1.20～1.50) | 8 | ≥10 500 | 12～18 | >96 | ≥9 270 | >200 |
| [a] 规格为截面的宽度乘以厚度。 | | | | | | | |

## 4 包装方法

4.1 捆扎法:皮棉经压缩并用棉布包裹后再进行捆扎的方法。
4.2 套包法:皮棉经压缩、捆扎后,把包装袋套包在棉包上的包装方法。
4.3 棉布包装适用于捆扎法或套包法,塑料包装袋仅适用于套包法。
4.4 棉布包装的棉包捆扎好后,应用棉线绳将棉包包头接缝处缝严。
4.5 成包过程中切割取样的,应将切割口用同等棉布缝严,允许用不污染棉花、不产生异性纤维的其他材料将切割口覆盖。
4.6 棉包出厂时均不应有露棉(塑料包装袋的透气孔隙除外)、包装破损及污染现象。
4.7 棉包包索排列应均匀且相互平行,包索接头应牢固、可靠。接头处应平滑,不易划触其他接触物。
4.8 棉包的聚酯捆扎带接头重叠长度应在60 mm～80 mm之间。

## 5 标志

5.1 按批检验的棉包标志
5.1.1 用棉布包装的棉包,应在棉包两头用黑色刷明标志,内容包括:棉花产地(省、自治区、直辖市和县)、棉花加工单位、棉花质量标识、批号、包号、毛重、异性纤维含量代号、生产日期。
5.1.2 用塑料包装的棉包,应在棉包两头采取不干胶粘贴或其他方式固定标签,标签内容同5.1.1。
5.1.3 棉花质量标识应符合GB 1103.1和GB 1103.2的规定。
5.1.4 允许在不影响棉包标志的塑料包装袋表面标注放置方向、商标等信息。
5.2 逐包检验的棉包标志
5.2.1 采用条码作为棉包标志,条码固定在棉布包装或塑料包装的棉包两头。
5.2.2 用棉布包装的棉包,棉包两头用黑色刷明标志,内容包括:棉花产地(省、自治区、直辖市和县)、棉花加工单位、批号、包号、毛重、异性纤维含量代号、生产日期。
5.3 棉花包装用聚酯捆扎带表面应标明捆扎带生产企业的商标、企业名称和生产日期等。

## 6 试验方法

### 6.1 棉包外形尺寸

6.1.1 成包皮棉存放24 h以后,每20包(不足20包的按20包计)抽取1包,测量棉包尺寸。

6.1.2 将被测棉包放置在平面上，用两个精度为 1 mm 的直角尺分别轻靠在棉包对称面上，测量相对应的棉包尺寸。

6.1.3 棉包长、宽、高的测量位置为棉包各对应面的两端及中部，取其最大值，单位为毫米(mm)。

6.1.4 测量结果保留至个位数。

### 6.2 棉布密度

按 GB/T 4668 规定的方法测定。

### 6.3 棉布断裂强力

按 GB/T 3923.1 规定的方法测定。

### 6.4 塑料包装袋膜的厚度

按 GB/T 6672 规定的方法测定。

### 6.5 塑料包装袋膜的拉伸强度和断裂伸长率

6.5.1 试验按 GB/T 1040.3—2006 规定的方法进行。

6.5.2 试验拉伸速度为(500±50)mm/min。

6.5.3 试样的形状和尺寸应符合 GB/T 1040.3—2006 中的 2 型试样，试样宽度为 10 mm。

6.5.4 拉伸强度的测试结果修约至个位数，断裂伸长率的测试结果修约至 1 个百分点。

### 6.6 塑料包装袋膜的抗老化试验

6.6.1 按 GB/T 16422.2 规定的方法进行抗老化试验。

6.6.2 按 6.5 给出的方法分别测定塑料包装袋膜在抗老化试验前后的拉伸强度和断裂伸长率。

6.6.3 拉伸强度保留率按式(1)计算：

$$\Delta\sigma_M = \frac{\sigma'_M}{\sigma_M} \times 100\% \qquad \cdots\cdots(1)$$

式中：

$\Delta\sigma_M$ ——拉伸强度保留率，%；

$\sigma'_M$ ——抗老化试验后的拉伸强度，单位为兆帕(MPa)；

$\sigma_M$ ——抗老化试验前的拉伸强度，单位为兆帕(MPa)。

6.6.4 断裂伸长率保留率按式(2)计算：

$$\Delta\varepsilon_{tB} = \frac{\varepsilon'_{tB}}{\varepsilon_{tB}} \times 100\% \qquad \cdots\cdots(2)$$

式中：

$\Delta\varepsilon_{tB}$——断裂伸长率保留率，%；

$\varepsilon'_{tB}$ ——抗老化试验后的断裂伸长率，%；

$\varepsilon_{tB}$ ——抗老化试验前的断裂伸长率，%。

6.6.5 拉伸强度保留率和断裂伸长率保留率的测试结果均修约至 1 个百分点。

### 6.7 镀锌钢丝的拉伸强度和断裂伸长率

按 GB/T 228.1 规定的方法测定。

### 6.8 棉花包装用聚酯塑料捆扎带的规格

6.8.1 在每个样带上截取长 1 000 mm 的试样共 5 个。

6.8.2 以精度为 0.01 mm 的千分尺在每个试样上三等分的两个分线位置上测量(两组)宽度和厚度,共得各 10 个数据(测量时不应使试样承受压力而明显改变所测量的尺寸)。

6.8.3 用算术平均法计算平均宽度和厚度值,单位为毫米(mm)。

6.8.4 宽度结果修约至小数点后两位,厚度结果修约至小数点后两位。

## 6.9 棉花包装用聚酯捆扎带的断裂强力和断裂伸长率

6.9.1 试样长度按标距和专用夹具尺寸确定,直接在样带上截取所需长度的捆扎带作为试样,有效试样的数量为 5 个。

6.9.2 试验按 GB/T 1040.3—2006 规定的方法进行。

6.9.3 试样的标距为 100 mm,试验速度为(100±10)mm/min。

6.9.4 直接在负荷指示装置上读取拉断力。

6.9.5 按引伸计或记录仪或类似测量装置测定试样标距的伸长量,并计算以百分数表示的断裂伸长率。

6.9.6 当试样在夹具内出现滑移或在距任一夹具 10 mm 以内断裂,或由于明显缺陷导致过早破坏时,该试样为无效试样,应另取试样重新试验。

6.9.7 断在标距以内且无 6.9.6 中所描述的试验缺陷的试样为有效试样。

6.9.8 断裂强力和断裂伸长率以 5 个有效试样测量结果的算术平均值作为测试结果。

6.9.9 断裂强力的测试结果修约至个位数,断裂伸长率测试结果修约至 1 个百分点。

## 6.10 棉花包装用聚酯塑料捆扎带的抗老化试验

6.10.1 按 GB/T 16422.3 规定的方法进行抗老化试验。

6.10.2 按 6.9 给出的方法分别测定聚酯捆扎带在抗老化试验前后的拉伸强度。

6.10.3 拉伸断裂强度保留率的计算方法同式(1)。

6.10.4 拉伸断裂强度保留率的测试结果修约至 1 个百分点。

## 6.11 棉花包装用聚酯捆扎带的接头拉断力

6.11.1 按 6.9.1、6.9.2 和 6.9.3 规定的方法测定。

6.11.2 试验中应保持接头在试样的中部,直接在负荷指示装置上读取接头拉脱时的接头拉断力,单位为牛顿(N)。

6.11.3 试验的有效试样数量为 5 个,断在标距以内且无 6.9.6 所描述的试验缺陷的试样为有效试样。

6.11.4 以 5 个有效试样的算术平均值作为测试结果。

6.11.5 接头拉断力测试结果修约至个位数。

## 6.12 棉花包装用聚酯捆扎带的接头剥离力

按 GH/T 1068 规定的方法测定。

ICS 29.140.40;93.080.30
K 72

# 中华人民共和国国家标准

GB 7000.203—2013/IEC 60598-2-3:2002+A1:2011
代替 GB 7000.5—2005

# 灯具　第2-3部分:特殊要求 道路与街路照明灯具

## Luminaires—Part 2-3:Particular requirements—Luminaires for road and street lighting

(IEC 60598-2-3:2002+A1:2011,IDT)

2013-12-31 发布　　2015-07-01 实施

中华人民共和国国家质量监督检验检疫总局
中国国家标准化管理委员会　发布

# 前　言

**本部分的全部技术内容为强制性。**

本部分为 GB 7000 系列灯具国家标准的一个部分，GB 7000 系列现有标准 22 个，到本部分出版之日，已出版的 GB 7000 系列标准如下：

——GB 7000.1—2007　灯具　第 1 部分：一般要求与试验
——GB 7000.2—2008　灯具　第 2-22 部分：特殊要求　应急照明灯具
——GB 7000.4—2007　灯具　第 2-10 部分：特殊要求　儿童用可移式灯具
——GB 7000.6—2008　灯具　第 2-6 部分：特殊要求　带内装式钨丝灯变压器或转换器的灯具
——GB 7000.7—2005　投光灯具安全要求
——GB 7000.9—2008　灯具　第 2-20 部分：特殊要求　灯串
——GB 7000.17—2003　限制表面温度灯具安全要求
——GB 7000.18—2003　钨丝灯用特低电压照明系统安全要求
——GB 7000.19—2005　照相和电影用灯具（非专业用）安全要求
——GB 7000.201—2008　灯具　第 2-1 部分：特殊要求　固定式通用灯具
——GB 7000.202—2008　灯具　第 2-2 部分：特殊要求　嵌入式灯具
——GB 7000.203—2013　灯具　第 2-3 部分：特殊要求　道路与街路照明灯具
——GB 7000.204—2008　灯具　第 2-4 部分：特殊要求　可移式通用灯具
——GB 7000.207—2008　灯具　第 2-7 部分：特殊要求　庭园用可移式灯具
——GB 7000.208—2008　灯具　第 2-8 部分：特殊要求　手提灯
——GB 7000.211—2008　灯具　第 2-11 部分：特殊要求　水族箱灯具
——GB 7000.212—2008　灯具　第 2-12 部分：特殊要求　电源插座安装的夜灯
——GB 7000.213—2008　灯具　第 2-13 部分：特殊要求　地面嵌入式灯具
——GB 7000.217—2008　灯具　第 2-17 部分：特殊要求　舞台灯光、电视、电影及摄影场所（室内外）用灯具
——GB 7000.218—2008　灯具　第 2-18 部分：特殊要求　游泳池和类似场所用灯具
——GB 7000.219—2008　灯具　第 2-19 部分：特殊要求　通风式灯具
——GB 7000.225—2008　灯具　第 2-25 部分：特殊要求　医院和康复大楼诊所用灯具

本部分按照 GB/T 1.1—2009 给出的规则起草。本部分与 GB 7000.1《灯具　第 1 部分：一般要求与试验》一起使用。

本部分代替 GB 7000.5—2005《道路与街路照明灯具的安全要求》。

本部分与 GB 7000.5—2005 的主要技术差异如下：

——增加规范性引用文件 GB/T 20138—2006(1.1)。
——在安装说明书中增加灯具最高安装高度的标记要求(5i)。
——修改了对灯具玻璃罩的要求(6.5)。
——增加了玻璃罩热限值的要求(12.3)。

本部分使用翻译法等同采用 IEC 60598-2-3:2002+A1:2011《灯具　第 2-3 部分：特殊要求　道路与街路照明灯具》。

本部分由中国轻工业联合会提出。

本部分由全国照明电器标准化技术委员会灯具标准化分技术委员会(SAC/TC 224/SC 2)归口。

本部分起草单位:国家灯具质量监督检验中心,国家电光源质量监督检验中心(上海),上海时代之光照明电器检测有限公司,湖州天时玻璃制品有限公司。

本部分起草人:凌莉,施晓红,陈超中,宋卫荣,杨樾。

# 灯具　第 2-3 部分:特殊要求 道路与街路照明灯具

## 1　范围

GB 7000 系列标准本部分规定的要求适用于:

——道路、街路照明和其他室外公共场所照明的灯具;

——隧道照明;

——在正常地面以上总高度最低为 2.5 m 的柱式合成灯具;

并且这些灯具使用电光源的电源电压不超过 1 000 V。

注:总高度低于 2.5 m 的柱式合成灯具正在考虑中。

### 1.1　规范性引用文件

下列文件对于本文件的应用是必不可少的。凡是注日期的引用文件,仅注日期的版本适用于本文件。凡是不注日期的引用文件,其最新版本(包括所有的修改单)适用于本文件。

GB/T 2423.55—2006　电工电子产品环境试验　第 2 部分:环境测试　试验 Eh:锤击试验(IEC 60068-2-75:1997,IDT)

GB 7000.1　灯具　第 1 部分:一般要求与试验(GB 7000.1—2007,IEC 60598-1:2003,IDT)

GB 16895.28—2008 建筑物电气装置　第 7-714 部分:特殊装置或场所的要求　户外照明装置(IEC 60364-7-714:1996,IDT)

GB/T 20138—2006　电器设备外壳对外界机械碰撞的防护等级(IK 代码)(IEC 62262:2002,IDT)

## 2　一般试验要求

应用 GB 7000.1 第 0 章的规定。

在 GB 7000.1 相关章规定的试验应按本部分列出的顺序进行。

为了便于试验,以及样品尺寸的原因,允许只使用灯具的适当部件(这主要适用于柱式合成灯具)。

产品重新试验时所需的更严酷/关键要求见附录 B。

## 3　术语和定义

GB 7000.1 界定的以及下列术语和定义适用于本文件。

3.1

**跨接线　span wire**

主支承件之间承受整个装置重量的钢索。

注:整个装置可能包括几个灯具、电源电缆和拉线(索)。

3.2

**悬挂线　suspension wire**

系于跨接线上承受灯具重量的钢索。

3.3

**锁紧线　stay wire**

在主支承件之间的拉紧钢索,用来限制悬挂灯具的横向移动和转动。

3.4

**柱式合成灯具　column-integrated luminaires**

灯具组合在灯柱内形成的照明系统,灯柱固定在地面上。

3.5

**柱式合成灯具的反射部件或外部装饰部件　reflective or decorative external part of a column-integrated luminaire**

以固定方向反射光线的装置,或以装饰为目的安装在灯腔外(通常在柱式合成灯具顶部)的装置。

3.6

**灯柱　lighting column**

托住一个或多个灯具的支撑件,包括一个或多个部件:一根柱子、可能有一个接长件、(如需要的话)一个托架。悬垂照明的柱子不包括在内。

3.7

**柱式合成灯具的标称高度　nominal height of a column-integrated luminaire**

对根植于地面的柱式合成灯具,是指外部部件装入处的中心线与预想地平面之间的距离;对带有法兰盘的柱式合成灯具,是指外部部件装入处的中心线与法兰盘底部之间的距离。

3.8

**柱式合成灯具的门孔　door opening of a column-integrated luminaire**

在柱式合成灯具柱子上的开口,目的是提供可以接近电气设备的通道。

3.9

**柱式合成灯具的电缆引入槽　cable entry slot of a column-integrated luminaire**

柱式合成灯具地面以下部件的开口,目的是引入电缆。

3.10

**柱式合成灯具的接线盒　connection box of a column-integrated luminaire**

含有接线端子座的盒子:使柱式合成灯具连接到电源并进行电源电缆环路连接的保护装置。

3.11

**隧道灯具　tunnel lighting**

直接安装到或通过支架安装到隧道墙面或顶棚的隧道照明灯具。

## 4　灯具分类

灯具应根据 GB 7000.1 第 2 章进行分类。

注:通常,道路与街路照明灯具适合于下述一种或多种安装方式:

a)　装在支架管或类似物上;

b)　装在桅杆(立柱)悬臂上;

c)　装在立杆顶部;

d)　装在跨接线或悬挂线上;

e)　装在墙上。

## 5　标记

应用 GB 7000.1 第 3 章的规定。此外,与灯具一起提供的安装说明书中应含有下述内容:

a) 设计状态(正常工作位置);

b) 重量,包括控制装置(如有的话);

c) 外形尺寸;

d) 若安装在高于地面 8 m 以上,遭受风力的最大投影面积(见 6.3.1);

e) 如果适用的话,灯具适宜的悬挂线截面积范围;

f) 适于在室内使用,考虑自然空气流动作用允许的 10 ℃未在测得的温度(见 12.1)中减去;

g) 放置接线盒的腔体尺寸;

h) 施加在螺栓或螺钉上的扭矩,单位为 N·m,这些螺栓或螺钉用于将灯具固定到支架或支撑件;

i) 与防止玻璃碎粒掉落所选的保护方法相关的最高安装高度。

## 6 结构

应用 GB 7000.1 第 4 章和下述 6.1~6.9 的规定。

6.1 所有灯具的外壳防护等级至少应达到 IPX3,但隧道照明灯具和柱式合成灯具带的侧开式外部部件配玻璃件至少应达到 IPX5。

对柱式合成灯具,包括门孔,IP 类别的规定如下:

1) 2.5 m 以下的部件:IP3X(见 GB 16895.28—2008);

2) 2.5 m 以上的部件:IP2X(当外部部件是侧开式的情况下,配玻璃件的 IP 分类应为 IP5X)。

6.2 悬挂于跨接缆绳上的灯具应配备夹紧装置,随灯具提供的说明书上应说明与夹紧装置相适应的跨接缆绳的尺寸范围。装置应夹紧跨接缆绳以防止灯具相对于跨接缆绳移动。

在灯具安装和正常使用期间,悬挂装置不能损坏跨接缆绳。

将灯具固定到灯具制造厂说明书上规定范围内的最小和最大跨接缆绳上后,用目视检验其合格性。

注:应考虑避免在夹紧装置与跨接缆绳之间的电解腐蚀。

6.3 将灯具或外部部件固定到支撑物上的装置应与灯具或外部部件的重量相适应。连接件的设计应使组合件的投影面积能承受 150 km/h 的风速而没有过度变形。

为了防止任一灯具部件或外部部件在使用或维护时因振动而移位,支承灯具或外部部件和内部附件重量的固定装置应提供装置。

除了至少用两个装置固定以外,例如螺钉或具有足够强度的类似装置,灯具部件或外部部件应有附加的防护,防止万一在正常条件下一个固定装置失效导致这些部件坠落,并危及人、动物和周围环境。

合格性由目视检验,对安装在桅杆电线杆(柱)和杆顶上的灯具或外部部件,进行 6.3.1 的试验来检验。

隧道照明灯具不要求进行风力试验。

注:考虑到振动可能产生的影响,灯具要与可能使用的光源和灯杆一起考虑。

6.3.1 安装在桅杆电线杆(柱)和杆顶的灯具或外部部件的静态载荷试验

安装灯具或外部部件时,使其最严酷表面承受载荷。

最严酷表面由计算 $Cd \times S$ 的最大值来确定。

其中:

$Cd$ ——拖动系数;

$S$ ——承受载荷的面积($m^2$)。

拖动系数由表面形状而定。如 $Cd$ 不进行测量,对于灯具或外部部件,$Cd$ 应取值 1.2。

注 1:$Cd$ 的测量见附录 A。

应根据制造厂的说明书锁紧固定装置。

在最严酷的表面上施加均匀分布的恒定载荷 10 min。

注 2：载荷分布的等效方法见图 1。如果使用袋子，可以装入沙粒、铅沙粒或铅小球。

载荷应等于 $F=1/2Rh\times S\times Cd\times V^2$(N)

其中：

$Rh$ ——等于 1.225 kg/$m^3$(空气密度)；

$V$ ——风速(m/s)。

相对于灯具或外部部件安装高度的风速应为：

高度不超过 8 m，$V$=45 m/s(163 km/h)；

高度超过 8 m 不超过 15 m，$V$=52 m/s(188 km/h)；

高度超过 15 m，$V$=57 m/s(205 km/h)。

注 3：在某些国家，风速由国家标准规定(例如日本)。

拖动系数为 1.2(或根据附录 A 测量的精确数值)。

试验后，灯具应无危害安全的可见的失效，固定点的永久变形不能超过 2 cm/m 的斜率，并且不得绕固定点转动。

6.4 如果使用单个灯座不能保证光源的正确位置时，应提供适当的支承装置。

对于可调节灯座或光学部件，应提供适当的参考标记。

合格性由目视检验。

6.5 为了降低碎玻璃引起的伤害风险，应满足下述与灯具预期安装高度相关的要求。

当灯具低于 5 m 安装时，对玻璃罩没有附加的要求。

隧道灯具应无例外地符合 6.5.1 的要求。

当灯具高于 5 m 安装时，玻璃罩应：

a) 由能碎成小块的玻璃制成；或

b) 由抗高冲击强度的玻璃制成；或

c) 用一旦破损能挡住玻璃碎片的保护方法(例如：网罩、薄膜覆盖层)。

合格性检验：

——对 a)，依据 6.5.1 进行试验和检查；

——对 b)，依据 6.5.2 进行试验和检查；

——对 c)，进行目视检查。

灯具制造商应向实验室提供所使用防护方法的声明。

6.5.1 使用能碎成小块的玻璃的保护

灯具和玻璃罩不需要在试验前进行预处理。

对平板玻璃，将玻璃构件整个面积地支承起来，以保证玻璃碎裂时碎粒(片)不会散射开来，并防止碎粒(片)移动。从一条玻璃长边的中点朝玻璃中心 30 mm 处，用中心冲头打碎玻璃。

注 1：中心冲头是带有一个尖端的钢制工具。

对成形玻璃，玻璃构件应在所有的表面得到支承(试验方法的例子是可以使用诸如沙子或土壤之类的材料)。用作支承表面的材料的厚度应大于 30 mm。为了避免碎粒(片)的任何移动，玻璃面应被一层黏性膜完全覆盖。用中心冲头在玻璃罩(从内表面或外表面)的中心冲击玻璃。

碎裂的 5 min 之内，在玻璃边界以内、估计最粗的碎裂区域中心 50 mm 见方的面积内数碎粒(片)数量。

合格性：如果在 50 mm 见方面积内的碎粒(片)数量大于 40，则认为玻璃通过此试验。比玻璃全厚度小的玻璃碎粒(片)不计在内。如玻璃较小，尺寸不够 50 mm×50 mm 的区域时，应达到的碎粒(片)数按比例减少。碎粒(片)的所有尺寸都应小于 50 mm。

在数 50 mm 见方面积内的碎粒(片)的总数时，应是正方形中间的碎粒(片)数加上那些边缘处的碎粒(片)数。对于正方形边缘处的碎粒(片),建议数穿越两条相邻边的所有碎粒(片),忽略穿越另外两条边的所有碎粒(片)数(见图2)。

注2:适宜的数碎粒(片)方法是先把50 mm见方的透明材料覆盖在玻璃上,然后在正方形内每一颗已计入的粒(片)上逐一点墨汁。

注3:当试样还保持一整块时,通常由裂纹来显示出破裂,并就此判断碎粒(片)的尺寸和数量,除非玻璃使用了加强措施或镀膜。

注4:适用时,测量区域不在距玻璃的边、孔或加工处30 mm的范围内,或不在冲击点周围50 mm的圆圈内。

6.5.2 使用抗高冲击强度的玻璃的保护

6.5.2.1 玻璃罩应具有高的机械强度

灯具和玻璃罩应进行GB 7000.1的12.3耐久性试验的预处理。

试验应在一个样品上、而且安装在灯具上的玻璃外表面(光源对面)上进行。

试验程序应按照标准GB/T 20138—2006进行,使用的试验设备是符合GB/T 2423.55—2006的摆锤或垂直落锤。

合格性:在5J(IK08)冲击能量的冲击后玻璃不应破裂。

6.5.2.2 玻璃罩不应碎成大的块片

玻璃罩应按照6.5.1相同的试验顺序进行试验。

合格性:如果在边长50 mm正方形内的碎粒(片)数大于20,则认为玻璃通过此试验。比玻璃全厚度小的玻璃碎粒(片)不计在内。得不到50 mm×50 mm区域的小尺寸玻璃,应达到的碎粒(片)数按比例减少。碎粒(片)的所有尺寸都应小于50 mm。

6.6 柱式合成灯具接线腔应在门孔内提供容纳下述部件的足够空间。

——灯具接线端子;

——保护装置;

——端接和电源电缆环路连接;

——接线盒(如有的话)。

接线腔应提供这些设备的固定方式,如果这种装置是金属的,应采用防腐蚀材料或具有适当防护以防止腐蚀。

6.7 关于负载计算和结构设计验证试验,除了外部部件以外,柱式合成灯具应符合ISO标准(如果有),其他地区标准或国家标准(适用的话)。

注:欧洲用EN 40,日本用JIL 1003,北美用ANSI C 136系列。

6.8 对柱式合成灯具的门进行的防腐蚀处理应与柱式合成灯具的处理方法一致。

合格性用GB 7000.1中4.18规定的试验检验。

门的开口应设计成只有授权人员才能打开。

门的样品要进行型式试验。试验装置是GB/T 2423.55—2006规定的摆锤、垂直下落锤、弹簧冲击试验装置或其他能得出等效结果的适当装置。应该用5 N·m冲击能量进行3次试验。

如果门有几个平面的话,冲击应对门最大的一个面的中心进行。

试验后,样品应无损坏,特别是:

——锁紧装置应仍能工作;

——样品上应无看得见的裂痕;

——IP防护等级应没有降低(见6.1)。

6.9 对柱式合成式灯具:

——电缆引入槽不应小于50 mm×150 mm;

——从引入槽到接线腔的电缆通道应至少为 50 mm，而且不会阻塞，没有会磨损电缆的锐边、毛口、毛刺等。

合格性由目视和测量检验。

注：在美国，电缆引入槽的尺寸要符合 ANSI C 136 的规定。

## 7 爬电距离和电气间隙

应用 GB 7000.1 第 11 章的规定。

## 8 接地规定

应用 GB 7000.1 第 7 章和下述 8.1 的规定。

8.1 接线端子的固定部件的连接应设计并制作成当移动夹紧部件时，能防止其转动。

合格性由目视并进行 GB 7000.1 第 14 章和第 15 章机械试验检验。

## 9 接线端子

应用 GB 7000.1 第 14 章和第 15 章的规定。

电源连接接线端子应允许连接 GB 7000.1 表 14.1 的标称截面积的导体，但标称截面积小于 1 $mm^2$ 的电源电缆除外。

合格性由装上规定的最小和最大截面积导体来检验。

## 10 外部接线和内部接线

应用 GB 7000.1 第 5 章和以下 10.1 的规定。

10.1 道路与街路照明灯具应备有一个软线固定架，以消除电源电缆的导体连接到接线端子上所产生的张力，如果没有软线固定架，电源电缆的重量将会在连接点上施加一个拉力。

合格性由 GB 7000.1 第 5 章的有关试验来检验，但应采用 60 N 的拉力和 0.25 N·m 的扭矩进行试验。

采用拉力和扭矩的数值取决于电源电缆的重量，一般来说，上述规定的数值是合适的，但对于打算安装到高于 20 m 的灯具以及如果电源电缆的重量给软线固定架的力超过 4 kg，则应采用 100 N 的拉力和 0.35 N 的扭矩进行试验。

## 11 防触电保护

应用 GB 7000.1 第 8 章的规定。

## 12 耐久性试验和热试验

应用 GB 7000.1 第 12 章和以下规定。

12.1 当应用 GB 7000.1 第 12 章的表中给出的限值时，考虑到灯具在工作环境中受自然空气流动的影响，试验罩内测得的温度应减去 10 ℃。

仅在室外使用的产品，应在其声称的 $t_a$±5 ℃进行试验，然后在试验测得的温度值中减去 10 ℃。

12.2 对于 IP 数字大于 IP20 的灯具，应在 GB 7000.1 中的 9.2 之后，9.3 之前进行本部分第 13 章规定的 GB 7000.1 中 12.4、12.5 和 12.6 的相关试验。

12.3 玻璃罩应在玻璃制造商声称的热限值下使用。热限值应包括玻璃允许的最低和最高温度，以及最大的 $\Delta t$。

## 13 防尘和防水

应用 GB 7000.1 第 9 章和以下规定。

13.1 对 IP 数字大于 IP20 的灯具，GB 7000.1 第 9 章规定试验的顺序应按本部分第 12 章的规定。

## 14 绝缘电阻和电气强度

应用 GB 7000.1 第 10 章的规定。

## 15 耐热、耐火和耐起痕

应用 GB 7000.1 第 13 章的规定。

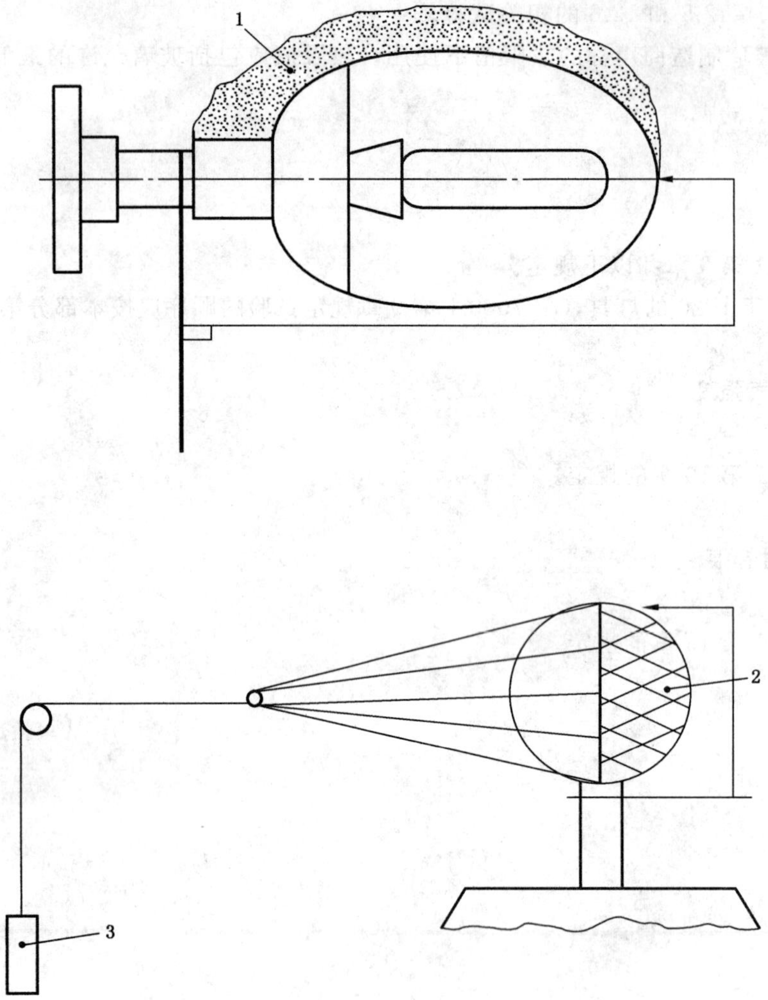


说明：

1——沙袋；

2——网；

3——重块。

**图 1　静态风力试验的不同方法**

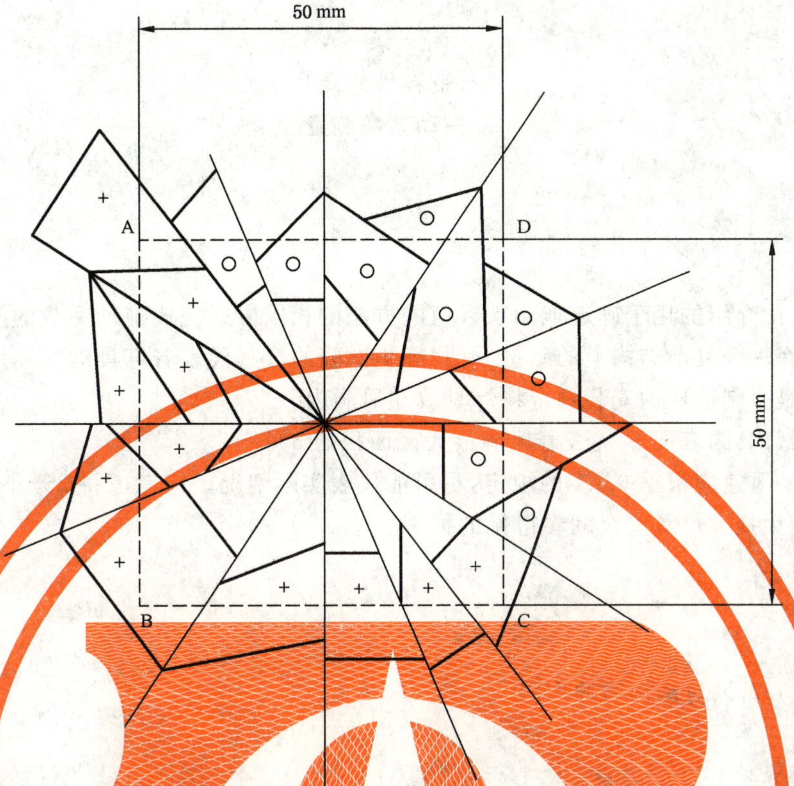


说明：

[+]——计入的颗粒(与选定的两条邻边 AB/BC 交叉)；

[○]——不计入的颗粒(与选定的两条邻边 AB/BC 不交叉)。

**图 2 计算正方形边缘上的颗粒数**

# 附 录 A
# （资料性附录）
# 拖动系数测量

## A.1 测量方法

以ISO 4354中介绍的用于确定拖动系数值的方法的相同方式完成拖动系数的测量。

灯具测量比在一个复杂结构上的测量方便（静止试验的灯具代表着灯具的实际尺寸）。

通常的方法是按制造厂的安装规定将灯具放在风洞内。

风洞应满足：灯具的表面 $S$ 代表着风洞最大截面积的5%。

测量时使用的风速应根据6.3.1的规定，尽可能代表实际情况。应考虑将25 m/s作为最小值。

测量以后，应无损害灯具安全的看得见的损害。

## A.2 参考文件

ISO 4354：1997，风对结构物的作用

# 附 录 B
# （规范性附录）
# 产品重新试验时所需的更严酷/关键要求的修订条款清单

本部分的新版本扩大了标准的范围并包含了对柱式合成灯具的要求。对其他类型的道路与街路照明灯具，本新版本没有引出更严酷或关键的要求。因此，表明已符合 IEC 60598-2-3 第 2 版，包括其 1997 年第 1 号修改件和 2000 年第 2 号修改件的道路与街路照明灯具不需要重新试验就可以作为符合本新版本了。

注：当本部分将来修订件/版本中引出更严酷/关键的要求时，这些条款将标记字母"R"并列入本附录。

ICS 83.040.30
G 49

# 中华人民共和国国家标准

GB/T 7044—2013
代替 GB/T 7044—2003

# 色素炭黑

# Colour carbon black

2013-12-31 发布 2014-09-01 实施

中华人民共和国国家质量监督检验检疫总局
中国国家标准化管理委员会 发布

# 前　言

本标准按照 GB/T 1.1—2009 给出的规则起草。

本标准代替 GB/T 7044—2003《色素炭黑》，与 GB/T 7044—2003 相比，主要技术变化如下：

——增加了规范性引用文件 GB/T 3780.2、GB/T 3780.6、GB/T 3780.7（见第 2 章）；

——修改“45 μm 筛余物应小于等于 0.05%”为“≤300 mg/kg”（见表 2，2003 年版的 4.2）；

——将试验方法列入表 2 中（见表 2，2003 年版的第 5 章）。

本标准由中国石油和化学工业联合会提出。

本标准由全国橡胶与橡胶制品标准化技术委员会炭黑分技术委员会（SAC/TC 35/SC 5）归口。

本标准起草单位：中橡集团炭黑工业研究设计院、上海焦化化工发展商社。

本标准主要起草人：邓毅、聂素青、陈容。

本标准所代替标准的历次版本发布情况为：

——GB/T 7044—1986、GB/T 7044—1993、GB/T 7044—2003。

# 色 素 炭 黑

## 1 范围

本标准规定了色素炭黑的分类及命名、技术要求、试验方法、检验规则、包装、标识、贮存和运输。

本标准适用于油墨、涂料、塑料、皮革化工等行业用的色素炭黑。

## 2 规范性引用文件

下列文件对于本文件的应用是必不可少的。凡是注日期的引用文件，仅注日期的版本适用于本文件。凡是不注日期的引用文件，其最新版本(包括所有的修改单)适用于本文件。

GB/T 3780.2　炭黑　第2部分：吸油值的测定

GB/T 3780.6　炭黑　第6部分：着色强度的测定

GB/T 3780.7　炭黑　第7部分：pH值的测定

GB/T 3780.8　炭黑　第8部分：加热减量的测定

GB/T 3780.10　炭黑　第10部分：灰分的测定

GB/T 3780.12　炭黑　第12部分：杂质的检查

GB/T 3780.21　炭黑　第21部分：橡胶配合剂筛余物的测定　水冲洗法

GB/T 7047　色素炭黑　挥发分含量的测定

GB/T 7048　色素炭黑　黑度的测定

GB/T 7052　色素炭黑　流动度的测定

GB/T 10722　炭黑　总表面积和外表面积的测定　氮吸附法

## 3 分类及命名

### 3.1 分类

按色素炭黑的粒径或黑度分为三类，见表1。

**表1　色素炭黑的分类**

| 分　类 | 黑　度 | 粒　径/nm |
|---|---|---|
| HCC(HCF) | ≤22 | 9～17 |
| MCC(MCF) | 23～30 | 18～25 |
| RCC(RCF) | ≥31 | 26～37 |

注1：HCC即高色素接触法炭黑，为英文High Colour Channel的缩写。

注2：HCF即高色素炉法炭黑，为英文High Colour Furnace的缩写。

注3：MCC即中色素接触法炭黑，为英文Medium Colour Channel的缩写。

注4：MCF即中色素炉法炭黑，为英文Medium Colour Furnace的缩写。

注5：RCC即普通色素接触法炭黑，为英文Regular Colour Channel的缩写。

注6：RCF普通色素炉法炭黑，为英文Regular Colour Furnace的缩写。

### 3.2 命名

色素炭黑品种的名称用四个符号表示。第一个符号是英文字母，表示生产工艺，“C”表示接触法工艺，是英文 channel 的缩写，“F”表示炉法工艺，是英文 furnace 的缩写；第二个符号是一个数字，表示色素炭黑的类别，“1”表示高色素，“3”表示中色素，“6”表示普通色素；第三个符号和第四个符号仍是一个数字，第三个符号表示后处理情况，1 表示炭黑未经后处理，2 表示炭黑经过后处理；第四个符号表示色素炭黑的结构高低，其中 1 表示吸油值大于 100 $10^{-5}$ $m^3/kg$，5 表示吸油值等于或小于 100 $10^{-5}$ $m^3/kg$。

**示例**：C121 表示接触法结构较高后处理过的高色素炭黑。

C 1 2 1

- 第四个符号 1——表示结构较高
- 第三个符号 2——表示后处理过
- 第二个符号 1——表示高色素
- 第一个符号 C——表示接触法

## 4 技术要求

色素炭黑的技术指标和相应的试验方法见表 2。

**表 2 色素炭黑技术指标**

| 检验项目 | 产品品种 | | | | | | | | | | | 试验方法 |
|---|---|---|---|---|---|---|---|---|---|---|---|---|
| | C111 | C121 | C311 | C321 | C611 | F111 | F121 | F311 | F315 | F615 | F625 | |
| 吸油值/($10^{-5}$ $m^3/kg$) | ≤180 | ≤180 | ≤130 | ≤120 | ≤120 | ≤110 | ≤110 | ≤105 | ≤80 | ≤80 | ≤80 | GB/T 3780.2 |
| 着色力/% | ≥109 | ≥109 | ≥109 | ≥109 | ≥106 | ≥100 | ≥100 | ≥100 | ≥100 | ≥90 | ≥90 | GB/T 3780.6 |
| pH 值 | 2.0～6.0 | 2.0～6.0 | 2.0～6.0 | 2.0～6.0 | 2.0～6.0 | 5.0～9.0 | 2.0～6.0 | 5.0～9.0 | 5.0～9.0 | 5.0～9.0 | 3.0～6.0 | GB/T 3780.7 |
| 加热减量(质量分数)/% | ≤6.0 | ≤8.0 | ≤5.0 | ≤6.0 | ≤4.0 | ≤4.0 | ≤8.0 | ≤5.0 | ≤5.0 | ≤3.0 | ≤5.0 | GB/T 3780.8 |
| 灰分(质量分数)/% | ≤0.50 | ≤0.50 | ≤0.20 | ≤0.20 | ≤0.20 | ≤1.00 | ≤1.00 | ≤1.00 | ≤1.00 | ≤1.00 | ≤1.00 | GB/T 3780.10 |
| 挥发分(质量分数)/% | ≥3.0 | ≥8.0 | ≥3.0 | ≥4.0 | ≥3.0 | ≥0.5 | ≥2.0 | ≥0.5 | ≥0.5 | ≥0.5 | ≥1.0 | GB/T 7047 |
| 黑度 | ≤20 | ≤22 | ≤27 | ≤30 | ≤42 | ≤20 | ≤22 | ≤26 | ≤30 | ≤40 | ≤45 | GB/T 7048 |
| 流动度(35 ℃)/mm | ≥18 | ≥28 | ≥16 | ≥22 | ≥23 | ≥18 | ≥26 | ≥18 | ≥20 | ≥20 | ≥22 | GB/T 7052 |
| 总比表面积/($10^3$ $m^2/kg$) | 200～600 | 200～600 | 150～400 | 150～400 | 80～200 | 200～600 | 400～600 | 150～300 | 150～300 | 80～200 | 80～200 | GB/T 10722 |
| 45 μm 筛余物 | ≤300 mg/kg | | | | | | | | | | | GB/T 3780.21 |
| 杂质 | 无 | | | | | | | | | | | GB/T 3780.12 |

## 5 检验规则

### 5.1 出厂检验

产品出厂时应检验的项目为吸油值、着色力、pH 值、加热减量、灰分、黑度、流动度、45 μm 筛余物、杂质共 9 项。

### 5.2 型式检验

型式检验项目为按表 2 中规定的项目。有下列情况之一时,应进行型式检验:

——新产品试制定型鉴定、老产品转产生产;

——生产中如原料、工艺有较大改变、可能影响产品性能时;

——正常生产时,周期进行检验,以考核产品质量的稳定性;

——产品停产后再恢复生产时;

——出厂检验结果与上次检验结果有较大差异时;

——国家质量监督机构提出例行检验要求时;

——总比表面积每一个品种每年至少检验一次。

### 5.3 采样

#### 5.3.1 采样工具

——不锈钢采样勺。

——采样管:主管为不锈钢管,密封板为橡胶板。其内径略小于主管外径,并可沿主管轴向移动,见图 1。

——经双方协商,可采用其他采样工具。

单位为毫米

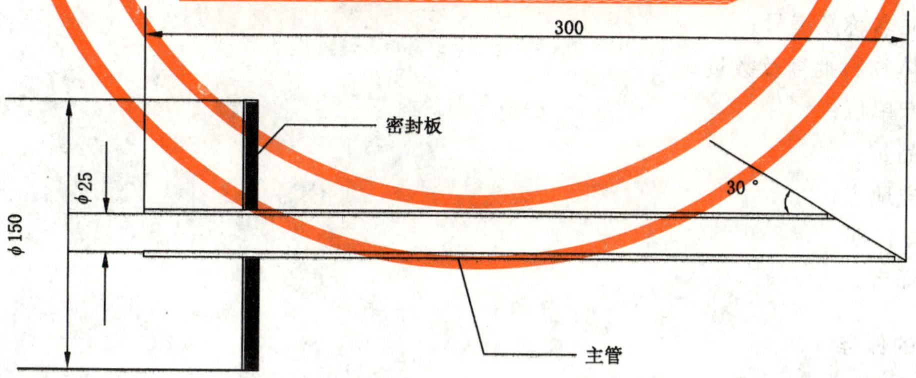


图 1 采样管示意图

#### 5.3.2 采样单元

5.3.2.1 按表 3 规定的采样袋数在总体物料中随机地选出采样袋。

5.3.2.2 每个采样袋中各取一等份进行混合,混合后的炭黑试样质量应在 500 g 以上(包括保留样)。

表 3　采样单元

| 总体物料袋数 | 最少采样袋数 |
|---|---|
| 1～2 | 全部 |
| 3～8 | 2 |
| 9～25 | 3 |
| 26～100 | 5 |
| 101～500 | 8 |
| 501～1 000 | 13 |
| 1 001～3 000 | 20 |
| 3 001～10 000 | 32 |
| ≥10 001 | 50 |

### 5.3.3　采样方法

5.3.3.1　A 法(仲裁方法):将炭黑包装袋需要割开取样的部位清扫干净,割一略小于取样管外径的十字形小口,并压上密封板,将取样管斜口端向上插到所需处,使炭黑试样从管口流出,用合适的容器收集,取足数量后,用合适的材料、方法封闭取样口。

5.3.3.2　B 法:拆开炭黑包装袋的缝口,用采样勺扒开袋口中心处,在深约 100 mm 处采样,取样后将包装袋口缝合。

### 5.3.4　样品容器

能盛 1 kg 炭黑样品的旋盖广口瓶或其他不污染炭黑的容器。

### 5.3.5　样品标签

样品盛入容器后随即在容器外壁上贴上标签,标签包括下列内容:

a)　样品名称及编号;
b)　总体物料批号及数量;
c)　生产单位;
d)　样品量;
e)　采样地点;
f)　采样日期;
g)　采样者。

### 5.3.6　样品的保存

5.3.6.1　样品应保存在干燥、通风的样品室内。

5.3.6.2　样品有效贮存期为 6 个月。

## 5.4　验收

5.4.1　检验结果按修约值比较法进行判定。

5.4.2　产品验收按出厂检验规定进行。有一项指标未满足该产品技术要求,应判为该产品不合格。

5.4.3　一个集装单元或一个批次应附一份合格证。

5.4.4　验收期限为产品到达收货方车站或口岸的 30 天内。

5.4.5 当供需双方发生质量争议时，应由供需双方共同采样并签封，送或寄到国家质量监督检验中心进行仲裁。

## 6 包装、标志、贮存和运输

### 6.1 包装

6.1.1 产品每包净含量为 10 kg±0.15 kg、20 kg±0.2 kg，或由供需双方商定。

6.1.2 包装袋和材料：包装袋应具备防潮湿、防污染能力，可任选下列包装材料，特殊情况供需双方商定。

a） 纸袋：5 层牛皮纸，内袋为 3 层 80 $g/m^2$ 牛皮纸，外袋为两层 80 $g/m^2$ 牛皮纸。

b） 复合袋：内袋为 3 层 80 $g/m^2$ 牛皮纸，外袋为塑料编织袋。

### 6.2 标志

包装袋正面应有醒目的标志，内容包括：

a） 产品名称；

b） 商标；

c） 产品标准代号；

d） 净含量；

e） 生产日期或生产批号；

f） 生产厂名和厂址。

### 6.3 贮存

6.3.1 产品仓库应保持干燥、通风、防湿、严防破包造成污染。

6.3.2 不得与可使产品变质或能使包装损坏的物品混存。

6.3.3 凡漏出包外的产品，一律不得返入产品包内。

### 6.4 运输

运输过程中应注意防潮、防污染，不得与可使产品变质或包装破损的物品在同一车厢（船舱）内混放、混运。

ICS 21.100.20
J 11

# 中华人民共和国国家标准

GB/T 7217—2013/ISO 8443:2010
代替 GB/T 7217—2002

# 滚动轴承
# 凸缘外圈向心球轴承　凸缘尺寸

**Rolling bearings—
Radial ball bearings with flanged outer ring—Flange dimensions**

(ISO 8443:2010,IDT)

2013-09-18 发布　　　　2014-06-01 实施

中华人民共和国国家质量监督检验检疫总局
中国国家标准化管理委员会　发布

# 前　言

本标准按照 GB/T 1.1—2009 给出的规则起草。

本标准代替 GB/T 7217—2002《滚动轴承　凸缘外圈向心球轴承　凸缘尺寸》，与 GB/T 7217—2002 相比，除编辑性修改外主要技术变化如下：

——增加了术语和定义(见第 3 章)；

——修改了部分符号的定义(见第 4 章，2002 年版的第 3 章)；

——修改了外形尺寸表的表头(见表 1～表 4，2002 年版的表 1～表 4)。

本标准使用翻译法等同采用 ISO 8443:2010《滚动轴承　凸缘外圈向心球轴承　凸缘尺寸》。

与本标准中规范性引用的国际文件有一致性对应关系的我国文件如下：

——GB/T 273.3—1999　滚动轴承　向心轴承　外形尺寸总方案(eqv ISO 15:1998)

——GB/T 307.1—2005　滚动轴承　向心轴承　公差(ISO 492:2002，MOD)

——GB/T 5800.1—2012　滚动轴承　仪器用精密轴承　第 1 部分：公制系列轴承的外形尺寸、公差和特性(ISO 1224-1:2007，IDT)

——GB/T 6930—2002　滚动轴承　词汇(ISO 5593:1997，IDT)

——GB/T 7811—2007　滚动轴承　参数符号(ISO 15241:2001，IDT)

本标准由中国机械工业联合会提出。

本标准由全国滚动轴承标准化技术委员会(SAC/TC 98)归口。

本标准起草单位：洛阳轴研科技股份有限公司、浙江优特轴承有限公司、洛阳轴承研究所有限公司。

本标准主要起草人：宋玉聪、郑子勋、郭宝霞。

本标准所代替标准的历次版本发布情况为：

——GB 7217—1987，GB/T 7217—2002。

# 滚动轴承
# 凸缘外圈向心球轴承　凸缘尺寸

## 1　范围

本标准规定了凸缘外圈向心球轴承和角接触球轴承的凸缘尺寸。轴承的其他外形尺寸规定在ISO 15中。

凸缘的公差规定在ISO 492中;仪器用精密轴承的凸缘公差规定在ISO 1224-1中。

## 2　规范性引用文件

下列文件对于本文件的应用是必不可少的。凡是注日期的引用文件,仅注日期的版本适用于本文件。凡是不注日期的引用文件,其最新版本(包括所有的修改单)适用于本文件。

ISO 15　滚动轴承　向心轴承　外形尺寸总方案(Rolling bearings—Radial bearings—Boundary dimensions,general plan)

ISO 492　滚动轴承　向心轴承　公差(Rolling bearings—Radial bearings—Tolerances)

ISO 1224-1　滚动轴承　仪器用精密轴承　第1部分:公制系列轴承的外形尺寸、公差和特性(Rolling bearings—Instrument precision bearings—Part 1:Boundary dimensions,tolerances and characteristics of metric series bearings)

ISO 5593　滚动轴承　词汇(Rolling bearings—Vocabulary)

ISO 15241　滚动轴承　参数符号(Rolling bearings—Symbols for quantities)

## 3　术语和定义

ISO 5593界定的术语和定义适用于本文件。

## 4　符号

ISO 15241给出的以及下列符号适用于本文件。

除另有说明外,图1中所示符号和表1～表4中所示数值均表示公称尺寸。

$C$:外圈宽度

$C_1$:外圈凸缘宽度

$D$:外圈外径

$D_1$:外圈凸缘外径

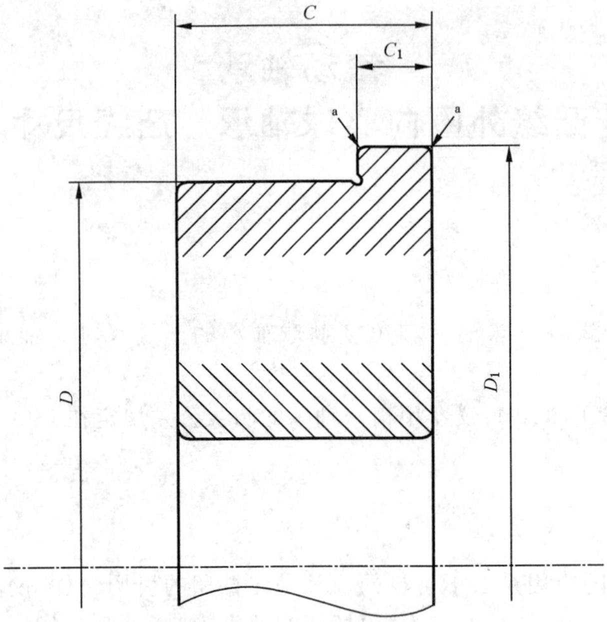


ᵃ 去锐角。

图 1　凸缘外圈轴承

## 5　凸缘尺寸

尺寸系列符合 ISO 15 规定的凸缘外圈向心球轴承和凸缘外圈角接触球轴承的凸缘尺寸见表 1～表 4。

表 1　直径系列 7

单位为毫米

| $D$ | $D_1$ | $C_1$ 尺寸系列 17 |
|---|---|---|
| 4 | 4.8 | 0.35 |
| 5 | 6 | 0.4 |
| 6 | 7.2 | 0.6 |
| 7 | 8.2 | 0.6 |
| 8 | 9.2 | 0.6 |
| 10 | 11.2 | 0.6 |
| 11 | 12.2 | 0.6 |
| 12 | 13.2 | 0.6 |
| 14 | 15.5 | 0.8 |
| 15 | 16.5 | 0.8 |

**表 2 直径系列 8**

单位为毫米

| D | $D_1$ | $C_1$ | | |
|---|---|---|---|---|
| | | 尺寸系列 | | |
| | | 18 | 28 | 38 |
| 2.5 | 3.3 | 0.3 | — | — |
| 3 | 3.8 | 0.3 | — | 0.45 |
| 4 | 5 | 0.4 | — | 0.6 |
| 5 | 6.1 | 0.5 | — | 0.6 |
| 6 | 7.1 | 0.5 | — | 0.8 |
| 7 | 8.1 | 0.5 | — | 0.8 |
| 9 | 10.3 | 0.6 | 1 | 1 |
| 11 | 12.5 | 0.8 | 1 | 1 |
| 13 | 15 | 1 | 1.1 | 1.1 |
| 14 | 16 | 1 | 1.1 | 1.1 |
| 16 | 18 | 1 | 1.1 | 1.3 |
| 17 | 19 | 1 | 1.1 | 1.3 |
| 19 | 21 | 1 | 1.3 | 1.5 |

**表 3 直径系列 9**

单位为毫米

| D | $D_1$ | $C_1$ | |
|---|---|---|---|
| | | 尺寸系列 | |
| | | 19 | 39 |
| 4 | 5 | 0.5 | 0.6 |
| 5 | 6.5 | 0.6 | 0.8 |
| 6 | 7.5 | 0.6 | 0.8 |
| 7 | 8.5 | 0.7 | 0.9 |
| 8 | 9.5 | 0.7 | 0.9 |
| 11 | 12.5 | 1 | 1.2 |
| 13 | 15 | 1 | 1.2 |
| 15 | 17 | 1.2 | 1.5 |
| 17 | 19 | 1.2 | 1.5 |
| 19 | 22 | 1.5 | 1.8 |
| 20 | 23 | 1.5 | 1.8 |
| 22 | 25 | 1.5 | 2 |

表 4 直径系列 0、2 和 3

单位为毫米

| D | $D_1$ | $C_1$ | $D_1$ | $C_1$ | $D_1$ | $C_1$ |
|---|---|---|---|---|---|---|
| | 直径系列 | | | | | |
| | 0 | | 2 | | 3 | |
| | 尺寸系列 | | | | | |
| | 10 | | 02 | | 03 | |
| 6 | 7.5 | 0.6 | — | — | — | — |
| 7 | 8.5 | 0.7 | — | — | — | — |
| 8 | 9.5 | 0.7 | — | — | — | — |
| 9 | 10.5 | 0.7 | — | — | — | — |
| 10 | — | — | 11.5 | 1 | — | — |
| 12 | 13.5 | 1 | — | — | — | — |
| 13 | — | — | 15 | 1 | 15 | 1 |
| 14 | 16 | 1 | — | — | — | — |
| 16 | — | — | 18 | 1 | 18 | 1 |
| 17 | 19 | 1.2 | — | — | — | — |
| 19 | 22 | 1.5 | 22 | 1.5 | 22 | 1.5 |
| 22 | 25 | 1.5 | 25 | 1.5 | 25 | 1.5 |
| 24 | 27 | 1.5 | 26 | 2 | — | — |
| 26 | 28 | 2 | 28 | 2 | 29 | 2 |
| 28 | 30 | 2 | — | — | 30.25 | 2.25 |
| 30 | — | — | 32.25 | 2.25 | 32.5 | 2.5 |
| 32 | 34.25 | 2.25 | 34.5 | 2.5 | — | — |
| 35 | 37.5 | 2.5 | 37.75 | 2.75 | 37.75 | 2.75 |
| 37 | — | — | — | — | 40 | 3 |
| 40 | — | — | 43 | 3 | — | — |
| 42 | 45 | 3 | — | — | 45 | 3 |
| 44 | 47 | 3 | — | — | — | — |
| 47 | 50 | 3 | 50.5 | 3.5 | 50.5 | 3.5 |
| 50 | — | — | 53.5 | 3.5 | — | — |
| 52 | 55 | 3 | 55.75 | 3.75 | 55.75 | 3.75 |
| 55 | 58.25 | 3.25 | — | — | — | — |
| 56 | — | — | — | — | 60 | 4 |
| 58 | 61.25 | 3.25 | 62 | 4 | — | — |
| 62 | 65.5 | 3.5 | 66 | 4 | 66 | 4 |
| 65 | — | — | 69.25 | 4.25 | — | — |

**表 4（续）**

单位为毫米

| D | $D_1$ | $C_1$ | $D_1$ | $C_1$ | $D_1$ | $C_1$ |
|---|---|---|---|---|---|---|
| | 直径系列 | | | | | |
| | 0 | | 2 | | 3 | |
| | 尺寸系列 | | | | | |
| | 10 | | 02 | | 03 | |
| 68 | 71.75 | 3.75 | — | — | 72.25 | 4.25 |
| 72 | — | — | 76.25 | 4.25 | 76.5 | 4.5 |
| 75 | 79 | 4 | — | — | 79.5 | 4.5 |
| 80 | 84 | 4 | 84.5 | 4.5 | 85 | 5 |
| 85 | — | — | 89.75 | 4.75 | — | — |
| 90 | 94.5 | 4.5 | 95 | 5 | 95 | 5 |
| 95 | 99.5 | 4.5 | — | — | — | — |
| 100 | 104.5 | 4.5 | 105.5 | 5.5 | 105.5 | 5.5 |
| 110 | 115 | 5 | 115.5 | 5.5 | 115.5 | 5.5 |
| 115 | 120 | 5 | — | — | — | — |
| 120 | — | — | 126 | 6 | 126 | 6 |
| 125 | 130.5 | 5.5 | 131 | 6 | — | — |
| 130 | 135.5 | 5.5 | 136.5 | 6.5 | 136.5 | 6.5 |
| 140 | 146 | 6 | 146.5 | 6.5 | 147 | 7 |
| 145 | 151 | 6 | — | — | — | — |
| 150 | 156 | 6 | 157 | 7 | 157.5 | 7.5 |
| 160 | 166.5 | 6.5 | 167.5 | 7.5 | 167.5 | 7.5 |
| 170 | 177 | 7 | 178 | 8 | 178.5 | 8.5 |
| 180 | 187 | 7 | 188.5 | 8.5 | 188.5 | 8.5 |
| 190 | — | — | 199 | 9 | 199 | 9 |
| 200 | 208.5 | 8.5 | 209.5 | 9.5 | 209.5 | 9.5 |
| 210 | 218.5 | 8.5 | — | — | — | — |
| 215 | — | — | 225 | 10 | 225 | 10 |
| 225 | 234 | 9 | — | — | 236 | 11 |
| 230 | — | — | 240 | 10 | — | — |
| 240 | 249.5 | 9.5 | — | — | 251 | 11 |
| 250 | — | — | 261 | 11 | — | — |
| 260 | 270.5 | 10.5 | — | — | 272 | 12 |
| 270 | — | — | 282 | 12 | — | — |
| 280 | 291.5 | 11.5 | — | — | 294 | 14 |

ICS 21.100.20
J 11

# 中华人民共和国国家标准

GB/T 7218—2013
代替 GB/T 7218—1995

# 滚动轴承
# 凸缘外圈微型向心球轴承　外形尺寸

## Rolling bearings—
## Miniature radial ball bearings with flanged outer ring—Boundary dimensions

2013-09-18 发布　　2014-06-01 实施

中华人民共和国国家质量监督检验检疫总局
中国国家标准化管理委员会　发布

# 前　言

本标准按照 GB/T 1.1—2009 给出的规则起草。

本标准代替 GB/T 7218—1995《滚动轴承　凸缘外圈微型向心球轴承　外形尺寸》，与 GB/T 7218—1995 相比，主要技术变化如下：

——删除了防尘盖结构轴承的示意图，改为图注说明（见图 1 和图 2，1995 年版的图 1 和图 2）；

——增加了尺寸系列 17 和 18 带防尘盖的凸缘外圈深沟球轴承的外形尺寸（见表 1 和表 2）；

——增加了尺寸系列 19、39、10、02 和 03 带密封圈的凸缘外圈深沟球轴承的外形尺寸（见表 5～表 9）；

——删除了凸缘外圈深沟球轴承的 $r_{1smin}$ 值（见 1995 年版的表 3～表 9）；

——删除了 28 系列 $d=3$ mm 的凸缘外圈深沟球轴承的型号及外形尺寸（见 1995 年版的表 3）。

本标准由中国机械工业联合会提出。

本标准由全国滚动轴承标准化技术委员会（SAC/TC 98）归口。

本标准起草单位：洛阳轴承研究所有限公司、中山市盈科轴承制造有限公司。

本标准主要起草人：宋玉聪、陈庆熙、陈太平。

本标准所代替标准的历次版本发布情况为：

——GB 7218—1987，GB/T 7218—1995；

——GB 7219—1987。

# 滚动轴承<br>凸缘外圈微型向心球轴承　外形尺寸

## 1　范围

本标准规定了外形尺寸符合 GB/T 273.3—1999、凸缘尺寸符合 GB/T 7217—2013，内径为 0.6 mm～10 mm、直径系列 7、8、9、0、2、3 的带和不带防尘盖或密封圈的凸缘外圈微型深沟球轴承的外形尺寸以及直径系列 8、9 的带和不带防尘盖的凸缘外圈分离型微型角接触球轴承的外形尺寸。

本标准适用于凸缘外圈微型向心球轴承的设计与选型。

## 2　规范性引用文件

下列文件对于本文件的应用是必不可少的。凡是注日期的引用文件，仅注日期的版本适用于本文件。凡是不注日期的引用文件，其最新版本(包括所有的修改单)适用于本文件。

GB/T 272—1993　滚动轴承　代号方法

GB/T 273.3—1999　滚动轴承　向心轴承　外形尺寸总方案

GB/T 274—2000　滚动轴承　倒角尺寸最大值

GB/T 5800.1—2012　滚动轴承　仪器用精密轴承　第 1 部分：公制系列轴承的外形尺寸、公差和特性

GB/T 6930—2002　滚动轴承　词汇

GB/T 7217—2013　滚动轴承　凸缘外圈向心球轴承　凸缘尺寸

GB/T 7811—2007　滚动轴承　参数符号

JB/T 2974—2004　滚动轴承　代号方法的补充规定

## 3　术语和定义

GB/T 6930—2002 界定的术语和定义适用于本文件。

## 4　符号

GB/T 7811—2007 给出的以及下列符号适用于本文件。

除另有说明外，图 1、图 2 中所示符号和表 1～表 12 中所示数值均表示公称尺寸。

$B$：轴承宽度

$C_1$：外圈凸缘宽度

$d$：轴承内径

$D$：轴承外径

$D_1$：外圈凸缘外径

$r$：倒角尺寸

$r_1$：角接触球轴承套圈窄端面倒角尺寸

$r_{smin}$：$r$ 的最小单一倒角尺寸

$r_{1smin}$：$r_1$ 的最小单一倒角尺寸

$T$：装配高

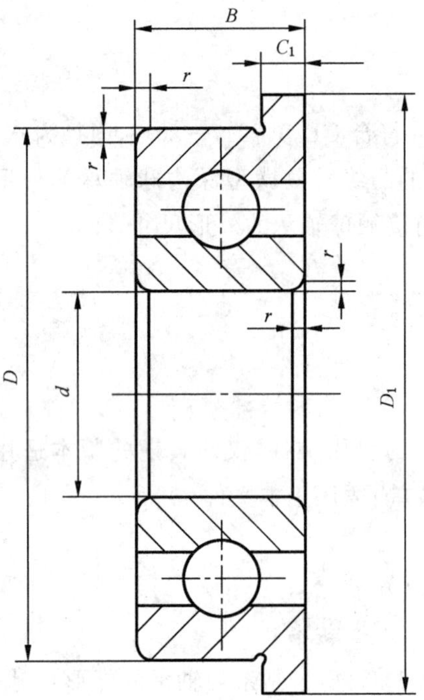


注：轴承可以一面或两面带防尘盖或者密封圈，密封圈可以是接触式或非接触式。

**图 1　凸缘外圈深沟球轴承**

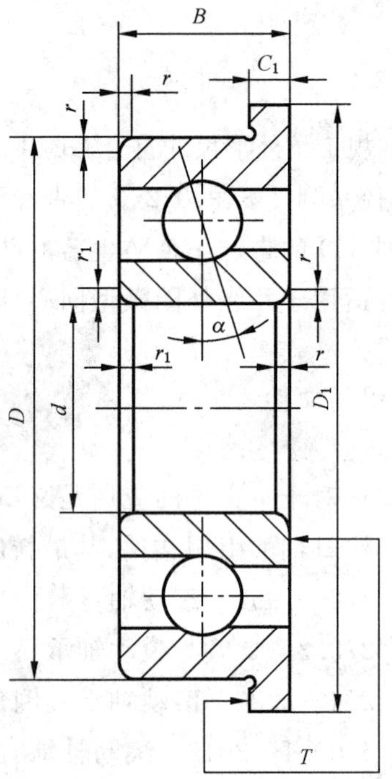


注：轴承可以一面或两面带防尘盖。

**图 2　凸缘外圈分离型角接触球轴承**

## 5　代号

GB/T 272—1993 和 JB/T 2974—2004 给出的代号适用于本文件。

## 6　标记

标记示例：滚动轴承　F 623　GB/T 7218—2013

滚动轴承　FSN 719/5-Z　GB/T 7218—2013

## 7　外形尺寸

7.1　凸缘外圈深沟球轴承的外形尺寸见表 1～表 9。

**表 1　17 系列**

单位为毫米

| 轴　承　型　号 | | | $d$ | $D$ | $B$ | $D_1$ | $C_1$ | $r_{smin}$ [a] |
|---|---|---|---|---|---|---|---|---|
| F 60000 型 | F 60000-Z 型 | F 60000-2Z 型 | | | | | | |
| F 617/2 | — | — | 2 | 4 | 1.2 | 4.8 | 0.35 | 0.05 |
| F 617/2.5 | — | — | 2.5 | 5 | 1.5 | 6 | 0.4 | 0.08 |
| F 617/3 | F 617/3-Z | F 617/3-Z | 3 | 6 | 2 | 7.2 | 0.6 | 0.08 |
| F 617/4 | F 617/4-Z | F 617/4-Z | 4 | 7 | 2 | 8.2 | 0.6 | 0.08 |
| F 617/5 | F 617/5-Z | F 617/5-2Z | 5 | 8 | 2 | 9.2 | 0.6 | 0.08 |
| F 617/6 | F 617/6-Z | F 617/6-2Z | 6 | 10 | 2.5 | 11.2 | 0.6 | 0.1 |
| F 617/7 | F 617/7-Z | F 617/7-2Z | 7 | 11 | 2.5 | 12.2 | 0.6 | 0.1 |
| F 617/8 | F 617/8-Z | F 617/8-2Z | 8 | 12 | 2.5 | 13.2 | 0.6 | 0.1 |
| F 617/9 | F 617/9-Z | F 617/9-2Z | 9 | 14 | 3 | 15.5 | 0.8 | 0.1 |
| F 61700 | F 61700-Z | F 61700-2Z | 10 | 15 | 3 | 16.5 | 0.8 | 0.1 |

[a] 倒角尺寸最大值规定在 GB/T 274—2000 中。

**表 2　18 系列**

单位为毫米

| 轴　承　型　号 | | | $d$ | $D$ | $B$ | $D_1$ | $C_1$ | $r_{smin}$ [a] |
|---|---|---|---|---|---|---|---|---|
| F 60000 型 | F 60000-Z 型 | F 60000-2Z 型 | | | | | | |
| F 618/0.6 | — | — | 0.6 | 2.5 | 1 | 3.3 | 0.3 | 0.05 |
| F 618/1 | — | — | 1 | 3 | 1 | 3.8 | 0.3 | 0.05 |
| F 618/1.5 | — | — | 1.5 | 4 | 1.2 | 5 | 0.4 | 0.05 |
| F 618/2 | — | — | 2 | 5 | 1.5 | 6.1 | 0.5 | 0.08 |
| F 618/2.5 | — | — | 2.5 | 6 | 1.8 | 7.1 | 0.5 | 0.08 |
| F 618/3 | — | — | 3 | 7 | 2 | 8.1 | 0.5 | 0.1 |
| F 618/4 | F 618/4-Z | F 618/4-2Z | 4 | 9 | 2.5 | 10.3 | 0.6 | 0.1 |
| F 618/5 | F 618/5-Z | F 618/5-2Z | 5 | 11 | 3 | 12.5 | 0.8 | 0.15 |
| F 618/6 | F 618/6-Z | F 618/6-2Z | 6 | 13 | 3.5 | 15 | 1 | 0.15 |
| F 618/7 | F 618/7-Z | F 618/7-2Z | 7 | 14 | 3.5 | 16 | 1 | 0.15 |
| F 618/8 | F 618/8-Z | F 618/8-2Z | 8 | 16 | 4 | 18 | 1 | 0.2 |
| F 618/9 | F 618/9-Z | F 618/9-2Z | 9 | 17 | 4 | 19 | 1 | 0.2 |
| F 61800 | F 61800-Z | F 61800-2Z | 10 | 19 | 5 | 21 | 1 | 0.3 |

[a] 倒角尺寸最大值规定在 GB/T 274—2000 中。

表 3 28 系列

单位为毫米

| 轴承型号 | | | d | D | B | $D_1$ | $C_1$ | $r_{smin}$[a] |
|---|---|---|---|---|---|---|---|---|
| F 60000 型 | F 60000-Z 型 | F 60000-2Z 型 | | | | | | |
| F 628/4 | F 628/4-Z | F 628/4-2Z | 4 | 9 | 3.5 | 10.3 | 1 | 0.1 |
| F 628/5 | F 628/5-Z | F 628/5-2Z | 5 | 11 | 4 | 12.5 | 1 | 0.15 |
| F 628/6 | F 628/6-Z | F 628/6-2Z | 6 | 13 | 5 | 15 | 1.1 | 0.15 |
| F 628/7 | F 628/7-Z | F 628/7-2Z | 7 | 14 | 5 | 16 | 1.1 | 0.15 |
| F 628/8 | F 628/8-Z | F 628/8-2Z | 8 | 16 | 5 | 18 | 1.1 | 0.2 |
| F 628/9 | F 628/9-Z | F 628/9-2Z | 9 | 17 | 5 | 19 | 1.1 | 0.2 |
| F 62800 | F 62800-Z | F 62800-2Z | 10 | 19 | 6 | 21 | 1.3 | 0.3 |

[a] 倒角尺寸最大值规定在 GB/T 274—2000 中。

表 4 38 系列

单位为毫米

| 轴承型号 | | | d | D | B | $D_1$ | $C_1$ | $r_{smin}$[a] |
|---|---|---|---|---|---|---|---|---|
| F 60000 型 | F 60000-Z 型 | F 60000-2Z 型 | | | | | | |
| F 638/1 | F 638/1-Z | F 638/1-2Z | 1 | 3 | 1.5 | 3.8 | 0.45 | 0.05 |
| F 638/1.5 | F 638/1.5-Z | F 638/1.5-2Z | 1.5 | 4 | 2 | 5 | 0.6 | 0.05 |
| F 638/2 | F 638/2-Z | F 638/2-2Z | 2 | 5 | 2.3 | 6.1 | 0.6 | 0.08 |
| F 638/2.5 | F 638/2.5-Z | F 638/2.5-2Z | 2.5 | 6 | 2.6 | 7.1 | 0.8 | 0.08 |
| F 638/3 | F 638/3-Z | F 638/3-2Z | 3 | 7 | 3 | 8.1 | 0.8 | 0.1 |
| F 638/4 | F 638/4-Z | F 638/4-2Z | 4 | 9 | 4 | 10.3 | 1 | 0.1 |
| F 638/5 | F 638/5-Z | F 638/5-2Z | 5 | 11 | 5 | 12.5 | 1 | 0.15 |
| F 638/6 | F 638/6-Z | F 638/6-2Z | 6 | 13 | 6 | 15 | 1.1 | 0.15 |
| F 638/7 | F 638/7-Z | F 638/7-2Z | 7 | 14 | 6 | 16 | 1.1 | 0.15 |
| F 638/8 | F 638/8-Z | F 638/8-2Z | 8 | 16 | 6 | 18 | 1.3 | 0.2 |
| F 638/9 | F 638/9-Z | F 638/9-2Z | 9 | 17 | 6 | 19 | 1.3 | 0.2 |
| F 63800 | F 63800-Z | F 63800-2Z | 10 | 19 | 7 | 21 | 1.5 | 0.3 |

[a] 倒角尺寸最大值规定在 GB/T 274—2000 中。

表 5 19 系列

单位为毫米

| 轴承型号 | | | | | | | d | D | B | $D_1$ | $C_1$ | $r_{smin}$[a] |
|---|---|---|---|---|---|---|---|---|---|---|---|---|
| F 60000 型 | F 60000-Z 型 | F 60000-2Z 型 | F 60000-RS 型 | F 60000-2RS 型 | F 60000-RZ 型 | F 60000-2RZ 型 | | | | | | |
| F 619/1 | — | — | — | — | — | — | 1 | 4 | 1.6 | 5 | 0.5 | 0.1 |
| F 619/1.5 | — | — | — | — | — | — | 1.5 | 5 | 2 | 6.5 | 0.6 | 0.15 |
| F 619/2 | F 619/2-Z | F 619/2-2Z | — | — | — | — | 2 | 6 | 2.3 | 7.5 | 0.6 | 0.15 |
| F 619/2.5 | F 619/2.5-Z | F 619/2.5-2Z | — | — | — | — | 2.5 | 7 | 2.5 | 8.5 | 0.7 | 0.15 |

表 5（续）

单位为毫米

| 轴承型号 | | | | | | | d | D | B | $D_1$ | $C_1$ | $r_{smin}$[a] |
|---|---|---|---|---|---|---|---|---|---|---|---|---|
| F 60000 型 | F 60000-Z 型 | F 60000-2Z 型 | F 60000-RS 型 | F 60000-2RS 型 | F 60000-RZ 型 | F 60000-2RZ 型 | | | | | | |
| F 619/3 | F 619/3-Z | F 619/3-2Z | — | — | — | — | 3 | 8 | 3 | 9.5 | 0.7 | 0.15 |
| F 619/4 | F 619/4-Z | F 619/4-2Z | — | — | — | — | 4 | 11 | 4 | 12.5 | 1 | 0.15 |
| F 619/5 | F 619/5-Z | F 619/5-2Z | F 619/5-RS | F 619/5-2RS | F 619/5-RZ | F 619/5-2RZ | 5 | 13 | 4 | 15 | 1 | 0.2 |
| F 619/6 | F 619/6-Z | F 619/6-2Z | F 619/6-RS | F 619/6-2RS | F 619/6-RZ | F 619/6-2RZ | 6 | 15 | 5 | 17 | 1.2 | 0.2 |
| F 619/7 | F 619/7-Z | F 619/7-2Z | F 619/7-RS | F 619/7-2RS | F 619/7-RZ | F 619/7-2RZ | 7 | 17 | 5 | 19 | 1.2 | 0.3 |
| F 619/8 | F 619/8-Z | F 619/8-2Z | F 619/8-RS | F 619/8-2RS | F 619/8-RZ | F 619/8-2RZ | 8 | 19 | 6 | 22 | 1.5 | 0.3 |
| F 619/9 | F 619/9-Z | F 619/9-2Z | F 619/9-RS | F 619/9-2RS | F 619/9-RZ | F 619/9-2RZ | 9 | 20 | 6 | 23 | 1.5 | 0.3 |
| F 61900 | F 61900-Z | F 61900-2Z | F 61900-RS | F 61900-2RS | F 61900-RZ | F 61900-2RZ | 10 | 22 | 6 | 25 | 1.5 | 0.3 |

[a] 倒角尺寸最大值规定在 GB/T 274—2000 中。

表 6　39 系列

单位为毫米

| 轴承型号 | | | | | | | d | D | B | $D_1$ | $C_1$ | $r_{smin}$[a] |
|---|---|---|---|---|---|---|---|---|---|---|---|---|
| F 60000 型 | F 60000-Z 型 | F 60000-2Z 型 | F 60000-RS 型 | F 60000-2RS 型 | F 60000-RZ 型 | F 60000-2RZ 型 | | | | | | |
| F 639/1 | F 639/1-Z | F 639/1-2Z | — | — | — | — | 1 | 4 | 2.3 | 5 | 0.6 | 0.1 |
| F 639/1.5 | F 639/1.5-Z | F 639/1.5-2Z | — | — | — | — | 1.5 | 5 | 2.6 | 6.5 | 0.8 | 0.15 |
| F 639/2 | F 639/2-Z | F 639/2-2Z | — | — | — | — | 2 | 6 | 3 | 7.5 | 0.8 | 0.15 |
| F 639/2.5 | F 639/2.5-Z | F 639/2.5-2Z | — | — | — | — | 2.5 | 7 | 3.5 | 8.5 | 0.9 | 0.15 |
| F 639/3 | F 639/3-Z | F 639/3-2Z | — | — | — | — | 3 | 8 | 4 | 9.5 | 0.9 | 0.15 |
| F 639/4 | F 639/4-Z | F 639/4-2Z | — | — | — | — | 4 | 11 | 5 | 12.5 | 1.2 | 0.15 |
| F 639/5 | F 639/5-Z | F 639/5-2Z | F 639/5-RS | F 639/5-2RS | F 639/5-RZ | F 639/5-2RZ | 5 | 13 | 6 | 15 | 1.2 | 0.2 |
| F 639/6 | F 639/6-Z | F 639/6-2Z | F 639/6-RS | F 639/6-2RS | F 639/6-RZ | F 639/6-2RZ | 6 | 15 | 7 | 17 | 1.5 | 0.2 |
| F 639/7 | F 639/7-Z | F 639/7-2Z | F 639/7-RS | F 639/7-2RS | F 639/7-RZ | F 639/7-2RZ | 7 | 17 | 7 | 19 | 1.5 | 0.3 |
| F 639/8 | F 639/8-Z | F 639/8-2Z | F 639/8-RS | F 639/8-2RS | F 639/8-RZ | F 639/8-2RZ | 8 | 19 | 9 | 22 | 1.8 | 0.3 |
| F 639/9 | F 639/9-Z | F 639/9-2Z | F 639/9-RS | F 639/9-2RS | F 639/9-RZ | F 639/9-2RZ | 9 | 20 | 9 | 23 | 1.8 | 0.3 |
| F 63900 | F 63900-Z | F 63900-2Z | F 63900-RS | F 63900-2RS | F 63900-RZ | F 63900-2RZ | 10 | 22 | 10 | 25 | 2 | 0.3 |

[a] 倒角尺寸最大值规定在 GB/T 274—2000 中。

表 7　10 系列

单位为毫米

| 轴承型号 | | | | | | | d | D | B | $D_1$ | $C_1$ | $r_{smin}$[a] |
|---|---|---|---|---|---|---|---|---|---|---|---|---|
| F 60000 型 | F 60000-Z 型 | F 60000-2Z 型 | F 60000-RS 型 | F 60000-2RS 型 | F 60000-RZ 型 | F 60000-2RZ 型 | | | | | | |
| F 60/1.5 | F 60/1.5-Z | F 60/1.5-2Z | — | — | — | — | 1.5 | 6 | 2.5 | 7.5 | 0.6 | 0.15 |
| F 602 | F 602-Z | F 602-2Z | — | — | — | — | 2 | 7 | 2.8 | 8.5 | 0.7 | 0.15 |
| F 60/2.5 | F 60/2.5-Z | F 60/2.5-2Z | — | — | — | — | 2.5 | 8 | 2.8 | 9.5 | 0.7 | 0.15 |

表 7（续） 单位为毫米

| 轴承型号 | | | | | | | d | D | B | $D_1$ | $C_1$ | $r_{smin}$[a] |
|---|---|---|---|---|---|---|---|---|---|---|---|---|
| F 60000 型 | F 60000-Z 型 | F 60000-2Z 型 | F 60000-RS 型 | F 60000-2RS 型 | F 60000-RZ 型 | F 60000-2RZ 型 | | | | | | |
| F 603 | F 603-Z | F 603-2Z | — | — | — | — | 3 | 9 | 3 | 10.5 | 0.7 | 0.15 |
| F 604 | F 604-Z | F 604-2Z | — | — | — | — | 4 | 12 | 4 | 13.5 | 1 | 0.2 |
| F 605 | F 605-Z | F 605-2Z | F 605-RS | F 605-2RS | F 605-RZ | F 605-2RZ | 5 | 14 | 5 | 16 | 1 | 0.2 |
| F 606 | F 606-Z | F 606-2Z | F 606-RS | F 606-2RS | F 606-RZ | F 606-2RZ | 6 | 17 | 6 | 19 | 1.2 | 0.3 |
| F 607 | F 607-Z | F 607-2Z | F 607-RS | F 607-2RS | F 607-RZ | F 607-2RZ | 7 | 19 | 6 | 22 | 1.5 | 0.3 |
| F 608 | F 608-Z | F 608-2Z | F 608-RS | F 608-2RS | F 608-RZ | F 608-2RZ | 8 | 22 | 7 | 25 | 1.5 | 0.3 |
| F 609 | F 609-Z | F 609-2Z | F 609-RS | F 609-2RS | F 609-RZ | F 609-2RZ | 9 | 24 | 7 | 27 | 1.5 | 0.3 |
| F 6000 | F 6000-Z | F 6000-2Z | F 6000-RS | F 6000-2RS | F 6000-RZ | F 6000-2RZ | 10 | 26 | 8 | 28 | 2 | 0.3 |

[a] 倒角尺寸最大值规定在 GB/T 274—2000 中。

表 8　02 系列 单位为毫米

| 轴承型号 | | | | | | | d | D | B | $D_1$ | $C_1$ | $r_{smin}$[a] |
|---|---|---|---|---|---|---|---|---|---|---|---|---|
| F 60000 型 | F 60000-Z 型 | F 60000-2Z 型 | F 60000-RS 型 | F 60000-2RS 型 | F 60000-RZ 型 | F 60000-2RZ 型 | | | | | | |
| F 623 | F 623-Z | F 623-2Z | — | — | — | — | 3 | 10 | 4 | 11.5 | 1 | 0.15 |
| F 624 | F 624-Z | F 624-2Z | — | — | — | — | 4 | 13 | 5 | 15 | 1 | 0.2 |
| F 625 | F 625-Z | F 625-2Z | F 625-RS | F 625-2RS | F 625-RZ | F 625-2RZ | 5 | 16 | 5 | 18 | 1 | 0.3 |
| F 626 | F 626-Z | F 626-2Z | F 626-RS | F 626-2RS | F 626-RZ | F 626-2RZ | 6 | 19 | 6 | 22 | 1.5 | 0.3 |
| F 627 | F 627-Z | F 627-2Z | F 627-RS | F 627-2RS | F 627-RZ | F 627-2RZ | 7 | 22 | 7 | 25 | 1.5 | 0.3 |
| F 628 | F 628-Z | F 628-2Z | F 628-RS | F 628-2RS | F 628-RZ | F 628-2RZ | 8 | 24 | 8 | 26 | 2 | 0.3 |
| F 629 | F 629-Z | F 629-2Z | F 629-RS | F 629-2RS | F 629-RZ | F 629-2RZ | 9 | 26 | 8 | 28 | 2 | 0.3 |
| F 6200 | F 6200-Z | F 6200-2Z | F 6200-RS | F 6200-2RS | F 6200-RZ | F 6200-2RZ | 10 | 30 | 9 | 32.25 | 2.25 | 0.6 |

[a] 倒角尺寸最大值规定在 GB/T 274—2000 中。

表 9　03 系列 单位为毫米

| 轴承型号 | | | | | | | d | D | B | $D_1$ | $C_1$ | $r_{smin}$[a] |
|---|---|---|---|---|---|---|---|---|---|---|---|---|
| F 60000 型 | F 60000-Z 型 | F 60000-2Z 型 | F 60000-RS 型 | F 60000-2RS 型 | F 60000-RZ 型 | F 60000-2RZ 型 | | | | | | |
| F 633 | F 633-Z | F 633-2Z | — | — | — | — | 3 | 13 | 5 | 15 | 1 | 0.2 |
| F 634 | F 634-Z | F 634-2Z | — | — | — | — | 4 | 16 | 5 | 18 | 1 | 0.3 |
| F 635 | F 635-Z | F 635-2Z | F 635-RS | F 635-2RS | F 635-RZ | F 635-2RZ | 5 | 19 | 6 | 22 | 1.5 | 0.3 |
| F 636 | F 636-Z | F 636-2Z | F 636-RS | F 636-2RS | F 636-RZ | F 636-2RZ | 6 | 22 | 7 | 25 | 1.5 | 0.3 |
| F 637 | F 637-Z | F 637-2Z | F 637-RS | F 637-2RS | F 637-RZ | F 637-2RZ | 7 | 26 | 9 | 29 | 2 | 0.3 |
| F 638 | F 638-Z | F 638-2Z | F 638-RS | F 638-2RS | F 638-RZ | F 638-2RZ | 8 | 28 | 9 | 30.25 | 2.25 | 0.3 |
| F 639 | F 639-Z | F 639-2Z | F 639-RS | F 639-2RS | F 639-RZ | F 639-2RZ | 9 | 30 | 10 | 32.5 | 2.5 | 0.6 |
| F 6300 | F 6300-Z | F 6300-2Z | F 6300-RS | F 6300-2RS | F 6300-RZ | F 6300-2RZ | 10 | 35 | 11 | 37.75 | 2.75 | 0.6 |

[a] 倒角尺寸最大值规定在 GB/T 274—2000 中。

7.2 凸缘外圈分离型角接触球轴承的外形尺寸见表 10～表 12。

**表 10 18 系列**

单位为毫米

| 轴承型号 | $d$ | $D$ | $B$ | $D_1$ | $C_1$ | $T$ | $r_{smin}$[a] | $r_{1smin}$[b] |
|---|---|---|---|---|---|---|---|---|
| FSN 718/1 | 1 | 3 | 1 | 3.8 | 0.3 | 0.3 | 0.05 | 0.05 |
| FSN 718/1.5 | 1.5 | 4 | 1.2 | 5 | 0.4 | 0.4 | 0.05 | 0.05 |
| FSN 718/2 | 2 | 5 | 1.5 | 6.1 | 0.5 | 0.5 | 0.08 | 0.05 |
| FSN 718/2.5 | 2.5 | 6 | 1.8 | 7.1 | 0.5 | 0.5 | 0.08 | 0.05 |
| FSN 718/3 | 3 | 7 | 2 | 8.1 | 0.5 | 0.5 | 0.1 | 0.05 |
| FSN 718/4 | 4 | 9 | 2.5 | 10.3 | 0.6 | 0.6 | 0.1 | 0.05 |
| FSN 718/5 | 5 | 11 | 3 | 12.5 | 0.8 | 0.8 | 0.15 | 0.08 |
| FSN 718/6 | 6 | 13 | 3.5 | 15 | 1 | 1 | 0.15 | 0.08 |
| FSN 718/7 | 7 | 14 | 3.5 | 16 | 1 | 1 | 0.15 | 0.08 |
| FSN 718/8 | 8 | 16 | 4 | 18 | 1 | 1 | 0.2 | 0.1 |
| FSN 718/9 | 9 | 17 | 4 | 19 | 1 | 1 | 0.2 | 0.1 |
| FSN 71800 | 10 | 19 | 5 | 21 | 1 | 1 | 0.3 | 0.15 |

[a] 倒角尺寸最大值规定在 GB/T 274—2000 中。

[b] 倒角尺寸最大值规定在 GB/T 5800.1—2012 中。

**表 11 19 系列**

单位为毫米

| 轴承型号 | | | $d$ | $D$ | $B$ | $D_1$ | $C_1$ | $T$ | $r_{smin}$[a] | $r_{1smin}$[b] |
|---|---|---|---|---|---|---|---|---|---|---|
| FSN 70000 型 | FSN 70000-Z 型 | FSN 70000-2Z 型 | | | | | | | | |
| FSN 719/1 | — | — | 1 | 4 | 1.6 | 5 | 0.5 | 0.5 | 0.1 | 0.05 |
| FSN 719/1.5 | — | — | 1.5 | 5 | 2 | 6.5 | 0.6 | 0.6 | 0.15 | 0.08 |
| FSN 719/2 | FSN 719/2-Z | FSN 719/2-2Z | 2 | 6 | 2.3 | 7.5 | 0.6 | 0.6 | 0.15 | 0.08 |
| FSN 719/2.5 | FSN 719/2.5-Z | FSN 719/2.5-2Z | 2.5 | 7 | 2.5 | 8.5 | 0.7 | 0.7 | 0.15 | 0.08 |
| FSN 719/3 | FSN 719/3-Z | FSN 719/3-2Z | 3 | 8 | 3 | 9.5 | 0.7 | 0.7 | 0.15 | 0.08 |
| FSN 719/4 | FSN 719/4-Z | FSN 719/4-2Z | 4 | 11 | 4 | 12.5 | 1 | 1 | 0.15 | 0.08 |
| FSN 719/5 | FSN 719/5-Z | FSN 719/5-2Z | 5 | 13 | 4 | 15 | 1 | 1 | 0.2 | 0.1 |
| FSN 719/6 | FSN 719/6-Z | FSN 719/6-2Z | 6 | 15 | 5 | 17 | 1.2 | 1.2 | 0.2 | 0.1 |
| FSN 719/7 | FSN 719/7-Z | FSN 719/7-2Z | 7 | 17 | 5 | 19 | 1.2 | 1.2 | 0.3 | 0.15 |
| FSN 719/8 | FSN 719/8-Z | FSN 719/8-2Z | 8 | 19 | 6 | 22 | 1.5 | 1.5 | 0.3 | 0.15 |
| FSN 719/9 | FSN 719/9-Z | FSN 719/9-2Z | 9 | 20 | 6 | 23 | 1.5 | 1.5 | 0.3 | 0.15 |
| FSN 71900 | FSN 71900-Z | FSN 71900-2Z | 10 | 22 | 6 | 25 | 1.5 | 1.5 | 0.3 | 0.15 |

[a] 倒角尺寸最大值规定在 GB/T 274—2000 中。

[b] 倒角尺寸最大值规定在 GB/T 5800.1—2012 中。

表 12 39 系列

单位为毫米

| 轴承型号 | | $d$ | $D$ | $B$ | $D_1$ | $C_1$ | $T$ | $r_{smin}$[a] | $r_{1smin}$[b] |
|---|---|---|---|---|---|---|---|---|---|
| FSN 70000-Z 型 | FSN 70000-2Z 型 | | | | | | | | |
| FSN 739/1-Z | FSN 739/1-2Z | 1 | 4 | 2.3 | 5 | 0.6 | 0.6 | 0.1 | 0.05 |
| FSN 739/1.5-Z | FSN 739/1.5-2Z | 1.5 | 5 | 2.6 | 6.5 | 0.8 | 0.8 | 0.15 | 0.08 |
| FSN 739/2-Z | FSN 739/2-2Z | 2 | 6 | 3 | 7.5 | 0.8 | 0.8 | 0.15 | 0.08 |
| FSN 739/2.5-Z | FSN 739/2.5-2Z | 2.5 | 7 | 3.5 | 8.5 | 0.9 | 0.9 | 0.15 | 0.08 |
| FSN 739/3-Z | FSN 739/3-2Z | 3 | 8 | 4 | 9.5 | 0.9 | 0.9 | 0.15 | 0.08 |
| FSN 739/4-Z | FSN 739/4-2Z | 4 | 11 | 5 | 12.5 | 1.2 | 1.2 | 0.15 | 0.08 |
| FSN 739/5-Z | FSN 739/5-2Z | 5 | 13 | 6 | 15 | 1.2 | 1.2 | 0.2 | 0.1 |
| FSN 739/6-Z | FSN 739/6-2Z | 6 | 15 | 7 | 17 | 1.5 | 1.5 | 0.2 | 0.1 |
| FSN 739/7-Z | FSN 739/7-2Z | 7 | 17 | 7 | 19 | 1.5 | 1.5 | 0.3 | 0.15 |
| FSN 739/8-Z | FSN 739/8-2Z | 8 | 19 | 9 | 22 | 1.8 | 1.8 | 0.3 | 0.15 |
| FSN 739/9-Z | FSN 739/9-2Z | 9 | 20 | 9 | 23 | 1.8 | 1.8 | 0.3 | 0.15 |
| FSN 73900-Z | FSN 73900-2Z | 10 | 22 | 10 | 25 | 2 | 2 | 0.3 | 0.15 |

[a] 倒角尺寸最大值规定在 GB/T 274—2000 中。

[b] 倒角尺寸最大值规定在 GB/T 5800.1—2012 中。

ICS 31.260
L 51

# 中华人民共和国国家标准

GB/T 7247.13—2013/IEC TR 60825-13:2006

# 激光产品的安全
# 第13部分:激光产品的分类测量

**Safety of laser products—**
**Part 13:Measurements for classification of laser products**

(IEC TR 60825-13:2006,IDT)

2013-12-17 发布　　　　2014-07-15 实施

中华人民共和国国家质量监督检验检疫总局
中国国家标准化管理委员会　发布

# 前　言

GB 7247《激光产品的安全》分为以下部分：

——第1部分：设备分类、要求；

——第13部分：激光产品的分类测量；

——第14部分：用户指南。

本部分为GB 7247的第13部分。

本部分按照GB/T 1.1—2009给出的规则起草。

本部分使用翻译法等同采用IEC TR 60825-13:2006《激光产品的安全　第13部分：激光产品的分类测量》第1版(英文版)。

与本部分中规范性引用文件有一致性对应关系的我国文件如下：

——JB/T 6860—1993　测量激光辐射功率能量的探测器、仪器与设备(IEC 61040:1990,IDT)

请注意本文件的某些内容可能涉及专利。本文件的发布机构不承担识别这些专利的责任。

本部分由中国机械工业联合会提出。

本部分由全国光辐射安全和激光设备标准化技术委员会(SAC/TC 284)归口。

本部分起草单位：深圳市计量质量检测研究院、深圳市大族激光科技股份有限公司、北京光电技术研究所、中国科技集团公司第十一研究所、深圳出入境检验检疫局。

本部分主要起草人：徐涛、李保军、索彦彦、陆耀东、王文丹、高慧、戚燕、冯建国、杨桦、曾丽霞、吴爱平、卢永红。

# 激光产品的安全
# 第13部分:激光产品的分类测量

## 1 范围

GB/T 7247的本部分为制造商、检测机构、安全人员及其他人士提供了依据GB 7247.1—2012进行辐射测量或分析以建立激光能量发射水平的实用指导。本部分所述的测量程序预定作为激光产品的分类指南。如果其他程序更好或者更适合也可以接受。

由于计算可达发射极限的某些参数取决于其他测量值,本部分提供了计算可达发射极限(AEL)和最大允许照射量(PME)的信息。

本部分预定应用于激光器,包括扩展光源和激光器阵列。本部分的使用者应注意,相对更严格的方法,本部分中对扩展光源观察条件的程序可能产生更保守的结果。

注:关于更复杂光源的评估工作仍在继续,而且将作为国际通用办法达成一致。

## 2 规范性引用文件

下列文件对于本文件的应用是必不可少的。凡是注日期的引用文件,仅注日期的版本适用于本文件。凡是不注日期的引用文件,其最新版本(包括所有的修改单)适用于本文件。

GB 7247.1—2012 激光产品的安全 第1部分:设备分类、要求(IEC 60825-1:2007,IDT)

IEC 61040 测量激光辐射功率能量的探测器、仪器与设备(Power and energy measuring detectors, instruments and equipment for laser radiation)

ISO 11554 光学和光学仪器 激光和与激光有关的设备 激光束功率、能量和时间特征的试验方法(Optics and photonics—Lasers and laser-related equipment—Test methods for laser beam power, energy and temporal characteristics)

## 3 术语和定义

GB 7247.1—2012界定的以及下列术语和定义适用于本文件。

3.1

**角速度 angular velocity**

扫描光束的速度,单位为弧度/秒(rad/s)。

3.2

**光束轮廓 beam profile**

光束横截面的辐射分布。

3.3

**光束束腰 beam waist**

轴对称光束的最小直径。对于非轴对称光束,沿着每条主轴可以有一个离光源不同距离的束腰。

3.4

**电荷耦合器件 charge-coupled device;CCD**

利用氧化金属半导体技术(MOS)、表面存储和信息转换的自扫描半导体成像器件。

3.5

**临界频率　critical frequency**

在激光危害评估时，用于判别适用于连续波(CW)模型的脉冲激光重复频率。重复频率高于此频率时，脉冲激光可按连续波(CW)模型处理。

3.6

**高斯光束轮廓　Gaussian beam profile**

在最低阶横模($TEM_{00}$)工作时，激光束的截面。

注：高斯光束轮廓也可能由非 $TEM_{00}$ 激光束通过光束整形光学元件得到。

3.7

**测量孔径　measurement aperture**

用于对激光器进行分类的孔径，以确定相对于每一类别的 AEL 激光的功率或能量。

3.8

**脉冲重复频率　pulse repetition frequency；PRF**

每秒产生的脉冲数，单位为赫兹(Hz)。

3.9

**Q 开关　Q-switch**

通过增强激光介质内外的储能和能量泵浦，产生非常窄脉宽、高峰值功率激光脉冲的器件。

3.10

**Q 开关激光器　Q-switched laser**

通过 Q 开关的方式产生短持续时间、高功率脉冲的激光器。

3.11

**瑞利距离　Rayleigh distance**

$\boldsymbol{Z}_r$

对于高斯或近似高斯光束截面，从光束束腰到光束直径增大到束腰的$\sqrt{2}$倍的距离。

注：瑞利距离通常被称作共焦参数。

3.12

**响应度　Responsivity**

$\boldsymbol{R}$

以 $R=O/I$ 表达的探测器的输出，$O$ 为探测器的电输出，$I$ 为输入的光功率或能量。

## 4　适用性

### 4.1　一般情况

本部分预定用于(但不仅限于)制造商、测试实验室、安全工作人员以及工业或政府机构官员的参考文件。本部分也包含了对 GB 7247.1—2012 关于测量事项的解释并提供了补充说明材料。

### 4.2　初始条件

在进行辐射测量以确定产品分类或符合 GB 7247.1—2012 的其他适用要求之前，应首先确定激光器的几个参数。

a)　发射波长

激光器可能发射一个或多个不同波长的激光辐射。

发射波长、多波长或光谱分布一般能够从激光器的制造商处获得。依据激光器的类型，制造商可以指定一个波长范围而不是单一波长值,或者通过测量确定发射波长或光谱分布,但这超出了本部分的范围。多波长 AEL 评估请见 7.1。

b) 工作模式

工作模式是指能量发射方式。有些激光器发射连续波辐射,另一些激光器以脉冲辐射发射能量。脉冲激光器可以是单脉冲、Q 开关、重复脉冲或者锁模模式。扫描测量或在固定位置测量调制连续辐射均产生脉冲串。

此外,对脉冲串编码时要有一个平均的占空比(出光时间与工作时间之比,以十进制小数或百分比表示)。

c) 合理可预见的单一故障条件

GB 7247.1—2012 规定试验应在每一个合理可预见的单一故障条件下进行。制造商有责任确保在任何情况下可达辐射不超过指定类别的 AEL。

d) 测量不确定度

在测量激光辐射时考虑潜在误差源非常重要。本部分第 5 章讲述了测量不确定度。

e) 伴随辐射

伴随辐射进入测量系统可能影响激光功率、能量和脉冲持续时间的测量值。测试人员应确保测量装备阻断或考虑了伴随辐射,否则伴随辐射将进入探测器。

f) 产品配置

如果测量的目的是分类,应知道在所有工作条件下,包括保养、维修和单一故障条件的预定产品配置。如果测量是为了确定安全联锁、标签和用户信息的要求,应依照标准在适用于每一个指定的使用类别(运行、保养和维修)的配置下评估产品。

IEC 第 76 技术委员会(TC 76)承认存在等效测量程序,其所得结果与本技术标准所述的程序的结果一样有效。需要测量时,本部分所述的测量程序足以满足 GB 7247.1—2012 的测量要求。在很多情况下,可能不需要实际的光辐射测量,可以通过对准确标识的光源的分析和实际产品的设计来确定是否符合 GB 7247.1—2012 的要求。

在某些情况下,尤其是在合理可预见的单一故障条件下,可能有必要在规定的测量位置部分拆解产品进行测量。当一个最终激光产品包含其他激光产品或系统时,符合标准规定的应是该最终激光产品。

## 5 仪器要求

使用的测量仪器应符合 IEC 61040(测量激光辐射功率和能量的探测器、仪器与设备)最新版本的要求。使用哪一类仪器(测量不确定度近似值在 1 类和 20 类之间)取决于所需的精度要求。

当所用仪器不完全符合 IEC 61040 的要求时,应单独地评估不同误差源对总测量不确定度的影响。IEC 61040 中给出了需要考虑的要点:

- 响应度随时间的变化;
- 探测器表面响应度不均匀;
- 照射期间响应度的变化;
- 响应度随温度的变化;
- 响应度随入射角的变化;
- 非线性;
- 响应度随波长的变化;
- 响应度随偏振的变化;

- 重复脉冲辐射随时间的平均误差；
- 零点漂移；
- 校准不确定度。

校准应可溯源到国家基准。

确定仪器测量不确定度的试验应依照 IEC 61040 进行。

CCD 阵列和照相机的测量不确定度见 ISO 11554。

## 6 分类流程

依据产品的已知或测量参数可进行 AEL 和测量条件的计算。此外应分析增加危险的故障条件。然后，产品的发射测量（或几个不同的测量）将确定发射是否处于所考虑的 AEL 类别之内。

GB 7247.1—2012 中表 1～表 4 提供了 AEL。表格的列为发射持续时间，行为波长范围，在每一格中有一个或多个公式包含了 GB 7247.1—2012 表 1～表 4 的注解定义的参数。

图 1 和图 2 显示了分类流程。

首先，确定激光是脉冲波还是连续波。如果脉冲持续时间大于 0.25 s，则认为激光是连续波。对于连续波激光参照图 1 中的流程图，对于脉冲激光，参照图 2 中的流程图。然后，应确定波长。

如果激光是脉冲的或扫描的，应确定脉冲宽度（PW）和脉冲重复频率（PRF）。

应确定激光属于哪一类或哪几类。例如，对于不在 400 nm～700 nm 范围内的低功率应用，可以考虑 1 类、1M 类和 3R 类。对于可见波长光源，可以考虑 1 类、1M 类、2 类和 2M 类。

其次，应确定分类的时间基准。这可以根据 GB 7247.1—2012 中的默认值[GB 7247.1—2012 中 8.3e)]来确定，或从 $T_2$ 参数的定义（GB 7247.1—2012 中表 1～表 4 的注解）来确定，或通过考虑要分类产品的特殊时间输出特性来确定。

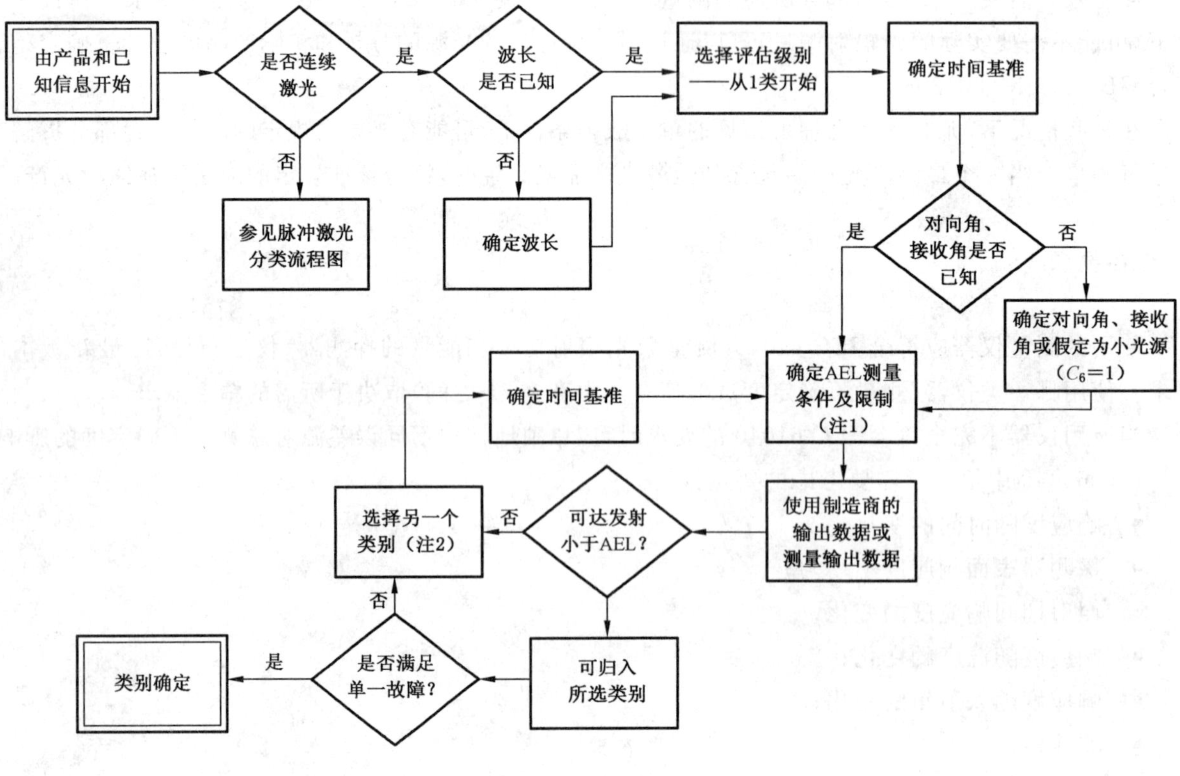


图 1 连续波激光器分类流程图

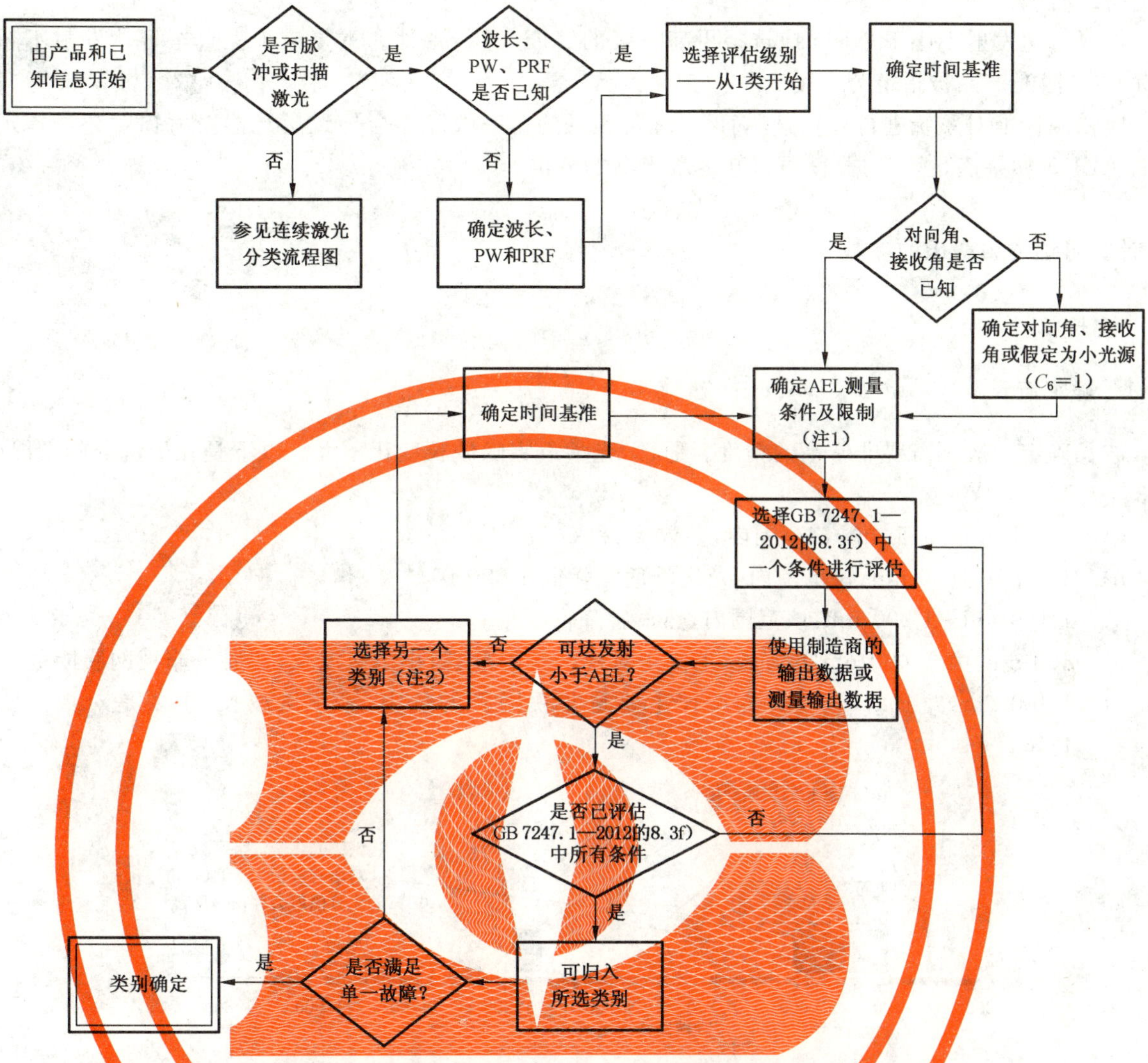


图 2　脉冲激光器分类流程图

注 1：如果某一产品被指定为某一类，可能满足不止一个条件。例如，在 400 nm～600 nm 波长范围适用的某一类产品既不能超过热极限值也不能超过光化学极限值（每个都有各自的测量条件）。同样，如果一个产品为脉冲输出，则三个极限值（单脉冲、脉冲串和平均功率）都不能被超过。

注 2：如果不能满足 1 类或 2 类的要求，应采用 1M 类或 2M 类的要求来评估产品的发射类别。如果产品发射满足 1 类或 2 类的要求，则不必满足 3R 类的要求。

通过以上信息可以找到 GB 7247.1—2012 中包含适用公式的表 1～表 4 的行和列。公式中使用的参数将确定其他需要被确定的参数。主要包括表观光源尺寸（或等效的对向角 $\alpha$）以及适用于可见光化学危险的测量接收角 $\gamma_p$。一般情况下，本部分只陈述了简单扩展光源。如果不知道表观光源的大小，将光源视为小光源并设定 $C_6=1$ 是一种保守的评估。

下一步，应确定测量条件（GB 7247.1—2012 中 9.3 和表 10）和 AEL（GB 7247.1—2012 中表 1～表 4）。对于脉冲激光，应评估 GB 7247.1—2012 中 8.3 f）给出的条件以确保所有的条件都在 AEL 之内。

一旦确定了 AEL，就可对输出数据进行该评估。输出数据可以由制造商提供，也可以直接测量。如果输出数据由制造商提供，应核实其测试方法符合 GB 7247.1—2012 中第 9 章的规定。如果可达发射小于 AEL，可将此激光器指定为该类别。对于一台脉冲激光器，该类 AEL 适用于时间基准内的所有发射持续时间。

如果可达发射不小于 AEL,应选择更高一级的 AEL 进行评估。重复该步骤直至可达发射不超过 AEL 或者激光产品被指定为 4 类。

应依照标准对系统进行评估,以确保合理可预见的单一故障不会导致激光器发射辐射超过指定类别的 AEL。如果满足该判据,就可以知道激光器的分类。

## 7 计算可达发射极限的参数

### 7.1 波长(λ)

#### 7.1.1 确定波长

波长确定一般不需要非常高的精度。通常,光学危害随波长变化不大。以下是几个例外的情况(见图 3):

a) 302.4 nm～315 nm:该范围内,参数 $T_1$ 和 $C_2$ 变化显著;

b) 450 nm～600 nm:该范围内,光化学危害降低 1 000 倍;

c) 1 150 nm～1 200 nm:该范围内,热危害降低 8 倍;

d) 400 nm:大于 400 nm 的波长,主要是对视网膜的危害;小于该波长,主要是非视网膜的危害;

e) 1 400 nm:大于 1 400 nm 的波长主要是非视网膜的危害;小于该波长,主要是对视网膜的危害。

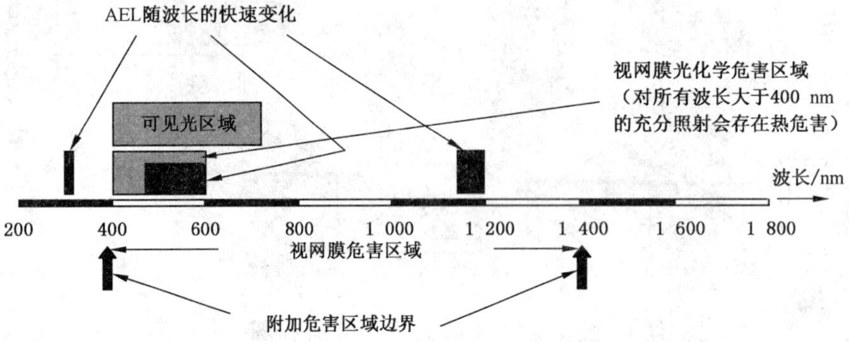


图 3 重要的波长和波长范围

对于窄带激光(或单波长激光),制造商仅需提供波长,7.1 的剩余部分以及 7.2 和 7.3 均不必考虑。

如果由数个波长组成的光源(或多波长激光)占 7.1.1a),7.1.1b)或 7.1.1c)中一个相当大的比例,可以用最危险(最短)的波长判断,也可以对特定的产品分别测量波长。

在 7.1.1a),7.1.1b)或 7.1.1c)范围内,可能需要分段求和,确定在各波长处的极限值,以及各输出波长的权重。7.2.1 和 7.3 有详细讨论。

叠加危害指应一起考虑的危害。例如,小于 400 nm,或 400 nm～1 400 nm 之间,或大于 1 400 nm 的多波长辐射是叠加危害。对于每个区域的宽谱或多波长辐射,危害是叠加的,应按 GB 7247.1—2012 中 8.3b)所述进行分段求和。如果产品发射的多个激光波长处于上述两个范围(如 700 nm 和 1 500 nm),那么应该对每个波长用相应的 AEL 分别评价。对该产品进行分类时,应选择较高的级别。

对于可能的输出波长或输出光谱包含了大于 1 400 nm 和/或小于 400 nm 的激光器,应对 AEL 做特殊考虑。边界波长两端的危害是不同的,影响也是不同的。为了对其进行分类,每一个光谱范围内的功率或能量不应超过相应的 AEL。

### 7.1.2 眼危害区域

当充分暴露在大于400 nm波长的辐射下时，存在热危害。

只有在发射激光波长处于400 nm～600 nm之间且照射时间超过1 s时，才考虑视网膜受到的光化学危害。

危害区域按以下分段：

- 180 nm～400 nm：对于连续波辐射主要是光化学和非视网膜危害，对于脉冲辐射主要是热危害（GB 7247.1—2012中没有说明波长小于180 nm的情况）。
- 400 nm～600 nm：在此范围，光化学危害和热危害都应考虑。发射时间小于10 s（或波长处于400 nm～484 nm区域、发射角1.5 mrad～82 mrad的表观光源发射时间小于1 s）时不必考虑光化学危害。
- 400 nm～1 400 nm：在此范围，是视网膜危害区域，主要考虑视网膜的危害。
- 1 400 nm～1 mm：波长大于1 400 nm时，辐射的穿透深度远小于400 nm～1 400 nm波长时的情况。此时的危害属热危害，但主要是非视网膜危害。

## 7.2 多波长光源

多波长光源是指发射两个或两个以上分离的辐射波长的光源。多谱线激光明显属于这一类。

脉宽小于100 fs的激光具有相当大的光谱带宽。对于这种宽带脉冲激光，如果AEL或MPE极值变化超过10%，应该采用7.3的方法进行评估。

### 7.2.1 单一危害区域

对于产生同种危害类型的辐射、具有不同波长的几个光源，应采用加权求和的方法确定产品是符合还是超过给定类别的AEL。对于单一波长，判断标准可以表示为：

如果 $P_{meas}<\mathrm{AEL}$，那么产品未超过该分类极限。

此处，$P_{meas}$ 是所测功率（或能量或其他指定的量），AEL是分类功率（或能量或其他指定的量）极限值。上式可重新表示为：

如果 $P_{meas}/\mathrm{AEL}<1$，那么产品未超过该分类极限。

按此形式，可以扩展到两个波长：

如果 $P_{meas}(\lambda_1)/\mathrm{AEL}(\lambda_1)+P_{meas}(\lambda_2)/\mathrm{AEL}(\lambda_2)<1$，那么产品未超过该分类极限。

对于两个以上的波长，可以扩展为一个通用求和公式：

如果 $\sum[P_{meas}(\lambda_i)/\mathrm{AEL}(\lambda_i)]<1(i=1,2,3\cdots)$，那么产品未超过该分类极限。

这只适用于每次一种危害情况（即光化学危害和热危害分别处理）。

注：对于可见光范围（400 nm～700 nm）和近红外范围（700 nm～1 400 nm）的热危害极限值不同时，时间基准（发射时间 $t$ 或者计算的参数 $T_2$）是一样的。因此，上面的求和公式仍然适用。

### 7.2.2 两种或两种以上危害区域

如果产品发射两种不同的波长，且处于不同的危害区域（例如，$\lambda_1=300$ nm，$\lambda_2=430$ nm），则应分别评估每一个波长：

如果 $P_{meas}(\lambda_1)<\mathrm{AEL}(\lambda_1)$ 且 $P_{meas}(\lambda_2)<\mathrm{AEL}(\lambda_2)$，那么产品未超过该分类极限。

如果其中有一个条件没有满足，应考虑与更高级别的AEL相比较。

## 7.3 宽谱光源

某些激光器（例如，超短脉冲激光器）光谱带宽相当大，这就意味着可能需要在不止一个光谱范围内进行分类评估。

### 7.3.1 AEL随波长发生微小变化的光谱区域

如果光源的发射光谱未包含7.1.1a)、7.1.1b)、7.1.1c)中的任何范围或者7.1.1d)、7.1.1e)的任何边界波长(见7.1),该光源可近似为单一波长光源。

a) 如果AEL不随波长发生变化,在光源光谱内选择任何波长都是等效的。

b) 如果AEL随波长缓慢变化,而且光源发射光谱处于极限值表中某一光谱范围之内,则能够计算该分布的峰值极限值或中心极限值,包括该分布峰值辐射10%处的较短波长。如果AEL的差值小于1%,可以使用峰值波长或中心波长。保守的处理方法是选择关注范围内要求最严格的波长。

### 7.3.2 AEL随波长变化大的光谱区域(302.5 nm~315 nm、450 nm~600 nm以及1 150 nm~1 200 nm)

如果光源的发射光谱包含部分或全部上述三个区域,且极限值随波长变化大,可以使用以下两种近似方法。

a) 对于适当的发光区域使用下限波长计算AEL。由于较短波长的AEL比较长波长的AEL具有更加严格的要求,因此通常采用这种简单保守的处理方法。当然,这可能导致过于严格的极限值。如果计算的AEL是可以接受的(例如,按照这种假设产品为1类),则不需要进一步的计算。

b) 使用7.2.1的求和公式,计算所测功率除以作为波长函数的AEL后的和。例如,假设一个具有三角光谱分布的光源,其下限波长为400 nm,峰值波长460 nm,上限波长520 nm。400 nm~450 nm的AEL是常数。450 nm以上,AEL以$C_3$因子呈指数增长。如果:

$$P_{\text{meas}}(400\ \text{nm}<\lambda<450\ \text{nm})/\text{AEL}(400\ \text{nm}<\lambda<450\ \text{nm})+\sum_{450\ \text{nm}<\lambda_i<520\ \text{nm}}[P_{\text{meas}}(\lambda_i)/\text{AEL}(\lambda_i)]<1$$

那么,不超过适用的AEL。

### 7.3.3 包含危害类型边界的光谱范围(接近400 nm和1 400 nm)

如果输出光谱分布包含危害区域边界(400 nm和1 400 nm),每个区域的输出是独立的。如果有必要,应分别对于每一个光谱区域按照7.2.2和7.3.2规定的方法处理。

### 7.3.4 极宽光谱光源

对于极宽光谱需要确定单位波长的功率或能量。如果不能从制造商处获得此信息,应当进行光谱测量,具体细节不在本部分介绍。CIE S009《灯和灯产品的光生物安全》提供了有关宽带光源测量的相关信息。

如果激光产品不发射315 nm以下的辐射,可以简化计算。需要以下信息:

a) 按本部分要求测得的315 nm~400 nm之内的总功率或总能量($P_a$或$Q_a$);

b) 按本部分热极限值要求测得的400 nm~700 nm之内的总功率或总能量($P_b$或$Q_b$);

c) 按本部分光化学极限值要求测得的400 nm~450 nm之内的总功率或总能量($P_c$或$Q_c$);

d) 按本部分光化学极限值要求测得的450 nm~600 nm之内的功率光谱分布或能量光谱分布[$P_d(\lambda)$或$Q_d(\lambda)$];

e) 按本部分热极限值要求测得的分布从700 nm至上限波长的功率或能量光谱分布[$P_e(\lambda)$或$Q_e(\lambda)$]。

如果测量方法(或步骤)对于功率和能量都适用,仅需使用功率($P$)。

——选择一个AEL(参考GB 7247.1—2012中第9章关于计算极限值的公式和说明);

——计算紫外辐射极限值 $AEL_a$ 和比值 $R_a=(P_a/AEL_a)$；

——计算可见光热极限值 $AEL_b$ 和比值 $R_b=(P_b/AEL_b)$；

——计算可见光化学极限值 $AEL_c$(400 nm＜$\lambda$＜450 nm)和 $AEL_d(\lambda)$(450 nm＜$\lambda$＜600 nm)。计算比值并求和：

$$R_{cd}=P_c/AEL_c+\sum_{450\ nm<\lambda_i<600\ nm}[P_d(\lambda_i)/AEL_d(\lambda_i)]$$

——计算 700 nm 至波长范围的上限波长的红外热辐射极限值 $AEL_e(\lambda)$ 和计算比值并求和：

$$R_e=\sum_{700\ nm<\lambda_i<\lambda_{max}}[P_e(\lambda_i)/AEL_e(\lambda_i)]$$

——如果符合以下所有条件，可将产品认定为最低激光产品级别：

$R_a<1.0$；

$R_b+R_e<1.0$；以及

$R_{cd}<1.0$。

### 7.4 光源时间特性

如果产品连续发射辐射且功率恒定，确定级别的过程比较简单。仅须确定发射时间。按 GB 7247.1—2012 所述，以固定时间或计算时间确定均可(即 $T_2$ 是表观光源尺寸或者光源对向角的函数)。由此，可进行适用的 AEL 计算，对于这种产品，7.4 的其他部分不必考虑。

#### 7.4.1 具有限定“开启”时间的光源

如果产品仅在有限的时间周期内发射辐射，并且该时间周期小于 GB 7247.1—2012 中规定的类别的时间基准，可采用较短的时间来计算适用的 AEL。较短的发射时间会导致较高的峰值功率极限值。注意，应考虑所有高于时间基准的持续时间的 AEL。

#### 7.4.2 周期性或恒定占空比的光源

有些产品包含有产生规则序列脉冲或编码(不规则)序列脉冲的光源。如果已知最大占空比，可将不规则序列脉冲视作规则序列脉冲。此处占空比是指一个周期内光源发射的时间的百分比。

对于每秒 120 次、脉宽 3 μs 的脉冲，占空比为 $120\times3\times10^{-6}/1$ 或 0.036%。

对于编码脉冲序列，使用每秒 120 个 3 μs、编码率为 50%的脉冲序列(50%的脉冲位置有脉冲，50%的位置没有脉冲)，占空比为 $0.5\times120\times3\times10^{-6}/1$ 或 0.018%。

关于如何计算极限值的其他信息可参考 GB 7247.1—2012 中表 9(包含有效脉冲组的时间周期 $T_i$)。为计算有效脉冲功率、持续时间以及有效脉冲率需要知道脉冲率、占空因数、编码占空因数、以及表 9 中有关 AEL 的数据。

以下三个极限值应考虑：

a) 基于脉冲宽度的单脉冲极值；

b) 针对规定或计算的分类时间基准的平均功率极限值；

c) 考虑 $C_5$ 因素，来自一个脉冲串的平均脉冲能量极限值；

GB 7247.1—2012 中 8.3f)规定了在确定重复脉冲激光或调制脉冲激光在波长 400 nm 及其以上的热危害的 AEL 时应使用的最严格的要求 a)、b)、c)。要求 c)使用了对基于在适用的时间基准或 $T_2$(取更短者)内所发射脉冲数的单脉冲 AEL 修正因子。

##### 7.4.2.1 脉冲持续时间

GB 7247.1—2012 将脉冲持续时间定义为在脉冲前沿和后沿的半峰值功率点之间测得的时间增量。因此所考虑的持续时间就是在前沿上幅值达到峰值的 50%点与在后沿上幅值返回同样的值的点之间的时间间隔(见图 4)。

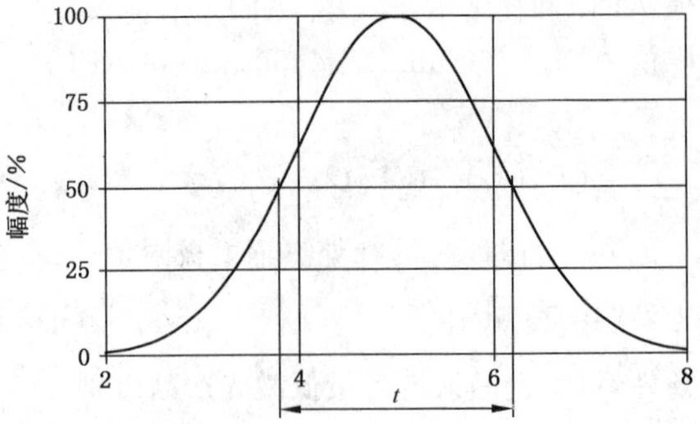


图 4 脉冲持续时间定义

脉冲持续时间 $t$ 可用光敏探测器和示波器组成的测量设备或类似设备精确地确定。测量仪器应符合以下要求：

a) 整套测量装备的时间响应或频率响应应满足持续时间精确测量要求；

b) 被测量的所测辐射应充分地充满探测器的有效光敏面，以保证探测器的响应度既不会有局部饱和点也不会有局部差异；

c) 光辐射强度不得超过仪器的标称最大测量值。

为了给产品分类，对于单脉冲激光器、Q 开关激光器、锁模激光器和重复脉冲或扫描激光器我们都需要了解一些脉冲持续时间的信息。对于扫描光辐射，应当在扫描图形中所有可达位置确定脉冲持续时间。其必要性在于，由于折光器件的种类不同，在扫描线的整个长度上光束速度可能不是恒定的。对于装入了在连续波(CW)模式下工作的激光器的扫描产品，脉冲持续时间取决于光束直径和光束速度。对于装入了脉冲或调制激光器的扫描产品，在产品分类和计算发射持续时间时应考虑调制频率，光束直径和扫描速度。

### 7.4.3 幅值变化的光源

如果脉冲不是“平顶”(在脉冲开启时间内，幅度恒定，见图 5)，有必要详细分析脉冲结构。

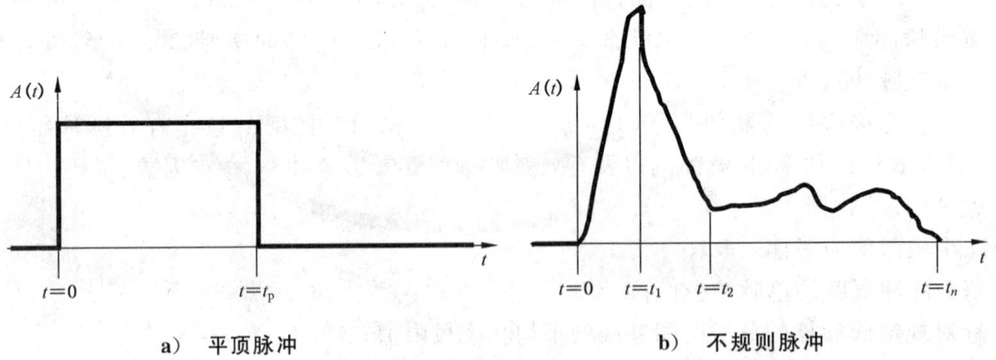


a) 平顶脉冲　　b) 不规则脉冲

图 5 平顶脉冲和不规则脉冲

对于平顶脉冲，分析可能简化。只要考虑脉冲幅度 $A(t)$ 和脉冲持续时间 $t_p$。

对于第二种脉冲，可能需要分段分析。将 $t=0$ 至 $t=t_1$，$t=0$ 至 $t=t_2$ 和 $t=0$ 至 $t=t_n$ 的总能量视为最小值，对所有识别的增加的持续时间使用 7.4 中的评估方法。

### 7.4.4 脉冲持续时间变化或不规则脉冲的光源

对于持续时间变化和/或幅值变化的脉冲串，可以使用 GB 7247.1—2012 中 8.3f)3)所述的 totalon-time-pulse(TOTP)方法。

### 7.5 对向角($\alpha$)

在视网膜热危害区域(波长范围 400 nm～1 400 nm),AEL 通过修正因子 $C_6$(见 GB 7247.1—2012 中表 1～表 4)与表观光源的对向角 $\alpha$ 相关。计算 AEL 的公式取决于 $T_2$的值,而 $T_2$取决于 $\alpha$。

对一个给定的视网膜危害评估位置,表观光源是形成最小视网膜影像的实物或虚物。眼睛能够通过适应性调节(即,通过改变晶状体的焦距)产生的最小视网膜影像尺寸决定了表观光源的对向角。表观光源的对向角作为视网膜影像尺寸的一个量度。对向角是表观光源的直径在眼睛晶状体上对向的平面角,见图 6。表观光源的对向角沿光束轴向的位置变化而变化。表观光源的位置也是光束内眼睛位置的函数,面光源(例如完全漫透射或漫反射的光束或未封装透镜或反射镜的 LED)除外。

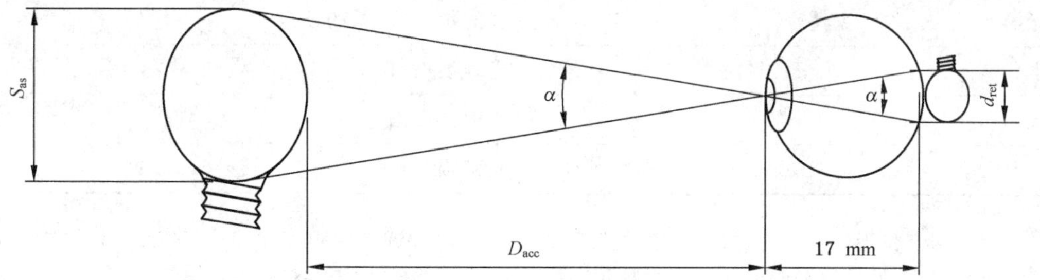


图示显示了光束由漫射器传输通过或反射,如磨砂灯泡,此处灯泡既是真实的光源也是表观光源。

a) 非相干或扩散光源的对向角($\alpha$)和表观光源尺寸($S_{as}$)

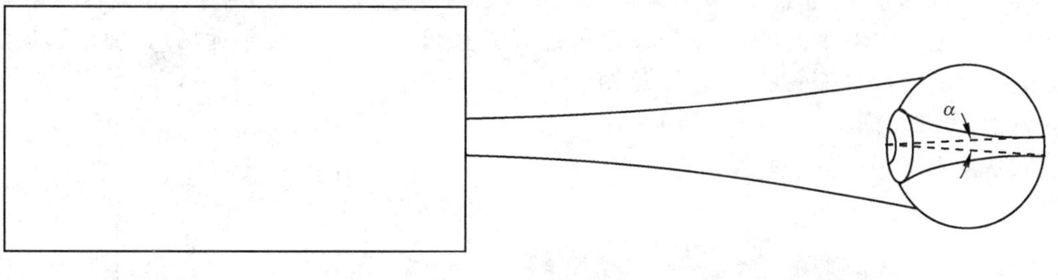


此种情况比图 6a)显示的单一光源的情况要复杂,对向角和表观光源的位置都随在光束的位置而显著变化。

b) 普通激光束在光束某位置处的对向角

**图 6 对向角示例**

根据 $C_6$公式,在大多数情况下,同样的功率或能量分布在较大的视网膜区域上会减少视网膜危害。因此,对于中角度(1.5 mrad$<\alpha<$100 mrad)和大角度($\alpha>$100 mrad)单光源以及阵列光源 $C_6$可能是一个重要参数。然而,通常不必确定对向角,$C_6$可以假定为等于 1。该方法提供了最保守的评估。激光危害或者分类的评估应总是以假设 $C_6=1$ 开始。如果这种假设成立,即,在此情况下没有超过假定的激光器类别的 AEL 的值,则没有必要做进一步的分析。

大多数不带有光束整形器的单一激光器是小光源,$C_6=1$,表观光源的位置对于激光的安全不重要。对于这样的产品,7.5 的以下部分不必考虑。

对于一个普通的激光光束,$\alpha$ 的确定以及 $C_6>1$ 的应用,都不在本次版本范围内。下一次的修正版将涉及这个问题。

对于面光源,例如漫透射或漫反射的激光光束或裸 LED(不带有整形光学器件),可以采用 7.5.2.2 所述的简化方法。

对于假定每个单个光源都是小光源($\alpha_s\leqslant$1.5 mrad)的光源阵列的特殊情况,在 7.5.3 中分析。7.5.3.4 以图例说明了非圆形发射模式的简单光源。7.8 介绍了专门对扫描激光器进行评估的事项。

### 7.5.1 束腰的位置

对于小光源或者假定 $C_6=1$ 的所有光源，可在距参考点预定距离处测量可达发射水平。表 1 列出了不同情况下的参考点位置。对于漫射光源和不带整形光学器件的半导体或大面积光源，表 1 中用于确定可达发射水平的参考点在 $C_6>1$ 时测量中等光源和大光源也有效。

表 1 参考点

| 产品类型 | 参考点 |
|---|---|
| 半导体发射器(激光二极管，超发光二极管) | 发光芯片的物理位置 |
| 扫描发射器(包括扫描线性激光器) | 扫描顶点(扫描光束的中心点) |
| 线性激光器 | 线的焦点(扇角的顶点) |
| 光纤输出 | 光纤顶点 |
| 扩散光源 | 扩散器表面 |
| 其他 | 光束腰 |

注 1：如果参考点位于保护罩内，即不可达，此时离人员通路的最近点的距离比 GB 7247.1—2012 中规定的测量距离远，则应在人员通路的最近点进行测量。

下列给出的评估光束束腰位置的方法适用于小光源和高斯光束。此类评估有效的一个必要条件是应在射线光学适用的瑞利范围以外的位置进行分析，因此能够(而且应当)使用远场发散角。

注 2：有关表观光源位置的信息可以从 Enrico Galbiati 的文献《激光安全中表观光源的评估》获得(见参考文献)。

选择一个方便的参考平面(确保辐散发散角是恒定值，即参考平面位于远场)。确定远场发散角 $\theta$。光束束腰位于距离参考平面 $r$ 的位置处(见图 7)：

$r=d/[2\tan(\theta/2)]$，

此处 $r$ 是从参考平面到小光源的虚焦点的距离。

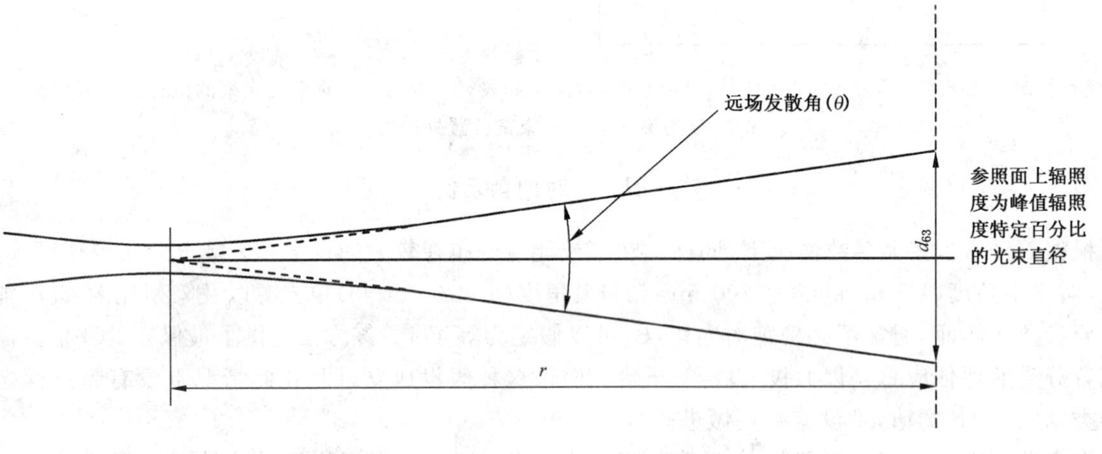


图 7 高斯光束的光束腰定位

在某些情况下(例如，对装了柱透镜的线激光或普通像散光束)可能有多个束腰。线激光的参考点位置见表 1。普通像散光束不在本文件的考虑范围内。

扫描光束在 7.8 作进一步分析。

### 7.5.2 确定对向角的方法

有几种推荐的确定表观光源对向角的方法。不同的方法得到的精确度是不同的，显然，付出的努力和成本也是不同的。具体选择何种方法取决于所需要的精度，即 MPE 或 AEL 的接近度，有时取决于问题的复杂程度。本部分讨论的下列方法是针对复杂情况的方法：

a) 保守的默认方法(7.5.2.1)；

b) 用于简单光源如面光源或完全漫射光的方法(7.5.2.2)；

c) 光束传播方法(7.5.2.3)；

d) 人工眼方法(7.5.2.4)。

#### 7.5.2.1 保守的默认方法

如果不知道 $\alpha$，而且无法进行实验评估，此时可以选择可定量调整的合理估计，也可以选择保守默认值。

$\alpha$ 的默认值为 1.5 mrad，小于 1.5 mrad 时 AEL 无变化，因此 $C_6=1$，$T_2=10$ s。虽然采用该方法可能人为造成计算的极限值偏低，但却是一种安全的方法。正如上面所指出的，以该方法作为首次评估是一种不错的选择。通常情况下，不再需要进一步的分析。

#### 7.5.2.2 用于简单光源如面光源或完全漫射光方法

对于面光源，如漫射透射或漫反射激光光束或裸激光二极管(不带整形光学器件)，可使用简化的方法。对于这些光源，真实的光源同表观光源是一样的，因此可用真实光源的尺寸来确定对向角。因此，图 6a)中的 $S_{as}$ 等于真实光源的直径，眼睛所处位置到光源的距离 $D_{acc}$ 等于眼睛和光源的实际距离。确定 α 的公式如下：

$$\alpha=2\arctan(S_{as}/2D_{acc})=2\arctan(d_s/2r)$$

此处 arctan 是反正切三角函数，如果 $\alpha$ 足够小，三角函数可以简化为：

$$\alpha\sim(d_s/r)$$

$d_s$ 是面光源的直径，$r$ 是面光源与眼睛(或测量孔)之间的距离。

使用光学器件(例如，整体透镜、保护透镜或反射镜)，可以改变表观光源的尺寸和位置。这需要更详细的分析，不在本部分的范围内，将在下一个修订版中陈述。

#### 7.5.2.3 光束传播方法

该方法以波动光学而不是几何光学为基础。该方法的一个重要发现就是危害最大的观测距离可能大于 100 mm。该方法的详细分析超出了本部分的范围。

#### 7.5.2.4 人工眼方法

最直接和最精确的方法是确定视网膜上的光辐射情况(通过测量单位视网膜光斑直径上的光功率或能量进行危害评估)。用人工眼代替人眼，可测量一系列观测条件下的危害性。

理论上，眼睛通常被模拟为位于角膜位置、等效焦距(空气中)调整范围在 14.5 mm～17 mm 之间的薄透镜。在空气条件下，视网膜距离透镜(第二个主平面)17 mm。焦距 17 mm 等效于放松的眼睛(聚焦在无穷远处)，焦距 14.5 mm 对应眼睛聚焦在 10 cm 处，也就是眼睛能够对物体产生清晰影像的最近距离。GB 7247.1—2012 没有考虑远视眼和近视眼。透镜模型的 7 mm 孔模拟了眼睛瞳孔大小。

该方法的详细分析超出了本部分的范围。

### 7.5.3 多光源和简单非圆形光束

不是所有的激光产品都发射单一光源或圆形光斑。多光源的例子有：多通道光纤输出，多元符号或信号(例如交通灯和指示箭头)，多段符号和字符。简单光源(例如漫射光束和不带光束整形光学器件的 LED)可能有任意的形状，如果它们是均匀的，仍然可做简化处理(见 7.5.3.4)。

理论上,对于多发光器,应考虑所有的组合以确定最危险的情况。一个小亮光源可能是或者不会是最危险的情况。与之类似,将所有小光源放在一起也可能是或者不会是最危险的。

实际上,不是所有的组合都应考虑。如果所有的光源亮度一样,通常可以简化分析。

虽然分析线性阵列比二维阵列简单,但在确定最危险的情况时,仍然需要采用二维矩阵分析。

### 7.5.3.1 步骤

在本部分范围内,假定单一光源总是小光源($C_6=1$)。从单一光源开始,确定要分析的光源的顺序。确定各种情况下光源组合的对向角(见下述)。这样可以计算每种情况的 AEL。分析小光源的组合时,表观光源的位置可近似为实际光源阵列(光束上所有的位置)的位置,用各个光源间的实际间距计算对向角,如图 9 所示。只需考虑对应任一方向的 $\alpha_{max}=100$ mrad 视野范围内的阵列尺寸。

然后,对每一种光源组合进行可达发射测量(通过直径 7 mm 测量孔的功率),并与 AEL 计算值相比较。测量装置中,采用可变光阑限制视场(接收立体角),以保证在每种情况下,仅所考虑的光源对所测功率有贡献,如图 8 所示。

表 2 显示了平均功率相同、间距相等、四通道一维阵列光纤光源。$S_0$是单一光源的尺寸(由于在本部分中,假设了单光源就是小光源,所以 $\alpha_1$总是 1.5 mrad),$r$ 是测量距离,即真实光源阵列和探测器之间的距离,见图 8a),或者真实光源阵列与成像透镜之间的距离,见图 8b),$\Delta$ 是单一光源间的中心距,见图 9。注意,依据 GB 7247.1—2012,在计算算术平均值之前,$\alpha_v$ 和 $\alpha_h$ 应限制在 1.5 mrad～100 mrad 之间。

**表 2 四光源阵列**

| 光源数 | 表观光源尺寸<br>mm | 对向角<br>mrad | 评估类别的 AEL<br>mW | 可达发射<br>mW |
|---|---|---|---|---|
| 1 | $S_{v1}=S_{h1}=S_0$ | $\alpha_{v1}=\alpha_{h1}=\alpha_1=S_0/r$; | $AEL_1$ | $P_1$ |
| 2 | $S_{v2}=S_0$;$S_{h2}=S_0+\Delta$ | $\alpha_{v2}=S_{v2}/r$;$\alpha_{h2}=S_{h2}/r$;<br>$\alpha_2=(\alpha_{v2}+\alpha_{h2})/2$ | $AEL_2$ | $P_2$ |
| 3 | $S_{v3}=S_0$;$S_{h3}=S_0+2\Delta$ | $\alpha_{v3}=S_{v3}/r$;$\alpha_{h3}=S_{h3}/r$;<br>$\alpha_3=(\alpha_{v3}+\alpha_{h3})/2$ | $AEL_3$ | $P_3$ |
| 4 | $S_{v4}=S_0$;$S_{h4}=S_0+3\Delta$ | $\alpha_{v4}=S_{v4}/r$;$\alpha_{h4}=S_{h4}/r$;<br>$\alpha_4=(\alpha_{v4}+\alpha_{h4})/2$ | $AEL_4$ | $P_4$ |

如果各光源间功率或能量有变化,或光源间距不相等,要分析的情况的数量将增加。例如,在一个四光源阵列内的两个光源有六种可能的组合。光源之间的空间位置和相似程度将决定简化的可能程度。

对所有评估的情况,可达发射配对值的分割和评估等级的 AEL 应小于 1,那么可将产品定为所评等级。

### 7.5.3.2 多通道连接的复杂性

对于 $n$ 通道的情况,应考虑从 1 通道至 $n$ 通道的所有情况,以确定最严格的极限值。通常所做的简化假设是,所有通道发射与峰值通道相同的平均功率。在此做该种假设,否则分析将更为复杂。但是这样做是值得的,因为这可保证计算的最严格的条件不会过分。如果阵列是二维的(限于在直线或曲线上)，应考虑对一定的中间数(1 和 $n$ 之间)的几种排列。

依据发射平面上可变圆孔来确定要评估的情况。最小光源发射孔直径包含一个通道。最大发射光源孔直径对应 7 mm 测量孔径，100 mrad 的接收全角。由待评估情况的光源阵列尺寸确定 $\alpha$，通过 7 mm 孔测量可达发射。将该种情况下 $\alpha$ 所对应的 AEL 与测量的可达发射比较。对任何可能的光源组合，可达发射均不得超过指定类别的 AEL。

图 8 是测量装置示意图。计算的依据是对向角 $\alpha$(被评估的光源组合的)。因此，确定适当的对向角 $\alpha$ 值是多通道计算的关键。将每个单一光源视为小光源，$\alpha$ 对应图 8 的接收立体角(对于单一通道，假设最小默认值 $\alpha=1.5$ 就足够了)。

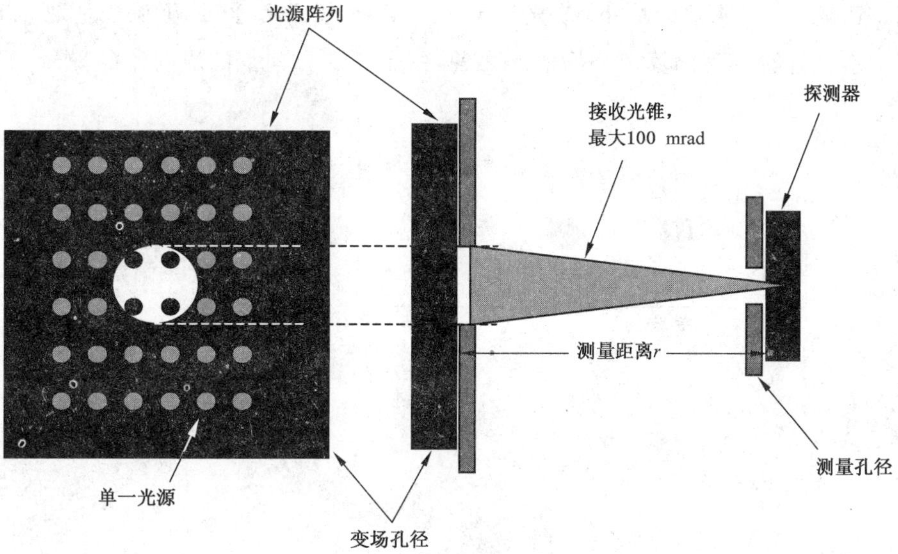


a) 可达光源的测量示意图

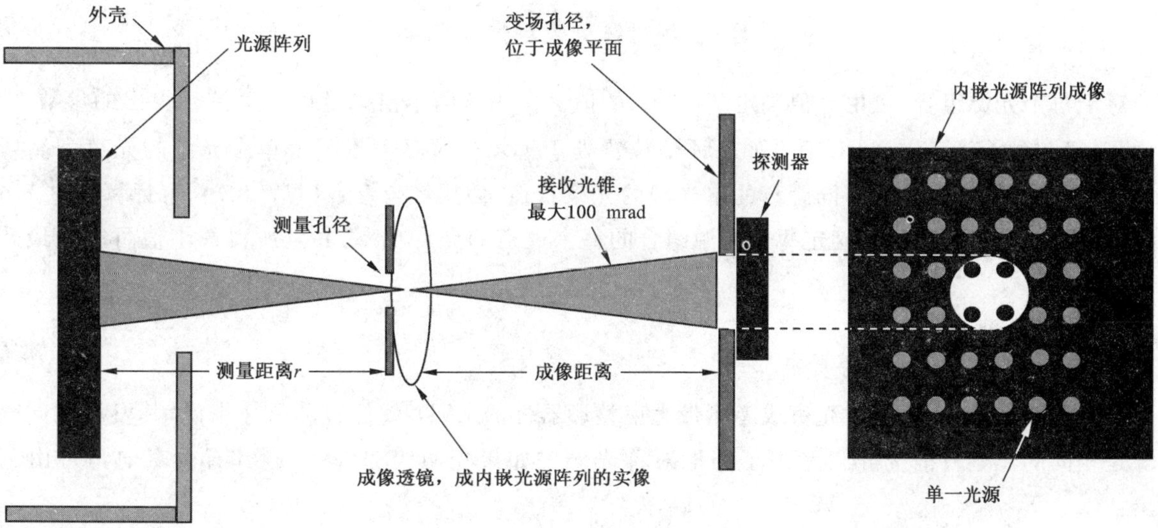


b) 内嵌光源的测量示意图

图 8 光源测量示意图

#### 7.5.3.3 线性阵列的对向角

为了简便，假定：

a) 线性阵列由相同的光源组成；

b) 光源间距相同。

如果这两个假定中有一个不适用，分析将更加复杂。如果在两个方向上的间距不同，参数 $\Delta$ 变为 $\Delta x$ 和 $\Delta y$（见图 9），这个分析仅适用于视网膜的危害光谱范围（400 nm～1 400 nm）。

图 9 显示了如何确定线性光源阵列的对向角。

假设单个光源为小光源，则根据光源阵列的尺寸可计算对向角。除以所测距离 $r$（见图 8），得到每个正交维数的对向角。而等效的 $\alpha$ 值通过求两个正交的 $\alpha$'s，即 $\alpha_v$ 和 $\alpha_h$ 的平均值得出。采用几乎所有芯径小于 0.15 mm（对应 100 mm 处 1.5 mrad 的最小 $\alpha$ 值）的光纤纤芯以及光纤的光源时，计算中常采用默认最小值。因此，尽管通常会更小，单光纤或单光源的光源尺寸 $S_0$ 几乎总是取 0.15 mm。根据 GB 7247.1—2012，在计算阵列的算术平均值 $\alpha$ 之前，每个正交方向上的对向角（$\alpha_v$ 或 $\alpha_h$）通常被限定为 $\geqslant\alpha_{min}$（和 $\leqslant\alpha_{max}$）。

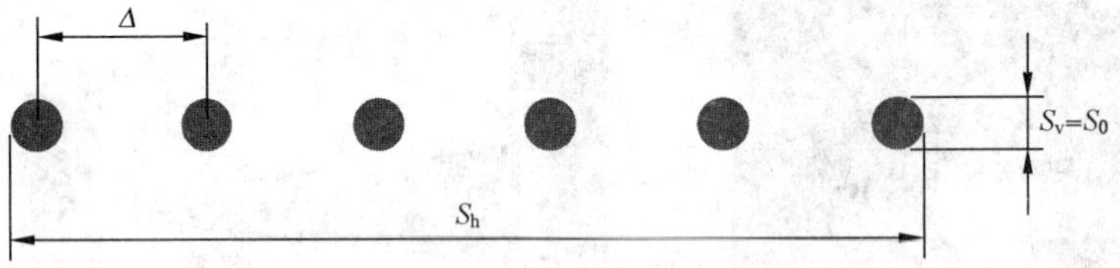


说明：

Δ ——中心距；

$S_v$——垂直尺寸，$S_v=S_0$（单个光源尺寸）；

$S_h$——水平尺寸，$S_h=S_0+(n-1)\Delta$；

$\alpha_v=S_v/r$；

$\alpha_h=S_h/r$；

$\alpha=(\alpha_v+\alpha_h)/2$。

**图 9　线性阵列表观光源尺寸**

对于每个光源组合，可由 $\alpha$ 值确定 $T_2$ 和 $C_6$ 的值。使用这两个值以及由发射波长得出的参数 $C_4$ 和 $C_7$，可计算出每个通道的 AEL 值。如果评估位置处于远场位置且假设每个单个光源的光束为高斯光束，可根据光束发散角确定不同距离的单光源的光束直径，使用耦合参数（见 7.8.7），可计算穿过 7 mm 孔径的发射功率。这可用于确定每个光源组合的每个通道的允许功率，并且所得最小值可能是最严格的情况。

### 7.5.3.4　简单非圆光源

对于简单光源，例如漫射光束或者不带光束整形器件的 LED，就位置和尺寸来说，其发射源同表观光源是相同的。到目前为止仅考虑了圆形对称光源。如果光源为非圆的，则其有效对向角可由下式得出：

$$\alpha_{x+y}=(\alpha_x+\alpha_y)/2$$

式中：

$\alpha_x$ 和 $\alpha_y$——两个正交方向的对向角，如图 10 所示。

在计算平均值前，大于 $\alpha_{max}$ 或者小于 $\alpha_{min}$ 的对向角将分别被限定为 $\alpha_{max}$ 或者 $\alpha_{min}$。

对于矩形光源，$\alpha_x$ 和 $\alpha_y$ 分别为实际光源的长和宽。

对于椭圆光源，$\alpha_x$ 和 $\alpha_y$ 分别为椭圆的长半轴和短半轴的两倍。

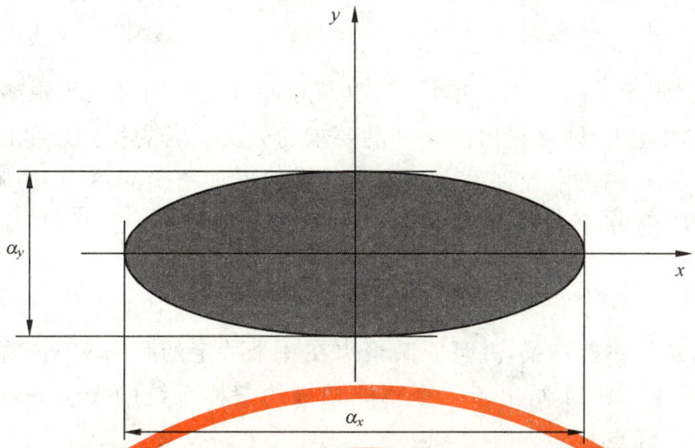


图 10 简单非圆光源的有效对向角

## 7.6 发射持续时间

GB 7247.1—2012 中 8.3 e)规定了下述三类时间基准：

a) 2 类、2M 类和 3R 类产品的可见波长，其时间基准为 0.25 s；

b) 除了 7.6a)和 7.6c)中规定的情况外，其他情况的时间基准为 100 s；

c) 有意的长时间观察，其时间基准为 30 000 s。

唯一的一个例外情况为，400 nm～1 400 nm 视网膜危害区的热危害。如果给出极限计算公式的列表中规定了参数 $T_2$ 的近似值，则计算出 $T_2$ 并在适当的情况下使用。$T_2$ 的范围为从小光源的 10 s 到大光源的默认值 100 s[见 GB 7247.1—2012 8.3 f)]。

## 7.7 测量条件

参照 GB 7247.1—2012 中表 10。

测量条件包括：

a) 测量窗口(孔径)的直径；

b) 测量孔径光阑与光源或表观光源之间的距离；

c) 辐射测量装置的接收角；

d) 被测辐射的发射角度限值(表观光源的发散角或对向角)。

需注意的是，所测辐射限定为主光束的辐射。应消除任何通过非测量系统表面反射或散射进入探测器的离轴辐射。

由于规定了辐射测量的最大接收角为 100 mrad，因此对于大光源($\alpha$>100 mrad)，来自于该接收角之外的光源能量都不能收集。

表观光源的对向角在距离表观光源 100 mm 或更远处确定，以满足 GB 7247.1—2012 中表 10 中条件 2 要求的评估方法。根据 GB 7247.1—2012，如果超过指定的测量距离使表观光源处于隐蔽的位置，那么，条件 2 的评估在人员可达的最近点。

对满足 GB 7247.1—2012 表 10 中条件 1 要求的评估，规定在距离人员可达最近点 2 m 处进行。如果对向角用于计算 $C_6$>1 的值，那么，在找到最大危害之前，应考虑所有的距离。在一些条件 1 的评估下，应用因子 7 乘以对向角以将放大的图像考虑在内。对于条件 1 的这些情况，需要采集的激光能量的最大角应为(100 mrad)/7=14.3 mrad。然而，放大因子也可能小于 7(关于放大因子的更多信息见 GB 7247.1—2012 的第 9 章)。

## 7.8 扫描光束

在许多应用中，一个假定 $C_6=1$ 的简单计算，以及脉冲持续时间对应于距离扫描光束顶点 100 mm 处扫描过整个测量孔径的光束，即可得出满足产品要求的分类。若想得到较低的限制极限，本部分概述了允许较低的分类或者在同一类中允许更大的输出功率的更加精确的 AEL 的确定方法。

注：如 GB 7247.1—2012 中 9.3 所述，条件 1 和条件 2 不适用于扫描光束。

### 7.8.1 静态对向角($\boldsymbol{\alpha}_s$)

如果我们假设扫描系统不能扫描，并且眼睛聚焦在一个特定的距离 $Z$ 处，那么，静态对向角就是光束直径在距离 $Z$ 处的张角。图 11 给出了一个不能扫描的扫描系统的光学图，图中被眼睛成像的点的位置超出了扫描光束的最高点。

$$\alpha_s = d/Z$$

式中：

$d$ ——注视点位置处的光束直径；

$Z$ ——测量孔径光阑与注视点位置间的距离。

注：当形成光束的所有光线实际进入到孔径光阑 AP 时，视网膜像辐照度截面与孔径光阑处的光束辐照度截面成正比。在其他情况下，用“人工眼”模型或实验去确定对向角。

注：光束直径的确定方法与 GB 7247.1—2012 一致，例如，包含 63%能量的直径，用 $d_{63}$ 来表示。对于高斯光束，1/e (36.8%)直径。

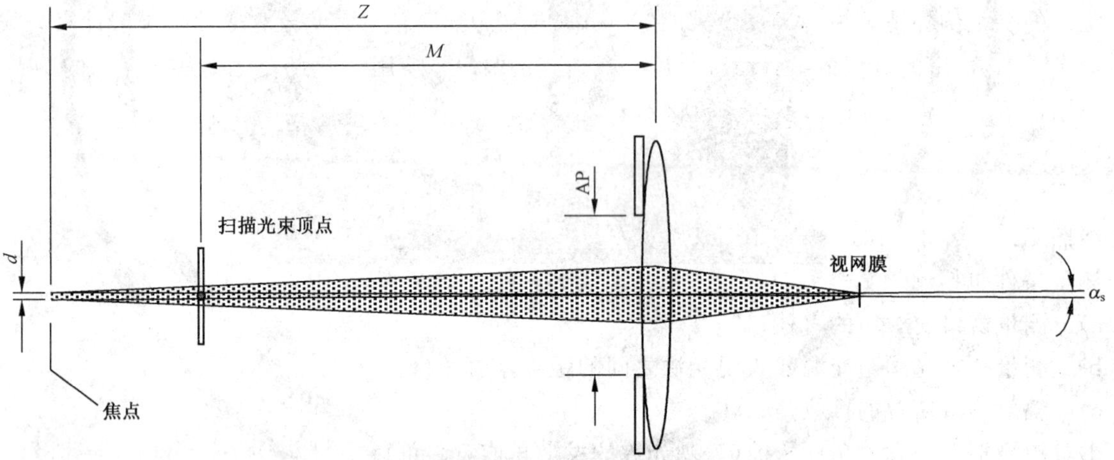


图 11 扫描光束顶点之外的静止表观光源成像图

### 7.8.2 扫描脉冲持续时间($\boldsymbol{T}_p$)

图 12 为扫描光束的中心分别到达测量孔径光阑(AP)两个边缘的两个不同时间($t_0$ 和 $t_1$)的光学系统图。

注：为了简化光路，此处的扫描元件是透明的，而非反射型的。

对于恒定角速度，用于分类的脉冲持续时间为：

$$T_p = t_1 - t_0 = [\tan^{-1}(AP/M)]/\omega \approx AP/M \cdot \omega$$

式中：

$\omega$ ——扫描光束的角速度(单位 rad/s)；

AP ——GB 7247.1—2012 中表 10 中定义的测量孔径光阑直径(例如 $\lambda<1\ 400$ nm 时，对应的直径

为 7 mm)；

$M$ ——测量孔径光阑到扫描顶点之间的距离。

注：由于 $M$ 值远远大于 AP 值，此处采用了小角度近似值以简化公式。

随着扫描元件的距离的增大，测量孔径的张角(即 $\varphi_{scan}$)会随之减小，从而导致脉冲持续时间减小。但是，当光束大于测量孔径或者扫描速度函数为非线性时，不会出现这种情况。关于脉冲持续时间和脉冲重复频率的测量，见 7.4.2.1。

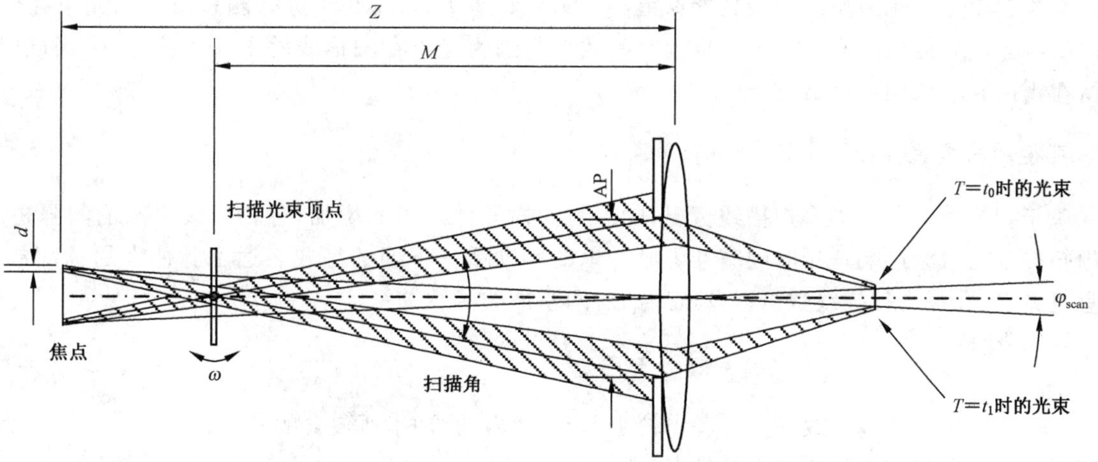


图 12 扫描光束顶点之外的扫描表观光源成像图

### 7.8.3 扫描对向角($\boldsymbol{\alpha}_{scan}$)

扫描对向角($\alpha_{scan}$)用于计算扫描光束的 $C_6$。若眼睛不聚焦于扫描光束的顶点，则光束在视网膜上形成一条扫描线，对应的张角为 $\varphi_{scan}$，该角度取决于测量孔径值以及扫描光束顶点与成像点之间的距离。

$$\varphi_{scan}=2\cdot\tan^{-1}\{(\mathrm{AP}/2)\cdot[(1/M)-(1/Z)]\}\approx\mathrm{AP}\cdot[(1/M)-(1/Z)]$$

注 1：扫描光束的顶点不一定在扫描元件的表面。

注 2：无论眼睛聚焦点位于扫描光束顶点的哪一侧，本公式均有效。

由于所有能量在很短的时间内聚集在视网膜的一个点上，因此计算 $C_6$ 时，不能用 $\varphi_{scan}$ 定义扫描方向上的对向角。但是，当持续时间小于 GB 7247.1—2012 中表 9 中规定的 $T_i$(例如，波长处于 400 nm～1 050 nm，持续时间 $18\times10^{-6}$ s)时，危害不取决于光束形状，并且允许光束合成。此时，可将扫描对向角增至 $\varphi_T$，对应光束在视网膜上的移动时间 $T_i$，则 $\varphi_T$ 由下式得出：

$$\varphi_T=(T_i/T_p)\cdot\varphi_{scan}\qquad T_p\geqslant T_i$$

$$\varphi_T=\varphi_{scan}\qquad T_p<T_i$$

将 $T_p$ 和 $\varphi_{scan}$ 公式代入，则得出：

$$\varphi_T=T_i\cdot M\cdot\omega\cdot[(1/M)-(1/Z)]$$

扫描对向角 $\alpha_{scan}$ 由下列公式得出：

$$\alpha_{scan}=\max[(\alpha_s+\varphi_T),\alpha_{min}]$$

式中：

$\alpha_s$——沿扫描轴向的静态对向角。

注：若 $\alpha_s$ 小于 $\alpha_{min}$，则不用 $\alpha_{min}$ 代替 $\alpha_s$。

对于任意眼睛注视点，可采用下列公式计算出 $C_6$：

$$C_6=(\alpha_{nscan}+\alpha_{scan})/(2\cdot\alpha_{min})$$

式中：

$\alpha_{nscan}$——沿非扫描轴的对向角或者$\alpha_{min}$，取较大者。

### 7.8.4 双向扫描

若扫描系统为双向的，则在扫描线端点位置，光束会停止，并转换扫描方向。如果该点是可达的，在确定AEL时，应将其考虑在内。由于角速度是非线性的，脉冲持续时间$T_p$不能由7.8.2的公式得出，应进行测量或者将速度作为角度的函数推算得出。为了计算$C_6$，应对$\varphi_T$进行测量或者从光束在$(T_i/2)$时间内从端点离开的角度推算得出。持续时间减半是因为光束在扫描线的末端转换方向，而同时它仍然停留在视网膜上的同一区域。

### 7.8.5 孔径内扫描线数（*n*）

在源于扫描线一个点的多扫描线情况，随着与扫描元件距离的增加，各扫描线之间的间隔也增大。孔径内扫描线的数量影响适用时间基准内脉冲串的脉冲数。下面的等式表达了脉冲串的脉冲数$N$与脉冲重复频率、孔径内扫描线数量以及适用的时间基准的函数关系。

$$N=(\mathrm{PRF})\cdot n\cdot T$$

式中：

$N$ ——适用时间基准或$T_2$（二者中较小者）时间内，脉冲串所包含的脉冲数；

PRF——单个扫描线的脉冲重复频率；

$n$ ——孔径内扫描线数量；

$T$ ——适用时间基准或$T_2$，二者中较小者。

关于脉冲持续时间和脉冲重复频率测量，见7.4.2.1。

若扫描系统的多条扫描线从不同的场源进入瞳孔，则视网膜上相应的成像分布于不同的点。如果这些场源相互间距超过100 mrad，则它们被认为是相互独立的，可视为孤立场源。对于小于100 mrad的角间距，则需分别计算每个场源以及多光源的所有组合的AEL，以确定最严格的情况。如果将多光源视为一个不规则光源，则脉冲数等于不规则图案形成的次数。例如，如果光源A和光源B有一个综合的$C_6$值$C_6$(A+B)，且二者在测量期间通过测量孔径同时被扫描$N$次，则AEL将为A和B的功率之和减去$N$（而非$2\times N$）个脉冲的重复脉冲判据。关于多光源和不规则光源的测量，见GB 7247.1—2012中8.3。

### 7.8.6 最大危害位置

最大危害位置是指得出的最严格分类的综合对向角、脉冲持续时间、脉冲数以及所测能量（功率）的位置。如果静态光束尺寸大于位于100 mm以外的测量孔径，则最大危害位置可能会更靠近表观光源（与作为小光束计算相比），这是因为较高的$C_6$值被减小的耦合参数抵消了。在多条扫描线的情况下，最大危害点可能位于由多条扫描线过渡到测量孔径内较少扫描线之前的距离处。在评估一个距离以确定最大危害位置时，所有变量将在该距离处测量。

对于简单扫描光束系统，为确定最大危害条件，应考察以下两种情况。另请参考A.4的例子。

#### 7.8.6.1 无穷远焦距（眼睛放松状态下）

若考虑了用$\alpha_{scan}$计算出$C_6>1$，应重点考虑眼睛聚焦到无穷远条件下的情况。此时，若激光光束质量较好，则$Z=\infty$且$\alpha_s\to 0$。那么，就可以得出以下结论：$\alpha_{scan}$与到扫描顶点的距离$M$无关，仅与$T_i$和角扫描速度有关。

$$\alpha_{scan}=\max[(T_i\cdot\omega),\alpha_{min}]$$

如果角速度小于$(\alpha_{min}/T_i)$，则$\alpha_{scan}=\alpha_{min}$。如果光束是发散的，$\alpha_{nscan}$可能足够大以致$C_6>1$，但

100 mm 的测量距离常常是最危险的情况。这一结论通过改变测量距离，寻找最坏情况时的位置的方法验证。

#### 7.8.6.2 聚焦于扫描顶点

另一个需要评估的条件是眼睛聚焦在扫描顶点处并且测量孔径位置足够远，这样 $\alpha_s$ 和 $\alpha_{nscan}$ 小于 $\alpha_{min}$。这种情况下 $C_6=1$。距离 $Z_0$ 为

$$Z_0=d_{max}/0.0015$$

式中：

$d_{max}$——在扫描顶点位置处的最大光束尺寸。

### 7.8.7 高斯光束耦合参数($\eta$)

不论光束的总能量多大，分类时，仅考虑通过给定测量距离处限制孔径内的能量。

不同的束腰宽度和光束发散角，在沿可达光路的部分或所有位置，光束尺寸可能大于测量孔径。对于非高斯光束，应直接测量获得通过限制孔径内的功率。

对于对称高斯分布，通过位于光束中心的圆形限制孔径的能量比例为：

$$\eta=1-\exp[-(AP/d_{ap})^2]$$

式中：

AP ——测量孔径的直径；

$d_{ap}$ ——孔径光阑处的光束直径(根据 GB 7247.1—2012 确定，例如 $d_{63}$)。

# 附 录 A
（资料性附录）
大光源分类和扫描光束范例

## A.1 大光源分类范例

这个范例说明了具有大表观光源（>100 mrad）产品的分类方法。假定接近垂直于平面的光源能量是均匀的，并且不存在光束结构（即光源是非相干或者全漫射的），实际发射区域是表观光源。假设的参数是直径为 $d$ 的圆形光源，1/e 的光束发散度为 $\theta$。

分析确定 1 类的总的可允许功率。因为什么测量条件最具限制性并不明显，GB 7247.1—2012 的表 10 的条件 1 和条件 2 对各种距离都应估算。对不同距离，分析确定了在 100 mrad 最大接收角内的总能量比例，由测量孔径收集的能量比例，以及表观光源的对向角。这些参数可用于确定 1 类的 AEL，以及在辅助观察条件和无辅助装置观察下总发射功率。

### A.1.1 无辅助装置观察的极限

#### A.1.1.1 无辅助装置观察可收集的发射能量

应确定来自距离（$r$）、最大接收角 $\delta=100$ mard 内的光源发射能量的比例。任何投射到 100 mard 圆外侧的发射能量都不予考虑。指定 100 mard 以内的比例为 $F_e$。

有两种几何情况需要考虑：

当 $r<10d$，100 mrad 投影到光源上的圆，其直径小于 $d$ mm，此时：

$F_e=\pi/4(0.1r)^2\ \text{mm}^2/(\pi/4d^2\ \text{mm}^2)=(0.1r/d)^2$。

当 $r\geqslant 10d$，100 mrad 投影的圆内收集整个光源，此时 $F_e=1$。

#### A.1.1.2 无辅助装置观察的光源对向角

$\alpha$ 的值取决于评估的光源比例以及到光源的距离 $r$。

若 $r<10d$，光源充满接收角，则：

$\alpha=100$ mrad，$C_6=100/1.5=66.7$。

若 $r\geqslant 10d$，则：$\alpha=d/r$ rad，$C_6=667d/r$。

#### A.1.1.3 无辅助装置观察收集的能量

当 $r<10d$，来自直径 $0.1r$ 那部分光源的、在 $r$ mm 处发散光束图形的面积近似为：

$A_r=\pi/4(\theta r+0.1r)^2=0.79(\theta+0.1)^2r^2\ \text{mm}^2$。

收集在 7 mm 孔径内的比例为：

$F_c=0.384/[0.79(\theta+0.1)^2r^2]=0.49/[(\theta+0.1)^2r^2]$。

当 $r\geqslant 10d$，来自全光源、在 $r$ mm 处的发散光束图形的面积近似为：

$A_r=\pi/4(\theta r+d)^2\ \text{mm}^2$。

收集在 7 mm 孔径内的比例为：

$F_c=0.384/[\pi/4(\theta r+d)^2]=0.49/(\theta r+d)^2$。

1 类的判据：

GB 7247.1—2012 表 1 中 1 类产品的能量极限为：

$E=0.7C_4C_6T_2^{3/4}$ mJ。

上式可用功率表示为：

$$AEL=E/T_2=0.7C_4C_6T_2^{3/4}\times 1/T_2=0.7C_4C_6/T_2^{1/4}\ \text{mW} \qquad \cdots\cdots\cdots\cdots\cdots(A.1)$$

无辅助装置观察的总允许功率。

为了确定总的可允许的发射功率，对特定的评估距离，应使用正确的 $T_2$ 和 $C_6$ 值。虽然 GB 7247.1—2012 允许表观光源的对向角 $\alpha$ 在 100 mm 固定距离确定，但这一分析确定的，对 $r>100$ mm 测量距离上的参数估算是一个保守的近似。

使用公式(A.1)，在任意距离的总的允许发射功率可由式(A.2)得到：

$$P_T=AEL/(F_e\times F_c)=0.7C_4C_6/(F_e\times F_c\times T_2^{1/4})\text{mW} \qquad \cdots\cdots\cdots\cdots\cdots(A.2)$$

### A.1.2 辅助观察分析

#### A.1.2.1 方法

为了评估条件 1，将遵循上述无辅助装置观察使用的方法，但有如下调整：

——50 mm 孔径的收集面积增大；

——由于光学器件的放大倍率，光源的对向角增大 7 倍。

——由于光学器件的放大倍率，发射能量的接收角降至 $\delta=100/7$ mrad；

——如 GB 7247.1—2012 中表 10 所规定，最小距离为 2 000 mm。

#### A.1.2.2 辅助观察可收集的发射能量

有两种几何情况需要考虑：

对于 $200<r<70d$ 的情况，自距离 $r$、以 100/7 mrad 投射到光源上的圆，其直径小于 $d$ cm。收集能量的近似比例为：

$F_{ea}=\pi/4\times(0.1r/7)^2\ \text{cm}^2/(\pi/4d^2\ \text{cm}^2)=(0.1r/7d)^2$。

对于 $r\geqslant 70d$ cm 的情况，整个光源聚集在投影的 100/7 mrad 圆内，因此 $F_{ea}=1$。

#### A.1.2.3 辅助观察的光源对向角

若 $200<r<70d$，则：

$\alpha=100$ mrad 且 $C_{6a}=100/1.5=66.7$。

若 $r\geqslant 70d$，则：

$\theta=7d/r$ rad，且 $C_{6a}=4\ 670d/r$。

#### A.1.2.4 辅助观察收集的能量

对于 $r<70d$ 的情况，到部分光源 $r$ cm 直径 $0.1r/7$ 的发散光束的面积近似为：

$A_r=\pi/4(\theta r+0.1r/7)^2=0.79(\theta+0.014\ 3)^2r^2\ \text{cm}^2$。

收集到 50 mm 孔径中的比例为：

$F_{ca}=19.6/[0.79(\theta+0.014\ 3)^2r^2]=25/[(\theta+0.014\ 3)^2r^2]$。

对于 $r\geqslant 70d$ 的情况，到全光源 $r$ cm 的发散光束的面积近似为：

$A_r=\pi/4(\theta r+d)^2\ \text{cm}^2$。

收集到 7 mm 孔径中的比例为：

$F_{ca}=19.6/[\pi/4(\theta r+d)^2]=25/(\theta r+d)^2$。

#### A.1.2.5 辅助观察的总允许功率

采用公式(A.2)的形式但在任何距离辅助观察的参数下，从 AEL 推导得出的总功率为：

$$P_{Ta}=AEL/(F_{ea}\times F_{ca})=0.7C_4C_{6a}/(F_{ea}\times F_{ca}\times T_{2a}{}^{1/4})\text{mW} \quad\cdots\cdots\text{(A.3)}$$

#### A.1.2.6 产品允许的总功率

通过确定条件 1 和条件 2 下不同距离处的总发射功率，可确定任意距离处的最小值，以将其作为产品可允许的功率水平。

注意，在无辅助装置观察条件下，对 $r<10d$ 的所有距离，极限将是常数，而在辅助观察下，$r<70d$ 的所有距离，极限是常数。这些常数值可能是，也可能不是极限判据。

#### A.1.2.7 采样结果

如果假设光源直径 $d=3$ cm，发散角 $\theta=0.05$ rad，则在条件 2 下，由公式(A.2)，在最受限距离 $r<30$ cm 上无辅助装置观察，可允许的功率是 0.61 W。在条件 1 下，由公式(A.3)，在 $r<210$ cm 最受限制的距离上(辅助观察)，可允许的功率应是 0.11 W。

## A.2 扫描光束实例

### A.2.1 恒定角速度

一红光束以一条线进行扫描，带动扫描的三面棱镜的转速为 1 000 RPM，镜面跟电机轴的偏移量为 20 mm。光束几乎为准直光束且在镜面上的直径为 0.6 mm(1/e)。为了便于说明，例中采用 100 mm 的测量距离。实际这不一定是最坏的情况。

情况 1) 当眼睛聚焦到扫描顶点时，1 类产品的 AEL 是多少？

由于扫描顶点被成像，光束并未扫描过视网膜。对于旋转面的轮子来说，扫描顶点位于旋转的中心，将此作为表观光源的最近位置。

| | | | |
|---|---|---|---|
| $Z=100$ mm | $M=100$ mm | $d=0.6$ mm | $\omega=104.7$ rad/s |
| $\alpha_{nscan}=0.006$ rad | AP=7.0 mm | $N=500$ | $\varphi_{scan}=0$ rad |
| $T_p=0.67$ ms | $\varphi_T=0$ rad | $\alpha_{scan}=0.006$ rad | |
| $C_6=4.0$ | $AEL=(C_6\cdot 7\times10^{-4})/(N\cdot T_p)^{0.25}$ W $\longrightarrow$ AEL=3.68 mW | | |

情况 2) 当眼睛聚焦到无限远时，1 类产品的 AEL 是多少？

| | | | |
|---|---|---|---|
| $Z=\infty$ | $M=100$ mm | $d=0.6$ mm | $\omega=104.7$ rad/s |
| $\alpha_{nscan}=0.001\,5$ rad | AP=7.0 mm | $N=500$ | $\varphi_{scan}=0.070$ rad |
| $T_p=0.67$ ms | $\varphi_T=0.001\,9$ rad | $\alpha_{scan}=0.001\,9$ rad | |
| $C_6=1.13$ | $AEL=(C_6\cdot 7\times10^{-4})/(N\cdot T_p)^{0.25}$ W $\longrightarrow$ AEL=1.04 mW | | |

情况 3) 当测量孔移动到 $C_6=1$ 的距离并且当眼睛对扫描最高点成像时 1 类产品的 AEL 值是多少？

| | | | |
|---|---|---|---|
| $Z_0=400$ mm | $M=400$ mm | $d=0.6$ mm | $\omega=104.7$ rad/s |
| $\alpha_{nscan}=0.001\,5$ rad | AP=7.0 mm | $N=500$ | $\varphi_{scan}=0$ rad |
| $T_p=0.167$ ms | $\varphi_T=0$ rad | $\alpha_{scan}=0.001\,5$ rad | |
| $C_6=1.0$ | $AEL=(C_6\cdot 7\times10^{-4})/(N\cdot T_p)^{0.25}$ W $\longrightarrow$ AEL=1.30 mW | | |

因为应采用最严格的 AEL 来分类，根据情况 2 一类产品的最大允许功率为 1.04 mW。

### A.2.2 增加的恒定角速度

如果镜面的轮速被增加至 4 000 RPM，AEL 将怎么变化？

情况 1) 当眼睛聚焦到扫描顶点时，1 类产品的 AEL 是多少？

由于扫描顶点被成像，光束并未扫描过视网膜。对于旋转面的轮子来说，扫描顶点位于旋转的中心，将此作为表观光源的最近位置。

| | | | |
|---|---|---|---|
| $Z=100$ mm | $M=100$ mm | $d=0.6$ mm | $\omega=418.9$ rad/s |
| $\alpha_{nscan}=0.006$ rad | $AP=7.0$ mm | $N=2\ 000$ | $\varphi_{scan}=0$ rad |
| $T_p=0.167$ ms | $\varphi_T=0$ rad | $\alpha_{scan}=0.006$ rad | |
| $C_6=4.0$ | $AEL=(C_6\cdot 7\times10^{-4})/(N\cdot T_p)^{0.25}$ W ⟶ $AEL=3.68$ mW | | |

情况 2） 若镜面轮速为 4 000 RPM，当眼睛聚焦到无限远时，1 类产品的 AEL 是多少？

| | | | |
|---|---|---|---|
| $Z=\infty$ | $M=100$ mm | $d=0.6$ mm | $\omega=418.9$ rad/s |
| $\alpha_{nscan}=0.001\ 5$ rad | $AP=7.0$ mm | $N=2\ 000$ | $\varphi_{scan}=0.070\ 0$ rad |
| $T_p=0.167$ ms | $\varphi_T=0.007\ 5$ rad | $\alpha_{scan}=0.007\ 5$ rad | |
| $C_6=3.01$ | $AEL=(C_6\cdot 7\times10^{-4})/(N\cdot T_p)^{0.25}$ W ⟶ $AEL=2.77$ mW | | |

情况 3） 若镜面轮速为 4 000 RPM，当测量孔移动到 $C_6=1$ 的距离并且当眼睛对扫描最高点成像时 1 类产品的 AEL 值是多少？

| | | | |
|---|---|---|---|
| $Z_0=400$ mm | $M=400$ mm | $d=0.6$ mm | $\omega=418.9$ rad/s |
| $\alpha_{nscan}=0.001\ 5$ rad | $AP=7.0$ mm | $N=2\ 000$ | $\varphi_{scan}=0$ rad |
| $T_p=0.042$ ms | $\varphi_T=0$ rad | $\alpha_{scan}=0.001\ 5$ rad | |
| $C_6=1.0$ | $AEL=(C_6\cdot 7\times10^{-4})/(N\cdot T_p)^{0.25}$ W ⟶ $AEL=1.30$ mW | | |

因为应采用最严格的 AEL 来分类，根据情况 3 一类产品的最大允许功率为 1.30 mW。

# 参 考 文 献

[1] CIE S 009/E:2002 Photobiological Safety of Lamps and Lamp Systems

[2] GALBIATI,Enrico.Evaluation of the apparent source in laser safety.Journal of Laser Applications 2001,13:p.141-149.

ICS 29.130
K 31

# 中华人民共和国国家标准

GB 7251.1—2013/IEC 61439-1:2011
代替 GB 7251.1—2005

# 低压成套开关设备和控制设备
# 第1部分:总则

**Low-voltage switchgear and controlgear assemblies—**
**Part 1: General rules**

(IEC 61439-1:2011,IDT)

2013-12-31 发布　　2015-01-13 实施

中华人民共和国国家质量监督检验检疫总局
中国国家标准化管理委员会　发布

# 前　　言

本部分的全部技术内容为强制性。

GB 7251《低压成套开关设备和控制设备》分为以下几个部分：

——第 0 部分：规定成套设备的指南

——第 1 部分：总则

——第 2 部分：成套电力开关和控制设备

——第 3 部分：由普通人员操作的配电板[1]

——第 4 部分：建筑工地用成套设备[2]

——第 5 部分：公用电网动力配电成套设备的特殊要求

——第 6 部分：母线干线系统(母线槽)

——第 7 部分：特定应用的成套设备——如码头、露营地、市集广场、电动车辆充电站

……

本部分为 GB 7251 的第 1 部分。

本部分按照 GB/T 1.1—2009 给出的规则起草。

本部分代替 GB 7251.1—2005《低压成套开关设备和控制设备　第 1 部分：型式试验和部分型式试验成套设备》。

本部分与 GB 7251.1—2005 相比，主要技术变化如下：

——取消了原 GB 7251.1/IEC 60439-1 本身是产品标准，同时又是 GB 7251/IEC 60439 系列产品的"总则"标准的双重功用；

——GB 7251.1 仅是一个有关 GB 7251 系列产品的"总则"标准；

——GB 7251.12 取代了原 GB 7251.1 产品标准；

——通过验证方式取消了型式试验成套设备(TTA)和部分型式试验成套设备(PTTA)的区别；

——采用了 3 种不同但等效的验证要求的形式：即通过验证试验、验证比较和验证评估；

——详尽阐明了关于温升的要求；

——详尽描述了额定分散系数(RDF)；

——包含了成套设备空壳体标准(GB/T 20641)的要求；

——标准的整个结构与其作为"总则"标准的新功能相匹配。

本部分使用翻译法等同采用 IEC 61439-1:2011《低压成套开关设备和控制设备　第 1 部分：总则》。

与本部分中规范性引用的国际文件有一致性对应关系的我国文件如下：

GB/T 4026—2010　人机界面标志标识的基本和安全规则　设备端子和导体终端的标识(IEC 60445:2006,IDT)

GB 4824—2004　工业科技，医疗(ISM)射频设备　电磁骚扰特性　限值和测量方法(IEC/CISPR 11:2003,IDT)

GB/T 5023.3—2008　额定电压 450/750 V 及以下聚氯乙烯绝缘电缆　第 3 部分：固定布线用无护套电缆(IEC 60227-3:1997,IDT)

GB/T 5013.4—2008　额定电压 450/750 V 及以下橡皮绝缘电缆　第 4 部分：软线和软电缆

---

1)　正在申报立项。

2)　正在申报立项。

(IEC 60245-4:2004,IDT)

GB/T 6988.1—2008 电气技术用文件的编制 第1部分:规则(IEC 61082-1:2006,IDT)

GB 7251(所有部分) 低压成套开关设备和控制设备[IEC 60439(all parts)]

GB/T 9286—1998 色漆和清漆 漆膜的划格试验(ISO 2409:1992,EQV)

GB/T 11021—2007 电气绝缘 耐热性分级(IEC 60085:2004,IDT)

GB/T 11026(所有部分) 电气绝缘材料 耐热性[IEC 60216(all parts)]

GB 14048.1—2012 低压开关设备和控制设备 第1部分:总则(IEC 60947-1:2011,MOD)

GB/T 16422.2—1999 塑料 实验室光源暴露试验方法 第2部分:氙弧灯(ISO 4892-2:1994,IDT)

GB 16895(所有部分) 建筑物电气装置[IEC 60364(all parts)]

GB 16895.3—2004 建筑物电气装置 第5-54部分:电气设备的选择和安装 接地配置,保护导体和保护联结导体(IEC 60364-5-54:2002,IDT)

GB 16895.4—1997 建筑物电气装置 第5部分:电气设备的选择和安装 第53章:开关设备和控制设备(IEC 60364-5-53:1994,IDT)

GB 16895.6—2000 建筑物电气装置 第5部分:电气设备的选择和安装 第52章:布线系统(IEC 60364-5-52:1993,IDT)

GB/T 17626.2—2006 电磁兼容 试验和测量技术 静电放电抗扰度试验(IEC 61000-4-2:2001,IDT)

GB/T 17626.28—2006 电磁兼容 试验和测量技术 工频频率变化抗扰度试验(IEC 61000-4-28:2001,IDT)

GB/T 17626.3—2006 电磁兼容 试验和测量技术 射频电磁场辐射抗扰度试验(IEC 61000-4-3:2002,IDT)

GB/T 17626.6—2008 电磁兼容 试验和测量技术 射频场感应的传导骚扰抗扰度(IEC 61000-4-6:2006,IDT)

GB/T 17627(所有部分) 低压电气设备的高电压试验技术[IEC 61180(all parts)]

GB 17799.4—2001 电磁兼容 第6部分:通用标准一第4章:工业环境的发射标准)(IEC 61000-6-4:1997,IDT)

GB/T 20641—2006 低压成套开关设备和控制设备空壳体的一般要求(IEC 62208:2002,IDT)

本部分做了下列编辑性修改:

——“本标准”改为“本部分”;

——用小数点符号“.”代替符号“,”;

——删除国际标准的前言。

本部分由中国电器工业协会提出。

本部分由全国低压成套开关设备和控制设备标准化技术委员会(SAC/TC 266)归口。

本部分起草单位:天津电气传动设计研究所有限公司、常熟开关制造有限公司(原常熟开关厂)、上海电气集团股份有限公司输配电分公司、川开电气股份有限公司、天津天传电控配电有限公司、中国质量认证中心、国家电控配电设备质量监督检验中心、甘肃电器科学研究院(原天水长城电器试验研究所)、广州白云电器设备股份有限公司、安徽鑫龙电器股份有限公司、上海河村电气有限公司、珠海光乐电力母线槽有限公司、浙宝电气(杭州)集团有限公司、江苏波瑞电气有限公司、中发电气股份有限公司、法泰电器(江苏)股份有限公司、大全集团有限公司、杭州杭开电气有限公司、成都科星电力电器有限公司、杭州欣美成套电器制造有限公司、广东珠江开关有限公司、华鹏集团有限公司、九川集团有限公司、江西恒珠电气柜锁有限公司、余姚市电力设备修造厂、上海南华兰陵电气有限公司、苏州电器科学研究院股份有限公司、福建森达电气有限公司、浙江方圆电气设备检测有限公司、临海市耀明电力设备有限公司、宁波耀华电气科技有限责任公司、镇江西门子母线有限公司、天津市天传樱科科技发展有限公司、吉林龙鼎电气股份有限公司、江苏现代电力科技股份有限公司、中煤电气有限公司、镇江默勒电器有限公司。

本部分主要起草人：仲明振、王阳、刘洁、管瑞良、王春玲、夏锦辉、崔静、陈昕、牟聿强、胡新明、王义、宛玉超、程均、郑光乐、林必宝、朱文堂、于春生、金敏毅、裴军、毛水泉、曾庆才、黄吾康、张柏成、陈云华、刘晓林、仲继江、邹奇宏、周福波、胡德霖、陈泽银、张正、罗正阳、刘坚钢、李飞、侯良、李岩、施博一、徐华云、郭乔根。

本部分所代替标准的历次版本发布情况为：

——GB 7251.1—2005。

# 引　言

GB 7251 系列标准通过等同采用 IEC 国际标准，使我国低压成套开关设备和控制设备标准与国际标准一致，以适应国际间的贸易、技术经济交流的需要。

重新组成的 GB 7251/IEC 61439 系列与原 GB 7251/IEC 60439 系列标准的结构相比发生了很大的变化。重新组成的 GB 7251/IEC 61439 系列是用于各类低压成套开关设备和控制设备的标准，共有 8 个部分。GB 7251.1/IEC 61439-1 是第 1 部分：总则，它汇集了各类成套设备标准的通用要求，例如介电性能试验、温升试验、短路耐受强度试验等。它是其他各类产品标准的基础。如果没有充分的理由，其他标准不允许违背其基本规则。

各类成套设备标准中具有广泛影响和应用的所有要求都集中在基础标准内，例如温升、介电性能等。

各类低压成套开关设备和控制设备，确定其所有要求和相应的验证方法只需两个主要标准：

——基础标准，即系列标准的第 1 部分(GB 7251.1/IEC 61439-1)：总则，它覆盖了各类低压成套开关设备和控制设备。

——各类成套设备标准，在下文中称作相关成套设备标准。

对适用于某一类的成套设备标准的基本规则，在各类相关的成套设备标准中应明确指出引用的 GB 7251.1/IEC 61439-1 中的相关章或条，例如，GB 7251.1/IEC 61439-1 中的 9.1.3。

如果基本规则不适用时，则分类成套设备标准可以不要求，故不需提出；如果基本规则对于特殊场合的要求不充分时，则分类成套设备标准可以增加要求；除非有可靠、充足的技术理由，专项成套设备标准中不允许与基本规则相违背。

标准中有关成套设备制造商与用户间协议的要求参见附录 C(资料性附录)。此附录为正常使用条件和用户附加的技术条件提供了信息，使它们能够正确地设计、应用和使用成套设备。

当原 GB 7251/IEC 60439 系列成套标准中的任何部分在未转换到新的 GB 7251/IEC 61439 系列，仍在引用原 GB 7251/IEC 60439-1 时，被替代的原 GB 7251/IEC 60439-1 仍然适用。

本部分是 GB 7251《低压成套开关设备和控制设备》系列标准之一，是基础标准，它包括了适用于低压成套开关设备和控制设备的基本要求和试验方法。GB 7251 系列标准中的其他标准均为产品标准，产品标准中引用了大量的本部分中规定的技术要求和试验方法，因此产品标准宜与本部分结合使用。

# 低压成套开关设备和控制设备
# 第1部分:总则

## 1 范围

GB 7251的本部分规定了低压成套开关设备和控制设备(以下简称成套设备)(见3.1.1)的定义、使用条件、结构要求、技术特性和验证要求。

本部分不能单独用来规定一种成套设备或用于确定一致性。成套设备应遵循GB 7251系列相关部分;从第2部分起。

本部分仅适用于符合下述相关的成套设备标准要求的低压成套开关设备和控制设备:

——额定电压交流不超过1 000 V,直流不超过1 500 V的成套设备;

——带外壳或不带外壳的固定式或移动式成套设备;

——与发电、输电、配电和电能转换的设备以及控制电能消耗的设备所配套使用的成套设备;

——那些为特殊使用条件而设计的成套设备,如船舶、机车车辆使用的成套设备,只要它们符合其他有关的特定要求;

注1:GB/T 7061包含了对船用成套设备的补充要求。

——为机器的电气设备而设计的成套设备,假定符合其他相关特定要求。

注2:GB 5226系列标准包含了构成机器组成部分的成套设备的补充要求。

本部分适用于那些一次性设计、制造和验证或完全标准化批量制造的成套设备。

进行生产和/或组装的可以不是初始制造商(见3.10.1)。

本部分不适用于符合各自相关产品标准的单独的器件及整装的元件,诸如电机起动器、刀熔开关、电子设备等。

## 2 规范性引用文件

下列文件对于本文件的应用是必不可少的。凡是注日期的引用文件,仅注日期的版本适用于本文件。凡是不注日期的引用文件,其最新版本(包括所有的修改单)适用于本文件。

GB/T 2423.17—2008 电工电子产品环境试验 第2部分:试验方法 试验Ka:盐雾(IEC 60068-2-11:1981,IDT)

GB/T 2423.2—2008 电工电子产品环境试验 第2部分:试验方法 试验B:高温(IEC 60068-2-2:2007,IDT)

GB/T 2423.4—2008 电工电子产品环境试验 第2部分:试验方法 试验Db交变湿热(12 h+12 h循环)(IEC 60068-2-30:2005,IDT)

GB/T 4025—2010 人机界面标志标识的基本和安全规则 指示器和操作器件的编码规则(IEC 60073:2002,IDT)

GB/T 4205—2010 人机界面标志标识的基本和安全规则 操作规则(IEC 60447:2004,IDT)

GB 4208—2008 外壳防护等级(IP代码)(IEC 60529:2001,IDT)

GB/T 5013.3—2008 额定电压450/750V及以下橡皮绝缘电缆 第3部分:耐热硅橡胶绝缘电缆(IEC 60245-3:1994,IDT)

GB/T 5169.10—2006 电工电子产品着火危险试验 第10部分:灼热丝/热丝基本试验方法 灼

热丝装置和通用试验方法(IEC 60695-2-10:2000,IDT)

GB/T 5169.11—2006 电工电子产品着火危险试验 第11部分:灼热丝/热丝基本试验方法 成品的灼热丝可燃性试验方法(IEC 60695-2-11:2000,IDT)

GB/T 5169.5—2008 电工电子产品着火危险试验 第5部分:试验火焰 针焰试验方法 装置、确认试验方法和导则(IEC 60695-11-5:2004,IDT)

GB/T 9341—2008 塑料 弯曲性能的测定(ISO 178:2001,IDT)

GB/T 16895.10—2010 低压电气装置 第4-44部分:安全防护 电压骚扰和电磁骚扰防护(IEC 60364-4-44:2007,IDT)

GB 16895.21—2011 低压电气装置 第4-41部分: 安全防护 电击防护(IEC 60364-4-41:2005,IDT)

GB/T 16935.1—2008 低压系统内设备的绝缘配合 第1部分:原理、要求和试验(IEC 60664-1:2007,IDT)

GB/T 17626.11—2008 电磁兼容 试验和测量技术 电压暂降、短时中断和电压变化的抗扰度试验(IEC 61000-4-11:2004,IDT)

GB/T 17626.13—2006 电磁兼容 试验和测量技术 交流电源端口谐波、谐间波及电网信号的低频抗扰度试验(IEC 61000-4-13:2002[3],IDT)

GB/T 17626.4—2008 电磁兼容 试验和测量技术 电快速瞬变脉冲群抗扰度试验(IEC 61000-4-4:2004,IDT)

GB/T 17626.5—2008 电磁兼容 试验和测量技术 浪涌(冲击)抗扰度试验(IEC 61000-4-5:2005,IDT)

GB/T 20138—2006 电器设备外壳对外界机械碰撞的防护等级(IK代码)(IEC 62262:2002,IDT)

GB/T 24276—2009 评估部分型式试验的低压成套开关设备和控制设备(PTTA)温升的外推法(IEC/TR 60890:1987+IEC/TR 60890:1987/Amd1:1995,IDT)

IEC 60085:2007 电气绝缘 耐热性分级(Electrical insulation—Thermal evaluation and designation)

IEC 60216(所有部分) 电气绝缘材料 耐热性[Electrical insulating materials—Properties of thermal endurance(all parts)]

IEC 60227-3:1993 额定电压450/750 V及以下聚氯乙烯绝缘电缆 第3部分:固定布线用无护套电缆(Polyvinyl chloride insulated cables of rated voltages up to and including 450/750 V—Part 3: Non-sheathed cables for fixed wiring)

IEC 60245-4:1994 额定电压450/750 V及以下橡皮绝缘电缆 第4部分:软线和软电缆(Rubber insulated cables-Rated voltages up to and including 450/750 V—Part 4: Cords and flexible cables)

IEC 60364 建筑物电气装置(所有部分)[Low-voltage electrical installations(all parts)]

IEC 60364-5-52:2009 建筑物电气装置 第5-52部分:电气设备的选择和安装 布线系统(Low-voltage electrical installations—Part 5-52: Selection and erection of electrical equipment-Wiring systems)

IEC 60364-5-53:2001 建筑物电气装置 第5-53部分:电气设备的选择和安装 开关设备和控制设备(Electrical installations of buildings—Part 5-53: Selection and erection of electrical equipment—Isolation, switching and control)

IEC 60364-5-54:2011 建筑物电气装置 第5-54部分:电气设备的选择和安装 接地配置,保护导体和保护联结导体(Low-voltage electrical installations—Part 5-54: Selection and erection of electri-

3) 有一个统一的版本1.1(2009),它包括了IEC 61000-4-13(2002)和它的修订1(2009)。

cal equipment-Earthing arrangements and protective conductors)

IEC 60439(所有部分) 低压成套开关设备和控制设备[Low-voltage switchgear and controlgear assemblies(all parts)]

IEC 60445:2010 人机界面标志标识的基本和安全规则 设备端子和特定导线的线端标识,包括字母和数字系统的一般规则(Basic and safety principles for man-machine interface, marking and identification—Identification of equipment terminals, conductor terminations and conductors)

IEC 60865-1:1993 短路电流 影响计算 第1部分:定义和计算方法(Short-circuit currents-Calculation of effects—Part 1: Definitions and calculation methods)

IEC 60947-1:2007 低压开关设备和控制设备 第1部分:总则(Low-voltage switchgear and controlgear-Part 1: General rules)

IEC 61000-4-2:2008 电磁兼容 第4-2部分:试验和测量技术 静电放电抗扰度试验[Electromagnetic compatibility (EMC)—Part 4-2: Testing and measurement techniques—Electrostatic discharge immunity test]

IEC 61000-4-3:2006 电磁兼容 第4-3部分:试验和测量技术 射频电磁场辐射抗扰度试验[4)] [Electromagnetic compatibility (EMC)—Part 4-3: Testing and measurement techniques—Radiated, radio frequency, electromagnetic field immunity test]

IEC 61000-4-6:2008 电磁兼容 第4-6部分:试验和测量技术 射频场感应的传导骚扰抗扰度[Electromagnetic compatibility (EMC)—Part 4-6: Testing and measurement techniques—Immunity to conducted disturbances, induced by radio-frequency fields]

IEC 61000-4-8:2009 电磁兼容 第4-8部分:试验和测量技术 工频磁场抗扰度试验[Electromagnetic compatibility (EMC)—Part 4-8: Testing and measurement techniques—Power frequency magnetic field immunity test]

IEC 61000-6-4:2006 电磁兼容 第6部分:通用标准 第4章:工业环境的发射标准[5)][Electromagnetic compatibility (EMC)—Part 6-4: Generic standards—Emission standard for industrial environments]

IEC 61082-1 电气技术用文件的编制 第1部分:总则(Preparation of documents used in electrotechnology—Part 1:Rules)

IEC 61180(所有部分) 低压设备的高压试验技术[High-voltage test techniques for low-voltage equipment(all parts)]

IEC 61201:2007 特低电压(ELV) 极限值

IEC 61439(所有部分) 低压成套开关设备和控制设备[Low-voltage switchgear and controlgear assemblies(all parts)]

IEC 62208 低压开关设备和控制设备空壳体的一般要求(Empty enclosures for low-voltage switchgear and controlgear assemblies—General requirements)

IEC 81346-1 工业系统、装置和设备、工业产品 构造准则和参考标识 第1部分:基本规则(Industrial systems, installations and equipment and industrial products—Structuring principles and reference designations—Part 1: Basic rules)

IEC 81346-2 工业系统、装置和设备、工业产品 构造准则和参考标识 第2部分:对象分类和类的代码(Industrial systems, installations and equipment and industrial products—Structuring principles and reference designations—Part 2: Classification of objects and codes for classes)

---

4) 有一个统一的版本3.2(2010),它包括了IEC 61000-4-3(2006)和修订1(2007)、修订2(2010)。

5) 有一个统一的版本2.1(2011),它包括了IEC 61000-4-4(2006)和它的修订1(2010)。

IEC/CISPR 11:2009 工业科技、医疗(ISM)射频装置的电磁骚扰特性 极限值和测量方法[6](Industrial, scientific and medical equipment—Radio-frequency disturbance characteristics—Limits and methods of measurement)

IEC/CISPR 22 信息技术设备、射频骚扰特性 极限值和测量方法(Information technology equipment—Radio disturbance characteristics—Limits and methods of measurement)

ISO 179 (所有部分) 塑料 摆锤冲击强度的测定[Plastics—Determination of Charpy impact strength(all parts)]

ISO 2409:2007 油漆和清漆 附着力(划格法)(Paints and varnishes—Cross-cut test)

ISO 4628-3:2003 油漆和清漆 油漆涂层剥蚀的评定 一般性缺陷程度、数量和大小及外观光亮均匀性变化的规定 第3部分:生锈程度的规定(Paints and varnishes—Evaluation of degradation of coatings—Designation of quantity and size of defects, and of intensity of uniform changes in appearance—Part 3: Assessment of degree of rusting)

ISO 4892-2:2006 塑料 实验室光源暴露试验方法 第2部分:氙弧灯(Plastics—Methods of exposure to laboratory light sources—Part 2: Xenonarc lamps)

## 3 术语和定义

下列术语和定义适用于本文件。

### 3.1 通用术语

3.1.1

低压成套开关设备和控制设备(成套设备) low-voltage switchgear and controlgear assembly (ASSEMBLY)

由一个或多个低压开关器件和与之相关的控制、测量、信号、保护、调节等设备,以及所有内部的电气和机械的连接及结构部件构成的组合体。

3.1.2

**成套设备系统 ASSEMBLY system**

按照初始制造商规定的全系列机械和电气元件(外壳,母线、功能单元等),用这些元件能依据初始制造商的说明书组合成不同的成套设备。

3.1.3

**主电路(成套设备的) main circuit (of an ASSEMBLY)**

在成套设备中,一条用来传输电能的电路上的所有导电部分。

[IEC 60050-441:1984, 441-13-02]

3.1.4

**辅助电路(成套设备的) auxiliary circuit (of an ASSEMBLY)**

在成套设备中,一条用于控制、测量、信号、调节、处理数据等的电路(除了主电路以外的)中的所有导电部分。

注:成套设备的辅助电路包括开关电器的控制电路和辅助电路。

[修改后的 IEC 60050-441:1984, 441-13-03]

3.1.5

**母线 busbar**

一种可以与几条电路分别连接的低阻抗导体。

---

6) 有一个统一的版本5.1(2010),它包括了CISPR11(2009)和它的修订1(2010)。

注：母线这个术语与导体的几何形状、尺寸、面积无关。

3.1.6

**主母线 main busbar**

连接一条或几条配电母线和/或进线、出线单元的母线。

3.1.7

**配电母线 distribution busbar**

一个柜架单元内的母线，它连接到主母线上，并由它向出线单元供电。

注：在功能单元和母线之间连接的导体不作为配电母线的一部分。

3.1.8

**功能单元 functional unit**

它是成套设备的一部分，由完成相同功能的所有电气和机械部件组成，包括开关电器。

注：虽然连接在功能单元上，但位于隔室或封闭的防护空间外部的导体（例如连接公共隔室的辅助电缆）不视为功能单元的一部分。

3.1.9

**进线单元 incoming unit**

通过它把电能馈送到成套设备中去的一种功能单元。

3.1.10

**出线单元 outgoing unit**

通过它把电能输送给一个或多个出线电路的一种功能单元。

3.1.11

**短路保护电器 short-circuit protective device;SCPD**

用分断短路电流来保护电路或电路部件免受短路电流损坏的电器。

[IEC 60947-1:2007,2.2.21]

## 3.2 成套设备结构单元

3.2.1

**固定式部件 fixed part**

由组装在公共支架上并在其上配线的元件组成，而且它是设计成固定安装的。

3.2.2

**可移式部件 removable part**

由组装在公共支架上并在其上配线的元件组成的部件，该部件即使在与其连接的电路可能带电的情况下，也可以从成套设备中完整的取出和放回。

3.2.3

**连接位置 connected position**

可移式部件为实现其预期功能而处于完好的连接状态的一种位置。

3.2.4

**移出位置 removed position**

可移式部件移到成套设备外部，并与成套设备在机械上和电气上均脱离的一种位置。

3.2.5

**插入式联锁 insertion interlock**

一种防止可移式部件插入其非预定位置的装置。

3.2.6

**固定连接 fixed connection**

利用工具进行连接或分离的一种连接。

3.2.7

**柜架单元　section**

成套设备中两个相邻的垂直分界面之间的结构单元。

3.2.8

**框架单元　sub-section**

成套设备中柜架单元内的两个相邻的水平或垂直分界面之间的结构单元。

3.2.9

**隔室　compartment**

除进行内部接线、调整或通风时才需要打开外，通常是封闭着的一种柜架单元或框架单元。

3.2.10

**运输单元　transport unit**

不必进行拆卸即可适合于运输的完整的成套设备或其中一部分。

3.2.11

**活动挡板　shutter**

可以在下述两个位置间移动的部件：

——它移动到这一位置时，允许可移式部件的动触点和静触点接合，并且

——它移动到另一位置时，作为覆板或隔板将静触点屏蔽起来。

[修改后的 IEC 60050-441:1984，441-13-07]

## 3.3　成套设备外形设计

3.3.1

**开启式成套设备　open-type ASSEMBLY**

一种由支撑电气设备的支撑结构所组成的成套设备，其电气设备的带电部分易被触及。

3.3.2

**固定面板式成套设备　dead-front ASSEMBLY**

带有前护板的开启式成套设备，而其他的面仍可能易于触及带电部分。

3.3.3

**封闭式成套设备　enclosed ASSEMBLY**

除安装面外，所有面都封闭的成套设备，用此方式提供确定的防护等级。

3.3.4

**柜式成套设备　cubicle-type ASSEMBLY**

通常是指一种封闭的立式成套设备，它可以由若干个柜架单元、框架单元或隔室组成。

3.3.5

**柜组式成套设备　multi-cubicle-type ASSEMBLY**

数个柜式成套设备机械地组合在一起的一种组合体。

3.3.6

**台式成套设备　desk-type ASSEMBLY**

带有水平或倾斜控制面板，或二者兼有的封闭式成套设备，它配有控制、测量、信号等器件。

3.3.7

**箱式成套设备　box-type ASSEMBLY**

安装在垂直面上的一种封闭式成套设备。

3.3.8

**箱组式成套设备　multi-box-type ASSEMBLY**

数个箱式成套设备机械地组合在一起的一种组合体,它可带有或不带有公共支撑框架,可通过两个相邻的箱式成套设备的邻接面的开口进行电气连接。

3.3.9

**安装在墙表面的成套设备　wall-mounted surface type ASSEMBLY**

安装在墙体表面的成套设备。

3.3.10

**嵌入墙中的成套设备　wall-mounted recessed type ASSEMBLY**

安装在墙面凹槽里的成套设备,外壳不支撑上面部分的墙体。

## 3.4　成套设备结构部件

3.4.1

**支撑结构　supporting structure**

成套设备的结构组成部分,用来支撑成套设备中的各种元件和任何一种外壳。

3.4.2

**安装结构　mounting structure**

用来支撑成套设备的一种结构部件,但不作为成套设备的组成部分。

3.4.3

**安装板　mounting plate**

用于支撑各种元件并且适合于在成套设备中安装的板。

3.4.4

**安装框架　mounting frame**

用于支撑各种元件并且适合于安装在成套设备中的一种框架。

3.4.5

**外壳　enclosure**

能提供预期应用上相适的防护类型和防护等级的外罩。

[GB/T 2900.73—2008,195-02-35]

3.4.6

**覆板　cover**

成套设备外壳上的外装部件。

3.4.7

**门　door**

一种带铰链的或可滑动的覆板。

3.4.8

**可移式覆板　removable cover**

用来遮盖外壳上的开口的一种覆板,当进行某些操作和检修时,可将其移开。

3.4.9

**盖板　cover plate**

通常是指成套设备上的一种部件,用它来遮盖外壳上的开口。用螺钉或类似方法固定在其位置上。

注1:设备投入运行后此盖板一般不移开。

注2:此盖板上可配备电缆入口。

3.4.10

**隔板　partition**

用来将一个隔室与其他隔室隔开的一种外壳部件。

3.4.11

**挡板　barrier**

对来自各个方向的直接接触提供防护的部件。

[GB/T 2900.73—2008,修改后的 195-06-15]

3.4.12

**屏障　obstacle**

用来防止无意的直接接触,但不能防止有意的直接接触的一种部件。

[GB/T 2900.73—2008,修改后的 195-06-16]

注:屏障是用来防止非故意的接触带电部分,但不能防止有意的绕过屏障的故意接触。它们是用来保护熟练技术人员或受过培训的人员而不是一般人员。

3.4.13

**端子护罩　terminal shield**

用于封闭端子和提供规定的防护等级以防止人或物体接近带电部分的一种部件。

3.4.14

**电缆入口　cable entry**

一种带有开口的部件,可以将电缆从此开口处引入成套设备。

3.4.15

**封闭的防护空间　enclosed protected space**

将电器元件封闭起来的成套设备的一部分,它提供规定的防护以防止外界的影响和接触带电部分。

## 3.5　成套设备安装条件

3.5.1

**户内式成套设备　ASSEMBLY for indoor installation**

满足 7.1 中所规定的户内正常使用条件的成套设备。

3.5.2

**户外式成套设备　ASSEMBLY for outdoor installation**

满足 7.1 中所规定的户外正常使用条件的成套设备。

3.5.3

**固定式成套设备　stationary ASSEMBLY**

固定在安装位置上,例如固定在地面或墙上,并在该位置上使用。

3.5.4

**移动式成套设备　movable ASSEMBLY**

能够容易地从一个使用地点移动到另一个使用地点的成套设备。

## 3.6　绝缘特性

3.6.1

**电气间隙　clearance**

两个导电部分之间的最短直线距离。

[IEC 60050-441:1984, 441-17-31]

3.6.2

**爬电距离　creepage distance**

两个导电部分之间沿固体绝缘材料表面的最短距离。

[GB/T 2900.83—2008，151-15-50]

注：两个绝缘材料部件之间的接合处亦被视为表面的一部分。

3.6.3

**过电压　overvoltage**

峰值大于在正常运行下最大稳态电压的相应峰值的任何电压。

[GB/T 16935.1—2008,3.7 定义]

3.6.4

**暂时过电压 temporary overvoltage**

持续相对长时间(数秒钟)的工频过电压。

[GB/T 16935.1—2008,修改后的 3.7.1 定义]

3.6.5

**瞬态过电压　transient overvoltage**

持续时间为几毫秒或更短的、并通常具有高阻尼振荡或非振荡的短时过电压。

[GB/T 2900.57—2008，604-03-13]

3.6.6

**工频耐受电压　power-frequency withstand voltage**

在规定的试验条件下,不引起击穿的工频正弦电压有效值。

[IEC 60947-1：2007,2.5.56 定义]

注：在 GB/T 16935.1 中工频耐受电压与短时暂时过电压等同。

3.6.7

**冲击耐受电压　impulse withstand voltage**

在规定的条件下,不造成绝缘击穿,具有一定形状和极性的冲击电压最高峰值。

[GB/T 16935.1—2008,3.8.1 定义]

3.6.8

**污染 pollution**

使绝缘的介电强度和表面电阻率下降的任何固体的、液体的或气体的外来物质的增加。

[修改后的 GB/T 16935.1—2008,3.11 定义]

3.6.9

**污染等级(环境条件的)pollution degree (of environmental conditions)**

根据导电的或吸湿的尘埃,游离气体或盐类和相对湿度的大小及由于吸湿或凝露导致表面介电强度和/或电阻率下降事件发生的频度而对环境条件作出的分级。

注1：器件和元件的绝缘材料所处的污染等级可能不同于器件和元件所处的宏观环境的污染等级。因为外壳或内部加热提供了防止吸湿或凝露的保护。

注2：本部分中的污染等级系指微观环境中的污染等级。

[IEC 60947-1：2007,2.5.58 定义]

3.6.10

**微观环境(电气间隙或爬电距离的)　micro-environment (of a clearance or creepage distance)**

特别会影响确定爬电距离尺寸的绝缘附近的环境。

注：是由电气间隙或爬电距离的微观环境确定对绝缘的影响,而不是由成套设备或元件的环境确定其影响。微观环境可以好于成套设备或元件所处的环境,也可以比它差。

[GB/T 16935.1—2008,修改后的 3.12.2 定义]

3.6.11

**过电压类别(电路或电气系统中的)　overvoltage category (of a circuit or within an electrical system)**

根据限定(或控制)电路中(或在具有不同标称电压的电气系统中)产生的预期瞬态过电压和为限制过电压而采用的有关方法为基础而确定的分类。

注：在一个电气系统中，根据接口的要求，通过采用适当方法可以从一个过电压类别向一个较低的过电压类别转换，例如采用过电压保护器件或吸能、消耗或转换浪涌电流能量的串并联阻抗，把瞬时过电压降低到预期的较低过电压类别。

[IEC 60947-1：2007，2.5.60 定义]

3.6.12

**浪涌抑制器　surge arrester**

**浪涌保护器件　surge protective device ;SPD**

保护电器免受较高的瞬态过电压，并能限制持续电流的持续时间和幅值的一种器件。

[IEC 60947-1：2007，2.2.22 定义]

3.6.13

**绝缘配合　insulation co-ordination**

电气设备的绝缘特性的相互关系，一方面与预期过电压和过压保护器件的特性有关，另一方面与预期的微观环境和污染防护方式有关。

[IEC 60947-1：2007，修改后的 2.5.61 定义]

3.6.14

**非均匀电场　inhomogeneous (non-uniform) field**

电极之间的电压梯度不恒定的电场。

[IEC 60947-1：2007，2.5.63 定义]

3.6.15

**电痕化　tracking**

固态绝缘材料表面在电场和电解液的联合作用下逐渐形成导电通路的过程。

[IEC 60947-1：2007，2.5.64 定义]

3.6.16

**相比电痕化指数 CTI　comparative tracking index CTI**

材料能经受住 50 滴规定的试验溶液而不出现电痕化的最大电压值，单位用伏表示。

注：每个试验电压值和 CTI 值应是 25 的倍数。

[修改后的 IEC 60947-1：2007 中的 2.5.65 定义]

3.6.17

**击穿放电　disruptive discharge**

在电应力作用下，放电几乎完全穿透了试验的绝缘体，导致电极间的电压降为零或接近于零的一种绝缘损坏的现象。

注 1：固体绝缘体上的击穿放电会导致永久性的绝缘强度降低，在液体或气体绝缘体上绝缘强度的降低可仅仅是暂时性的。

注 2："击穿跳火"用来表示在气体或液体绝缘体上发生的击穿放电。

注 3："闪络"用来表示在气体或液体介质绝缘体表面上发生的击穿放电。

注 4："击穿"用来表示击穿放电穿透固体绝缘体的情况。

## 3.7　电击防护

3.7.1

**带电部分　live part**

正常运行中带电的导体或可导电部分，包括中性导体，但按惯例不包括 PEN 导体。

注：本概念不意味着有电击危险。

[GB/T 2900.73—2008，修改后的 195-02-19]

3.7.2

**危险带电部分　hazardous live part**

在某些条件下能造成伤害性电击的带电部分。

[GB/T 2900.73—2008，195-06-05]

3.7.3

**外露可导电部分　exposed conductive part**

成套设备上能触及到的可导电部分，它在正常状况下不带电，但在故障情况下可能成为危险带电部分。

[GB/T 2900.71—2008，修改后的 826-12-10]

3.7.4

**保护导体　(标识:PE)protective conductor (identification: PE )**

以安全为目的而提供的导体，例如电击防护。

[GB/T 2900.71—2008，826-13-22]

注：例如保护导体能与下列部件进行电气连接：

——外露可导电部分；

——外界可导电部分；

——主接地端子；

——接地极；

——电源的接地点或人为的中性接点。

3.7.5

**中性导体 N　neutral conductor N**

电气上与中性点连接，并能参与分配电能的导体。

[GB/T 2900.73—2008，修改后的 195-02-06]

3.7.6

**保护中性导体　PEN conductor**

兼有保护接地导体和中性导体功能的导体。

[GB/T 2900.73—2008，195-02-12]

3.7.7

**故障电流　fault current**

由于绝缘损坏、跨接绝缘或电路错误连接所产生的电流。

3.7.8

**基本防护　basic protection**

在无故障条件下的电击防护。

[GB/T 2900.73—2008，195-06-01]

注：基本防护用来防止触及带电部分，一般是指防止直接接触。

3.7.9

**基本绝缘　basic insulation**

能够提供基本防护的危险带电部分上的绝缘。

[GB/T 2900.73—2008，195-06-06]

注：本概念不适用于仅用作功能性目的的绝缘。

3.7.10

**故障防护　fault protection**

单一故障(例如基本绝缘损坏)条件下的电击防护。

[GB/T 2900.73—2008,修改后的 195-06-02]

注:故障防护一般是指防止间接接触,主要与基本绝缘损坏有关。

3.7.11

**特低电压　extra-low voltage ;ELV**

不超过 IEC 61201 规定的有关电压限值的任何电压。

3.7.12

**熟练技术人员　skilled person**

具有相应教育和经验,能察觉和避免由于电引起危害的人员。

[GB/T 2900.71—2008, 826-18-01]

3.7.13

**受过培训的人员　instructed person**

由熟练技术人员充分指导或监督的,能察觉和避免由于电引起危害的人员。

[GB/T 2900.71—2008, 826-18-02]

3.7.14

**一般人员　ordinary person**

既不是熟练技术人员,也不是受过培训的人员。

[GB/T 2900.71—2008, 826-18-03]

3.7.15

**授权人员　authorized person**

被授权完成指定工作的熟练技术人员或受过培训的人员。

## 3.8　特性

3.8.1

**标称值　nominal value**

用以标志和识别一个元件、器件、设备或系统的量值。

[GB/T 2900.83—2008, 151-16-09]

注:标称值一般是一个修约值。

3.8.2

**限值　limiting value**

在元件、器件、设备或系统的规范中一个量的最大或最小允许值。

[GB/T 2900.83—2008, 151-16-10]

3.8.3

**额定值　rated value**

为元件、器件、设备或系统规定的运行条件所制定的用于规范目的的量值。

[GB/T 2900.83—2008, 151-16-08]

3.8.4

**额定数据　rating**

额定值与运行条件的组合。

[GB/T 2900.83—2008, 151-16-11]

3.8.5

**标称电压(电气系统的)　nominal voltage(of an electrical system)**

用以标志或识别电气系统电压的近似值。

[GB/T 2900.50—2008, 修改后的 601-01-21]

3.8.6

**短路电流　short-circuit current**

$I_c$

由于电路中的故障或错误连接引起的短路所产生的过电流。

[IEC 60050-441:1984，441-11-07]

3.8.7

**预期短路电流　prospective short-circuit current**

$I_{cp}$

在尽可能接近成套设备电源端，用一根阻抗可以忽略不计的导体使电路的供电导体短路时流过的电流的有效值(见 10.11.5.4)。

3.8.8

**截断电流　cut-off current**

**允通电流　let-through current**

开关电器或熔断器在分断动作中达到的最大瞬时电流值。

注：当电路电流尚未达到预期电流峰值情况下，开关电器或熔断器分断时这一概念尤其重要。

[IEC 60050-441:1984，441-17-12]

3.8.9

**电压额定数据　voltage ratings**

3.8.9.1

**额定电压　rated voltage**

$U_n$

成套设备制造商宣称成套设备预定连接的主电路交流电压(有效值)或直流电压的电气系统最大标称值。

注 1：对于多相电路，系指相间电压。

注 2：不考虑瞬态电压。

注 3：由于系统允差，电源电压值可以超过额定电压。

3.8.9.2

**额定工作电压(成套设备中一条电路的)　rated operational voltage (of a circuit of an ASSEMBLY)**

$U_e$

成套设备制造商宣称的与额定电流共同确定设备使用的电压值。

注：对于多相电路，系指相间电压。

3.8.9.3

**额定绝缘电压　rated insulation voltage**

$U_i$

成套设备制造商对设备或其部件规定的耐受电压有效值，以表征其绝缘规定的(长期)耐受能力。

[GB/T 16935.1—2008，修改后的 3.9.1 定义]

注 1：对于多相电路，系指相间电压。

注 2：额定绝缘电压不一定等于设备的额定工作电压，额定工作电压主要与功能特性有关。

3.8.9.4

**额定冲击耐受电压　rated impulse withstand voltage**

$U_{imp}$

成套设备制造商宣称的冲击耐受电压值，以表征其绝缘规定的耐受瞬时过电压的能力。

[GB/T 16935.1—2008，修改后的 3.9.2 定义]

3.8.10

**电流额定数据　current ratings**

3.8.10.1

**额定电流　rated current**

$I_n$

成套设备制造商宣称的电流值，在规定的条件下通以此电流，成套设备各部件的温升不超过规定的限值。

注：成套设备的额定电流($I_{nA}$)见5.3.1，一条电路的额定电流($I_{nc}$)见5.3.2。

3.8.10.2

**额定峰值耐受电流　rated peak withstand current**

$I_{pk}$

成套设备制造商宣称的在规定条件下能够承受的短路电流峰值。

3.8.10.3

**额定短时耐受电流　rated short-time withstand current**

$I_{cw}$

成套设备制造商宣称的，在规定条件下，用电流和时间定义的能够耐受的短时电流有效值。

3.8.10.4

**额定限制短路电流　rated conditional short-circuit current**

$I_{cc}$

成套设备制造商宣称的在规定条件下在短路保护电器(SCPD)全部动作时间内(断开时间)能够承受的预期短路电流值。

注：短路保护电器可以与成套设备是一体的，也可以是单独的。

3.8.11

**额定分散系数　rated diversity factor ;RDF**

成套设备制造商根据发热的相互影响给出的成套设备出线电路可以持续并同时承载的额定电流的标幺值。

3.8.12

**额定频率　rated frequency**

$f_n$

成套设备制造商宣称的频率值，它与所设计的电路和工作条件有关。

注：一条电路可指定几个额定频率或额定频率范围，或可用于交流和直流。

3.8.13

**电磁兼容性　electromagnetic compatibility ;EMC**

注：有关EMC的相关术语和定义见附录J的J.3.8.13.1～J.3.8.13.5。

## 3.9　验证

3.9.1

**设计验证　design verification**

在成套设备的样机或其部件上进行的用以证实设计满足相应成套设备标准要求的验证。

注：设计验证可以包含一个或几个等效方式，见3.9.1.1、3.9.1.2和3.9.1.3。

3.9.1.1

**验证试验　verification test**

在成套设备的样机或其部件上进行试验以验证设计满足相关的成套设备标准的要求。

注：验证试验等效于型式试验。

3.9.1.2

**验证比较　verification comparison**

成套设备或成套设备部件的建议设计与已由试验验证的基准设计的结构相比较。

3.9.1.3

**验证评估　verification assessment**

对严格地按设计准则或计算的成套设备的样机或其部件进行设计验证，以表明设计能满足相关成套设备标准的要求。

3.9.2

**例行检验　routine verification**

对每一台成套设备在制造过程中和/或组装后进行的检验，以确认是否满足相关成套设备标准的要求。

### 3.10　制造商/用户

3.10.1

**初始制造商　original manufacturer**

进行初始设计并按照相关成套设备标准对成套设备进行相关验证的组织。

3.10.2

**成套设备制造商　ASSEMBLY manufacturer**

对整个成套设备负有责任的组织。

**注**：成套设备制造商和初始制造商可以是不同的组织。

3.10.3

**用户　user**

规定、购买、使用和/或操作成套设备的参与者，或由其他人代其执行。

## 4　符号和缩略语

下面将带有符号和缩略语的术语及其首次使用的条款，按字母顺序列表如下：

| 符号/缩略语 | 术语 | 章条编号 |
|---|---|---|
| CTI | 相比电痕化指数 | 3.6.16 |
| ELV | 特低电压 | 3.7.11 |
| EMC | 电磁兼容性 | 3.8.13 |
| $f_n$ | 额定频率 | 3.8.12 |
| $I_c$ | 短路电流 | 3.8.6 |
| $I_{cc}$ | 额定限制短路电流 | 3.8.10.4 |
| $I_{cp}$ | 预期短路电流 | 3.8.7 |
| $I_{cw}$ | 额定短时耐受电流 | 3.8.10.3 |
| $I_{nA}$ | 成套设备额定电流 | 5.3.1 |
| $I_{nc}$ | 一条电路的额定电流 | 5.3.2 |
| $I_{pk}$ | 额定峰值耐受电流 | 3.8.10.2 |
| N | 中性导体 | 3.7.5 |

表（续）

| 符号/缩略语 | 术 语 | 章条编号 |
|---|---|---|
| PE | 保护导体 | 3.7.4 |
| PEN | 保护中性导体 | 3.7.6 |
| RDF | 额定分散系数 | 3.8.11 |
| SCPD | 短路保护电器 | 3.1.11 |
| SPD | 浪涌保护器件 | 3.6.12 |
| $U_e$ | 额定工作电压 | 3.8.9.2 |
| $U_i$ | 额定绝缘电压 | 3.8.9.3 |
| $U_{imp}$ | 额定冲击耐受电压 | 3.8.9.4 |
| $U_n$ | 额定电压 | 3.8.9.1 |

# 5　接口特性

## 5.1　通则

成套设备的特性应保证所连接电路的额定值与安装条件相适应，而且成套设备制造商应按5.2～5.6的准则对成套设备进行说明。

## 5.2　电压额定数据

### 5.2.1　额定电压($U_n$)(成套设备的)

额定电压应至少等于电气系统的标称电压。

### 5.2.2　额定工作电压($U_e$)(成套设备中的一条电路的)

任何电路的额定工作电压应不小于其所连接的电气系统的标称电压。

如果一条电路的额定工作电压与成套设备的额定电压不同，则应说明适合电路的额定工作电压。

### 5.2.3　额定绝缘电压($U_i$)(成套设备中的一条电路的)

成套设备中一条电路的额定绝缘电压是介电试验电压和爬电距离参照的电压值。

一条电路中的额定绝缘电压应等于或高于该条电路中规定的额定电压 $U_n$ 和额定工作电压 $U_e$。

**注：**对于IT系统的单相电路(参见IEC 60364-5-52)，额定绝缘电压至少等于电源的相间电压。

### 5.2.4　额定冲击耐受电压($U_{imp}$)(成套设备的)

额定冲击耐受电压应等于或高于该电路预定连接的系统中出现的瞬态过电压的规定值。

**注：**额定冲击耐受电压的优选值在附录G中的表G.1中给出。

## 5.3　电流额定数据

### 5.3.1　成套设备的额定电流($I_{nA}$)

成套设备的额定电流应为下列所述情况的电流较小者：

——成套设备内所有并联运行的进线电路的额定电流总和；

——特殊布置的成套设备中主母线能够分配的总电流。

通此电流时，各部件的温升均不能超过9.2中规定的限值。

注1：进线电路的额定电流可低于安装在成套设备内的(符合各自器件标准的)进线器件的额定电流。

注2：就此而论主母线是指在运行中正常连接的单个母线或单个母线的组合体，例如使用母线连接器。

注3：成套设备额定电流是成套设备可以分配的且不会因为增加更多出线单元而超出的最大允许负载电流。

### 5.3.2 一条电路的额定电流($I_{nc}$)

一条电路的额定电流是该电路在正常工作条件下能够单独承载的电流值。成套设备的各部分在承载该电流时的温升应不超过9.2中规定的限值。

注1：该条电路的额定电流可低于安装在这条电路中的器件(根据各自的器件标准)的额定电流。

注2：由于确定额定电流的因素复杂，因此无法给出标准值。

### 5.3.3 额定峰值耐受电流($I_{pk}$)

额定峰值耐受电流应等于或大于电路预定连接的电源系统的预期短路电流峰值(见9.3.3)。

### 5.3.4 额定短时耐受电流($I_{cw}$)(成套设备中的一条电路的)

额定短时耐受电流应等于或大于连接到电源每一点上的预期短路电流($I_{cp}$)的有效值(见3.8.10.3)。

成套设备不同的$I_{cw}$值对应不同的持续时间(例如0.2 s、1 s、3 s)。

对于交流，此电流值是交流分量的有效值。

### 5.3.5 成套设备的额定限制短路电流($I_{cc}$)

额定限制短路电流应等于或大于保护成套设备的短路保护电器在动作时间内所能承受的预期短路电流的有效值($I_{cp}$)。

成套设备制造商应声明指定的短路保护电器的分断能力和电流极限特性($I^2t$,$I_{pk}$)，并考虑器件制造商给出的数据。

## 5.4 额定分散系数(RDF)

额定分散系数是由成套设备制造商根据发热的相互影响给出的成套设备的出线电路可以持续并同时承载的额定电流的标幺值。

标示的额定分散系数能用于：

- 电路组；
- 整个成套设备。

额定分散系数乘以电路的额定电流应等于或大于出线电路的计算负荷。出线电路的计算负荷应在相关成套设备标准中给出。

注1：出线电路的计算负荷可以是稳定持续电流或可变电流的热等效值(见附录E)。

额定分散系数适用于在额定电流($I_{nA}$)下运行的成套设备。

注2：额定分散系数可识别出多个功能单元在实际中不能同时满负荷或断续地承载负荷。

更详细的资料见附录E。

## 5.5 额定频率($f_n$)

一条电路的额定频率是与其工作条件有关的频率值。如果成套设备的电路标明了不同的频率值，则应给出各条电路的额定频率值。

注：频率值宜限制在内装元件相关的国家标准中所规定的范围内。如果成套设备制造商没有其他规定，则额定频率的上下限值，限制在额定频率的98%～102%范围内。

### 5.6 其他特性

应给出以下特性：

a) 功能单元在特殊使用条件下的附加要求(例如，匹配类型、过载特性)；

b) 污染等级(见3.6.9)；

c) 为成套设备所设计的系统接地类型；

d) 户内和/或户外成套设备(见3.5.1和3.5.2)；

e) 固定式或移动式(见3.5.3和3.5.4)；

f) 防护等级；

g) 熟练技术人员使用或一般人员使用(见3.7.12和3.7.14)；

h) 电磁兼容性(EMC)类别(见附录J)；

i) 特殊使用条件，如果适用(见7.2)；

j) 外形设计(见3.3)；

k) 机械碰撞防护，如果适用(见8.2.1)；

l) 结构类型－固定或可移式部件(见8.5.1和8.5.2)；

m) 短路保护电器的类型(见9.3.2)；

n) 电击防护措施；

o) 外形尺寸(包括凸出部分，如手柄、覆板、门)，如果需要；

p) 质量，如果需要。

## 6 信息

### 6.1 成套设备规定的标志

成套设备制造商应为每台成套设备配置一个或数个铭牌，铭牌应坚固、耐久，其位置应该是在成套设备安装好并投入运行时易于看到的地方。是否合格应依据10.2.7的要求进行试验和目测检验。

成套设备的下列信息应在铭牌上标出：

a) 成套设备制造商的名称或商标(见3.10.2)；

b) 型号或标志号，或其他标识，据此可以从成套设备制造商获得相关的信息；

c) 鉴别生产日期的方式；

d) GB 7251.X(应标明特定部分“X”)

注：可以在铭牌上给出成套设备相关标准的附加信息。

### 6.2 文件

#### 6.2.1 关于成套设备的信息

第5章中所有接口特性，如果适用，应在随同成套设备交货的成套设备制造商的技术文件中提供。

#### 6.2.2 装卸、安装、操作与维护的使用说明书

如需要，成套设备制造商应在其技术文件或产品目录中规定成套设备及设备内部件的装卸、安装、运行与维护条件。

如需要，说明书应指出成套设备合理地、正确地运输、装卸、安装和运行等极其重要的措施。提供与成套设备的运输和装卸密切相关的重量细节是极为重要的。

如适用，应在成套设备制造商的文件或说明书上给出怎样装卸成套设备，起吊装置的正确位置和安装及其吊索尺寸。

如需要，应规定与成套设备的安装、运行和维护有关的EMC措施(见附录J)。

如果一个被确定用于A类环境的成套设备打算用于B类环境。那么在使用说明书上应包括以下的警告：

| 警告 |
| --- |
| 此产品设计为适用于A类环境。在B类环境使用此产品可能会产生有害的电磁骚扰，在这种情况下使用者可能需要采取适当的防护措施。 |

必要时，上述文件中应标明推荐的维护内容和频次。

如果安装元器件的实物布置使电路的识别不明显，则应提供适当的信息，如接线图或接线表。

### 6.3 器件和/或元件的识别

在成套设备中，应能识别出各个电路和它们的保护器件。标签应清晰易读、经久耐用且适合自然环境。所用的标识应符合IEC 81346-1和IEC 81346-2，并与配电图中的标识一致，配线图中的标识应符合IEC 61082-1。

## 7 使用条件

### 7.1 正常使用条件

符合本部分的成套设备适用于下述的正常使用条件。

注：如果使用的元件，例如继电器、电子设备等不是按这些条件设计的，那么宜采用适当的措施以保证其可以正常工作。

#### 7.1.1 周围空气温度

##### 7.1.1.1 户内成套设备的周围空气温度

周围空气温度不超过+40 ℃，且在24 h一个周期的平均温度不超过+35 ℃。

周围空气温度的下限为−5 ℃。

##### 7.1.1.2 户外成套设备的周围空气温度

周围空气温度不超过+40 ℃，且在24 h一个周期的平均温度不超过+35 ℃。

周围空气温度的下限为−25 ℃。

#### 7.1.2 湿度条件

##### 7.1.2.1 户内成套设备的湿度条件

最高温度为+40 ℃时的相对湿度不超过50%。在较低温度时允许有较高的相对湿度。例如，+20 ℃时的相对湿度为90%。宜考虑到由于温度的变化，有可能会偶尔产生适度凝露。

##### 7.1.2.2 户外成套设备的湿度条件

最高温度+25 ℃时，相对湿度短时可达100%。

### 7.1.3 污染等级

污染等级(见 3.6.9)是指成套设备所处的环境条件。

对于外壳内的开关器件和元件,可使用外壳内环境条件的污染等级。

为了评定电气间隙和爬电距离,确定了以下 4 个微观环境的污染等级。

污染等级 1:无污染或仅有干燥的、非导电性污染。此污染无影响。

污染等级 2:一般情况下只有非导电性污染,但要考虑到偶然由于凝露造成的暂时导电性。

污染等级 3:存在导电性污染,或者由于凝露使干燥的非导电性污染变成导电性的污染。

污染等级 4:持久的导电性污染,例如由于导电尘埃、雨雪或其他潮湿条件造成的污染。

污染等级 4 不适用于本部分的成套设备内的微观环境。

如果没有其他规定,工业用途的成套设备一般在污染等级 3 环境中使用。而其他污染等级可以根据特殊用途或微观环境考虑采用。

注:设备微观环境的污染等级可能受外壳内安装方式的影响。

### 7.1.4 海拔

安装地点的海拔不得超过 2 000 m。

注:对于在更高海拔处使用的设备,要考虑介电强度的降低、器件的分断能力和空气冷却效果的减弱。

## 7.2 特殊使用条件

如果存在下述任何一种特殊使用条件,则应遵守适用的特殊要求或成套设备制造商与用户之间应签订专门的协议。如果存在这类特殊使用条件的话,用户应向成套设备制造商提出。

特殊使用条件举例如下:

a) 温度值、相对湿度和/或海拔高度与 7.1 的规定值不同;
b) 在使用中,温度和/或气压的急剧变化,以致在成套设备内易出现异常的凝露;
c) 空气被尘埃、烟雾、腐蚀性微粒、放射性微粒、蒸汽或盐雾严重污染;
d) 暴露在强电场或强磁场中;
e) 暴露在极端的气候条件下;
f) 受霉菌或微生物侵蚀;
g) 安装在有火灾或爆炸危险的场地;
h) 遭受强烈振动冲击和地震发生;
i) 安装在会使载流容量或分断能力受到影响的地方,例如将设备安装在机器中或嵌入墙内;
j) 暴露在除电磁骚扰以外的传导和辐射骚扰场所,以及除在 9.4 中所述环境以外的电磁骚扰场所;
k) 异常过电压状况或异常的电压波动;
l) 电源电压或负载电流的过度谐波。

## 7.3 运输、存放和安装条件

如果运输、存放和安装条件,例如温度和湿度条件与 7.1 中的规定不符时,应由成套设备制造商与用户签订专门的协议。

# 8 结构要求

## 8.1 材料和部件的强度

### 8.1.1 通则

成套设备应由能够承受在规定的使用条件下产生的机械应力、电气应力、热应力和环境压力的材料构成。

成套设备外壳的外形应适应其用途，如3.3中指出的一些例子。这些外壳可以采用不同的材料，例如，绝缘的、金属的或它们的组合材料等。

### 8.1.2 防腐蚀

考虑在正常使用条件下(见7.1)，为确保防腐蚀，成套设备应采用合适的材料或在裸露的表面涂上防护层。依据10.2.2的试验进行此要求的验证。

### 8.1.3 绝缘材料的性能

#### 8.1.3.1 热稳定性

对于绝缘材料的外壳或外壳部件，应按照10.2.3.1进行热稳定性的验证。

#### 8.1.3.2 绝缘材料的耐热和耐着火性能

##### 8.1.3.2.1 通则

由于内部电效应而暴露在热应力下且由于部件的老化而使成套设备的安全性受到损害的绝缘材料的部件，不应受到正常(使用)发热，非正常发热或着火的有害影响。

##### 8.1.3.2.2 绝缘材料耐热性能

初始制造商应或是参考绝缘温度指标(例如，按IEC 60216的方法确定)或是按照IEC 60085的规定来选择绝缘材料。

##### 8.1.3.2.3 绝缘材料耐受内部电效应引起的非正常发热和着火的性能

用于固定及维持载流部件在正常使用位置所必需的部件和由于内部电效应而暴露在热应力下的部件的绝缘材料，由于绝缘部件的损耗可能影响成套设备的安全性，所以不应受到非正常发热和着火的有害影响，并应采用10.2.3.2的灼热丝试验进行验证。在进行本试验时，保护导体(PE)不作为载流部件考虑。

对于小的部件(表面积尺寸不超过14 mm×14 mm)，可采用替代的试验方法(例如，按照GB/T 5169.5的针焰试验)。同样的步骤可适用于部件的金属材料大于绝缘材料的情况。

### 8.1.4 耐紫外线辐射

对于户外使用的由绝缘材料制成的外壳和外部部件，应按照10.2.4进行耐紫外线辐射验证。

### 8.1.5 机械强度

所有的外壳或隔板包括门的闭锁装置和铰链，应具有足够的机械强度以承受正常使用和短路条件下所遇到的应力(见10.13)。

可移式部件的机械操作,包括所有的插入式联锁,应按 10.13 试验进行验证。

#### 8.1.6 提升装置

如需要,成套设备应配备合适的提升装置。按照 10.2.5 的试验进行检查。

### 8.2 成套设备外壳的防护等级

#### 8.2.1 对机械碰撞的防护

由成套设备外壳提供的防止机械碰撞的防护等级,如需要,应由相关的成套设备标准进行规定,并按照 GB/T 20138 进行验证(见 10.2.6)。

#### 8.2.2 防止触及带电部分以及外来固体和水的进入

根据 GB 4208,由任何成套设备提供的防止触及带电部分及防止外来固体和水进入的防护等级,用 IP 代码表示,并按照 10.3 进行验证。

按照成套设备制造商的说明书安装后,封闭式成套设备的防护等级至少应为 IP2X,固定面板式成套设备正面的防护等级至少应为 IPXXB。

正常使用中不发生倾斜的固定式成套设备 IPX2 不适用。

对于无附加防护设施的户外成套设备,第二位特征数字应至少为 3。

注 1:对于户外成套设备,附加的防护设施可以是防护棚或类似设施。

除非另有规定,按照成套设备制造商的说明书安装时,成套设备制造商给出的防护等级适用于整个成套设备。例如,封闭成套设备敞开的安装面等。

如果成套设备各部位有不同的防护等级,成套设备制造商则应单独标出该部位的防护等级。

不同的 IP 等级不应损害成套设备预期的使用。

注 2:例如:

- 操作面 IP20,其他部分 IP00;
- 底座中的排水孔为 IPXXD,其他部分为 IP43。

如果没有按照 10.3 进行过适合的验证,不能给出 IP 值。

拟用于高湿度和温度变化范围较大场所的户内和户外的封闭式成套设备,应采取适当的措施(通风和/或内部加热、排水孔等)以防止成套设备内产生有害的凝露。但同时应保持规定的防护等级。

#### 8.2.3 带有可移式部件的成套设备

成套设备标明的防护等级通常适用于可移式部件的连接位置(见 3.2.3)。

在可移式部件移出后,如通过关闭门成套设备仍不能保持原来的防护等级,则成套设备制造商与用户应达成采用某种措施以保证足够防护的协议。成套设备制造商提供的信息可以代替这种协议。

当挡板用来为带电部分提供足够的防护时,它们应确保防止非故意的移动。

### 8.3 电气间隙和爬电距离

#### 8.3.1 通则

电气间隙和爬电距离的要求是基于 GB/T 16935.1 的原则,旨在规定装置内部的绝缘配合。

作为成套设备组成部分的设备的电气间隙和爬电距离,应符合相关产品标准的要求。

装入成套设备内的设备,在正常使用条件下应保持规定的电气间隙和爬电距离。

应采用最高电压额定数据来确定各电路间的电气间隙和爬电距离(电气间隙依据额定冲击耐受电压,爬电距离依据额定绝缘电压)。

电气间隙和爬电距离适用于相对相，相对中性线，除了导体直接接地，还适用于相对地和中性线对地。

对于裸带电导体和端子(例如，母线、装置和电缆接头的连接处)其电气间隙和爬电距离至少应符合与其直接连接的设备的有关规定。

短路电流小于和等于宣称的成套设备额定数据时，母线和/或连接线间的电气间隙和爬电距离永远不应减小至成套设备的规定值以下。由于短路导致的外壳部件或内部隔板、挡板和屏障的变形，不应永久地使电气间隙和爬电距离减小到 8.3.2 和 8.3.3 中的规定以下(见 10.11.5.5)。

#### 8.3.2 电气间隙

电气间隙应足以达到能承受宣称的电路的额定冲击耐受电压($U_{imp}$)。电气间隙应为表 1 的规定值，但按照 10.9.3 和 11.3 分别进行了设计验证试验和例行冲击耐受电压试验的情况除外。

用测量来确定电气间隙的方法见附录 F。

#### 8.3.3 爬电距离

初始制造商应依据所选择的成套设备电路的额定绝缘电压($U_i$)去确定爬电距离。对于任一列出的电路，其额定绝缘电压应不小于额定工作电压($U_e$)。

在任何情况下，爬电距离都不应小于相应的最小电气间隙。

爬电距离应符合 7.1.3 规定的污染等级和表 2 给出的在额定绝缘电压下相应的材料组别。

用测量来确定爬电距离的方法见附录 F。

注：对于无机绝缘材料，例如玻璃或陶瓷，它们不产生电痕化，其爬电距离不需要大于其相应的电气间隙。但应考虑击穿放电的危险。

如果使用最小高度 2 mm 的加强筋，在不考虑加强筋数量的情况下，可以减小爬电距离，但应不小于表 2 值的 0.8 倍，而且应不小于相应的最小电气间隙。根据机械要求来确定加强筋的最小底宽(见 F.2)。

### 8.4 电击防护

#### 8.4.1 通则

成套设备中元器件和电路的布置应便于运行和维护，同时要保证必要的安全等级。

当成套设备安装在一个符合 IEC 60364 系列标准的电气系统中时，下述要求用来确保所需的防护措施。

注：普遍可接受的防护措施可参照 GB/T 17045 和 GB 16895.21。

那些对于成套设备特别重要的防护措施在 8.4.2～8.4.6 中再描述。

#### 8.4.2 基本防护

##### 8.4.2.1 通则

基本防护旨在防止直接与危险带电部分接触。

基本防护能够利用成套设备本身适宜的结构措施，或在安装过程中采取的附加措施来获得。可以要求成套设备制造商提供相关信息。

附加措施的举例：只有被授权的人员才允许进入安装了无进一步防护措施的开启式成套设备的场所。

采用结构措施的基本防护可以选择 8.4.2.2 和 8.4.2.3 中的一种或多种防护措施。如果相关的成套设备标准无规定，应由成套设备制造商选择防护措施。

#### 8.4.2.2 由绝缘材料提供基本绝缘

危险带电部分应用绝缘完全覆盖，绝缘只有被破坏后或使用工具后才能去掉。

绝缘应采用适合的能够持久承受使用中可能出现的机械、电气和热应力的材料制成。

注：例如用绝缘包裹的电器元件和绝缘导线。

单独的色漆、清漆和搪瓷不能满足基本绝缘的要求。

#### 8.4.2.3 挡板或外壳

用空气绝缘的带电部分应安置在至少提供IPXXB防护等级的外壳内或挡板的后面。

对不高于安装地面1.6 m可触及的外壳水平顶部表面的防护等级至少应为IPXXD。

考虑到外部影响，在正常工作条件下，挡板和外壳均应可靠固定在其位置上，且有足够的稳固性和耐久性以维持要求的防护等级并适当的与带电部分隔离。导电的挡板或外壳与带电部分的距离应不小于8.3规定的电气间隙与爬电距离。

在有必要移动挡板、打开外壳或拆卸外壳的部件时，应满足a)～c)条件之一：

a) 使用钥匙或工具，也就是说只有靠器械的帮助才能打开门、盖板或解除联锁；

b) 在由挡板或外壳提供的基本防护情况下，当电源与带电部分隔离后，只有在挡板或外壳更换或复位后才可以恢复供电。在TN-C系统中，PEN导体不应被隔离或断开。在TN-S和TN-C-S系统中，中性导体不必被隔离或断开(见IEC 60364-5-53中536.1.2)。

   示例：用隔离器对门进行联锁，仅在隔离器断开时，门才能被打开，而且当门打开时，不使用工具不可能闭合隔离器。

c) 中间挡板提供的防止接触带电部分的防护等级至少为IPXXB，此挡板仅在使用钥匙或工具时才能移动。

### 8.4.3 故障保护

#### 8.4.3.1 安装条件

成套设备应包含保护措施并适合于依据GB 16895.21进行安装。对于一些特殊用途(如铁路、船舶)的成套设备，保护措施应由成套设备制造商与用户协商。

当一个TT接地系统用在一个电网中时，成套设备应使用下面的一种措施：

a) 进线连接采用双重绝缘或加强绝缘；或

b) 进线电路采用剩余电流器件(RCD)保护。

此条款遵照用户与制造商间的协议。

#### 8.4.3.2 为便于自动断开电源对保护导体的要求

##### 8.4.3.2.1 通则

每台成套设备都应有保护导体，便于电源自动断开：

a) 防止成套设备内部故障(例如，基本绝缘损坏)引起的后果；

b) 防止由成套设备供电的外部电路故障(例如，基本绝缘损坏)引起的后果。

具体要求见以下条款。

保护导体(PE、PEN)的识别要求见8.6.6。

##### 8.4.3.2.2 接地连续性提供的防止成套设备内部故障引起的后果的要求

成套设备所有的外露可导电部分应连接在一起，并连接至电源保护导体上，或通过接地导体与接地装置连接。

这种连接可以用金属螺钉、焊接或用其他导体连接来实现，或通过一个独立的保护导体实现。

注：使用耐磨的表面材料的成套设备的金属部件，例如粉末喷涂的密封板，作为保护接地连接时，需要除去或穿透涂层。

验证成套设备外露可导电部分与保护电路间的接地连续性的方法见 10.5.2。

对于这些连接的连续性，下述内容应适用：

a) 当把成套设备的一部分取出时，如例行维护，成套设备其余部分的保护电路（接地连续性）不应中断。

   如果采取的预防措施能够保证有持久良好的导电能力，那么，成套设备的各种金属部件的组装方式则被认为能够有效地保证保护电路的连续性。

   除非是为此目的设计，否则柔软或易弯的金属导管不应用作保护导体。

b) 在盖板、门、遮板和类似部件上面，如果没有安装超过特低电压限值（ELV）的电气装置，通常的金属螺钉连接和金属铰链连接则被认为足以能确保连续性。

如果在盖板、门、遮板等部件上装有电压值超过特低电压限值（ELV）的器件时，应采取附加措施，以保证接地连续性。这些部件应按照表 3 配备保护导体（PE），此保护导体的截面积取决于器件的最大额定工作电流 $I_e$，或者，如果器件的额定工作电流小于或等于 16 A，则采用特别设计的等效的电连接方式（如滑动接触、防腐蚀铰链）并进行验证。

器件的外露可导电部分不能用其固定措施与保护电路连接时，应采用符合表 3 规定的截面积的导体连接到成套设备的保护电路上。

成套设备的某些外露可导电部分不会构成危险：

——既不可能大面积接触，也不可能用手抓住；

——或由于外露可导电部分尺寸很小（大约 50 mm×50 mm），或其位于不能与带电部分有任何接触的位置。

因而不需要与保护导体连接。这适用于螺钉、铆钉和铭牌，也适用于接触器或继电器的衔铁、变压器的铁芯、脱扣器的某些部件等类似部件，不论其尺寸大小。

如果可移式部件配备有金属支撑表面，而且施加在支撑表面上的压力足够大，应认为这些支撑面能充分保证保护电路的接地连续性。

**8.4.3.2.3 防止成套设备供电的外部电路故障引起的后果所提供的保护导体的要求**

成套设备内部保护导体的设计应使它们能够承受在成套设备的安装场地可能遇到的由为其供电的外部电路故障所引起的最大热应力和动态应力，导电的结构部件可以作为保护导体或它的一部分。

除依据 10.11.2 规定的不需进行短路耐受强度验证外，其他则应依据 10.5.3 进行验证。

原则上，除了下述情况外，成套设备内的保护导体不应包含分断器件（开关、隔离器等）。

只有被授权的人员才可以借助工具来拆卸及接近保护导体的连接片（这些连接片可能是为了满足某些试验的需要）。

当利用连接器或插头插座器件切断保护电路连续性时，只有当带电体被切断后，保护电路才可以被中断；在带电体重新通电之前，应先恢复保护电路的连续性。

如果成套设备中的结构部件、框架、外壳等是由导电材料制成的，则保护导体不必与这些部件绝缘。当其制造商有规定时，带有电压动作故障检测器的导体，包括连接到独立接地极的导体都应该绝缘。这也适用于变压器中性线的接地连接。

与外部导体连接的成套设备内的保护导体（PE、PEN）的截面积不应小于附录 B 中规定公式计算求得的值，应采用可出现的最大故障电流、故障持续时间以及考虑到保护相关带电导体的短路保护电器（SCPD）的限值。短路耐受强度依据 10.5.3 进行验证。

对于 PEN 导体，下述补充要求适用：

——最小截面积应为铜 10 $mm^2$ 或铝 16 $mm^2$；

——PEN 导体的截面积不应小于所要求的中性导体截面积(见 8.6.1)；

——PEN 导体在成套设备内不需要绝缘；

——结构部件不应用作 PEN 导体，但铜或铝制安装轨道可用做 PEN 导体。

外部保护导体端子的详细要求见 8.8。

#### 8.4.3.3 电气隔离

各个电路的电气隔离是用来防止由于电路基本绝缘损坏通过接触外露可导电部分而引起的电击。这种类型的保护见附录 K。

### 8.4.4 全绝缘防护

注：根据 GB 16895.21：2011 中 413.2.1.1，“全绝缘”等同于第Ⅱ类设备。

对于全绝缘的基本防护和故障防护，应满足以下要求：

a) 元器件应用双重或加强的绝缘材料完全封闭。外壳上应标有从外部易见的符号“回”。

b) 外壳上应不存在因导电部分穿过而可能将故障电压引出外壳的部位。
   即对金属部件，例如由于结构上的原因必须引出外壳的操作机构的轴，在外壳的内部或外部应按成套设备中所有电路的最大额定绝缘电压和最大额定冲击耐受电压与带电部分绝缘。
   如果操作机构是用金属制成的(不管是否用绝缘材料覆盖)，操作机构应拥有成套设备中所有电路的最大额定绝缘电压和最大额定冲击耐受电压的绝缘额定数据。
   如果操作机构主要是用绝缘材料制成的，若它的任何金属部分在绝缘失效时变得容易接近，也应按成套设备中所有电路的最大额定绝缘电压和最大额定冲击耐受电压与带电部分绝缘。

c) 成套设备准备投入运行并接上电源时，外壳应将所有的带电部分、外露可导电部分和附属于保护电路的部件封闭起来，以使它们不被触及。外壳提供的防护等级至少应为 IP2XC(见 GB 4208)。
   如果保护导体穿过外露可导电部分已绝缘的成套设备，延伸到与成套设备负载端连接的电气设备，则该成套设备应配备连接外部保护导体的端子，并用适当的标记加以识别。
   在外壳内部，保护导体及其端子应与带电部分绝缘，且外露可导电部分应采用相同的方式与带电部分绝缘。

d) 成套设备内部的外露可导电部分不应连接到保护电路上，即外露可导电部分应不包括在使用保护电路的防护措施中，这同时也适用于内装电器元件，即使它们具有用于连接保护导体的端子。

e) 如果外壳上的门或覆板不使用钥匙或工具就能够打开，则应配备绝缘材料的挡板，此挡板不仅可防止非故意触及可接近带电部分，而且也可防止触及仅在覆板打开后可接近的外露可导电部分；无论如何，此挡板不使用工具应不能被移动。

### 8.4.5 稳态接触电流和电荷的限定

如果成套设备内部的设备在其断电后还可能存在稳态接触电流和电荷(如电容器)，则要求装有警示牌。

用于灭弧和继电器延时动作等的小电容器，不应认为是有危险的设备。

注：如果在切断电源后的 5 s 之内，由静电产生的电压降至直流 60 V 以下时，非故意的接触不认为是有危险的。

#### 8.4.6 操作和使用条件

##### 8.4.6.1 由一般人员操作器件或更换元件

当操作器件或更换元件时，应保持防止与任何带电部分的接触。

最小防护等级应为 IPXXC。在某些灯或熔断体更换期间，允许开口大于防护等级 IPXXC 的规定值。

##### 8.4.6.2 对被授权人员在维修时接近的要求

###### 8.4.6.2.1 通则

被授权人员在维修时的可接近性，作为成套设备制造商与用户的协议，应满足下述 8.4.6.2.2～8.4.6.2.4中一项或多项要求。这些要求应作为对 8.4.2 基本防护的补充。

如果成套设备的门或覆板由授权人员解除联锁后被打开而接近带电部分，则门重新闭合或覆板就位后，联锁装置应自动恢复。

###### 8.4.6.2.2 检查和类似操作对可接近性的要求

成套设备的构造应按照成套设备制造商与用户间的协议，当成套设备带电运行时，成套设备的某些操作项目能够进行。这类操作可以是：

——目测检查：

- 开关器件及其他元器件；
- 继电器和脱扣器的整定和指示；
- 导线的连接与标记；

——继电器、脱扣器及电子器件的调整和复位；

——更换熔断体；

——更换指示灯；

——某些故障部位的检测，例如，用合适并绝缘的器件测量电压和电流。

###### 8.4.6.2.3 维护时可接近性的要求

在邻近的功能单元或功能组仍带电的情况下，按照成套设备制造商与用户的协议对成套设备中已断开的功能单元或功能组进行维护时，应采取必要的措施。措施的选择取决于使用条件、维护频率、被授权人员的能力、现场安装规则等。这些措施可以包括：

——在实际功能单元或功能组与邻近的功能单元或功能组之间应留有足够大的空间。维护时可能移动的部件，宜装有夹持固定设施；

——使用设计并布置的挡板或屏障，以防止直接接触邻近功能单元或功能组中的设备；

——使用端子防护罩；

——对每个功能单元或功能组使用隔室；

——插入成套设备制造商提供或规定的附加保护器具。

###### 8.4.6.2.4 在带电情况下为扩展对可接近性的要求

当要求能在成套设备其余部分带电的情况下，用附加的功能单元或功能组来扩展成套设备，则应根据成套设备制造商与用户的协议，按 8.4.6.2.3 的规定进行，这些要求同时适用于现有电缆带电情况下，插入和连接附加的出线电缆。

扩展母线和连接附加单元至进线电源时，均不应在带电的情况下进行，除非成套设备是为此目的而设计的。

8.4.6.2.5 屏障

屏障应该防止：

——身体非故意地接近带电部分；或

——设备正常使用带电运行时，非故意地接触带电部分。

屏障可以不用钥匙或工具便可拆卸，但应确保防止非故意的移动。导电屏障与被保护的带电体之间的距离不得小于8.3所规定的电气间隙和爬电距离。

当仅通过基本防护将导电的屏障与危险的带电部分隔离，该屏障即成为外露可导电部分，应采取故障保护措施。

## 8.5 开关器件和元件的组合

### 8.5.1 固定式部件

对固定式部件（见3.2.1），主电路（见3.1.3）的连接应只能在成套设备断电的情况下进行接线和断开。通常，要求使用工具拆卸和安装固定式部件。

固定式部件的断开需要全部或部分断开成套设备。

为了防止未经许可的操作，开关器件可通过所提供的措施，固定在一个或多个位置上。

注：如果允许在带电电路上工作，则需要采取相应的安全预防措施。

### 8.5.2 可移式部件

可移式部件的设计应使其电气设备能够安全地与带电的主电路断开或连接。可移式部件可配备插入式联锁（见3.2.5）。

在从一个位置移动到另一位置的过程中，应满足电气间隙和爬电距离（见8.3）。

可移式部件应配备一个能够确保它只有在主电路与负载断开后才能移出和插入的器件。

为了防止非授权的操作，在可移式部件或其关联的成套设备的位置上，可提供一个可锁定的方式将可移式部件固定在一个或几个位置上。

### 8.5.3 开关器件和元件的选择

装入成套设备中的开关器件和元件应符合相关的国家标准。

开关器件和元件应适用于成套设备外形设计（例如，开启式或封闭式）的特定用途，适合于它们的额定电压、额定电流、额定频率、使用寿命、接通和分断能力、短路耐受强度等。

安装在电路中的器件其额定绝缘电压和额定冲击耐受电压，应等于或高于此电路规定的相应的值。在某些情况下，过电压保护是必须的，如满足过电压类别Ⅱ的设备（见3.6.11）。开关器件和元件的短路耐受强度和/或分断能力不足以承受安装场合可能出现的应力时，应使用限流保护器件来保护，例如熔断器或断路器。当为内装的开关器件选择限流保护器件时，为了达到协调性（见9.3.4），应采用器件制造商规定的最大允许值。

开关器件和元件的配合，例如，电机起动器同短路保护电器的配合，应符合相关的国家标准。

注：指南见GB/Z 25842.1和GB/Z 25842.2。

### 8.5.4 开关器件和元件的安装

成套设备内的开关器件和元件的安装和布线应依据其制造商所提供的说明，使其本身的功能不致由于正常工作中出现相互作用，例如热、开合操作、振动、电磁场而受到损害。对电子成套设备，可能有必要把电子信号处理电路进行隔离或屏蔽。

如果安装了熔断器，初始制造商应规定所使用的熔断体的类型和额定数据。

### 8.5.5 可接近性

必须在成套设备内部操作进行调整和复位的器件，应易于接近。

安装在同一支架(安装板、安装框架)上的功能单元及其外接导线端子的布置应使其在安装、布线、维护和更换时易于接近。

除非成套设备制造商与用户之间另有协议，否则地面安装的成套设备的易接近性要求如下：

——端子，不包括保护导体端子，应位于成套设备的基础面上方至少 0.2 m，并且端子的位置应使电缆易于与其连接。

——由操作人员观察的指示仪表应安装在成套设备基础面上方 0.2 m～2.2 m 之间。

——操作器件，如手柄、按钮或类似器件，应安装在易于操作的高度上；这就是说，其中心线一般应在成套设备基础面上 0.2 m～2 m 之间。不经常操作的器件，如每月少于一次，可以装在高度达 2.2 m 处。

——紧急开关器件的操作机构(见 IEC 60364-5-53:2001 中 536.4.2)，在成套设备基础面上 0.8m～1.6 m 之间应是易于接近的。

### 8.5.6 挡板

手动开关器件的挡板的设计应使开合操作对操作者不产生任何危险。

为了减少更换熔断体时的危险，应使用相间挡板，除非熔断器的设计和安装已考虑了这一点。

### 8.5.7 开关位置的指示和操作方向

应清晰地标识元件和器件的操作位置，如果操作方向不符合 GB/T 4205，则应清晰地标识操作方向。

### 8.5.8 指示灯和按钮

除非有相关产品标准的其他规定，否则指示灯和按钮的颜色应符合 GB/T 4025。

## 8.6 内部电路和连接

### 8.6.1 主电路

母线(裸的或绝缘的)的布置应使其不会发生内部短路。母线应至少符合资料中关于短路耐受强度的等级(见 9.3)，并且，应使其至少能够承受在母线电源侧保护器件限定的短路应力。

在一个柜架单元内，主母线与功能单元电源侧及包括在这些单元内的元件之间的导体(包括配电母线)应根据每个单元内相关短路保护电器在负载侧衰减后的短路应力来评估，所提供的这些导体的布置应使得在正常运行条件下，尽可能避免相间和/或相与地之间发生内部短路(见 8.6.4)。

除非成套设备制造商与用户之间另有协议，在带中性导体的三相电路中，中性导体的最小截面积应满足：

——如果电路相导体的截面积小于或等于 16 $mm^2$，则与相导体相同。

——如果电路相导体的截面积大于 16 $mm^2$，则为相导体的一半，但最小为 16 $mm^2$。

假设中性导体的电流不超过相电流的 50%。

注：对于会造成零序谐波较大值的特定应用(例如三次谐波)可能需要较大截面积的中性导体，因为这些相导体上的谐波会加到中性导体上，并导致高频率下的高负载电流。这种情况遵照成套设备制造商与用户间的专门协议。

PEN 尺寸应依据 8.4.3.2.3 的规定。

### 8.6.2 辅助电路

辅助电路的设计应考虑电源接地系统并保证接地故障或带电部分与外露可导电部分之间的故障不会引起非故意的危险操作。

通常，辅助电路应带有保护以防止短路的影响。然而，如果短路保护电器的动作易于造成危险，就不应配备保护器件。在此情况下，辅助电路导体的布置方式应使其不会发生短路（见 8.6.4）。

### 8.6.3 裸导体和绝缘导线

正常的温升、绝缘材料的老化和正常工作时所产生的振动不应造成载流部件的连接有异常变化。尤其应考虑到不同金属材料的热膨胀和电解作用以及所达到的温度对材料耐久性的影响。

载流部件之间的连接应保证有足够和持久的接触压力。

如果是基于试验（见 10.10.2）进行温升验证，成套设备内部导体及其截面积的选择应由初始制造商负责。如果是依据 10.10.3 的规则进行温升验证，导体应符合 IEC 60364-5-52 规定的最小截面。如何使本部分适合于成套设备内的状态的举例在附录 H 的表中给出。除了导体的载流量，导体的选择还取决于：

——成套设备可以承受的机械应力；

——放置和固定导体的方法；

——绝缘类型；

——所连接元件的种类（如符合 IEC 60947 系列的开关设备和控制设备；电子装置或设备）。

关于绝缘硬导线或软导线：

——应至少按照有关电路的额定绝缘电压（见 5.2.3）确定绝缘导线。

——连接两个端子之间的导线不应有中间接头。例如绞接或焊接。

——只带有基本绝缘的导线应防止与不同电位的裸带电部分接触。

——应防止导线与带有尖角的边缘接触。

——在覆板或门上连接电器元件和测量仪器的导线的安装，应使这些覆板和门的移动不会对导线产生机械损伤。

——在成套设备中对电器元件进行焊接连接时，只有在电器元件和指定类型的导线适合此类型的连接时，才是允许的。

——除上述以外的其他电器元件，焊接电缆接线片或多股导线的焊接端头不适用于有剧烈振动的状况。在正常工作时有剧烈振动的地方，例如运行的挖掘机和起重机、运行的船上、起吊设备和机车，应注意将导线固定住。

——通常，一个端子上只能连接一根导线，只有在端子是为此用途而设计的情况下才允许将两根或多根导线连接到一个端子上。

被隔离电路间的固态绝缘参数应依据电路的最高额定绝缘电压确定。

### 8.6.4 为减少短路的可能性，对无防护的带电导体的选择和安装

成套设备内无短路保护电器保护的带电导体（见 8.6.1 和 8.6.2），在整个成套设备内的选择和安装应使其在相间或相与地之间内部短路的可能性极小。导体的类型和安装要求的举例见表 4。无保护的带电导体的选择和安装见表 4，主母线与各个 SCPD 之间导体总长度不应超过 3 m。

### 8.6.5 主电路和辅助电路导体的识别

除了 8.6.6 中提到的情况外，导体的识别方法和内容，例如利用连接端子上的或在导体本身末端上的排列、颜色或符号，应由成套设备制造商负责，并且，应与接线图和原理图上的标志一致。如果合适，

可以用 IEC 60445 中的方法标识。

### 8.6.6 保护导体(PE,PEN)和主电路的中性导体(N)的识别

用位置和/或标志或颜色应很容易地识别保护导体。如果用颜色识别,应只能是绿色和黄色(双色)。绿色和黄色(双色)严格地用于保护导体。如果保护导体是绝缘的单芯电缆,也应采用此种颜色标识,颜色标记最好贯穿整个长度。

主电路的任何中性导体用位置和/或标志或颜色应很容易识别(见 IEC 60445 中要求为蓝色的部分)。

## 8.7 冷却

可以为成套设备提供自然冷却和/或强迫冷却(如强迫通风、内部电气调节、热交换器等)。如果要求安装场地有专门预防措施以保证良好的冷却,则成套设备制造商应提供必要的信息(例如,标出易发生阻碍散热或发热部件所需要的间隔)。

## 8.8 外接导线端子

成套设备制造商应指出端子是适合于连接铜导线,还是适合连接铝导线,或者是两者都适合。端子应能与外接导线进行连接(如采用螺钉、连接件等),并保证维持适合于电器元件和电路的电流额定数据和短路强度所需要的接触压力。

除非成套设备制造商与用户之间有专门的协议,否则端子应能适用于随额定电流而选定的铜导线从最小至最大的截面积(见附录 A)。

如果使用铝导线,其类型、尺寸和导线在端子上的接线方法应遵循成套设备制造商与用户之间的协议。

当低压小电流(小于 1 A,且交流电压低于 50 V 或直流低于 120 V)的电子电路的外部导线必须与成套设备连接时,表 A.1 不适用。

可利用的布线空间应允许规定材料的外接导线能正确地连接,而在多芯电缆的情况下,能展开芯线。

导线不应承受可能降低其正常寿命的应力。

除非成套设备制造商与用户之间有其他协议,否则在带中性导体的三相电路中,中性导体的端子应允许连接具有以下最小截面积的铜导线:

——如果相导体的截面积大于 16 $mm^2$,则截面积等于相导体截面积的一半,但最小为 16 $mm^2$;

——如果相导体的截面积小于或等于 16 $mm^2$,则截面积等于相导体的截面积。

注 1:对于非铜导线,上述截面应以等效导电能力的截面代替,此时可能需要较大尺寸的端子。

注 2:对于会造成零序谐波较大值的特定应用(例如三次谐波)可能需要较大截面积的中性导体,因为这些相导体上的谐波会加到中性导体上,并导致高频率下的高负载电流。这种情况遵照成套设备制造商与用户间的专门协议。

如果需要提供用于进线和出线的中性导体、保护导体和 PEN 导体的连接设施,应将它们放置在相应的相导体端子的附近。

注 3:GB 5226.1 要求导体的一个最小截面积并且不允许将 PEN 接至机器的电气设备中。

电缆入口、盖板等应设计成在电缆正确安装后,能够达到所规定的防触电措施和防护等级,这意味着电缆入口方式的选择要适合成套设备制造商规定的使用条件。

外部保护导体的端子应按照 IEC 60445 进行标记。示例见 IEC 60417 的 5019 号图形符号⏚。如果外部保护导体准备与带有绿黄颜色清楚标记的内部保护导体连接时,则不要求此符号。

外部保护导体(PE、PEN)的端子和连接电缆的金属护套(铠装管、铅铠装管等)应是裸的,如无其他

规定,应适于连接铜导体。应该为每条电路的出线保护导体设置一个尺寸合适的单独端子。

除非成套设备制造商与用户之间有其他协议,否则保护导体的接线端子应允许连接的铜导线的截面积取决于相应的相导体的截面积,见表5。

对铝或铝合金的外壳和导体,应特别注意电腐蚀的危险。用于保证导电部分与外部保护导体的电的连续性而采取的连接措施不得作其他用途。

注4:对于成套设备金属部件,尤其是密封盖,它需要进行耐磨度的精加工,例如使用粉末涂料,这需要特别预先加以注意。

若无其他规定,对端子的识别应依据标准IEC 60445。

# 9 性能要求

## 9.1 介电性能

### 9.1.1 通则

成套设备的每条电路都应能承受:

——暂时过电压

——瞬态过电压

用施加工频耐受电压的方法验证成套设备承受暂时过电压的能力及固体绝缘的完整性;用施加冲击耐受电压的方法验证成套设备承受瞬态过电压的能力。

### 9.1.2 工频耐受电压

成套设备的电路应能承受表8和表9给出的相应的工频耐受电压(见10.9.2.1)。成套设备任何电路的额定绝缘电压应等于或高于其最大工作电压。

### 9.1.3 冲击耐受电压

#### 9.1.3.1 主电路的冲击耐受电压

带电部分与外露可导电部分之间,不同电位的带电部分之间应能承受表10给出的对应于额定冲击耐受电压的试验电压值。

对给定额定工作电压的相应额定冲击耐受电压应不低于附录G中给出的成套设备使用点的电路的电源系统标称电压和相应的过电压类别。

#### 9.1.3.2 辅助电路的冲击耐受电压

a) 连接在主电路上,且以额定工作电压(没有任何减少过电压的措施)运行的辅助电路应符合9.1.3.1的要求。

b) 不与主电路连接的辅助电路,可以有与主电路不同的过电压承受能力。这类交流或直流电路的电气间隙应可以承受附录G中给出的相应的冲击耐受电压。

### 9.1.4 浪涌保护器件的防护

当过压情况要求主电路连接浪涌保护器(SPD)时,按照浪涌保护器制造商的规定,应对此浪涌保护器进行保护以防止不可控的短路情况。

## 9.2 温升极限

成套设备和它的电路在特定条件下应能够承载其额定电流(见5.3.1、5.3.2和5.3.3),考虑到元件的额定数据、它们的布置和应用，且当按照10.10验证时不超过表6中给出的限值。表6中给出的温升限值适用于周围空气平均温度不超过35℃。

元件或部件的温升是按照10.10.2.3.3的要求测得该元件或部件的温度与成套设备外部环境空气温度的差值。如果周围空气平均温度高于35℃，则温升限值必须符合此特殊工作条件，使得周围温度和温升限值之和仍保持不变。如果周围空气平均温度低于35℃，则温升限值的相同适配应遵照用户与成套设备制造商间的协议。

温升不应造成成套设备载流部件或相邻部件的损坏。特别对于绝缘材料，初始制造商应通过或是参考绝缘温度指标(例如按IEC 60216的方法确定)或是按照IEC 60085的规定来证明符合性。

注：如果改变了温升极限，使其涵盖不同的环境温度，则所有母线、功能单元等的额定电流可能需要做相应改变。初始制造商应说明采取的措施，以确保与温升极限相符合。环境温度不超过50℃时，则可通过计算完成，即假定每个元件或器件的超温与此元件产生的功率损耗成比例。一些器件的功率损耗与$I^2$成比例，另外一些器件则具有固定的功率损耗。

## 9.3 短路保护和短路耐受强度

### 9.3.1 通则

成套设备应能够耐受不超过额定值的短路电流所产生的热应力和电动应力。

注1：用限流器件如电抗器、限流熔断器或其他限流开关器件可以减小短路应力。

成套设备应采取针对短路电流的防护措施，例如，断路器、熔断器或两者的组合件，上述元器件可以安装在成套设备的内部或外部。

注2：对用于IT系统的成套设备(见IEC 60364-5-52)，短路保护电器的每个极在线电压下宜有足够的分断能力以排除双相接地故障。

注3：除非成套设备制造商在运行和维护说明中另有规定，否则没有经过熟练技术人员检查和/或维护，短路后的成套设备不能再使用。

### 9.3.2 有关短路耐受强度的信息

对于进线单元带有短路保护电器(SCPD)的成套设备，成套设备制造商应标明成套设备进线端的预期短路电流的最大允许值。这个值不应超过相应的额定值(见5.3.3、5.3.4和5.3.5)。相应的功率因数和峰值应为9.3.3给出的数据。

如果使用带延时脱扣的断路器作为短路保护电器，则成套设备制造商应标明最大延时时间和相应于指定预期短路电流的电流整定值。

对于进线单元没有短路保护电器的成套设备，成套设备制造商应用下述一种或几种方法标明短路耐受强度：

a) 额定短时耐受电流($I_{cw}$)及相应的持续时间(见5.3.4)和额定峰值耐受电流($I_{pk}$)(见5.3.3)；

b) 额定限制短路电流($I_{cc}$)(见5.3.5)。

当最长时间不超过3 s时，额定短时耐受电流与相应的持续时间的关系用公式$I^2t$=常数表示，但峰值不超过额定峰值耐受电流。

成套设备制造商应说明用于保护成套设备所需的短路保护电器的特性。

具有几个但不大可能同时工作的进线单元的成套设备，其短路电流耐受强度可根据上述条款在每个进线单元上标出。

对于具有几个且可能同时工作的进线单元的成套设备，以及对于具有可能分担短路电流的一个进线单元和一个或几个大功率出线单元的成套设备，必须根据用户提供的数据，确定每个进线单元，每个出线单元和母线中的预期短路电流值。

### 9.3.3 峰值电流与短时电流之间的关系

为确定电动应力，峰值电流值应用短路电流的有效值乘以系数 $n$ 获得。系数 $n$ 的值和相应的功率因数在表 7 中给出。

### 9.3.4 保护器件的配合

成套设备内部和用于成套设备外部的保护器件之间的配合应遵循成套设备制造商与用户之间的协议。成套设备制造商的产品目录中给出的信息可以替代这类协议。

如果工作条件要求供电电源有最大的连续性，则成套设备内短路保护电器的整定或选择应可能是这样配合的，即在任何一个输出电路发生短路时，利用安装在该故障电路中的开关器件使其消除，而不影响其他输出电路，从而确保保护系统的选择性。

如果将短路保护电器串联连接，并准备同时运行，以达到所要求的短路通断能力(即后备保护)，则成套设备制造商应告知用户(例如通过成套设备上或使用说明书中的警告标志，见 6.2)，保护器件不允许用不同类型和额定数据的其他器件替换，除非此器件已与备份器件组合在一起经过试验和核准，否则整个组合的通断能力可能会受到损害。

## 9.4 电磁兼容性(EMC)

与 EMC 相关的性能要求，见附录 J 的 J.9.4。

# 10 设计验证

## 10.1 通则

设计验证是为验证成套设备或成套设备系统的设计是否符合其系列标准的要求。

若成套设备已按照 IEC 60439 系列标准做过了相关试验，而且试验结果完全满足 GB 7251 (IEC 61439)相关部分的要求，则这些要求的验证不需要重复进行。

如组合在成套设备中的开关器件或元件已经按照 8.5.3 的规定选定，并且是依照其制造商的说明书安装的，则不必再按其产品标准进行验证。各个器件依照其相关产品标准进行的试验不能代替本成套设备标准的设计验证。

如果对已验证的成套设备进行更改，则应使用第 10 章来核查这些更改是否影响成套设备的性能。如果可能存在不利影响，应进行新的验证。

方法包括：

——验证试验；

——与已试验的基准设计进行验证比较；

——验证评估，例如，确认计算和设计规则的正确应用，包括适当的安全余量。

见附录 D。

当同一验证有不止一种方法时，则认为它们是等效的，且初始制造商有责任选择合适的方法。

试验应在清洁和新的条件下，在有代表性的成套设备样机上进行。

成套设备的性能可能会受验证试验(例如短路试验)的影响。这些试验不能在打算使用的成套设备上进行。

由初始制造商(见 3.10.1)依据本部分验证过的成套设备，当由其他制造商组装或制造时，如果全部满足初始制造商规定的要求和提供的使用说明书，则不要求重复初始设计验证。若成套设备制造商加入了自己的布置方式进行组装时，而这些布置方式不包括在初始制造商所做验证范围内，则该成套设备制造商被认为是这些布置方式初始制造商。

设计验证应由以下部分组成：

a) 结构：

10.2 材料和部件的强度；

10.3 成套设备的防护等级；

10.4 电气间隙和爬电距离；

10.5 电击防护和保护电路完整性；

10.6 开关器件和元件的组合；

10.7 内部电路和连接；

10.8 外接导线端子。

b) 性能：

10.9 介电性能；

10.10 温升验证；

10.11 短路耐受强度；

10.12 电磁兼容性；

10.13 机械操作。

基准设计、用于验证的成套设备或其部件的数量、所适合的验证方法的选择以及执行验证顺序应该遵从初始制造商的规定。

成套设备验证中使用的数据、计算和比较，应记录在验证报告中。

### 10.2 材料和部件的强度

#### 10.2.1 通则

成套设备的结构材料和部件的机械、电气和热性能应通过结构和运行特性来验证。

如果使用符合 IEC 62208 的空壳体，且没有对其进行过降低外壳性能的更改，则不需要按 10.2 规定再进行外壳的试验。

#### 10.2.2 耐腐蚀性

##### 10.2.2.1 试验程序

成套设备含铁的金属外壳及内部和外部含铁金属部件的代表性样品应进行耐腐蚀性验证。

试验应执行在：

——外壳或代表性样品外壳，且正常使用时，具有代表性的内部部件且门关闭；或

——单独的代表性外壳部件和内部部件。

在所有情况下，铰链、锁和紧固件也应进行试验，除非它们原先已进行过等效试验并且使用中没有损害其耐腐蚀性。

外壳应按照初始制造商说明书中正常使用的要求安装进行试验。

试验样品应是新的，干净的，并应耐受 10.2.2.2 和 10.2.2.3 中严酷试验 A 或 B 的验证。

注：盐雾试验提供了加速腐蚀的环境，但这不意味着成套设备适用于盐雾环境。

##### 10.2.2.2 严酷试验 A

试验适用于：

——户内安装的金属外壳；

——户内安装成套设备的外部金属部件；

——户内和户外安装的成套设备内部用于机械操作的金属部件。

试验包括：

根据 GB/T 2423.4(试验 Db)进行湿热循环试验，温度 40 ℃±3 ℃，相对湿度为 95%，试验以 24 h 为一个循环，共进行 6 个循环，和；

根据 GB/T 2423.17(试验 Ka：盐雾)进行盐雾试验，温度 35 ℃± 2 ℃，试验以 24 h 为一个循环，共进行 2 个循环。

#### 10.2.2.3 严酷试验 B

试验适用于：

——户外安装的金属外壳；

——户外安装成套设备的外部金属部件。

试验由两个完全相同的 12 天周期组成。

每个 12 天的周期包括：

根据 GB/T 2423.4(试验 Db)进行湿热循环试验，温度为 40 ℃±3 ℃，相对湿度为 95%，试验以 24 h为一个循环，共进行 5 个循环。和

根据 GB/T 2423.17(试验 Ka：盐雾)进行盐雾试验，温度 35 ℃± 2 ℃，试验以 24 h 为一个循环，共进行 7 个循环。

#### 10.2.2.4 试验结果

试验结束后，应开启水龙头对外壳或样品用水冲洗 5 min，用蒸馏水或软化水漂净，再甩动或用吹风机除去水珠，然后将试验样品存放在正常使用条件下 2 h。

进行目测检查，以确定：

——没有明显锈痕、破裂或不超过 ISO 4628-3 所允许的 Ri1 锈蚀等级的其他损坏。然而，允许保护涂层表面的损坏。如果对色漆和清漆有疑问，应参考 ISO 4628-3 验证，看试样是否符合样品 Ri1。

——机械完整性没有损坏。

——密封没有损坏。

——门、铰链、锁和紧固件工作没有异常。

### 10.2.3 绝缘材料性能

#### 10.2.3.1 外壳热稳定性验证

由绝缘材料制造的外壳的热稳定性应用干热试验验证。试验根据 GB/T 2423.2 试验 Bb 进行，温度 70 ℃，自然通风，持续 168 h，恢复 96 h。

对于没有技术上的意义，只用于装饰目的的部件不进行此项实验。

将一个如同正常使用时一样安装的外壳放在加热箱中进行试验，加热箱有同周围空气一样的成分和压力而且自然通风。如果外壳的尺寸比可用的加热箱大很多，则试验可在一个有代表性的外壳样品上进行。

推荐使用电加热箱。

可以通过加热箱壁上的孔提供自然通风。

经正常视力或没有附加放大设备的校正视力目测外壳或样品，既没有可见的裂痕，其材料也没有变为粘性或油脂性。可用下列方法判断：

在食指裹一块干粗布，以 5 N 力按压样品，样品上应没有布的痕迹并且外壳或样品的材料没有粘到布上。

注：5 N力可用下面方法获得：外壳或样品放在天平的一个秤盘上，天平的另一秤盘加载的质量等于样品的质量+500 g。在食指上裹一片粗糙的干布按在样品上使天平平衡。

#### 10.2.3.2 绝缘材料耐受内部电效应引起的非正常发热和着火的验证

GB/T 5169.10中的灼热丝试验原理和GB/T 5169.11中给出的详细说明用来验证用于下列部件的材料的适用性：

a） 成套设备的部件上；或

b） 从这些部件上提取的部件上。

试验应在a)或b)部件中最薄的材料上进行。

如果具有代表性截面积的同一材料作为部件已经满足8.1.3.2.3的要求，则不需要再试验。它对之前已经依据各自说明书试验过的所有部件都是一样的。

该试验的说明见GB/T 5169.11—2006中第4章。所用的设备见GB/T 5169.11—2006中第5章。

灼热丝顶部的温度应如下：

——其上需要安装载流部件的部件：960 ℃；

——用于嵌入墙内的外壳：850 ℃；

——其他部件，包括需要安装保护导体的部件：650 ℃。

供替代的另一种选择，初始制造商应提供来自绝缘材料供应商的材料适用性数据，以证明符合8.1.3.2.3的要求。

### 10.2.4 耐紫外线（UV）辐射验证

此试验仅适用于用绝缘材料制作的或用金属制作但完全用合成材料包覆的，用于户外安装的成套设备的外壳和外装部件。这些部件的代表性样品应进行如下试验：

依据ISO 4892-2中的方法A进行UV试验，循环1试验周期总共500 h。对于用绝缘材料制成的外壳，通过验证进行核查，其绝缘材料的弯曲强度（依据GB/T 9341）和摆锤冲击强度（依据ISO 179）至少保留70%。

试验应在符合GB/T 9341规定的6个标准尺寸的试验样品和符合ISO 179规定的6个标准尺寸的试验样品上进行。试验样品应在与制造外壳的相同条件下制成。

对于依据GB/T 9341进行的试验，暴露在UV下的样品的表面应正面向下，并在非暴露表面施加压力。

对于依据ISO 179进行的试验，对于材料，由于尚未产生裂痕，所以冲击弯曲强度不能在暴露前确定，不应损坏超过3个暴露试验的样品。

由金属材料制成完全用合成材料包覆的外壳，合成材料的粘附物依据ISO 2409应至少保留类别3。

经正常视力或没有附加放大设备的校正视力目测样品应没有可见的裂痕或损坏。

如果初始制造商能够提供来自材料供应商的数据，证明具有相同类型和厚度或较薄的材料符合这些要求，则不需做试验。

### 10.2.5 提升

对于规定了提升方法的成套设备用以下试验验证。

将初始制造商允许提升的最大数量的框架单元、元件和/或砝码装在一起，并使质量达到最大运输质量的1.25倍。将门关闭，用初始制造商规定的方法，用指定的提升设施提升。

将成套设备从静止位置垂直平稳地，无冲击地向上提升大于或等于1 m高度，然后，以相同方法缓缓地放回静止位置。此试验将成套设备提升离开地面不做任何移动悬吊30 min后再重复两次。

再将成套设备从静止位置垂直平稳地，无冲击地提升大于或等于1 m，并水平移动10 m±0.5 m，然后放回静止位置。按照这个顺序以相同的速度进行三次试验，每次试验时间在1 min之内。

试验后，试验砝码应就位，成套设备经正常视力或没有附加放大设备的校正视力目测没有可见的裂痕或永久变形，其性能也没有受到损害。

#### 10.2.6 机械碰撞试验

特定的成套设备标准要求的机械碰撞试验应依据GB/T 20138进行。

#### 10.2.7 标志

模压、冲压、刻字或类似方法制作的标志，包括带有塑料覆膜的标签，不用经受本试验。

试验时先手持一块在水中浸泡过的布，摩擦标志15 s，再用在石油溶剂油中浸泡过的布摩擦标志15 s。

**注**：石油溶剂油为己烷溶剂，溶剂内芳香物含量最多体积比0.1%，贝壳松脂丁醇值29，初始沸点65 ℃，干点69 ℃，密度约为0.68 g/cm$^3$。

试验后，经正常视力或没有附加放大设备的校正视力目测标志，仍容易辨认。

### 10.3 成套设备的防护等级

8.2.2、8.2.3和8.4.2.3中规定的防护等级应依据GB 4208进行验证；试验应在一台有代表性装备的成套设备上按初始制造商规定的环境条件下进行。当成套设备使用的空壳体符合IEC 62208规定的要求时，应进行验证评估以确保已进行的所有外形更改不会导致降低防护等级。这种情况下不须再做进一步的试验。

IP试验应执行在：

——如正常使用状态下，所有覆板和门就位并关闭；

——如果初始制造商没有其他说明，则在断电状态下。

防护等级为IP5X的成套设备，应依据GB 4208—2008中13.4，类型2进行试验。

防护等级为IP6X的成套设备，应依据GB 4208—2008中13.4，类型1进行试验。

IPX3和IPX4的试验装置，及IPX4试验中外壳的支撑物的类型在试验报告中应予以说明。

IPX1试验可用移动滴水箱取代成套设备的旋转。

在成套设备从IPX1到IPX6的试验中，只有对于进入路径明显，且只接触到外壳但不影响安全性的进水是允许的。

如果在外壳内的电气设备上可见大量有害的灰尘，则不认为通过了IP5X试验。

### 10.4 电气间隙和爬电距离

验证电气间隙和爬电距离应符合8.3的要求。

测量电气间隙和爬电距离的方法如附录F所示。

### 10.5 电击防护和保护电路完整性

#### 10.5.1 保护电路有效性

对保护电路有效性的下列功能进行验证：

a） 防止10.5.2中列出的成套设备内部故障产生的后果，和

b） 防止10.5.3中列出的由成套设备供电的外部电路故障产生的后果。

#### 10.5.2 成套设备外露可导电部分与保护电路之间的有效接地的连续性

应验证成套设备的不同外露可导电部分是否有效地连接到进线外部保护导体的端子上，且电路的电阻不应超过 0.1 Ω。

应使用电阻测量仪器进行验证，此仪器至少能输出 10 A 交流或直流电流。在每个外露可导电部分与外部保护导体的端子之间通以此电流。电阻不应超过 0.1 Ω。

注：有必要限制试验的持续时间，否则，低电流设备可能会受到试验的不利影响。

#### 10.5.3 保护电路的短路耐受强度

##### 10.5.3.1 通则

应验证额定短路耐受强度。验证可通过 10.5.3.3～10.5.3.5 中详述的与一个基准设计比较或通过试验进行。

初始制造商应确定将在 10.5.3.3 和 10.5.3.4 中应用的基准设计。

##### 10.5.3.2 免除短路耐受验证的保护电路

符合 8.4.3.2.3 的单独保护导体，如果满足 10.11.2 中的条件之一，则不需要进行短路试验。

##### 10.5.3.3 通过与一个基准设计比较进行验证——使用核查表

当待验证的成套设备与已试验的设计使用核查表 13 中的 1～6 项和 8～10 项进行比较无偏差时，则验证通过。

为确保流过外露可导电部分具有相同承载故障电流的能力，提供的保护导体与外露可导电部分间连接的部件的设计、数量和布置应与已试验的基准设计相同。

##### 10.5.3.4 通过与一个基准设计比较进行验证——使用计算

验证是基于与依据 10.11.4 计算的基准设计相比较进行的。

为确保流过外露可导电部分具有相同承载故障电流的能力，提供的保护导体与外露可导电部分间连接的部件的设计、数量和布置应与已试验的基准设计相同。

##### 10.5.3.5 通过试验验证

按 10.11.5.6 进行。

### 10.6 开关器件和元件的组合

#### 10.6.1 通则

依据 8.5 的设计要求，开关器件和元件的组合应经初始制造商检查确认。

#### 10.6.2 电磁兼容性

J.9.4 中电磁兼容性的性能要求应通过检查验证，必要时通过试验验证(见 J.10.12)。

### 10.7 内部电路和连接

依据 8.6 设计要求，内部电路和连接应经初始制造商检查确认。

### 10.8 外接导线端子

依据 8.8 设计要求，外接导体端子应经初始制造商检查确认。

## 10.9 介电性能

### 10.9.1 通则

试验时，成套设备的所有电气设备都应连接起来，除非根据有关规定应施加较低试验电压的元器件以及某些消耗电流的元器件(如线圈、测量仪器，浪涌抑制器)，对这些元器件施加试验电压后将会引起电流的流动，则应将它们断开。此类元器件应将它们的一个接线端上断开，除非它们被设计为不能耐受全试验电压时，才能将所有接线端子都断开。

试验电压的允许误差和试验设备的选择见 IEC 61180。

### 10.9.2 工频耐受电压

#### 10.9.2.1 主电路、辅助电路和控制电路

主电路以及连接到主电路的辅助电路和控制电路应承受表 8 中的试验电压值。

不与主电路连接的辅助电路和控制电路，应承受表 9 中的试验电压值。

#### 10.9.2.2 试验电压

试验电压波形应是近似正弦波，频率在 45 Hz～65 Hz 之间。

在输出电压已调整到合适的试验电压值后，当输出端子短路时，用于试验的高压变压器应设计为输出电流至少为 200 mA。

当输出电流小于 100 mA 时，过流继电器不应动作。

试验电压值应是表 8 或表 9 中规定值，允许有±3%的偏差。

#### 10.9.2.3 试验电压的施加

开始时施加的工频试验电压不应超过全试验电压值的 50%，然后将试验电压平稳增加至全试验电压值，并维持 $5_{0}^{+2}$ s，试验电压应施加于：

a) 主电路的所有带电部分(包括连接到主电路上的控制电路和辅助电路)连接在一起与外露可导电部分之间。此时，所有开关器件的主触头应处于闭合状态，或由一个合适的低阻导体短接。

b) 主电路不同电位的每个带电部分和不同电位其他带电部分与连接在一起的外露可导电部分之间。此时，所有开关器件的主触头应处于闭合状态，或由一个合适的低阻导体短接。

c) 通常：不连接主电路的每条控制电路和辅助电路与

- 主电路；
- 其他电路；
- 外露可导电部分。

#### 10.9.2.4 验收准则

试验过程中，过流继电器不应动作，且不应有击穿放电(见 3.6.17)。

### 10.9.3 冲击耐受电压

#### 10.9.3.1 通则

应通过试验或评估进行验证。

初始制造商可自行决定选择 10.9.3.3 或 10.9.3.4 用等效的交流或直流电压试验代替冲击耐受电压试验。

10.9.3.2 冲击耐受电压试验

冲击电压发生器应调整到连接的成套设备所要求的冲击电压值。试验电压值应是 9.1.3 中的规定值。施加的峰值电压的精度应为±3%。

不与主电路连接的辅助电路应接地。对成套设备每个极性施加 1.2/50 μs 的冲击电压 5 次,间隔时间至少为 1 s。

a) 主电路的所有带电部分(包括连接到主电路上的控制电路和辅助电路)连接在一起与外露可导电部分之间。此时,所有开关器件的主触头应处于闭合状态,或由一个合适的低阻导体短接。
b) 主电路不同电位的每个带电部分和不同电位其他带电部分与连接在一起的外露可导电部分之间。此时,所有开关器件的主触头应处于闭合状态,或由一个合适的低阻导体短接。
c) 通常不连接主电路的每条控制电路和辅助电路与
   • 主电路;
   • 其他电路;
   • 外露可导电部分。

可以接受的结果是,试验过程中不应有击穿放电。

10.9.3.3 可选择的工频电压试验

试验电压波形应是近似正弦波形,频率在 45 Hz~65 Hz 之间。

在输出电压已调整到合适的试验电压值后,当输出端子短路时,用于试验的高压变压器应设计为输出电流至少为 200 mA。

当输出电流小于 100 mA 时,过流继电器不应动作。

试验电压值应是 9.1.3 及表 10 中规定值,允许有±3%的偏差。

应一次满额施加工频试验电压,持续时间应足够长以达到确定的值,但不应小于 15 ms。

它适于成套设备在以上 10.9.3.2 a)、b)及 c)中的试验。

可以接受的结果是,试验过程中,过流继电器不应动作,不应有击穿放电。

10.9.3.4 可选择的直流电压试验

试验电压可含有可以忽略的纹波。

用于试验的高压源应设计成在输出电压调整到合适的试验电压值,且输出端子短路时,其输出电流至少为 200mA。

当输出电流小于 100 mA 时,过流继电器不应动作。

试验电压值应是 9.1.3 及表 10 中规定值,允许有±3%的偏差。

对每个极性施加直流电压一次,持续时间应足够长以达到确定的值,但不能小于 15 ms 或大于 100 ms。

它适于成套设备在以上 10.9.3.2 a)、b)及 c)中的试验。

可以接受的结果是,试验过程中过流继电器不应动作,不应有击穿放电。

10.9.3.5 验证评估

电气间隙可用测量方法进行验证,或使用附录 F 中给出的测量方法在设计图纸上测量进行验证。电气间隙至少为表 1 中规定值的 1.5 倍。

注:对于设计验证,达到表 1 中值的 1.5 倍的成套设备可免除冲击耐受电压试验,此安全系数已考虑制造公差。

应通过对器件制造商的数据评估来验证所有装入的器件对规定的额定冲击耐受电压($U_{imp}$)是合适的。

#### 10.9.4 绝缘材料外壳的试验

用绝缘材料制造外壳的成套装置,还应进行一次附加介电试验。在外壳的表面包覆一层能覆盖所有开孔和接缝的金属箔。交流试验电压施加于这层金属箔与成套设备内靠近开孔和接缝的相互连接的带电部分以及外露可导电部分之间。对此附加试验,其试验电压应等于表 8 中规定值的 1.5 倍。

#### 10.9.5 绝缘材料的外部操作手柄

手柄由绝缘材料制作或包覆的情况下,应在带电部分与金属箔包裹的整个手柄表面之间施加表 8 中给出试验电压 1.5 倍的试验电压进行介电试验。在此测试期间,框架不应接地或连接到其他电路。

### 10.10 温升验证

#### 10.10.1 通则

验证成套设备或成套设备系统不同部分的温升限值不应超过 9.2 中给定的值。

通过以下一种或多种方式验证(见附录 O 的指南):

a) 试验(10.10.2);

b) 类似方案额定数据的推导(从经过试验的设计)(10.10.3);

c) 计算,即对不超过 630 A 的单隔室成套设备依据 10.10.4.2,或对不超过 1 600 A 的成套设备依据 10.10.4.3。

额定频率 60 Hz 以上的成套设备总是要求通过试验(10.10.2)或通过以相同使用频率(10.10.3)试验过的类似设计的推导来进行温升验证。

待验证的电路的载流能力由额定电流(见 5.3.2)和额定分散系数(见 5.4)确定。

#### 10.10.2 通过试验验证

##### 10.10.2.1 通则

通过试验验证时,应包含以下内容:

a) 如果被验证的成套设备系统包含几个方案,应依据 10.10.2.2 选择有最严酷布置的成套设备系统进行试验;

b) 采用下面的方法之一对所选择的成套设备方案进行验证(见附录 O):

   1) 依据 10.10.2.3.5,整体考虑各个功能单元、主母线、配电母线以及成套设备;

   2) 依据 10.10.2.3.6,分别考虑各个功能单元,以及包括主母线、配电母线的整套成套设备;

   3) 依据 10.10.2.3.7,分别考虑各个功能单元、主母线、配电母线以及整套成套设备。

c) 当被试验的成套设备是成套设备系统中最严酷的方案时,其试验结果可用于制定类似方案的额定值而无需进一步试验。10.10.3 中给出了这种推导的规则。

##### 10.10.2.2 代表性布置的选择

###### 10.10.2.2.1 通则

试验应在一个或多个代表性的布置上进行,该代表性布置的负载应选择一个或多个代表性负载组合,以便能以合理的精度得到尽可能高的温升。

用来测试的代表性布置的选择在 10.10.2.2.2 和 10.10.2.2.3 中给出。这种选择由初始制造商负责。初始制造商选择测试布置时应考虑到,按照 10.10.3,从已试验过的布置推导出的结构。

10.10.2.2.2 **母线**

由单根或多根矩形截面导体组成的母线系统，其方案的区别仅在以下一个或多个量的变化：

——高度；

——厚度；

——每个导体的母排数量。

且具有相同的：

——母排布置方式；

——导体中心线间隔；

——外壳；

——母线隔室（如果有）。

为了减少试验次数，应选择最大截面积的母线作为代表性布置。对于较小母线尺寸方案额定数据或其他材料见 10.10.3.3。

10.10.2.2.3 **功能单元**

a) 类似功能单元组的选择

如果不同额定电流的功能单元，满足下列的条件，那么可认为这些功能单元具有类似的热性能，并形成一个类似的单元系列：

1) 主电路功能及基本电路图相同（例如进线单元、可逆起动器、电缆馈线）；
2) 器件具有相同的框架尺寸且属于相同系列；
3) 相同类型的安装结构；
4) 器件相互之间的布置方式相同；
5) 导体的类型及布置方式相同；
6) 一个功能单元内的主电路导体的截面应至少等于电路中最小额定数据器件的额定数据，电缆的选择应按照试验或依据 IEC 60364-5-52。附录 H 表格中给出了成套设备内部状态如何适配这个标准的例子。母排的截面积应按照试验或按附录 N 的数据。

b) 每个类似组合中挑选出一个关键方案作为试验样品

对于关键方案，应试验其最严酷的隔室（如适用）及外壳条件（考虑到形状、尺寸、隔板及外壳的通风设计）。

确定功能单元的每个方案的最大可能电流额定数据。对于只包含一个器件的功能单元，它就是器件的额定电流值。对于具有几个器件的功能单元，它就是具有最小额定电流器件的额定值。如果串联连接器件的组合用于一个较低电流（例如电动机起动器组合），则应采用此较低电流。

对于每个功能单元，其功率损耗应在最大可能电流下按器件制造商给出的每个器件和相关导体的功率损耗的数据来计算。

对于电流小于等于 630 A 的功能单元，每个系列中的关键单元是具有最高总功率损耗的功能单元。

对于电流在 630 A 以上的功能单元，每个系列中的关键单元是具有最高额定电流的单元。这种单元应确保考虑涡流及电流集肤效应引起的附加热效应。

关键功能单元应至少执行下列试验：

- 拟用于这个功能单元的最小隔室（如果有）；和
- 考虑到通风口尺寸，最差的内部隔离方案（如果有）；和
- 其外壳具有单位体积最大功率损耗；和
- 外壳的通风方式（自然或强制）和通风口尺寸最差的方案。

如果功能单元能有不同的安装方向（水平或垂直），那么应验证最严酷的布置。

**注**：对于非关键功能单元的布置及方案的附加试验应由初始制造商决定。

### 10.10.2.3 试验方法

#### 10.10.2.3.1 通则

在 10.10.2.3.5～10.10.2.3.7 中，给出三种试验方法，它们所需的试验次数和试验结果应用范围的区别，在附录 O 中详细解释。

各条电路的温升试验应采用设计的频率和预期的电流类型，任何试验电压值应能产生所需电流。应对继电器线圈、接触器线圈、脱扣器线圈等施加额定工作电压。

成套设备应按正常使用时放置，所有覆板包括底板都应就位。

如果成套设备中包含有熔断器，试验时应按照制造商的规定配备熔断体。试验所用的熔断体的功率损耗应载入试验报告中。熔断体的功率损耗可由测量得到，也可由熔断体制造商给出。

试验时使用的外接导体的尺寸和布置方式也应载入试验报告中。

试验持续的时间应足以使温度上升到稳定值。实际上当所有的测量点(包括周围空气温度)温度变化不超过 1 K/h 时，即认为达到稳定温度。

如果器件允许的话，可以在试验开始时加大电流，然后再降到规定的试验电流值，用这样的方法缩短试验时间。

在试验期间，当控制电磁铁通电时，应在主电路和电磁铁都达到热平衡时测量温度。

实际进线试验电流的平均值应在预期值的−0%～+3%之间。每相应在预期值的±5%范围内。

允许对成套设备每个柜架单元进行试验。为使试验具有代表性，可能被连接的附加柜架单元的外表面应涂以隔热层以防止过度冷却。

当柜架单元内或一套成套设备内各个功能单元进行试验时，如果每个功能单元的额定数据不超过 630 A，且其额定数据不用本实验进行验证时，则与其邻近的功能单元可以使用加热电阻器代替。

如果成套设备中有附加的控制电路或一体化器件，则可用加热电阻器来模拟这些附加项目的功率损耗。

#### 10.10.2.3.2 试验导体

在缺少外接导体和使用条件的详细资料时，外接试验导体的截面应按照每条电路的额定电流来选择，如下：

a) 额定电流值在 400 A 以下(包括 400 A)：
   1) 导线应使用单芯铜电缆或绝缘线，其截面积按表 11 给出的数值；
   2) 导线应尽可能暴露在大气中；
   3) 每根从端子到端子的临时接线的最小长度应是：
      ——当截面小于或等于 35 $mm^2$ 时，长度为 1 m；
      ——当截面大于 35 $mm^2$ 时，长度为 2 m。
b) 额定电流值高于 400 A，但不超过 800 A 时：
   1) 根据初始制造商的规定，导线应是单芯铜电缆，其截面积在表 12 中给出，或者是表 12 中给出的等效铜母排。
   2) 电缆或铜母排的间隔大约为端子之间的间距。每个端子的多根平行电缆应捆在一起，互相间的距离大约为 10 mm。每个端子的多根铜母排之间的间距大约等于铜母排的厚度。如果所要求的铜母排尺寸不适合端子或没有这种尺寸的铜母排，则允许采用截面尺寸大致相差 ± 10 %，冷却面积大致相同或略小一些的其他铜母排。电缆或铜母排不应交叉。
   3) 单相或多相试验，连接试验电源的临时接线的最小长度为 2 m。连接星形点的临时接线的最小长度,如初始制造商同意,可减少到 1.2 m。

c) 额定电流值高于 800 A ,但不超过 4 000 A 时:

1) 导体应是表 12 中规定尺寸的铜母排,除非成套设备的设计规定只能使用电缆。在这种情况下,电缆尺寸和布置应由初始制造厂商给出。

2) 铜母排的间隔大约为端子间的间隔。每个端子排的多根铜母排应以大约等于铜母排厚度的间距隔开。如果所要求的铜母排尺寸不适合端子或没有这种尺寸的铜母排,则允许采用截面尺寸大致相差± 10 %,冷却面积大致相同或略小一些的其他铜母排,铜母排不应交叉。

3) 对于单相或多相试验,连接试验电源的任何临时接线的最小长度为 3 m,但如果连接线的电源末端的温升与连接长度中点的温升相比不低于 5 K,那么,连接线可以减少到 2 m。

d) 额定电流值高于 4 000 A 时:

初始制造商应确定有关试验的所有事项,例如,电源类型、相数和频率(如需要)、试验导线的截面等。这些信息应作为试验报告的一部分。

#### 10.10.2.3.3 温度的测量

应使用热电偶或温度计来测量温度。对于绕组,通常采用测量电阻变化值的方法来测量温度。

温度计或热电偶应防止空气流动和热辐射。

应对必须观测温升限值(见 9.2)的所有点进行温度测量,特别是应注意主回路中的导体和端子连接点。为测量成套设备内部的空气温度,应在适宜的地方配置几个测量装置。

#### 10.10.2.3.4 周围空气温度

测量周围空气温度,至少要用两个热电偶或温度计均匀地布置在成套设备的周围,其高度约等于成套设备的二分之一,并距成套设备 1 m 的地方安装。温度计或热电偶应防止空气流动和热辐射。

试验期间的周围温度应在+10 ℃~+40 ℃之间。

#### 10.10.2.3.5 整个成套设备的验证

成套设备的进、出电路应通以额定电流(见 5.3.2),即等效额定分散系数等于 1(见 5.4 和附录 O)。

如果进线电路或配电母线系统的额定电流小于所有出线电路额定电流的总和,则出线电路应根据进线电路或配电母线系统的额定电流分成几组。分组形式应能获得最高可能的温升。应形成足够多的组并进行试验,以保证至少在一个组中包含功能单元的所有不同的方案。

若满负载电路不能精确分配总输入电流,则剩余电流应由其他适合的电路进行分配。试验需反复进行直到所有出线回路在其额定电流下都被验证。

由于相邻单元的热影响可能有很大的差别,所以在已验证过的成套设备中的功能单元或成套设备的柜架单元中布置的变化都应做附加试验。

注:10.10.2.3.6 提供了分散系数小于 1 的成套设备的测试方法,此方法比 10.10.2.3.7 所规定的试验次数少。

#### 10.10.2.3.6 分别验证各功能单元和整个成套设备

电路的额定电流和额定分散系数应分别依据 5.3.2 和 5.4 通过以下两个阶段进行验证。

每个关键方案功能单元的额定电流(10.10.2.2.3 b))分别按 10.10.2.3.7 c)进行验证。

成套设备应通过进线电路通以额定电流,所有出线功能单元都通以额定电流乘以分散系数进行验证。

如果进线电路或配电母线系统的额定电流小于所有出线电路试验电流的总和(如额定电流乘以分散系数),则出线电路应根据进线电路或配电母线系统的额定电流分成几组。分组形式应能获得可能最高的温升。应形成足够多的组并进行试验，以保证至少在一组中包含了功能单元的所有不同方案。

若满负载电路不能精确分配总输入电流，则剩余电流应由其他适合的电路进行分配。试验需反复进行直到所有出线回路在其额定电流下都被验证。

由于相邻单元的热影响可能有很大的差别，所以在已验证过的成套设备中的功能单元或成套单元的柜架单元中布置的变化都应做附加试验。

#### 10.10.2.3.7 分别验证各功能单元，主母线，配电母线和整个成套设备

成套设备应依据10.10.2.2.2和10.10.2.2.3对所选标准部件分别进行a)～c)的验证，并且应在最严酷条件下对整个成套设备d)进行验证，详述如下：

a) 主母线应分别进行试验。主母线应像正常使用时一样安装在成套设备外壳内，所有覆板及将主母线与其他隔室隔开的所有隔板应就位。如果主母线有连接点，它们应被包含在试验中。试验应在额定电流下进行。试验电流应流过母线全长。当母线可延展时，在成套设备设计允许的情况下，为了减小外部试验导体对温升的影响，用于试验的外壳内主母线的长度至少为2 m，并最少包括一个接点。

b) 配电母线应在与出线单元隔离的情况下分别进行试验。它们应像正常使用时一样安装在成套设备外壳内，所有覆板及将母线与其他隔室隔开的所有隔板应就位。配电母线应与主母线连接。没有其他导体(例如连接到功能单元的导体)连接到配电母线上。考虑到最严酷的条件，试验应在额定电流下进行。试验电流应流过配电母线全长。如果主母线有较高的电流额定数据，它应输出附加电流，以便它能把它的额定电流送至与配电母线的连接点。

c) 功能单元应单独进行试验。它们应像正常使用时一样安装在外壳内，所有覆板及所有内部隔板都就位。如果功能单元可以安装在不同地方，则应安装在最不利的位置。功能单元应像正常使用那样与主母线或配电母线连接。如果主母线和/或配电母线(如果有的话)有较高的电流额定数据，则应输出附加电流，使它们把额定电流引至各自的连接点。对于功能单元试验应在额定电流下进行。

d) 完整的成套设备应通过在使用中可能遇到最严酷布置的温升试验来验证，这种布置由初始制造商确定。在进行这项试验时，进线电路通以额定电流，各出线功能单元以它的额定电流乘以额定分散系数。如果进线电路或配电母线系统的额定电流小于所有出线电路试验电流的总和(如额定电流乘以分散系数)，则出线电路应根据进线电路或配电母线系统的额定电流分成几组。分组形式应能获得最高可能的温升。应形成足够多的组并进行试验，以保证至少在一个组中包含了功能单元的所有不同的方案。

#### 10.10.2.3.8 试验结果

试验结束时，温升不应超过表6中规定值。元器件在成套设备内部温度下，并在其规定的电压极限范围内应良好地工作。

### 10.10.3 类似方案额定数据的推导

#### 10.10.3.1 通则

以下的条款规定了方案的额定电流如何通过经试验验证的类似布置来推导验证。

额定电流小于或等于800 A时，在50 Hz电路上进行的温升试验，适用于60 Hz的电路。电流大于800 A，不进行60 Hz电路的试验时，60 Hz的额定电流应减到50 Hz的额定电流的95%。作为选择，如果50 Hz时的最大温升没有超过允许值的90%，则不要求对60 Hz的情况降低额定数据。在特定频率下的试验也适用于电流额定数据相同时的较低频率包括直流。

10.10.3.2 成套设备

由经试验的类似布置来推导未经验证的成套设备应满足以下条件：

a) 功能单元与试验所选择的功能单元属于相同组别（见 10.10.2.2.3）；
b) 与试验中使用的结构类型相同；
c) 与试验中使用的外形尺寸相同或有所增大；
d) 与试验中使用的冷却条件相同或更加有利（强迫或自然对流，相同或较大的通风口）；
e) 与试验中使用的内部隔离相同或更少（如果有）；
f) 与试验中使用的相同柜架单元功率损耗相同或较小。

被验证的成套设备可以包含原先验证过的成套设备中全部或仅部分电路，只要相邻单元的热影响不是特别严重，允许对照试验方案去改变成套设备或柜架单元内部的功能单元的布置。

只要中性导体的尺寸等于或大于以相同方式布置的相导体时，三相三线制的成套设备的热性能试验被认为可代表三相四线制或单相，二线制或三线制的成套设备。

10.10.3.3 母线

在相同截面尺寸和结构时，铝母线确定的额定数据对铜母线也是有效的。然而，铜母线确定的额定数据不能用于确定铝母线的额定数据。

依据 10.10.2.2.2 未被选作试验方案的额定数据，应由其截面积乘以经试验验证的有相同设计的较大截面积的母线电流密度来决定。

如果又对相比于已获取的截面积更小的截面进行了试验，并满足 10.10.2.2.2 的条件，则中间方案的额定数据也可通过插值法建立。

10.10.3.4 功能单元

一组类似功能单元（见 10.10.2.2.3 a)）的关键方案经温升极限试验验证后，该组中的所有其他功能单元的实际额定电流应使用这些试验的结果计算得到。

对每个试验功能单元的降容系数（额定电流，将试验得出的结果除以该功能单元的最大可能电流，见 10.10.2.2.3 b)）应由计算得出。

系列中每个不通过试验的功能单元的额定电流应是该功能单元的最大可能电流乘以试验范围内方案所确定的降容系数。

10.10.3.5 功能单元中器件的替代

当依据产品标准进行试验时，如果所提供的器件的功率损耗和端子的温升相同或更低，则器件能被初始验证中另一系列的类似器件所替代。除此之外，应保持功能单元内部的实际布置及其额定数据。

**注**：除温升外，包括短路要求在内的其他被考虑的要求，见表 13。

10.10.4 评估验证

10.10.4.1 通则

提供两种计算方法。它们可确定由所有电路功率损耗引起的外壳内的空气近似温升，并与所安装的设备的温升限值进行比较。两种方法的不同之处由释放的功率损耗与外壳内空气温升关系来确定。

因为载流部件的实际局部温度不能用这些方法计算得出，故一些限值及安全界限是必要的并应包含在内。

#### 10.10.4.2 额定电流不超过 630 A 的单独隔室的成套设备

##### 10.10.4.2.1 验证方法

总电源电流不超过 630 A,额定频率小于或等于 60 Hz,单独隔室的成套设备如果满足下列条件,则可通过计算来验证其温升:

a) 所有内装元件的功率损耗数据可从元件制造商获得;

b) 外壳内部功率损耗近似地均匀分布;

c) 被验证的成套设备电路的额定电流(见 10.10.1)不能超过电路中开关器件及电气元件自然通风时额定发热电流($I_{th}$)(如果有)或额定电流($I_n$)的 80%。应选择电路保护器件以保证出线电路充分被保护。例如在成套设备中被计算出的温度下的电机热保护器件;

注 1:开关器件和电气元件无通用的特性以描述其在此使用的电流值。为验证温升限值,应使用电流值,此电流值描述了不出现过热时能够承载的最大持续工作电流。例如接触器的额定工作电流 $I_e$(AC1)和断路器的额定电流 $I_n$。

d) 机械部件和所安装设备的布置不应阻碍空气流通;

e) 载流超过 200 A 的导体和与之相邻结构部件的布置使涡流和磁滞损耗降至最低;

f) 所有导体应有基于有关电路的允许电流额定数据的 125% 的最小截面积。电缆的选择应依据 IEC 60364-5-52。在附录 H 中给出如何使本部分适用于成套设备内部条件的例子。母排的截面应按照试验或按附录 N 的数据。如果器件制造商明确指定应该使用较大截面积的导体,则应按照执行;

g) 温升取决于不同安装方式(例如嵌入安装、表面安装)时外壳内的器件的功率损耗,它由

- 外壳制造商提供;
- 依据 10.10.4.2.2 来确定;或
- 当装有强迫制冷设备(如强制制冷、内部空气调节器、换热器等)时,依据制冷设备制造商提供的性能和安装准则。

包括互连导体在内所有电路的有功损耗应根据电路的额定电流来计算。成套设备的总功率损耗是由电路的功率损耗相加来计算的,并考虑总负载电流被限制在成套设备额定电流内。导体的功率损耗由计算确定(参见附录 H)。

注 2:有些器件的功率损耗与 $I^2$ 大致成比例,而其他器件有固定的损耗。

注 3:示例:一个额定电流为 100 A 的单独隔室的成套设备(由配电母排限定)装有 20 条输出电路,每条电路假定的额定电流是 8 A 。总有功功率损耗按 12 条输出电路,每条负载 8 A 的电流计算。

成套设备内部的温升可应用 g)中的总功率损耗数据确定。

##### 10.10.4.2.2 用试验确定外壳的功率损耗

外壳的功率损耗可使用能产生相同热量的加热电阻器来模拟,该加热电阻器均匀地分布在外壳顶端并安装在外壳内适当的位置。

连接到电阻器上的引线截面不应将显著的热量传出外壳。

依据 10.10.2.3.1～10.10.2.3.4 进行试验,并测量外壳顶部的空气温升,外壳的温度不应超过表 6 中的值。

##### 10.10.4.2.3 结果

如果由功率损耗计算出的空气温度不超过器件制造商声明允许运行时的空气温度,则成套设备通过验证。这意味着,在主回路中的开关器件或电气元件在计算空气温度时连续负荷应不超过其允许负荷,并且不超过其额定电流的 80%(见 10.10.4.2.1c))。

### 10.10.4.3 额定电流不超过 1 600 A 的成套设备

#### 10.10.4.3.1 验证方法

如果下面条件满足的话，总电源电流不超过 1 600 A，额定频率小于或等于 60 Hz 的单隔室或多隔室成套设备的温升可按照 GB/T 24276 的方法通过计算来验证。

a) 所有内装元件的功率损耗数据可从元件制造商获得；

b) 外壳内部功率损耗近似地均匀分布；

c) 被验证的成套设备电路的额定电流（见 10.10.1）不能超过电路中开关器件及电气元件自然通风时额定发热电流（$I_{th}$），如果有，或额定电流（$I_n$）的 80 %。应选择电路保护器件以保证出线电路充分被保护。例如在成套设备中被计算出的温度下的电机热保护器件；

注 1：描述在此使用的电流值时，开关器件和电气元件无通用的特性。为验证温升限值，应使用电流值，此电流值描述了不出现过热时能够承载的最大持续工作电流。例如接触器的额定工作电流 $I_e$（AC1）和断路器的额定电流 $I_n$。

d) 机械部件和所安装设备的布置不应阻碍空气流通；

e) 载流超过 200 A 的导体和与之相邻结构部件的布置应使涡流和磁滞损耗降至最低；

f) 所有导体应有基于有关电路的允许电流额定数据的 125%的最小截面积。电缆的选择应依据 IEC 60364-5-52。在附录 H 中给出如何使本部分适用于成套设备内部条件的例子。母排的截面应按照试验或按附录 N 的数据。如果器件制造商明确指定应该使用较大截面积的导体，则应按照执行；

g) 对于自然通风外壳，排气口的截面应至少为进气口截面的 1.1 倍；

h) 成套设备或成套设备的框架单元中，不应有超过 3 个水平方向的隔板；

i) 对于带隔室和自然通风的外壳，每个水平隔板的通风口的截面至少为隔室水平截面的 50%。

包括互连导体在内的所有电路的有功损耗应根据电路的额定电流计算。成套设备的总功率损耗是由电路的功率损耗相加来计算的，并考虑总负载电流被限制在成套设备额定电流内。导体的功率损耗由计算确定（参见附录 H）。

注 2：有些器件的功率损耗与 $I^2$ 大致成比例，而其他器件有固定的损耗。

注 3：例如一个额定电流为 100 A 的单独隔室的成套设备（由配电母线限定）装有 20 条输出电路。每条电路假定的额定电流是 8 A。总有功功率损耗按 12 条输出电路，每条负载 8 A 的电流计算。

成套设备内部的温升用 GB/T 24276 中规定的方法由总功率损耗来确定。

#### 10.10.4.3.2 结果

如果任何器件在安装高度计算出的周围空气温度没有超过器件制造商明示允许的周围空气温度，则认为成套设备通过验证。

这意味着，主回路中开关器件或电气元件在其计算邻近空气温度时的连续负载应不超过其允许负载并且不大于其额定电流的 80%（见 10.10.4.3.1 c））。

## 10.11 短路耐受强度

### 10.11.1 通则

应对宣称的短路电流额定数据进行验证，除 10.11.2 中列举的以外，验证可以通过与一个基准设计比较（10.11.3 和 10.11.4）或通过试验（10.11.5）进行。可采用下面的验证：

a) 如果待验证的成套设备系统包含多个方案，则应考虑 10.11.3 的规则选择成套设备最严酷的布置方案。

b) 试验所选择的成套设备方案应按 10.11.5 进行验证。

c) 当试验的成套设备是成套设备系统中较大产品范围内最严酷的方案时，不需进行进一步试验，试验结果就可用于建立类似方案的额定数据。此类规则见 10.11.3 和 10.11.4。

#### 10.11.2 可免除短路耐受强度验证的成套设备电路

以下情况不要求进行短路耐受强度的验证：

a) 额定短时耐受电流（见 5.3.4）或额定限制短路电流（见 5.3.5）不超过 10 kA（有效值）的成套设备。

b) 成套设备或成套设备电路采用限流器件保护，该器件在最大允许预期短路电流时，在成套设备进线电路端子上的截断电流不超过 17 kA。

c) 与变压器相连接的成套设备中的辅助电路，该变压器次级额定电压不小于 110 V 时，其额定容量不超过 10 kVA；或次级额定电压小于 110 V 时，其额定容量不超过 1.6 kVA，而且其短路阻抗不小于 4%。

所有的其他电路都应通过短路耐受强度验证。

#### 10.11.3 通过与一个基准设计比较进行验证——使用核查表

验证是通过与已经过试验验证的成套设备进行比较，其核查表见表 13。

如果核查表中标识的任何部件与该核查表的要求不一致，则这项将被标记为“否”，使用下列方法之一进行验证（见 10.11.4 和 10.11.5）。

#### 10.11.4 通过与一个基准设计比较进行验证——使用计算

通过计算，对成套设备及其电路的额定短时耐受电流进行评估时，应将被评估的成套设备与另一个通过试验验证的成套设备相比较，成套设备主电路的验证评估应按照附录 P。此外被评估的成套设备的每一电路应满足表 13 中第 6、8、9 和 10 项的要求。

应记录使用的数据、做过的计算和进行的对比。

如果按照附录 P 的评估没有通过或表 13 中一些项目没满足要求，则成套设备及其电路应按 10.11.5通过试验来验证。

#### 10.11.5 用试验进行验证

##### 10.11.5.1 试验安排

须进行全部试验的成套设备或其部件应象正常使用时一样安装。如果其余的功能单元有相同的结构，则仅对其中一个功能单元进行试验就够了。同样地，如果其余母线的配置有相同结构，则只对其中一个母线配置进行试验就够了。表 13 中给出了不需要附加试验项目的说明。

##### 10.11.5.2 试验的实施—通则

如果试验电路中包含有熔断器，则应采用具有最大允许电流的熔断体，如需要，应使用初始制造商规定的熔断器。

被试验成套设备所用到的电源导线和短路连接线应有足够的短路耐受强度，它们的连接不应给成套设备造成任何附加的应力。

如果没有其他规定，试验电路应接到成套设备的进线端上，三相成套设备应接到三相电源上。

在使用中与保护导体连接的设备的所有部件，包括外壳，应进行如下连接：

a) 对适用于三相四线系统（见 IEC 60038），且带已标记出接地星形点的成套设备，可接到电源中性点或接到允许预期故障电流至少为 1 500 A 的坚固的感性人工中性点。

b) 对适用于三相三线系统及三相四线系统并有相应标志的成套设备，要与产生对地电弧的可能性最小的相导体连接。

除了 8.4.4 中所述的成套设备外，以上 a) 和 b) 连接方式应包括一个直径为 0.8 mm，长度至少 50 mm的铜丝作为熔体，或者连接一个等效熔体用以检测故障电流。除了注 2 和注 3 所述情况外，在这种有熔体的电路中，预期故障电流应为 1 500 A±10%。必要时，用一个电阻器把电流限制在该值上。

注 1：一根 0.8 mm 直径的铜丝，在 1 500 A 下，电源频率在 45 Hz 至 67 Hz 之间，大约经过半个周波就熔断（或者直流 0.01 s）。

注 2：按照有关产品标准的要求，小型设备的预期故障电流可能小于 1 500 A，则可选用熔断时间与注 1 相同直径较小的铜丝（见注 4）。

注 3：在电源具有一个人为的中性点时，预期故障电流可能比较低，征得成套设备制造商的同意，可选用熔断时间与注 1 相同直径较小的铜丝（见注 4）。

注 4：在有熔体电路中的预期故障电流和铜丝直径之间的关系见表 14。

#### 10.11.5.3 主电路试验

##### 10.11.5.3.1 通则

对初始制造商宣称的下述一种或多种状况，应试验达到额定值的短路电流引发的最大热应力和动态应力的电路：

a) 不依赖于短路保护电器（SCPD）。应用额定峰值耐受电流和额定短时耐受电流在规定的持续时间[见 5.3 和 9.3.2 a)]内对成套设备进行试验。

b) 依赖于成套设备中进线短路保护电器（SCPD）。应用预期进线短路电流在进线短路保护电器限定的时间内对成套设备进行试验。

c) 依赖于上一级短路保护电器（SCPD）。应用初始制造商确定的上一级短路保护电器允许的值对成套设备进行试验。

如果进线或出线电路包括一个可以降低故障电流峰值和/或故障电流持续时间的短路保护电器（SCPD），则允许在短路保护电器（SCPD）动作，切断故障电流（见 5.3.5 额定限制短路电流 $I_{cc}$）情况下进行电路试验。如果短路保护电器（SCPD）包含有可调短路脱扣器，则应设定在最大允许值（见 9.3.2 第 2 段）。

每一种类型的电路应抽出一台按 10.11.5.3.2～10.11.5.3.5 中所描述那样承受短路试验。

##### 10.11.5.3.2 出线电路

出线电路的出线端子应用螺栓进行短路连接。当出线电路中的保护器件是一个断路器时，根据 IEC 60947-1:2007 中 8.3.4.1.2 b)，试验电路可包括一个分流电阻器与电抗器并联来调整短路电流。

对于额定电流小于或等于 630 A 的断路器，在试验电路中，导线长度应为 0.75 m，截面积应适于额定电流的导线（见表 11 和表 12）。如果由初始制造商选定，则可以选用长度小于 0.75 m 的导线连接。

开关器件应闭合，同工作中正常使用那样保持闭合状态。然后应一次施加试验电压并且：

a) 试验电压应维持足够长的时间，使出线单元的短路保护电器动作以消除故障，且在任何情况下，不得少于 10 个周期（试验电压持续时间）；或

b) 当出线电路不包括短路保护电器（SCPD）时，根据初始制造商对母线的说明来确定短路电流的大小和持续时间，出线电路的试验也可能导致进线电路 SCPD 动作。

##### 10.11.5.3.3 进线电路和主母线

应对有主母线的成套设备进行试验，以检验主母线和至少含一个拟向外延伸母线接点的进线电路

的短路耐受强度。试验中短路点应该选择包括主母线长度在内的长度为 2 m±0.4 m 处。在验证额定短时耐受电流(见 5.3.4)和额定峰值耐受电流(见 5.3.3)时,此距离可增加,在所提供的任何适宜的电压下进行试验,应使试验电流为额定值[见 10.11.5.4 b)]。如所设计的成套设备的被试验母线长度小于 1.6 m,而且成套设备不打算再扩展时,则应试验整个母线的全长,短路点应设在这些母线的末端。如果一组母线是由不同母线段构成(诸如截面,导体中心线间隔,母线类型和每米母线上支架的数量)且满足上面所提的条件,则每一柜架单元应分别或同时进行试验。

#### 10.11.5.3.4 出线单元电源侧的连接

如果成套设备的主母线和出线功能单元电源侧之间所包含的导体,包括配电母线(如果有)不符合 8.6.4 中要求时,则每种类型应选择一条电路进行附加试验。

用螺栓将导体连接到单独的出线单元的母线上来实现短路,短路点应尽量靠近出线单元母线侧的端子。短路电流值及其持续时间应与主母线相同。

#### 10.11.5.3.5 中性导体

如果电路中存在中性导体,则应进行一次试验以检验它与电路中最靠近的相导体(包括任何一个连接点)的短路耐受强度。应按照 10.11.5.3.3 的要求进行相与中性点的短路连接。

如果初始制造商与用户没有其他协议,则中性导体的试验电流至少为三相试验时相电流的 60%。

如果试验电流是相电流的 60%并且中性导体满足以下条件,则可不必进行试验:

——与相导体有相同的形状和截面;

——与相导体的支撑方式相同,沿导体长度的支撑间距不大于相导体的支撑间距;

——与最靠近相导体的距离不小于相导体间的距离;

——与接地金属工件的距离不小于同相导体的距离。

#### 10.11.5.4 短路电流值及其持续时间

应在指定保护器件的电源侧,用对所有短路耐受额定数据的预期电流进行动态应力和热应力的验证。若有的话,预期电流等于给出的额定短时耐受电流、额定峰值耐受电流或额定限制短路电流。

对于所有短路耐受额定数据的验证(见 5.3.3～5.3.5),在试验电压等于 1.05 倍额定工作电压时的预期短路电流值应由标定的示波图来确定,该示波图从成套设备供电的导体上测得,该成套设备用一个可以忽略的阻抗所替代,并在尽可能靠近成套设备的输入电源处进行短接。示波图应显示出一个在成套设备内相当于保护器件动作一次时或在指定持续时间内测出的稳定的电流值(见 9.3.2 a))。

标定过程中的电流值应是所有相中交流分量的平均有效值。当在最大工作电压下进行试验时,每一相的标定电流应等于额定短路电流,偏差在+5%～0%之内,而且功率因数的偏差为 0.00～－0.05 之间。

所有试验应在成套设备的额定频率(偏差±25%)及按表 7 的短路电流对应的功率因数下进行。

a) 对于额定限制短路电流 $I_{cc}$试验,无论保护器件是在成套设备的进线单元或是其他地方,试验电压的施加时间应足够长,以确保短路保护电器动作,并清除故障。在任何情况下,不应少于 10 个周波。试验应在 1.05 倍额定工作电压和预期短路电流下进行,如果有规定的保护器件接到电源侧,则预期电流值等于额定限制短路电流值。试验不允许在低电压下进行。

b) 对于额定短时耐受电流和峰值耐受电流的试验,用宣称的额定短时耐受电流和峰值耐受电流值相等的预期电流进行动态应力和热应力验证。应在规定时间内施加电流,此期间其交流分量的有效值应保持不变。

如在最大工作电压下进行短时或峰值耐受试验有困难的情况下,可按 10.11.5.3.3、10.11.5.3.4 和 10.11.5.3.5 规定,在任何合适的电压下进行试验(征得初始制造商同意)。此时的实际试验电流应等于额定短时耐受电流或峰值耐受电流。然而，如果在试验期间出现保护器件发生瞬时触点分离，则应在最大工作电压下重复试验。这一点应在试验报告中说明。

由于试验条件的限制，允许采用不同的试验周期，在此情况下，试验电流应依据公式 $I^2t$ = 常数 进行修正，但如果没有初始制造商的同意，峰值不得超过额定峰值耐受电流，而且短时电流有效值至少有一相在电流起始后的 0.1 s 应不小于额定值。

短时电流试验和峰值耐受电流试验可分别进行。在此情况下，峰值耐受电流试验时施加短路电流的时间，应使 $I^2t$ 值不大于短时电流试验的相应值，但它不得小于 3 个周波。

若不能达到各相要求的试验电流，经初始制造商同意可超出正偏差。

#### 10.11.5.5 试验结果

试验后，如电气间隙和爬电距离仍符合 8.3 的规定，则母线和导体的变形是可以接受的。此时如对电气间隙和爬电距离有疑问，应进行测量(见 10.4)。

绝缘性能应能保证设备的机械和介电性能满足相关成套设备标准的要求。母线绝缘件、支撑件或电缆固定件不能分成两块或多块，且在支撑件的反面不能出现裂缝，支撑件的整个长度或宽度，以及表面也不能出现裂缝。如对成套设备的绝缘性能有疑问，则应依据 10.9.2，以 2 倍 $U_e$ 且不小于 1 000 V 电压进行附加的工频试验。

导线的连接部件不应松动，而且，导线不应从输出端子上脱落。

成套设备的母线或结构的变形使其正常使用受到损害，应视为失效。

成套设备的母线或结构的任何变形使可移式部件正常插入或移出受到损害，应视为失效。

由于短路引起的外壳或内部隔板、挡板和屏障的变形是允许的，只要没有明显的削弱其防护等级，电气间隙或爬电距离没有减小到小于 8.3 规定的值以下。另外，在 10.11.5.3 的包含短路保护电器的试验后，被试设备应能承受 10.9.2 的介电试验。"试验后"的电压值在为合适的短路试验而规定在相关短路保护电器标准中。试验部位如下：

a) 在成套设备所有带电部分与外露可导电部分之间；和

b) 在每一极与被连接到成套设备外露可导电部分的所有其他极之间。

如进行上述 a)和 b)项试验，则应更换熔断器并闭合开关器件。

熔体(见 10.11.5.2)如果有的话，不应显示故障电流。

如有疑问，则应检查装入成套设备内的元器件是否符合有关规范。

#### 10.11.5.6 保护电路试验

#### 10.11.5.6.1 通则

本试验不用于 10.11.2 所述的电路。

单相试验电源一极连接到一相的进线端子上，另一极连接到进线保护导体的端子上。如果成套设备带有单独的保护导体，应使用最靠近的相导体。对于每个代表性的出线单元，应进行单独试验，即用螺栓在单元的对应出线相端子与相关的出线保护导体的端子之间进行短路连接。

试验中的每个出线单元应配有其保护器件，可将保护器件装入出线单元，应使用可通过最大峰值电流值和 $I^2t$ 值的保护器件。

对于此项试验，成套设备的框架应与地绝缘。试验电压应等于 1.05 倍额定工作电压的单相值。除非初始制造商与用户另外达成协议，保护导体试验电流值至少应是成套设备三相试验期间相电流的 60%。

此项试验的所有其他条件应与 10.11.5.2～10.11.5.4 中的条件相似。

#### 10.11.5.6.2 试验结果

无论是由单独导体或是由框架所组成的保护电路，其连续性和短路耐受强度不应遭受严重破坏。

除目测检查外，还可用对相关出线单元通以额定电流的方法进行测量，以验证上述结果。由于短路引起的外壳或内部隔板、挡板和屏障的变形是允许的，只要没有明显的削弱其防护等级，电气间隙或爬电距离没有减小到小于8.3中规定的值以下。

注1：当把框架作为保护导体使用时，只要不影响电的连续性，而且邻近的易燃部件不会燃烧，那么连接点处出现的火花和局部发热是允许的。

注2：试验前后，在进线保护导体端子与相关的出线保护导体端子间测量电阻比较以验证是否符合这一条件。

### 10.12 电磁兼容性(EMC)

EMC试验见J.10.12。

### 10.13 机械操作

对于依据相关产品标准进行过型式试验的成套设备的这些器件(例如抽出式断路器)，只要在安装时机械操作部件无损坏，则不必对这些器件进行此验证试验。

对于需要作此验证试验的部件(见8.1.5)，在成套设备安装好之后，应验证机械操作是否良好。操作循环次数应为200次。

同时，应检查与这些动作相关的机械联锁机构的工作。如果元器件、联锁机构、规定的防护等级等的工作状态未受损伤，而且所要求的操作力与试验前一样，则认为通过了此项试验。

## 11 例行检验

### 11.1 通则

例行检验用来检查材料和工艺的缺陷和用来确认制造完工的成套设备的良好功能。每一台成套设备都要进行例行检验。成套设备制造商应确定例行检验是在制造过程中和/或制造后进行。在合适的时候，它还用来确认设计验证的有效性。

如果成套设备中的器件和整装元件已按照8.5.3进行选择，并且按照器件制造商的说明书进行安装，则不要求对上述器件和整装元件进行例行检验。

检验应包括以下项目：

a) 结构(见11.2～11.8)：
   1) 外壳的防护等级；
   2) 电气间隙和爬电距离；
   3) 电击防护和保护电路的完整性；
   4) 内装元件的组合；
   5) 内部电路和连接；
   6) 外接导线端子；
   7) 机械操作。

b) 性能(见11.9～11.10)：
   1) 介电性能；
   2) 布线，操作性能和功能。

### 11.2 外壳的防护等级

需用目测检查以确认规定的措施是否能保持所要求的防护等级。

### 11.3 电气间隙和爬电距离

这里的电气间隙：

——小于表1规定值时，冲击电压耐受试验应按10.9.3要求执行；

——通过目测检查不明显大于表1中给出的值(见10.9.3.5)时，应通过实际测量或依据10.9.3的冲击电压耐受试验进行验证。

对爬电距离(见8.3.3)通常的检测方法是目测检查。凡是目测检查不够明显的部位，应通过实际测量来验证。

### 11.4 电击防护和保护电路完整性

关于基本防护和故障保护(见8.4.2和8.4.3)规定的防护措施通常用目测检查。

应用目测检查保护电路，以确认8.4.3所规定的措施是否得到验证。

应以随机抽样方式检查螺钉和螺栓的连接是否有正确的松紧度。

### 11.5 内装元件的组合

内装元件的安装和标识应符合成套设备制造商的说明书。

### 11.6 内部电路和连接

应检查连接，特别是螺钉和螺栓的连接在任意的基座上能否有正确的松紧度。

应检查导体是否符合成套设备制造商的说明书。

### 11.7 外接导线端子

应检查端子的数量、类型和标识是否符合成套设备制造商的说明书。

### 11.8 机械操作

应检查机械操作部件、联锁和锁，包括与可移式部件有关的部件的有效性。

### 11.9 介电性能

应按照10.9.1和10.9.2，对所有电路进行工频耐受试验，但持续时间为1 s。

此试验不必在下述辅助电路上进行：

——用额定数据不超过16 A的短路保护电器进行保护的辅助电路；

——如果辅助电路计划使用的额定工作电压事先已进行了电气功能试验。

对于250 A及以下的带进线保护的成套设备，作为一种选择，绝缘电阻的验证可用电压至少为500 V直流的绝缘测量仪器进行绝缘测量。

如果电路与外露可导电部分之间的绝缘电阻至少为1 000 Ω/V(每条电路，这些电路的电源电压对地)，则认为通过了试验。

### 11.10 布线、操作性能和功能

应验证第6章中规定的信息和标识的完整性。

根据成套设备的复杂程度，可能有必要检查布线，并进行电气功能试验。试验程序和试验次数取决于成套设备是否包括复杂联锁装置和程序控制装置等。

注：在某些场合下，在装置投入运行之前，应在现场进行或者重复此项试验。

**表 1　空气中的最小电气间隙[a](8.3.2)**

| 额定冲击耐受电压 $U_{imp}$/kV | 最小的电气间隙/mm |
|---|---|
| ≤2.5 | 1.5 |
| 4.0 | 3.0 |
| 6.0 | 5.5 |
| 8.0 | 8.0 |
| 12.0 | 14.0 |

[a] 根据非均匀电场环境和污染等级 3 决定。

**表 2　最小爬电距离(8.3.3)**

| 额定绝缘电压 $U_i$/V[b] | 最小爬电距离/mm | | | | | | | |
|---|---|---|---|---|---|---|---|---|
| | 污染等级 | | | | | | | |
| | 1 | 2 | | | 3 | | | |
| | 材料组别[c] | 材料组别[c] | | | 材料组别[c] | | | |
| | 所有材料组 | Ⅰ | Ⅱ | Ⅲa 和Ⅲb | Ⅰ | Ⅱ | Ⅲa | Ⅲb |
| 32 | 1.5 | 1.5 | 1.5 | 1.5 | 1.5 | 1.5 | 1.5 | 1.5 |
| 40 | 1.5 | 1.5 | 1.5 | 1.5 | 1.5 | 1.6 | 1.8 | 1.8 |
| 50 | 1.5 | 1.5 | 1.5 | 1.5 | 1.5 | 1.7 | 1.9 | 1.9 |
| 63 | 1.5 | 1.5 | 1.5 | 1.5 | 1.6 | 1.8 | 2 | 2 |
| 80 | 1.5 | 1.5 | 1.5 | 1.5 | 1.7 | 1.9 | 2.1 | 2.1 |
| 100 | 1.5 | 1.5 | 1.5 | 1.5 | 1.8 | 2 | 2.2 | 2.2 |
| 125 | 1.5 | 1.5 | 1.5 | 1.5 | 1.9 | 2.1 | 2.4 | 2.4 |
| 160 | 1.5 | 1.5 | 1.5 | 1.6 | 2 | 2.2 | 2.5 | 2.5 |
| 200 | 1.5 | 1.5 | 1.5 | 2 | 2.5 | 2.8 | 3.2 | 3.2 |
| 250 | 1.5 | 1.5 | 1.8 | 2.5 | 3.2 | 3.6 | 4 | 4 |
| 320 | 1.5 | 1.6 | 2.2 | 3.2 | 4 | 4.5 | 5 | 5 |
| 400 | 1.5 | 2 | 2.8 | 4 | 5 | 5.6 | 6.3 | 6.3 |
| 500 | 1.5 | 2.5 | 3.6 | 5 | 6.3 | 7.1 | 8.0 | 8.0 |
| 630 | 1.8 | 3.2 | 4.5 | 6.3 | 8 | 9 | 10 | 10 |
| 800 | 2.4 | 4 | 5.6 | 8 | 10 | 11 | 12.5 | |
| 1 000 | 3.2 | 5 | 7.1 | 10 | 12.5 | 14 | 16 | [a] |
| 1 250 | 4.2 | 6.3 | 9 | 12.5 | 16 | 18 | 20 | |
| 1 600 | 5.6 | 8 | 11 | 16 | 20 | 22 | 25 | |

**注 1:** CTI 的值是根据 GB/T 4207—2003 中所用绝缘材料方法 A 取得的。

**注 2:** 值来自 GB/T 16935.1,但保持最小值 1.5 mm。

[a] 材料组别Ⅲb 一般不推荐用于 630 V 以上的污染等级 3。

[b] 作为例外,对于额定绝缘电压 127 V、208 V、415 V、440 V、660 V/690 V 和 830 V,可采用分别对应于:125 V、200 V、400 V、630 V 和 800 V 的较低档的爬电距离。

[c] 根据相比电痕化指数(CTI)(见 3.6.16)的范围值,材料组别分组如下:

——材料组别Ⅰ　　600≤CTI

——材料组别Ⅱ　　400≤CTI<600

——材料组别Ⅲa　　175≤CTI<400

——材料组别Ⅲb　　100≤CTI<175

表 3　铜保护导体的截面积(8.4.3.2.2)

| 额定工作电流 $I_e$/A | 保护导体的最小截面积/mm² |
|---|---|
| $I_e \leqslant 20$ | $S$[a] |
| $20 < I_e \leqslant 25$ | 2.5 |
| $25 < I_e \leqslant 32$ | 4 |
| $32 < I_e \leqslant 63$ | 6 |
| $63 < I_e$ | 10 |
| [a] $S$ 为相导体的截面积(mm²)。 | |

表 4　导体的选择和安装要求(8.6.4)

| 导体的类型 | 要　求 |
|---|---|
| 裸导体或带基本绝缘的单芯导体,例如,符合 IEC 60227-3 的电缆 | 应避免相互接触或与导电部分接触,例如,加隔离物 |
| 带基本绝缘和最大允许导体工作温度至少为 90 ℃的单芯导体,例如,符合 GB/T 5013.3 的电缆,或符合IEC 60227-3 的耐热塑料(PVC)绝缘电缆 | 在没有施加外部压力的地方相互接触或与导电部分接触是容许的。应避免与锋利的边缘接触。<br>这些导体加载后其工作温度不得超过其导体最大允许的工作温度的 80% |
| 带基本绝缘的导体,例如符合 IEC 60227-3,并带有附加辅助绝缘,例如,用热缩套管单独覆盖电缆或用塑料套管单独走线的电缆 | 没有附加要求 |
| 具有很高的机械强度材料的绝缘导线,例如,ETFE 绝缘,或用于 3 kV 以内带有增强外部护套的双重绝缘导线,例如:符合 IEC 60502 的电缆 | |
| 单芯或多芯带护套电缆,例如,依据 IEC 60245-4 或 GB/T 5023.4的电缆 | |

表 5　铜保护导体的最小截面积(PE、PEN)(8.8)

| 相导体的截面积 $S$/mm² | 相应保护导体(PE、PEN)的最小截面积 $S_p$[a]/mm² |
|---|---|
| $S \leqslant 16$ | $S$ |
| $16 < S \leqslant 35$ | 16 |
| $35 < S \leqslant 400$ | $S/2$ |
| $400 < S \leqslant 800$ | 200 |
| $800 < S$ | $S/4$ |
| [a] 负载中的谐波较大可影响中性导体中的电流,见 8.6.1。 | |

表6　温升限值(9.2)

| 成套设备的部件 | 温升/K |
|---|---|
| 内装元件[a] | 根据各个元件的相关产品标准要求，或根据元件制造商的说明书[f]，考虑成套设备内的温度 |
| 用于连接外部绝缘导线的端子 | 70[b] |
| 母线和导体 | 受下述条件限制[f]：<br>——导电材料的机械强度[g]；<br>——对相邻设备的可能影响；<br>——与导体接触的绝缘材料的允许温度极限；<br>——导体温度对与其相连的电器元件的影响；<br>——对于接插式触点，接触材料的性质和表面的处理 |
| 操作手柄<br>——金属的；<br>——绝缘材料的 | <br>15[c]<br>25[c] |
| 可接近的外壳和覆板<br>——金属表面；<br>——绝缘表面 | <br>30[d]<br>40[d] |
| 分散排列的插头与插座连接 | 由组成部件的相关设备的那些元件的温升极限而定[e] |

**注1**：当温升超过105 K时，铜很容易产生退火。其他材料应该有不同的最大温升值。

**注**：本表中给出的温升限值要求在使用条件下(见7.1)周围空气平均温度不超过35 ℃。在验证过程中，允许有不同的环境温度(见10.10.2.3.4)。

[a] “内装元件”一词指：
——常用开关设备和控制设备；
——电子部件(例如：整流桥、印制电路)；
——设备的部件(例如：调节器、稳压电源、运算放大器)。

[b] 温升极限为70 K是根据10.10的常规试验而定的数值。在安装条件下使用或试验的成套设备，由于接线、端子类型、种类、布置与试验所用的不尽相同，因此端子的温升会不同，这是允许的。如果内装元件的端子同时也是外部绝缘导线的端子，则可采用较低的温升极限值。温升限值是元件制造商规定的最大温升和70 K之间的较小值。缺少制造商说明书时，它是内装元件产品标准规定的限值，且不超过70 K。

[c] 那些只有在成套设备打开后才能接触到的成套设备内的手动操作机构，例如：不经常操作的抽出式手柄，其温升极限允许提高25 K。

[d] 除非另有规定，在正常工作情况下可以接近但不需触及的外壳和覆板，允许其温升提高10 K。距离成套设备基座2 m以上的外表面和部件可认为是不可触及的。

[e] 就某些设备(如电子器件)而言，它们的温升限值不同于那些通常的开关设备和控制设备，因此有一定程度的灵活性。

[f] 对于按照10.10的温升试验，须由初始制造商在考虑元件制造商所采用的任何附加测量点和限值的基础上规定温升极限。

[g] 如满足列出的所有判据，裸铜母线和裸铜导体的最大温升应不超过105 K。

**表 7　系数 $n$[a] 的值(9.3.3)**

| 短路电流的有效值<br>kA | cos$\phi$ | $n$ |
|---|---|---|
| $I \leqslant 5$ | 0.7 | 1.5 |
| $5 < I \leqslant 10$ | 0.5 | 1.7 |
| $10 < I \leqslant 20$ | 0.3 | 2 |
| $20 < I \leqslant 50$ | 0.25 | 2.1 |
| $50 < I$ | 0.2 | 2.2 |

[a] 表中的值适于大多数用途。在某些特殊的场合,例如在变压器或发电机附近,功率因数可能更低。因此,最大的预期峰值电流就可能变为极限值以代替短路电流的有效值。

**表 8　主电路的工频耐受电压值(10.9.2)**

| 额定绝缘电压 $U_i$<br>(线-线 交流或直流)<br>V | 介电试验电压<br>(交流有效值)<br>V | 介电试验电压[b]<br>(直流)<br>V |
|---|---|---|
| $U_i \leqslant 60$ | 1 000 | 1 415 |
| $60 < U_i \leqslant 300$ | 1 500 | 2 120 |
| $300 < U_i \leqslant 690$ | 1 890 | 2 670 |
| $690 < U_i \leqslant 800$ | 2 000 | 2 830 |
| $800 < U_i \leqslant 1\ 000$ | 2 200 | 3 110 |
| $1\ 000 < U_i \leqslant 1\ 500$[a] | — | 3 820 |

[a] 仅指直流。

[b] 试验电压是根据 GB/T 16935.1—2008 中 6.1.3.4.1 第五段。

**表 9　辅助电路和控制电路的工频耐受电压值(10.9.2)**

| 额定绝缘电压 $U_i$<br>(线-线)<br>V | 介电试验电压<br>(交流有效值)<br>V |
|---|---|
| $U_i \leqslant 12$ | 250 |
| $12 < U_i \leqslant 60$ | 500 |
| $60 < U_i$ | 见表 8 |

**表 10　冲击耐受试验电压(10.9.3)**

| 额定冲击耐受电压 $U_{imp}$/kV | 试验期间的试验电压和相应的海拔 | | | | | | | | | |
|---|---|---|---|---|---|---|---|---|---|---|
| | $U_{1.2/50}$,交流峰值和直流/kV | | | | | 交流有效值/kV | | | | |
| | 海平面 | 200 m | 500 m | 1 000 m | 2 000 m | 海平面 | 200 m | 500 m | 1 000 m | 2 000 m |
| 2.5 | 2.95 | 2.8 | 2.8 | 2.7 | 2.5 | 2.1 | 2.0 | 2.0 | 1.9 | 1.8 |
| 4.0 | 4.8 | 4.8 | 4.7 | 4.4 | 4.0 | 3.4 | 3.4 | 3.3 | 3.1 | 2.8 |

表 10（续）

| 额定冲击耐受电压 $U_{imp}$/kV | 试验期间的试验电压和相应的海拔 | | | | | | | | | |
|---|---|---|---|---|---|---|---|---|---|---|
| | $U_{1.2/50}$，交流峰值和直流/kV | | | | | 交流有效值/kV | | | | |
| | 海平面 | 200 m | 500 m | 1 000 m | 2 000 m | 海平面 | 200 m | 500 m | 1 000 m | 2 000 m |
| 6.0 | 7.3 | 7.2 | 7.0 | 6.7 | 6.0 | 5.1 | 5.1 | 5.0 | 4.7 | 4.2 |
| 8.0 | 9.8 | 9.6 | 9.3 | 9.0 | 8.0 | 6.9 | 6.8 | 6.6 | 6.4 | 5.7 |
| 12.0 | 14.8 | 14.5 | 14.0 | 13.3 | 12.0 | 10.5 | 10.3 | 9.9 | 9.4 | 8.5 |

表 11　用于额定电流为 400 A 及以下的铜试验导线(10.10.2.3.2)

| 额定电流的范围[a]/A | | 导线截面积[b,c] | |
|---|---|---|---|
| | | mm² | AWG/MCM |
| 0 | 8 | 1.0 | 18 |
| 8 | 12 | 1.5 | 16 |
| 12 | 15 | 2.5 | 14 |
| 15 | 20 | 2.5 | 12 |
| 20 | 25 | 4.0 | 10 |
| 25 | 32 | 6.0 | 10 |
| 32 | 50 | 10 | 8 |
| 50 | 65 | 16 | 6 |
| 65 | 85 | 25 | 4 |
| 85 | 100 | 35 | 3 |
| 100 | 115 | 35 | 2 |
| 115 | 130 | 50 | 1 |
| 130 | 150 | 50 | 0 |
| 150 | 175 | 70 | 00 |
| 175 | 200 | 95 | 000 |
| 200 | 225 | 95 | 0000 |
| 225 | 250 | 120 | 250 |
| 250 | 275 | 150 | 300 |
| 275 | 300 | 185 | 350 |
| 300 | 350 | 185 | 400 |
| 350 | 400 | 240 | 500 |

[a] 额定电流值应大于第一栏中的第一个值，小于或等于此栏中的第二个值。

[b] 为了便于试验，经过制造商同意后，对标注的额定电流可采用小于给定值的试验导线。

[c] 可使用规定的两种导体中的一种。

**表 12 用于额定电流为 400 A～4 000 A 的铜试验导线(10.10.2.3.2)**

| 额定电流的范围[a]/A | 试验导线 | | | |
|---|---|---|---|---|
| | 电缆 | | 铜母排[b] | |
| | 数量 | 截面积/$mm^2$ | 数量 | 尺寸($W \times D$)/mm |
| 400～500 | 2 | 150 | 2 | 30×5 |
| 500～630 | 2 | 185 | 2 | 40×5 |
| 630～800 | 2 | 240 | 2 | 50×5 |
| 800～1 000 | | | 2 | 60×5 |
| 1 000～1 250 | | | 2 | 80×5 |
| 1 250～1 600 | | | 2 | 100×5 |
| 1 600～2 000 | | | 3 | 100×5 |
| 2 000～2 500 | | | 4 | 100×5 |
| 2 500～3 150 | | | 3 | 100×10 |
| 3 150～4 000 | | | 4 | 100×10 |

[a] 额定电流值应大于第一个值，小于或等于第二个值。

[b] 母排是将其长面($W$)垂直排列的。如果制造商有规定，也可将其长面($W$)水平排列。母排可以覆盖涂层。

**表 13 通过与一个基准设计比较进行短路验证：核查表(10.5.3.3、10.11.3 和 10.11.4)**

| 序号 | 需要考虑的要求 | 是 | 否 |
|---|---|---|---|
| 1 | 评估成套设备每条电路的短路耐受等级，是否小于或等于基准设计？ | | |
| 2 | 评估成套设备每条电路的母线和连接点的截面尺寸，是否大于或等于基准设计？ | | |
| 3 | 评估成套设备每条电路的母线和连接点的中心线间距，是否大于或等于基准设计？ | | |
| 4 | 评估成套设备每条电路的母线支撑件的类型、形状、材料同基准设计是否相同，沿母线长度方向支撑的间距是否小于或等于基准设计的中心线间距？<br>是否有相同设计和相同机械强度的母线支撑件的安装结构？ | | |
| 5 | 评估成套设备每条电路导体的材料及其性能是否与基准设计相同？ | | |
| 6 | 评估成套设备每条电路短路保护电器，看其制造和系列[a]与器件制造商给出的极限特性($I^2t$,$I_{pk}$)是否相同或更好？看其是否有同基准设计相同的布置？ | | |
| 7 | 评估成套设备(依据 8.6.4)的每一无保护电路的无保护带电导体的长度，是否小于或等于基准设计？ | | |
| 8 | 如果被评估的成套设备包括外壳，当试验验证时，基准设计是否包括外壳？ | | |
| 9 | 有同样设计和型号的被评估的成套设备的外壳，是否至少与基准设计有相同的尺寸？ | | |
| 10 | 评估成套设备每条电路的隔室是否有同基准设计相同的机械设计和至少有相同的尺寸？ | | |

所有要求为“是”—— 不需进一步验证。

任何一个要求为“否”——要求进一步验证

[a] 不同系列相同制造商的短路保护电器应认为器件制造商宣称的性能特性与用于验证的系列所有相关方面相比相同或更好，例如：分断能力和极限特性($I^2t$,$I_{pk}$)和临界距离。

表 14　预期故障电流与铜丝直径的关系

| 铜丝直径/mm | 有熔体电路中的预期故障电流/A |
|---|---|
| 0.1 | 50 |
| 0.2 | 150 |
| 0.3 | 300 |
| 0.4 | 500 |
| 0.5 | 800 |
| 0.8 | 1 500 |

# 附 录 A

（规范性附录）

## 适合连接外部导体端子用铜导线的最小和最大截面积(见 8.8)

表 A.1 适用于每个端子上连接一根铜导线。

**表 A.1 适合连接外部导体端子用铜导线的截面积**

| 额定电流 | 单芯或多芯导线 | | 软导线 | |
|---|---|---|---|---|
| | 截面积 | | 截面积 | |
| | 最小 | 最大 | 最小 | 最大 |
| A | $mm^2$ | | $mm^2$ | |
| 6 | 0.75 | 1.5 | 0.5 | 1.5 |
| 8 | 1 | 2.5 | 0.75 | 2.5 |
| 10 | 1 | 2.5 | 0.75 | 2.5 |
| 13 | 1 | 2.5 | 0.75 | 2.5 |
| 16 | 1.5 | 4 | 1 | 4 |
| 20 | 1.5 | 6 | 1 | 4 |
| 25 | 2.5 | 6 | 1.5 | 4 |
| 32 | 2.5 | 10 | 1.5 | 6 |
| 40 | 4 | 16 | 2.5 | 10 |
| 63 | 6 | 25 | 6 | 16 |
| 80 | 10 | 35 | 10 | 25 |
| 100 | 16 | 50 | 16 | 35 |
| 125 | 25 | 70 | 25 | 50 |
| 160 | 35 | 95 | 35 | 70 |
| 200 | 50 | 120 | 50 | 95 |
| 250 | 70 | 150 | 70 | 120 |
| 315 | 95 | 240 | 95 | 185 |
| 如果外接导体直接连接到内装器件上，有关规定中给出的截面积应适用。<br>如果要选用表中规定值以外的导体，建议由成套设备制造商与用户签订专门的协议。 | | | | |

# 附 录 B
（规范性附录）
## 在短时电流引起热应力情况下，保护导体截面积的计算方法

须承受持续时间大约为 0.2 s～5 s 电流热应力的保护导体，其截面积应按下述公式计算。

$$S_p=\frac{\sqrt{I^2t}}{k}$$

式中：

$S_p$——截面积，$mm^2$；

$I$——在阻抗可以忽略的故障情况下，流过保护器件的故障电流值（有效值），A；

$t$ ——隔离器件的分断时间，s；

注：应考虑到电路阻抗的限流作用和保护器件的限流能力（焦耳积分）。

$k$——系数，它取决于保护导体的材质、绝缘和其他部件以及起始和最终温度，见表 B.1。

**表 B.1 不包括在电缆内的绝缘保护导体的 $k$ 值，或与电缆护套接触的裸保护导体的 $k$ 值**

| | 保护导体或电缆护套的绝缘 | | |
|---|---|---|---|
| | PVC<br>热塑性 | XLPE<br>EPR<br>裸导体 | 丁烯橡胶 |
| 最终温度 | 160 ℃ | 250 ℃ | 220 ℃ |
| | 系 数 $k$ | | |
| 导体材料： | | | |
| 铜 | 143 | 176 | 166 |
| 铝 | 95 | 116 | 110 |
| 钢 | 52 | 64 | 60 |
| 导体的初始温度设定为 30 ℃。 | | | |

更多的详细信息可见 IEC 60364-5-54。

# 附 录 C
## （资料性附录）
## 用户信息模板

本附录将作为识别成套设备制造商所必需项目的模板，由用户提供。

拟在相关成套设备标准中使用和起草。

**表 C.1 模板**

| 特性 | 参考章或条款编号 | 缺省约定[b] | 标准中列出选项 | 用户要求[a] |
|---|---|---|---|---|
| 电气系统 | | | | |
| 接地系统 | 5.6、8.4.3.1、8.4.3.2.3、8.6.2、10.5、11.4 | 制造商的标准，选择以适应本地要求 | TT/TN-C/TN-C-S/IT/TN-S | |
| 标称电压/V | 3.8.9.1、5.2.1、8.5.3 | 本地的，根据安装条件 | 最大交流 1 000 V 或直流 1 500 V | |
| 瞬态过电压 | 5.2.4、8.5.3、9.1、附录 G | 由电气系统决定 | 过电压类别 Ⅰ/Ⅱ/Ⅲ/Ⅳ | |
| 暂时过电压 | 9.1 | 标称系统电压 +1 200 V | 无 | |
| 额定频率 $f_n$/Hz | 3.8.12、5.5、8.5.3、10.10.2.3、10.11.5.4 | 根据本地安装条件 | 直流/50 Hz/60 Hz | |
| 现场其他试验要求：布线、工作性能和功能 | 11.10 | 制造商的标准，根据应用 | 无 | |
| 短路耐受能力 | | | | |
| 电源端的预期短路电流 $I_{cp}$/kA | 3.8.7 | 由电气系统决定 | 无 | |
| 中性母排的预期短路电流 | 10.11.5.3.5 | 最大为相电流的 60% | 无 | |
| 保护电路中的预期短路电流 | 10.11.5.6 | 最大为相电流的 60% | 无 | |
| 进线功能单元中的短路保护电器(SCPD) | 9.3.2 | 根据本地安装条件 | 是/否 | |
| 短路保护电器的配合，包括外部短路保护电器在内 | 9.3.4 | 根据本地安装条件 | 无 | |
| 可能增大短路电流的负载的相关数据 | 9.3.2 | 不允许明显增大短路电流的负载 | 无 | |
| 依照 GB 16895.21—2011 对人的电击防护 | | | | |
| 电击防护类型——基本防护（对直接接触的防护） | 8.4.2 | 基本防护 | 根据本地安装规则 | |

**表 C.1（续）**

| 特性 | 参考章或条款编号 | 缺省约定[b] | 标准中列出选项 | 用户要求[a] |
|---|---|---|---|---|
| 电击防护类型——故障防护（对间接接触的防护） | 8.4.3 | 根据本地安装条件 | 自动断开电源/电气隔离/全绝缘 | |
| 安装环境 | | | | |
| 场所类型 | 3.5、8.1.4、8.2 | 制造商标准，根据应用 | 户内/户外 | |
| 防止固体异物和水的进入 | 8.2.2、8.2.3 | 户内(封闭)：<br>IP 2X；<br>户外(最小)：<br>IP 23 | IP00、2X、3X、4X、5X、6X<br>在移出可移动部件后：对于连接位置/把防护等级降至制造商的标准 | |
| 外部机械碰撞(IK) | 8.2.1、10.2.6 | 无 | 无 | |
| 耐紫外线辐射（适用于非特殊用途的户外成套设备） | 10.2.4 | 户内：不适用；<br>户外：温度气候 | 无 | |
| 耐腐蚀性 | 10.2.2 | 常规户内/户外约定 | 无 | |
| 周围空气温度——下限 | 7.1.1 | 户内：−5℃<br>户外：−25℃ | 无 | |
| 周围空气温度——上限 | 7.1.1 | 40℃ | 无 | |
| 周围空气温度——日平均温度最大值 | 7.1.1、9.2 | 35℃ | 无 | |
| 最大相对湿度 | 7.1.2 | 户内：50%@40℃；<br>户外：100%@25℃ | 无 | |
| 污染等级（安装环境的） | 7.1.3 | 工业用途：3 | 1,2,3,4 | |
| 海拔 | 7.1.4 | ≤2 000 m | 无 | |
| EMC 环境(A 或 B) | 9.4、10.12、附录 J | A/B | A/B | |
| 特殊使用条件（如：振动，异常凝露，严重污染，腐蚀性环境，强电场或强磁场，霉菌，微生物，爆炸性危险，强烈振动和冲击，地震） | 7.2、8.5.4、9.3.3、表 7 | 无特殊使用条件 | 无 | |
| 安装方式 | | | | |
| 类型 | 3.3、5.6 | 制造商标准 | 多种，如立式/墙上安装 | |
| 静止的/可移动的 | 3.5 | 静止的 | 静止的/可移动的 | |
| 最大外形尺寸和质量 | 5.6、6.2.1 | 制造商标准，根据应用 | 无 | |

表 C.1（续）

| 特性 | 参考章或条款编号 | 缺省约定[b] | 标准中列出选项 | 用户要求[a] |
|---|---|---|---|---|
| 外接导体类型 | 8.8 | 制造商标准 | 电缆/母线干线系统 | |
| 外接导体方位 | 8.8 | 制造商标准 | 无 | |
| 外接导体材料 | 8.8 | 铜 | 铜/铝 | |
| 外接相导体，截面积，端子 | 8.8 | 标准中定义 | 无 | |
| 外接 PE、N、PEN 导体截面积，端子 | 8.8 | 标准中定义 | 无 | |
| 特殊端子标识要求 | 8.8 | 制造商标准 | 无 | |
| 存放和装卸 | | | | |
| 运输单元最大尺寸和质量 | 6.2.2、10.2.5 | 制造商标准 | 无 | |
| 运输方式（如叉车、起重机） | 6.2.2、8.1.6 | 制造商标准 | 无 | |
| 不同于正常使用条件的环境条件 | 7.3 | 按照使用条件 | 无 | |
| 包装事项 | 6.2.2 | 制造商标准 | 无 | |
| 操作要求 | | | | |
| 接近手动操作器件 | 8.4 | | 授权人员/一般人员 | |
| 手动操作器件场所 | 8.5.5 | 容易接近 | 无 | |
| 负载安装设备的隔离 | 8.4.2、8.4.3.3、8.4.6.2 | 制造商标准 | 单独/组/全部 | |
| 维护和升级能力 | | | | |
| 一般人员使用中可接近性的要求；成套设备通电时操作器件或更换元件的要求 | 8.4.6.1 | 基本防护 | 无 | |
| 检查和类似操作时对可接近性的要求 | 8.4.6.2.2 | 对可接近性无要求 | 无 | |
| 授权人员使用中维修时对可接近性的要求 | 8.4.6.2.3 | 对可接近性无要求 | 无 | |
| 授权人员使用中带电扩展时对接近性的要求 | 8.4.6.2.4 | 对可接近性无要求 | 无 | |
| 功能单元连接方法 | 8.5.1、8.5.2 | 制造商标准 | 无 | |
| 在维护或升级期间对直接接触内装危险带电部分的防护（如功能单元、主母线、配电母线） | 8.4 | 在维护或升级期间的防护无要求 | 无 | |

表 C.1（续）

| 特性 | 参考章或条款编号 | 缺省约定[b] | 标准中列出选项 | 用户要求[a] |
|---|---|---|---|---|
| 载流能力 | | | | |
| 成套设备的额定电流 $I_{nA}$（安培） | 3.8.9.1、5.3、8.4.3.2.3、8.5.3、8.8、10.10.2、10.10.3、10.11.5、附录 E | 制造商标准，根据应用 | 无 | |
| 电路的额定电流 $I_{nC}$（安培） | 5.3.2 | 制造商标准，根据应用 | 无 | |
| 额定分散系数 | 5.4、10.10.2.3、附录 E | 参照标准定义 | 电路组的额定分散系数/整个成套设备的额定分散系数 | |
| 中性导体与相导体的截面积比值：相导体不超过 16 $mm^2$ | 8.6.1 | 100% | 无 | |
| 中性导体与相导体的截面积比值：相导体超过 16 $mm^2$ | 8.6.1 | 50%（最小 16 $mm^2$） | 无 | |

[a] 对于特别复杂的应用，用户需要规定比标准更加严格的要求。

[b] 某些情况下成套设备制造商宣称的信息可替代协议。

# 附 录 D
# （资料性附录）
# 设计验证

**表 D.1 待完成的设计验证清单**

| 序号 | 待验证的特性 | 章或条 | 可用的验证选项 | | |
|---|---|---|---|---|---|
| | | | 试验 | 与一个基准设计比较 | 评估 |
| 1 | 材料和部件强度： | 10.2 | | | |
| | 耐腐蚀性 | 10.2.2 | 是 | 否 | 否 |
| | 绝缘材料性能 | 10.2.3 | | | |
| | 热稳定性 | 10.2.3.1 | 是 | 否 | 否 |
| | 耐受由内部电效应导致的非正常发热和着火 | 10.2.3.2 | 是 | 否 | 是 |
| | 耐紫外线辐射(UV) | 10.2.4 | 是 | 否 | 是 |
| | 提升 | 10.2.5 | 是 | 否 | 否 |
| | 机械撞击 | 10.2.6 | 是 | 否 | 否 |
| | 标志 | 10.2.7 | 是 | 否 | 否 |
| 2 | 外壳防护等级 | 10.3 | 是 | 否 | 是 |
| 3 | 电气间隙 | 10.4 | 是 | 否 | 否 |
| 4 | 爬电距离 | 10.4 | 是 | 否 | 否 |
| 5 | 电击防护和保护电路完整性： | 10.5 | | | |
| | 成套设备中外露可导电部分与保护电路间的有效连续性 | 10.5.2 | 是 | 否 | 否 |
| | 保护电路的短路耐受强度 | 10.5.3 | 是 | 是 | 否 |
| 6 | 开关器件和元件的组合 | 10.6 | 否 | 否 | 是 |
| 7 | 内部电路和连接 | 10.7 | 否 | 否 | 是 |
| 8 | 外接导体端子 | 10.8 | 否 | 否 | 是 |
| 9 | 介电性能： | 10.9 | | | |
| | 工频耐受电压 | 10.9.2 | 是 | 否 | 否 |
| | 冲击耐受电压 | 10.9.3 | 是 | 否 | 是 |
| 10 | 温升极限 | 10.10 | 是 | 是 | 是 |
| 11 | 短路耐受强度 | 10.11 | 是 | 是 | 否 |
| 12 | 电磁兼容性(EMC) | 10.12 | 是 | 否 | 是 |
| 13 | 机械操作 | 10.13 | 是 | 否 | 否 |

# 附 录 E
（资料性附录）
额定分散系数

## E.1 通则

成套设备内的所有电路按5.3.2能够单独地连续承载其额定电流，但是任一电路的电流承载能力可能受到相邻电路的影响。热量的相互影响会导致热量传入或传出临近的电路。对由于受到其他电路的影响，温度大大超过周围温度的电路可以采用冷风冷却。

实际上，通常并不要求成套设备内的所有电路都能持续、同时承载额定电流。在一个典型应用中，负载的形式和特征明显不同。某些电路将基于担负冲击电流、断续或短时的负载。几个电路可承担重载，而其他电路则承担轻载或断开。

因而，没有必要配备一个所有电路能在额定电流下连续运行的成套设备，这样将造成材料和资源的低效率利用。本部分通过3.8.11确定的额定分散系数的配置，来识别成套设备的实际要求。

通过指定额定分散系数，成套设备制造商规定了成套设备所设计的平均负载条件。额定分散系数确定成套设备内所有出线电路或一组出线电路的每一单元能够连续并同时加载的额定电流值。成套设备中，如果在额定分散系数下运行的出线电路的额定电流总和超过进线电路容量时，额定分散系数适用于分配进线电流到任一组合的出线电路。

## E.2 成套设备的额定分散系数

成套设备的额定分散系数在5.4中规定。典型成套设备在图E.1中示出，表E.1和图E.2～图E.5给出了分散系数为0.8的多个负载安排示例。

## E.3 一组出线电路的额定分散系数

除了规定整套成套设备的额定分散系数外，成套设备制造商还可以为成套设备内一组相关电路规定不同的分散系数。在5.4中规定了一组出线电路的额定分散系数。

表E.2和表E.3给出了在图E.1所示的典型成套设备中，分散系数为0.9的柜架单元和子配电板。

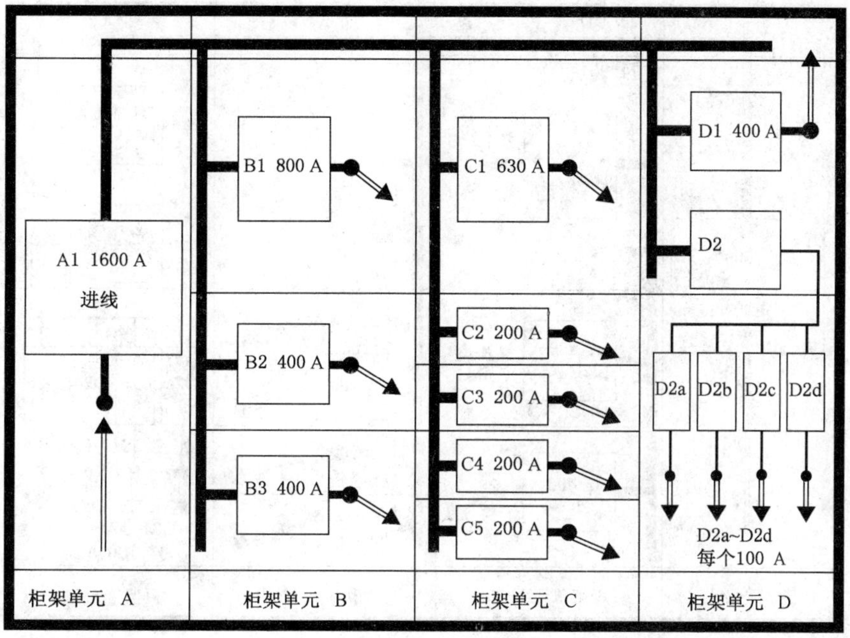


**功能单元——额定电流($I_n$)示例**[a]

[a] 成套设备内功能单元(电路)的额定电流可以小于器件的额定电流。

**图 E.1 典型的成套设备**

**表 E.1 额定分散系数为 0.8 的成套设备负载实例**

| 功能单元 | | A1 | B1 | B2 | B3 | C1 | C2 | C3 | C4 | C5 | D1 | D2a | D2b | D2c | D2d |
|---|---|---|---|---|---|---|---|---|---|---|---|---|---|---|---|
| | | 电 流/A | | | | | | | | | | | | | |
| 功能单元——额定电流($I_n$)[b]<br>(见图 E.1) | | 1 600 | 800 | 400 | 400 | 630 | 200 | 200 | 200 | 200 | 400 | 100 | 100 | 100 | 100 |
| 额定分散系数 0.8 的成套设备的功能单元负载 | 例 1<br>图 E.2 | 1 600 | 640 | 320 | 320 | 0 | 160 | 160 | 0 | 0 | 0 | 0 | 0 | 0 | 0 |
| | 例 2<br>图 E.3 | 1 600 | 640 | 0 | 0 | 504 | 136[a] | 0 | 0 | 0 | 320 | 0 | 0 | 0 | 0 |
| | 例 3<br>图 E.4 | 1 600 | 456[a] | 0 | 0 | 504 | 160 | 160 | 160 | 160 | 0 | 0 | 0 | 0 | 0 |
| | 例 4<br>图 E.5 | 1 600 | 0 | 0 | 0 | 504 | 160 | 160 | 136[a] | 0 | 320 | 80 | 80 | 80 | 80 |

[a] 平衡电流将进线电路加载到它的额定电流为止。

[b] 成套设备内功能单元(电路)的额定电流可以小于器件的额定电流。

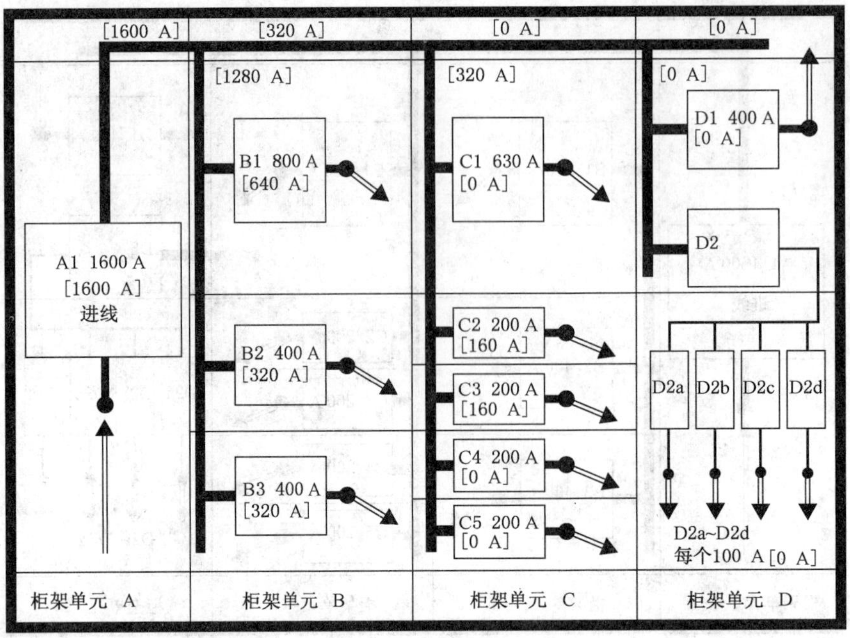


实际负载在图中括弧给出，例如[640 A]。

母线柜架单元负载在图中括弧给出，例如[320 A]。

**图 E.2　表 E.1 额定分散系数为 0.8 的成套设备功能单元负载的实例 1**

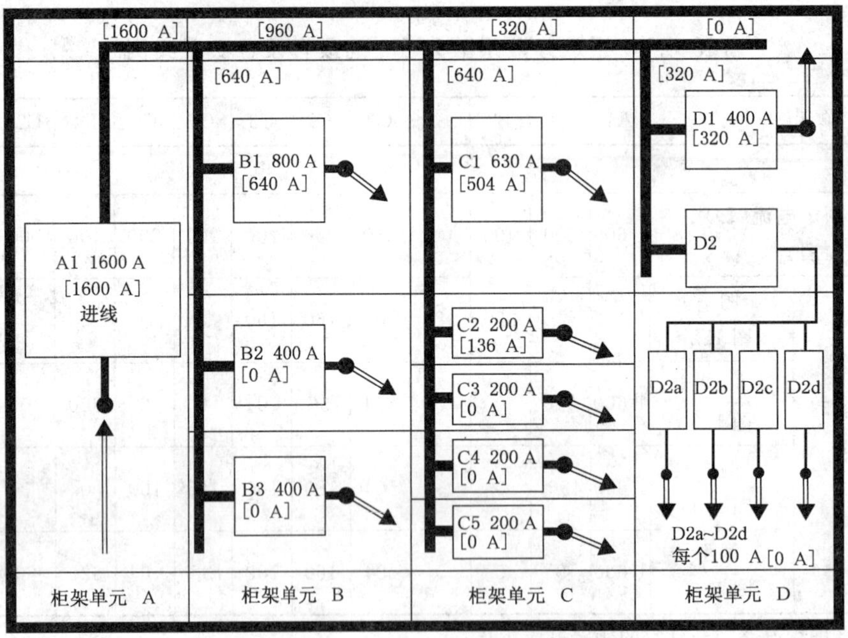


实际负载在图中括弧给出，例如[640 A]。

母线柜架单元负载在图中括弧给出，例如[320 A]。

**图 E.3　表 E.1 额定分散系数为 0.8 的成套设备功能单元负载的实例 2**

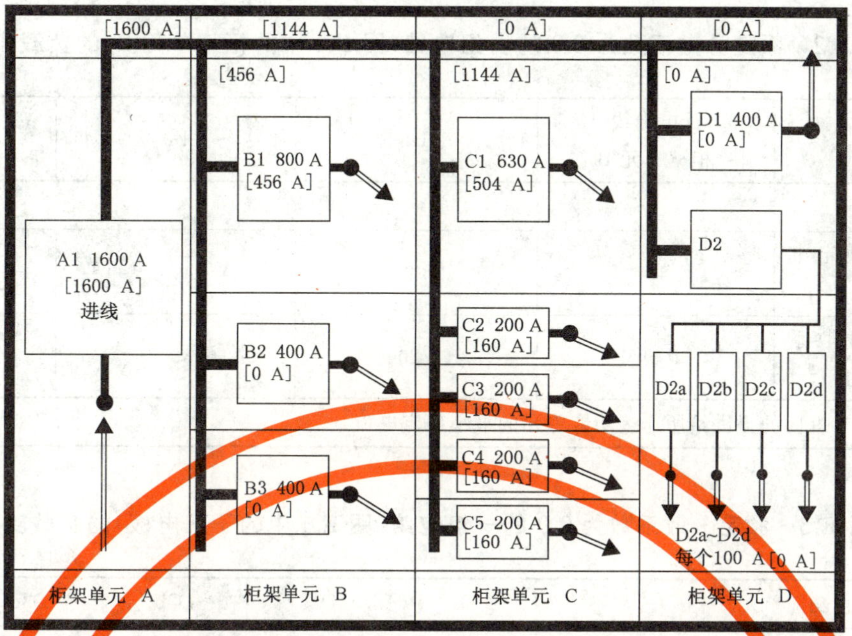


实际负载在图中括弧给出，例如[640 A]。

母线框架单元负载在图中括弧给出，例如[320 A]。

**图 E.4 表 E.1 额定分散系数为 0.8 的成套设备功能单元负载的实例 3**

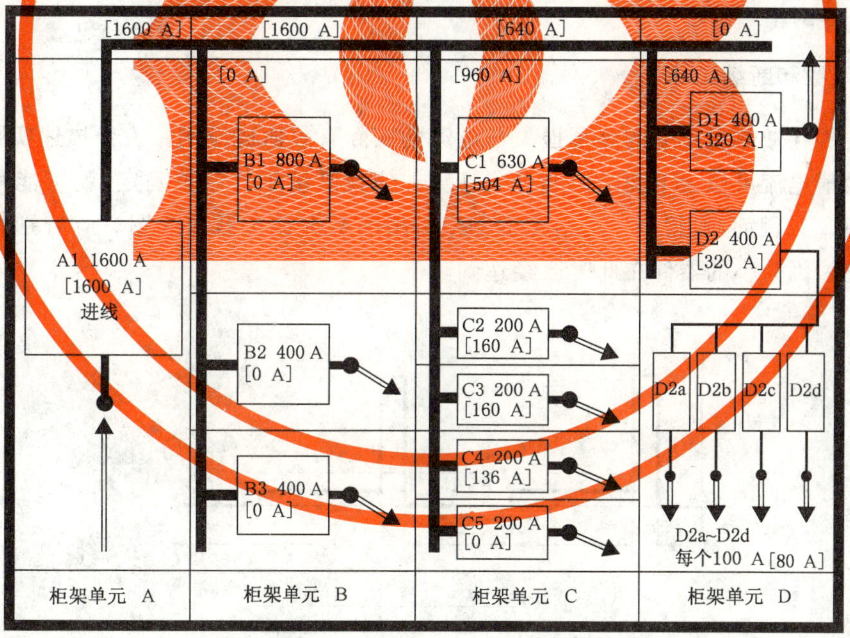


实际负载在图中括弧给出，例如[640 A]。

母线框架单元负载在图中括弧给出，例如[320 A]。

**图 E.5 表 E.1 额定分散系数为 0.8 的成套设备功能单元负载的实例 4**

表 E.2 额定分散系数为 0.9 的一组电路(图 E.1 中的柜架单元 B)的负载实例

| 功能单元 | 配电母线<br>柜架单元 B | B1 | B2 | B3 |
|---|---|---|---|---|
| | 电 流/A | | | |
| 功能单元——额定电流/$I_n$ | 1 440[a] | 800 | 400 | 400 |
| 负载——额定分散系数为 0.9 的电路组 | 1 440 | 720 | 360 | 360 |
| [a] 当 RDF 为 0.9 时的提供给所连接功能单元的最小额定电流。 | | | | |

表 E.3 额定分散系数为 0.9 的一组电路(图 E.1 中的子配电板)的负载实例

| 功能单元 | D2 | D2a | D2b | D2c | D2d |
|---|---|---|---|---|---|
| | 电 流/A | | | | |
| 功能单元——额定电流/$I_n$ | 360[a] | 100 | 100 | 100 | 100 |
| 负载——额定分散系数为 0.9 的电路组 | 360 | 90 | 90 | 90 | 90 |
| [a] 当 RDF 为 0.9 时的提供给所连接功能单元的最小额定电流。 | | | | | |

## E.4 额定分散系数和断续工作制

电路中元件的耗散热量产生的焦耳损失与电流的实际有效值成比例。一个描述实际断续电流热效应的等效的有效值电流可以由下面给出的公式计算。假设断续工作制被确定，就可能得出热等效真实的有效值电流($I_{rms}$);因而，可得到一个给定的额定分散系数允许负载曲线图。应特别注意通电时间大于 30 min 的情况，因为小的器件在此时已经达到热平衡。

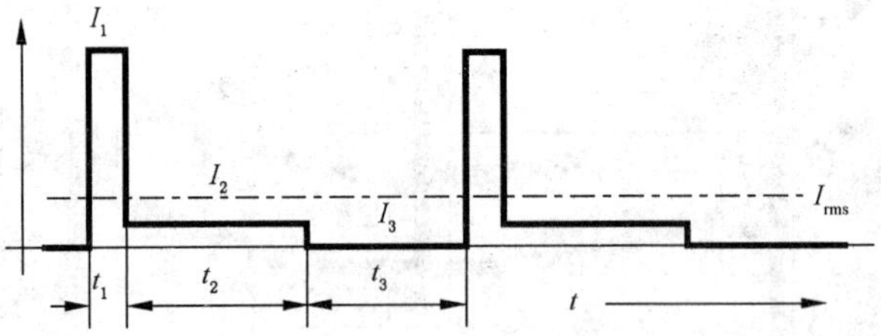


$$I_{rms}=\sqrt{\frac{I_1{}^2\times t_1+I_2{}^2\times t_2+I_3{}^2\times t_3}{t_1+t_2+t_3}}$$

说明：

$t_1$——在电流为 $I_1$ 时的起动时间；

$t_2$——在电流为 $I_2$ 时的运行时间；

$t_3$——在电流为 $I_3=0$ 时的间隔时间；

$t_1+t_2+t_3$——周期时间。

图 E.6 计算平均热效应实例

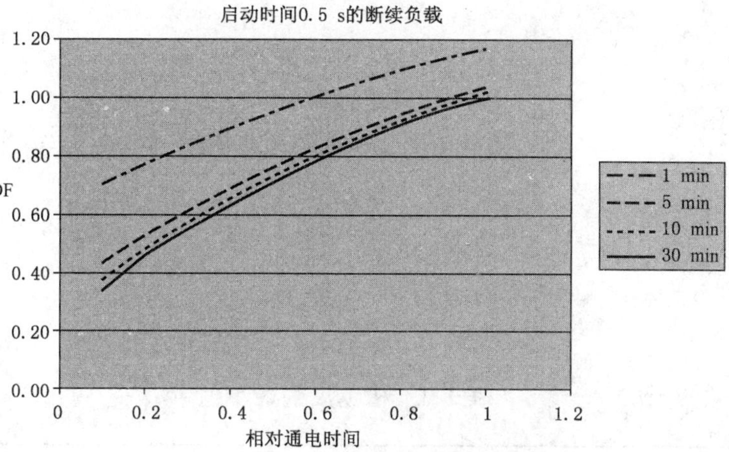


图 E.7　相同 RDF 与断续工作制，在 $t_1=0.5$ s，$I_1=7I_2$ 不同周期时间的参数的关系图实例

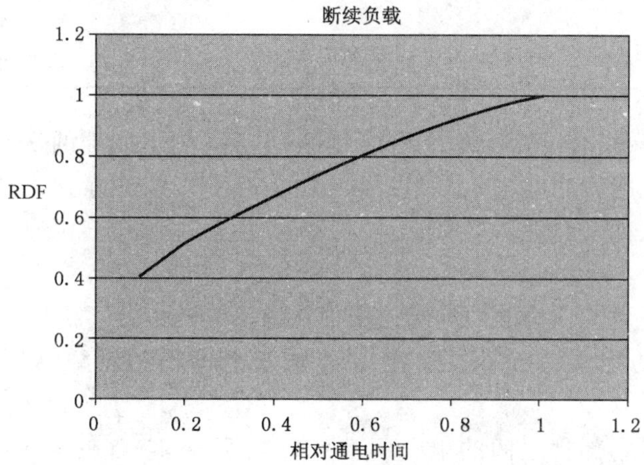


图 E.8　相同 RDF 与断续工作制，在 $I_1=I_2$(没有启动过电流)时的参数关系图实例

# 附 录 F
## (规范性附录)
## 电气间隙和爬电距离的测量

### F.1 基本原则

在图 F.1 的示例 1～示例 11 中规定的槽宽度 $X$ 基本上适用于以污染等级为函数的所有实例,如表 F.1:

**表 F.1 槽宽度的最小值**

| 污染等级 | 槽宽度 $X$ 的最小值/mm |
|---|---|
| 1 | 0.25 |
| 2 | 1.0 |
| 3 | 1.5 |
| 4 | 2.5 |

如果有关的电气间隙小于 3 mm,凹槽最小宽度则可减小至该电气间隙的三分之一。

测量电气间隙和爬电距离的方法在图 F.1 的示例 1～示例 11 中示出。这些例子对间隙与槽之间,或绝缘类型之间没有什么区别。

而且:

——假定任意角被宽度为 $X$mm 的绝缘连接件在最不利的位置下桥接(见图 F.1 的示例 3);

——当横跨槽顶部的距离为 $X$mm 或更大时,应沿着凹槽的轮廓测量爬电距离(见图 F.1 的示例 2);

——测量这些相对运动部件之间的电气间隙和爬电距离,应当在这些部件处于最不利的位置时进行。

### F.2 筋的使用

由于筋对污染物的影响以及它有较好的干燥效果,因此可以明显的减少泄漏电流的形成。假如筋的最小高度为 2 mm,爬电距离因而可以减小到要求值的 0.8 倍,见图 F.1。

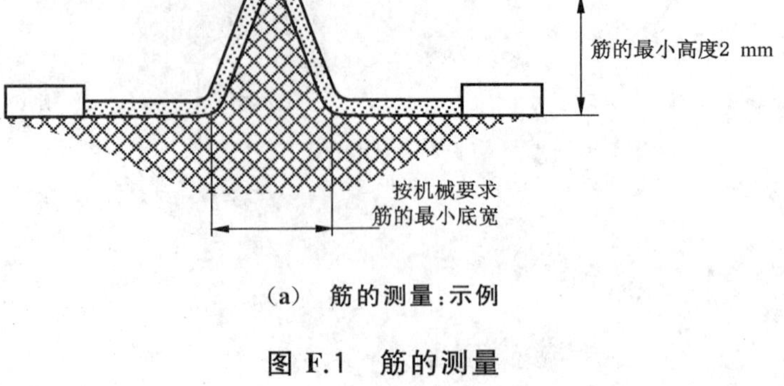


(a) 筋的测量:示例

图 F.1 筋的测量

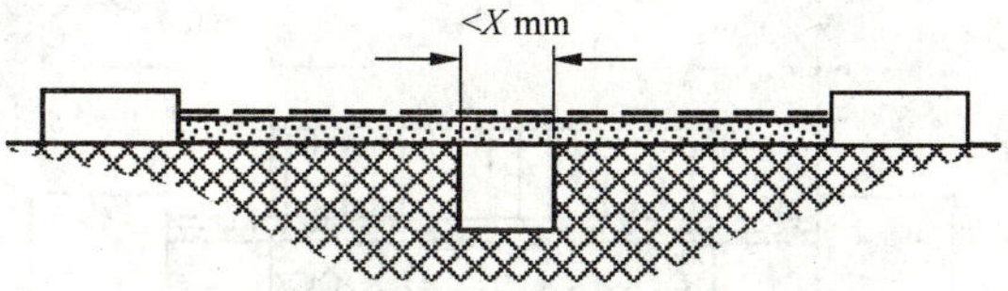


条件:该爬电距离路径包括宽度小于 Xmm、任意深度的平行边或收敛形边的槽。

规则:电气间隙和爬电距离如图所示,直接跨过槽进行测量。

(b) 示例 1

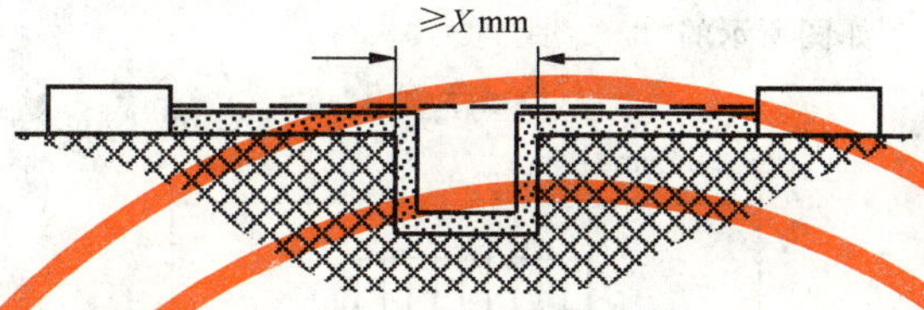


条件:此爬电距离路径包括任意深度且宽度等于或大于 Xmm 的平行边的槽。

规则:电气间隙是"虚线"的距离。爬电距离路径沿槽的轮廓测量。

(c) 示例 2

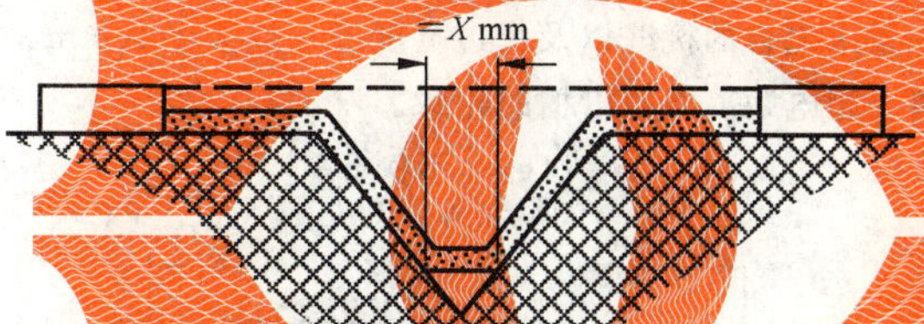


条件:此爬电距离路径包括宽度大于 Xmm 的 V 形槽。

规则:电气间隙是"虚线"的距离。爬电距离路径沿槽的轮廓但被 Xmm 的链接把槽底短路。

(d) 示例 3

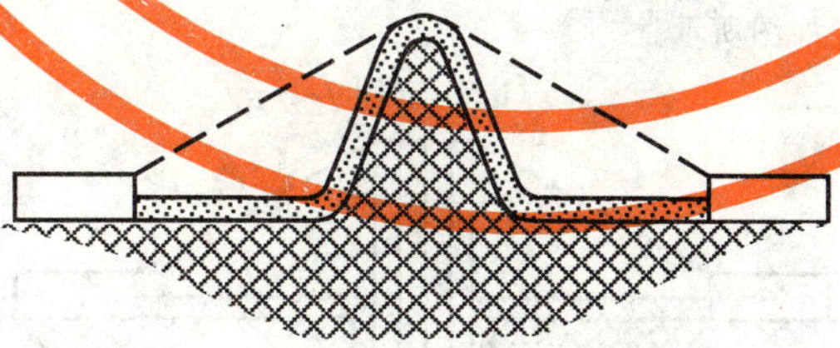

条件:爬电距离路径包括一条筋。

规则:电气间隙是通过筋顶的最短的空气路径。爬电距离沿着筋的轮廓。

(e) 示例 4

**图 F.1(续)**

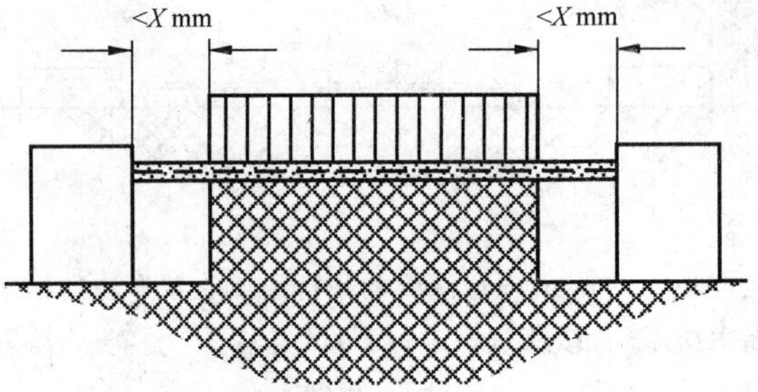


条件:爬电距离路径包括一条未浇合的接缝及每边宽度小于 Xmm 的槽。

规则:爬电距离和电气间隙路径如图所示的“虚线”距离。

(f) 示例 5

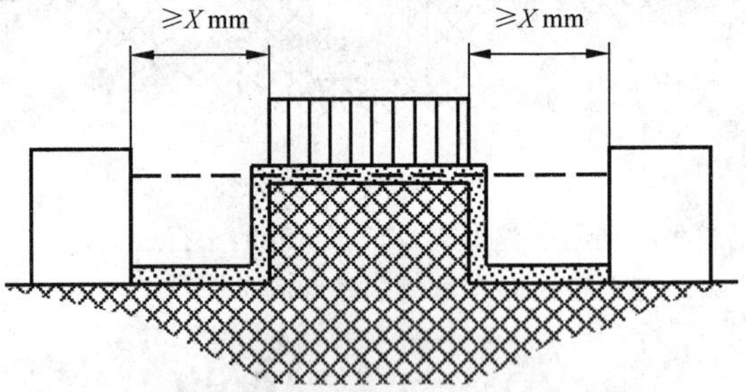


条件:此爬电距离路径包括一条未浇合的接缝以及每边宽度等于或大于 Xmm 的槽。

规则:电气间隙为“虚线”距离。爬电距离路径沿槽的轮廓。

(g) 示例 6

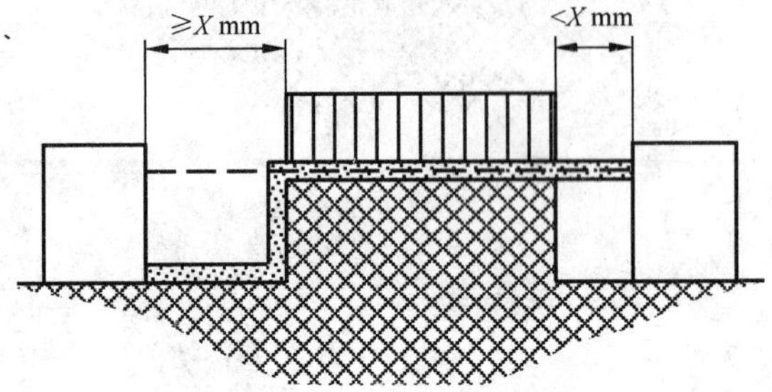


条件:爬电距离路径包括一条未浇合的接缝以及一边宽度小于 Xmm,而另一边宽度等于或大于 Xmm 的槽构成。

规则:电气间隙和爬电距离路径如图所示。

(h) 示例 7

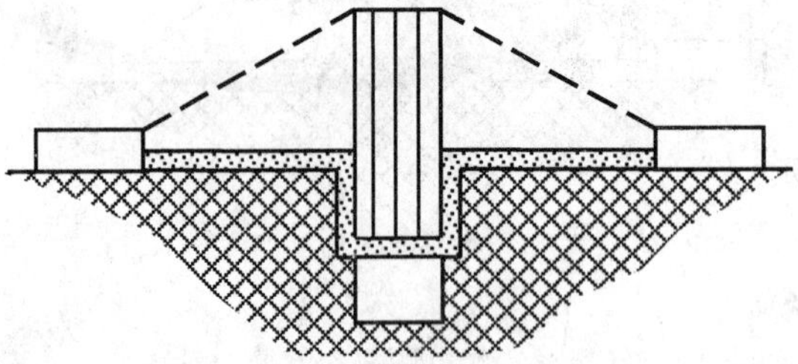

条件:爬电距离穿过一条未浇合的接缝,小于通过挡板顶部的爬电距离。

规则:电气间隙是通过挡板顶部的最短直接空气路径。

(i) 示例 8

图 F.1(续)

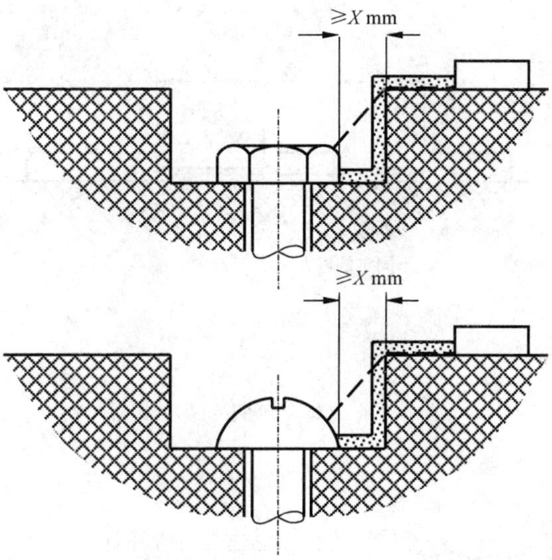


条件:应将螺钉头与凹壁之间足够宽的间隙考虑在内。

规则:电气间隙和爬电距离路径如图所示。

(j) 示例 9

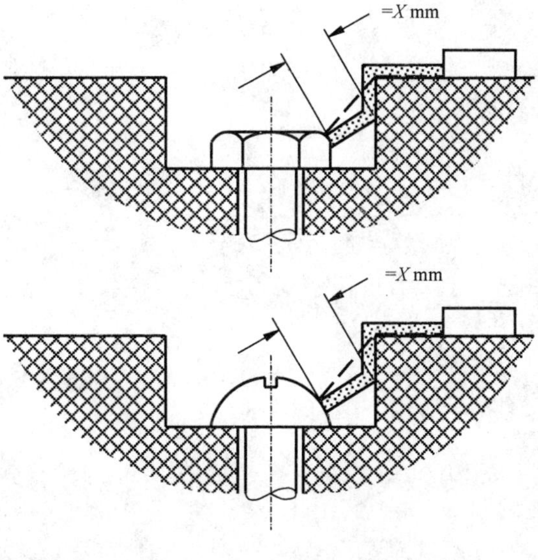


条件:螺钉头与凹壁之间的间隙过分窄小以至不必考虑。

规则:当距离等于 X mm 时,测量爬电距离是从螺钉至槽壁。

(k) 示例 10

图 F.1(续)

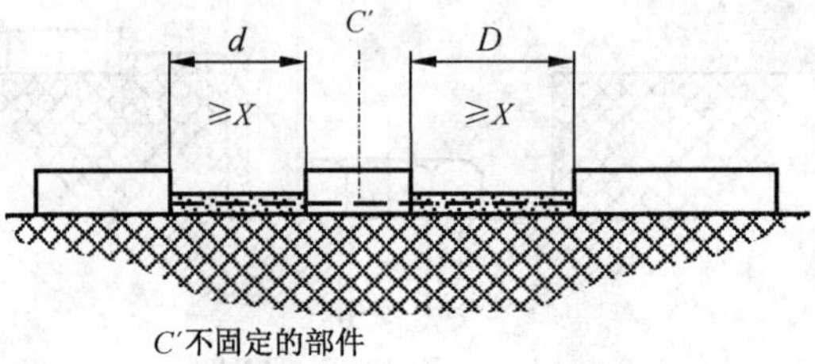


电气间隙为 $d+D$ 的距离；
爬电距离也为 $d+D$ 的距离。

(l) 示例 11

说明：

电气间隙

爬电距离

图 F.1（续）

# 附 录 G
## (规范性附录)
## 电源系统的标称电压与设备的额定冲击耐受电压的关系

本附录旨在给出有关在电气系统中或部分系统中的一条电路上使用的设备选择所需的信息。

表 G.1 提供了关于电源系统标称电压与相应的设备额定冲击耐受电压之间的关系的实例。

表 G.1 给出的额定冲击耐受电压值是基于 GB/T 16935.1—2008 中 4.3.3。关于选择合适的过电压类别和过电压保护的标准的更多信息(如果需要),在 GB/T 16895.10—2010 中第 443 章中给出。

还应指出,可利用电源系统的运行状态,诸如存在合适的阻抗或电缆馈线,可以控制与表 G.1 的值相关的过电压值。

**表 G.1 电源系统的标称电压与设备额定冲击耐受电压之间的相应关系**

| 额定工作电压对地最大值,交流有效值或直流<br>V | 电源系统的标称电压(≤设备的额定绝缘电压)<br>V | | | | 额定冲击耐受电压(1.2/50 μs)优先值<br>(海拔 2 000 m)<br>kV | | | |
|---|---|---|---|---|---|---|---|---|
| | | | | | 过电压类别 | | | |
| | <br>交流有效值 | 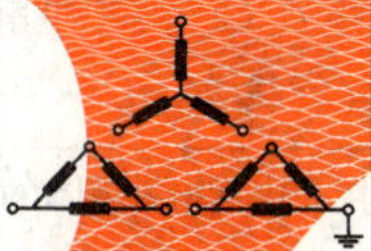<br>交流有效值 | <br>交流有效值或直流 | <br>交流有效值或直流 | Ⅳ<br>电源进线点(进线端)水平 | Ⅲ<br>配电电路水平 | Ⅱ<br>负载(器件,设备)水平 | Ⅰ<br>特殊保护水平 |
| 50 | — | — | 12.5,24,25,30,42,48 | — | 1.5 | 0.8 | 0.5 | 0.33 |
| 100 | 66/115 | 66 | 60 | — | 2.5 | 1.5 | 0.8 | 0.5 |
| 150 | 120/208<br>127/220 | 115,120<br>127 | 110,120 | 220-110,<br>240-120 | 4 | 2.5 | 1.5 | 0.8 |
| 300 | 220/380,230/400<br>240/415,260/440<br>277/480 | 220,230<br>240,260<br>277 | 220 | 440-220 | 6 | 4 | 2.5 | 1.5 |
| 600 | 347/600,380/660<br>400/690,415/720<br>480/830 | 347,380,400<br>415,440,480<br>500,577,600 | 480 | 960-480 | 8 | 6 | 4 | 2.5 |
| 1 000 | — | 660<br>690,720<br>830,1 000 | 1 000 | — | 12 | 8 | 6 | 4 |

# 附　录　H
## （资料性附录）
## 铜导线的工作电流和功率损耗

表 H.1 提供了理想状态下，成套设备内导体的工作电流和功率损耗的指导性数值。确定这些值的计算方法可被用来计算其他工作环境下的数值。

**表 H.1　允许导体温度 70℃ 的单芯铜电缆的工作电流和功率损耗**
**（成套设备内部环境温度 55℃）**

| 导线布局 | | 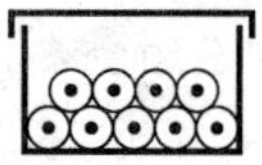 | | 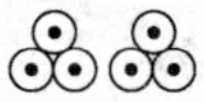 | | 最少有一个电缆直径的间隙 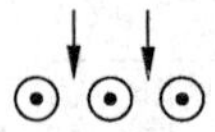 | |
|---|---|---|---|---|---|---|---|
| | | 穿在电缆管道中的单芯电缆，挂在墙上水平走向，6 根电缆（2 个三相电路）有持续负载 | | 单芯电缆，在空气中不接触或在一个有散热孔的桥架上。6 根电缆（2 个三相电路）有持续负载 | | 单芯电缆水平间隔放置在空气中 | |
| 导体截面积 | 20℃时的导体电阻 $R_{20}$[a] | 最大工作电流 $I_{max}$[b] | 单位导体的功率损耗 $P_v$ | 最大工作电流 $I_{max}$[c] | 单位导体的功率损耗 $P_v$ | 最大工作电流 $I_{max}$[d] | 单位导体的功率损耗 $P_v$ |
| $mm^2$ | mΩ/m | A | W/m | A | W/m | A | W/m |
| 1.5 | 12.1 | 8 | 0.8 | 9 | 1.3 | 15 | 3.2 |
| 2.5 | 7.41 | 10 | 0.9 | 13 | 1.5 | 21 | 3.7 |
| 4 | 4.61 | 14 | 1.0 | 18 | 1.7 | 28 | 4.2 |
| 6 | 3.08 | 18 | 1.1 | 23 | 2.0 | 36 | 4.7 |
| 10 | 1.83 | 24 | 1.3 | 32 | 2.3 | 50 | 5.4 |
| 16 | 1.15 | 33 | 1.5 | 44 | 2.7 | 67 | 6.2 |
| 25 | 0.727 | 43 | 1.6 | 59 | 3.0 | 89 | 6.9 |
| 35 | 0.524 | 54 | 1.8 | 74 | 3.4 | 110 | 7.7 |
| 50 | 0.387 | 65 | 2.0 | 90 | 3.7 | 134 | 8.3 |
| 70 | 0.268 | 83 | 2.2 | 116 | 4.3 | 171 | 9.4 |
| 95 | 0.193 | 101 | 2.4 | 142 | 4.7 | 208 | 10.0 |
| 120 | 0.153 | 117 | 2.5 | 165 | 5.0 | 242 | 10.7 |
| 150 | 0.124 | | | 191 | 5.4 | 278 | 11.5 |
| 185 | 0.099 1 | | | 220 | 5.7 | 318 | 12.0 |
| 240 | 0.075 4 | | | 260 | 6.1 | 375 | 12.7 |

[a] GB/T 3956—2008 中的数值，表 2（多股铰线）。

[b] 一条三相电路的电流承载能力 $I_{30}$，来自 IEC 60364-5-52:2009 中表 B.52.4，第 4 列（安装方法：表 B.52.3 中第 6 项）。$k_2=0.8$（表 B.52.17 第 1 项，2 条电路）。

[c] 一条三相电路的电流承载能力 $I_{30}$，来自 IEC 60364-5-52:2009 中表 B. 52.10，第 5 列（安装方法：表 B. 52.1 中第 F 项）。截面积小于 25 $mm^2$ 依据 IEC 60364-5-52:2009 的附录 D 计算。$k_2=0.88$（表 B. 52.17 第 4 项，2 条电路）。

[d] 一条三相电路的电流承载能力 $I_{30}$，来自 IEC 60364-5-52:2009 中表 B. 52.10，第 7 列（安装方法：表 B. 52.1 中第 G 项）。截面积小于 25 $mm^2$ 依据 IEC 60364-5-52:2009 的附录 D 计算（$k_2=1$）。

$$I_{max} = I_{30} \times k_1 \times k_2 \qquad P_v = I_{max}^2 \times R_{20} \times [1 + \alpha \times (T_c - 20\ ℃)]$$

式中：

$k_1$——外壳内导体周围空气温度的降容系数(IEC 60364-5-52:2009 中表 B.52.14)

$k_1$=0.61 导体温度 70 ℃，环境温度 55 ℃。

在其他空气温度时的 $k_1$ 值，见表 H.2。

$k_2$——多于一条电路组合的降容系数(IEC 60364-5-52:2009 中表 B. 52.17)。

$\alpha$——电阻温度系数，$\alpha$=0.004$K^{-1}$。

$T_c$——导体温度。

**表 H.2 电缆在导体允许温度为 70 ℃时的降容系数 $k_1$**

**(引自 IEC 60364-5-52:2009 中表 B.52.14)**

| 壳内导体周围空气温度/℃ | 降容系数<br>$k_1$ |
|---|---|
| 20 | 1.12 |
| 25 | 1.06 |
| 30 | 1.00 |
| 35 | 0.94 |
| 40 | 0.87 |
| 45 | 0.79 |
| 50 | 0.71 |
| 55 | 0.61 |
| 60 | 0.50 |

注：如果表 H.1 中的工作电流使用降容系数 $k_1$ 转换成其他的空气温度，则相应的功率损耗也必须用上面的公式重新计算。

# 附 录 I
（空）

# 附 录 J
## （规范性附录）
## 电磁兼容性（EMC）

### J.1 通则

在本附录里条款的编号与标准正文相匹配。

### J.2 术语和定义

下列术语和定义适用于本附录。

（见图 J.1）

**J.3.8.13.1**

**端口 port**

专用元器件与外部电磁环境之间的特殊界面。

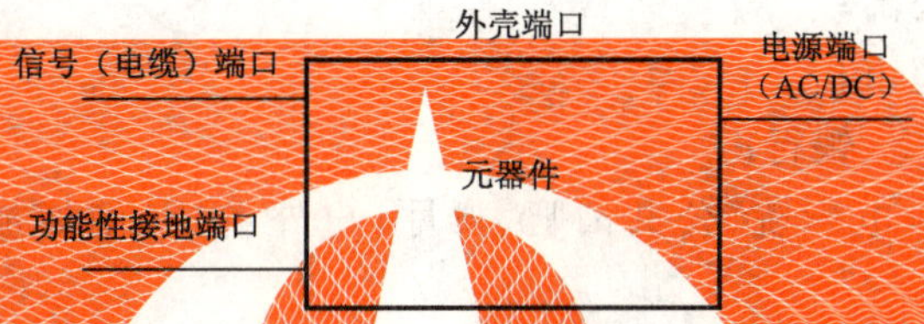


图 J.1 端口的示例

**J.3.8.13.2**

**外壳端口 enclosure port**

元器件的实际边界，电磁场可通过这个边界辐射或侵害。

**J.3.8.13.3**

**功能性接地端口 functional earth port**

该端口不同于信号、控制或电源端口，它用于提供除了电气安全目的以外的接地。

**J.3.8.13.4**

**信号端口 signal port**

该端口有连接元器件的导线或电缆用于传输数据的信息。

注：例如模拟量输入、输出和控制线；数据总线；通信网络等。

[IEC 61000-6-1:2005 的 3.4]

**J.3.8.13.5**

**电源端口 power port**

该端口有连接元器件的导线或电缆，用于提供一个或组合在一起的多个元器件运行时所需的主要电源。

### J.9.4 性能要求

#### J.9.4.1 通则

对属于本部分范围的大多数成套设备，应考虑下面的两种环境条件：

a) A 类环境；

b) B类环境。

A类环境:主要与高压或中压变压器供电电网有关,它用于为生产输送装置或类似装置供电,并且拟工作在工业场所或接近工业场所,如下所述。本部分同样适用于电池供电和拟在工业场所应用的设备。

环境为工业环境,包括户内和户外。

工业场所表现为以下一种或几种附加特征:

——工业、科研和医疗(ISM)设备(IEC/CISPR 11 中定义);

——频繁切换的大感性或容性负载;

——电流及其所产生的高磁场。

注1:A类环境涵盖在EMC通用标准IEC 61000-6-2和IEC 61000-6-4中。

B类环境:主要与低压公共主电网或连接到直流电源的设备有关,直流电源作为设备与低压公共主电网的接口。也适用于电池供电或由非公共、非工业、低压电源配电系统供电的设备。此设备应用场所如下所示。

环境涵盖居民区、商业区和轻工业区,包括户内和户外。如下列表,虽然不详尽,但表明了所涵盖的场所:

——居民区,例如住宅、公寓;

——零售店,例如商店、超市;

——商业建筑,例如办公室、银行;

——公共娱乐场所,例如,电影院、公共酒吧、舞厅;户外场所,例如加油站、停车场、娱乐和体育中心;

——轻工业场所,例如车间、实验室、服务中心。

以通过低压公共主电网直接供电为特征的场所,认为是居民区、商业区和轻工业区。

注2:B类环境涵盖在EMC通用标准IEC 61000-6-1和IEC 61000-6-3中。

成套设备制造商应指出其成套设备所适合的环境类别,是A类环境和/或B类环境。

#### J.9.4.2 试验要求

包含了或多或少的器件和元件随机组合的成套设备,在多数情况下是一次性生产或组装。

如果满足下述条件,则不要求在最终的成套设备上进行EMC抗干扰或发射试验:

a) 按J.9.4.1中规定的环境的EMC要求装入的器件和元件符合相关产品的标准或通用的EMC标准。

b) 内部的安装及布线是按照器件和元件制造商的说明书进行的(关于互相影响、电缆、屏蔽和接地等方面的安排)。

其他情况按J.10.12的试验来验证EMC的要求。

#### J.9.4.3 抗干扰

##### J.9.4.3.1 不装有电子电路的成套设备

不装有电子电路的成套设备在正常使用条件下不易受电磁骚扰,因此不需要进行抗干扰试验。

##### J.9.4.3.2 装有电子电路的成套设备

安装在成套设备内的电子装置应符合相关产品标准或通用EMC标准的抗干扰要求,并按成套设备制造商的规定适用于指定的EMC环境中。

其他情况按J.10.12的试验来验证EMC的要求。

装置使用完全由无源部件(例如二极管、电阻器、压敏电阻、电容器、浪涌抑制器、电感)构成的电子电路时，可以不进行EMC试验。

成套设备制造商应从器件和/或元件制造商那里获得已放入相关产品标准中的基于验收准则的产品特定性能标准。

J.9.4.4 发射

J.9.4.4.1 不装有电子电路的成套设备

不装有电子电路的成套设备只是在偶然的通断操作过程中，设备可能产生电磁骚扰。骚扰的持续时间为毫秒级。这种发射的频率、等级及后果被视为低压设备的正常电磁环境的一部分，因此可以认为满足了电磁发射的要求，不需要进行验证。

J.9.4.4.2 装有电子电路的成套设备

装在成套设备内的电子设备应符合相关产品标准或通用EMC标准的发射要求并适用于由成套设备制造商指定的EMC环境中。

装有电子电路的成套设备(例如，开关电源、包含有高频时钟的微处理器的电路)可能出现持续的电磁骚扰。

此类产品的发射要求不能超过相关产品标准规定的限值或IEC 61000-6-4中A类环境的要求和/或IEC 61000-6-3中B类环境的要求。试验按照相关产品标准进行，如果有，否则依据J.10.12进行。

J.10.12 EMC试验

如果成套设备内的功能单元不满足J.9.4.2 a)和b)的要求，则适用下列试验项目：

应依据相关EMC标准进行发射和抗干扰试验；尽管如此，成套设备制造商应指定验证成套设备的性能标准的其他附加措施(如持续时间)。

J.10.12.1 抗干扰试验

J.10.12.1.1 不装有电子电路的成套设备

不需试验；见J.9.4.3.1。

J.10.12.1.2 装有电子电路的成套设备

试验应依据相应的A类环境或B类环境。表J.1和/或表J.2给出了数值，除非相关产品标准和电子器件制造商认为有正当理由时给出了不同试验等级。

成套设备制造商规定的性能标准，需基于表J.3中的验收准则。

J.10.12.2 发射试验

J.10.12.2.1 不装有电子电路的成套设备

不需试验；见J.9.4.4.1。

J.10.12.2.2 装有电子电路的成套设备

成套设备制造商应指定试验方法；见J.9.4.4.2。

A类环境的发射限值见IEC 61000-6-4:2006表1。

B类环境的发射限值见IEC 61000-6-3:2006表1。

如果成套设备包含通信端口，则相关端口及环境的选择应依据IEC/CISPR22的发射要求。

表 J.1 A 类环境中对 EMC 抗扰度的试验
（见 J.10.12.1）

| 试验项目 | 所要求的试验等级 | 验收准则[c] |
|---|---|---|
| 静电放电抗扰度试验<br>IEC 61000-4-2 | ±8 kV/空气放电或±4 kV/接触放电 | B |
| 射频电磁场辐射抗扰度试验<br>IEC 61000-4-3<br>80 MHz～1 GHz 和<br>1.4 GHz～2 GHz | 在外壳端口 10 V/m | A |
| 电快速瞬变/脉冲群抗扰度试验<br>GB/T 17626.4 | 电源端口±2 kV<br>信号端口包括辅助电路和功能接地±1 kV | B |
| 1.2/50 μs 和 8/20 μs 浪涌抗扰度试验<br>GB/T 17626.5[a] | 电源端口(线对地)±2 kV<br>电源端口(线对线)±1 kV<br>信号端口(线对地)±1 kV | B |
| 射频传导抗扰度试验<br>IEC 61000-4-6<br>150 kHz～80 MHz | 电源端口，信号端口和功能接地 10 V | A |
| 工频磁场抗扰度试验<br>IEC 61000-4-8 | 30 A/m[b] 在外壳端口 | A |
| 电压暂降和短时中断抗扰度试验<br>GB/T 17626.11[d] | 0.5 个周期下降 30%<br>5 和 50 个周期下降 60%<br>250 个周期下降大于 95% | B<br>C<br>C |
| 电源谐波抗扰度试验<br>GB/T 17626.13 | 无要求 | |

[a] 对于额定电压小于或等于 24 VDC 的设备和/或输入/输出端口，无试验要求。

[b] 仅适用于成套设备中包含易受工频磁场影响的器件。

[c] 验收准则与环境无关，见表 J.3。

[d] 仅适用于电源输入端口。

表 J.2 B 类环境中对 EMC 抗扰度的试验
（见 J.10.12.1）

| 试验项目 | 所要求的试验等级 | 验收准则[c] |
|---|---|---|
| 静电放电抗扰度试验<br>IEC 61000-4-2 | ±8 kV/空气放电<br>或±4 kV/接触放电 | B |
| 射频电磁场辐射抗扰度试验<br>IEC 61000-4-3<br>80 MHz～1 GHz 和 1.4 GHz～2 GHz | 外壳端口 3 V/m | A |
| 电快速瞬变/脉冲群抗扰度试验<br>GB/T 17626.4 | 电源端口±1 kV<br>信号端口包括辅助电路和功能接地<br>±0.5 kV | B |

**表 J.2（续）**

| 试验项目 | 所要求的试验等级 | 验收准则[c] |
| --- | --- | --- |
| 1.2/50 μs 和 8/20 μs 浪涌抗扰度试验<br>GB/T 17626.5[a] | ±0.5 kV(线对地)用于信号和电源端口，除主电源外，输入端口应用±1 kV（线对地）<br>±0.5 kV(线对线) | B |
| 射频传导抗扰度试验<br>IEC 61000-4-6<br>150 kHz～80 MHz | 电源端口、信号端口和功能接地 3 V | A |
| 工频磁场抗扰度试验<br>IEC 61000-4-8 | 3 A/m [b]在外壳端口 | A |
| 电压暂降和短时中断抗扰度试验<br>GB/T 17626.11[d] | 0.5 个周期下降 30%<br>5 个周期下降 60%<br>250 个周期下降大于 95% | B<br>C<br>C |
| 电源谐波抗扰度试验<br>GB/T 17626.13 | 要求待制定 | |

[a] 对于额定电压小于或等于 24 V(DC)的设备和/或输入/输出端口，无试验要求。
[b] 仅适用于成套设备中包含易受工频磁场影响的器件。
[c] 验收准则与环境无关，见表 J.3。
[d] 仅适用于电源输入端口。

**表 J.3 电磁骚扰出现时的验收准则**

| 项目 | 验收准则(试验期间性能准则) | | |
| --- | --- | --- | --- |
| | A | B | C |
| 一般性能 | 工作特性无明显变化<br>理想的运行 | 可自恢复的性能暂时降低或丧失 | 性能暂时降低或丧失，需要操作者干预或系统复位[a] |
| 电源电路和辅助电路的运行 | 无有缺点的运行 | 可自恢复的性能暂时降低或丧失[a] | 性能暂时降低或丧失，需要操作者干预或系统复位[a] |
| 显示和控制板的运行 | 目测显示信息无变化。<br>仅发光二极管有轻微的亮度变化或轻微的字符移动 | 短暂的可视变化或信息丢失。发光二极管非正常发光 | 停机或显示持久丢失。错误的信息和/或非法操作模式，它应被显示或应提供指示。<br>不能自行恢复 |
| 信息处理和检测功能 | 与外部设备的通信和数据交换未受影响 | 暂时的通信故障，可能造成内部和外部设备出错 | 错误的处理信息。<br>数据和/或信息丢失。<br>通信出错。<br>不能自行恢复 |

[a] 在产品标准中，应详细给出规定要求。

# 附　录　K
## （规范性附录）
## 电气隔离保护

### K.1　通则

电气隔离是一种保护措施，包括：

- 通过被隔离电路中危险带电部分与外露可导电部分之间的基本绝缘而实现基本防护（对直接接触的防护）；和
- 故障防护（对间接接触的防护），通过：
  ——被隔离电路与其他电路以及和地之间的简单隔离；
  ——隔离电路的不接地保护等电位联结的相互连接的裸露设备部件，此电路中有多个设备部件连接至隔离电路。

不允许外露可导电部分与保护导体或接地导体之间的故意连接。

### K.2　电气隔离

#### K.2.1　一般要求

通过电气隔离的保护应确保符合 K.2.2～K.2.5 的所有要求。

#### K.2.2　电源

电路应由一个能提供隔离的电源供电，也就是：

- 一个隔离变压器；或者
- 和上述隔离变压器具有相同安全等级的电源，例如具有可提供等效绝缘性能的绕组的发电机。

注：对特高试验电压耐受能力的检验，可用所需的绝缘等级的措施来确认。

选择移动式电源与供电系统连接时，应参照 K.3（第Ⅱ类设备或等效绝缘）。

固定式电源应是：

- 选择符合 K.3 要求；或
- 采取满足 K.3 条件的绝缘确保输出与输入之间以及与外壳之间的隔离；如果电源是为设备中多个装置供电，则该设备的外露可导电部分不能与电源金属外壳相连。

#### K.2.3　电源的选择和安装

##### K.2.3.1　电压

电气上被隔离电路的电压不应超过 500 V。

##### K.2.3.2　安装

**K.2.3.2.1**　被隔离电路中的带电部分不应连接到其他电路的任何点或与地相连。

为了避免对地故障风险，应特别注意这些部件与地之间的绝缘，尤其是软电缆和软线。

安装时应确保电气隔离不小于隔离变压器输入和输出之间的隔离。

注：应特别注意，电气设备中带电部分间需要电气隔离，比如继电器，接触器，辅助开关和另一电路的任何部件。

**K.2.3.2.2**　软电缆和软线，应能目测全长中易受机械损伤任何部分。

**K.2.3.2.3**　对于被隔离电路，有必要使用隔离的布线系统。如果在被隔离电路与其他电路中不可避免地要使用相同的布线系统导体，则应使用不带金属护套的多芯电缆，或在绝缘导管、电缆管道或走线槽中使用绝缘导线。它们的额定电压应不低于可能产生的最高电压，并且每个电路都应有过流保护。

### K.2.4 单一电器设备的供电

在对单一电器设备进行供电时，被隔离电路中外露可导电部分既不应与保护导体连接，也不应与其他电路的外露可导电部分连接。

注：如果被隔离电路中外露可导电部分容易有意或偶然地接触到其他电路的外露可导电部分，则电击防护不再仅仅依靠电气隔离的保护，还应对后者外露可导电部分采取保护措施。

### K.2.5 多台电器设备的供电

如果在发生损坏和绝缘失效时采取预防措施对被隔离电路进行保护，那么符合 K.2.2 的电源可以用来为一个以上的设备供电，并应满足以下要求：

a) 应用不接地的绝缘等电位联结导体将被隔离电路中的外露可导电部分连接在一起。这种导体不应与保护导体或其他电路的外露可导电部分连接，也不应连接到任何外接导电部分；

注：如果被隔离电路中外露可导电部分容易故意或偶然地接触到其他电路的外露可导电部分，则电击防护不再仅仅依靠电气隔离的保护，还应对后者外露可导电部分采取保护措施。

b) 所有插座都应带有接触保护，它应连接到按 a)所提供的等电位联结系统；

c) 除为第 II 类设备供电外，所有软电缆都应包含一个保护导体，用来做为一个等电位联结导体；

当有两个故障影响到两个外露可导电部分，并且它们是由不同极性的导体供电时，那么应确保保护器件在符合表 K.1 规定的分断时间内切断电源。

**表 K.1 TN 系统的最大分断时间**

| $U_0$[a]/V | 分断时间/s |
|---|---|
| 120 | 0.8 |
| 230 | 0.4 |
| 277 | 0.4 |
| 400 | 0.2 |
| >400 | 0.1 |
| [a] 基于 IEC 60038 的值。 | |

对于 IEC 60038 中规定的在偏差带范围内的电压，分断时间适用于标称电压的情况。

对于中间电压值，应使用表 K.1 中下一档较高值。

## K.3 第 II 类设备或等效绝缘

应利用以下类型的电气设备提供保护：

——带有双重或加强绝缘的电气设备(第Ⅱ类设备)；

——带有全绝缘的成套设备。见 8.4.3.3。

这些设备用符号“回”标识。

注：这种措施是用来避免电气设备中由于基本绝缘的故障在可接近部件上出现危险电压。

# 附 录 L
（资料性附录）
北美地区电气间隙和爬电距离

表 L.1 空气中的最小电气间隙

| 额定工作电压/V | 最小电气间隙/mm | |
|---|---|---|
| | 相对相 | 相对地 |
| (150)[a] 125 或以下 | 12.7 | 12.7 |
| (151)[a]126～250 | 19.1 | 12.7 |
| 251～600 | 25.4 | 25.4 |
| [a] 括号中的值用于墨西哥。 | | |

表 L.2 最小爬电距离

| 额定工作电压/V | 最小爬电距离/mm | |
|---|---|---|
| | 相对相 | 相对地 |
| (150)[a]125 或以下 | 19.1 | 12.7 |
| (151)[a]126～250 | 31.8 | 12.7 |
| 251～600 | 50.8 | 25.4 |
| [a] 括号中的值用于墨西哥。 | | |

**注**：这不是北美市场所有法规完整的和详细的列表。

# 附　录　M
（资料性附录）
北美温升限值

北美所允许的温升限值(见表 M.1)是建立在所连接器件(连接线、电缆、断路器等)所允许温升的基础上的。为了保证整个电气系统能正常安全运行,必须考虑这些要求。这些要求源自国家电气规程,NFPA 70,110.14 — C,“温度限制”。这篇文章的发表人为国家防火委员会、昆西、马萨诸塞州、美国。在墨西哥,这些要求由 NOM-001-SEDE 管理。

表 M.1　北美温升限值

| 成套设备的部件 | 温升值/K |
|---|---|
| 非电镀母线 | 50 |
| 电镀母线 | 65 |
| 下述情况以外的端子 | 50 |
| 基于 75 ℃载流能力,标有可使用 90 ℃导体的器件的端子 | 60 |
| 如果标有可使用 75 ℃导体,额定电流 110 A 及以下的器件的端子 | 65 |

# 附 录 N
## （规范性附录）
## 裸铜母排的工作电流和功率损耗

表 N.1 提供了成套设备内的导体在理想条件下(见 10.10.2.2.3、10.10.4.2.1 和 10.10.4.3.1)的工作电流和功率损耗值。此附录不适用于试验验证用的导体。

给出用以建立这些值的计算方法，以便在其他条件下进行值的计算。

**表 N.1 矩形截面裸铜排的工作电流和功率损耗，水平走向，最大面垂直排列，频率 50 Hz～60 Hz（成套设备内的环境温度为 55 ℃，导体温度为 70 ℃）**

| 母排规格（高度×厚度） | 裸铜母排截面积 | 每相一根母排 | | | 每相两根母排（间距等于母排厚度） | | |
|---|---|---|---|---|---|---|---|
| | | $k_3$ | 工作电流 | 单位相导体功率损耗 $P_v$ | $k_3$ | 工作电流 | 单位相导体的功率损耗 $P_v$ |
| mm×mm | mm² | | A | W/m | | A | W/m |
| 12×2 | 23.5 | 1.00 | 70 | 4.5 | 1.01 | 118 | 6.4 |
| 15×2 | 29.5 | 1.00 | 83 | 5.0 | 1.01 | 138 | 7.0 |
| 15×3 | 44.5 | 1.01 | 105 | 5.4 | 1.02 | 183 | 8.3 |
| 20×2 | 39.5 | 1.01 | 105 | 6.1 | 1.01 | 172 | 8.1 |
| 20×3 | 59.5 | 1.01 | 133 | 6.4 | 1.02 | 226 | 9.4 |
| 20×5 | 99.1 | 1.02 | 178 | 7.0 | 1.04 | 325 | 11.9 |
| 20×10 | 199 | 1.03 | 278 | 8.5 | 1.07 | 536 | 16.6 |
| 25×5 | 124 | 1.02 | 213 | 8.0 | 1.05 | 381 | 13.2 |
| 30×5 | 149 | 1.03 | 246 | 9.0 | 1.06 | 437 | 14.5 |
| 30×10 | 299 | 1.05 | 372 | 10.4 | 1.11 | 689 | 18.9 |
| 40×5 | 199 | 1.03 | 313 | 10.9 | 1.07 | 543 | 17.0 |
| 40×10 | 399 | 1.07 | 465 | 12.4 | 1.15 | 839 | 21.7 |
| 50×5 | 249 | 1.04 | 379 | 12.9 | 1.09 | 646 | 19.6 |
| 50×10 | 499 | 1.08 | 554 | 14.2 | 1.18 | 982 | 24.4 |
| 60×5 | 299 | 1.05 | 447 | 15.0 | 1.10 | 748 | 22.0 |
| 60×10 | 599 | 1.10 | 640 | 16.1 | 1.21 | 1 118 | 27.1 |
| 80×5 | 399 | 1.07 | 575 | 19.0 | 1.13 | 943 | 27.0 |
| 80×10 | 799 | 1.13 | 806 | 19.7 | 1.27 | 1 372 | 32.0 |
| 100×5 | 499 | 1.10 | 702 | 23.3 | 1.17 | 1 125 | 31.8 |
| 100×10 | 999 | 1.17 | 969 | 23.5 | 1.33 | 1 612 | 37.1 |
| 120×10 | 1 200 | 1.21 | 1 131 | 27.6 | 1.41 | 1 859 | 43.5 |

$$P_v=\frac{I^2\times k_3}{\kappa\times A}\times[1+\alpha\times(T_c-20\ ℃)]$$

式中：

$P_v$ ——每米的功率损耗；

$I$ ——工作电流；

$k_3$ ——电流位移系数；

$\kappa$ ——铜的传导率，$\kappa = 56 \frac{m}{\Omega \times mm^2}$；

$A$ ——母排的截面积；

$\alpha$ ——电阻的温度系数，$\alpha = 0.004K^{-1}$；

$T_c$ ——导体温度。

成套设备内不同的环境空气温度和/或导体温度为90℃时，工作电流可以通过表N.1中的数值乘以表N.2中的相应系数 $k_4$ 来变换。功率损耗也应用上面给出的公式计算。

**表 N.2 成套设备内不同空气温度和/或不同导体温度的系数 $k_4$**

| 外壳内导体周围的空气温度/℃ | 系数 $k_4$ | |
|---|---|---|
| | 导体温度 70 ℃ | 导体温度 90 ℃ |
| 20 | 2.08 | 2.49 |
| 25 | 1.94 | 2.37 |
| 30 | 1.82 | 2.26 |
| 35 | 1.69 | 2.14 |
| 40 | 1.54 | 2.03 |
| 45 | 1.35 | 1.91 |
| 50 | 1.18 | 1.77 |
| 55 | 1.00 | 1.62 |
| 60 | 0.77 | 1.48 |

可以认为，根据成套设备的设计，可能出现完全不同的环境和导体温度，尤其在较大的工作电流时。

在这些环境条件下，验证实际温升应该通过试验。功率损耗可以使用与用于表N.2相同的方法来计算。

注：在大电流条件下，附加的涡流损耗也许是重要的，但表N.1中的值并未考虑此种情况。

# 附 录 O
（资料性附录）
温升试验指南

## O.1 通则

所有成套设备在使用中会产生热量。假定对于成套设备内的局部区域和成套设备的成套设备散热能力作为一个整体，当满载运行，产生超过总热量时，则会建立热平衡；温度将稳定在一个成套设备周围大气温度以上的温升。

温升验证的目的旨在确保温度稳定在一个值上，不会导致：

a) 成套设备的严重磨损或老化；或

b) 过度的热量传输到外部导体，则其连接的外部导体和任意设备的使用能力可能会受损害；或

c) 成套设备附近的人员、操作员或动物在正常工作环境中被灼烧。

## O.2 温升极限

为温升验证选择合适的方法是制造商的责任(见图 O.1)。

标准中给出的所有温升限值，都假定成套设备被放置在日平均和峰值大气温度分别不超过 35 ℃和 40 ℃的环境中。

标准也假定成套设备内所有出线电路不会同时承载其额定电流。实际情况由“额定分散系数”定义。进线电路承载不超过其额定电流时，分散系数是在成套设备不出现过热时，出线电路任意组合可以持续并同时承载的各自的额定电流的比例。分散系数(计算负荷)通常作为一个整体定义成套设备，但制造商可以选择为电路组进行规定，例如柜架内的电路。

温升验证确认了两个准则：

a) 安装在成套设备内的每种类型电路都可以承载其额定电流。这要考虑装在成套设备内电路的连接方式，但排除可能由邻近电路载流导致的任何热效应。

b) 成套设备作为一个整体在进线电路承载其额定电流时应不会过热，承载进线电路最大电流时，出线电路的任意组合可以同时并持续承载其额定电流乘以成套设备额定分散系数。

确定成套设备内的温升限值是制造商的职责，他们需要以不超过成套设备内所使用材料的长期能力的工作温度为基础来确定。成套设备与外界间的接口，如电缆端子和操作手柄，本部分定义了温升限值(见表 6)。

在标准中定义的界限内，温升验证可以通过试验、计算或设计规则进行。允许使用标准中陈述的一种或组合的验证方法来验证成套设备的温升性能。在考虑成套设备的体积、结构、设计适应性、电流额定数据和尺寸的情况下，允许制造商为成套设备或成套设备的部件选择最适合的方法。

包含在标准设计一些所适应的典型应用中，很有可能使用一种以上的方法去涵盖成套设备设计的各种元件。

## O.3 试验

### O.3.1 一般要求

为了避免不必要的试验，标准提供了如何选择类似功能单元组的指南。详细列出如何在待试验组

中选择关键的方案。随后设计规则应用于为其他电路设置额定数据，这些电路与已试验的关键方案具有“热相似性”。

标准中为试验验证提供了三种选择。

**O.3.2 方法 a)——整个成套设备的验证**(10.10.2.3.5)

如果成套设备的几个或所有电路同时加载，则由于其他电路的热影响，相同的电路只能承载其额定电流乘以额定分散系数(见 5.4)。因此验证所有电路的额定电路需要为每个电路类型单独进行试验。为验证额定分散系数，需要进行所有电路同时加载的附加试验(见方法 b)和 c))。

为了避免大量的试验，10.10.2.3.5 中描述了在所有电路中仅做一个同时加载的验证方法。因为仅做一个试验，电路的额定电流和额定分散系数不可能分别被验证，所以假定分散系数为 1。这种情况下，负载电流等于额定电流。

这是对成套设备特殊布置的一种快速和保守地取得结果的方法。它在同一个试验中证明了出线电路和成套设备的额定数据。进线电路和母线承载其额定电流、同一组中一样多的出线电路分配以进线电流，它们安装在成套设备中时承载其各自的额定电流。对于大多数的电气装置来说，这并不是一个真实的状况，因为出线电路通常没有统一的分散系数。如果已试验的功能单元组不包括安装在成套设备中的每一个不同类型出线电路，应进行不同出线电路组的进一步的试验，直到每一种类型都有一台被试验。

此方法的试验要求的温升试验次数最少，但试验安排会更严酷并且结果对一定范围的成套设备也不适用。

**O.3.3 方法 b)——分别验证各功能单元和整个成套设备**(10.10.2.3.6)

使用这种试验安排，出线电路的每个关键方案都单独试验以确认它的额定电流，随后进行成套设备整体试验，这时进线电路承载其额定电流，出线电路组分配进线电流，承载其额定电流乘以分散系数。待试验的组应包括安装在成套设备中的每个关键方案的一个出线电路。这种方法不适用时，应进行更多的组试验，直到出线电路的所有关键方案都被考虑到。

这种试验体制考虑了出线电路负载的分散系数，它适用于多数场合。然而，如方法 a)，结果只适用于成套设备特殊布置。

**O.3.4 方法 c)——分别验证各功能单元以及主母线和配电母线还有整个成套设备**(10.10.2.3.7)

此试验方法使模块化系统不需要试验每个可能的电路组合就可以进行温升验证。温升试验单独进行来证明以下的额定数据：

a) 功能单元；

b) 主母线；

c) 配电母线；

d) 整个成套设备。

为验证整个成套设备的性能，这些试验应在一个有代表性的成套设备上进行，它的进线电路承载其额定电流，出线电路承载其额定电流乘以分散系数。

此方法要求比方法 a)和 b)进行更多的试验，它的优势在于可以验证模块化系统而不是成套设备的特殊布置。

## O.4 计算

### O.4.1 一般要求

标准中包括两种通过计算进行温升性能验证的方法。

### O.4.2 额定电流不超过 630 A 的单隔室成套设备

一种非常简单的温升验证方法,要求确认成套设备内的元件和导体的总功率损耗不超过已知的外壳的功率消耗能力。此方法的范围很有限,为了在热点处没有问题,所有元件必须降低额定数据到它们自然通风时电流额定值的 80%。

### O.4.3 额定电流不超过 1600 A 的多隔室成套设备

依据带附加余量的 GB/T 24276 通过计算进行温升验证。本方法的范围限制到 1600 A,元件降低额定数据到它们自然通风时额定值的 80%或更小,并且所有水平隔板必须至少有 50%的开口面积。

## O.5 设计规则

环境定义清楚时,标准允许从已由试验验证的相似方案衍生出额定数据。例如,如果双层母线的电流额定值已由试验建立,当所有其他考虑都相同的情况下,分配给一个有相同宽度和厚度的单层母线试验值为 50%的额定数据是可以接受的。

此外,类似功能单元组内(所有器件必须具有同样的框架尺寸并且属于同一系列)所有电路的额定数据可以由组内关键方案的单独温升试验衍生出来。例如,试验一个标称 250 A 出线断路器且在成套设备内为其确定一个额定数据。则应假定考虑同样框架尺寸的断路器且满足其他特殊条件,通过计算验证同一外壳内的标称 160 A 断路器的额定数据。

最后,就温升而言,在不进行重测试时,允许使用其他系列或其他样式的相似器件替代器件,其温升有非常严格的设计规则。这此情况下,除了实际布置需要相同以外,当依据其本身产品标准进行试验时,替代器件的功率损耗和端子温升必须不能高于初始器件。

注:当考虑器件替换时,所有其他性能标准,特别是关于短路电流能力,依据标准,必须在成套设备验证前考虑和满足。

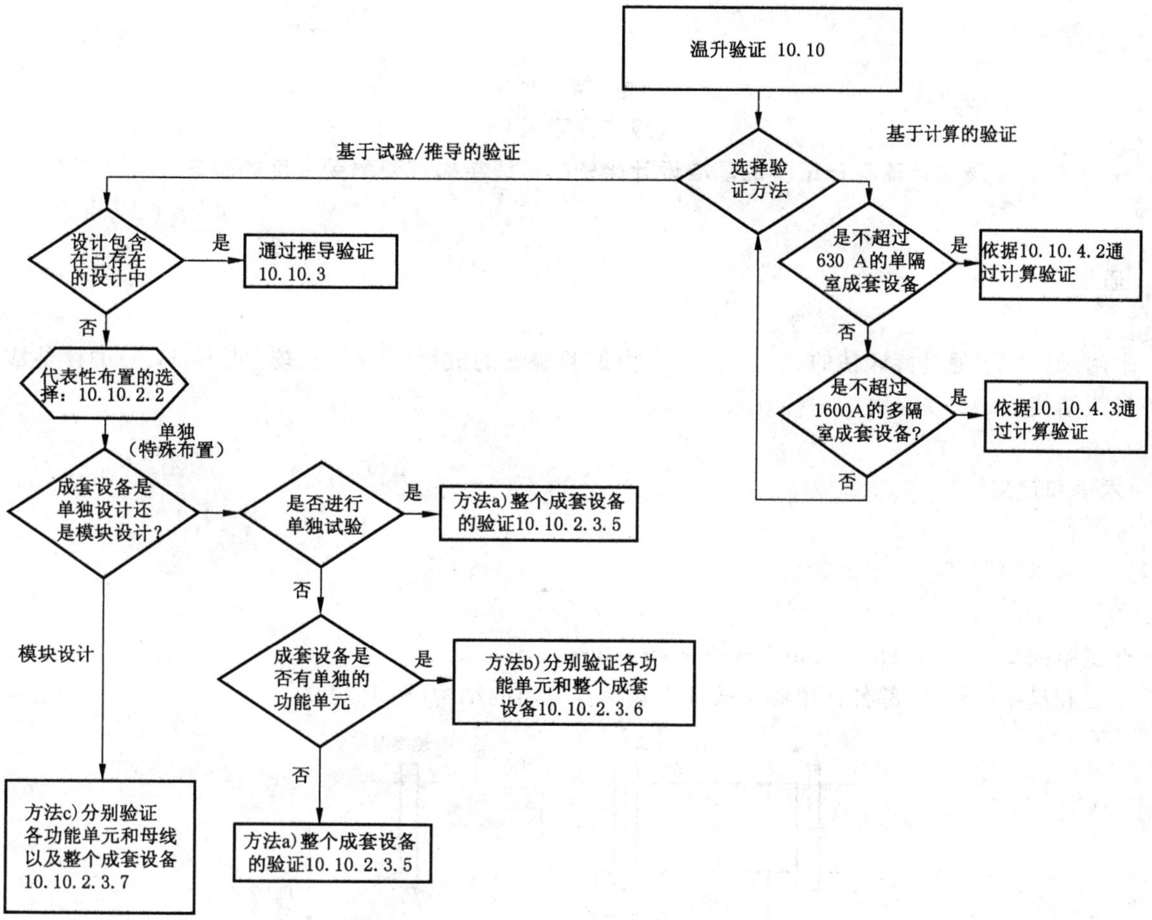
温升验证 10.10
基于试验/推导的验证
选择验证方法
基于计算的验证
设计包含在已存在的设计中
是
通过推导验证 10.10.3
否
代表性布置的选择：10.10.2.2
单独（特殊布置）
成套设备是单独设计还是模块设计？
是否进行单独试验
是
方法a)整个成套设备的验证10.10.2.3.5
否
模块设计
成套设备是否有单独的功能单元
是
方法b)分别验证各功能单元和整个成套设备10.10.2.3.6
否
方法c)分别验证各功能单元和母线以及整个成套设备10.10.2.3.7
方法a)整个成套设备的验证10.10.2.3.5
是不超过630 A的单隔室成套设备
是
依据10.10.4.2通过计算验证
否
是不超过1600A的多隔室成套设备?
是
依据10.10.4.3通过计算验证
否

**图 O.1 温升验证方法**

# 附　录　P
（规范性附录）
## 通过计算与已试验的基准设计比较的母线结构短路耐受强度的验证

## P.1　通则

本附录提供了通过待评估的成套设备与已由试验验证的成套设备相比较（见 10.11.5）的评估成套设备母线结构短路耐受强度的一种方法。

## P.2　术语和定义

以下术语和定义适用于本附录。

**P.2.1**

**已试验的母线结构（TS）　tested busbar structure**

布置和设备由图纸、部件清单和试验证书等文件给出的结构（图 P.1）。

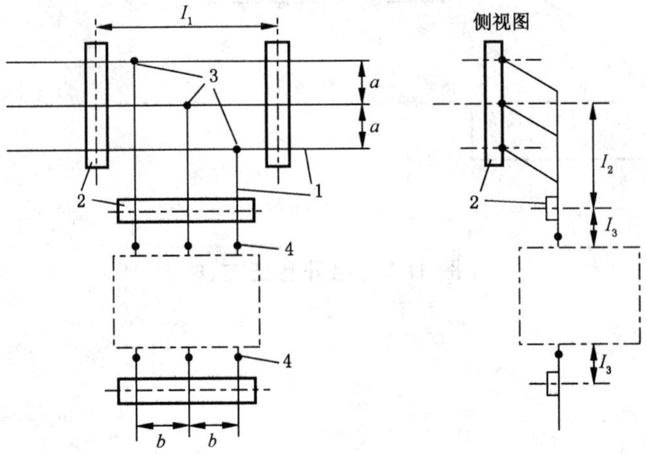


说明：
1——母线；
2——支撑件；
3——布线连接；
4——设备连接；
$a$、$b$、$l$——距离。

**图 P.1　已试验的母线结构（TS）**

**P.2.2**

**未试验的母线结构（NTS）　non tested busbar structure**

需要验证短路耐受强度的结构（图 P.2）。

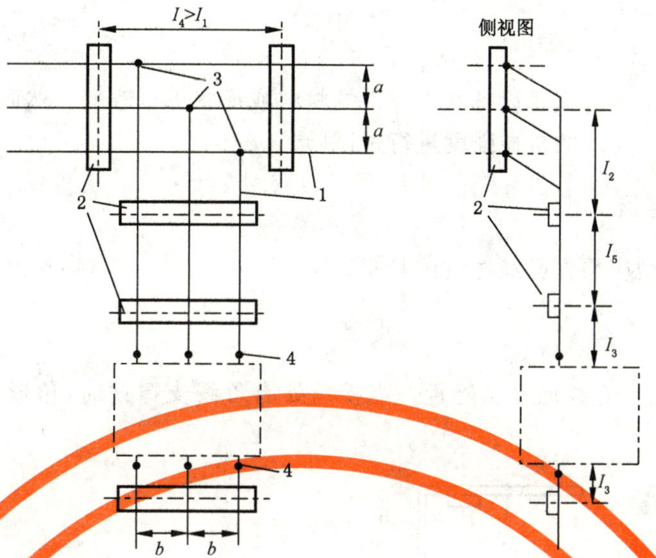


说明：

1——母线；

2——支撑件；

3——布线连接；

4——设备连接；

$a$、$b$、$l$——距离。

**图 P.2 未试验的母线结构(NTS)**

## P.3 验证方法

一种衍生结构的短路耐受强度，例如一个 NTS，是从一个已试验的结构(TS)中，依据 IEC 60865-1 的规定对两种结构进行计算推导出来的。如果计算表明 NTS 所必须耐受的机械和热应力不高于已试验的结构，则认为 NTS 通过了短路耐受强度的验证。

## P.4 应用条件

### P.4.1 通则

仅在符合下列条件下，当母线电气间隙、母线材料、母线截面积和母线配置等参数需要改变时，才能依据IEC 60865-1进行计算。

### P.4.2 峰值短路电流

短路电流只可能变为更小的值。

### P.4.3 热短路强度

NTS 的热短路强度应依据 IEC 60865-1 通过计算进行验证。NTS 计算出的温升不应高于 TS 的温升。

**P.4.4 母线支撑件**

不允许对已由试验验证的成套设备的支撑件的材料或形状进行改变。然而，可以使用其他支撑件，但它们必须预先已经对所要求的机械强度进行过试验。

**P.4.5 母线连接，设备连接**

母线和设备连接类型应预先已经通过试验验证。

**P.4.6 角形母线配置**

IEC 60865-1 只适用于直线形母线配置。当拐角处有母线支撑件时，角形母线配置可看作直线形结构系列(见图 P.3)。

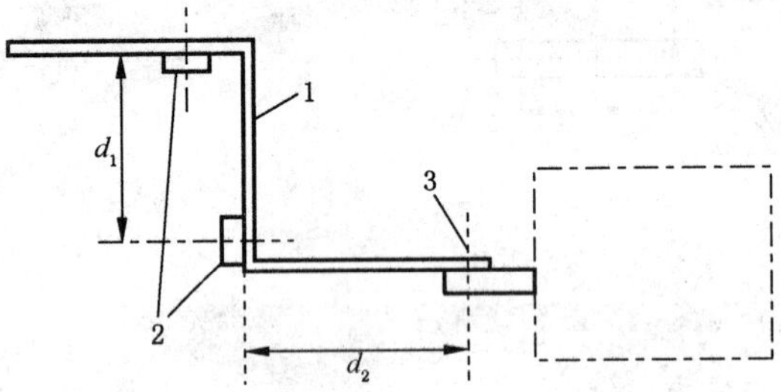


说明：

1——母线；

2——支撑件；

3——设备连接；

$d$——支撑件间距。

**图 P.3 拐角处有支撑件的角形母线配置**

**P.4.7 关于导体振颤的计算**

为使已试验的结构(TS)的计算符合 IEC 60865-1 的规定，应使用下列系数 $V_\sigma$，$V_{\sigma s}$和 $V_F$ 值：

$$V_\sigma = V_{\sigma s} = V_F = 1.0$$

式中：

$V_\sigma$——动态与静态主导体应力的比值；

$V_{\sigma s}$——动态与静态子导体应力的比值；

$V_F$——动态与静态支撑件上应力的比值。

对于 NTS，

$$V_\sigma = V_{\sigma s} = 1.0 \text{ 并且}$$

$V_F$ 是依据 IEC 60865-1 计算得出，但 $V_F < 1.0$ 时则用 $V_F = 1.0$ 替代。

## 参 考 文 献

[1] GB/T 2900.50—2008 电工术语 发电、输电及配电 通用术语

[2] GB/T 2900.57—2008 电工术语 发电、输电及配电 运行

[3] GB/T 2900.71—2008 电工术语 电气装置

[4] GB/T 2900.73—2008 电工术语 接地与电击防护

[5] GB/T 2900.8—2009 电工术语 绝缘子

[6] GB/T 2900.83—2008 电工术语 电的和磁的器件

[7] GB/T 3956—2008 电缆的导体

[8] GB/T 4207—2003 固体绝缘材料在潮湿条件下相比电痕化指数和耐电痕化指数的测定方法

[9] GB/T 5023.4—2008 额定电压 450/750 V 及以下聚氯乙烯绝缘电缆 第 4 部分:固定布线用护套电缆

[10] GB 5226(所有部分) 机械安全 机械电气设备

[11] GB 5226.1—2008 机械电气安全 机械电气设备 第 1 部分:通用技术条件

[12] GB/T 7061—2003 船用低压成套开关设备和控制设备

[13] GB/T 17045—2008 电击防护 装置和设备的通用部分

[14] GB 17625.2—2007 电磁兼容 限值 对每相额定电流≤16 A 且无条件接入的设备在公用低压供电系统中产生的电压变化、电压波动和闪烁的限制

[15] GB/Z 17625.3—2000 电磁兼容 限值 对额定电流大于 16 A 的设备在低压供电系统中产生的电压波动和闪烁的限制

[16] GB/T 24277—2009 评估部分型式试验成套设备(PTTA)短路耐受强度的一种方法

[17] GB/Z 25842.1—2010 低压开关设备和控制设备 过电流保护电器 第 1 部分:短路定额的应用

[18] GB/Z 25842.2—2012 低压开关设备和控制设备 过电流保护电器 第 2 部分:过电流条件下的选择性

[19] IEC 60038, IEC standard voltages

[20] IEC 60050-441:1984, International Electrotechnical Vocabulary—Chapter 441:Switchgear, controlgear and fuses

[21] IEC 60079 (all parts), Explosive atmospheres

[22] IEC 60417-SN:2011, Graphical symbols for use on equipment

[23] IEC 60502-1:2004, Power cables with extruded insulation and their accessories for rated voltages from 1 kV ($U_m$ = 1.2 kV) up to 30 kV ($U_m$ = 36 kV)—Part 1: Cables for rated voltages of 1 kV ($U_m$ = 1.2 kV) and 3 kV ($U_m$ = 3.6 kV)

[24] IEC 60947 (all parts), Low-voltage switchgear and controlgear

[25] IEC 61000-3-2:2005, Electromagnetic compatibility(EMC)—Part 3-2:limits—Limits for harmonic current emissions(equipment input current≤16A per phase)

[26] IEC 61000-3-11, Electromagnetic compatibility (EMC)—Part 3-11: Limits—Limitation of voltage changes, voltage fluctuations and flicker in public low-voltage supply systems-Equipment with rated current 75 A and subjet to conditional connection

[27] IEC 61000-3-12, Electromagnetic compatibility (EMC)—Part 3-12: Limits—Limits for harmonic currents produced by equipment connected to public low-voltage systems with input cur-

rent16 A and 75 A per phase

[28] IEC 61000-6-1, Electromagnetic compatibility (EMC)—Part 6-1: Generic standards—Immunity for residential, commercial and light-industrial environments

[29] IEC 61000-6-2, Electromagnetic compatibility (EMC)—Part 6-2: Generic standards—Immunity for industrial environments

[30] IEC 61000-6-3, Electromagnetic compatibility (EMC)—Part 6-3: Generic standards—Emission standard for residential, commercial and light-industrial environments

[31] IEC 61082 (all parts), Preparation of documents used in electrotechnology

[32] IEC 61241(all parts), Electrical apparatus for use in the presence of combustible dust

[33] DIN 43671:1975, Copper busbars; design for continuous current

ICS 29.130.20
K 31

# 中华人民共和国国家标准

GB 7251.12—2013/IEC 61439-2:2011

# 低压成套开关设备和控制设备 第2部分:成套电力开关和控制设备

Low-voltage switchgear and controlgear assemblies—
Part 2: Power switchgear and controlgear assemblies

(IEC 61439-2:2011,IDT)

2013-12-31 发布

2015-01-13 实施

中华人民共和国国家质量监督检验检疫总局
中国国家标准化管理委员会
发布

# 前　言

**本部分的全部技术内容为强制性。**

GB 7251《低压成套开关设备和控制设备》分为如下几个部分：

——第 0 部分：规定成套设备的指南

——第 1 部分：总则

——第 2 部分：成套电力开关和控制设备

——第 3 部分：由普通人员操作的配电板[1)]

——第 4 部分：建筑工地用成套设备[2)]

——第 5 部分：共用电网动力配电成套设备

——第 6 部分：母线干线系统(母线槽)

——第 7 部分：特定应用的成套设备——如码头、露营地、市集广场、电动车辆充电站

……

本部分为 GB 7251 的第 2 部分。

本部分按照 GB/T 1.1—2009 给出的规则起草。

本部分使用翻译法等同采用 IEC 61439-2:2011《低压成套开关设备和控制设备　第 2 部分：成套电力开关设备和控制设备》。

与本部分中规范性引用的国际文件有一致性对应关系的我国文件如下：

——GB/T 17045—2008　电击防护　装置和设备的通用部分(IEC 61140:2001,IDT)

本部分做了下列编辑性修改：

——“本标准”改为“本部分”；

——用小数点符号“.”代替符号“,”

——删除国际标准的前言。

本部分由中国电器工业协会提出。

本部分由全国低压成套开关设备和控制设备标准化技术委员会(SAC/TC 266)归口。

本部分起草单位：天津电气传动设计研究所有限公司(国家电控配电设备质量监督检验中心)、成都市产品质量监督检验院、天津天传电控配电有限公司、常熟开关制造有限公司(原常熟开关厂)、中国质量认证中心、川开电气股份有限公司、上海电气集团股份有限公司输配电分公司、成都通力集团股份有限公司、法泰电器(江苏)股份有限公司、大全集团有限公司、江苏波瑞电气有限公司、广东珠江开关有限公司、上海纳杰电气成套有限公司、苏州电器科学研究院股份有限公司、甘肃电器科学研究院(原天水长城电器试验研究所)、广州白云电器设备股份有限公司、安徽鑫龙电器股份有限公司、成都科星电力电器有限公司、诸城市科信电力工程有限公司、九川(浙江)科技股份有限公司、厦门明翰电气有限公司、广州南方电力集团电器有限公司、重庆施能电力设备有限公司、江苏现代电力科技股份有限公司、杭州之江开关股份有限公司、宁波天安(集团)股份有限公司、临海市耀明电力设备有限公司、天津市天传樱科科技发展有限公司、上海友邦电气(集团)股份有限公司、温州中意锁具电器有限公司、华鹏集团有限公司、深圳市奇辉电气有限公司、余姚市电力设备修造厂、中煤电气有限公司、镇江默勒电器有限公司。

本部分主要起草人：仲明振、王阳、刘洁、马亦军、崔静、胡建刚、陈昕、张庆、夏锦辉、缪勇、周继璁、金敏毅、裴军、朱文堂、张柏成、王修政、胡德霖、李平、王义、宛玉超、张大瑄、闫正军、刘晓林、韩刃、何勇、李晏平、施博一、马雪峰、盛晓艳、马超、侯良、赵建余、潘正东、陈云华、孙立成、邹奇宏、王亚智、郭乔根。

1)　正在申报立项。

2)　正在申报立项。

# 引　言

GB 7251 系列标准通过等同采用 IEC 国际标准，使我国低压成套开关设备和控制设备标准与国际标准一致，以适应国际间的贸易、技术经济交流的需要。

本部分应与 GB 7251.1—2013《低压成套开关设备和控制设备　第 1 部分：总则》相结合使用。

本部分取代了 GB 7251.1—2005/IEC 60439-1 的产品标准。

GB 7251.1—2013 中的规定只适用于在该标准规定的范围内被引证使用。当本部分中用“增加”、“修改”或“取代”时，应与 GB 7251.1—2013 相应地进行配合使用。

带有号码 101(102,103 等)条款是 GB 7251.1—2013 中相同条款的附加条款。

本部分中的图形和表格是从 101 开始重新计数。

本部分中新增附录用 AA、BB 等字母标明。

# 低压成套开关设备和控制设备 第2部分:成套电力开关和控制设备

## 1 范围

GB 7251的本部分规定了成套电力开关设备和控制设备(PSC-成套设备)的特定要求如下:

——额定电压交流不超过1 000 V或直流不超过1 500 V的成套设备;

——带外壳或不带外壳的固定式或移动式成套设备;

——打算与发电、输电、配电和电能转换的设备以及控制电能消耗的设备所配套使用的成套设备;

——那些为特殊使用条件而设计的成套设备,如船舶、机车车辆使用的成套设备,只要它们符合有关的特定要求;

——为机器的电气设备而设计的成套设备,IEC 60204系列标准包含了构成机器组成部分的成套设备的补充要求。

本部分适用于那些一次性设计、制造和验证或完全标准化批量制造的成套设备。

进行生产和/或组装的可以不是初始制造商(见3.10.1)。

本部分不适用于符合各自相关产品标准的单独的器件及整装的元件,诸如电动机起动器、刀熔开关、电子设备等。本部分不适用于GB 7251的其他部分的特定类型成套设备。本部分应用的成套设备不会被其他部分标准所覆盖。

注1:贯穿本部分中的缩略语PSC-成套设备(见3.1.101)为成套电力开关设备和控制设备。

注2:IEC 60092-302包含了对船用成套设备的补充要求。

## 2 规范性引用文件

下列文件对于本文件的应用是必不可少的。凡是注日期的引用文件,仅注日期的版本适用于本文件。凡是不注日期的引用文件,其最新版本(包括所有的修改单)适用于本文件。

除下面内容外,GB 7251.1—2013第2章适用。

增加:

GB 14048.3—2008 低压开关设备和控制设备 第3部分:开关、隔离器、隔离开关以及熔断器组合电器(IEC 60947-3:2005,IDT)

GB 7251.1—2013 低压成套开关设备和控制设备 第1部分:总则(GB 7251.1—2013,IEC 61439-1:2011,IDT)

IEC 61140 电击防护 装置和设备的通用部分(Protection against electric shock—Common aspects for installation and equipment)

## 3 术语和定义

GB 7251.1界定的术语和定义以及下列术语和定义适用于本文件。

### 3.1 通用术语

增加定义:

3.1.101

**成套电力开关设备和控制设备(PSC-成套设备) power switchgear and controlgear assembly (PSC-ASSEMBLY)**

用来为所有类型负载分配和控制能量的低压成套开关设备和控制设备,包括工业、商业和一般人员不允许操作的类似应用。

注:不排除 PSC 成套设备放置在一般人员可以接触的场所。

3.1.102

**试验状态 test situation**

在 PSC-成套设备或其部分成套设备中,相关主电路从电源侧断开但不需隔离,同时相关的辅助电路仍被接通,允许对其内部器件进行操作试验的一种状态。

3.1.103

**内部隔离形式 form of internal separation**

PSC-成套设备中的物理隔离的分类。

## 3.2 成套设备结构单元

用下面标题取代:

## 3.2 PSC-成套设备结构单元

增加以下定义:

3.2.101

**可抽出式部件 withdrawable part**

可以从连接位置移动到隔离位置和试验位置,同时保持与 PSC-成套设备的机械连接的可移式部件。

3.2.102

**试验位置 test position**

可抽出式部件的一种位置,在此位置上,有关的主电路从电源侧断开但不需隔离,而辅助电路仍被接通,允许对已装入器件进行运行操作试验,此时可抽出式部件仍与 PSC-成套设备保持机械上的连接。

注:不利用可抽出式部件的任何机械运动,而是利用操作适当器件亦可实现主电路断开。

3.2.103

**隔离位置 isolated position**

可抽出式部件的一种位置,在该位置时,主电路和辅助电路同其电源侧的隔离距离已达到要求,而可抽出式部件与 PSC-成套设备仍保持机械连接。

注:此隔离距离亦可以不是靠可抽出式部件的任何机械运动,而是靠适当器件的操作来建立的。

3.2.104

**(一个可抽出式部件的)隔离距离 isolating distance (of a withdrawable part)**

满足对隔离器的安全要求所规定的断开触头间的电气间隙。

[修改后的 IEC 60050-441:1984,441-17-35]

增加:

## 3.101 功能单元的电气连接

3.101.1

**可分离式连接 disconnectable connection**

利用手操作而不需要工具进行连接或分离的一种连接。

3.101.2

**可抽出式连接 withdrawable connection**

将功能单元置于连接位置或分离位置以实现连接或断开的连接。

### 3.102 PSC-成套设备内部通道

3.102.1

**PSC-成套设备内部的操作通道 operating gangway within a PSC-ASSEMBLIES**

操作者对 PSC-成套设备进行特定的操作和监视所必需的空间。

3.102.2

**PSC-成套设备内部的维修通道 maintenance gangway within a PSC-ASSEMBLIES**

为被授权人员进入对设备进行维修而留出的空间。

## 4 符号和缩略语

GB 7251.1—2013 第 4 章适用。

## 5 接口特性

除下面内容外,GB 7251.1—2013 第 5 章适用。

### 5.4 额定分散系数 (RDF)

增加:

在成套设备制造商与用户协议中缺少实际负载电流的情况下,成套设备输出电路或输出电路组的设定负载可采用表 101 的值。

### 5.6 其他特性

取代 l)项:

l) 结构类型一固定部件,可移式部件或可抽出式部件(见 GB 7251.1—2013 中 8.5.1 和 8.5.2);

增加:

m) 内部隔离形式(见 8.101);

n) 功能单元的电气连接类型(见 8.5.101)。

## 6 信息

除下面内容外,GB 7251.1—2013 第 6 章适用。

### 6.1 成套设备规定的标志

取代标题和 d)项:

### 6.1 PSC-成套设备规定的标志

d) GB 7251.12;

## 7 使用条件

GB 7251.1—2013 第 7 章适用。

## 8 结构要求

除以下内容外,GB 7251.1—2013 第 8 章适用。

### 8.2 成套设备外壳的防护等级

用下面标题取代:

### 8.2 PSC-成套设备外壳的防护等级

#### 8.2.1 对机械碰撞的防护

用下文取代:

当初始制造商声明了 PSC-成套设备外壳的机械碰撞防护的防护等级时,应依据 IEC 62262 进行验证(见 10.2.6)。

增加条:

#### 8.2.101 带可抽出式部件的 PSC-成套设备

PSC-成套设备所标明的防护等级一般适用于可抽出式部件的连接位置(见 GB 7251.1—2013 中 3.2.3),成套设备制造商还应标明其他位置和在不同位置之间转移时所具有的防护等级。

带有可抽出式部件的 PSC-成套设备可设计成在试验位置和隔离位置以及从一个位置向另一个位置转移时仍保持如同连接位置时的防护等级。

如果可抽出式部件移出以后,成套设备不能保持原来的防护等级,如通过关闭门,则应由成套设备制造商与用户达成采用某种措施以保证适当防护的协议,成套设备制造商给出的信息可以代替这种协议。

#### 8.3.2 电气间隙

增加:

对于可抽出式部件,在隔离位置所提供的隔离距离至少应符合隔离器相关规定的要求(见 GB 14048.3)。新状态下的设备的这种应用应考虑制造公差以及由于磨损造成的尺寸变化。

在可抽出式单元主触头与其相关的在隔离位置静触头间的隔离距离应有承受表 102 中规定的冲击耐受电压的试验电压的能力。

#### 8.4.3.2.2 接地连续性提供的防止成套设备内部故障引起的后果的要求

取代标题:

#### 8.4.3.2.2 接地连续性提供的防止 PSC-成套设备内部故障引起的后果的要求

取代最后一段:

当可移式或可抽出式部件安装在金属支撑物表面时,为了确保保护电路接地连续性,应充分考虑这些表面上的压力应足够大。可抽出式部件的保护电路连续性从连接位置到隔离位置应保持其有效性。

8.4.6.1 由一般人员操作器件或更换元件

GB 7251.1—2013 的此条不适用。

8.4.6.2 对被授权人员在维修时接近的要求

增加条:

8.4.6.2.101 PSC-成套设备内部操作和维修通道

成套设备内部操作和维修通道(见 3.102.1 和 3.102.2)应遵循 IEC 61140 规定的基本防护要求,这些通道设计和结构应由成套设备制造商与用户商定。

PSC-成套设备内极限深度约 1 m 的凹槽不视为通道。

8.5.2 可移式部件

用下面标题取代:

8.5.2 可移式和可抽出式部件

用下文取代:

可移式部件和可抽出式部件的设计应使其电气设备能够安全的从带电的主电路上断开和/或与主电路隔离或连接。可移式部件和可抽出式部件可以配备插入式联锁(见 GB 7251.1—2013 中 3.2.5)。

电气间隙和爬电距离(见 8.3.2 和 GB 7251.1—2013 中 8.3)的设计应符合在不同位置和从一个位置转移到另一个位置的情况。

增加条:

8.5.2.101 可抽出式部件

可抽出式部件还应有隔离位置(见 3.2.103),且可以有试验位置(见 3.2.102)或试验状态(见 3.1.102),它们应能分别在这些位置上定位。这些位置应能清晰地识别。

带有可抽出式部件的 PSC-成套设备中的所有带电部分应这样防护,打开门且可抽出式部件从连接位置抽出或移出时,不能非故意的触及带电部分。所使用的屏障或活动挡板应符合 GB 7251.1—2013 中 8.4.6.2.5 要求。

与可抽出式部件的不同位置相关的电气状态见表 103。

8.5.2.102 可移式部件和可抽出式部件的连锁和挂锁

除非另有规定,可移式部件和可抽出式部件应配备一个器件以保证仅在主电路已被切断后,其元器件才能被移动/抽出和/或重新插入。

为了防止未经允许的操作,可移式和可抽出式部件或它们所属的成套设备的位置应提供一个可锁的方法,以将它们固定在一个或几个位置上。

增加:

8.5.101 功能单元的电气连接类型的说明

PSC-成套设备内部功能单元或 PSC-成套设备部件的电气连接的类型可用 3 个字母表示:

——第 1 个字母表示主进线电路的电气连接类型;

——第 2 个字母表示主出线电路的电气连接类型;

——第 3 个字母表示辅助电路的电气连接类型;

以下字母用于表示：

——F 表示固定连接(见 GB 7251.1—2013 中 3.2.6)；

——D 表示可分离式连接(见 3.101.1)；

——W 表示可抽出式连接(见 3.101.2)。

增加：

### 8.101 PSC-成套设备的内部隔离

用挡板或隔板进行内部隔离的典型布置见表 104,并分类为各种形式(例子见附录 AA)。

隔离形式和更高防护等级应服从于成套设备制造商与用户间的协议。

内部隔离能被用于获得功能单元间、单独隔室间或封闭的防护空间之间的下列一个或多个状态：

——防止触及危险部件,防护等级应至少为 IPXXB(见 GB 7251.1—2013 中 8.4.2.3)；

——防止固体外来物的进入,防护等级应至少为 IP2X。

注 1：防护等级 IP2X 包含防护等级 IPXXB。可以通过隔板或挡板(金属或非金属的),带电部分的绝缘或器件的整体外壳,例如塑料外壳断路器等方式进行隔离。

有关挡板和隔板的稳定性和耐久性见 GB 7251.1—2013 中 8.4.2.3。

有关隔离功能单元进行维护时的可接近性见 GB 7251.1—2013 中 8.4.6.2 和上述要求。

注 2：所描述的内部隔离不是用来确保电弧故障情况下成套设备完整性的。

## 9 性能要求

GB 7251.1—2013 第 9 章适用。

## 10 设计验证

除下面内容外,GB 7251.1—2013 第 10 章适用：

### 10.2.6 机械碰撞

取代：

执行机械碰撞试验时,应依据 IEC 62208:2002 中的 9.6 进行。

### 10.3 成套设备的防护等级

增加：

根据 8.2.101 中规定的可抽出式部件的防护等级及根据 8.101 中规定的内部隔离应按 IEC 60529 进行验证。

### 10.9.3.2 冲击耐受电压试验

增加：

可抽出式单元主触头与其静触头之间的隔离距离的冲击耐受电压能力应依据 8.3.2 进行验证。

### 10.13 机械操作

增加：

对于可抽出式部件,操作循环包括从连接位置到隔离位置,然后回到连接位置的实际移动。

## 11 例行检验

除下面内容外,GB 7251.1—2013 第 11 章适用:

### 11.8 机械操作

取代:

检验应该包括可移式部件和可抽出式部件有关的联锁以及定位机构布置的检查。

表 101 计算负荷值

| 负载类型 | 计算负荷系数 |
|---|---|
| 配电-2 和 3 条电路 | 0.9 |
| 配电-4 和 5 条电路 | 0.8 |
| 配电-6 到 9 条电路 | 0.7 |
| 配电-10 及以上条电路 | 0.6 |
| 电动执行机构 | 0.2 |
| 电动机≤100 kW | 0.8 |
| 电动机>100 kW | 1.0 |

表 102 适用于设备断开触头间的试验电压

| 额定冲击耐受电压 $U_{imp}$/kV | 试验电压和相应的海拔 | | | | | | | | | |
|---|---|---|---|---|---|---|---|---|---|---|
| | $U_{1.2/50}$,交流峰值和直流/kV | | | | | 交流有效值/kV | | | | |
| | 海平面 | 200 m | 500 m | 1 000 m | 2 000 m | 海平面 | 200 m | 500 m | 1 000 m | 2 000 m |
| 0.33 | 1.8 | 1.7 | 1.7 | 1.6 | 1.5 | 1.3 | 1.2 | 1.2 | 1.1 | 1.06 |
| 0.5 | 1.8 | 1.7 | 1.7 | 1.6 | 1.5 | 1.3 | 1.2 | 1.2 | 1.1 | 1.06 |
| 0.8 | 1.8 | 1.7 | 1.7 | 1.6 | 1.5 | 1.3 | 1.2 | 1.2 | 1.1 | 1.06 |
| 1.5 | 2.3 | 2.3 | 2.2 | 2.2 | 2 | 1.6 | 1.6 | 1.55 | 1.55 | 1.42 |
| 2.5 | 3.5 | 3.5 | 3.4 | 3.2 | 3 | 2.47 | 2.47 | 2.40 | 2.26 | 2.12 |
| 4 | 6.2 | 6 | 5.8 | 5.6 | 5 | 4.38 | 4.24 | 4.10 | 3.96 | 3.54 |
| 6 | 9.8 | 9.6 | 9.3 | 9 | 8 | 7.0 | 6.8 | 6.60 | 6.40 | 5.66 |
| 8 | 12.3 | 12.1 | 11.7 | 11.1 | 10 | 8.7 | 8.55 | 8.27 | 7.85 | 7.07 |
| 12 | 18.5 | 18.1 | 17.5 | 16.7 | 15 | 13.1 | 12.80 | 12.37 | 11.80 | 10.6 |

## 表 103 可抽出式部件在不同位置上的电气状态

| 电路 | 连接方式 | 位置 | | | |
|---|---|---|---|---|---|
| | | 连接位置（见 GB 7251.1—2013 中 3.2.3） | 试验状态/位置（见 3.1.102/3.2.102） | 隔离位置（见 3.2.103） | 移出位置（见 GB 7251.1—2013 中 3.2.4） |
| 进线主电路 | 进线线路插头和插座或其他连接器件 |   | 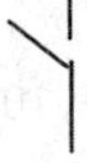 | 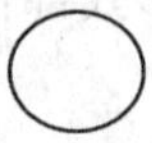 |  |
| 出线主电路 | 出线线路插头和插座或其他连接器件 |   |   或 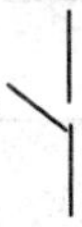 a) |  或 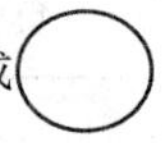 a) | 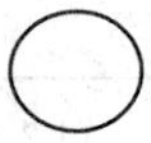 |
| 辅助电路 | 插头和插座或类似的连接器件 |   |  | 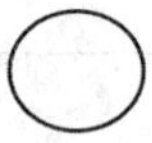 | 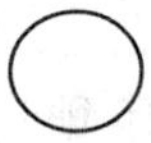 |
| 可抽出式部件内电路的状态 | | 带电 | 带电，辅助电路准备好操作试验 | 如果不出现反向供电，则不带电 | 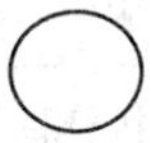 |
| PSC-成套设备主电路出线端子的状态 | | 带电 | 带电或不分断[b] | 如果不出现反向供电，则不带电 | 如果不出现反向供电，则不带电 |
| | | 应满足 GB 7251.1—2013 中 8.4.5 的要求 | | | |

接地连续性应符合 8.4.3.2.2 并应一直保持到形成隔离距离。

a) 取决于设计。

b) 取决于端子是否由其他电源供电，例如备用电源。

 ＝连接

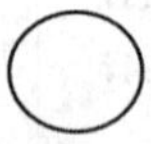 ＝隔离

 ＝打开，但不需隔离

## 表 104 内部隔离形式

| 主判据 | 补充判据 | 形式 |
|---|---|---|
| 不隔离 | | 形式 1 |
| 母线与功能单元隔离 | 外接导体端子不与母线隔离 | 形式 2a |
| | 外接导体端子与母线隔离 | 形式 2b |

表 104（续）

| 主判据 | 补充判据 | 形式 |
| --- | --- | --- |
| ——母线与所有功能单元隔离；<br>——所有功能单元互相隔离；<br>——外接导体端子和外接导体与功能单元隔离，但不与其他功能单元的端子隔离 | 外接导体端子不与母线隔离 | 形式 3a |
| | 外接导体端子和外接导体与母线隔离 | 形式 3b |
| ——母线与所有功能单元隔离；<br>——所有功能单元互相隔离；<br>——与功能单元密切相关的外接导体端子与其他功能单元和母线的外接导体端子隔离；<br>——外接导体与母线隔离；<br>——与功能单元密切相关的外接导体与其他功能单元和它们的端子隔离；<br>——外接导体彼此不隔离 | 外接导体端子与关联的功能单元在同一隔室中 | 形式 4a |
| | 外接导体端子与关联的功能单元不在同一隔室中，它位于单独的、隔离的、封闭的防护空间中或隔室中 | 形式 4b |

# 附　录

除以下内容外,GB 7251.1—2013 中附录适用。

GB 7251.1—2013 中附录 C 不适用。

增加附录:

# 附 录 AA
## （资料性附录）
## 内部隔离形式（见 8.101）

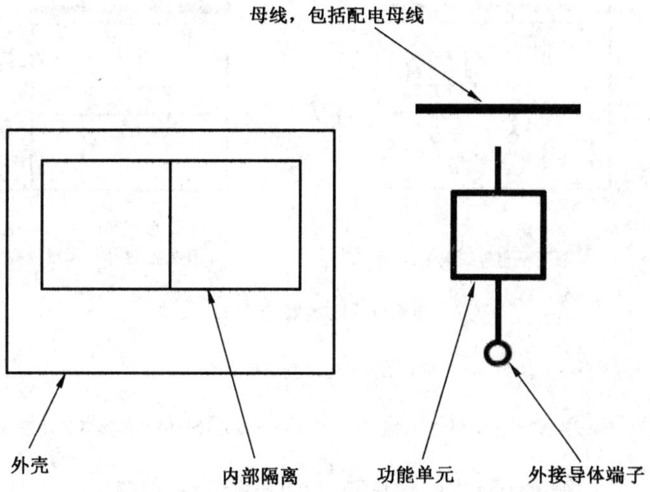


图 AA.1 用于图 AA.2 和图 AA.3 的符号

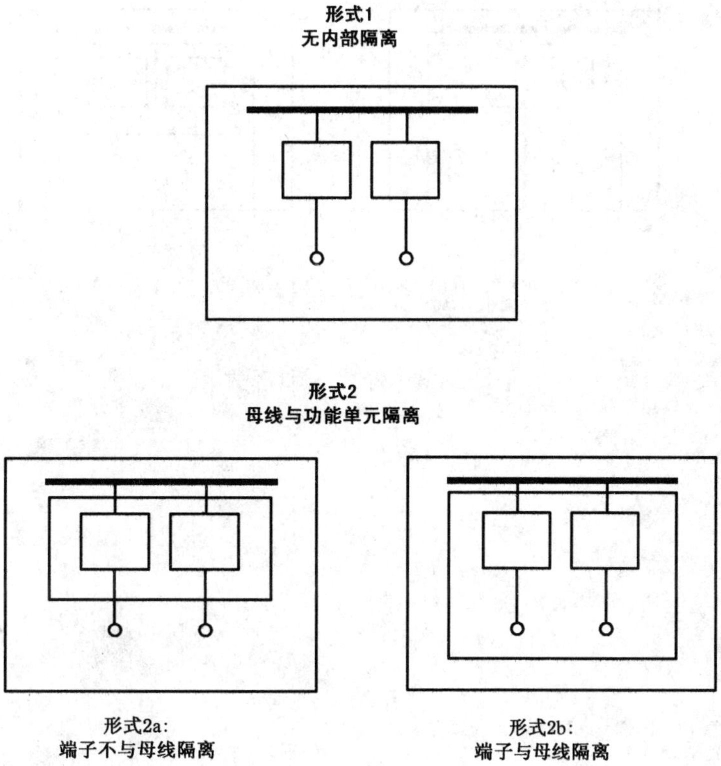


图 AA.2 形式 1 和形式 2

**形式3**

**母线与所有功能单元隔离**

**+**

**所有功能单元之间互相隔离**

**+**

**外接导体端子和外接导体与功能单元隔离，但不与其他功能单元的端子隔离**

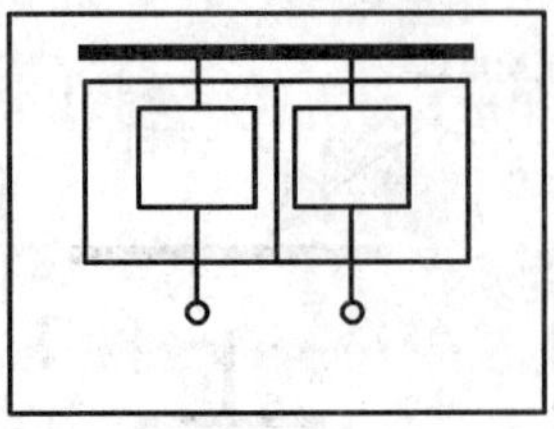

形式3a：
端子不与母线隔离

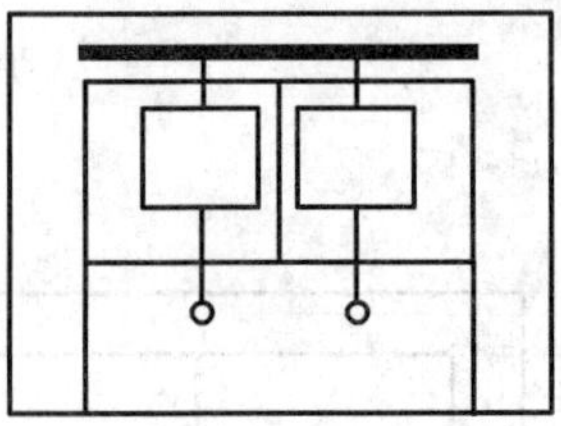

形式3b：
端子和外接导体与母线隔离

**形式4**

**母线与所有功能单元隔离**

**+**

**所有功能单元之间互相隔离**

**+**

**与功能单元密切相关的外接导体端子与其他功能单元和母线的外接导体端子隔离**

**+**

**外接导体与母线隔离**

**+**

**与功能单元密切相关的外接导体与其他功能单元和它们的端子隔离**

**+**

**外接导体彼此不隔离**

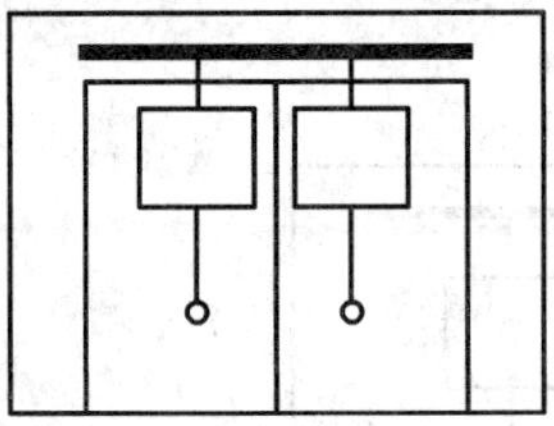

形式4a：
端子与相关的功能单元在同一隔室

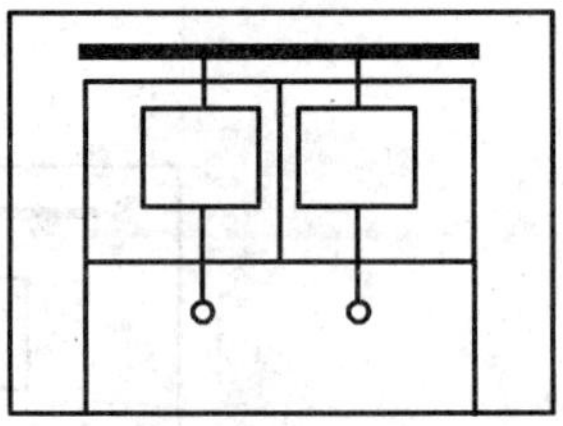

形式4b：
端子与相关的功能单元不在同一隔室

图 **AA**.3　形式 3 和形式 4

# 附　录　BB
## （资料性附录）
## 成套设备制造商与用户之间的协议项目

表 BB.1 信息服从于成套设备制造商与用户之间的协议。在某些情况下，成套设备制造商发布的信息可以取代协议。

**表 BB.1　成套设备制造商与用户之间的协议项目**

| 特　性 | 参考章或条款编号 | 缺省约定[b] | 标准中列出选项 | 用户要求[a] |
|---|---|---|---|---|
| 电气系统 | | | | |
| 接地系统 | 5.6、8.4.3.1、8.4.3.2.3、8.6.2、10.5、11.4 | 制造商的标准，选择以适应本地要求 | TT/TN-C/TN-C-S/IT/TN-S | |
| 标称电压/V | 3.8.9.1、5.2.1、8.5.3 | 本地的，根据安装条件 | 最大交流 1 000 V 或直流 1 500 V | |
| 瞬态过电压 | 5.2.4、8.5.3、9.1、附录 G | 由电气系统决定 | 过电压类别 Ⅰ/Ⅱ/Ⅲ/Ⅳ | |
| 暂时过电压 | 9.1 | 标称系统电压 +1 200 V | 无 | |
| 额定频率 $f_n$(Hz) | 3.8.12、5.5、8.5.3、10.10.2.3、10.11.5.4 | 根据本地安装条件 | 直流/50 Hz/60 Hz | |
| 现场其他试验要求：布线、工作性能和功能 | 11.10 | 制造商的标准，根据应用 | 无 | |
| 短路耐受能力 | | | | |
| 电源端的预期短路电流 $I_{cp}$/kA | 3.8.7 | 由电气系统决定 | 无 | |
| 中性导体的预期短路电流 | 10.11.5.3.5 | 最大为相电流的60% | 无 | |
| 保护电路中的预期短路电流 | 10.11.5.6 | 最大为相电流的60% | 无 | |
| 进线功能单元中的短路保护电器(SCPD) | 9.3.2 | 根据本地安装条件 | 是/否 | |
| 短路保护电器的配合，包括外部短路保护电器在内 | 9.3.4 | 根据本地安装条件 | 无 | |

表 BB.1（续）

| 特　性 | 参考章或条款编号 | 缺省约定[b] | 标准中列出选项 | 用户要求[a] |
|---|---|---|---|---|
| 可能增大短路电流的负载的相关数据 | 9.3.2 | 不允许明显增大短路电流的负载 | 无 | |
| 依照 IEC 60364-4-41 对人的电击防护 | | | | |
| 电击防护类型——基本防护(对直接接触的防护) | 8.4.2 | 基本防护 | 根据本地安装规则 | |
| 电击防护类型——故障防护(对间接接触的防护) | 8.4.3 | 根据本地安装条件 | 自动断开电源/电气隔离/全绝缘 | |
| 安装环境 | | | | |
| 场所类型 | 3.5、8.1.4、8.2 | 制造商标准，根据应用 | 户内/户外 | |
| 防止固体异物和水的进入 | 8.2.2、8.2.3 | 户内(封闭)：IP2X；户外(最小)：IP23 | IP00、2X、3X、4X、5X、6X | |
| 可抽出部件移开后的防护 | 8.2.101 | 制造商标准 | 在移开可移动部件后:对连接位置/把防护降低至制造商的标准 | |
| 外部机械碰撞(IK)——GB 7251.1 没有命名特定的 IK 代码 | 8.2.1、10.2.6 | 无 | 无 | |
| 耐紫外线辐射(适用于非特殊用途的户外成套设备) | 10.2.4 | 户内:不适用；户外:温度气候 | 无 | |
| 耐腐蚀性 | 10.2.2 | 常规户内/户外协议 | 无 | |
| 周围空气温度——下限 | 7.1.1 | 户内：−5 ℃；户外：−25 ℃ | 无 | |
| 周围空气温度——上限 | 7.1.1 | 40 ℃ | 无 | |
| 周围空气温度——日平均温度最大值 | 7.1.1、9.2 | 35 ℃ | 无 | |
| 最大相对湿度 | 7.1.2 | 户内:50% @ 40 ℃；户外:100% @ 25 ℃ | 无 | |
| 污染等级 | 7.1.3 | 工业用途:3 | 1、2、3、4 | |

**表 BB.1（续）**

| 特　性 | 参考章或条款编号 | 缺省约定[b] | 标准中列出选项 | 用户要求[a] |
|---|---|---|---|---|
| 海拔 | 7.1.4 | ≤2 000 m | 无 | |
| EMC 环境(A 或 B) | 9.4、10.12、附录 J | A/B | A/B | |
| 特殊使用条件(如:振动,异常凝露,严重污染,腐蚀性环境,强电场或强磁场,霉菌,微生物,爆炸性危险,强烈振动和冲击,地震) | 7.2、8.5.4、9.3.3、表 7 | 无特殊使用条件 | 无 | |
| 安装方式 | | | | |
| 类型 | 3.3、5.6 | 制造商标准 | 多种,如立式/墙上安装 | |
| 固定式/移动式 | 3.5 | 静止的 | 静止的/可移动的 | |
| 最大外形尺寸和质量 | 5.6、6.2.1 | 制造商标准,根据应用 | 无 | |
| 外接导体类型 | 8.8 | 制造商标准 | 电缆/母线干线系统 | |
| 外接导体方位 | 8.8 | 制造商标准 | 无 | |
| 外接导体材料 | 8.8 | 铜 | 铜/铝 | |
| 外接相导体,截面积,端子 | 8.8 | 标准中定义 | 无 | |
| 外接 PE、N、PEN 导体截面积,端子 | 8.8 | 标准中定义 | 无 | |
| 特殊端子标识要求 | 8.8 | 制造商标准 | 无 | |
| 存放和装卸 | | | | |
| 运输单元最大尺寸和质量 | 6.2.2、10.2.5 | 制造商标准 | 无 | |
| 运输方式(如叉车、起重机) | 6.2.2、8.1.6 | 制造商标准 | 无 | |
| 不同于正常使用条件的环境条件 | 7.3 | 按照使用条件 | 无 | |
| 包装事项 | 6.2.2 | 制造商标准 | 无 | |

**表 BB.1（续）**

| 特　性 | 参考章或条款编号 | 缺省约定[b] | 标准中列出选项 | 用户要求[a] |
|---|---|---|---|---|
| 操作要求 | | | | |
| 接近手动操作器件 | 8.4 | | 授权人员/一般人员 | |
| 手动操作器件场所 | 8.5.5 | 容易接近 | 无 | |
| 带负载安装设备的隔离条款 | 8.4.2、8.4.3.3、8.4.6.2 | 制造商标准 | 单独/组/全部 | |
| 维护和升级能力 | | | | |
| 检查和类似操作时对可接近性的要求 | 8.4.6.2.2 | 对可接近性无要求 | 无 | |
| 授权人员使用中维修时对可接近性的要求 | 8.4.6.2.3 | 对可接近性无要求 | 无 | |
| 授权人员使用中带电扩展时对可接近性的要求 | 8.4.6.2.4 | 对可接近性无要求 | 无 | |
| 功能单元连接方法 | 8.5.1、8.5.2 | 制造商标准 | 无 | |
| 在维护或升级期间对直接接触内装危险带电部分的防护(如功能单元,主母线,配电母线) | 8.4 | 在维护或升级期间的防护无要求 | 无 | |
| 通道 | 8.4.6.2.101 | 基本防护 | 无 | |
| 功能单元的连接方法<br>——关于功能单元移开和重新插入的能力 | 8.5.101 | | F=固定连接<br>D=可分离式连接<br>W=可抽出式连接 | |
| 隔离形式 | 8.101 | | 形式 1、2、3、4 | |
| 功能单元被隔离时对与特定电路相关的辅助电路独立工作进行试验的能力 | 3.1.102、3.2.102、3.2.103、8.5.101、表 103 | | 无 | |
| 载流能力 | | | | |

**表 BB.1（续）**

| 特　性 | 参考章或条款编号 | 缺省约定[b] | 标准中列出选项 | 用户要求[a] |
|---|---|---|---|---|
| 成套设备的额定电流 $I_{nA}$(A) | 3.8.9.1、5.3、8.4.3.2.3、8.5.3、8.8、10.10.2、10.10.3、10.11.5、附录 E | 制造商标准，根据应用 | 无 | |
| 电路的额定电流 $I_{nC}$(A) | 5.3.2 | 制造商标准，根据应用 | 无 | |
| 额定分散系数 | 5.4、10.10.2.3、附录 E | 参照标准定义 | 电路组的额定分散系数/整个成套设备的额定分散系数 | |
| 中性导体与相导体的截面积比值：相导体不超过 16 $mm^2$ | 8.6.1 | 100% | 无 | |
| 中性导体与相导体的截面积比值：相导体超过 16 $mm^2$ | 8.6.1 | 50%(最小 16 $mm^2$) | 无 | |

[a] 对于特别繁重的应用，用户需要规定比标准更加严格的要求。

[b] 某些情况下成套设备制造商宣称的信息可能会替代协议。

# 参 考 文 献

GB 7251.1—2013 的参考文献适用。

ICS 31.260
L 51

# 中华人民共和国国家标准

GB/T 7257—2013
代替 GB/T 7257—1987

# 氦氖激光器参数测量方法

## Measurement methods of parameter for helium-neon laser

2013-12-17 发布　　2014-05-15 实施

中华人民共和国国家质量监督检验检疫总局
中国国家标准化管理委员会　发布

# 前 言

本标准按照 GB/T 1.1—2009 给出的规则起草。

本标准代替 GB/T 7257—1987《氦氖激光器参数测试方法》。

本标准与 GB/T 7257—1987 相比的主要变化如下：

——“一般光电参数”改为“主要参数”(见第 1 章，GB/T 7257—1987 的第 1 段)；

——增加了“规范性引用文件”(见第 2 章)；

——修改“预热时间”的定义，“最佳工作电流”改为“额定工作电流”，删除“输出功率不稳定度”和“偏振度”的定义(见 3.1～3.6，GB/T 7257—1987 的 2.1、3.1、4.1、5.1、6.1、7.1、8.1、9.1、10.1)；

——将“相对湿度 45%～75%”改为“25%～75%”，增加“仲裁测量标准大气条件”(见 4.1.1、4.1.2，GB/T 7257—1987 的 1.7)；

——“输出功率不稳定度”和“偏振度”的测量仪器改为“激光功率计”(见 5.6、5.13，GB 7257—1987 的 7.2～7.5、10.2～10.4)；

——“输出功率不稳定度”的测量方法增加直接测量法(见 5.6.4)；

——增加对“输出功率不稳定度”的标准差表示法(见 5.6.3.7)；

——“光束偏移”的测量仪器改为“位置测量仪”(见 5.9，GB/T 7257—1987 的 8.2～8.4)；

——“偏振度”改为用功率表示(见 5.13.3.3、5.13.3.4，GB/T 7257—1987 的 10.3)；

——“输出功率”和“输出功率不稳定度”测量的次数均改为“≥10 次”(见 5.5.3.3、5.6.3.3，GB/T 7257—1987 的 6.3.3、7.3.3)；

——增加“波长”的测量方法(见 5.7)；

——增加“光谱宽度”的测量方法(见 5.8)；

——增加“光束直径”的测量方法(见 5.10)；

——删除“着火电压”和“管压降”测量原理图中的“直流电流表”、“激光功率计”(GB/T 7257—1987 的图 1、图 3)；

——删除“基横模”测量装置中的光电探测器、放大器、信号发生器(GB/T 7257—1987 的 9.2)。

本标准由中华人民共和国工业和信息化部提出。

本标准由中国电子技术标准化研究院归口。

本标准起草单位：中国科学院电子学研究所、大恒新纪元科技股份有限公司、中国电子科技集团公司第十一研究所。

本标准主要起草人：钟艳红、马宁、白永刚、孙殿中。

本标准所代替标准的历次版本发布情况为：

——GB/T 7257—1987。

# 氦氖激光器参数测量方法

## 1 范围

本标准规定了氦氖激光器的主要参数的测量方法。

本标准适用于氦氖激光器(以下简称"激光器")。

## 2 规范性引用文件

下列文件对于本文件的应用是必不可少的。凡是注日期的引用文件,仅注日期的版本适用于本文件。凡是不注日期的引用文件,其最新版本(包括所有的修改单)适用于本文件。

GB 7247.1 激光产品的安全 第1部分:设备分类、要求

GB/T 15175—2012 固体激光器主要参数测量方法

GB/T 15313—2008 激光术语

## 3 术语和定义

GB/T 15313—2008 界定的以及下列术语和定义适用于本文件。

3.1

**预热时间 warm-up time**

激光器从着火时刻起,在给定的工作电流下,达到产品标准所规定的特定参数指标(通常为输出功率、输出功率稳定度或光谱宽度)所需的时间间隔。

3.2

**着火电压 discharge voltage**

使激光器的放电管着火时,两电极间所需的最小电压。

3.3

**额定工作电流 rated currcnt**

激光器输出功率为额定功率时的电流值。

3.4

**管压降 voltage drop**

激光器在给定的工作电流下,放电管两电极之间的电压。

3.5

**输出功率 output power**

在规定模式和指定的波长下,激光器在给定工作电流时在输出端所输出的激光功率。

3.6

**光束偏移 beam maximal excursion**

在规定时间范围内,光斑中心最大的离轴角度。

## 4 一般要求

### 4.1 测量环境

#### 4.1.1 测量标准大气条件

环境温度:15 ℃～35 ℃;

相对湿度:25%～75%;

大气压力:86 kPa～106 kPa。

#### 4.1.2 仲裁测量标准大气条件

环境温度:25 ℃±1 ℃;

相对湿度:48%～52%;

大气压力:86 kPa～106 kPa。

#### 4.1.3 其他环境条件

整个测量系统应处于无明显振动、气流、烟尘和杂散辐射影响的环境中,不得有影响测量结果的干扰。

### 4.2 测量设备

4.2.1 测量所用的仪器仪表必须对所测波长响应。

4.2.2 除非另有规定,测量所用的激光功率计、能量计的不确定度应优于5%,其他仪器仪表的不确定度应优于1.5级。

4.2.3 测量所用的仪器仪表应是经计量机构检定合格,并在有效期内使用。

4.2.4 为了保护仪表免受不允许的突然过载,允许在测量设备上采用保护装置,但不应该影响测量精度。

4.2.5 测量所用的仪器仪表应稳定可靠,量程可用,并防止外界条件对它们的影响。

4.2.6 测量所用的仪器仪表的供电电源必须是稳定的。具体要求在产品标准中规定。

### 4.3 安全防护

安全防护应符合GB 7247.1中的有关规定。

### 4.4 被测激光器

4.4.1 在进行参数测量之前,须对激光器进行预热,各项指标稳定(除预热时间测量以外)。

4.4.2 除非另有规定,被测激光器应在详细规范中规定的工作程序和工作条件下工作,并在稳定工作之后测量各有关参数(除预热时间测量以外)。

### 4.5 测量准备

除非另有规定,参数测量应按下列要求做好准备:

a) 按有关参数测量的原理方框图组成测量系统;

b) 准备符合4.1要求的测量环境条件;

c) 按产品标准的要求选择测量仪器。

## 5 测量方法

### 5.1 预热时间

#### 5.1.1 目的

测量激光器从着火到待测参数达到规定的特定参数指标所经历的时间。

#### 5.1.2 原理图

测量原理图见本标准所对应参数测量方法中的原理图。

#### 5.1.3 测量步骤

5.1.3.1 使被测激光器着火，并立刻调到给定的工作电流。将此刻定为预热时间的起始时刻，开始计时。

5.1.3.2 当激光器的待测参数达到产品标准所规定的特定参数指标时，通常为输出功率、输出功率稳定度或光谱宽度，则定为预热时间的终止时刻。

### 5.2 着火电压

#### 5.2.1 目的

当激光器的放电管着火时，测量加在两电极之间的电压。

#### 5.2.2 原理图

测量原理图见图1。

注：在测量时允许在放电管阳极端加镇流电阻。

图1 激光器着火电压测量原理图

#### 5.2.3 测量步骤

5.2.3.1 接通电源，使放电管两电极之间的电压从0 V起缓慢增加，直至放电管着火，从电压表上读出着火瞬间的电压值，即为着火电压。

5.2.3.2 重复测量三次，取其中最大的一次电压值。

### 5.3 额定工作电流

#### 5.3.1 目的

测量激光器在输出功率最大时的电流值。

#### 5.3.2 原理图

测量原理图见图2。

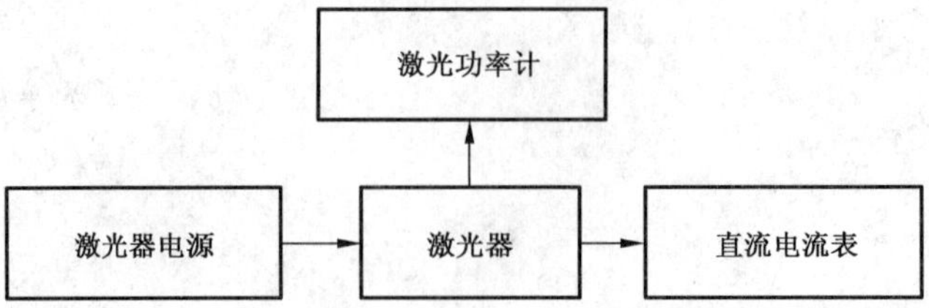


图 2 额定工作电流的测量原理图

5.3.3 测量步骤

5.3.3.1 按产品标准的规定对激光器进行预热。

5.3.3.2 调电流使激光器的输出功率达到额定功率，此时从电流表上读取的电流值即为额定工作电流。

## 5.4 管压降

5.4.1 目的

测量在给定的工作电流下，激光器放电管两电极之间的电压。

5.4.2 原理图

测量原理图见图 3。

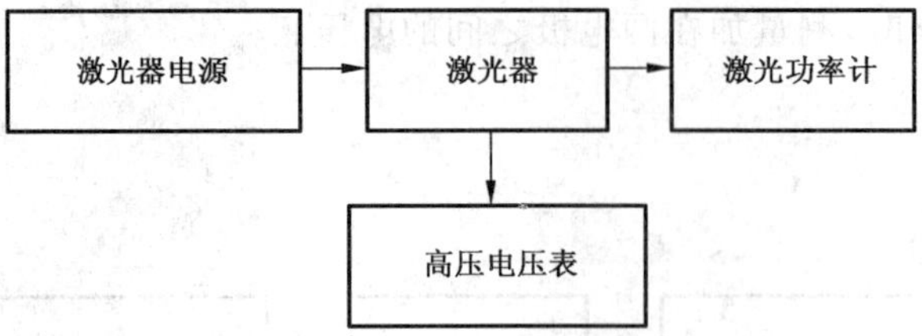


图 3 激光器管压降的测量原理图

5.4.3 测量步骤

5.4.3.1 按产品标准规定对激光器进行预热。

5.4.3.2 在给定的工作电流下，从电压表上读取电压值。

## 5.5 输出功率

5.5.1 目的

在规定的工作条件下，测量激光器在给定的工作电流时在输出端所输出的激光功率。

5.5.2 原理图

测量原理图见图 4。

图 4 激光器输出功率的测量原理图

5.5.3 测量步骤

5.5.3.1 按产品标准的规定对激光器进行预热。

5.5.3.2 激光功率计的接收器和激光器输出端之间的距离不得小于 10 cm；并应保证激光束全部射入接收器内。

5.5.3.3 确认激光器工作在规定的模式下，将电流调至给定的工作电流，用激光功率计测出激光器的输出功率，每隔规定时间测一次，共测 $n$ 次（$n \geqslant 10$），取平均值。

## 5.6 输出功率不稳定度

### 5.6.1 目的

在规定的时间范围内，测量激光器输出功率随时间波动的特性。

### 5.6.2 原理图

测量原理图见图 5。

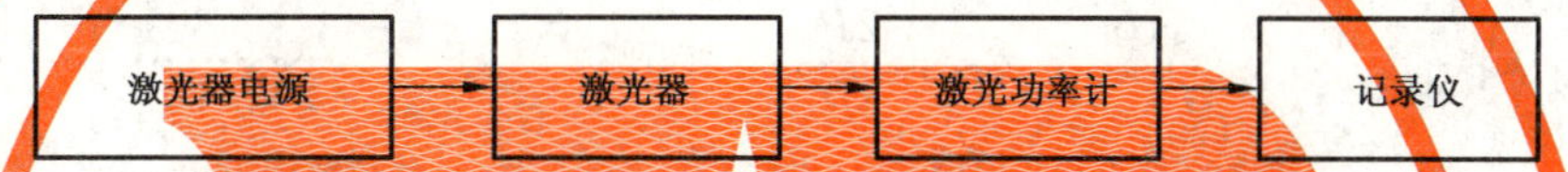


图 5 激光器输出功率不稳定度的测量原理图

### 5.6.3 测量步骤

5.6.3.1 按产品标准的规定对激光器进行预热。

5.6.3.2 将激光功率计对准激光束，将激光功率计输出信号送记录仪。将记录仪调至适当的灵敏度和扫描速度。

5.6.3.3 开启整个测量系统，在规定时间范围内进行记录。在记录曲线上按等时间间隔取 $n$ 个数值 $P_i$（$n \geqslant 10$ 次），按式(1)计算平均值。

$$\overline{P} = \frac{1}{n}\sum_{i=1}^{n} P_i \qquad \cdots\cdots(1)$$

式中：

$\overline{P}$ ——输出功率平均值，单位为瓦(W)；

$P_i$——第 $i$ 次测得的输出功率，单位为瓦(W)；

$n$ ——测量次数。

5.6.3.4 在记录曲线上，查出其中最大值 $P_{max}$ 和最小值 $P_{min}$，按式(2)计算：

$$\Delta P = P_{max} - P_{min} \qquad \cdots\cdots(2)$$

式中：

$\Delta P$ ——功率变化量，单位为瓦(W)；

$P_{max}$——输出功率最大值，单位为瓦(W)；

$P_{min}$——输出功率最小值，单位为瓦(W)。

5.6.3.5 按式(3)求出规定时间范围内的激光器输出功率的不稳定度：

$$S_p = \pm \frac{\Delta P}{2\overline{P}} \times 100\% \qquad \cdots\cdots(3)$$

式中：

$S_p$ ——输出功率不稳定度，%；

$\Delta P$——功率变化量，单位为瓦(W)；

$\overline{P}$ ——输出功率平均值，单位为瓦(W)。

5.6.3.6 按式(4)求出规定时间范围内的激光器输出功率的标准差：

$$P_\sigma = \sqrt{\frac{\sum_{i=1}^{n}(P_i - \overline{P})^2}{n-1}} \quad \cdots\cdots (4)$$

式中：

$P_\sigma$ ——功率标准差，单位为瓦(W)；

$P_i$ ——第 $i$ 次测得的输出功率，单位为瓦(W)；

$\overline{P}$ ——输出功率平均值，单位为瓦(W)；

$n$ ——测量次数。

5.6.3.7 激光器输出功率的不稳定度也可用标准差表示，按式(5)计算输出功率不稳定度标准差：

$$\delta_{P\sigma} = \frac{2P_\sigma}{\overline{P}} \times 100\% \quad \cdots\cdots (5)$$

式中：

$\delta_{P\sigma}$——输出功率不稳定度标准差，%；

$P_\sigma$——功率标准差，单位为瓦(W)；

$\overline{P}$ ——输出功率平均值，单位为瓦(W)。

#### 5.6.4 直接测量法

按照5.5的测量方法得到每次测量值 $P_i$、最大功率值 $P_{max}$ 和最小功率值 $P_{min}$，通过式(2)～式(5)得到输出功率不稳定度和输出功率不稳定度标准差。

#### 5.6.5 对测量条件的特殊要求

5.6.5.1 激光功率计对接受波长的光要有高的灵敏度和足够快的时间响应，并在规定的功率密度下使用，没有饱和现象，且激光功率计的不确定度不低于1.0级。

5.6.5.2 测量系统在测量功率范围内要求线性。

### 5.7 波长

#### 5.7.1 目的

测量激光器输出波长。

#### 5.7.2 原理图

测量原理图见图6。

图6 激光波长测量原理图

5.7.3 测量步骤

5.7.3.1 按照产品标准规定对激光器进行预热。

5.7.3.2 调整激光器,按照光谱仪使用要求,将激光光束入射到光谱仪入射窗口。

5.7.3.3 记录光谱仪的测量结果。

5.8 光谱宽度

5.8.1 目的

测量激光器输出激光光谱宽度。

5.8.2 原理图

测量原理图见图7。

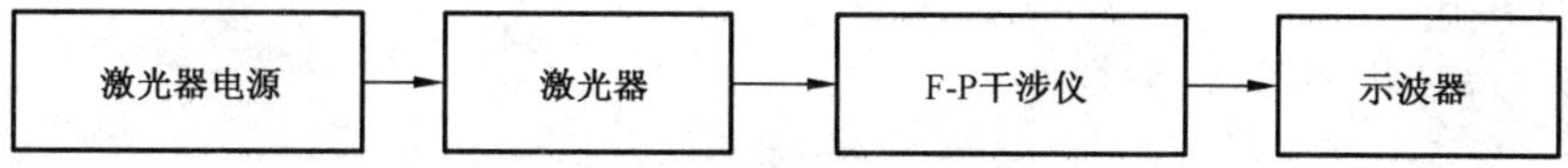


图7 激光光谱宽度测量原理图

5.8.3 测量步骤

5.8.3.1 按照图7调整测量系统。

5.8.3.2 对满足产品标准要求的F-P共焦球面扫描干涉仪及激光器进行预热。

5.8.3.3 直接记录示波器上显示的频谱宽度 $\Delta\nu$(GHz)。

5.8.3.4 按式(6)计算激光波长宽度 $\Delta\lambda$。

$$\Delta\lambda = \Delta\nu \cdot \frac{\lambda^2}{c} \qquad \cdots\cdots(6)$$

式中:

$\Delta\lambda$ ——激光器波长宽度,单位为纳米(nm);

$\Delta\nu$ ——激光器频谱宽度,单位为吉赫兹(GHz);

$\lambda$ ——激光器波长,单位为纳米(nm);

$c$ ——光速,单位为米每秒(m/s)。

5.9 光束偏移

5.9.1 目的

在规定的时间范围内,测量光斑中心最大的离轴角度。

5.9.2 原理图

测量原理图见图8。

图8 激光器光束偏移测量原理图

5.9.3 测量步骤

5.9.3.1 将激光器置于距位置测量仪规定的距离(如 5 m)处,将 $X$-$Y$ 函数记录仪的笔调在记录纸的中心位置。

5.9.3.2 按产品标准规定对激光器进行预热,并同时调整激光束的方向使其照射到位置测量仪的中心。

5.9.3.3 预热后微调位置测量仪的位置,使位置测量仪的笔处在零点位置(记录纸的中心位置)。此刻起开始记录一段规定的时间。

5.9.3.4 测量出位置测量仪所描绘的曲线中距零点位置的最大径向偏移距离 $\Delta r_{\max}$。其在 $X$、$Y$ 轴上的投影分别为 $x_{\max}$、$y_{\max}$。在水平方向的离轴距离按式(7)计算:

$$\Delta x_{\max} = \varepsilon_x \cdot x_{\max} \quad \cdots\cdots (7)$$

式中:

$\Delta x_{\max}$——在水平方向的离轴距离,单位为毫米(mm);

$\varepsilon_x$ ——测量系统在 $X$ 方向的比例系数,由实验得出。

在垂直方向的离轴距离按式(8)计算:

$$\Delta y_{\max} = \varepsilon_y \cdot y_{\max} \quad \cdots\cdots (8)$$

式中:

$\Delta y_{\max}$——在垂直方向的离轴距离,单位为毫米(mm);

$\varepsilon_y$ ——测量系统在 $Y$ 方向的比例系数,由实验得出。

光斑中心最大径向偏移量按式(9)计算:

$$\Delta r_{\max} = \sqrt{\Delta x_{\max}^2 + \Delta y_{\max}^2} \quad \cdots\cdots (9)$$

式中:

$\Delta r_{\max}$——光斑中心最大径向偏移量,单位为毫米(mm);

$\Delta x_{\max}$——在水平方向的离轴距离,单位为毫米(mm);

$\Delta y_{\max}$——在垂直方向的离轴距离,单位为毫米(mm)。

激光束的方向偏移按式(10)计算:

$$\Delta \theta_{\max} = \frac{\Delta r_{\max}}{s} \times 10^3 \quad \cdots\cdots (10)$$

式中:

$\Delta \theta_{\max}$——光束偏移,单位为毫弧度(mrad);

$s$ ——位置测量仪与激光器输出端之间的距离,单位为毫米(mm);

$\Delta r_{\max}$——光斑中心最大径向偏移量,单位为毫米(mm)。

5.10 光束直径

光束直径的测量方法见 GB/T 15175—2012 中 5.7。

5.11 光束指向不稳定性

光束指向不稳定性的测量方法见 GB/T 15175—2012 中 5.14。

5.12 基横模

5.12.1 目的

测量激光器的输出模式。

5.12.2　**原理图**

测量原理图见图9。

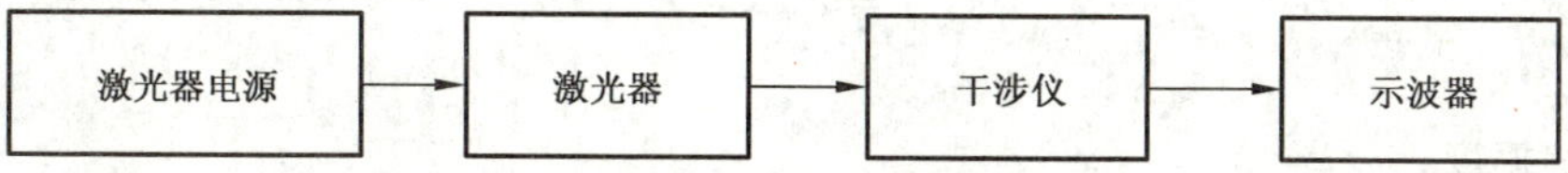


**图9　激光基横模的测量原理图**

5.12.3　**测量步骤**

5.12.3.1　按照图9调整测量系统。

5.12.3.2　按产品标准要求对激光器及F-P共焦球面扫描干涉仪进行预热。

5.12.3.3　在示波器上，显示出激光器模的频谱。当相邻模谱最小的频率间隔满足式(11)时，激光器为基横模输出(记为$TEM_{00}$)。

$$\Delta\nu=\frac{c}{2\eta L} \qquad \cdots\cdots(11)$$

式中：

$\Delta\nu$——激光器相邻模谱之间的频率间隔，单位为赫兹(Hz)；

$c$——光速，单位为米每秒(m/s)；

$\eta$——激光工作物质折射率；

$L$——激光谐振腔腔长，单位为米(m)。

5.12.3.4　观测时间不小于10 min。

5.13　**偏振度**

5.13.1　**目的**

测量线偏振激光束偏振部分的光强和整个光强的比值。

5.13.2　**原理图**

测量原理图见图10。

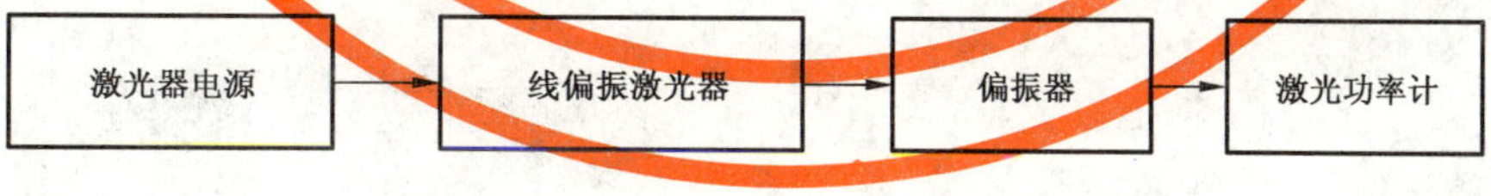


**图10　激光器偏振度测量原理图**

5.13.3　**测量步骤**

5.13.3.1　按产品标准的规定对激光器进行预热。

5.13.3.2　绕光束的轴旋转偏振器，测出光束经过偏振器的最大透过功率$P_{max}$和最小透过功率$P_{min}$。

5.13.3.3　激光器的偏振度按式(12)计算：

$$P_d=\frac{P_{max}-P_{min}}{p_{max}+p_{min}}\times 100\% \qquad \cdots\cdots(12)$$

式中：

$P_d$——偏振度；

$P_{max}$ ——最大透过功率，单位为瓦(W)；

$P_{min}$ ——最小透过功率，单位为瓦(W)。

5.13.3.4 偏振度可以用消光比表示，按式(13)计算：

$$P_d = P_{max} : P_{min} \tag{13}$$

式中：

$P_d$ ——偏振度；

$P_{max}$ ——最大透过功率，单位为瓦(W)；

$P_{min}$ ——最小透过功率，单位为瓦(W)。

#### 5.13.4 对测量条件的特殊要求

5.13.4.1 测量装置在测量范围内应具备严格的线性。

5.13.4.2 偏振器的偏振度要求 99.95%～99.99%。

## 6 测量误差来源

6.1 测量装置。

6.2 测量仪器的精度。

6.3 温度、气流、电网、非激光辐射等环境因素的影响。

6.4 人为读数误差。

ICS 59.060.20
W 51

# 中华人民共和国国家标准

GB/T 7351—2013
代替 GB/T 7351—1997

# 纤维级聚乙烯醇树脂

## Fiber grade polyvinyl alcohol resins

2013-12-17 发布 2014-10-15 实施

中华人民共和国国家质量监督检验检疫总局
中国国家标准化管理委员会 发布

# 前　言

本标准按照 GB/T 1.1—2009 给出的规则起草。

本标准代替 GB/T 7351—1997《纤维级聚乙烯醇树脂》。

本标准与 GB/T 7351—1997 相比主要变化如下：

——标准的英文名称由“Polyvinyl alcohol resins for fibre grade”调整为“Fiber grade polyvinyl alcohol resins”；

——在范围中删除了分子式和相对分子质量；

——在规范性引用文件中增加和更新了部分引用文件；

——增加了着色度、膨润度的术语和定义；

——增加了命名方法；

——技术要求中，调整了挥发分、氢氧化钠、残留乙酸根、乙酸钠、纯度、透明度、着色度、膨润度等性能指标；

——试验方法中，挥发分、氢氧化钠、残留乙酸根、乙酸钠、纯度、透明度、平均聚合度等七个项目的试验方法，直接采用 GB/T 12010—2010 系列标准；将着色度的试验方法，列为规范性附录 A；膨润度的试验方法，列为规范性附录 B；

——修改了检验规则、标志、包装、运输和贮存的内容。

本标准由中国纺织工业联合会提出。

本标准由上海市纺织工业技术监督所归口。

本标准起草单位：安徽皖维高新材料股份有限公司、中国石化集团四川维尼纶厂、上海市纺织工业技术监督所。

本标准主要起草人：唐成宏、吴福胜、李彬、王丽莉、冯加芳、卢家云。

本标准所代替标准的历次版本发布情况为：

——GB/T 7351—1987、GB/T 7351—1997。

# 纤维级聚乙烯醇树脂

## 1 范围

本标准规定了纤维级聚乙烯醇树脂的术语和定义、命名方法、外观、技术要求、试验方法、检验规则和标志、包装、运输、贮存的要求。

本标准适用于高碱醇解和低碱醇解工艺所制得的纤维级聚乙烯醇树脂。

## 2 规范性引用文件

下列文件对于本文件的应用是必不可少的。凡是注日期的引用文件，仅注日期的版本适用于本文件。凡是不注日期的引用文件，其最新版本(包括所有的修改单)适用于本文件。

GB/T 191 包装储运图示标志

GB/T 601 化学试剂 标准滴定溶液的制备

GB/T 603 化学试剂 试验方法中所用制剂及制品的制备

GB/T 6678—2003 化工产品采样总则

GB/T 6679—2003 固体化工产品采样通则

GB/T 6682 分析实验室用水规格和试验方法

GB/T 7568.4—2002 纺织品 色牢度试验 聚酯标准贴衬织物规格

GB/T 8170 数值修约规则与极限数值的表示和判定

GB/T 12010.1—2008 塑料 聚乙烯醇(PVAL)材料 第1部分：命名系统和分类基础

GB/T 12010.2—2010 塑料 聚乙烯醇(PVAL)材料 第2部分：性能测定

GB/T 12010.3—2010 塑料 聚乙烯醇(PVAL)材料 第3部分：规格

GB/T 12010.5—2010 塑料 聚乙烯醇(PVAL)材料 第5部分：平均聚合度测定

GB/T 12010.7—2010 塑料 聚乙烯醇(PVAL)材料 第7部分：氢氧化钠含量测定

GB/T 12010.8—2010 塑料 聚乙烯醇(PVAL)材料 第8部分：透明度测定

JJF 1070 定量包装商品净含量计量检验规则

JJG 178 紫外、可见、近红外分光光度计检定规程

## 3 术语和定义

下列术语和定义适用于本文件。

3.1

**着色度 staining degree**

一定浓度的聚乙烯醇水溶液在碱作用下，其中的着色基团(羰基、醛基等)着色的程度，以透光率表示。

3.2

**膨润度 swelling degree**

聚乙烯醇树脂在水中浸泡15 min的膨胀程度，以浸泡前后的质量增加的百分数表示。

## 4 命名方法

4.1 命名方法按 GB/T 12010.1—2008 规定执行。

4.2 规格对照可参考 GB/T 12010.3—2010 附录 A 所示。

## 5 外观

纤维级聚乙烯醇树脂为白色或微黄色絮状、片状、颗粒状、粉状固体。

## 6 技术要求

### 6.1 产品分等

纤维级聚乙烯醇树脂分为优等品、一等品、合格品三个等级，低于合格品等级的产品为等外品。

### 6.2 性能指标

应符合表 1 规定。

表 1 纤维级聚乙烯醇树脂的性能指标

| 序号 | 项目 | | 高碱醇解 | | | 低碱醇解 | | |
|---|---|---|---|---|---|---|---|---|
| | | | 优等品 | 一等品 | 合格品 | 优等品 | 一等品 | 合格品 |
| 1 | 挥发分/% | ≤ | 5.0 | 6.0 | 7.0 | 6.0 | 7.0 | 7.0 |
| 2 | 氢氧化钠/% | ≤ | 0.20 | 0.20 | 0.30 | 0.10 | 0.20 | 0.30 |
| 3 | 残留乙酸根/% | ≤ | 0.15 | 0.20 | 0.20 | 0.15 | 0.20 | 0.20 |
| 4 | 乙酸钠/% | ≤ | 6.8 | 7.0 | 7.0 | 2.0 | 2.3 | 2.5 |
| 5 | 纯度/% | ≥ | 88.0 | 86.0 | 85.0 | 91.5 | 90.0 | 90.0 |
| 6 | 透明度/% | ≥ | 92.0 | 92.0 | 92.0 | 92.0 | 92.0 | 92.0 |
| 7 | 着色度/% | ≥ | 92.0 | 90.0 | 88.0 | 92.0 | 91.0 | 90.0 |
| 8 | 膨润度/% | | 205±15 | | | 145±15 | | |
| 9 | 平均聚合度 | | $M$[a]±50 | | $M$±70 | $M$±50 | | $M$±70 |
| [a] $M$ 为平均聚合度中心值，由供需双方协商确定，一旦确定后不得任意变更。 | | | | | | | | |

## 7 试验方法

### 7.1 试验用水

各项试验方法中除注明外，使用的水均符合 GB/T 6682 规定的三级水要求。

### 7.2 试验试剂

使用的试剂均为分析纯,除注明外均按 GB/T 601 规定、GB/T 603 规定的方法制备。

### 7.3 挥发分测定

按 GB/T 12010.2—2010 中附录 A 的规定执行,结果精确至一位小数。

### 7.4 氢氧化钠测定

按 GB/T 12010.7—2010 的规定执行,采用带回流冷凝器的加热方式溶解试样。

### 7.5 残留乙酸根测定

按 GB/T 12010.2—2010 中附录 D 的规定执行。

### 7.6 乙酸钠测定

按 GB/T 12010.2—2010 中附录 B 的规定执行,结果精确至一位小数。

### 7.7 纯度测定

按 GB/T 12010.3—2010 中 4.6 的规定执行,结果精确至一位小数。

### 7.8 透明度测定

按 GB/T 12010.8—2010 的规定执行。

### 7.9 着色度测定

按附录 A 的规定执行。

### 7.10 膨润度测定

按附录 B 的规定执行。

### 7.11 平均聚合度测定

按 GB/T 12010.5—2010 的规定执行。

## 8 检验规则

### 8.1 检验项目

表 1 中项目均为出厂检验项目。

### 8.2 组批规定

一个生产批可由一个检验批或由若干个检验批组成。

### 8.3 采样规定

试验所需的样品数和样品量按 GB/T 6678—2003 中 7.6 规定执行。每批样品总量不应少于 500 g。样品的采集和制备按 GB/T 6679—2003 中的 4.3.3.2 规定进行,原样混合缩分到试验需要量,并将其分成两份，一份用于试验，另一份用塑料袋封存备用。

### 8.4 检验结果判定规则

性能项目的测定值或计算值按 GB/T 8170 中修约值比较法与表 1 指标中的极限数值比较，逐项判定等级，以各项质量指标中最低的等级判定该批产品的等级。检验结果中如有一项不符合表 1 的要求，应重新加倍采样进行检验，以重新检验结果作为该批产品的出厂质量判定依据。

### 8.5 复验规则

#### 8.5.1 通则

需方可按本标准规定的技术要求、试验方法和检验规则对所收到的货物进行验收。验收时，如发现产品质量和数量不符合质量检验报告单和产品发货单时，在货到收货单位一个月内，向供方提出复验，逾期不予受理。而供方在接到通知后，应在一个月内答复，逾期即按需方意见处理。若该批产品已使用三分之一以上时，复验结果仅代表剩余货批质量。当供需双方对复验结果仍有异议时，可提请双方认可的仲裁单位仲裁或双方协商解决。

#### 8.5.2 检验项目

同 8.1。

#### 8.5.3 组批规定

按原生产批号组批。

#### 8.5.4 采样规定

按 GB/T 6679—2003 中 4.3.1.1 规定。要求从袋口缝合方向，插入物料中部取定向样品。样品数和样品量按 GB/T 6679—2003 中 3.2 规定，取样总量不少于 500 g。

#### 8.5.5 复验评定

性能项目的测定值或计算值按 GB/T 8170 中修约值比较法与表 1 指标中的极限数值比较，评定等级。产品综合等级的评定，按 8.4 评定，高于或等于原等级则判为符合，低于原等级则判为不符合。

## 9 标志、包装、运输和贮存

### 9.1 标志

产品包装上应有清晰牢固的标志，标明产品名称、批号(或生产日期)、等级、净含量、生产厂名、厂址、商标及所使用的标准号等，以及符合 GB/T 191 规定的"防晒"、"防潮"标志等。标注净含量应符合 JJF 1070 规定。

### 9.2 包装

产品用不易破损、防潮的塑料编织袋、纸塑复合袋或其他包装材料包装。包装规格和净含量可按用户需求确定。每批产品应附质量检验单。

### 9.3 运输

纤维级聚乙烯醇树脂为非危险品。产品在装卸时应防止刮破或摔坏包装袋。在运输过程中，应防潮、防雨、防晒。

### 9.4 贮存

产品应贮存于干燥、通风良好的室内，勿靠近暖气或其他热源。严禁与挥发性的化学品、染料混放，以防吸附变质。

# 附　录　A
# （规范性附录）
# 着色度的测定

## A.1　范围

本附录规定了纤维级聚乙烯醇树脂着色度的测定方法。

## A.2　原理

称取一定量的试样，加入定量的水和氢氧化钠溶液，加热使样品溶解。样品在溶解过程中，氢氧化钠与样品中的着色基团反应，使溶解后的样品溶液着色。用分光光度计测量 430 nm 光波通过光程为 20 mm、质量分数为 4.0％的试样溶液的透光率。

## A.3　仪器和试剂

**A.3.1**　分光光度计：带有光程为 20 mm 的玻璃比色皿，并满足 JJG 178 规定。
**A.3.2**　天平：分度值为 0.01 g。
**A.3.3**　标准磨口三角瓶：500 mL。
**A.3.4**　溶解设备：磁力加热搅拌器，加热功率 150 W，并配备回流冷凝装置。
**A.3.5**　恒温水浴：控温精度±0.1 ℃。
**A.3.6**　氢氧化钠标准滴定溶液：$c(\mathrm{NaOH})=1.00$ mol/L，按 GB/T 601 的规定制备。
**A.3.7**　碱式滴定管：50 mL。

## A.4　测定步骤

### A.4.1　试样溶液的配制

**A.4.1.1**　将干燥的 500 mL 磨口三角瓶称量，用碱式滴定管准确加入 1.00 mol/L 氢氧化钠标准滴定溶液 22.30 mL，再称量。
**A.4.1.2**　用天平称取试样 10 g(准确至 0.01 g)。
**A.4.1.3**　按式(A.1)计算需加入的蒸馏水的质量：

$$m=\frac{m_0\times(100-w)}{4.0}-m_0-m_1 \qquad \cdots\cdots(A.1)$$

式中：
$m$ ——需加入的蒸馏水的质量，单位为克(g)；
$m_0$ ——试样的质量，单位为克(g)；
$m_1$ ——氢氧化钠标准滴定溶液的质量，单位为克(g)；
$w$ ——试样的挥发分含量，％；
4.0 ——规定的试样溶液的质量分数，％。

**A.4.1.4**　将试样和蒸馏水加入含有氢氧化钠标准滴定溶液的磨口三角瓶(A.4.1.1)中，摇匀。
**A.4.1.5**　将磨口三角瓶放在磁力加热搅拌器上，装上回流冷凝装置，开始搅拌加热。待试样溶解完全

(约 2 h),取下三角瓶,冷却至室温,然后置于(30±0.1)℃水浴中恒温 30 min,使试样溶液中的气泡消失,待用。

### A.4.2 参比液的制备

在另一干燥的 500 mL 磨口三角瓶中,加入一定质量的蒸馏水(相当于试样和试样中加入蒸馏水的质量之和)和 1.00 mol/L 氢氧化钠标准滴定溶液 22.30 mL,按 A.4.1.5 规定,制备参比液。

### A.4.3 透光率的测定

**A.4.3.1** 按照仪器使用说明书准备好分光光度计。

**A.4.3.2** 选择 20 mm 玻璃比色皿,以参比液(A.4.2)作为参比,选用 430 nm 波长测定试样溶液(A.4.1.5)的透光率。

## A.5 结果表示

以透光率的百分数表示聚乙烯醇溶液的着色度。

取两次平行测定结果的算术平均值为测定结果,修约至小数点后一位。

两次平行测定结果的绝对差值不大于 1.0%。

# 附 录 B
## （规范性附录）
## 膨润度的测定

### B.1 范围

本附录规定了纤维级聚乙烯醇树脂膨润度的测定方法。

本方法不适用于粉状纤维级聚乙烯醇树脂。

### B.2 原理

纤维级聚乙烯醇树脂在一定条件下，在水中浸渍一定时间后吸收水分膨胀的程度，以质量增加的百分数表示。

### B.3 仪器

**B.3.1** 离心机；转速：0～4 000 r/min。

**B.3.2** 带不锈钢内胆的恒温水浴：控温精度±0.1 ℃。

**B.3.3** 托盘天平：分度值为 0.1 g。

**B.3.4** 白涤布：规格按 GB/T 7568.4—2002 规定。

### B.4 测定步骤

**B.4.1** 用天平称取 10 g（准确至 0.1 g）试样，移到白涤布（250 mm×250 mm）上，用橡皮筋扎紧上部，放入（30±0.1）℃恒温水浴中，浸渍 15 min。

**B.4.2** 取出，将大部分水用手挤掉，放入离心机的套筒里，盖好离心机盖，以 3 000 r/min 脱水 5 min。

**B.4.3** 待离心机停止后，从套筒中取出试样与布，称其质量为 $m_0$；把试样完全从布上除掉后，再称布与橡皮筋的质量为 $m_1$。

### B.5 结果计算

膨润度按式（B.1）计算：

$$X=\frac{m_0-m_1}{m\times X_1}\times 100 \qquad \cdots\cdots\cdots\cdots(\text{B.1})$$

式中：

$X$ ——试样的膨润度，%；

$m_0$ ——脱水后试样与包布、橡皮筋的质量，单位为克（g）；

$m_1$ ——包布与橡皮筋的质量，单位为克（g）；

$m$ ——试样的质量，单位为克（g）；

$X_1$ ——聚乙烯醇树脂的纯度，%。

**B.6　结果表示**

取两次平行测定结果的算术平均值为测定结果，修约至整数位。

两次平行测定结果的绝对差值不大于3.0%。

ICS 29.220.20
K 84

# 中华人民共和国国家标准

GB/T 7404.1—2013
代替 GB/T 7404.1—2000

# 轨道交通车辆用铅酸蓄电池 第1部分：电力机车、地铁车辆用阀控式铅酸蓄电池

**Lead-acid battery for locomotives and rolling stock—Part 1: Valve-regulate lead acid for electric and subway locomotives**

2013-07-19 发布 2013-12-02 实施

中华人民共和国国家质量监督检验检疫总局
中国国家标准化管理委员会 发布

# 前　言

GB/T 7404《轨道交通车辆用铅酸蓄电池》分为两个部分：

——第1部分：电力机车、地铁车辆用阀控式铅酸蓄电池；

——第2部分：内燃机车用阀控式铅酸蓄电池。

本部分为GB/T 7404的第1部分。

本部分按照GB/T 1.1—2009给出的规则起草。

本部分代替GB/T 7404.1—2000《内燃机车用排气式铅酸蓄电池》。

本部分与GB/T 7404.1—2000相比在以下内容有变化。

——修改标准名称；

——修改使用范围；

——修改规范性引用文件；

——修改符号；

——修改产品分类与命名；

——增加了新的产品型号、基本参数及外形尺寸见表1、表2；

——修改"要求"；

——新增"地铁和轻轨车辆蓄电池槽应符合DIN 5510-2:2009-05的规定"；

——新增"开路电压组合一致性"；

——新增"容量不均衡率"；

——新增"大电流放电"；

——修改"循环耐久能力"；

——新增"过放电性能"(只适用于地铁车辆用蓄电池)；

——新增"密封反应效率"；

——新增"防爆性能"；

——新增"安全阀性能及开闭阀压力不均衡率"；

——新增"气密性"；

——新增"紧急通风性能(只适用于地铁车辆用蓄电池)"；

——新增"封口剂性能"。

本部分由中国电器工业协会提出。

本部分由全国铅酸蓄电池标准化技术委员会(SAC/TC 69)归口。

本部分主要起草单位：沈阳蓄电池研究所、湖南丰日电源电气股份有限公司、南都电源动力股份有限公司、江苏双登集团有限公司、安徽理士电源技术有限公司、超威电源有限公司、天能电池集团有限公司、骆驼集团股份有限公司、常州优特科新能源科技有限公司、安徽省产品质量监督检验研究院、安徽超威电源有限公司、浙江长兴金太阳电源有限公司、江苏超威电源有限公司。

本部分主要起草人：宋永江、谢爽、黎立华、陈晓红、吴贤章、杨宝峰、董捷、周明明、任安福、高国兴、钱海春、开明敏、汤玉英。

本部分所代替标准的历次版本发布情况为：

——GB/T 7404—1987；

——GB/T 7404.1—2000。

# 轨道交通车辆用铅酸蓄电池 第1部分:电力机车、地铁车辆用阀控式铅酸蓄电池

## 1 范围

GB/T 7404 的本部分规定了电力机车、地铁车辆用阀控式铅酸蓄电池(以下简称蓄电池)的符号、产品分类与命名、要求、试验方法、检验规则及标志、包装、运输、贮存等。

本部分适用于电力机车、地铁车辆和轻轨车辆的紧急负载及辅助用电设备所用的蓄电池。

## 2 规范性引用文件

下列文件对于本文件的应用是必不可少的。凡是注日期的引用文件,仅注日期的版本适用于本文件。凡是不注日期的引用文件,其最新版本(包括所有的修改单)适用于本文件。

JB/T 2599 铅酸蓄电池名称、型号编制与命名办法

DIN 5510-2:2009-05 (德国轨道车辆防火测试标准)铁路车辆防止燃烧 第2部分:材料和构件的燃烧特性和燃烧并发现象(Preventive fire protect in railway vehicle—Part 2: Fire behaviour and fireside effects of material and parts)

## 3 符号

下列符号适用于本文件。

$C_1$ ——1小时率额定容量(Ah);

$C_5$ ——5小时率额定容量(Ah);

$C_{10}$——10小时率额定容量(Ah);

$C_a$ ——蓄电池实测容量(Ah),数值等于放电电流 $I$(A)与放电时间 $t$(h)乘积;

$C_e$ ——在基准温度(25 ℃)条件下蓄电池实际容量(Ah);

$C_d$ ——在−40 ℃条件下蓄电池实测容量,单位为安时(Ah);

$I_1$ ——1小时率放电电流(A);

$I_5$ ——5小时率放电电流(A);

$I_{10}$——10小时率放电电流(A);

$I_s$ ——最大放电电流(A),数值等于 $3C_{10}$ 或 $3C_5$。

## 4 产品分类与命名

### 4.1 命名

产品型号编制按 JB/T 2599。用汉字"电力" 或"地铁"两字拼音的第一个大写字母"DL"和"DT"表

示。具体命名见图 1：

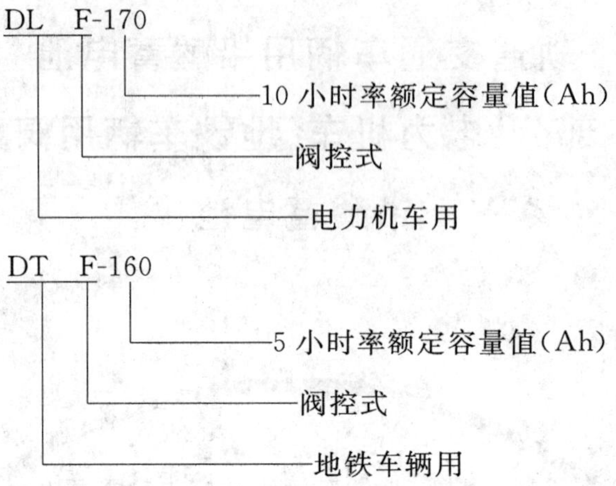


**图 1 产品型号命名**

## 4.2 产品分类

产品型号、基本参数及外形尺寸见表 1、表 2。(表 1、表 2 中没有列出的特殊规格型号的产品由制造商与用户协商确定)

**表 1 电力机车用蓄电池基本参数**

| 蓄电池型号 | 额定电压 V | 最大质量 kg | 10 小时率放电 | | | 5 小时率放电 | | | 1 小时率放电 | | | 外形尺寸 mm | | |
|---|---|---|---|---|---|---|---|---|---|---|---|---|---|---|
| | | | $I_{10}$ A | 额定容量 Ah | 终止电压 V | $I_5$ A | 额定容量 Ah | 终止电压 V | $I_{10}$ A | 额定容量 Ah | 终止电压 V | 长 | 宽 | 总高 |
| DLF-170 | 2 | 13 | 17 | 170 | 1.80 | 28 | 140 | 1.75 | 102 | 102 | 1.70 | $85_{-2}^{0}$ | $174_{-2}^{0}$ | $365_{-2}^{0}$ |
| DLF-200 | 2 | 15 | 20 | 200 | 1.80 | 34 | 170 | 1.75 | 120 | 120 | 1.70 | $108_{-2}^{0}$ | $174_{-2}^{0}$ | $365_{-2}^{0}$ |

**表 2 地铁车辆用蓄电池基本参数**

| 蓄电池型号 | 额定电压 V | 最大质量 kg | 5 小时率放电 | | | 1 小时率放电 | | | 外形尺寸 mm | | |
|---|---|---|---|---|---|---|---|---|---|---|---|
| | | | $I_5$ A | 额定容量 Ah | 终止电压 V | $I_1$ A | 额定容量 Ah | 终止电压 V | 长 | 宽 | 总高 |
| DTF-100 | 2 | 9 | 20 | 100 | 1.75 | 65 | 65 | 1.70 | $68_{-2}^{0}$ | $172_{-2}^{0}$ | $313_{-2}^{0}$ |
| DTF-120 | 2 | 11 | 24 | 120 | 1.75 | 78 | 78 | 1.70 | $99_{-2}^{0}$ | $152_{-2}^{0}$ | $331_{-2}^{0}$ |
| DTF-140 | 2 | 12 | 28 | 140 | 1.75 | 91 | 91 | 1.70 | $111_{-2}^{0}$ | $152_{-2}^{0}$ | $331_{-2}^{0}$ |
| DTF-160 | 2 | 13 | 32 | 160 | 1.75 | 104 | 104 | 1.70 | $123_{-2}^{0}$ | $152_{-2}^{0}$ | $331_{-2}^{0}$ |
| DTF-170 | 2 | 14 | 34 | 170 | 1.75 | 110 | 110 | 1.70 | $123_{-2}^{0}$ | $152_{-2}^{0}$ | $331_{-2}^{0}$ |
| DTF-180 | 2 | 15 | 36 | 180 | 1.75 | 117 | 117 | 1.70 | $135_{-2}^{0}$ | $152_{-2}^{0}$ | $331_{-2}^{0}$ |
| DTF-200 | 2 | 17 | 40 | 200 | 1.75 | 130 | 130 | 1.70 | $147_{-2}^{0}$ | $152_{-2}^{0}$ | $331_{-2}^{0}$ |

## 5 要求

### 5.1 蓄电池槽、盖

地铁和轻轨车辆蓄电池槽、盖的阻燃性能应符合 DIN 5510-2:2009-05 中 4.2.3 S2 等级的规定。发烟等级应符合 DIN 5510-2:2009-05 中 4.3 SR1 级规定。可液化成滴性等级应符合 DIN 5510-2:2009-05 中 4.4 ST2 等级的规定。(此项要求由制造商或用户选择确定)

### 5.2 产品名称、规格型号与最大外形尺寸

按 6.3 检验时,蓄电池产品名称、规格型号与外形尺寸应符合 4.2 规定。

### 5.3 外观及标识

按 6.4 检验时,蓄电池外观不得有变形、裂纹、划痕及清洁无酸液,且标志清晰。

### 5.4 极性

按 6.5 检验时,蓄电池极性应与标志的极性符号一致。

### 5.5 开路电压组合一致性

按 6.6 检验时,每组蓄电池单体开路电压差值不大于 20 mV。

### 5.6 蓄电池容量及容量组合一致性

#### 5.6.1 容量

按 6.7.2 试验时,蓄电池容量 $C_{10}$、$C_5$、$C_1$ 应分别在前 3 次循环内达到额定值,数值见表 1 或表 2。

#### 5.6.2 容量组合一致性

按 6.7.3 试验时,容量组合一致性偏差不大于 5%。

### 5.7 大电流放电

按 6.8 试验,放电结束后导电部件不应熔化,且外壳不能有大于 2 mm 的变形及漏液。蓄电池最大放电电流应符合表 3 和表 4 规定。

**表 3 电力机车用蓄电池最大放电电流**

| 蓄电池型号 | 额定电压<br>V | 最大放电电流 $I_s(3C_{10})$<br>A | 放电时间<br>min |
|---|---|---|---|
| DLF-170 | 2 | 510 | 3 |
| DLF-200 | 2 | 600 | |

表 4　地铁车辆用蓄电池最大放电电流

| 蓄电池型号 | 额定电压<br>V | 最大放电电流 $I_s$($3C_5$)<br>A | 放电时间<br>min |
|---|---|---|---|
| DTF-100 | 2 | 300 | 3 |
| DTF-120 | 2 | 360 | |
| DTF-140 | 2 | 420 | |
| DTF-160 | 2 | 480 | |
| DTF-170 | 2 | 510 | |
| DTF-180 | 2 | 540 | |
| DTF-200 | 2 | 600 | |

## 5.8　低温放电容量

按 6.9 试验时，低温放电容量应符合表 5、表 6 要求。

表 5　电力机车蓄电池低温放电容量表

| 蓄电池<br>型　号 | 额定电压<br>V | 放电电流 $I_{10}$<br>A | 低温放电容量($C_d$)（单格蓄电池终止电压 1.60 V）和基准温度放电容量($C_e$)的比值 $C_d/C_e$ |
|---|---|---|---|
| DLF-170 | 2 | 17 | ≥0.35 |
| DLF-200 | 2 | 20 | |

表 6　地铁车辆用蓄电池低温放电容量

| 蓄电池<br>型　号 | 额定电压<br>V | 放电电流 $I_5$<br>A | 低温放电容量($C_d$)（单格蓄电池终止电压 1.60 V）和基准温度放电容量($C_e$)的比值 $C_d/C_e$ |
|---|---|---|---|
| DTF-100 | 2 | 20 | ≥0.35 |
| DTF-120 | 2 | 24 | |
| DTF-140 | 2 | 28 | |
| DTF-160 | 2 | 32 | |
| DTF-170 | 2 | 34 | |
| DTF-180 | 2 | 36 | |
| DTF-200 | 2 | 40 | |

## 5.9　荷电保持能力

按 6.10 试验时，完全充电的蓄电池，其荷电保持能力应不低于 96%。

## 5.10　循环耐久能力

按 6.11 试验时，电力机车用蓄电池当其容量大于或等于 $0.85C_{10}$ 时，所获得的循环次数应不低于 180 次循环。地铁车辆用蓄电池当其容量大于或等于 $0.85C_5$ 时，所获得的循环次数应不低于 210 次。

### 5.11 过充电性能

按6.12试验以后,其容量应不低于额定容量的95%,蓄电池侧面不应有大于2 mm的变形及漏液。

### 5.12 过放电性能(只适用于地铁车辆用蓄电池)

按6.13试验时,其容量应不低于额定容量的75%。

### 5.13 充电接受能力

按6.14试验时,蓄电池所能接受的充电电流值,电力机车蓄电池不小于0.14$C_{10}$ A,地铁车辆用蓄电池不小于0.14$C_5$ A。

### 5.14 密封反应效率

按6.15试验时,密封反应效率应不小于90%。

### 5.15 防爆性能

按6.16试验时,蓄电池外部遇明火时其内部不应爆炸。

### 5.16 防酸雾性能

按6.17试验时,pH试纸应不变色呈中性。

### 5.17 安全阀性能及开闭阀压力不均衡率

5.17.1 按6.18试验时,蓄电池安全阀应在10 kPa~45 kPa自动开启及关闭。

5.17.2 蓄电池开、闭阀压力不均衡率应不大于30%。

### 5.18 振动与冲击

按6.19试验后,蓄电池不应发生变形及损坏并保持额定容量。经过冲击试验后蓄电池不应发生变形及损坏。

### 5.19 紧急通风性能(适用于地铁车辆用蓄电池)

按6.20试验后,各单节电池终止电压应大于1.75 V。

### 5.20 封口剂性能

按6.21试验后,封口剂不应裂纹或出现蓄电池槽、盖分离。如用户有特殊要求时,可与制造厂协商解决。

## 6 试验方法

### 6.1 试验条件

试验用蓄电池应是制造6个月以内的产品,并以正立状态进行试验。试验前所有蓄电池必须进行完全充电。

## 6.2 仪器

### 6.2.1 电压测量

测量电压用的仪表其精度不应低于 0.5 级，其内阻至少为 1 000 Ω/V。也可采用数字电压表测量。

### 6.2.2 电流测量

测量电流用的仪表其精度应不低于 0.5 级。

### 6.2.3 温度测量

测量温度用的温度计应具有合适的测量范围，其分度值不应大于 1 ℃，温度计的标定精度应不低于 0.5 ℃。

### 6.2.4 时间测量

测量时间用的仪表应按 h、min、s 分度。至少应具有每小时±1 s 的精度。

### 6.2.5 尺寸测量

测量尺寸的量具精度应不低于±0.2 mm。

### 6.2.6 质量称量

称量蓄电池质量的衡器，其最小称量值不大于 20 g，精度不应低于±0.05%。

### 6.2.7 压力测量

测量压力用仪表其精度不应低于 0.5 级。

### 6.2.8 容积测量

测量容积的量筒或滴定管应具有±1%以上的精度。

## 6.3 外形尺寸的测量及质量的称量

检查产品名称、规格型号并用符合要求的量具测量蓄电池外形尺寸。擦净蓄电池表面，用符合精度的衡器称量蓄电池的质量。

## 6.4 外观及标识

用目视检查蓄电池的外观及标识。

## 6.5 极性

用符合精度的电压表或反极仪检查蓄电池极性。

## 6.6 开路电压组合一致性

任选四只蓄电池，按 6.7.1 完全充电后，开路静置 12 h～24 h 内用电压表测量蓄电池的极柱根部，测得开路电压的值。按式(1)计算。

$$\Delta U = V_{max} - V_{min} \qquad (1)$$

式中：

$\Delta U$ ——蓄电池开路电压一致性，单位为毫伏(mV)，数值上等于单体蓄电池开路电压最大值和最小值之差；

$V_{max}$——开路电压最大值，单位为伏(V)；

$V_{min}$——开路电压最小值，单位为伏(V)。

## 6.7 容量及容量组合一致性

### 6.7.1 完全充电

6.7.1.1 蓄电池在25 ℃±2 ℃环境中，以单格电压2.35 V～2.40 V进行充电，时间不低于20 h。充电电流不应超过$3I_{10}$(电力机车用蓄电池)、1.5 $I_5$(地铁车辆用蓄电池)。在充电末期3 h内，电流无明显变化时则认为蓄电池已完全充电。

6.7.1.2 按制造商提供的方法进行完全充电。

### 6.7.2 容量

蓄电池容量试验应在完全充电的蓄电池上进行，将完全充电的蓄电池放在温度25 ℃±2 ℃环境中静置12 h～24 h内，分别以$I_{10}$、$I_5$、$I_1$的恒电流放电，直至蓄电池的端电压分别降至表1、表2所规定的终止电压时停止试验，同时记录放电时间和蓄电池外壳大面中心温度。若放电时，蓄电池壳体最大表面中心平均温度不等于25 ℃时，蓄电池的标准容量应按式(2)换算：

$$C_e=\frac{I_{10、5、1}\times T}{1+\lambda(t_0-25)} \quad \cdots\cdots(2)$$

式中：

$C_e$ ——换算为标准温度25 ℃时的容量，单位为安时(Ah)；

$I_{10}$——10小时率放电电流，数值见表1、表2，单位为安培(A)；

$I_5$ ——5小时率放电电流，数值见表1、表2，单位为安培(A)；

$I_1$ ——1小时率放电电流，数值见表1、表2，单位为安培(A)；

$T$ ——放电时间，单位为小时(h)；

$t_0$ ——放电开始至放电终止时的平均温度，单位为摄氏度(℃)；

$\lambda$ ——温度系数，10小时率容量试验时，$\lambda=0.006$/℃；

5小时率容量试验时，$\lambda=0.008$/℃；

1小时率容量试验时，$\lambda=0.010$/℃。

此公式适用于15 ℃～40 ℃温度范围。

试验后的蓄电池应进行完全充电。

### 6.7.3 容量组合一致性(地铁车辆用蓄电池以$C_{5e}$)计算

蓄电池按6.7.2进行相应的容量试验后，取第三次相应容量试验的数值按式(3)进行容量组合一致性计算：

$$C_{10L}=\frac{C_{10emax}-C_{10emin}}{C_{10emean}}\times 100\% \quad \cdots\cdots(3)$$

式中：

$C_{10L}$ ——电力机车蓄电池10小时率容量组合一致性(%)，数值上等于蓄电池单只容量最大值和最小值差值与平均容量之比的百分率；

$C_{10emax}$——电力机车蓄电池$C_{10e}$最大容量；单位为安时(Ah)；

$C_{10emin}$——电力机车蓄电池$C_{10e}$最小容量；单位为安时(Ah)；

$C_{10emean}$——电力机车蓄电池 $C_{10e}$ 平均容量，单位为安时(Ah)。

## 6.8 大电流放电试验

经容量试验合格的蓄电池，进行完全充电后，在环境温度 25 ℃±2 ℃下，静置 1 h～24 h 按表 3、表 4 要求进行放电，导电部件不应熔断且外壳不应有大于 2 mm 的变形及漏液。

## 6.9 低温放电容量试验

经容量检查合格的蓄电池进行完全充电后，置于低温箱或低温室内，待距蓄电池所处环境温度达到 −40 ℃±1 ℃时，保持 8 h，在此温度下按表 5、表 6 要求恒定电流放电，放电到终止电压 1.60 V 时记录放电时间(精确到 s)，并计算实测容量 $C_d$。

试验完毕，待蓄电池恢复到室温后再进行完全充电。

## 6.10 荷电保持能力试验

6.10.1 蓄电池经过完全充电后，按 6.7.2 规定进行 10 小时率容量(电力机车用蓄电池)或 5 小时率容量(地铁车辆用蓄电池)试验，作为贮存前的实际容量。再次完全充电后，擦净表面，在 25 ℃±3 ℃相对湿度不大于 80％的环境中贮存 28 d。贮存期满后不充电按 6.7.2 规定进行相应的容量试验。

6.10.2 荷电保持能力按式(4)计算：

$$R=\frac{C_b}{C_a}\times 100\% \qquad \cdots\cdots(4)$$

式中：

$R$——荷电保持能力(％)；

$C_a$——贮存前的实际容量，单位为安时(Ah)；

$C_b$——贮存后的实际容量，单位为安时(Ah)。

6.10.3 贮存前的实际容量小于额定容量的蓄电池不再进行荷电保持能力试验。

## 6.11 循环耐久能力试验

6.11.1 经过容量试验、低温放电容量试验合格的蓄电池方可进行循环耐久能力试验。

6.11.2 循环耐久能力试验应在温度 25 ℃±5 ℃环境下进行。将完全充电的蓄电池接到一个恒流恒压循环试验机上，以 1 小时率的放电电流 $I_1$ 放电 1 h，然后以单格 2.4 V 恒压，(电力机车用蓄电池限流 $2.5I_{10}$、地铁车辆用蓄电池限流 $1.25I_5$)充电 4 h 为 1 个循环。

每 30 次循环后电力机车用蓄电池进行一次 10 小时率容量检查；地铁车辆用蓄电池进行一次 5 小时率容量检查，在循环耐久能力试验期间，容量小于 $0.85C_{10}$ 的电力机车用蓄电池；容量小于 $0.85C_5$ 的地铁车辆用蓄电池，结束其循环耐久能力试验，相应的循环次数不计入循环耐久能力。

## 6.12 过充电性能试验

经容量试验合格的蓄电池在试验环境温度 25 ℃±3 ℃下，电力机车用蓄电池用 $0.3I_{10}$、地铁车辆用蓄电池用 $0.15I_5$ 恒定电流进行连续充电 160 h。充电终止后静置 1 h，目视检查蓄电池外观。

## 6.13 过放电性能(只适用于地铁车辆用蓄电池)试验

经容量试验合格的蓄电池在完全充电状态下，在试验环境温度 25 ℃±3 ℃时，以单体额定电压 2 V，电流 $2C_5$ 计算阻抗，并以该恒定阻抗连续放电 15 d。

断开阻抗，然后以恒定电压 2.5V/单体、限流 $0.25C_5$ 充电 24 h。充电结束后按 6.7.2 进行 5 小时率容量试验。

### 6.14　充电接受能力试验

6.14.1　在温度为 25 ℃±3 ℃的环境中，完全充电的电力机车用蓄电池以 $I_{10}$ 电流、地铁车辆用蓄电池以 $I_5$ 电流放出实际容量 50%后，立即送入低温箱内，待蓄电池表面温度达到 0 ℃±1 ℃并保持 8 h(整个过程应在 48 h 内完成)。

6.14.2　蓄电池在低温室内或者从低温箱内取出 3 min 内，以 2.40 V±0.02 V 恒定电压充电 10 min 时，记录蓄电池所接受的充电电流值。

### 6.15　密封反应效率试验

6.15.1　经 6.7 试验后的蓄电池经完全充电后在环境温度 25 ℃±2 ℃时电力机车用蓄电池以 $0.05I_{10}$ A的恒流、地铁车辆用蓄电池以 $0.025I_5$ 恒流连续充电 96 h。若经 6.12 试验后的蓄电池在完全充电后可不经上述过程充电，电力机车用蓄电池直接以 $0.5I_{10}$、地铁车辆用蓄电池直接以 $0.25I_5$ 恒流充电 1 h，再以电力机车用蓄电池 $0.05I_{10}$ 恒流、地铁车辆用蓄电池以 $0.025I_5$ 恒流连续充电 2 h，后 1 h 为收集气体时间。按图 2 所示进行气体收集。

图 2　气体收集示意图

6.15.2　密封反应效率的计算。利用 6.15.1 收集的排出气体量，按式(5)换算为 25 ℃、101.3 kPa 下通过每安时电量的气体排出量，按式(6)计算出密封反应效率。

$$V_0=\frac{P}{P_0}\times\frac{298}{(t+273)}\times\frac{V}{Q}\times\frac{1}{n} \quad \cdots\cdots(5)$$

式中：

$V_0$——25 ℃、101.3 kPa 的气体收集过程中，每安时电量的气体排出量，单位为毫升每安时(mL/Ah)；

$P$——测定时的大气压力，单位为千帕(kPa)；

$P_0$——101.3 kPa；

$t$——量筒的环境温度，单位为摄氏度(℃)；

$V$——收集的排出气体量，单位为毫升(mL)；

$Q$——气体收集期间通过的电量，单位为安时(Ah)；

$n$——串联蓄电池格数。

$$\eta=\left(1-\frac{V_0}{684}\right)\times100\% \quad \cdots\cdots(6)$$

式中：

$\eta$——密封反应效率，%；

684——25 ℃、101.3 kPa 条件下充入每安时电量产生的理论气体量。

## 6.16 防爆性能试验

防爆性能试验是在确认安全性得以确保之后，对完全充电的电力机车用蓄电池用 $0.5I_{10}$、地铁车辆用蓄电池用 $0.25I_5$ 恒流进行充电 1 h 后，在不停止充电情况下，在排气部位附近 2 mm～4 mm 处持续发生火花进行试验，反复两次，火花的大小以 24 V 直流电源熔断 2 A 保险丝时所产生的结果或同等以上结果为准。

## 6.17 防酸雾性能试验

将蓄电池放在 1 $m^3$ 密闭容器中，将用蒸馏水湿润的 pH＝7 的 pH 试纸放在安全阀出气孔正上方 2 mm处。对完全充电的蓄电池再以 $0.2I_{10}$（地铁车辆用蓄电池为 $0.1I_5$）恒流进行 4 h 的充电，在容器内用 pH 试纸检查容器内酸度。

## 6.18 安全阀的性能及开闭阀压力不均衡率试验

对装于蓄电池或试验台上的安全阀逐渐加上空气压力，测定开阀时的压力，然后缓慢减压至闭阀时压力。

开阀测试三次，按式(7)计算安全阀开阀压力不均衡率(%)。

$$F_{KL}=\frac{P_{max}-P_{min}}{P_{mean}}\times 100\% \quad \cdots\cdots (7)$$

闭阀测试三次，按式(8)计算安全阀闭阀压力不均衡率(%)。

$$F_{BL}=\frac{P_{max}-P_{min}}{P_{mean}}\times 100\% \quad \cdots\cdots (8)$$

式中：

$P_{max}$ ——开闭阀最大值，单位为千帕(kPa)；

$P_{min}$ ——开闭阀最小值，单位为千帕(kPa)；

$P_{mean}$——开闭阀三次的平均值，单位为千帕(kPa)；

$F_{KL}$ ——安全阀开阀压力不均衡率(%)，数值上等于安全阀开阀压力最大值和最小值之差值和平均开阀压力之比的百分率；

$F_{BL}$ ——安全阀闭阀压力不均衡率(%)，数值上等于安全阀闭阀压力最大值和最小值之差值和平均闭阀压力之比的百分率。

## 6.19 振动与冲击试验

6.19.1 振动与冲击试验应在已达到额定容量并在完全充电的蓄电池上进行。

将振动台面上垫有厚度为 10 mm±1 mm，邵氏硬度为 60 HS±10 HS，总有效面积为 100 $cm^2$± 10 $cm^2$的软胶垫。将蓄电池放在振动台面上，用专用卡具固定。

蓄电池在垂向、横向、纵向三个方向分别进行增强随机振动量级的模拟长寿命试验，垂向、横向、纵向的加速度均方根值分别为 7.9、3.5、5.5，单位为 $m/s^2$，随机振动谱密度(ASD)分别为 1.857、0.366、0.901，单位为$(m/s^2)^2/Hz$，每个方向各 5 h。试验后，检查蓄电池表面，不应有变形和损坏。然后做 $C_{10}$及 $C_5$ 容量试验。

6.19.2 做冲击试验时，垂向、横向峰值加速度为 30 $m/s^2$，标称持续时间 30 ms；纵向峰值加速度为 50 $m/s^2$，标称持续时间 30 ms。试验结束后，检查蓄电池表面不应有变形和损坏。

6.19.3 按 6.7.2 规定进行容量试验。

## 6.20 紧急通风性能(只适用于地铁车辆用蓄电池)试验

蓄电池在环境温度 25 ℃±5 ℃时在完全充电状态，以 $0.2C_5$ 电流放电 1 h，再转入以 $0.55C_5$ 电流连续放电 45 min,测终止电压。

### 6.21 封口剂性能试验

#### 6.21.1 封口剂高温性能试验

在高温 65 ℃±1 ℃的环境中,保持 6 h 不应有裂纹和损坏。

#### 6.21.2 封口剂低温性能试验

经过 6.9 试验后的蓄电池,其封口剂不应有裂纹或与蓄电池槽、盖分离。

## 7 检验规则

### 7.1 抽样规则

型式检验可选用某一种规格的代表产品进行(同系列蓄电池型式检验时一般选取产量最大的型号抽样)。

### 7.2 检验分类

检验分为出厂检验、周期检验和型式检验。

#### 7.2.1 出厂检验、周期检验

凡提出交货的产品,应按出厂检验项目和周期检验项目进行检验,检验项目及检验样品数量见表 7。

表 7 试验项目与试验周期

<table>
<tr><th>序号</th><th>检验类别</th><th>试验项目</th><th>试验数量</th><th>试验周期</th></tr>
<tr><td>1</td><td rowspan="3">出厂检验</td><td>最大外形尺寸及质量</td><td>3%</td><td>每批</td></tr>
<tr><td>2</td><td>外观及极性</td><td rowspan="2">逐只</td><td rowspan="2">—</td></tr>
<tr><td>3</td><td>开路电压组合一致性</td></tr>
<tr><td>4～6</td><td rowspan="11">周期检验</td><td>容量试验</td><td rowspan="3">6 只</td><td>每月一次</td></tr>
<tr><td>7</td><td>容量组合一致性试验</td><td>每月一次</td></tr>
<tr><td>8</td><td>低温放电容量试验</td><td>每季一次</td></tr>
<tr><td>9</td><td>大电流放电试验</td><td rowspan="8">1 只</td><td rowspan="8">每年一次</td></tr>
<tr><td>10</td><td>荷电保持能力试验</td></tr>
<tr><td>11</td><td>过充电性能试验</td></tr>
<tr><td>12</td><td>过放电性能试验</td></tr>
<tr><td>13</td><td>充电接受能力试验</td></tr>
<tr><td>14</td><td>密封反应效率试验</td></tr>
<tr><td>15</td><td>防爆性能试验</td></tr>
<tr><td>16</td><td>防酸雾性能试验</td></tr>
</table>

表 7（续）

| 序号 | 检验类别 | 试验项目 | 试验数量 | 试验周期 |
|---|---|---|---|---|
| 17 | 周期检验 | 安全阀的性能及开闭阀压力不均衡率试验 | 1只 | 每年一次 |
| 18 | | 振动与冲击试验 | | |
| 19 | | 紧急通风性能试验 | | |
| 20 | | 封口剂性能试验 | | |
| 21 | | 循环耐久能力试验 | | 每两年一次 |

### 7.2.2 型式检验

遇有下列情况之一时，应抽样进行型式检验，做型式检验应是出厂合格的产品。

a) 试制的新产品；

b) 产品结构、工艺配方或原材料有更改时；

c) 批量生产的产品进行的定期抽样检验；

d) 用户要求的检验；

e) 政府行为的检验；

f) 异地生产时；

g) 停产间隔两年再次生产时；

h) 每连续生产两年时（每两年进行一次型式试验）。

## 7.3 型式检验项目与全项试验程序

见表 8。

表 8 型式检验项目与全项试验程序

| 序号 | 试验项目 | 1# | 2# | 3# | 4# | 5# | 6# |
|---|---|---|---|---|---|---|---|
| 1 | 最大外形尺寸及质量 | √ | √ | √ | √ | √ | √ |
| 2 | 极性及外观 | √ | √ | √ | √ | √ | √ |
| 3 | 开路电压一致性 | √ | √ | √ | √ | √ | √ |
| 4 | 容量试验 | √ | √ | √ | √ | √ | √ |
| 5 | 容量组合一致性试验 | √ | √ | √ | √ | √ | √ |
| 6 | 大电流放电试验 | √ | | | | | |
| 7 | 低温放电容量试验 | √ | √ | √ | √ | √ | √ |
| 8 | 充电接受能力试验 | √ | | | | | |
| 9 | 荷电保持能力试验 | | | | | √ | |
| 10 | 安全阀的性能及开闭阀压力不均衡率试验 | √ | | | | | |
| 11 | 防酸雾性能试验 | | | √ | | | |
| 12 | 过放电性能试验 | | | | | | √ |
| 13 | 过充电性能试验 | | | √ | | | |

表 8（续）

| 序号 | 试　验　项　目 | 1# | 2# | 3# | 4# | 5# | 6# |
|---|---|---|---|---|---|---|---|
| 14 | 密封反应效率试验 | | | √ | | | |
| 15 | 防爆性能试验 | | | | √ | | |
| 16 | 循环耐久能力试验 | | √ | | | | |
| 17 | 通风性能试验 | | | | √ | | |
| 18 | 封口剂性能试验 | | | | | | √ |
| 19 | 振动与冲击试验 | | | | | √ | |
| 注：“√”为确定试验标志。 | | | | | | | |

## 7.4 判定规则

7.4.1 依检验现象评定的检验项目，以检验现象进行判定。

7.4.2 依检验数据评定的检验项目，以全部参试蓄电池的测试数据作为该项目的判定数据，若有一只参试蓄电池的测试数据不符合本标准要求时，可加倍复测该项目。如仍有一只达不到要求，则判定该批产品不合格。

7.4.3 蓄电池应经制造厂检验部门检验合格方可出厂，并附有产品检验合格文件。

# 8 标志、包装、运输、贮存

## 8.1 标志

8.1.1 蓄电池产品上应有下列标志：

a) 产品型号或规格；

b) 极性符号；

c) 制造企业名称、商标或代号；

d) 制造日期；

e) 蓄电池单只质量；

f) 必要的安全警示警告。

8.1.2 包装箱外壁应有下列标志：

a) 产品名称、型号规格、数量；

b) 产品标准编号；

c) 每箱的净重、毛重及箱体外形尺寸(长×宽×高)；

d) 标明“防潮”“不准倒置”“小心轻放”等字样；

e) 制造厂名、厂址、出厂日期。

## 8.2 包装

8.2.1 蓄电池的包装应符合防潮、防振的要求。

8.2.2 包装箱内应装入随同产品供应的文件：

a) 装箱单；

b) 产品合格证；

c) 产品使用说明书。

## 8.3 运输

8.3.1 在运输过程中，产品不得受强烈的机械撞击和曝晒、雨淋，不应倒置。

8.3.2 在装卸过程中，产品应轻放，严防摔掷、翻滚、重压。

## 8.4 贮存

蓄电池产品应按下列条件贮存：

a) 产品应贮存在温度为5 ℃～35 ℃的干燥、清洁及通风良好的仓库内；

b) 应不受阳光直射，离热源(暖气设备等)不得少于2 m，并避免与任何液体接触；

c) 不得倒置及卧放，不得受任何机械冲击或重压；

d) 生产企业应提供蓄电池允许贮存时间。超过贮存时间应进行补充电。

ICS 29.220.20
K 84

# 中华人民共和国国家标准

GB/T 7404.2—2013
代替 GB/T 7404.2—2000

# 轨道交通车辆用铅酸蓄电池 第2部分:内燃机车用阀控式铅酸蓄电池

# Lead-acid battery for locomotives and rolling stock— Part 2: Valve regulated lead-acid for diesel locomotives

2013-07-19 发布 2013-12-02 实施

中华人民共和国国家质量监督检验检疫总局
中国国家标准化管理委员会 发布

# 前　言

GB/T 7404《轨道交通车辆用铅酸蓄电池》分为两个部分：

——第1部分：电力机车、地铁车辆用阀控式铅酸蓄电池；

——第2部分：内燃机车用阀控式铅酸蓄电池。

本部分为GB/T 7404的第2部分。

本部分按照GB/T 1.1—2009给出的规则起草。

本部分代替GB/T 7404.2—2000《内燃机车用阀控式铅酸蓄电池》。

本部分与GB/T 7404.2—2000相比在以下内容有变化：

——修改“规范性引用文件”(见第2章，GB/T 7404.2—2000第2章)；

——修改“定义、符号和缩略语”(见第3章，GB/T 7404.2—2000第3章)；

——修改“产品分类与命名”(见第4章，GB/T 7404.2—2000第4章)；

——修改“荷电保持能力”(见5.6，GB/T 7404.2—2000中5.7)；

——修改“规格型号”(见表1、表2、表3)；

——增加“试验前的预处理”(见7.1)；

——修改“检验规则”(见第8章，GB/T 7404.2—2000第7章)。

本部分由中国电器工业协会提出。

本部分由全国铅酸蓄电池标准化技术委员会(SAC/TC 69)归口。

本部分主要起草单位：沈阳蓄电池研究所、湖南丰日电源电气股份有限公司、南都电源动力股份有限公司、江苏双登集团有限公司、安徽理士电源技术有限公司、天能电池集团有限公司、超威电源有限公司、骆驼集团股份有限公司、常州优特科新能源科技有限公司、河南超威电源有限公司、长兴众成电源有限公司、湖州长广浩天电源有限公司。

本部分主要起草人：宋永江、谢爽、彭建辉、吴贤章、徐冬明、董捷、方明学、周明明、戴经明、柴成雷、徐年、沈抱娣。

本部分所代替标准的历次版本发布情况为：

——GB/T 7404.2—2000。

# 轨道交通车辆用铅酸蓄电池
# 第2部分：内燃机车用阀控式铅酸蓄电池

## 1 范围

GB/T 7404 的本部分规定了内燃机车用阀控式铅酸蓄电池（以下简称蓄电池）的产品分类与命名、要求、试验方法、检验规则及标志、包装、运输、贮存等。

本部分适用于内燃机车的起动及辅助用电设备所使用的阀控式铅酸蓄电池。

## 2 规范性引用文件

下列文件对于本文件的应用是必不可少的。凡是注日期的引用文件，仅注日期的版本适用于本文件。凡是不注日期的引用文件，其最新版本（包括所有的修改单）适用于本文件。

JB/T 2599 铅酸蓄电池名称、型号编制与命名办法

## 3 符号

下列符号适用于本文件。

$C_1$——1 小时率额定容量(Ah)；

$C_5$——5 小时率额定容量(Ah)；

$C_{10}$——10 小时率额定容量(Ah)；

$C_a$——蓄电池实测容量(Ah)，数值等于放电电流 $I$(A)与放电时间 $t$(h)乘积；

$C_e$——在基准温度(25 ℃)条件下蓄电池实际容量(Ah)；

$I_5$——5 小时率放电电流(A)；

$I_1$——1 小时率放电电流(A)；

$I_s$——常温起动电流(A)。

## 4 产品分类与命名

### 4.1 命名

按 JB/T 2599 要求用汉字“内”拼音的第一个大写字母“N”表示。具体命名见图 1：

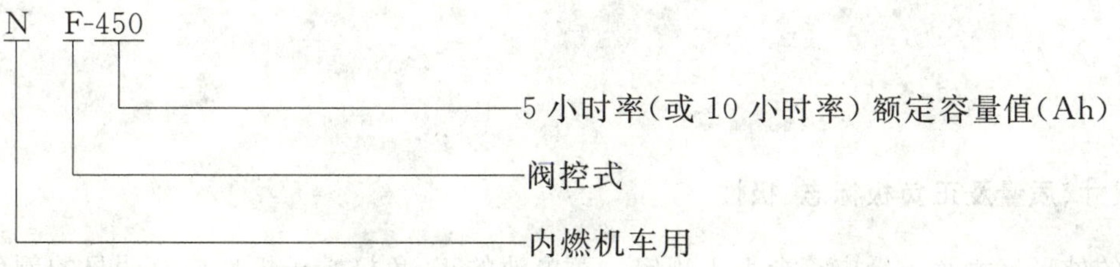


**图 1 产品型号命名**

### 4.2 产品分类

产品型号、基本参数及外形尺寸见表1。

**表1**

| 蓄电池型号 | 电压 V | 质量 kg | 1小时率放电单体蓄电池终止电压1.60 V | | 5小时率放电单体蓄电池终止电压1.70 V | | 10小时率放电单体蓄电池终止电压1.75 V | | 最大外形尺寸 mm | | | |
|---|---|---|---|---|---|---|---|---|---|---|---|---|
| | | | 电流 A | 容量($C_1$) Ah | 电流 A | 容量($C_5$) Ah | 电流 A | 容量($C_{10}$) Ah | 长 | 宽 | 槽高 | 总高 |
| NF-200Ⅰ | 2 | 13 | 120 | 120 | 33.6 | 168 | 20 | 200 | 87 | 186 | 353 | 364 |
| NF-200Ⅱ | 2 | 15 | 120 | 120 | 33.6 | 168 | 20 | 200 | 103 | 176 | 338 | 349 |
| NF-270 | 2 | 23.5 | 192 | 192 | 54 | 270 | — | — | 220 | 174 | 275 | 286 |
| NF-300Ⅰ | 2 | 23.5 | 192 | 192 | — | — | 30 | 300 | 220 | 174 | 275 | 286 |
| NF-300Ⅱ | 2 | 23.5 | 180 | 180 | — | — | 30 | 300 | 145 | 176 | 338 | 349 |
| NF-360Ⅰ | 2 | 28 | 260 | 260 | 72 | 360 | — | — | 185 | 158 | 355 | 366 |
| NF-360Ⅱ | 2 | 29 | 260 | 260 | 72 | 360 | — | — | 200 | 174 | 326 | 337 |
| NF-420 | 2 | 33 | 300 | 300 | 84 | 420 | — | — | 220 | 176 | 332 | 343 |
| NF-450 | 2 | 36.5 | 325 | 325 | 90 | 450 | — | — | 223 | 187 | 355 | 366 |
| NF-500Ⅰ | 2 | 39 | 325 | 325 | 90 | 450 | 50 | 500 | 223 | 187 | 350 | 370 |
| NF-500Ⅱ | 2 | 36.5 | 300 | 300 | — | — | 50 | 500 | 223 | 187 | 355 | 366 |
| NF-500(D) | 2 | 31.5 | 300 | 300 | — | — | 50 | 500 | 200 | 174 | 326 | 337 |
| NF-500(E) | 2 | 31.5 | 300 | 300 | — | — | 50 | 500 | 200 | 174 | 326 | 337 |
| NF-450（调车机） | 2 | 32.5 | 270 | 270 | — | — | 45 | 450 | 220 | 176 | 332 | 343 |

注1：表1中没有列出的特殊规格型号的产品由制造商与用户协商确定。

注2：东风10D机车用NF-500(D)型号蓄电池；东风10E机车用NF-500(E)型号蓄电池。

注3：表中型号一栏中的数学序号Ⅰ、Ⅱ为同一额定电压、容量的蓄电池其重量、外形尺寸不同时的代号，不作为型号命名的一部分。

注4：NF-500Ⅰ、NF-500Ⅱ、NF-500(D)、NF-500(E)四种产品容量按10小时率检验。其他型号产品容量按1小时率或5小时率检验。标准正文各项要求以5小时率举例。

## 5 要求

### 5.1 外形尺寸、质量及正负极标志、极性

蓄电池的外形尺寸及质量应符合表1规定。蓄电池的正、负极端子极性应有明显的颜色标识，或用永久性符号标出，一般红色表示正极端子，黑色或蓝色表示负极端子。

### 5.2 外观

按 7.3 检验时，蓄电池外观不得有变形、裂纹、划痕及清洁无酸液，且标志清晰。

### 5.3 容量及容量组合一致性

#### 5.3.1 容量

按 7.4.1 试验时，容量 $C_5$(Ah)在第 5 次循环应达到表 1 所规定的值，$C_1$(Ah)为出厂前容量检查，应首次达到表 1 所规定值。

#### 5.3.2 容量组合一致性

按 7.4.2 试验时，容量组合一致性偏差不大于 5%。

### 5.4 常温起动能力

按 7.5 试验时，常温起动能力应符合表 2 规定。

表 2 常温起动能力

| 蓄电池<br>型　号 | 额定电压<br>V | 起动电流($I_s$)<br>A | 单体蓄电池放电 7 s 时电压<br>V | 单体蓄电池放电终止电压<br>1.00 V 时的放电时间<br>s |
|---|---|---|---|---|
| NF-270 | 2 | 1 300 | ≥1.10 | ≥110 |
| NF-360 | 2 | 1 700 | ≥1.10 | ≥110 |
| NF-450 | 2 | 2 100 | ≥1.10 | ≥110 |

### 5.5 低温起动能力

按 7.6 试验时，低温起动能力应符合表 3 规定。

表 3 低温起动能力

| 蓄电池型号 | 额定电压<br>V | 放电电流<br>A | −35 ℃±2 ℃起动放电 | |
|---|---|---|---|---|
| | | | 单体蓄电池放电 7 s 时电压<br>V | 单体蓄电池放电终止电压<br>0.60 V 时的放电时间<br>s |
| NF-270 | 2 | 1 000 | ≥0.70 | ≥50 |
| NF-360 | 2 | 1 350 | ≥0.70 | ≥50 |
| NF-450 | 2 | 1 700 | ≥0.70 | ≥50 |

### 5.6 荷电保持能力

按 7.7 试验时，其荷电保持能力应不低于 96%。

### 5.7 循环耐久能力

按 7.8 试验时，循环耐久能力不得低于 10 个单元。且第 3 个测试单元 5 小时率容量不应小于 $0.90C_{5e}$(Ah)。

### 5.8 过充电性能

按7.9试验时,蓄电池各向不应有大于2%的变形及漏液。

### 5.9 充电接受能力

按7.10试验时,蓄电池所能接受的充电电流值应不小于$0.5I_5$。

### 5.10 密封反应效率

按7.11试验时,密封反应效率应不小于90%。

### 5.11 防爆性能

按7.12试验时,蓄电池外部遇明火时其内部不应爆炸。

### 5.12 安全阀的性能

按7.13试验时,排气阀应在10 kPa～49 kPa范围内可靠地开启和关闭。

### 5.13 气密性

按7.14试验时,除排气阀外,其他各处要保持良好的气密性,不得出现泄漏。压力释放后,蓄电池无残余变形。

## 6 试验用仪器

### 6.1 电气测量

#### 6.1.1 电压测量

测量电压用的仪表精度应不低于0.5级,电压表的内阻至少1 000 Ω/V,也可采用数字电压表测量。

#### 6.1.2 电流测量

测量电流用的仪表其精度应不低于0.5级。

### 6.2 温度测量

测量温度用的温度计应具有合适的测量范围,其分度值不应大于1 ℃,温度计的标定精度应不低于0.5 ℃。

### 6.3 时间测量

测量时间用的仪表应按h、min、s分度。至少应具有每小时±1 s的精度。

### 6.4 尺寸测量

测量尺寸的量具精度应不低于±0.2 mm。

### 6.5 质量称量

称量蓄电池质量的衡器,其称量值不大于20 g,精度不应低于±0.05%。

### 6.6 压力测量

测量压力用仪表其精度不应低于 0.5 级。

### 6.7 容积测量

测量容积的量筒或滴定管应具有±1%以上的精度。

## 7 试验方法

### 7.1 试验前的预处理

7.1.1 试验用蓄电池应是蓄电池生产后 6 个月以内的产品，并以正立状态进行试验。试验前所有蓄电池必须进行完全充电。

7.1.2 蓄电池的完全充电是指：在温度为 25 ℃±5 ℃的环境中，以单体蓄电池电压为 2.35 V～2.40 V进行充电，时间不低于 24 h。充电初期电流不应超过 $1.2I_5$。在充电末期 3 h 内，电流无明显的变化则认为已完全充电。

7.1.3 按制造商提供的完全充电方法充电。

### 7.2 外形尺寸的测量及质量的称量

检查产品名称、规格型号并用符合要求的量具测量蓄电池外形尺寸。擦净蓄电池表面，用符合精度的衡器称量蓄电池的质量。

### 7.3 外观及极性标识、极性

用目视检查蓄电池外观及极性标识。用符合精度的电压表或反极仪检查蓄电池极性。

### 7.4 容量及容量组合一致性试验

#### 7.4.1 容量试验

蓄电池容量试验应在完全充电的蓄电池上进行，将完全充电的蓄电池放在温度 25 ℃±2 ℃环境中静置 12 h～24 h 内，分别以 $I_{10}$、$I_5$、$I_1$ 的恒电流放电，直至蓄电池的端电压分别降至表 1 所规定的终止电压时停止试验，同时记录放电时间 $T$ 和蓄电池外壳大面中心温度 $t_0$。若放电时，蓄电池壳体最大表面中心平均温度不等于 25 ℃时，蓄电池的标准容量应按式(1)换算：

$$C_e=\frac{I_{10,5,1}\times T}{1+\lambda(t_0-25)} \qquad (1)$$

式中：

$C_e$ ——换算为标准温度 25 ℃时的实际容量，单位为安时(Ah)；

$I_{10}$ ——10 小时率放电电流，数值见表 1，单位为安培(A)；

$I_5$ ——5 小时率放电电流，数值见表 1，单位为安培(A)；

$I_1$ ——1 小时率放电电流，数值见表 1，单位为安培(A)；

$T$ ——放电时间，单位为小时(h)；

$t_0$ ——放电开始至放电终止时的平均温度，单位为摄氏度(℃)；

$\lambda$ ——温度系数，10 小时率容量试验时，$\lambda=0.006$/℃；5 小时率容量试验时，$\lambda=0.008$/℃；1 小时率容量试验时，$\lambda=0.01$/℃。

此公式适用于 15 ℃～40 ℃温度范围。

### 7.4.2 容量组合一致性试验

蓄电池按7.4.1进行相应的容量试验后，取第5次容量试验的数值按式(2)进行容量组合一致性计算：

$$\Delta C_{5e}=\frac{C_{5emax}-C_{5emin}}{C_{5emean}}\times 100\% \quad \cdots\cdots(2)$$

式中：

$\Delta C_{5e}$ ——容量组合一致性，数值以%表示；

$C_{5emax}$ ——蓄电池 $C_{5e}$ 最大容量的数值，单位为安时(Ah)；

$C_{5emin}$ ——蓄电池 $C_{5e}$ 最小容量的数值，单位为安时(Ah)；

$C_{5emean}$——蓄电池 $C_{5e}$ 平均容量的数值，单位为安时(Ah)。

## 7.5 常温起动能力试验

经容量试验合格的蓄电池，进行完全充电后，在8 h内，在环境温度25 ℃±2 ℃的条件下，按表2要求进行放电并记录7 s电压及蓄电池端电压降至1.00 V时的放电时间(s)。

试验后的蓄电池应进行完全充电。

## 7.6 低温起动能力试验

经容量及常温起动能力试验合格的蓄电池进行完全充电后，置于低温室或低温箱内，待距蓄电池所处环境温度达到−35 ℃±2 ℃时，保持8 h，在此温度下(或从低温箱取出在3 min以内)按表3要求进行放电，并记录7 s电压及放电时间(s)。

试验后，待蓄电池恢复到室温时再进行完全充电。

## 7.7 荷电保持能力试验

经容量试验合格的蓄电池进行荷电保持能力试验。蓄电池经过完全充电后，按7.4.1规定进行一次5小时率容量试验，作为贮存前的实际容量。再次完全充电后，擦净表面，在25 ℃±3 ℃相对湿度不大于80%的环境中贮存28 d。贮存期满后不充电按照7.4.1规定进行5小时率容量试验，作为贮存后的实际容量。

荷电保持能力按式(3)计算：

$$R=\frac{C_b}{C_a}\times 100\% \quad \cdots\cdots(3)$$

式中：

$R$ ——荷电保持能力，%；

$C_b$ ——贮存后的实际容量，单位为安时(Ah)；

$C_a$ ——贮存前的实际容量，单位为安时(Ah)。

## 7.8 循环耐久能力试验

经7.4、7.5和7.6试验合格的蓄电池方可进行循环耐久能力试验。

蓄电池完全充电后，置于恒温水槽中，四周距水槽不得小于30 mm，水面高度低于槽口25 mm，水温保持40 ℃±5 ℃。

蓄电池在恒温水浴中进行连续放充循环，以表2中 $I_s$ 放电80 s，以2.40 V定电压限流80 A进行充电，充电1 h为一个循环，如此反复进行100次，按7.4.1规定进行一次5小时率容量检查，容量检查后蓄电池进行完全充电，以上过程称为一个循环耐久能力单元。

经 5 小时率容量检查后，进行下一次循环耐久能力单元试验，直到容量小于 0.85$C_5$ 为止，容量小于 0.85$C_5$ 时的此次循环耐久能力单元，不计入循环耐久能力之内。

## 7.9 过充电性能试验

经容量试验合格的蓄电池方可进行此项试验。

蓄电池在试验环境温度为 25 ℃±5 ℃下用 0.15$I_5$ A 的恒电流进行连续 160 h 充电。充电终止后静置 1 h，目视检查蓄电池外观及用符合精度的量具测量外形尺寸。

## 7.10 充电接受能力试验

完全充电的蓄电池在温度为 25 ℃±3 ℃的环境中以 $I_5$ A 电流放出实际容量 $C_5$ 的 50%后，立即送入低温箱内，待蓄电池表面温度达到 0 ℃±1 ℃并保持 8 h。（整个过程应在 48 h 内完成）。

蓄电池在低温室内或者从低温箱取出 3 min 内，以 2.40 V±0.02 V 定电压充电 10 min 时，记录此时蓄电池所接受的充电电流值。

## 7.11 密封反应效率试验

7.11.1 经 7.4 试验后的蓄电池经完全充电后在环境温度为 25 ℃±5 ℃下再用 0.05$I_5$ A 的恒流连续充电 96 h。若用经 7.9 试验后的蓄电池，在完全充电后，可不用"再用 0.05$I_5$ A 的恒流连续充电 96 h"。

7.11.2 按 7.11.1 充完电后 1 h 以内改用 0.025$I_5$ A 的恒电流进行连续充电，通电 1 h 后开始收集气体，收集气体的时间为 1 h。按图 2 所示进行气体收集。

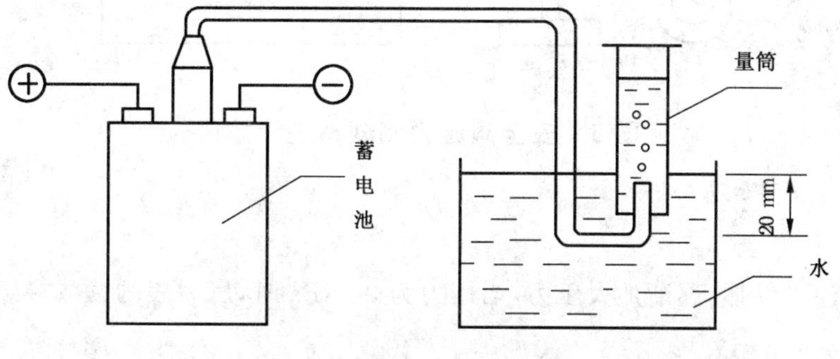


图 2 收集气体示意图

7.11.3 密封反应效率的计算。利用 7.11.2 收集的排出气体量，按式(4)求出换算为 25 ℃、101.3 kPa 的在收集气体过程中通过每 1 Ah 电量的气体排出量；按式(5)计算出密封反应效率。

$$V_0=\frac{P}{P_0}\times\frac{298}{(t+273)}\times\frac{V}{Q} \qquad\cdots\cdots(4)$$

式中：

$V_0$ ——25 ℃、101.3 kPa 的气体收集过程中，每 Ah 电量的气体排出量（mL/Ah）；

$P$ ——测定时的大气压，单位为千帕(kPa)；

$P_0$ ——101.3 kPa；

$t$ ——量筒的环境温度，单位为摄氏度(℃)；

$V$ ——收集的排出气体量，单位为毫升(mL)；

$Q$ ——气体收集期间通过的电量，单位为安时(Ah)。

$$\eta = (1 - \frac{V_0}{684}) \times 100\% \quad \cdots\cdots(5)$$

式中：

$\eta$ ——密封反应效率，%；

684——25 ℃、101.3 kPa 条件下蓄电池充入 1 Ah 电量理论气体发生量的数值，单位为毫升(mL)。

## 7.12 防爆性能试验

防爆性能试验是在确认安全性得以确保之后，对完全充电的蓄电池用 0.25 $I_5$ A 恒流进行充电 1 h 后，在不停止充电的情况下，在排气部位附近 2 mm～5 mm 持续发生火花进行试验反复两次，火花的大小以 24 V 直流电源熔断 2 A 保险丝时所产生的结果或同等以上的结果为准。

## 7.13 安全阀的性能试验

对装于蓄电池或试验台上的安全阀逐渐加上空气压力，测定开阀时的压力，然后自然放置缓慢减压至闭阀时压力(见图 3)。

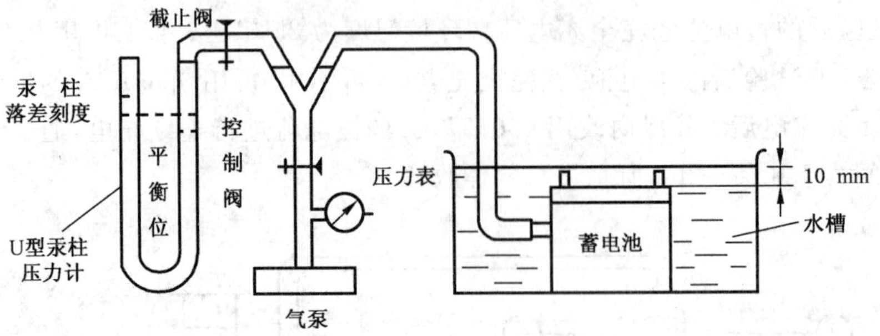


图 3 安全阀压力测试系统示意图

## 7.14 气密性试验

向蓄电池内部注入气体，逐渐加大压力，当压力为 30 kPa 时，压力表的读数持续 30 s 不应变动。

# 8 检验规则

## 8.1 抽样规则

型式检验可选用某一种规格的代表产品进行(同系列蓄电池型式检验时一般选取产量最大的型号抽样)。

## 8.2 检验分类

检验分为出厂检验、周期检验和型式检验。

### 8.2.1 出厂检验、周期检验

凡提出交货的产品，应按出厂检验项目和周期检验项目进行检验，检验的项目及检验样品数量见表 4。

**表 4　出厂检验和周期检验项目、样品数量和检验周期**

| 序　号 | 检验分类 | 试　验　项　目 | 样品数量 | 试验周期 |
|---|---|---|---|---|
| 1 | 出厂检验 | 外观及极性 | 全数 | — |
| 2 | | 尺寸 | 1% | |
| 3 | | 重量 | 1% | |
| 4 | | 气密性试验 | 全数 | |
| 5 | 周期检验 | 5 小时率容量及容量组合一致性试验 | 4 只 | 每季一次 |
| 6 | | 常温起动能力试验 | 4 只 | 半年一次 |
| 7 | | 低温起动能力试验 | 3 只 | 半年一次 |
| 8 | | 荷电保持能力试验 | 1 只 | 半年一次 |
| 9 | | 循环耐久能力试验 | 1 只 | 一年一次 |
| 10 | | 过充电性能试验 | 1 只 | 一年一次 |
| 11 | | 充电接受能力试验 | 1 只 | 半年一次 |
| 12 | | 密封反应效率试验 | 1 只 | 一年一次 |
| 13 | | 防爆性能试验 | 1 只 | 一年一次 |
| 14 | | 安全阀的性能试验 | 1 只 | 一年一次 |

8.2.2　型式检验

遇有下列情况之一时，应抽样进行型式检验，作型式检验必须是经出厂检验合格的产品。

a)　试制的新产品；

b)　产品结构、工艺配方或原材料有更改时；

c)　批量生产的产品进行的定期抽样检验；

d)　用户要求的检验；

e)　政府行为的检验；

f)　异地生产时；

g)　停产间隔两年再次生产时；

h)　每连续生产两年时(每两年进行一次型式试验)。

8.2.3　型式检验项目与全项试验程序见表 5。

**表 5　型式试验项目与全项试验程序**

| 序号 | 试　验　项　目 | 蓄　电　池　编　号 | | | |
|---|---|---|---|---|---|
| | | 1 | 2 | 3 | 4 |
| 1 | 外观及极性 | √ | √ | √ | √ |
| 2 | 尺寸 | | | | √ |
| 3 | 重量 | | | √ | √ |
| 4～9 | 5 小时率容量 | √ | √ | √ | √ |
| 10 | 容量组合一致性试验 | √ | √ | √ | √ |
| 11 | 常温起动能力试验 | √ | √ | √ | √ |

表 5（续）

| 序号 | 试 验 项 目 | 蓄 电 池 编 号 | | | |
|---|---|---|---|---|---|
| | | 1 | 2 | 3 | 4 |
| 12 | 低温起动能力试验 | √ | √ | | √ |
| 13 | 荷电保持能力试验 | | | √ | |
| 14 | 循环耐久能力试验 | √ | | | |
| 15 | 过充电性能试验 | | √ | | |
| 16 | 充电接受能力试验 | | | | √ |
| 17 | 密封反应效率试验 | | | | √ |
| 18 | 防爆能力试验 | | | | √ |
| 19 | 气密性试验试验 | | | √ | |
| 20 | 安全阀的性能试验 | | | √ | |
| 注：“√”为确定试验标志。 | | | | | |

### 8.3 判定规则

8.3.1 依检验现象评定的检验项目，以检验现象进行判定。

8.3.2 依检验数据评定的检验项目，以全部参试蓄电池的测试数据作为该项目的判定数据，若有一只参试电池的测试数据不符合本标准要求时，可加倍复测，如仍有一只达不到要求，则判定该批产品不合格。

8.3.3 产品检验合格后方可出厂，并附有产品检验合格的文件。

## 9 标志、包装、运输、贮存

### 9.1 标志

9.1.1 蓄电池产品上应有下列标志：

a) 产品型号或规格；

b) 极性符号；

c) 制造企业名称、商标或代号；

d) 制造日期；

e) 蓄电池单只质量；

f) 必要的安全警示警告。

9.1.2 包装箱外壁应有下列标志：

a) 产品名称、型号规格、数量；

b) 产品标准编号；

c) 每箱的净重、毛重及箱体外形尺寸(长×宽×高)；

d) 标明“防潮”“不准倒置”“小心轻放”等字样；

e) 制造厂名、厂址、出厂日期。

## 9.2 包装

9.2.1 蓄电池的包装应符合防潮、防振的要求。

9.2.2 包装箱内应装入随同产品供应的文件：

a) 装箱单；

b) 产品合格证；

c) 产品使用说明书。

## 9.3 运输

9.3.1 在运输过程中，产品不得受强烈机械冲撞和曝晒、雨淋，不应倒置。

9.3.2 在装卸过程中，产品应轻放，严防摔掷、翻滚、重压。

## 9.4 贮存

蓄电池产品应按下列条件贮存：

a) 产品应贮存在温度为 5 ℃～35 ℃的干燥、清洁及通风良好的仓库内；

b) 应不受阳光直射，离热源（暖气设备等）不得少于 2 m，并避免与任何液体接触；

c) 不得倒置及卧放，不得受任何机械冲击或重压；

d) 生产企业应明确蓄电池允许贮存时间。超过贮存时间应进行补充电。

ICS 75.100
E 34

# 中华人民共和国国家标准

GB/T 7631.10—2013
代替 GB/T 7631.10—1992

# 润滑剂、工业用油和有关产品(L类)的分类　第10部分:T组(涡轮机)

**Lubricants, industrial oils and related products (class L)—Classification—Part 10: Family T (Turbines)**

(ISO 6743-5:2006, Lubricants, industrial oils and related products (class L)—Classification—Part 5: Family T (Turbines), MOD)

2013-11-27 发布　　2014-05-01 实施

中华人民共和国国家质量监督检验检疫总局
中国国家标准化管理委员会　发布

# 前言

GB/T 7631《润滑剂、工业用油和有关产品(L类)的分类》目前分为以下17几个部分：

——第1部分：总分组；
——第2部分：H组(液压系统)；
——第4部分：F组(主轴、轴承和有关离合器)；
——第5部分：M组(金属加工)；
——第6部分：R组(暂时保护防腐蚀)；
——第7部分：C组(齿轮)；
——第8部分：X组(润滑脂)；
——第9部分：D组(压缩机)；
——第10部分：T组(涡轮机)；
——第11部分：G组(导轨)；
——第12部分：Q组(热传导液)；
——第13部分：A组(全损耗系统)；
——第14部分：U组(热处理)；
——第15部分：N组(绝缘液体)；
——第16部分：P组(气动工具)；
——第17部分：E组(内燃机油)。

本部分为GB/T 7631的第10部分。

本部分按照GB/T 1.1—2009给出的规则起草。

本部分代替GB/T 7631.10—1992《润滑剂和相关产品(L类)的分类　第10部分：T组(汽轮机)》，与GB/T 7631.10—1992相比主要技术变化如下：

——修改了标准名称；
——增加或删除了部分产品种类，与1992年版的具体差异见附录A；
——增加了参考文献。

本部分使用重新起草法修改采用ISO 6743-5：2006《润滑剂、工业用油和相关产品(L类)的分类　第5部分：T组(涡轮机)》。

本部分与ISO 6743-5：2006相比，技术性差异如下：

——关于规范性引用文件，本标准做了具有技术性差异的调整，以适应我国的技术条件，调整的情况集中反映在第2章“规范性引用文件”中，具体调整如下：
  - 根据我国同系列标准编写习惯，增加了规范性引用文件一章(见第2章)；
  - 用等效采用国际标准的GB/T 3141代替ISO 3448(见3.2)；

——关于参考文献，用我国标准代替ISO 6743-5：2006参考文献中的部分国际标准(见参考文献)；
——增加了附录B，提供了本部分与ISO 6743-5：2006章条编号对照一览表。

本部分由全国石油产品和润滑剂标准化技术委员会(SAC/TC 280)提出。

本部分由全国石油产品和润滑剂标准化技术委员会石油燃料和润滑剂分技术委员会(SAC/TC 280/SC 1)归口。

本部分起草单位：中国石油化工股份有限公司石油化工科学研究院。

本部分主要起草人：龙化骊。

本部分于1992年首次发布，本次为第一次修订。

# 润滑剂、工业用油和有关产品(L类)的分类　第10部分:T组(涡轮机)

## 1　范围

GB/T 7631的本部分规定了L类的T组(涡轮机)产品的详细分类。

本部分宜与GB/T 7631.1联系起来理解。

本部分不包括航空涡轮机产品。但是,某些陆地电站可能会使用航空涡轮机,这类涡轮机润滑剂的选用建议根据制造商的推荐,根据用途使用TGA、TGB、TGCH、TGCE或更特殊的航空涡轮机润滑剂。

本部分也不包括风动涡轮机润滑剂。风动涡轮机使用的齿轮润滑剂规定在GB/T 7631.7和ISO 12925-1中。

## 2　规范性引用文件

下列文件对于本文件的应用是必不可少的。凡是注日期的引用文件,仅注日期的版本适用于本文件。凡是不注日期的引用文件,其最新版本(包括所有的修改单)适用于本文件。

GB/T 3141　工业液体润滑剂　ISO粘度分类(GB/T 3141—1994,eqv ISO 3448:1992)

## 3　所用符号说明

3.1　T组的详细分类是通过定义该组的各种应用场合所要求的产品类型而确定的。

3.2　每种产品用一组字母组成的符号来表示。这些符号合起来构成一个代号。

每组产品的第一个字母(T)表示产品的所在组别,其后的字母单独存在时无意义。

每种产品的命名可以附加按GB/T 3141规定的粘度等级。

3.3　在本分类体系中,产品以统一的形式命名。例如,一个特定的产品可以用完整的形式表示为ISO-L-TSA 46,或以简化的形式表示为L-TSA 46。

3.4　在本分类体系中,涡轮机润滑剂是分别分类的。常见某些涡轮机润滑剂可用于不同类型的涡轮机。下面是一些例子(这些例子不是限制性的)。

——上述的润滑剂可以是L-TSA、L-TGA和L-THA类;

——上述的润滑剂可以是L-TSE和L-THE类;

——上述的润滑剂可以是L-TGB和L-TGSB类;

——上述的润滑剂可以是L-TGF和L-TGSE类;

——上述的润滑剂可以是L-TSD、L-TGD和L-TCD类。

## 4　详细分类

润滑剂、工业用油和有关产品(L类)—T组(涡轮机)的详细分类见表1。

**表1 润滑剂、工业用油和有关产品(L类)—T组(涡轮机)分类**

| 组别符号 | 一般应用 | 特殊应用 | 更具体应用 | 产品类型和/或性能要求 | 符号ISO-L | 典型应用 | 备注 |
|---|---|---|---|---|---|---|---|
| T | 涡轮机 | 蒸汽 | 一般用途 | 具有防锈和抗氧化性的深度精制的石油基润滑油 | TSA | 不需要润滑剂具有抗燃性的发电、工业驱动装置和相配套的控制机构和不需改善齿轮承载能力的船舶驱动装置 | |
| | | | 齿轮连接到负荷 | 具有防锈、抗氧化性和高承载能力的深度精制的石油基润滑油 | TSE | 需要润滑剂改善齿轮承载能力的发电、工业驱动装置、船舶齿轮装置及其相配套的控制系统 | |
| | | | 抗燃 | 磷酸酯基润滑剂 | TSD | 要求润滑剂具有抗燃性的发电、工业驱动装置及其相配套的控制装置 | |
| | | 燃气直接驱动,或通过齿轮驱动 | 一般用途 | 具有防锈和抗氧化性的深度精制的石油基润滑油 | TGA | 不需要润滑剂抗燃性的发电、工业驱动装置和相配套的控制机构和不需改善齿轮承载能力的船舶驱动装置 | |
| | | | 高温使用 | 具有防锈和抗氧化性的深度精制的石油基润滑油 | TGB | 要求润滑剂具有抗高温性的发电、工业驱动装置和相配套的控制系统 | |
| | | | 特殊用途 | 聚α烯烃和相关烃类的合成液 | TGCH | 要求润滑剂具有特殊性能(增强的氧化安定性,低温性能的发电、工业驱动装置和相配套的控制系统 | |
| | | | 特殊用途 | 合成酯型的合成液 | TGCE | 需要润滑剂具有特殊性能(增强的氧化安定性,低温性能的发电、工业驱动装置和相配套的控制系统 | 这些液体可能具有一些环境可接受的特征 |
| | | | 抗燃 | 磷酸酯基润滑剂 | TGD | 要求润滑剂具有抗燃性的发电、工业驱动装置及其相配套的控制装置 | |
| | | | 高承载能力 | 具有防锈、抗氧化性和高承载能力的深度精制的石油基润滑油 | TGE | 需要润滑剂改善齿轮承载能力的发电、工业驱动装置、船舶齿轮装置及其相配套的控制系统 | |
| | | | 高温使用高承载能力 | 具有防锈、抗氧化性和高承载能力的深度精制的石油基润滑油 | TGF | 要求润滑剂具有抗高温和承载性能的发电、工业驱动装置及其相配套的控制系统 | |

**表 1（续）**

| 组别符号 | 一般应用 | 特殊应用 | 更具体应用 | 产品类型和/或性能要求 | 符号 ISO-L | 典型应用 | 备注 |
|---|---|---|---|---|---|---|---|
| T | 涡轮机 | 具有公共润滑系统，单轴连接循环涡轮机 | 高温使用 | 具有防锈和抗氧化性的深度精制的石油基或合成基润滑油 | TGSB | 不需要润滑剂抗燃性的发电和控制系统 | |
| | | | 高温使用和高承载能力 | 具有高承载能力、防锈和抗氧化性的深度精制的石油基或合成基润滑油 | TGSE | 不需要润滑剂抗燃性，但需要改善齿轮承载能力的发电和控制系统 | |
| | | 控制系统 | 抗燃 | 磷酸酯控制液 | TCD | 润滑剂和抗燃液需分别（独立）供给的蒸汽、燃气、水力轮机控制装置 | |
| | | 水力涡轮机 | 一般用途 | 具有防锈和抗氧化性的深度精制的石油基润滑油 | THA | 具有液压系统的水力涡轮机 | |
| | | | 特殊用途 | 聚 $\alpha$ 烯烃和相关烃类的合成液 | THCH | 需要润滑剂具有排水毒性低和环境保护性能的水力涡轮机 | |
| | | | 特殊用途 | 合成酯型的合成液 | THCE | 需要润滑剂具有排水毒性低和环境保护性能的水力涡轮机 | |
| | | | 高承载能力 | 具有抗摩擦和/或承载能力的防锈和抗氧化性的深度精制的石油基润滑油 | THE | 没有液压系统的水力涡轮机 | |

# 附 录 A
# （资料性附录）
# 本部分与 GB/T 7631.10—1992 的产品种类变化

本部分与 GB/T 7631.10—1992 的产品种类变化见表 A.1。

**表 A.1 本部分与 GB/T 7631.10—1992 的产品种类变化**

| 对应标准 | 本部分 | GB/T 7631.10—1992 |
|---|---|---|
| 品种变化 | TSA | TSA |
| | — | TSC |
| | TSE | TSE |
| | TSD | TSD |
| | TGA | TGA |
| | TGB | TGB |
| | — | TGC |
| | TGCH | — |
| | TGCE | — |
| | TGD | TGD |
| | TGE | TGE |
| | TGF | — |
| | TGSB | — |
| | TGSE | — |
| | TCD | TCD |
| | THA | — |
| | THCH | — |
| | THCE | — |
| | THE | — |
| | — | TA |
| | — | TB |

# 附　录　B
## （资料性附录）
## 本部分与 ISO 6743-5:2006 章条编号对照一览表

本部分章条编号与 ISO 6743-5:2006 章条编号对照一览表见表 B.1。

**表 B.1　本部分与 ISO 6743-5:2006 章条编号对照一览表**

| 本部分章条编号 | ISO 6743-5:2006 章条编号 |
|---|---|
| 1 | 1 |
| 2 | — |
| 3 | 2 |
| 4 | 3 |
| 附录 A | — |
| 附录 B | — |

## 参 考 文 献

[1] GB/T 7631.1 润滑剂、工业用油和有关产品(L类)的分类 第1部分:总分组
[2] GB/T 7631.7 润滑剂和有关产品(L类)的分类 第7部分:C组(齿轮)
[3] ISO 12925-1, Lubricants, industrial oils and related products (class L)—Family C (Gears)—Part 1: Specifications for lubricants for enclosed gear systems

ICS 37.020
N 30

# 中华人民共和国国家标准

GB/T 7660.1—2013
代替 GB/T 7660.2—1987

# 反射棱镜
# 第1部分:几何特性

Reflecting prisms—Part 1: Geometrical characteritics

2013-12-17 发布　　　　2014-07-15 实施

中华人民共和国国家质量监督检验检疫总局
中国国家标准化管理委员会　发布

# 前　言

GB/T 7660《反射棱镜》分为三个部分：

——第1部分：几何特性；

——第2部分：像偏转特性；

——第3部分：光学平行度及其检验方法。

本部分是GB/T 7660的第1部分。

本部分按照GB/T 1.1—2009给出的规则起草。

本部分代替GB/T 7660.2—1987《反射棱镜　分类、代号与图表》。

本部分与GB/T 7660.2—1987相比，除编辑性修改外，主要技术差异如下：

——对标准编号和名称进行了修改，将GB/T 7660.1—1987《反射棱镜　光轴、光轴长度、光轴截面与光学平行度》中的图表和附录A合并到本部分中，并对标准的范围作了修改；

——增加了第3章　术语和定义；

——修改了"单棱镜"、"平面棱镜"、"空间棱镜"和"光轴偏转角"的定义；

——将平面棱镜和空间棱镜是"按成像特性"来区分的表述，修改为"按光轴分布特性"来区分；

——增加了"光轴偏转角"和"光轴折转角"的图示；

——将1987版图表中"四棱镜"的代号D，修改为S；

——将1987版图表中"普柔"棱镜，修改为"保罗"棱镜，其标识符P，修改为B；

——明确了平面棱镜的标识符缺省；

——补充了1987版第7章遗漏的符号说明；

——增加了光轴标注和光学平行度标注的内容；

——在棱镜表中，增加了"角隅棱镜"、补充了遗漏的符号说明、将1987版图59和图60两种棱镜合并成一种，并增加了每种棱镜的轴测图；

——增加了附录A，1987版附录A改为附录B。

本部分由中国机械工业联合会提出。

本部分由全国光学和光子学标准化技术委员会(SAC/TC 103)归口。

本部分起草单位：贵阳新天光电科技有限公司、上海理工大学、贵州省光学测量工程技术研究中心、苏州一光仪器有限公司、宁波市教学仪器有限公司、梧州奥卡光学仪器公司、南京东利来光电实业有限公司、宁波湛京光学仪器有限公司、宁波舜宇仪器有限公司、宁波永新光学股份有限公司、南京江南永新光学有限公司、宁波华光精密仪器有限公司、北京博飞仪器股份有限公司、广州粤显光学仪器有限责任公司、麦克奥迪实业集团有限公司、重庆光电仪器有限公司。

本部分主要起草人：胡清、章慧贤、吕毓珍、陈洪凯、王国瑞、张景华、杨广烈、熊守裕、胡森虎、曾丽珠、李晞、徐利明、阙江、李弥高、肖倩、夏硕。

本部分所代替标准的历次版本发布情况为：

——GB/T 7660.2—1987。

# 反射棱镜
# 第1部分:几何特性

## 1 范围

GB/T 7660的本部分规定了与反射棱镜几何特性相关的术语及定义和反射棱镜的分类、代号命名和图样标注的规则,同时给出了常用反射棱镜的外形简图、角度和尺寸关系式以及棱镜图样应标注的角度公差。

本部分适用于指导反射棱镜及其光学系统的设计和棱镜的制造、检验工作。

## 2 规范性引用文件

下列文件对于本文件的应用是必不可少的。凡是注日期的引用文件,仅注日期的版本适用于本文件。凡是不注日期的引用文件,其最新版本(包括所有的修改单)适用于本文件。

GB/T 7660.2—2013 反射棱镜 第2部分:像偏转特性

GB/T 13323—2009 光学制图

## 3 术语和定义

下列术语和定义适用于本文件。

3.1

**反射棱镜 reflecting prism**

利用内反射平面的反射作用,转折光路、转像、倒像和扫描并能展开成等效平板(如图1所示)的光学元件,以下简称"棱镜"。

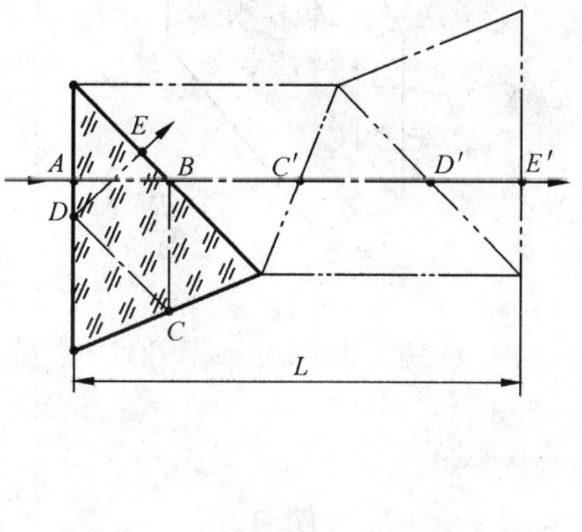


说明:

$L$——等效平板厚度。

**图1 将棱镜展开成等效平板**

3.2

**工作面 working plane**

棱镜上,起折射和反射作用的平面;它包括若干个反射面和作为入、出射面的两个折射面。

3.3

**棱　crest line**

棱镜上，两相邻面的交线(本部分仅涉及两相邻工作面所形成的棱)。

3.4

**棱镜光轴　optical axis of prism**

光学系统中，光轴通过棱镜的部分。如图 2 中的 $ABC$ 折线为棱镜光轴。

若将棱镜展开成等效平板，则棱镜光轴为一条直线，如图 1 中的 $ABC'D'E'$。

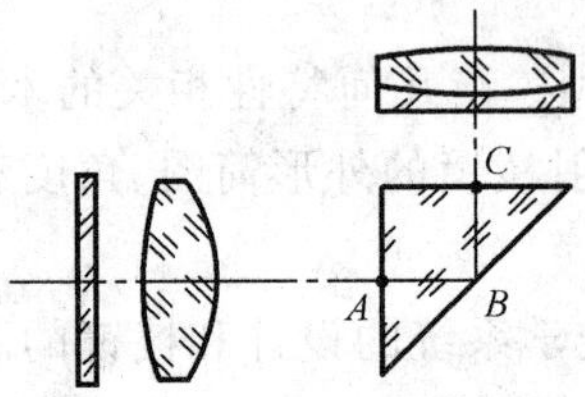


**图 2　一个具有棱镜的光学系统**

3.5

**光轴长度　length of optical axis**

$L$

棱镜光轴自棱镜入射面起，至出射面止的几何总长度。

对于光轴垂直入射面入射的棱镜，其值相当于棱镜展开成等效平板的厚度。

如图 2 中棱镜的光轴长度为 $L=AB+BC$。

3.6

**光轴截面　axis section**

当棱镜光轴在反射面(或屋脊棱)上发生折转时，通过折转前、后光轴的平面为光轴截面。根据棱镜光轴的分布，一块棱镜可以具有一个或几个光轴截面；

如图 3 所示棱镜，阴影的平面为该棱镜的光轴截面。

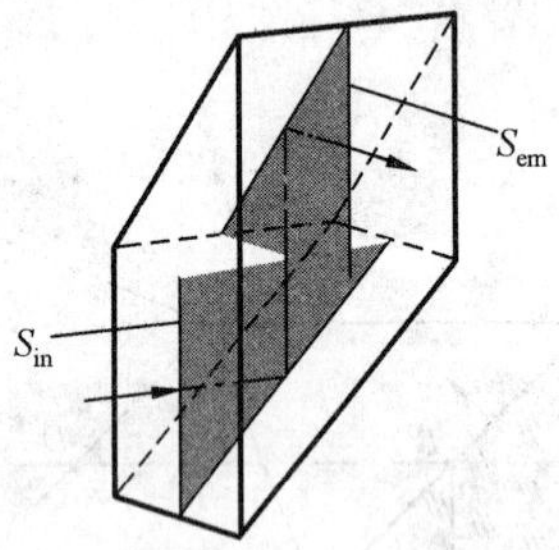


说明：

$S_{in}$——入射光轴截面；

$S_{em}$——出射光轴截面。

**图 3**

3.7

**入射光轴截面　axis section of incidence**

自棱镜入射面起、出射面止，棱镜光轴在棱镜内第一次折转所形成的光轴截面。

如图 3 所示棱镜，阴影的平面 $S_{in}$ 为该棱镜的入射光轴截面。

3.8

**出射光轴截面　axis section of emergence**

自棱镜入射面起、出射面止，棱镜光轴在棱镜内最后一次折转所形成的光轴截面。

如图 3 所示棱镜，阴影的平面 $S_{em}$ 为该棱镜的出射光轴截面。

3.9

**单棱镜　single prism**

由一块光学材料制成的棱镜。

3.10

**复合棱镜　complex prism**

由两个或两个以上单棱镜组成的棱镜。

3.11

**平面棱镜　plane prism**

全部棱镜光轴分布在同一平面内的棱镜。如图 1、图 2 所示。

3.12

**空间棱镜　spatial prism**

棱镜光轴不在同一平面内分布的棱镜。如图 3 所示。

3.13

**屋脊棱镜　roof prism**

用两个相互垂直相交的反射平面代替一个反射平面的棱镜。

屋脊棱镜的部分或全部光轴位于棱镜两相互垂直反射面的平分面上，如图 4 所示。该两反射面被称为屋脊面，其夹角被称为屋脊角，其交线被称为屋脊棱。屋脊棱均位于棱镜光轴截面内。

屋脊面能将入射像翻转成镜像。

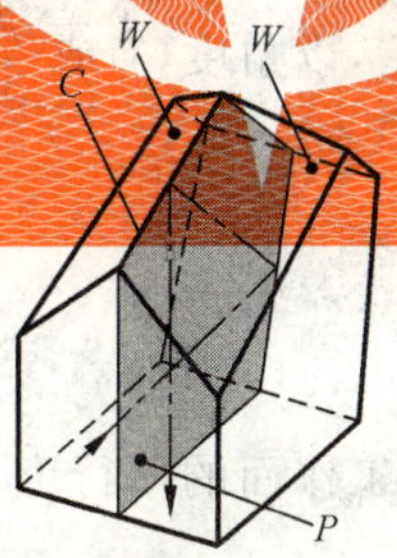


说明：

W——屋脊面；

P——屋脊面的平分面；

C——屋脊棱。

**图 4**

3.14

**光轴偏转角　deflection angle of optical axis**

光线进入棱镜前的入射方向与出射棱镜后的出射方向之间的夹角，单位为(°)。如图 5 中的 $\alpha$。

3.15

**光轴折转角　turning angle of optical axis**

棱镜光轴在各反射面或屋脊棱上折转的角度，单位为(°)。如图 5 中的 $\alpha_1$、$\alpha_2$。

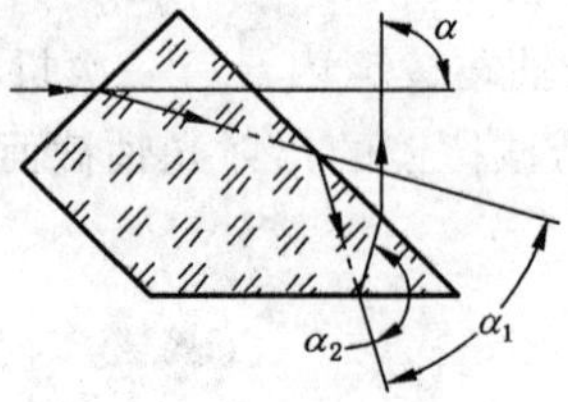


图 5

3.16

**光学平行度　optical parallelism**

$\theta$

将棱镜展开成等效平板后，该平板的平行度。

3.17

**第一光学平行度　first optical parallelism**

$\theta_{\mathrm{I}}$

光学平行度在入射光轴截面内的分量；它由棱镜工作面在光轴截面上的角度误差引起。

3.18

**第二光学平行度　second optical parallelism**

$\theta_{\mathrm{II}}$

光学平行度在入射光轴截面法向的分量；它由棱镜各棱的棱差引起。

3.19

**棱差　error of crest line**

棱镜的棱的实际方向与理想方向的偏差，以角度(′)或(″)计量。

棱差可分为 A 棱差、B 棱差和 C 棱差。

3.20

**A 棱差　A type error of crest line**

$\gamma_A$

平面棱镜上，某一指定的棱与其相对的工作面的平行度。如图 6 所示。A 棱差又称面棱棱差。

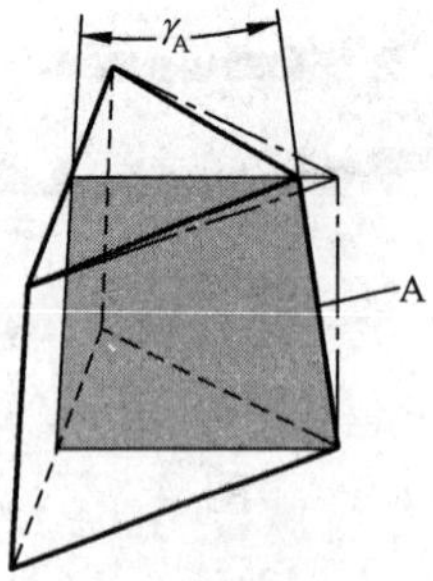


说明：

A——含有 A 棱差的棱；

$\gamma_A$——A 棱差。

图 6

3.21

**B 棱差　B type error of crest line**

$\gamma_B$

凡是有四个工作面的平面棱镜，其指定的两条不相邻的棱，在两个棱的理想位置组成平面(例如图 7 中打阴影的平面)内的平行度。

B 棱差可以分解为两个 A 棱差。如图 7 中的 A 棱与 B 棱的 B 棱差 $\gamma_B$，可以通过 A 棱与 1 面的 A 棱差 $\gamma_{A1}$ 和 A 棱与 2 面的 A 棱差 $\gamma_{A2}$ 加以控制。

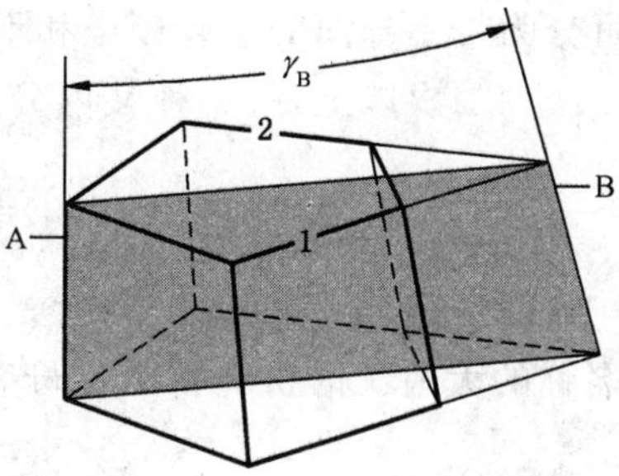


图 7

3.22

**C 棱差　C type error of crest line**

$\gamma_C$

屋脊棱与屋脊相邻部分棱镜光轴截面的平行度，如图 8 所示。C 棱差又称为屋脊棱差。

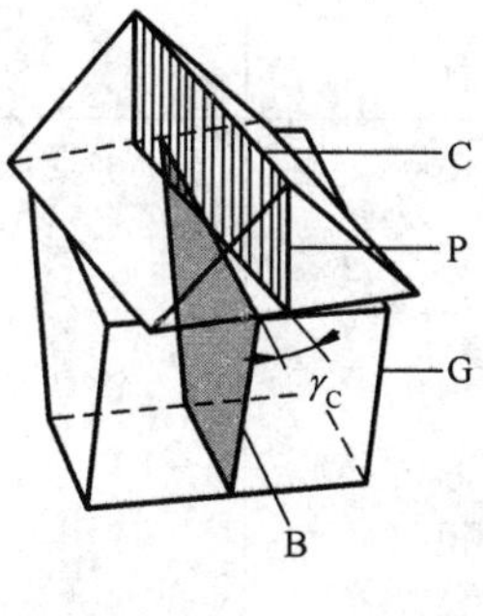


说明：

C——含有 C 棱差的棱；

$\gamma_C$——C 棱差。

B——与屋脊相邻部分的棱镜光轴截面；

P——屋脊平分面；

G——棱镜与屋脊相邻部分。

图 8

3.23

**屋脊双像差　double image error of ridge prism**

$S$

由于屋脊角存在误差，入射光线经屋脊面反射后，在像面上所形成双像的两个出射光轴方向的夹角。

# 4 分类和标识符

## 4.1 分类

4.1.1 反射棱镜按组成方式分为单棱镜与复合棱镜。

4.1.2 反射棱镜按棱镜光轴分布特性分为平面棱镜与空间棱镜。

——平面棱镜依据棱镜光轴折转次数分为一次折转棱镜、二次和三次折转或更多折转次数(例如别汉棱镜)的棱镜;每一种又可分为带屋脊面的屋脊棱镜和不带屋脊面的棱镜。

——空间棱镜光轴折转次数为二次和二次以上,每一种又可分为带屋脊面的屋脊棱镜和不带屋脊面的棱镜。

## 4.2 标识符

4.2.1 单棱镜的标识符通常用棱镜名称的大写汉语拼音首个字母表示,特殊情况下用棱镜名称前两个汉字的汉语拼音首个字母表示。

4.2.2 复合棱镜的标识符用大写汉语拼音字母 F 和棱镜名称的汉语拼音第一个字母表示,字母 F 在前。

4.2.3 空间棱镜的标识符用大写汉语拼音字母 K 表示。

4.2.4 屋脊棱镜的标识符用大写汉语拼音字母 J 作下标表示。

4.2.5 平面棱镜的标识符缺省。

4.2.6 以下名称棱镜的标识符符合本部分规定。

示例:

| 棱镜名称 | 标识符 |
|---|---|
| 等腰棱镜 | D |
| 直角棱镜 | D |
| 四棱镜 | S |
| 五棱镜 | W |
| 半五棱镜 | B |
| 斜方棱镜 | X |
| 列曼棱镜 | L |
| 乌拉司棱镜 | WL |
| 别汉棱镜 | FB |
| 立方棱镜 | FL |
| 潜望棱镜 | FQ |
| 靴形棱镜 | FX |
| 烟斗棱镜 | FY |
| 保罗棱镜 | FB |
| 阿贝棱镜 | FA |
| 空间棱镜 | K |

注:由于直角棱镜的形体特征仍属等腰状,考虑到其共性,标识符沿用 D,表 31、表 45 的施密特棱镜亦然。

### 4.3 光轴折转次数符号

该标识符为光轴在棱镜中折转次数的总和，以大写罗马数字表示。

——标识符Ⅰ，表示折转了1次；

——标识符Ⅱ，表示折转了2次；

——标识符Ⅲ，表示折转了3次；

——余类推。

## 5 棱镜的代号

### 5.1 平面棱镜代号

平面棱镜代号由三项组成，其中第二、三项之间用连字符“-”隔开。其形式为：

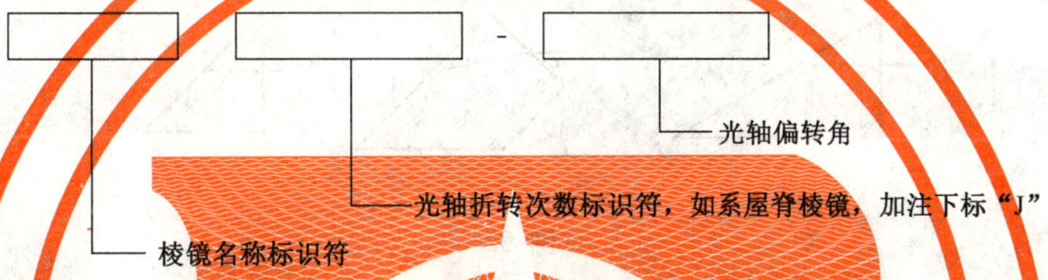


以下棱镜代号符合本部分规定。

示例

代号：DⅠ-90，表示等腰棱镜、光轴折转一次、光轴偏转角为90°。

代号：LⅢ$_{J}$-0，表示列曼屋脊棱镜、光轴折转三次、光轴偏转角为0°。

代号：FLⅠ-0，表示立方棱镜，隶属复合棱镜、光轴折转一次、光轴偏转角为0°。

代号：FYⅢ$_{J}$-60，表示烟斗屋脊棱镜，隶属复合棱镜、光轴折转三次、光轴偏转角为60°。

### 5.2 空间棱镜代号

空间棱镜代号由四项组成，其中第二、三项之间和第三、四项之间用连字符“-”隔开。其形式为：

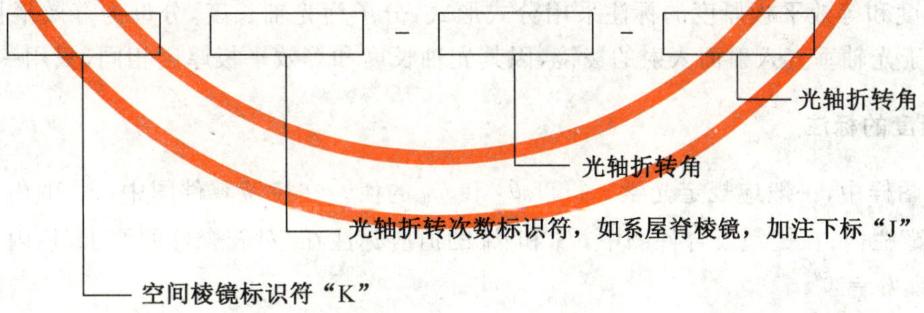


以下棱镜代号符合本部分规定。

示例：

代号：KⅡ-90-80，表示空间棱镜、光轴折转两次、第一次折转90°，第二次折转80°。

代号：KⅡ$_{J}$-90-100，表示空间屋脊棱镜、光轴折转两次、第一次折转90°，第二次折转100°。

## 6 图样标注

### 6.1 总则

棱镜工作图除标注材料、几何尺寸、角度和技术要求外，还应该标注棱镜名称及代号，一般情况下也应该标注角度公差。

## 6.2 名称及代号的标注

棱镜名称及代号应一起标注在棱镜工作图的标题栏里。名称与代号之间空一个字间距。

凡是习惯上有其他名称的棱镜,允许标注任何一种,但其代号不变。例如"道威棱镜"也可标"等腰棱镜",其代号均标为DⅠ-0。

示例:等腰棱镜 DⅠ-0;道威棱镜 DⅠ-0。

## 6.3 光轴的标注

在棱镜的零件图和胶合件图中,应采用点划线绘出光轴。棱镜外也应绘出入射前和出射后的光轴,其线长约5 mm。当入射面与出射面需加以区分时,应在镜外光轴上标注箭头。若棱镜是完全对称的,则不必用箭头区分入射面和出射面,如图9所示。

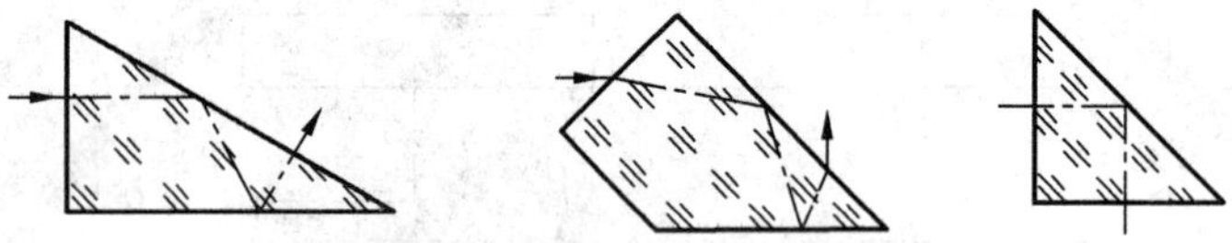

图 9

在棱镜的零件图和胶合件图中,光轴若能在一个视图或剖视图内标注清楚,则其余图内可不绘出光轴。

## 6.4 光轴长度和等效平板厚度的标注

6.4.1 在光学系统图中,光轴长度和等效平板厚度,应标注在"中心厚度"栏内;参见GB/T 13323—2009的表A.1。

6.4.2 在光学零件图中,光轴长度和等效平板厚度,应标注在对零件的要求栏内。

6.4.3 在光学胶合件图中,光轴长度和等效平板厚度,应标注在对胶合件的要求栏内。

6.4.4 光轴长度和等效平板厚度的标注采用分式形式,分子为光轴长度,分母为等效平板厚度,当中用斜杠分开。对于光轴垂直入射面入射的棱镜,因其光轴长度和等效平板厚度相同,只用一个数字标注。

## 6.5 光学平行度的标注

6.5.1 在棱镜图样中,一般应规定光学平行度$\theta_{\mathrm{I}}$和$\theta_{\mathrm{II}}$的值。在棱镜零件图中,$\theta_{\mathrm{I}}$和$\theta_{\mathrm{II}}$的值应标注在"对零件的要求"栏内;在棱镜胶合件图中,$\theta_{\mathrm{I}}$和$\theta_{\mathrm{II}}$的值应标注在"对胶合件的要求"栏内。

示例:$\theta_{\mathrm{I}}=5'$,$\theta_{\mathrm{II}}=30''$。

图样中标注光学平行度后,还可用括号注明形成光学平行度的一些几何误差关系作为参考。

在特殊情况下,允许棱镜不规定光学平行度。

## 6.6 角度公差的标注

第7章表中"角度公差"栏给出了常规使用时应该标注的公差,同一棱镜作其他使用时,允许按实际情况另行标注。

6.6.1 屋脊双像差应在棱镜工作图中对零件的要求栏里标注。

6.6.2 屋脊角公差和光轴截面内的角度公差,应在棱镜工作图上的角度尺寸数字后标注。

6.6.3 棱镜的两工作面平行度,应在棱镜工作图中以形位公差形式标注。

## 7 棱镜图表

### 7.1 总则

表1～表60列出了常用棱镜的名称、代号、外形简图、外形尺寸关系式、角度关系式和棱镜工作图应标注的角度公差。

棱镜在简图中的摆放方位为常规画法，不代表唯一画法。外形简图仅表示棱镜的几何特性，不作为棱镜工作图。

尺寸关系式是按平行于光轴的圆柱形光束推导出来的，对于其他截面形状的光束，应另行考虑。

设计棱镜时，在下列情况下，尺寸关系式允许变更。

——为了减小仪器的尺寸，需要将棱镜的某些尺寸减小或去掉棱镜的某一部分。

——为了简化棱镜的加工工序，需要保留棱镜的某些非工作部分，或者为了安装和加工的方便，需要增大棱镜的某些尺寸。

角度关系式给出了棱镜光学平行度、各面间的角度、角度误差及棱差的换算关系。

角度关系式是以A棱为基准棱推导出来的；A棱的选择原则是：优先选择入射面和出射面的交棱。对于出、入射面共面的棱镜，可选择入射面与第一反射面的交棱为A棱。当A棱垂直于纸面时，图中以黑色圆点表示。

允许选取其他棱作为基准棱，从而得出不同的关系式。允许用不同光轴截面的角度误差换算光学平行度。

### 7.2 符号

下列符号在表1～表60中出现，其含义如下：

1、2、3……为棱镜工作面序号，以光轴前进方向为序；

①、②、③……为复合棱镜中单棱镜的序号，或空间棱镜可分解的单棱镜序号，以光轴前进方向为序。

$\beta$——形成A棱的两个面的夹角；

$D_0$——棱镜入射面上的理论通光口径；出于棱镜实际倒边、倒角和装配调整量的考虑，该尺寸可适当放大；

$\Delta\times\times$——光轴截面内××角的角度误差；

$\delta$——屋脊角误差；

$\delta\times\times$——等腰棱镜两底角之差；

$\theta_{\mathrm{I}}$——光学平行度在入射光轴截面内的分量；

$\theta_{\mathrm{II}}$——光学平行度在入射光轴截面法向的分量；

$\theta_{i,k}$——棱镜第 $i$ 面与第 $k$ 面的平行度；

$L$——棱镜的光轴长度；对于含有气隙的复合棱镜，该值不含气隙厚度；

$n$——棱镜材料的折射率；

$S$——屋脊双像差；

$t$——复合棱镜的气隙厚度，即形成气隙的两光学表面的垂直距离；

$\varphi$——屋脊面与相邻工作面的二面角；

$\varphi_{\mathrm{R}}$——屋脊面与入射表面的二面角；

$\varphi_{\mathrm{c}}$——屋脊面与出射表面的二面角；

$\Psi$——空间棱镜两反射面的二面角；

$\oplus$——垂直于纸面的坐标轴或向量，其箭头背向读者；

⊙——垂直于纸面的坐标轴或向量，其箭头指向读者。

## 7.3 平面棱镜

### 7.3.1 单棱镜

表 1～表 36 列出了常用单棱镜的外形简图、外形尺寸关系式、角度关系式和棱镜工作图应标注的角度公差。

**表 1 道威棱镜 DⅠ-0**

<table>
<tr><td colspan="3">外 形 简 图</td></tr>
<tr><td colspan="3">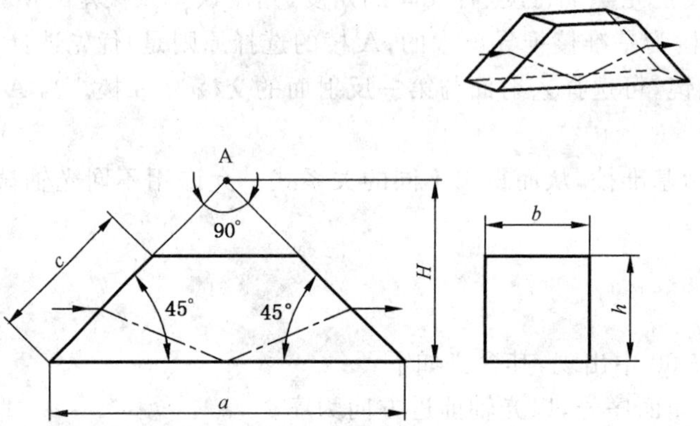

说明：<br>本棱镜只用于平行光路。</td></tr>
<tr><td>尺寸关系式</td><td>角度关系式</td><td>角度公差</td></tr>
<tr><td>$L=\frac{2nD_0}{\sqrt{2n^2-1}-1}$<br>$a=\frac{2\sqrt{2n^2-1}\cdot D_0}{\sqrt{2n^2-1}-1}$<br>$b=D_0$<br>$c=1.41D_0$<br>$H=\frac{2\sqrt{2n^2-1}\cdot D_0}{\sqrt{2n^2-1}-1}$<br>$h=D_0$</td><td>$\theta_{\text{I}}=\delta 45°$<br>$\theta_{\text{II}}=1.41\gamma_A$</td><td>$\theta_{\text{I}}$<br>$\theta_{\text{II}}$<br>$\Delta 90°$</td></tr>
</table>

**表 2 等腰棱镜 DⅠ-45**

<table>
<tr><td colspan="3">外 形 简 图</td></tr>
<tr><td colspan="3">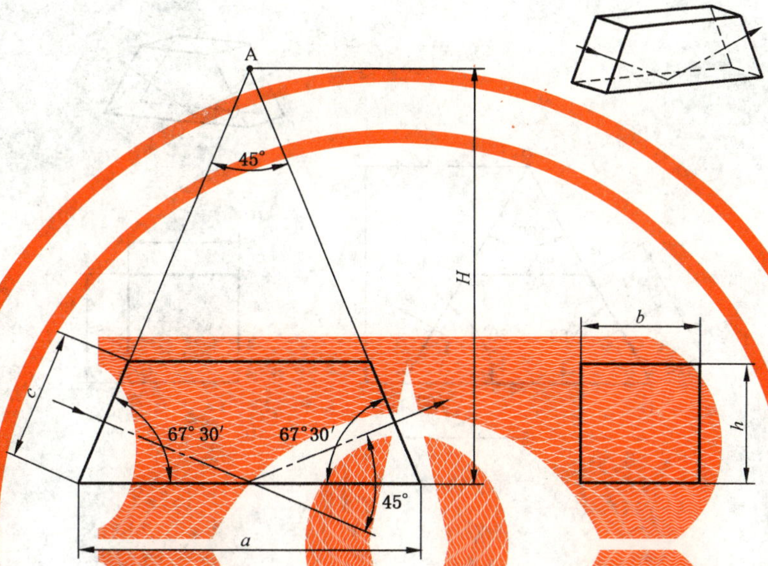
</td></tr>
<tr><td>尺寸关系式</td><td>角度关系式</td><td>角度公差</td></tr>
<tr><td>$L=2.41D_0$<br>$a=2.61D_0$<br>$b=D_0$<br>$c=D_0$<br>$H=3.15D_0$<br>$h=0.92D_0$</td><td>$\theta_{\mathrm{I}}=\delta\ 67°30'$<br>$\theta_{\mathrm{II}}=0.77\gamma_{A}$</td><td>$\theta_{\mathrm{I}}$<br>$\theta_{\mathrm{II}}$<br>$\Delta 45°$</td></tr>
</table>

表 3　等腰棱镜 DⅠ-60

<table>
<tr><td colspan="3">外 形 简 图</td></tr>
<tr><td colspan="3">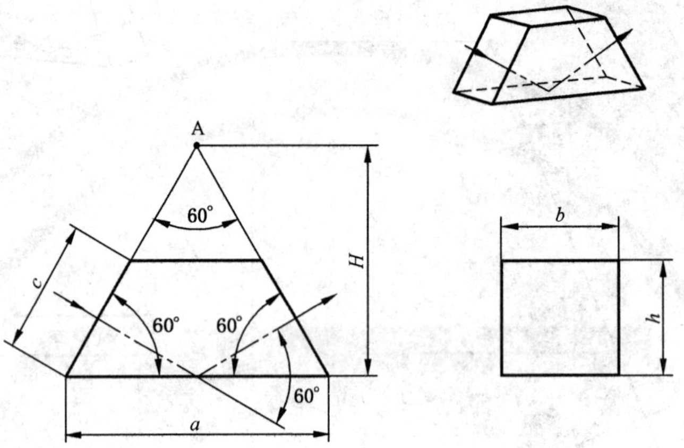
</td></tr>
<tr><td>尺寸关系式</td><td>角度关系式</td><td>角度公差</td></tr>
<tr><td>$L=1.73D_0$<br>$a=2.00D_0$<br>$b=D_0$<br>$c=D_0$<br>$H=1.73D_0$<br>$h=0.87D_0$</td><td>$\theta_{\mathrm{I}}=\delta 60°$<br><br>$\theta_{\mathrm{II}}=\gamma_{\mathrm{A}}$</td><td>$\theta_{\mathrm{I}}$<br><br>$\theta_{\mathrm{II}}$<br><br>$\Delta 60°$</td></tr>
</table>

表4 等腰棱镜DⅠ-80

| 外形简图 | | |
|---|---|---|
| 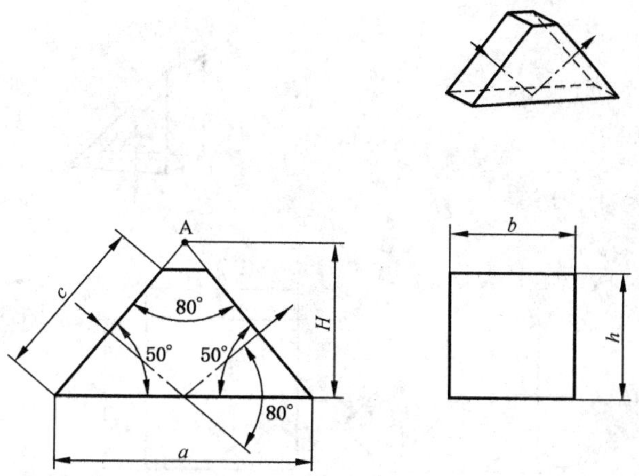 | | |
| 尺寸关系式 | 角度关系式 | 角度公差 |
| $L=1.19D_0$<br>$a=1.56D_0$<br>$b=D_0$<br>$c=D_0$<br>$H=0.93D_0$<br>$h=0.77D_0$ | $\theta_{\mathrm{I}}=\delta 50°$<br>$\theta_{\mathrm{II}}=1.29\gamma_{\mathrm{A}}$ | $\theta_{\mathrm{I}}$<br>$\theta_{\mathrm{II}}$<br>$\Delta 80°$ |

## 表 5 直角棱镜 DⅠ-90

外 形 简 图

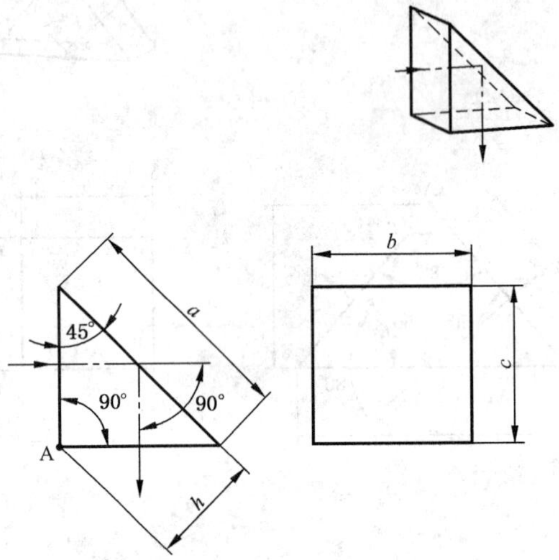


| 尺寸关系式 | 角度关系式 | 角度公差 |
|---|---|---|
| $L=D_0$<br>$a=1.41D_0$<br>$b=D_0$<br>$c=D_0$<br>$h=0.71D_0$ | $\theta_{\mathrm{I}}=\delta 45°$<br>$\theta_{\mathrm{II}}=1.41\gamma_{\mathrm{A}}$ | $\theta_{\mathrm{I}}$<br>$\theta_{\mathrm{II}}$<br>$\Delta 90°$ |

表 6　等腰棱镜 DⅠ-105

| 外形简图 | | |
|---|---|---|
| 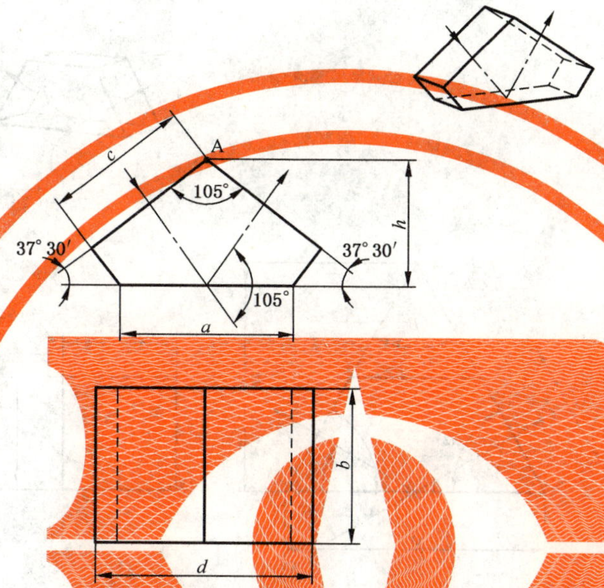 | | |
| 尺寸关系式 | 角度关系式 | 角度公差 |
| $L=1.30D_0$<br>$a=1.26D_0$<br>$b=D_0$<br>$c=D_0$<br>$d=1.59D_0$<br>$h=0.82D_0$ | $\theta_{\mathrm{I}}=\delta 37°30'$<br>$\theta_{\mathrm{II}}=1.59\gamma_A$ | $\theta_{\mathrm{I}}$<br>$\theta_{\mathrm{II}}$<br>$\Delta 105°$ |

**表 7　等腰棱镜 DⅠ-$\beta$($\beta$<90°)**

<table>
<tr><td colspan="3">外 形 简 图</td></tr>
<tr><td colspan="3">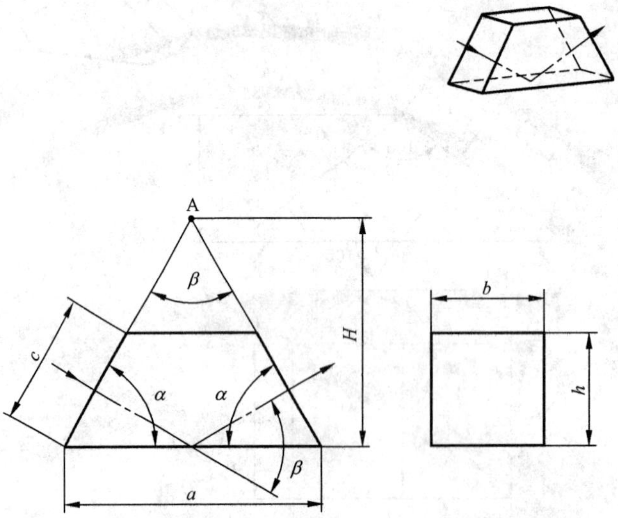
</td></tr>
<tr><td>尺寸关系式</td><td>角度关系式</td><td>角度公差</td></tr>
<tr><td>$L=\left(\cot\frac{\beta}{2}\right)D_0$<br>$a=\frac{D_0}{\sin(\beta/2)}$<br>$b=D_0$<br>$c=D_0$<br>$H=\frac{D_0}{2\sin(\beta/2)}\cot\frac{\beta}{2}$<br>$h=\left(\cos\frac{\beta}{2}\right)D_0$</td><td>$\alpha=\frac{1}{2}(180°-\beta)$<br>$\theta_{\mathrm{I}}=\delta\alpha$<br>$\theta_{\mathrm{II}}=\left(2\sin\frac{\beta}{2}\right)\gamma_{\mathrm{A}}$</td><td>$\theta_{\mathrm{I}}$<br>$\theta_{\mathrm{II}}$<br>$\Delta\beta$</td></tr>
</table>

**表 8　等腰棱镜 DⅠ-β(β>90°)**

<table>
<tr><th colspan="3">外 形 简 图</th></tr>
<tr><td colspan="3">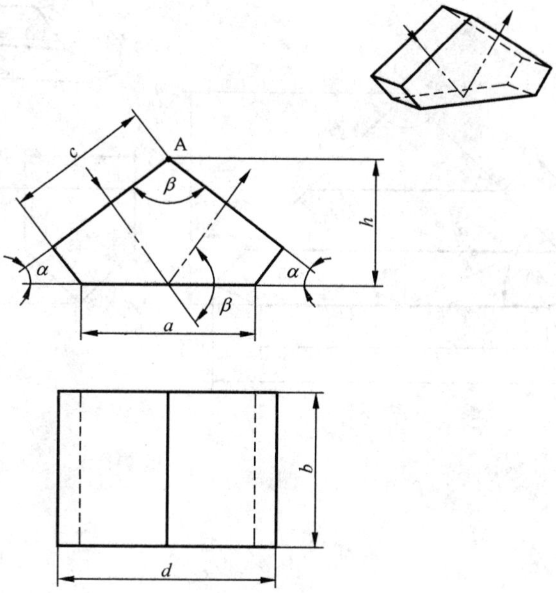
</td></tr>
<tr><th>尺寸关系式</th><th>角度关系式</th><th>角度公差</th></tr>
<tr><td>$L=\left(\tan\frac{\beta}{2}\right)D_0$<br>$a=\frac{D_0}{\sin(\beta/2)}$<br>$b=D_0$<br>$c=D_0$<br>$d=\left(2\sin\frac{\beta}{2}\right)D_0$<br>$h=\frac{D_0}{2\cos(\beta/2)}$</td><td>$\alpha=\frac{1}{2}(180^\circ-\beta)$<br>$\theta_{\mathrm{I}}=\delta\alpha$<br>$\theta_{\mathrm{II}}=\left(2\sin\frac{\beta}{2}\right)\gamma_{\mathrm{A}}$</td><td>$\theta_{\mathrm{I}}$<br>$\theta_{\mathrm{II}}$<br>$\Delta\beta$</td></tr>
</table>

## 表 9 道威屋脊棱镜 $\mathrm{D\,I_J}$-0

外 形 简 图

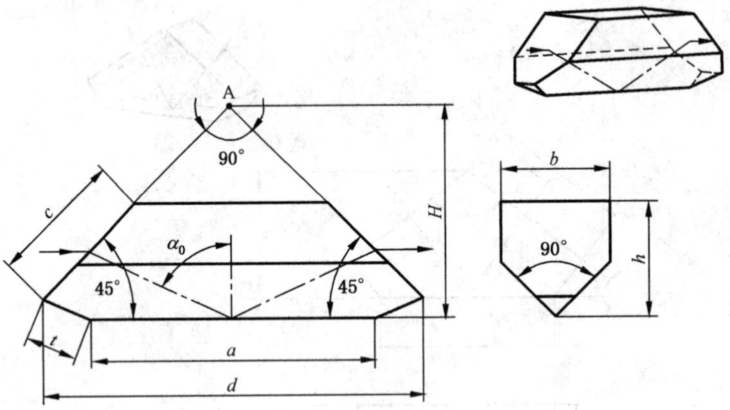


说明：

本棱镜只用于平行光路。

| 尺寸关系式 | 角度关系式 | 角度公差 |
|---|---|---|
| $L=\dfrac{2\sqrt{2}\,nD_0}{\sqrt{2n^2-1}-1}$<br>$a=\dfrac{2\sqrt{2n^2-1}\cdot D_0}{\sqrt{2n^2-1}-1}$<br>$b=D_0$<br>$c=\sqrt{2}\,D_0$<br>$d=\dfrac{(1+\sqrt{2})\sqrt{2n^2-1}+(\sqrt{2}-1)}{\sqrt{2n^2-1}-1}D_0$<br>$H=\dfrac{\sqrt{2}\sqrt{2n^2-1}\cdot D_0}{\sqrt{2n^2-1}-1}$<br>$h=1.21D_0$<br>$t=\dfrac{(\sqrt{2}-1)n}{\sqrt{2n^2-1}-1}D_0$ | $\theta_{\mathrm{I}}=\delta 45°$<br>$\theta_{\mathrm{II}}=1.41\gamma_{\mathrm{C}}$<br>$\varphi=60°$<br>$S=(4\cdot\cos\alpha_0)n\delta$ | $\theta_{\mathrm{I}}$<br>$\theta_{\mathrm{II}}$<br>S 或 $\delta$<br>$\Delta\varphi$<br>$\Delta 90°$ |

## 表 10 等腰屋脊棱镜 DⅠ$_J$-45

外 形 简 图

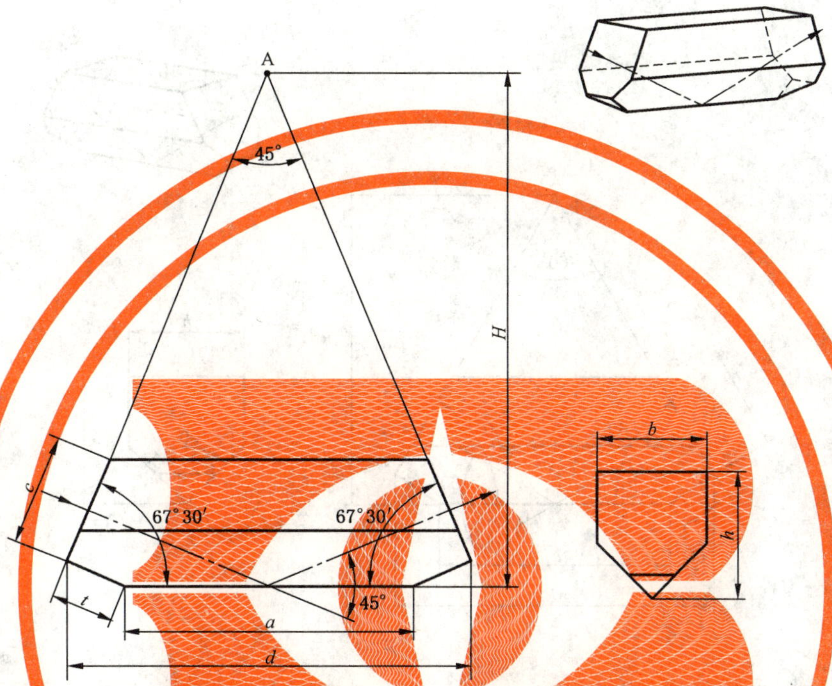


| 尺寸关系式 | 角度关系式 | 角度公差 |
|---|---|---|
| $L=3.56D_0$<br>$a=2.61D_0$<br>$b=D_0$<br>$c=D_0$<br>$d=3.67D_0$<br>$H=4.65D_0$<br>$h=1.14D_0$<br>$t=0.57D_0$ | $\theta_{\mathrm{I}}=\delta\ 67°30'$<br>$\theta_{\mathrm{II}}=1.85\gamma_C$<br>$\varphi=74°18'$<br>$S=1.53n\delta$ | $\theta_{\mathrm{I}}$<br>$\theta_{\mathrm{II}}$<br>$S$ 或 $\delta$<br>$\Delta\varphi$<br>$\Delta 45°$ |

表 11 等腰屋脊棱镜 DⅠ$_J$-60

| 外形简图 | | |
|---|---|---|
| 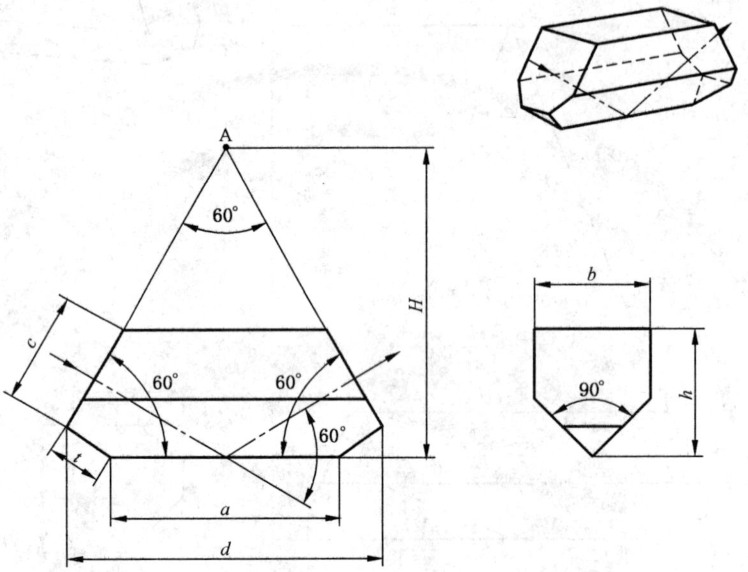 | | |
| 尺寸关系式 | 角度关系式 | 角度公差 |
| $L=2.65D_0$<br>$a=2.00D_0$<br>$b=D_0$<br>$c=D_0$<br>$d=2.79D_0$<br>$H=2.65D_0$<br>$h=1.09D_0$<br>$t=0.46D_0$ | $\theta_{\mathrm{I}}=\delta 60°$<br>$\theta_{\mathrm{II}}=1.73\gamma_C$<br>$\varphi=69°18'$<br>$S=2n\delta$ | $\theta_{\mathrm{I}}$<br>$\theta_{\mathrm{II}}$<br>$S$ 或 $\delta$<br>$\Delta\varphi$<br>$\Delta 60°$ |

## 表 12　等腰棱镜 $\mathrm{D\,I_J}$-80

<table>
<tr><th colspan="3">外　形　简　图</th></tr>
<tr><td colspan="3">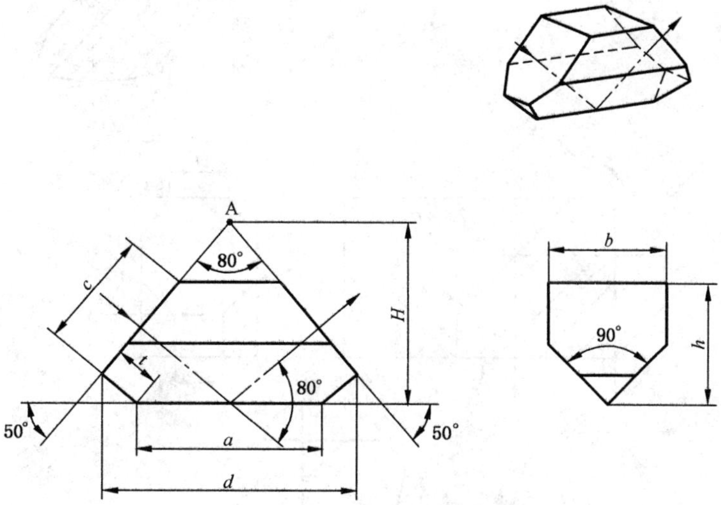
</td></tr>
<tr><th>尺寸关系式</th><th>角度关系式</th><th>角度公差</th></tr>
<tr><td>$L=1.96D_0$<br>$a=1.56D_0$<br>$b=D_0$<br>$c=D_0$<br>$d=2.14D_0$<br>$H=1.52D_0$<br>$h=1.01D_0$<br>$t=0.38D_0$</td><td>$\theta_{\mathrm{I}}=\delta 50°$<br>$\theta_{\mathrm{II}}=1.53\gamma_{\mathrm{C}}$<br>$\varphi=62°58'$<br>$S=2.57n\delta$</td><td>$\theta_{\mathrm{I}}$<br>$\theta_{\mathrm{II}}$<br>$S$ 或 $\delta$<br>$\Delta\varphi$<br>$\Delta 80°$</td></tr>
</table>

表 13 直角屋脊棱镜 DⅠ$_J$-90

| 外形简图 | | |
|---|---|---|
| 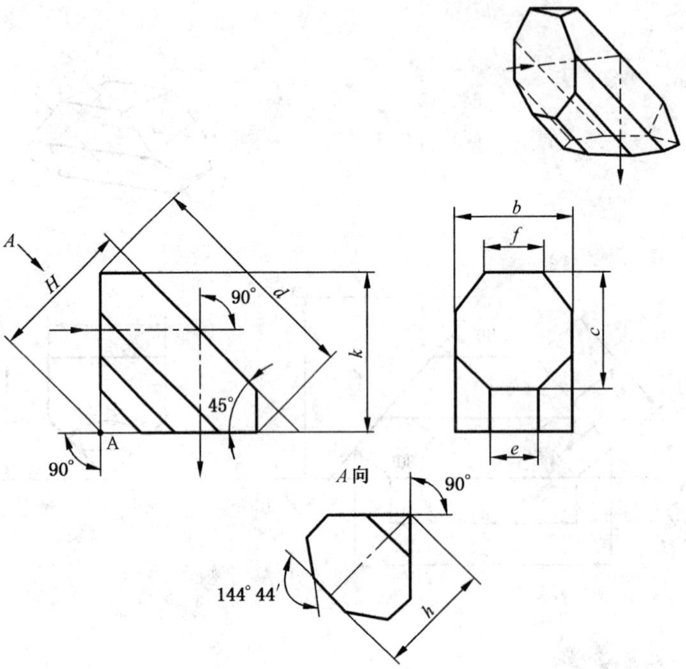 | | |
| 尺寸关系式 | 角度关系式 | 角度公差 |
| $L=1.73D_0$<br>$b=D_0$<br>$c=D_0$<br>$d=1.93D_0$<br>$e=0.41D_0$<br>$f=0.52D_0$<br>$H=1.23D_0$<br>$h=0.97D_0$<br>$k=1.37D_0$ | $\theta_{\mathrm{I}}=\delta 45°$<br>$\theta_{\mathrm{II}}=1.41\gamma_C$<br>$\varphi=60°$<br>$S=2.83n\delta$ | $\theta_{\mathrm{I}}$<br>$\theta_{\mathrm{II}}$<br>$S$ 或 $\delta$<br>$\Delta\varphi$<br>$\Delta 90°$ |

### 表 14 等腰屋脊棱镜 $D\text{I}_J$-$\beta$

<table>
<tr><th colspan="3">外 形 简 图</th></tr>
<tr><td colspan="3">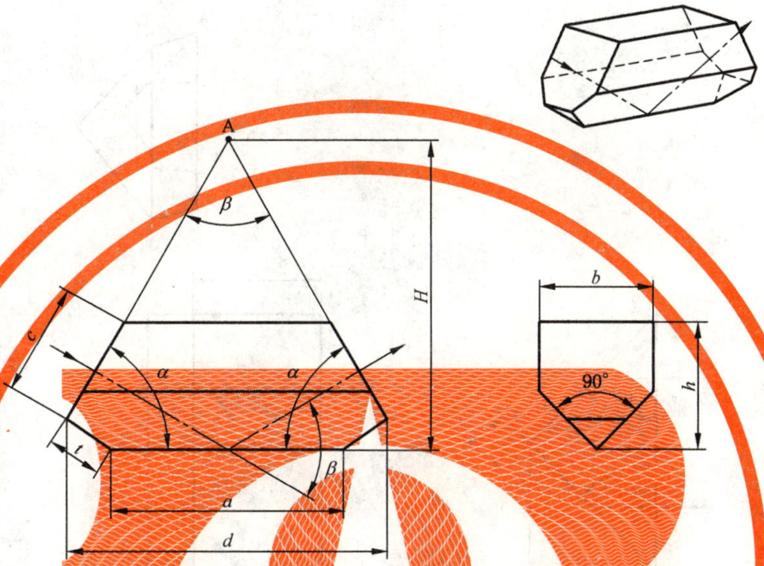
</td></tr>
<tr><th>尺寸关系式</th><th>角度关系式</th><th>角度公差</th></tr>
<tr><td>$L=2t+\left(\cot\frac{\beta}{2}\right)D_0$<br>$a=\frac{1}{\sin(\beta/2)}D_0$<br>$b=D_0$<br>$c=D_0$<br>$d=a+2t\cos\frac{\beta}{2}$<br>$H=\frac{L}{2\sin(\beta/2)}$<br>$h=\frac{1}{2}\left(\sqrt{1+\cos^2\frac{\beta}{2}}+\cos\frac{\beta}{2}\right)D_0$<br>$t=\frac{1}{2}\left(\sqrt{1+\cot^2\frac{\beta}{2}}-\cot\frac{\beta}{2}\right)D_0$</td><td>$\alpha=\frac{1}{2}(180°-\beta)$<br>$\theta_{\text{I}}=\delta_\alpha$<br>$\theta_{\text{II}}=\left(2\cos\frac{\beta}{2}\right)\gamma_C$<br>$\varphi=\arccos\left(\frac{\sqrt{2}}{2}\sin\frac{\beta}{2}\right)$<br>$S=\left(4\sin\frac{\beta}{2}\right)n\delta$</td><td>$\theta_{\text{I}}$<br>$\theta_{\text{II}}$<br>$S$ 或 $\delta$<br>$\Delta\varphi$<br>$\Delta\beta$</td></tr>
</table>

## 表 15　直角棱镜 DⅡ-180

外　形　简　图

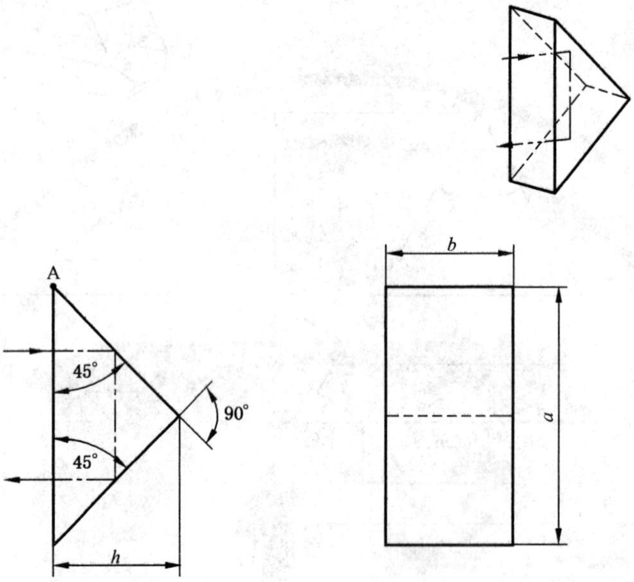


| 尺寸关系式 | 角度关系式 | 角度公差 |
|---|---|---|
| $L=2.00D_0$<br>$a=2.00D_0$<br>$h=D_0$<br>$c=D_0$ | $\theta_{\mathrm{I}}=2\Delta 90^\circ$<br>$\theta_{\mathrm{II}}=1.41\gamma_{\mathrm{A}}$ | $\theta_{\mathrm{I}}$<br>$\theta_{\mathrm{II}}$<br>$\Delta 45^\circ_{\mathrm{A}}$ |

**表 16　斜方棱镜 XⅡ-0**

<table>
<tr><td colspan="3">外　形　简　图</td></tr>
<tr><td colspan="3">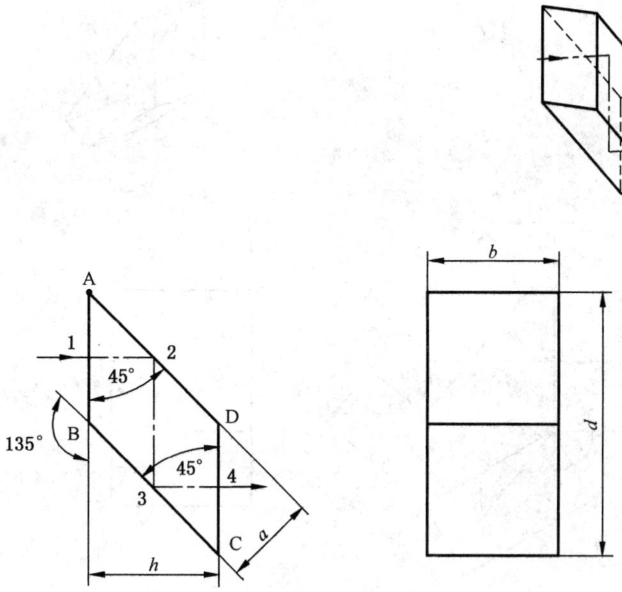
</td></tr>
<tr><td>尺寸关系式</td><td>角度关系式</td><td>角度公差</td></tr>
<tr><td>$L=2.00D_0$<br>$a=0.71D_0$<br>$b=D_0$<br>$d=2.00D_0$<br>$h=D_0$</td><td>$\theta_{\mathrm{I}}=\Delta 45^{\circ}{}_{\mathrm{A}}-\Delta 135^{\circ}{}_{\mathrm{D}}-2\Delta 45^{\circ}{}_{\mathrm{C}}$<br>$\theta_{\mathrm{II}}=1.41\gamma_{\mathrm{A3}}+\gamma_{\mathrm{A4}}$</td><td>$\theta_{\mathrm{I}}$<br>$\theta_{\mathrm{II}}$<br>$\theta_{1,4}$</td></tr>
</table>

表 17　半五棱镜 BⅡ-40

| 外形简图 | | |
|---|---|---|
| 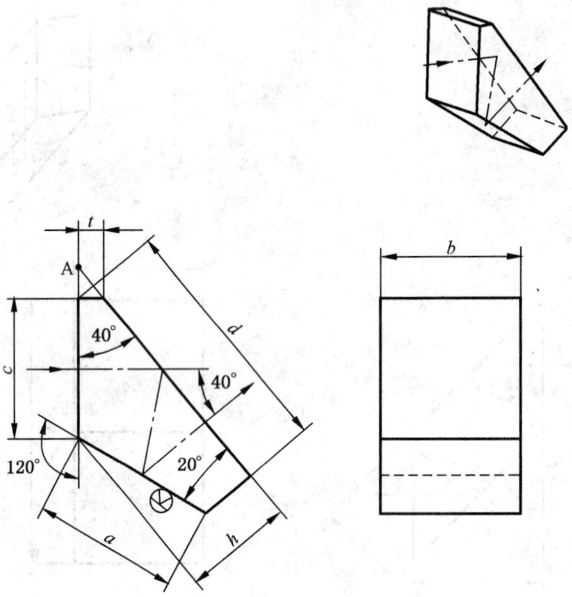 | | |
| 尺寸关系式 | 角度关系式 | 角度公差 |
| $L=1.97D_0$<br>$a=1.06D_0$<br>$b=D_0$<br>$c=D_0$<br>$d=1.77D_0$<br>$h=0.78D_0$<br>$t=0.18D_0$ | $\theta_{\mathrm{I}}=\Delta 40°-2\Delta 20°$<br>$\theta_{\mathrm{II}}=1.88\gamma_A$ | $\theta_{\mathrm{I}}$<br>$\theta_{\mathrm{II}}$<br>$\Delta 40°$ |

表 18 半五棱镜 BⅡ-45

| 外形简图 | | |
|---|---|---|
|  | | |
| 尺寸关系式 | 角度关系式 | 角度公差 |
| $L=1.71D_0$<br>$a=1.08D_0$<br>$b=D_0$<br>$c=D_0$<br>$d=1.71D_0$<br>$h=0.71D_0$ | $\theta_{\mathrm{I}}=\Delta 45°-2\Delta 22°30'$<br>$\theta_{\mathrm{II}}=1.85\gamma_A$ | $\theta_{\mathrm{I}}$<br>$\theta_{\mathrm{II}}$<br>$\Delta 45°$ |

表 19　半五棱镜 BⅡ-60

| 外形简图 | | |
|---|---|---|
| 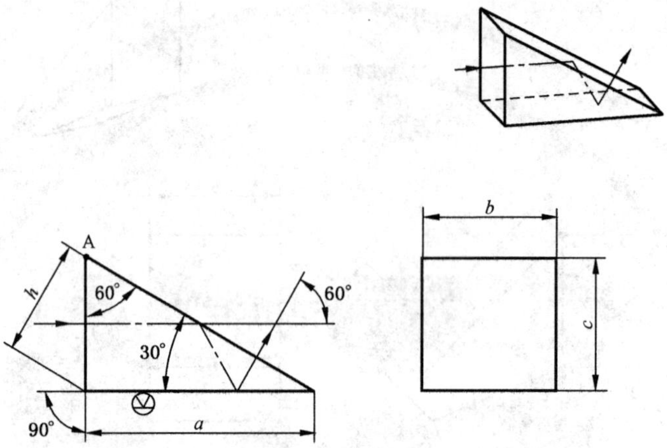 | | |
| 尺寸关系式 | 角度关系式 | 角度公差 |
| $L=1.73D_0$<br>$a=1.73D_0$<br>$b=D_0$<br>$c=D_0$<br>$h=0.87D_0$ | $\theta_{\mathrm{I}}=\Delta 60°-2\Delta 30°$<br>$\theta_{\mathrm{II}}=1.73\gamma_{\mathrm{A}}$ | $\theta_{\mathrm{I}}$<br>$\theta_{\mathrm{II}}$<br>$\Delta 60°$ |

表 20　五棱镜 WⅡ-60

| 外形简图 | | |
| --- | --- | --- |
| 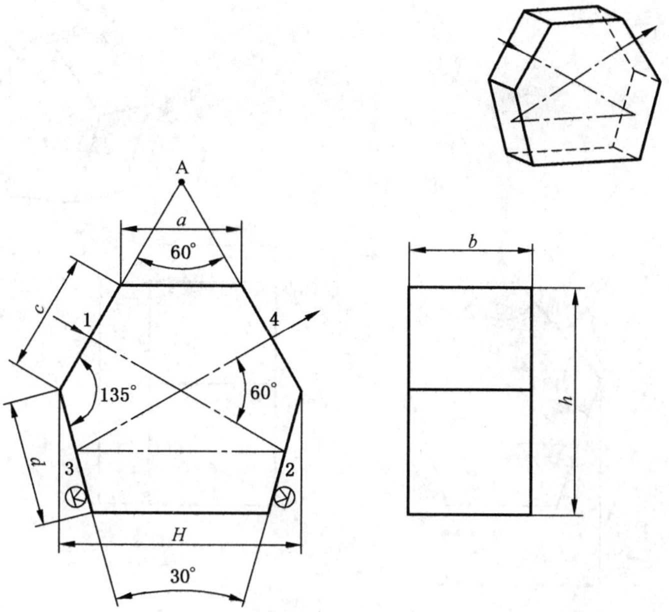 | | |
| 尺寸关系式 | 角度关系式 | 角度公差 |
| $L=5.46D_0$<br>$a=D_0$<br>$b=D_0$<br>$c=D_0$<br>$d=1.04D_0$<br>$H=2.00D_0$<br>$h=1.87D_0$ | $\theta_{\mathrm{I}}=\Delta 60^\circ-2\Delta 30^\circ$<br>$\theta_{\mathrm{II}}=1.93(\gamma_{A2}+\gamma_{A3})$ | $\theta_{\mathrm{I}}$<br>$\theta_{\mathrm{II}}$<br>$\Delta 60^\circ$ |

表 21 五棱镜 WⅡ-80

<table>
<tr><td colspan="3">外 形 简 图</td></tr>
<tr><td colspan="3">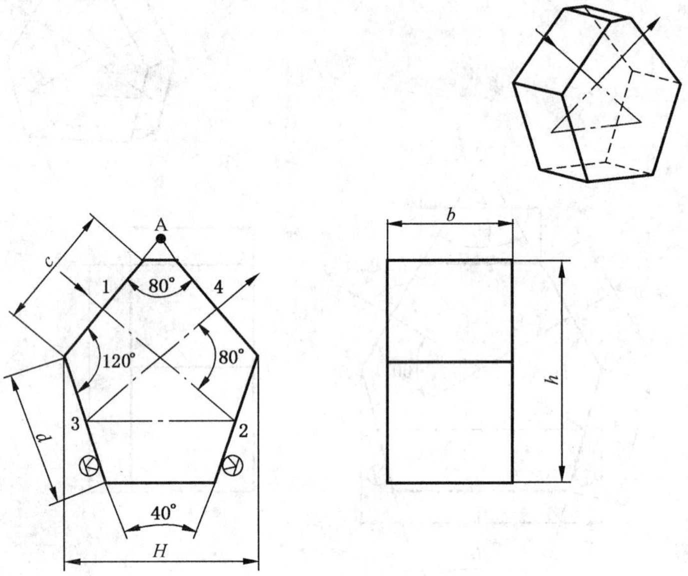
</td></tr>
<tr><td>尺寸关系式</td><td>角度关系式</td><td>角度公差</td></tr>
<tr><td>$L=3.94D_0$<br>$b=D_0$<br>$c=D_0$<br>$d=1.06D_0$<br>$H=1.56D_0$<br>$h=1.77D_0$</td><td>$\theta_{\mathrm{I}}=\Delta 80°-2\Delta 40°$<br>$\theta_{\mathrm{II}}=1.88(\gamma_{A2}+\gamma_{A3})$</td><td>$\theta_{\mathrm{I}}$<br>$\theta_{\mathrm{II}}$<br>$\Delta 80°$</td></tr>
</table>

表 22　五棱镜 WⅡ-90

外　形　简　图

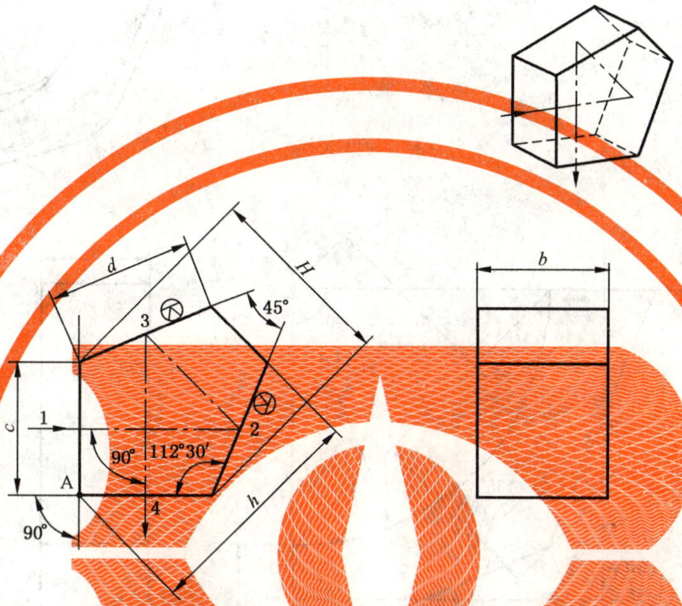


| 尺寸关系式 | 角度关系式 | 角度公差 |
|---|---|---|
| $L=3.41D_0$<br>$b=D_0$<br>$c=D_0$<br>$d=1.08D_0$<br>$H=1.41D_0$<br>$h=1.71D_0$ | $\theta_{\mathrm{I}}=\Delta 90^\circ-2\Delta 45^\circ$<br>$\theta_{\mathrm{II}}=1.85(\gamma_{A2}+\gamma_{A3})$ | $\theta_{\mathrm{I}}$<br>$\theta_{\mathrm{II}}$<br>$\Delta 90^\circ$ |

表 23　乌拉斯棱镜 WLⅡ-90

外 形 简 图

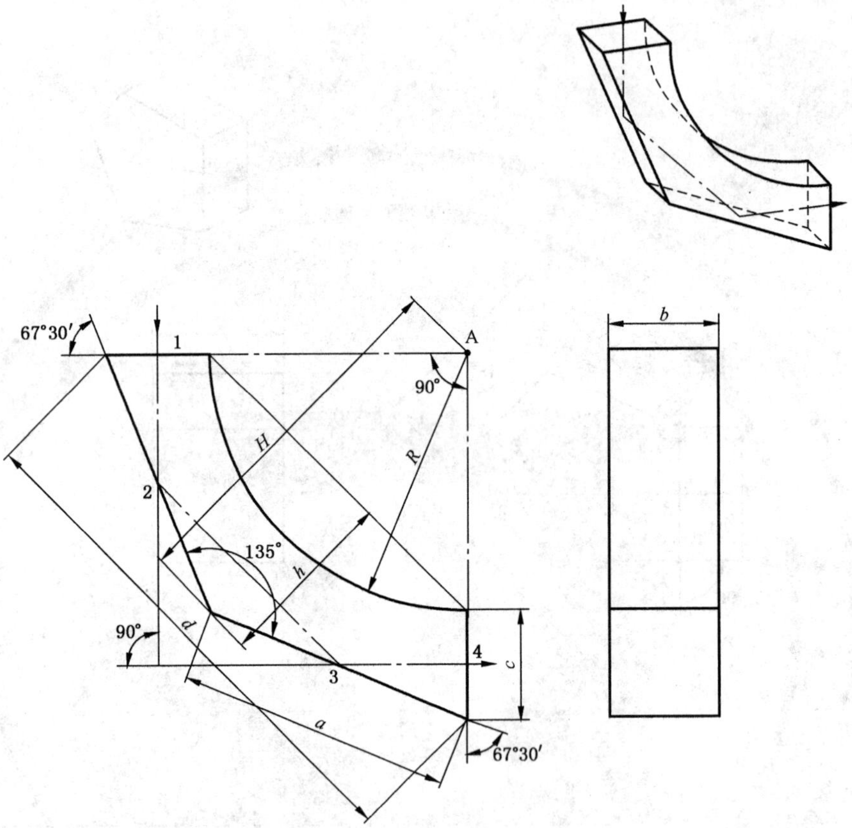


| 尺寸关系式 | 角度关系式 | 角度公差 |
|---|---|---|
| $L=4.83D_0$<br>$a=2.61D_0$<br>$b=D_0$<br>$c=D_0$<br>$d=4.83D_0$<br>$H=3.41D_0$<br>$h=1.71D_0$<br>$R=2.41D_0$ | $\theta_{\mathrm{I}}=\Delta 90^\circ+2\Delta 135^\circ$<br>$\theta_{\mathrm{II}}=0.77(\gamma_{A2}+\gamma_{A3})$ | $\theta_{\mathrm{I}}$<br>$\theta_{\mathrm{II}}$<br>$\Delta 90^\circ$ |

**表 24 四棱镜 SⅡ-90**

<table>
<tr><td colspan="3">外 形 简 图</td></tr>
<tr><td colspan="3">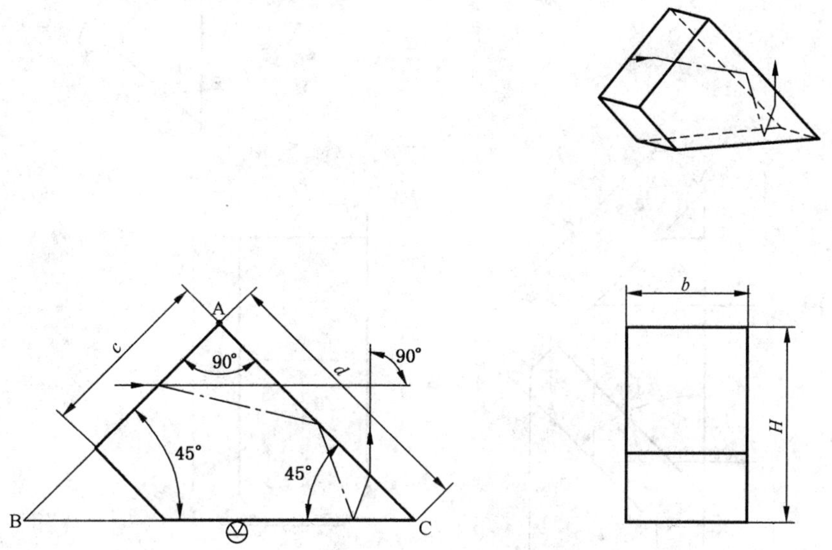
</td></tr>
<tr><td>尺寸关系式</td><td>角度关系式</td><td>角度公差</td></tr>
<tr><td>$L=2nD_0$<br>$b=D_0$<br>$c=\sqrt{2}D_0$<br>$d=\sqrt{2}\cdot\sqrt{2n^2-1}D_0$<br>$H=\sqrt{2n^2-1}D_0$</td><td>$\theta_{\mathrm{I}}=\Delta 90^\circ-2\Delta 45^\circ_{\mathrm{C}}$<br>$\theta_{\mathrm{II}}=1.41\gamma_{\mathrm{A}}$</td><td>$\theta_{\mathrm{I}}$<br>$\theta_{\mathrm{II}}$<br>$\Delta 90^\circ$</td></tr>
</table>

表 25　直角屋脊棱镜 D Ⅱ$_J$-180

| 外形简图 | | |
|---|---|---|
| 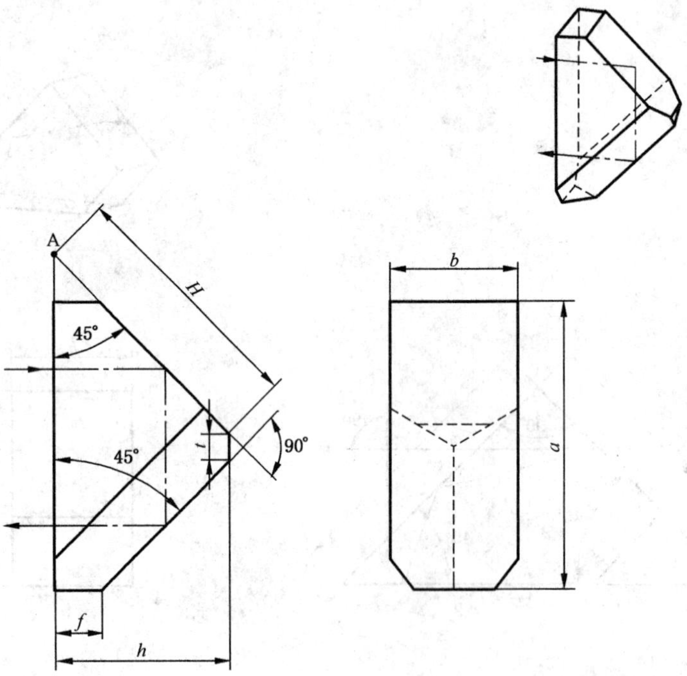 | | |
| 尺寸关系式 | 角度关系式 | 角度公差 |
| $L=2.96D_0$<br>$a=2.23D_0$<br>$b=D_0$<br>$f=0.37D_0$<br>$H=2.09D_0$<br>$h=1.37D_0$<br>$t=0.23D_0$ | $\theta_{\mathrm{I}}=2\Delta 90°$<br>$\theta_{\mathrm{II}}=1.41\gamma_C$<br>$\varphi=60°$<br>$S=2.83n\delta$ | $\theta_{\mathrm{I}}$<br>$\theta_{\mathrm{II}}$<br>$S$ 或 $\delta$<br>$\Delta\varphi$<br>$\Delta 45°_C$ |

## 表 26　角隅棱镜 JⅢ-180

| 外形简图 |
|---|
| 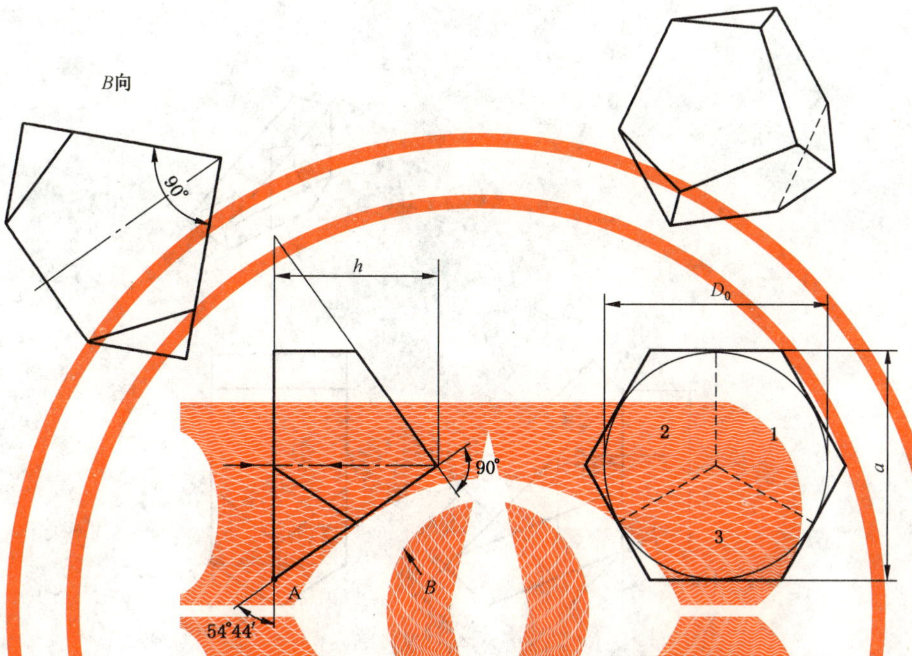 |

| 尺寸关系式 | 角度关系式 | 角度公差 |
|---|---|---|
| $L=2h$<br>$a=D_0$<br>$h=D_0\tan54°44'$ | $\theta_{0,1}=$<br>$n\sqrt{\frac{8}{3}(\Delta90^{\circ2}_{1,2}+\Delta90^{\circ2}_{1,3}+\Delta90^{\circ2}_{2,3}+\Delta90^{\circ}_{1,2}\cdot\Delta90^{\circ}_{2,3}+\Delta90^{\circ}_{1,3}\cdot\Delta90^{\circ}_{2,3}-\Delta90^{\circ}_{1,2}\cdot\Delta90^{\circ}_{1,3})}$<br>$\theta_{0,2}=$<br>$n\sqrt{\frac{8}{3}(\Delta90^{\circ2}_{1,2}+\Delta90^{\circ2}_{1,3}+\Delta90^{\circ2}_{2,3}+\Delta90^{\circ}_{1,2}\cdot\Delta90^{\circ}_{1,3}+\Delta90^{\circ}_{2,3}\cdot\Delta90^{\circ}_{1,2}-\Delta90^{\circ}_{2,3}\cdot\Delta90^{\circ}_{1,3})}$<br>$\theta_{0,3}=$<br>$n\sqrt{\frac{8}{3}(\Delta90^{\circ2}_{1,2}+\Delta90^{\circ2}_{1,3}+\Delta90^{\circ2}_{2,3}+\Delta90^{\circ}_{1,2}\cdot\Delta90^{\circ}_{1,3}+\Delta90^{\circ}_{2,3}\cdot\Delta90^{\circ}_{1,3}-\Delta90^{\circ}_{2,3}\cdot\Delta90^{\circ}_{1,2})}$<br>式中：<br>$\theta_{0,1}$、$\theta_{0,2}$、$\theta_{0,3}$——分别为入射光线与经 1、2、3 面反射的出射光线夹角；<br>$\Delta90^{\circ}_{1,2}$——1 与 2 面夹角相对 90°的误差；<br>$\Delta90^{\circ}_{1,3}$——1 与 3 面夹角相对 90°的误差；<br>$\Delta90^{\circ}_{2,3}$——1 与 2 面夹角相对 90°的误差；<br>$n$——棱镜材料的折射率 | $\Delta90^{\circ}_{1,2}$<br>$\Delta90^{\circ}_{1,3}$<br>$\Delta90^{\circ}_{2,3}$ |

表 27 屋脊半五棱镜 BⅡ$_J$-45

| 外 形 简 图 | | |
|---|---|---|
| 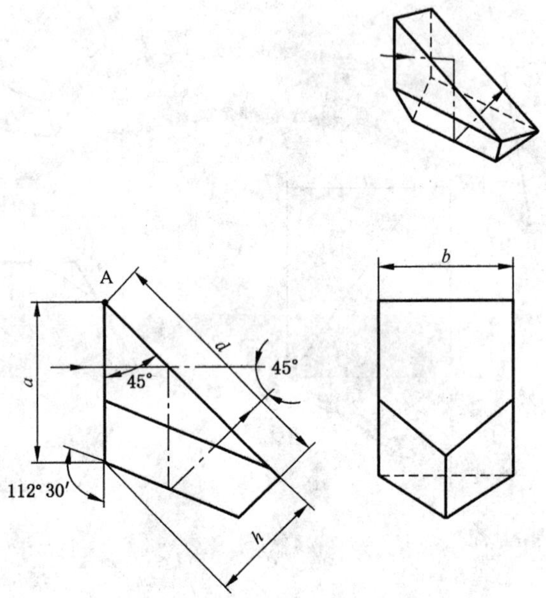 | | |
| 尺寸关系式 | 角度关系式 | 角度公差 |
| $L=2.11D_0$<br>$a=1.24D_0$<br>$b=D_0$<br>$d=1.88D_0$<br>$h=0.88D_0$ | $\theta_{\mathrm{I}}=\Delta 45°-2\Delta 22°30'$<br>$\theta_{\mathrm{II}}=0.77\gamma_{\mathrm{C}}$<br>$\varphi_{\mathrm{R}}=105°42'$<br>$\varphi_{\mathrm{C}}=49°13'$<br>$S=3.70n\delta$ | $\theta_{\mathrm{I}}$<br>$\theta_{\mathrm{II}}$<br>$S$ 或 $\delta$<br>$\Delta\varphi_{\mathrm{R}}$<br>$\Delta\varphi_{\mathrm{C}}$<br>$\Delta 45°$ |

**表 28　屋脊半五棱镜 BⅡ$_J$-60**

| 外形简图 | | |
|---|---|---|
| 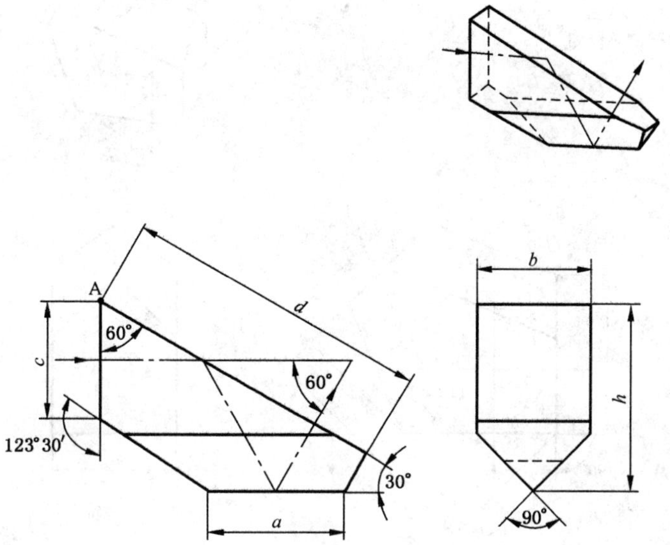 | | |
| 尺寸关系式 | 角度关系式 | 角度公差 |
| $L=2.80D_0$<br>$a=1.16D_0$<br>$b=D_0$<br>$c=D_0$<br>$d=2.62D_0$<br>$h=1.62D_0$ | $\theta_{\mathrm{I}}=\Delta 60°-2\Delta 30°$<br>$\theta_{\mathrm{II}}=\gamma_C$<br>$\varphi=52°14'$<br>$S=3.46n\delta$ | $\theta_{\mathrm{I}}$<br>$\theta_{\mathrm{II}}$<br>$S$ 或 $\delta$<br>$\Delta\varphi$<br>$\Delta 60°$ |

表 29 屋脊五棱镜 WⅡ$_J$-90

<table>
<tr><th colspan="3">外 形 简 图</th></tr>
<tr><td colspan="3">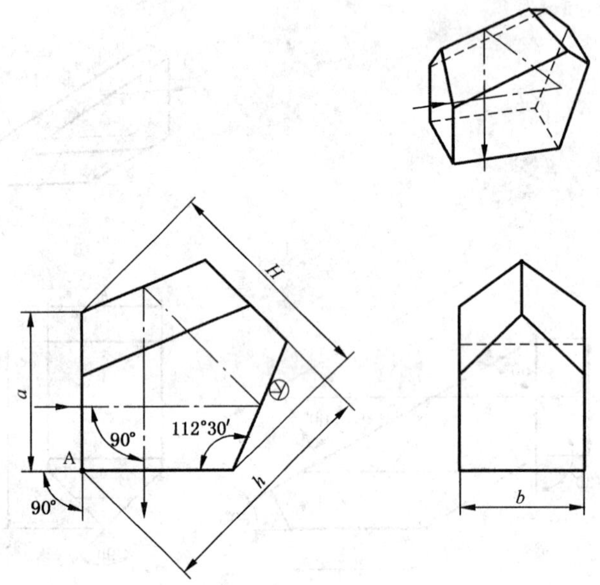
</td></tr>
<tr><th>尺寸关系式</th><th>角度关系式</th><th>角度公差</th></tr>
<tr><td>$L=4.22D_0$<br>$a=1.24D_0$<br>$b=D_0$<br>$H=1.75D_0$<br>$h=1.88D_0$</td><td>$\theta_{\mathrm{I}}=\Delta 90°-2\Delta 45°$<br>$\theta_{\mathrm{II}}=1.85\gamma_A-0.77\gamma_C$<br>$\varphi=105°42'$<br>$S=3.70n\delta$</td><td>$\theta_{\mathrm{I}}$<br>$\theta_{\mathrm{II}}$<br>$S$ 或 $\delta$<br>$\Delta\varphi$<br>$\Delta 90°$</td></tr>
</table>

表 30 列曼棱镜 LⅢ-0

<table>
<tr><th colspan="3">外 形 简 图</th></tr>
<tr><td colspan="3">
</td></tr>
<tr><th>尺寸关系式</th><th>角度关系式</th><th>角度公差</th></tr>
<tr><td>$L=4.33D_0$<br>$a=2.50D_0$<br>$b=D_0$<br>$c=D_0$<br>$d=1.73D_0$<br>$e=1.16D_0$<br>$f=0.29D_0$<br>$H=1.50D_0$<br>$h=3.50D_0$<br>$R=D_0$</td><td>$\theta_{\mathrm{I}}=\Delta 60^\circ-\Delta 120^\circ+2\Delta 30^\circ$<br>$\theta_{\mathrm{II}}=\gamma_{A3}+1.73\gamma_{A4}$</td><td>$\theta_{\mathrm{I}}$<br>$\theta_{\mathrm{II}}$<br>$\theta_{1,3}$</td></tr>
</table>

表 31　施密特棱镜 DⅢ-45

外　形　简　图

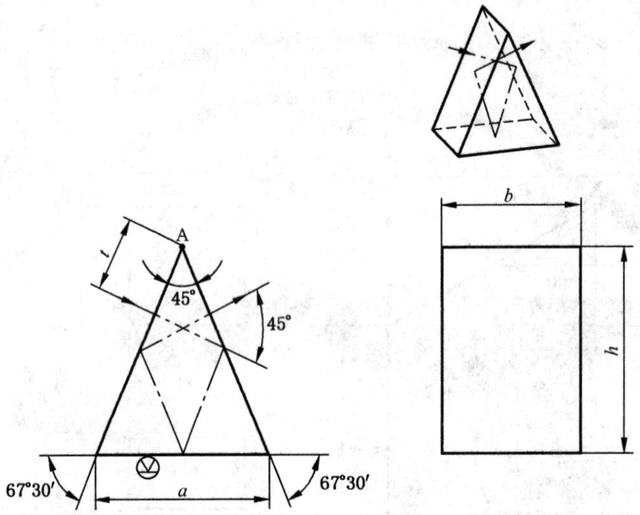


| 尺寸关系式 | 角度关系式 | 角度公差 |
|---|---|---|
| $L=2.41D_0$<br>$a=1.08D_0$<br>$b=D_0$<br>$h=1.31D_0$<br>$t=0.50D_0$ | $\theta_{\mathrm{I}}=\delta 67°30'$<br>$\theta_{\mathrm{II}}=1.85\gamma_{\mathrm{A}}$ | $\theta_{\mathrm{I}}$<br>$\theta_{\mathrm{II}}$<br>$\Delta 45°$ |

## 表 32 等腰棱镜 DⅢ-180

<table>
<tr><th colspan="3">外 形 简 图</th></tr>
<tr><td colspan="3">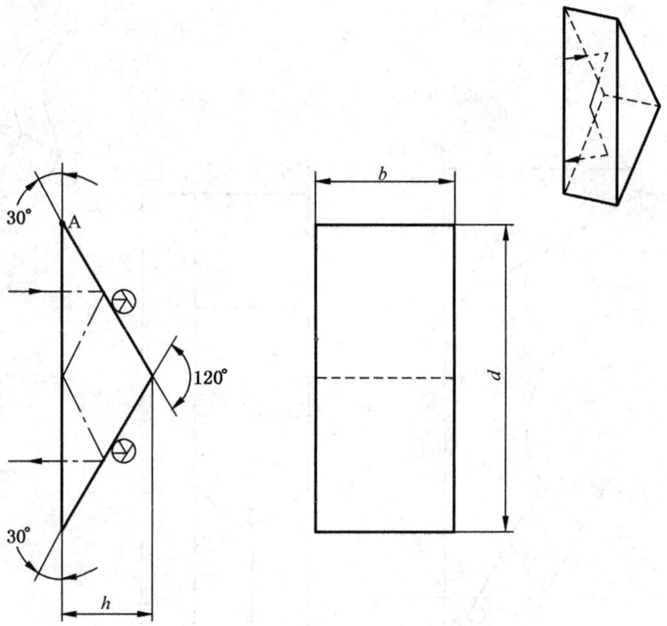
</td></tr>
<tr><td>尺寸关系式</td><td>角度关系式</td><td>角度公差</td></tr>
<tr><td>$L=1.73D_0$<br>$b=D_0$<br>$d=2.00D_0$<br>$h=0.58D_0$</td><td>$\theta_{\mathrm{I}}=2\delta 30°$<br>$\theta_{\mathrm{II}}=1.73\gamma_{\mathrm{A}}$</td><td>$\theta_{\mathrm{I}}$<br>$\theta_{\mathrm{II}}$<br>$\Delta 30°_{\mathrm{A}}$</td></tr>
</table>

表 33 列曼屋脊棱镜 LⅢ$_J$-0（$A=3.00D_0$）

| 外形简图 | | |
|---|---|---|
| 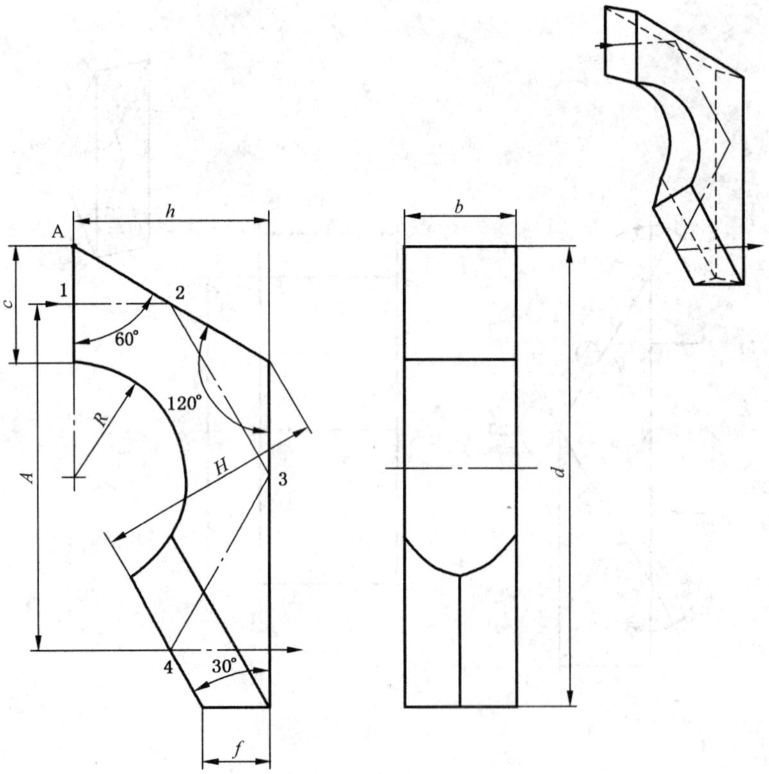 | | |
| 尺寸关系式 | 角度关系式 | 角度公差 |
| $L=5.20D_0$<br>$A=3.00D_0$<br>$b=D_0$<br>$c=D_0$<br>$d=4.00D_0$<br>$f=0.58D_0$<br>$H=2.00D_0$<br>$h=1.73D_0$<br>$R=D_0$ | $\theta_{\mathrm{I}}=\Delta 60°-\Delta 120°+2\Delta 30°$<br>$\theta_{\mathrm{II}}=\gamma_C$<br>$\varphi=52°14'$<br>$S=3.46n\delta$ | $\theta_{\mathrm{I}}$<br>$\theta_{\mathrm{II}}$<br>S 或 $\delta$<br>$\theta_{1,3}$<br>$\Delta\varphi$ |

表 34　列曼屋脊棱镜 LⅢ$_J$-0（$A=2.81D_0$）

外 形 简 图

| 尺寸关系式 | 角度关系式 | 角度公差 |
|---|---|---|
| $L=4.87D_0$<br>$A=2.81D_0$<br>$b=D_0$<br>$c=D_0$<br>$d=3.81D_0$<br>$f=0.47D_0$<br>$H=1.81D_0$<br>$h=1.73D_0$<br>$R=D_0$ | $\theta_{\text{I}}=\Delta 60°-\Delta 120°+2\Delta 30°$<br>$\theta_{\text{II}}=\gamma_C$<br>$\varphi=52°14'$<br>$S=3.46n\delta$ | $\theta_{\text{I}}$<br>$\theta_{\text{II}}$<br>$S$ 或 $\delta$<br>$\theta_{1,3}$<br>$\Delta\varphi$ |

表 35 施密特屋脊棱镜 D Ⅲ$_J$-45

| 外形简图 | | |
|---|---|---|
| 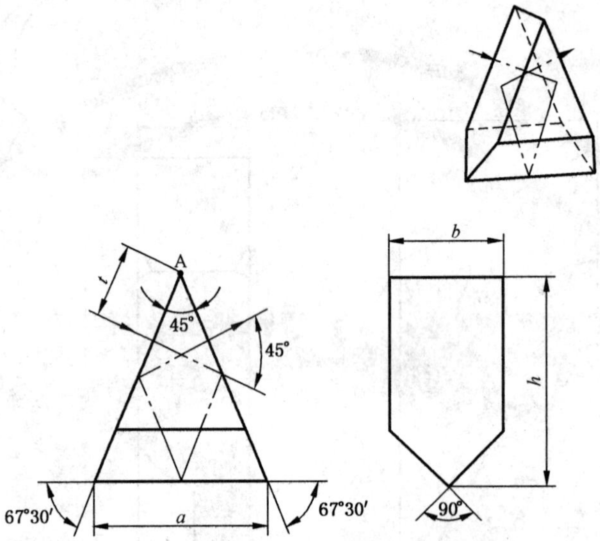 | | |
| 尺寸关系式 | 角度关系式 | 角度公差 |
| $L=3.04D_0$<br>$a=1.36D_0$<br>$b=D_0$<br>$h=1.65D_0$<br>$t=0.63D_0$ | $\theta_{\mathrm{I}}=\delta 67°30'$<br>$\theta_{\mathrm{II}}=0.77\gamma_C$<br>$\varphi=74°18'$<br>$S=3.70n\delta$ | $\theta_{\mathrm{I}}$<br>$\theta_{\mathrm{II}}$<br>S 或 $\delta$<br>$\Delta\varphi$<br>$\Delta 45°$ |

表 36　等腰屋脊棱镜 D$Ⅲ_J$-180

<table>
<tr><td colspan="3">外 形 简 图</td></tr>
<tr><td colspan="3">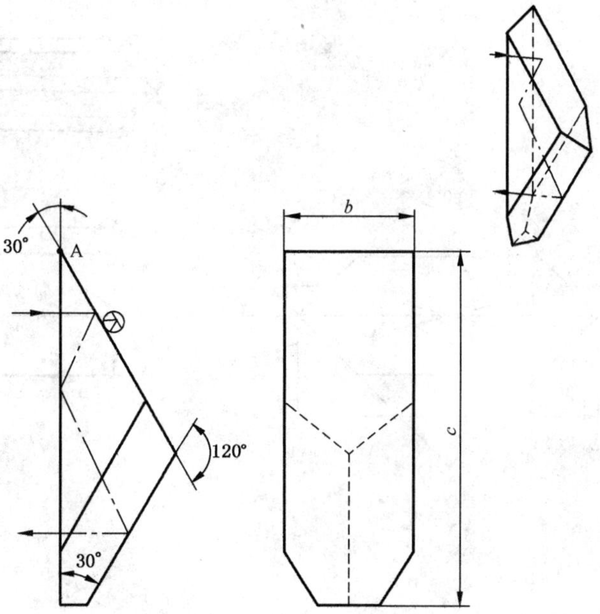
</td></tr>
<tr><td>尺寸关系式</td><td>角度关系式</td><td>角度公差</td></tr>
<tr><td>$L=2.80D_0$<br>$b=D_0$<br>$c=2.62D_0$<br>$h=0.93D_0$</td><td>$\theta_{\mathrm{I}}=2\delta 30°$<br>$\theta_{\mathrm{II}}=\gamma_C$<br>$\varphi=52°14'$<br>$S=3.46n\delta$</td><td>$\theta_{\mathrm{I}}$<br>$\theta_{\mathrm{II}}$<br>$S$ 或 $\delta$<br>$\Delta\varphi$<br>$\Delta 30°_A$</td></tr>
</table>

### 7.3.2 复合棱镜

表 37～表 52 列出了常用复合棱镜的外形简图、外形尺寸关系式、角度关系式和棱镜工作图应标注的角度公差。

**表 37 立方棱镜 FLⅠ-0**

**外 形 简 图**

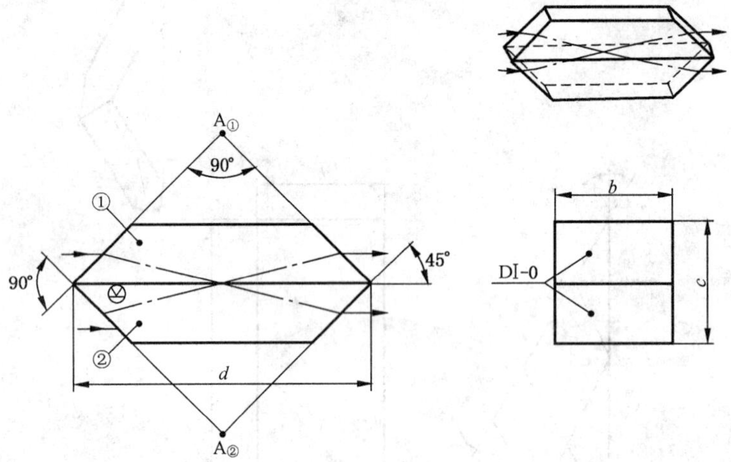


说明：
本棱镜只用于平行光路。

| 尺寸关系式 | 角度关系式 | 角度公差 |
|---|---|---|
| $L=\frac{n}{\sqrt{2n^2-1}-1}D_0$<br>$b=D_0$<br>$c=D_0$<br>$d=\frac{\sqrt{2n^2-1}}{\sqrt{2n^2-1}-1}D_0$ | $\theta_{\mathrm{I}①}=\delta 45°_{①}$<br>$\theta_{\mathrm{I}②}=\delta 45°_{②}$<br>$\theta_{\mathrm{II}①}=1.41\gamma_{A①}$<br>$\theta_{\mathrm{II}②}=1.41\gamma_{A②}$<br>$S=\sqrt{(\mu'_{y'1}-\mu'_{y'2})^2+(\mu'_{z'1}-\mu'_{z'2})^2}$<br>式中：<br>$\mu_{y'1}$——棱镜①的 $y'$ 像偏转；<br>$\mu_{y'2}$——棱镜②的 $y'$ 像偏转；<br>$\mu_{z'1}$——棱镜①的 $z'$ 像偏转；<br>$\mu_{z'2}$——棱镜②的 $z'$ 像偏转；<br>以上 4 项，见 GB/T 7660.2—2013 的 3.2.2 | $\theta_{\mathrm{I}}$<br>$\theta_{\mathrm{II}}$<br>$S$ |

表 38 靴形棱镜 FXⅡ-90

| 外形简图 | | |
|---|---|---|
| 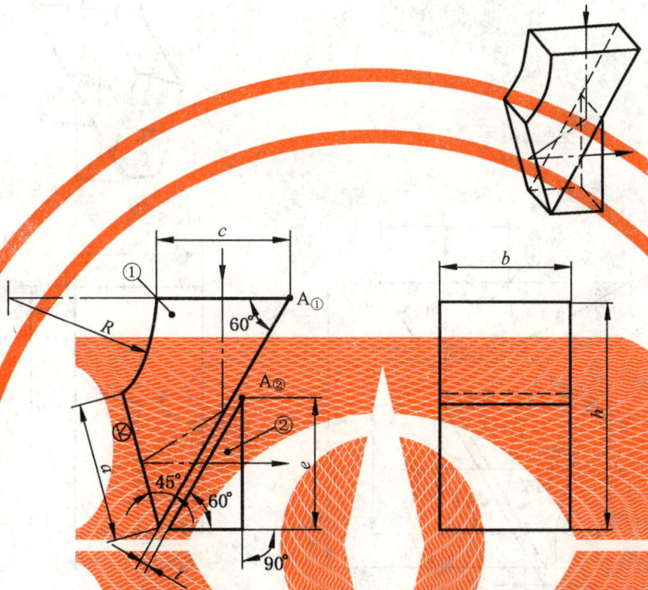 | | |
| 尺寸关系式 | 角度关系式 | 角度公差 |
| $L=2.31D_0$<br>$a=1.04D_0$<br>$b=D_0$<br>$c=D_0$<br>$e=D_0$<br>$h=1.73D_0$<br>$R=1.13D_0$<br>$t\approx 0.10$ mm | $\theta_{\mathrm{I}}=2\Delta 45^\circ-(\Delta 60^\circ_{①}+\Delta 30^\circ)$<br>$\theta_{\mathrm{II}}=1.93\gamma_{\mathrm{A}}$ | $\theta_{\mathrm{I}}$<br>$\theta_{\mathrm{II}}$ |

表 39　靴形屋脊棱镜 $FXⅡ_J$-90

<table>
<tr><td colspan="3">外　形　简　图</td></tr>
<tr><td colspan="3">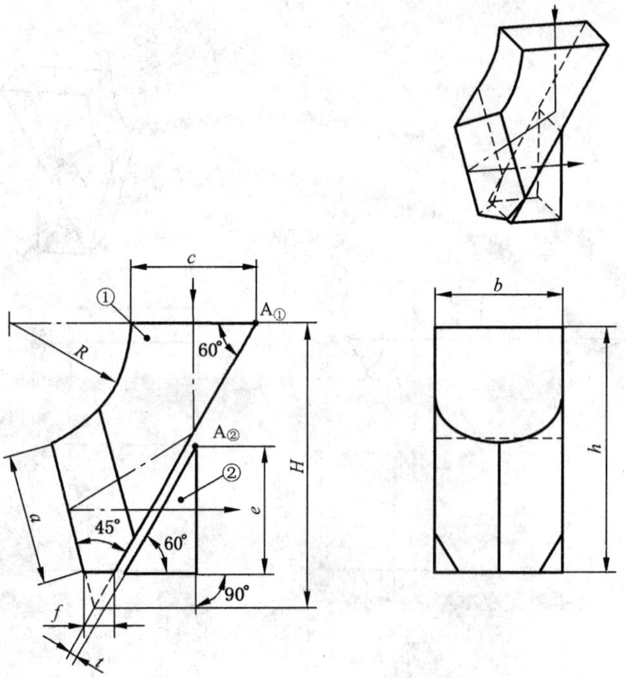
</td></tr>
<tr><td>尺寸关系式</td><td>角度关系式</td><td>角度公差</td></tr>
<tr><td>$L=2.98D_0$<br>$a=1.04D_0$<br>$b=D_0$<br>$c=D_0$<br>$e=D_0$<br>$f=0.25D_0$<br>$H=2.24D_0$<br>$h=1.95D_0$<br>$R=0.97D_0$<br>$t\approx 0.10$ mm</td><td>$\theta_{\mathrm{I}}=2\Delta 45^\circ-(\Delta 60^\circ_{①}+\Delta 30^\circ)$<br>$\theta_{\mathrm{II}}=0.52\gamma_{C①}$<br>$S=2.86n\delta$</td><td>$\theta_{\mathrm{I}}$<br>$\theta_{\mathrm{II}}$<br>$S$</td></tr>
</table>

## 表 40 保罗棱镜 FPⅢ-90

外形简图

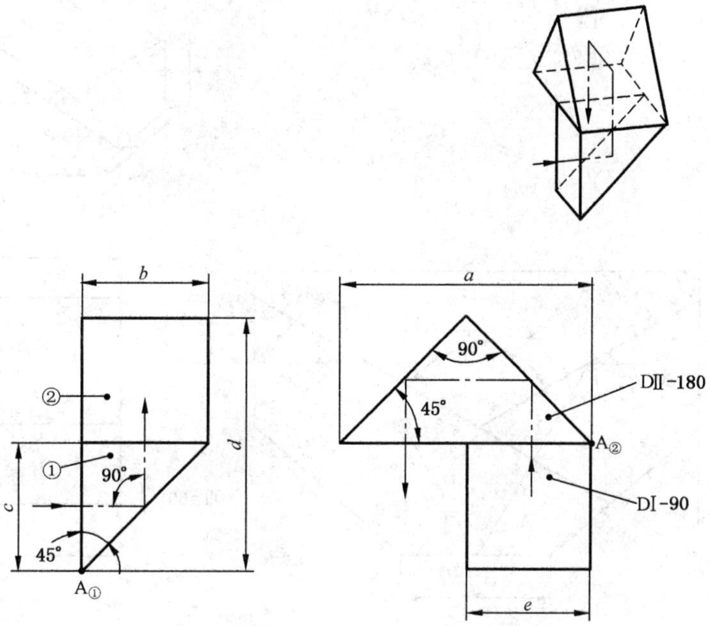


| 尺寸关系式 | 角度关系式 | 角度公差 |
|---|---|---|
| $L=3.00D_0$<br>$a=2.00D_0$<br>$b=D_0$<br>$c=D_0$<br>$d=2.00D_0$<br>$e=D_0$ | $\theta_{\text{Ⅰ}}=\delta 45^{\circ}_{①}+1.41\gamma_{A_{②}}$<br>$\theta_{\text{Ⅱ}}=\delta 45^{\circ}_{②}+1.41\gamma_{A_{①}}$ | $\theta_{\text{Ⅰ}}$<br>$\theta_{\text{Ⅱ}}$ |

## 表 41 阿贝棱镜 FAⅢ-0

外形简图

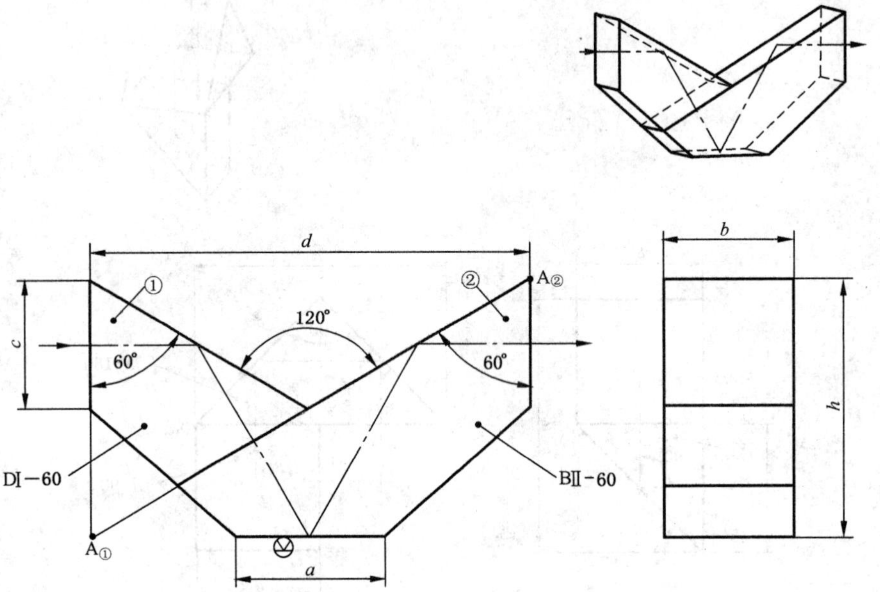


| 尺寸关系式 | 角度关系式 | 角度公差 |
|---|---|---|
| $L=5.20D_0$<br>$a=1.16D_0$<br>$b=D_0$<br>$c=D_0$<br>$d=3.46D_0$<br>$h=2.00D_0$ | $\theta_{\mathrm{I}}=\theta_{\mathrm{I}①}+\theta_{\mathrm{I}②}$<br>$\theta_{\mathrm{II}}=\theta_{\mathrm{II}①}+\theta_{\mathrm{II}②}$ | $\theta_{\mathrm{I}}$<br>$\theta_{\mathrm{II}}$ |

## 表 42 阿贝屋脊棱镜 FAⅢ$_J$-0

外 形 简 图

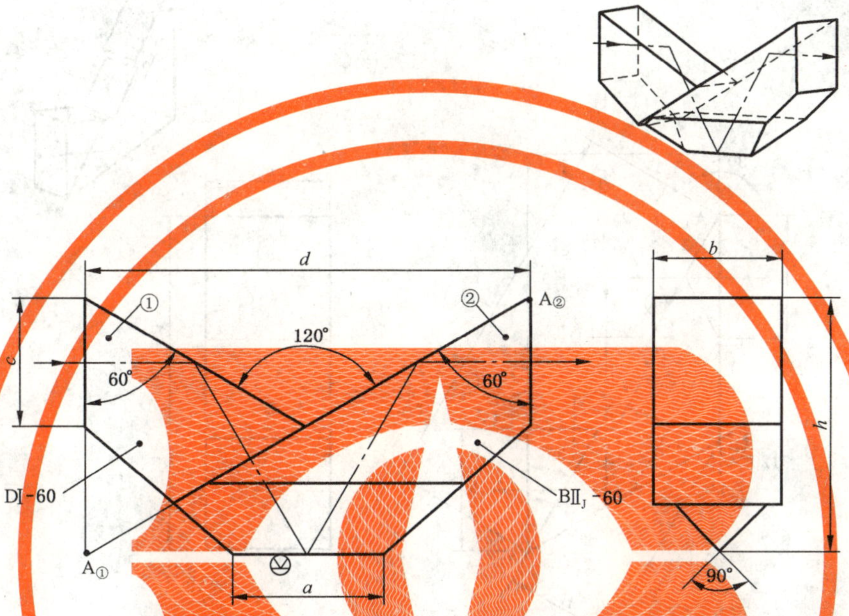


| 尺寸关系式 | 角度关系式 | 角度公差 |
|---|---|---|
| $L=5.20D_0$<br>$b=D_0$<br>$c=D_0$<br>$d=3.46D_0$<br>$h=2.00D_0$ | $\theta_{\mathrm{I}}=\theta_{\mathrm{I}①}+\theta_{\mathrm{I}②}$<br>$\theta_{\mathrm{II}}=\theta_{\mathrm{II}①}+\theta_{\mathrm{II}②}$<br>$S=3.46n\delta$ | $\theta_{\mathrm{I}}$<br>$\theta_{\mathrm{II}}$<br>$S$ |

表 43 潜望棱镜 FQⅢ-0

<table>
<tr><td colspan="3">外 形 简 图</td></tr>
<tr><td colspan="3">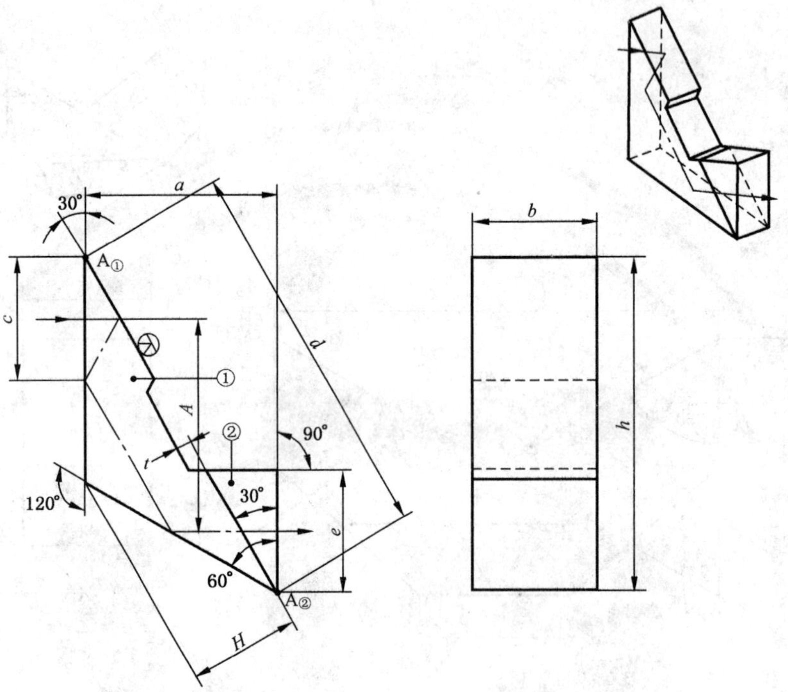</td></tr>
<tr><td>尺寸关系式</td><td>角度关系式</td><td>角度公差</td></tr>
<tr><td>$L=1.15(A+D_0)$<br>$a=0.58(A+D_0)$<br>$b=D_0$<br>$c=D_0$<br>$d=1.15(A+D_0)$<br>$e=D_0$<br>$H=0.33(A+D_0)$<br>$h=A+D_0$<br>$t\approx 0.10$ mm</td><td>$\theta_{\mathrm{I}}=\Delta 30°_{①}-2\Delta 120°+\Delta 30°_{②}$<br>$\theta_{\mathrm{II}}=\gamma_{A_{①}}$</td><td>$\theta_{\mathrm{I}}$<br>$\theta_{\mathrm{II}}$</td></tr>
</table>

表 44　烟斗棱镜 FYⅢ-60

| 外形简图 | | |
|---|---|---|
| 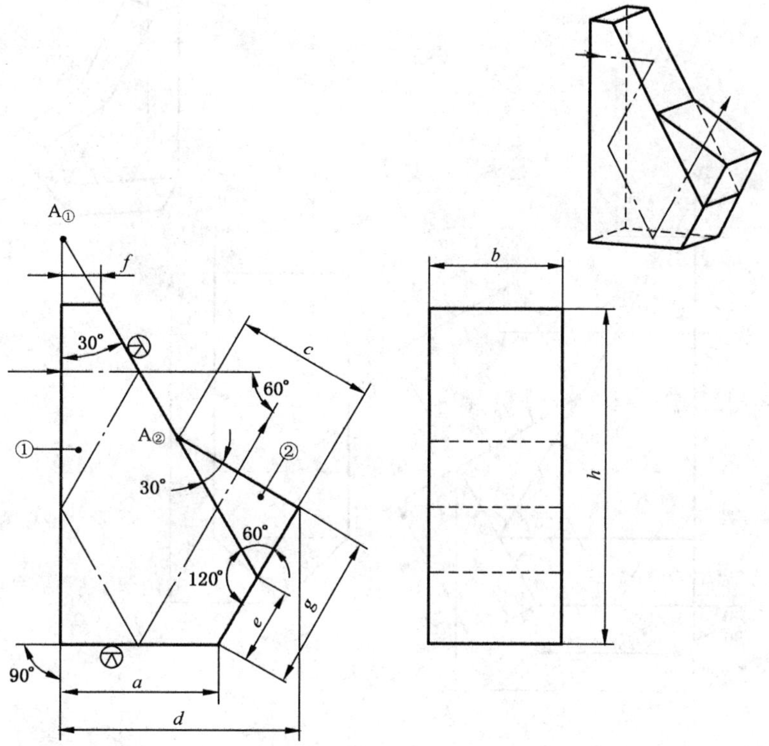 | | |
| 尺寸关系式 | 角度关系式 | 角度公差 |
| $L=4.33D_0$<br>$a=1.16D_0$<br>$b=D_0$<br>$c=D_0$<br>$d=1.73D_0$<br>$e=0.58D_0$<br>$f=0.29D_0$<br>$g=1.16D_0$<br>$h=2.50D_0$ | $\theta_{\mathrm{I}}=\Delta 30°_{①}-2\Delta 90°_{①}-\Delta 30°_{②}$<br>$\theta_{\mathrm{II}}=1.73\gamma_{A①}$ | $\theta_{\mathrm{I}}$<br>$\theta_{\mathrm{II}}$ |

## 表 45 烟斗屋脊棱镜 FYⅢ$_J$-60

<table>
<tr><th colspan="3">外 形 简 图</th></tr>
<tr><td colspan="3">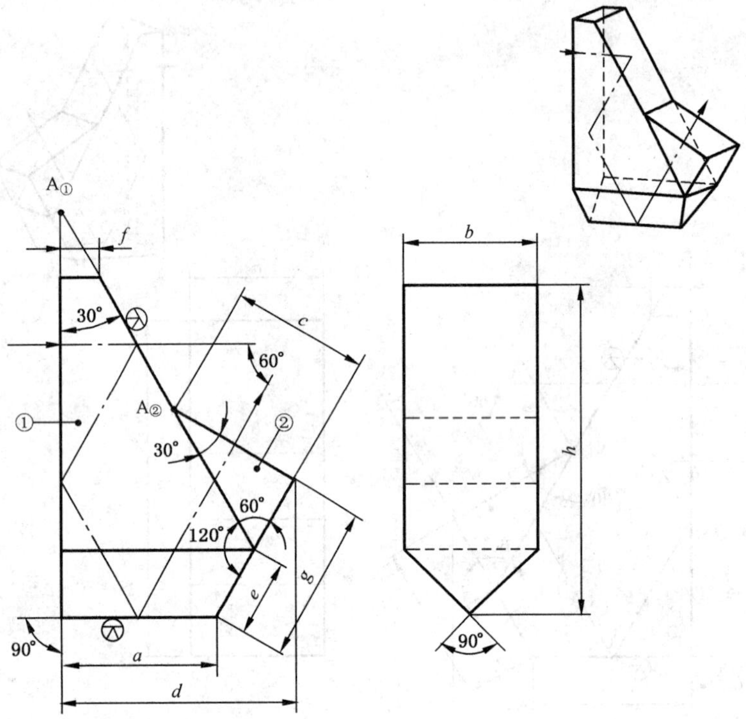
</td></tr>
<tr><th>尺寸关系式</th><th>角度关系式</th><th>角度公差</th></tr>
<tr><td>$L=4.47D_0$<br>$a=1.22D_0$<br>$b=D_0$<br>$c=D_0$<br>$d=1.80D_0$<br>$e=0.58D_0$<br>$f=0.29D_0$<br>$g=1.16D_0$<br>$h=2.62D_0$</td><td>$\theta_{\text{I}}=\Delta 30^\circ_{①}-2\Delta 90^\circ_{①}-\Delta 30^\circ_{②}$<br>$\theta_{\text{II}}=\gamma_C$<br>$S=3.46n\delta$</td><td>$\theta_{\text{I}}$<br>$\theta_{\text{II}}$<br>$S$</td></tr>
</table>

## 表 46 保罗棱镜 FBⅣ-0

<table>
<tr><th colspan="3">外 形 简 图</th></tr>
<tr><td colspan="3">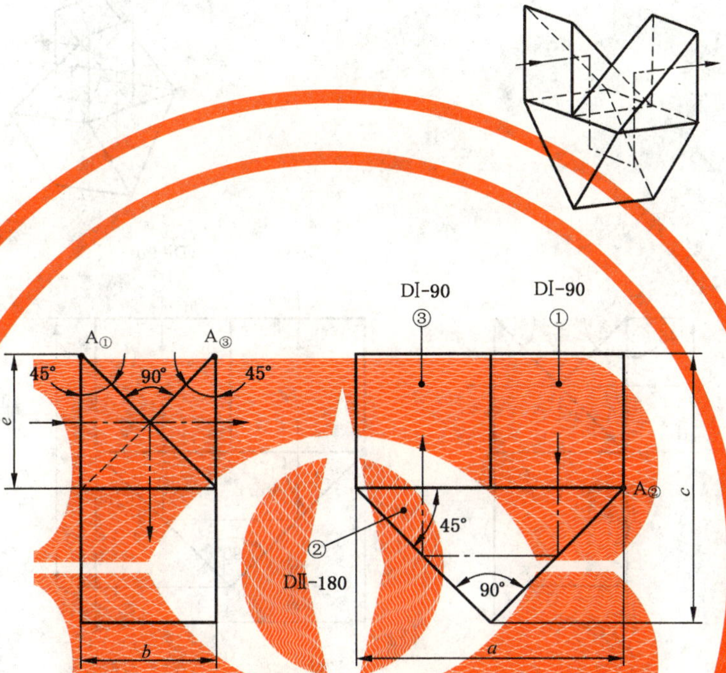
</td></tr>
<tr><th>尺寸关系式</th><th>角度关系式</th><th>角度公差</th></tr>
<tr><td>$L=4.00D_0$<br>$a=2.00D_0$<br>$b=D_0$<br>$c=2.00D_0$<br>$e=D_0$</td><td>$\theta_{\mathrm{I}}=\theta_{\mathrm{I}①}+\theta_{\mathrm{II}②}+\theta_{\mathrm{I}③}$<br>$\theta_{\mathrm{II}}=\theta_{\mathrm{II}①}+\theta_{\mathrm{I}②}+\theta_{\mathrm{II}③}$</td><td>$\theta_{\mathrm{I}}$<br>$\theta_{\mathrm{II}}$</td></tr>
</table>

## 表 47 保罗棱镜 FBⅣ-0

<table>
<tr><td colspan="3">外形简图</td></tr>
<tr><td colspan="3">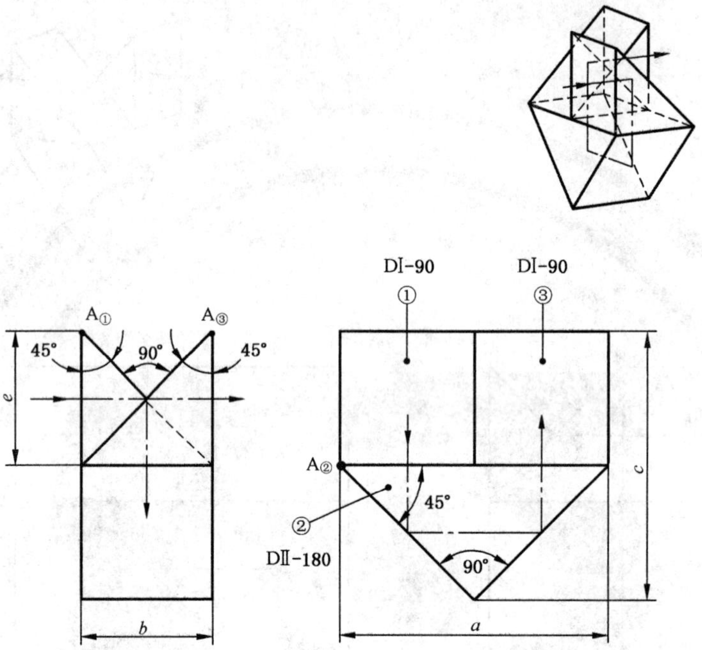
</td></tr>
<tr><td>尺寸关系式</td><td>角度关系式</td><td>角度公差</td></tr>
<tr><td>$L=4.00D_0$<br>$a=2.00D_0$<br>$b=D_0$<br>$c=2.00D_0$<br>$e=D_0$</td><td>$\theta_{\mathrm{I}}=\theta_{\mathrm{I}①}+\theta_{\mathrm{II}②}+\theta_{\mathrm{I}③}$<br>$\theta_{\mathrm{II}}=\theta_{\mathrm{II}①}+\theta_{\mathrm{I}②}+\theta_{\mathrm{II}③}$</td><td>$\theta_{\mathrm{I}}$<br>$\theta_{\mathrm{II}}$</td></tr>
</table>

## 表 48　保罗棱镜 FBⅣ-0

<table>
<tr><td colspan="3">外 形 简 图</td></tr>
<tr><td colspan="3">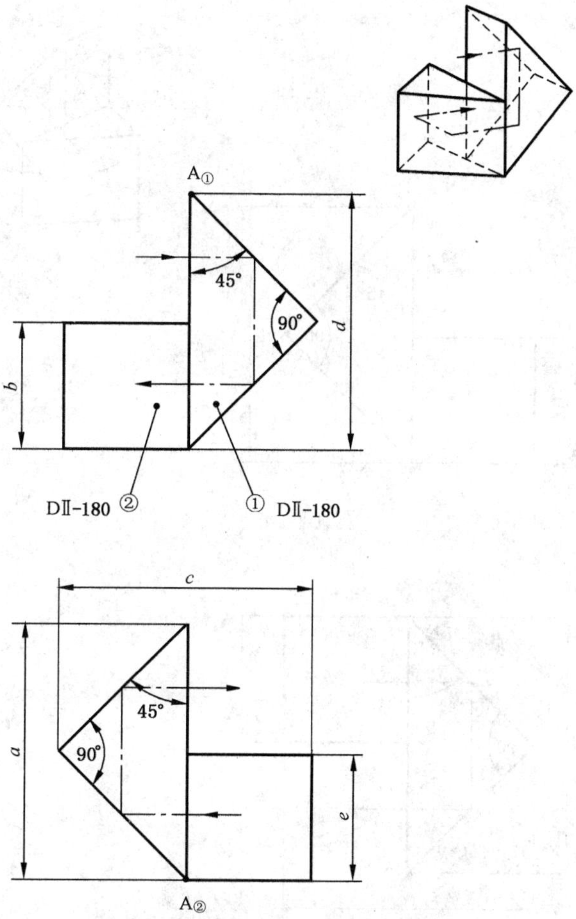
</td></tr>
<tr><td>尺寸关系式</td><td>角度关系式</td><td>角度公差</td></tr>
<tr><td>$L=4.00D_0$<br>$a=2.00D_0$<br>$b=D_0$<br>$c=2.00D_0$<br>$d=2.00D_0$</td><td>$\theta_{\mathrm{I}}=\theta_{\mathrm{I}①}+\theta_{\mathrm{II}②}$<br>$\theta_{\mathrm{II}}=\theta_{\mathrm{II}①}+\theta_{\mathrm{I}②}$</td><td>$\theta_{\mathrm{I}}$<br>$\theta_{\mathrm{II}}$</td></tr>
</table>

表 49 保罗棱镜 FBⅣ-0

外 形 简 图

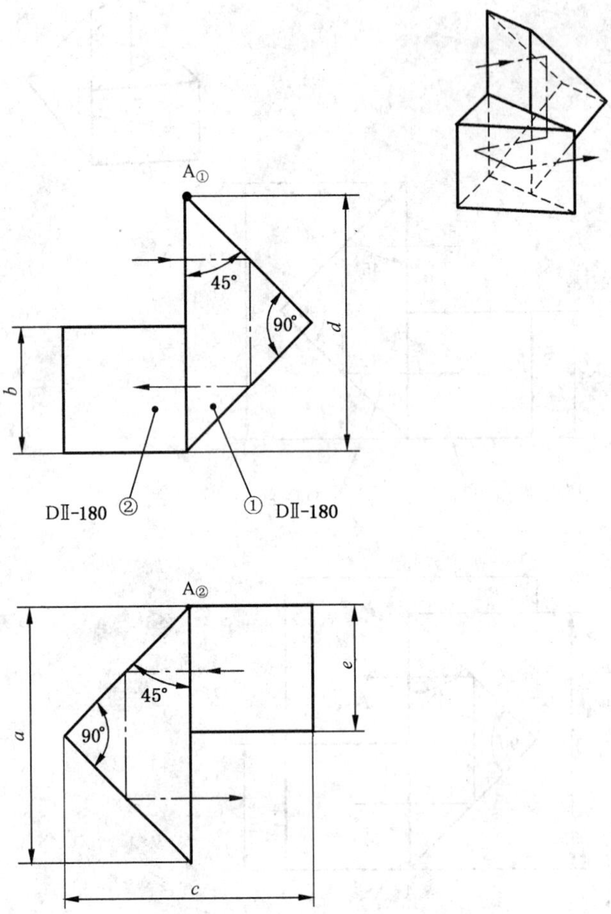


| 尺寸关系式 | 角度关系式 | 角度公差 |
|---|---|---|
| $L=4.00D_0$<br>$a=2.00D_0$<br>$b=D_0$<br>$c=2.00D_0$<br>$d=2.00D_0$ | $\theta_{\mathrm{I}}=\theta_{\mathrm{I}①}+\theta_{\mathrm{II}②}$<br>$\theta_{\mathrm{II}}=\theta_{\mathrm{II}①}+\theta_{\mathrm{I}②}$ | $\theta_{\mathrm{I}}$<br>$\theta_{\mathrm{II}}$ |

### 表 50 别汉棱镜 FBⅤ-0

外 形 简 图

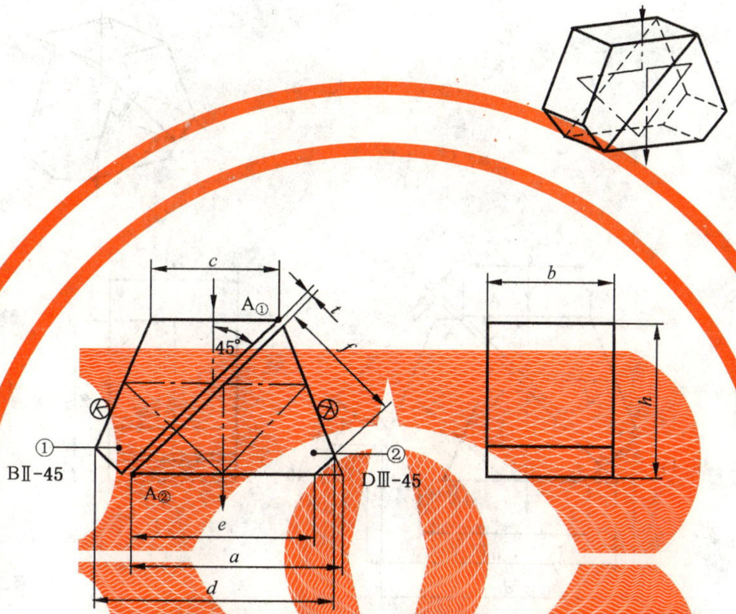


| 尺寸关系式 | 角度关系式 | 角度公差 |
|---|---|---|
| $L=4.62D_0$<br>$a=1.71D_0$<br>$b=D_0$<br>$c=D_0$<br>$d=1.83D_0$<br>$e=1.41D_0$<br>$f=D_0$<br>$h=1.21D_0$<br>$t\approx 0.10$ mm | $\theta_{\mathrm{I}}=\theta_{\mathrm{I}①}+\theta_{\mathrm{I}②}$<br>$\theta_{\mathrm{II}}=\theta_{\mathrm{II}①}+\theta_{\mathrm{II}②}$ | $\theta_{\mathrm{I}}$<br>$\theta_{\mathrm{II}}$ |

## 表 51 别汉屋脊棱镜 FBⅤ$_J$-0

| 外形简图 | | |
|---|---|---|
| 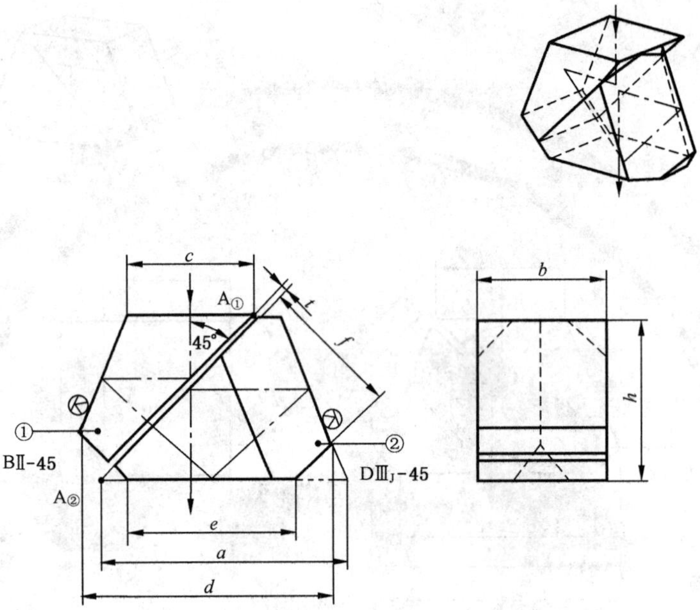 | | |
| 尺寸关系式 | 角度关系式 | 角度公差 |
| $L=5.16D_0$<br>$a=2.02D_0$<br>$b=D_0$<br>$c=D_0$<br>$d=2.01D_0$<br>$e=1.41D_0$<br>$f=1.13D_0$<br>$h=1.30D_0$<br>$t\approx0.10$ mm | $\theta_{\mathrm{I}}=\theta_{\mathrm{I}①}+\theta_{\mathrm{I}②}$<br>$\theta_{\mathrm{II}}=\theta_{\mathrm{II}①}+\theta_{\mathrm{II}②}$<br>$S=3.70n\delta$ | $\theta_{\mathrm{I}}$<br>$\theta_{\mathrm{II}}$<br>$S$ |

## 表 52　别汉屋脊棱镜 FBⅤ$_{\mathrm{J}}$-0

外　形　简　图

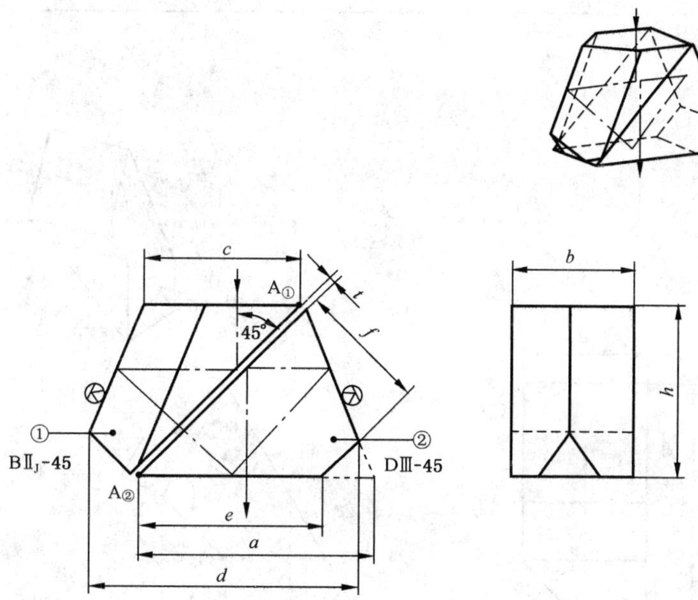


| 尺寸关系式 | 角度关系式 | 角度公差 |
|---|---|---|
| $L=5.31D_0$<br>$a=1.88D_0$<br>$b=D_0$<br>$c=1.24D_0$<br>$d=2.07D_0$<br>$e=1.41D_0$<br>$f=D_0$<br>$h=1.33D_0$<br>$t\approx 0.10\ \mathrm{mm}$ | $\theta_{\mathrm{I}}=\theta_{\mathrm{I}①}+\theta_{\mathrm{I}②}$<br>$\theta_{\mathrm{II}}=\theta_{\mathrm{II}①}+\theta_{\mathrm{II}②}$<br>$S=3.70n\delta$ | $\theta_{\mathrm{I}}$<br>$\theta_{\mathrm{II}}$<br>$S$ |

## 7.4 空间棱镜

表 53～表 60 列出了常用空间棱镜的外形简图、外形尺寸关系式、角度关系式和棱镜工作图应标注的角度公差。

**表 53 空间棱镜 KⅡ-90-60**

<table>
<tr><th colspan="3">外　形　简　图</th></tr>
<tr><td colspan="3">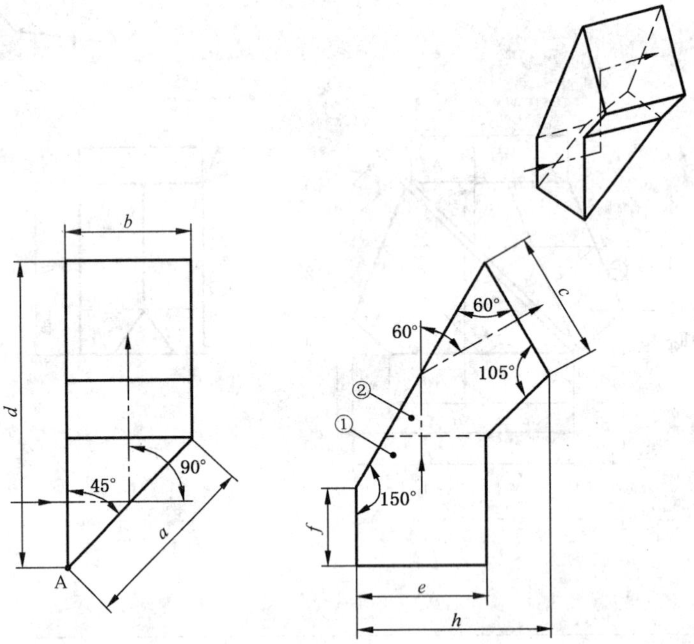
</td></tr>
<tr><th>尺寸关系式</th><th>角度关系式</th><th>角度公差</th></tr>
<tr><td>$L=2.37D_0$<br>$a=1.41D_0$<br>$b=D_0$<br>$c=D_0$<br>$d=2.37D_0$<br>$e=D_0$<br>$f=0.63D_0$<br>$h=1.50D_0$</td><td>$\theta_{\text{I}}=\delta 45°+\gamma_{A②}$<br>$\theta_{\text{II}}=1.41\gamma_{A①}+\delta 60°$<br>$\Psi=69°18'$</td><td>$\theta_{\text{I}}$<br>$\theta_{\text{II}}$<br>$\Delta\Psi$</td></tr>
</table>

## 表 54　空间棱镜 KⅡ-90-60

外形简图

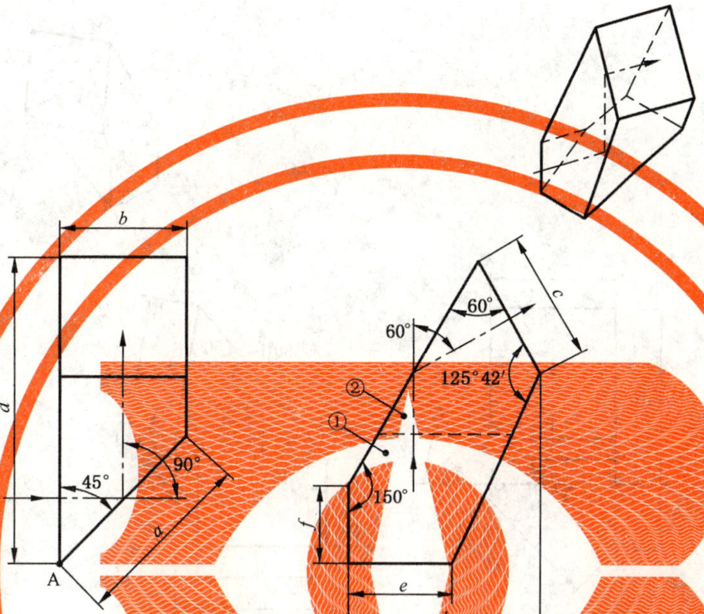


| 尺寸关系式 | 角度关系式 | 角度公差 |
|---|---|---|
| $L=2.37D_0$<br>$a=1.41D_0$<br>$b=D_0$<br>$c=D_0$<br>$d=2.37D_0$<br>$e=0.82D_0$<br>$f=0.63D_0$<br>$h=1.50D_0$ | $\theta_{\mathrm{I}}=\delta 45^\circ+\gamma_{A②}$<br>$\theta_{\mathrm{II}}=1.41\gamma_{A①}+\delta 60^\circ$<br>$\Psi=69^\circ 18'$ | $\theta_{\mathrm{I}}$<br>$\theta_{\mathrm{II}}$<br>$\Delta\Psi$ |

## 表 55 空间棱镜 KⅡ-90-80

<table>
<tr><td colspan="3">外 形 简 图</td></tr>
<tr><td colspan="3">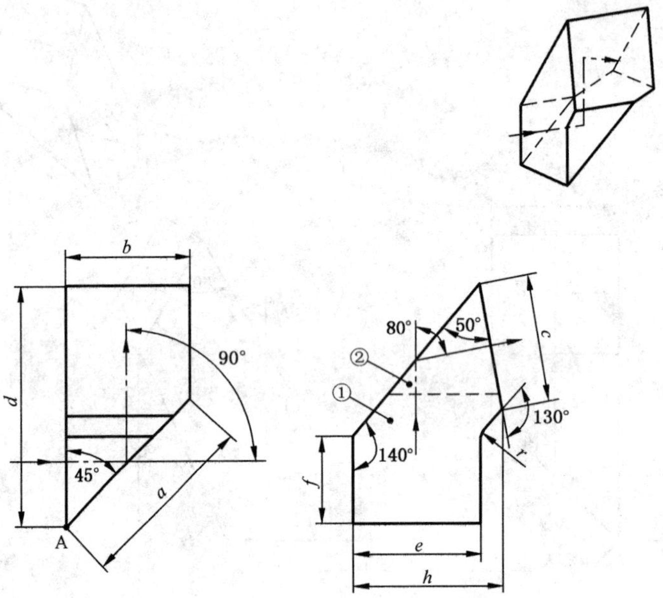
</td></tr>
<tr><td>尺寸关系式</td><td>角度关系式</td><td>角度公差</td></tr>
<tr><td>$L=1.87D_0$<br>$a=1.41D_0$<br>$b=D_0$<br>$c=D_0$<br>$d=1.87D_0$<br>$e=D_0$<br>$f=0.68D_0$<br>$h=1.17D_0$<br>$r=0.25D_0$</td><td>$\theta_{\mathrm{I}}=\delta 45^\circ+1.29\gamma_{A②}$<br><br>$\theta_{\mathrm{II}}=1.41\gamma_{A①}+\delta 50^\circ$<br><br>$\Psi=62^\circ 58'$</td><td>$\theta_{\mathrm{I}}$<br><br>$\theta_{\mathrm{II}}$<br><br>$\Delta\Psi$</td></tr>
</table>

表 56 空间棱镜 KⅡ-90-80

| 外形简图 | | |
|---|---|---|
| 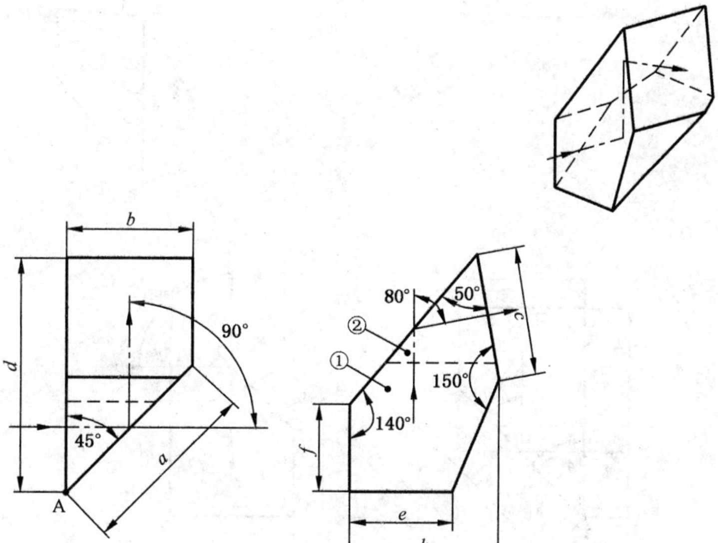 | | |
| 尺寸关系式 | 角度关系式 | 角度公差 |
| $L=1.87D_0$<br>$a=1.41D_0$<br>$b=D_0$<br>$c=D_0$<br>$d=1.87D_0$<br>$e=0.85D_0$<br>$f=0.68D_0$<br>$h=1.17D_0$ | $\theta_{\mathrm{I}}=\delta 45°+1.29\gamma_{A②}$<br>$\theta_{\mathrm{II}}=1.41\gamma_{A①}+\delta 50°$<br>$\Psi=62°58'$ | $\theta_{\mathrm{I}}$<br>$\theta_{\mathrm{II}}$<br>$\Delta\Psi$ |

表 57　空间棱镜 KⅡ-90-90

外 形 简 图

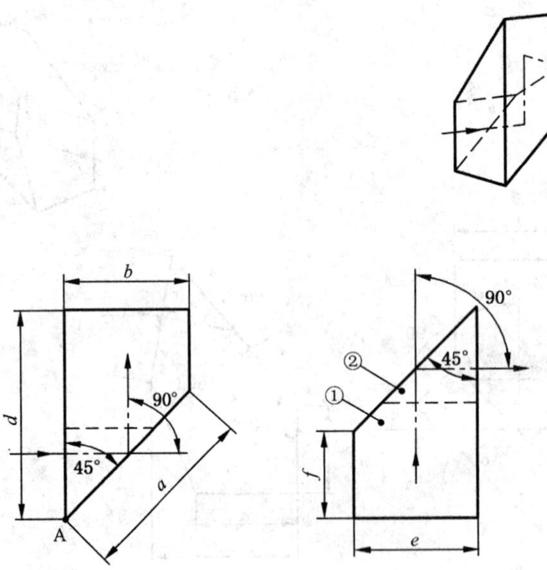


| 尺寸关系式 | 角度关系式 | 角度公差 |
| --- | --- | --- |
| $L=1.71D_0$<br>$a=1.41D_0$<br>$b=D_0$<br>$d=1.71D_0$<br>$e=D_0$<br>$f=0.71D_0$ | $\theta_{\mathrm{I}}=\delta 45^\circ_{①}+1.41\gamma_{A②}$<br>$\theta_{\mathrm{II}}=1.41\gamma_{A①}+\delta 45^\circ_{②}$<br>$\Psi=60^\circ$ | $\theta_{\mathrm{I}}$<br>$\theta_{\mathrm{II}}$<br>$\Delta\Psi$ |

表 58　空间棱镜 KⅡ-90-100

外　形　简　图

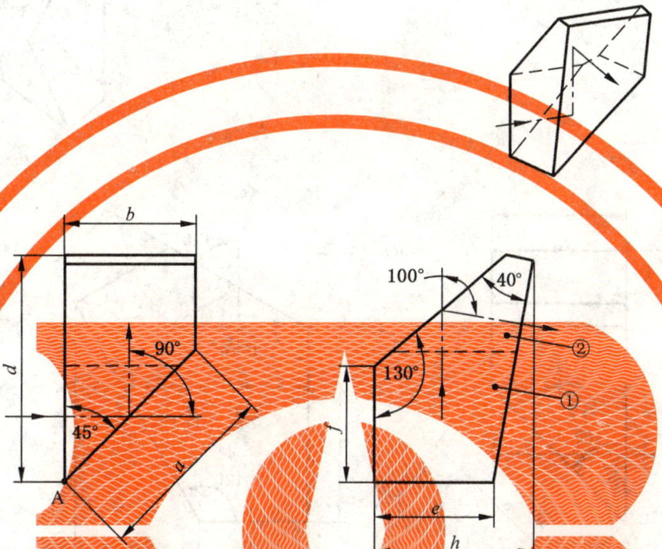


| 尺寸关系式 | 角度关系式 | 角度公差 |
|---|---|---|
| $L=1.95D_0$<br>$a=1.41D_0$<br>$b=D_0$<br>$d=1.73D_0$<br>$e=0.92D_0$<br>$f=0.89D_0$<br>$h=1.22D_0$ | $\theta_{\mathrm{I}}=\delta 45^\circ+1.53\gamma_{A②}$<br>$\theta_{\mathrm{II}}=1.41\gamma_{A①}+\delta 40^\circ$<br>$\Psi=57^\circ 12'$ | $\theta_{\mathrm{I}}$<br>$\theta_{\mathrm{II}}$<br>$\Delta\Psi$ |

## 表 59 空间棱镜 KⅡ-90-120

外 形 简 图

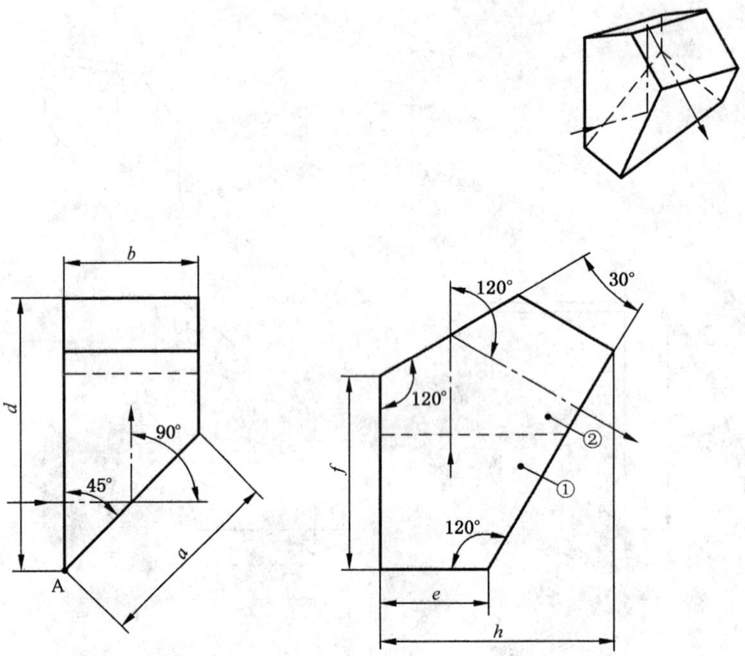


| 尺寸关系式 | 角度关系式 | 角度公差 |
|---|---|---|
| $L=2.82D_0$<br>$a=1.41D_0$<br>$b=D_0$<br>$d=2.00D_0$<br>$e=0.79D_0$<br>$f=1.43D_0$<br>$h=1.71D_0$ | $\theta_{\mathrm{I}}=\delta 45°+1.73\gamma_{A②}$<br><br>$\theta_{\mathrm{II}}=1.41\gamma_{A①}+\delta 30°$<br><br>$\Psi=52°14'$ | $\theta_{\mathrm{I}}$<br><br>$\theta_{\mathrm{II}}$<br><br>$\Delta\Psi$ |

表 60　空间棱镜 KⅡ$_J$-90-100

<table>
<tr><td colspan="3">外　形　简　图</td></tr>
<tr><td colspan="3">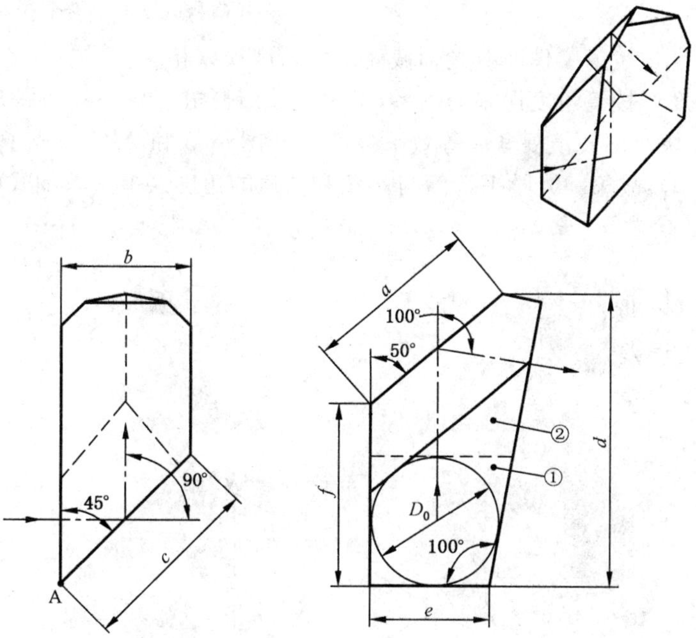</td></tr>
<tr><td>尺寸关系式</td><td>角度关系式</td><td>角度公差</td></tr>
<tr><td>$L=2.53D_0$<br>$a=1.31D_0$<br>$b=D_0$<br>$c=1.41D_0$<br>$d=2.38D_0$<br>$e=0.92D_0$<br>$f=1.39D_0$</td><td>$\theta_{\mathrm{I}}=\delta 45°+1.29\gamma_{C②}$<br>$\theta_{\mathrm{II}}=1.41\gamma_{A①}+\delta 40°$<br>$\Psi=32°48'$<br>$S=3.06n\delta$</td><td>$\theta_{\mathrm{I}}$<br>$\theta_{\mathrm{II}}$<br>$S$ 或 $\delta$<br>$\Delta\Psi$</td></tr>
</table>

# 附 录 A
# (资料性附录)
# 光学平行度与棱镜角度误差的关系

## A.1 第一光学平行度与棱镜角度误差的关系

**A.1.1** 第一光学平行度与棱镜工作面在光轴截面内的角度误差相关。

**A.1.2** 第一光学平行度与棱镜角度误差的关系,可由棱镜展开成等效平板的展开图上导出。

例如,图 A.1 为一块半五棱镜展开成等效平板的展开图,AB 和 A′C 构成了等效平板的两个面,二者的夹角等于($\alpha-\beta-\beta$),故第一光学平行度与 $\alpha$ 角和 $\beta$ 角的角度误差关系如式(A.1)所示:

$$\theta_{\mathrm{I}}=\Delta\alpha-2\Delta\beta \qquad \text{(A.1)}$$

式中:

$\theta_{\mathrm{I}}$ ——第一光学平行度;

$\Delta\alpha$——$\alpha$ 角的角度误差;

$\Delta\beta$——$\beta$ 角的角度误差。

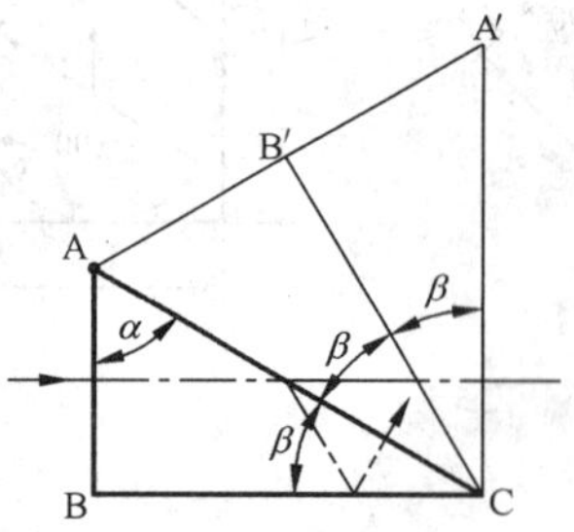


图 A.1

示例 1:表 19 中半五棱镜 BⅡ-60 的第一光学平行度与棱镜的角度误差关系式为:

$$\theta_{\mathrm{I}}=\Delta 60°-2\Delta 30°$$

**A.1.3** 等腰棱镜(包括道威棱镜、直角棱镜和施密特棱镜)的第一光学平行度等于两腰底角的角度之差。

示例 2:表 3 中等腰棱镜 DⅠ-60 的第一光学平行度与棱镜的角度误差关系式为:

$$\theta_{\mathrm{I}}=\delta 60°$$

式中:

$\delta 60°$——表 3 中棱镜两 60°底角的角度之差。

## A.2 第二光学平行度与棱镜角度误差的关系

**A.2.1** 第二光学平行度与棱镜的棱差相关。

**A.2.2** 若棱镜某反射面与其所对棱的棱差为 $\gamma_{\mathrm{A}}$,则所引起的第二光学平行度等于该反射面上的光轴入射角 $\alpha_0$ 的余弦与 $2\gamma_{\mathrm{A}}$ 的乘积,如式(A.2)所示:

$$\theta_{\mathrm{II}}=2\gamma_{\mathrm{A}}\cos\alpha_0 \qquad \text{(A.2)}$$

式中：

$\theta_{\mathrm{II}}$——第二光学平行度；

$\gamma_{A}$——棱镜的棱差；

$\alpha_{0}$——光轴在反射面上的入射角。

示例 3：表 3 中等腰棱镜 DⅠ-60 的第二光学平行度与棱镜的角度误差关系式为：

$$\theta_{\mathrm{II}}=2\gamma_{A}\cos60^{\circ}=\gamma_{A}$$

示例 4：表 22 中五棱镜 WⅡ-90 的第二光学平行度与棱镜的角度误差关系式为：

$$\theta_{\mathrm{II}}=2\gamma_{A2}\cos22.5^{\circ}+2\gamma_{A3}\cos22.5^{\circ}=1.85(\gamma_{A2}+\gamma_{A3})$$

**A.2.3** 若屋脊棱镜某屋脊棱的棱差为 $\gamma_{C}$，则所引起的第二光学平行度等于该屋脊棱上的光轴入射角 $\alpha_{0}$ 的正弦与 $2\gamma_{C}$ 的乘积，如式(A.3)所示：

$$\theta_{\mathrm{II}}=2\gamma_{C}\sin\alpha_{0} \qquad \cdots\cdots(A.3)$$

式中：

$\theta_{\mathrm{II}}$——第二光学平行度；

$\gamma_{C}$——屋脊棱的棱差；

$\alpha_{0}$——光轴在屋脊棱上的入射角。

示例 5：表 11 中等腰屋脊棱镜 $\mathrm{DI_J}$-60 的第二光学平行度与棱镜的角度误差关系式为：

$$\theta_{\mathrm{II}}=2\gamma_{C}\sin60^{\circ}=1.73\gamma_{C}$$

# 附 录 B
（资料性附录）
# 棱镜角度公差给定原则

## B.1 概述

棱镜的角度误差将导致白光光束通过棱镜后产生色散，也会引起像偏转。应以满足系统的色散以及像偏转要求为基本原则，考虑并给定棱镜角度的公差，并在棱镜的图样上标注第7章棱镜表中“角度公差”栏里规定的角度公差。

## B.2 光学平行度、光轴截面内角度公差与棱差的给定原则

**B.2.1** 若系统中具有棱镜调整机构，能以棱镜的微量转动补偿棱镜角度误差产生的像偏转时，可以只按色散要求给定棱镜光学平行度公差，并标注在图样上。

**B.2.2** 对于某些棱镜，例如斜方棱镜XⅡ-0、直角屋脊棱镜DⅡ$_J$-180等，它们的特点是棱镜绕空间任意轴旋转均不能使像偏转；对于另一些棱镜，例如列曼屋脊棱镜LⅢ$_J$-0、阿贝屋脊棱镜FAⅢ$_J$-0、别汉屋脊棱镜FBⅤ$_J$-0、保罗棱镜FBⅢ$_J$-0等，它们的共同特点是棱镜绕空间任意轴旋转均不能使像倾斜（$x'$像偏转）。

以上两类棱镜无法用棱镜微量转动去补偿角度误差产生的像偏转和像倾斜，因此应同时根据色散和像偏转的要求，给定棱镜的角度公差。

**B.2.3** 系统对像偏转要求严格且棱镜又无调整环节时，也应同时根据色散和像偏转的要求给定棱镜的角度公差。

## B.3 屋脊角公差的给定原则

应按屋脊双像差对屋脊角的误差进行评定。屋脊双像差与屋脊角误差的关系为：

$$\delta=\frac{S}{4n\cdot\cos\alpha_0}$$

式中：

$S$ ——屋脊双像差；

$\delta$ ——屋脊角误差；

$\alpha_0$ ——以屋脊棱的法平面与入射到屋脊棱上的光轴之间的夹角。

## B.4 屋脊面与相邻工作面的二面角公差的给定原则

屋脊面与相邻工作面的二面角公差，可根据光轴截面内棱镜的角度误差、C棱差和屋脊面绕屋脊棱的旋转三项误差计算后给定。

ICS 37.020
N 30

# 中华人民共和国国家标准

GB/T 7660.2—2013
代替 GB/T 7660.3—1987

# 反射棱镜 第2部分:像偏转特性

Reflecting prisms—Part 2: Characteritics of image rotation

2013-12-17 发布 2014-07-15 实施

中华人民共和国国家质量监督检验检疫总局
中国国家标准化管理委员会 发布

# 前　言

GB/T 7660《反射棱镜》分为三个部分：

——第1部分：几何特性；

——第2部分：像偏转特性；

——第3部分：光学平行度及其检验方法。

本部分是 GB/T 7660 的第2部分。

本部分按照 GB/T 1.1—2009 给出的规则起草。

本部分代替 GB/T 7660.3—1987《反射棱镜　像　偏转特性》，与 GB/T 7660.3—1987 相比，除编辑性修改外，主要技术差异如下：

——对标准编号和名称进行了修改，并对标准的范围作了补充；

——将以右手标定棱镜像坐标系，修改为以左手标定，并增加相关插图；

——明确了棱镜特征方向和特征转角的定义、性质和获得途径，并补充了插图和示例；

——补充了遗漏的图表符号说明；

——在图表中增加了每一种棱镜的轴测图，并在图上标注了物坐标、像坐标和特征方向；

——将原图表中"四棱镜"的代号 D，修改为 S；

——将原图表中"普柔"棱镜改为"保罗"棱镜，其标识符 P 改为 B；

——将原图表中"立方角棱镜 LⅢ-180"的名称和代号，修改为"角隅棱镜 JⅢ-180"；

——在附录 B 中增加了棱镜安装误差引起的像偏转和计算示例；

——纠正了附录 A 中 $S_{\overline{T}\cdot 2\varphi}$ 计算公式的错误。

本部分由中国机械工业联合会提出。

本部分由全国光学和光子学标准化技术委员会(SAC/TC 103)归口。

本部分起草单位：贵阳新天光电科技有限公司、上海理工大学、贵州省光学测量工程技术研究中心、苏州一光仪器有限公司、梧州奥卡光学仪器公司、宁波市教学仪器有限公司、南京东利来光电实业有限公司、宁波湛京光学仪器有限公司、宁波舜宇仪器有限公司、宁波永新光学股份有限公司、南京江南永新光学有限公司、麦克奥迪实业集团有限公司、北京博飞仪器股份有限公司、宁波华光精密仪器有限公司、广州粤显光学仪器有限责任公司、重庆光电仪器有限公司。

本部分主要起草人：胡清、冯琼辉、吕毓珍、范荣萍、张景华、王国瑞、杨广烈、熊守裕、胡森虎、曾丽珠、李晞、肖倩、阙江、徐利明、李弥高、夏硕。

本部分所代替标准的历次版本发布情况为：

——GB/T 7660.3—1987。

# 反射棱镜　第2部分：像偏转特性

## 1　范围

GB/T 7660 的本部分规定了当光学系统中的反射棱镜作微量转动或角度存在制造误差时，物体经棱镜成像后，所产生像偏转的标定坐标系和像偏转特性参数，并以图表形式给出了 70 种常用反射棱镜像偏转特性的图示和像偏转的有关计算公式。

本部分适用于指导反射棱镜(以下简称棱镜)及其光学系统的设计，以及棱镜的制造、检验和调整。

本部分的定义、概念、术语及计算公式允许推广到棱镜组合系统、平面镜系统及棱镜、平面镜组合系统。

## 2　规范性引用文件

下列文件对于本文件的应用是必不可少的。凡是注日期的引用文件，仅注日期的版本适用于本文件。凡是不注日期的引用文件，其最新版本(包括所有的修改单)适用于本文件。

GB/T 7660.1—2013　反射棱镜　第1部分：几何特性

## 3　通则

### 3.1　标定坐标系

物体经棱镜成像后的共轭体称为像体。

取左手定则标定像体的直角坐标系，像体偏转(以下简称“像偏转”)在该坐标系内标定。

本文件以食指指向定义为 $x'$ 坐标正向，并作为光线出射棱镜后的出射方向；以拇指指向定义为 $y'$ 坐标正向，以中指指向定义为 $z'$ 坐标正向，如图 1 所示。

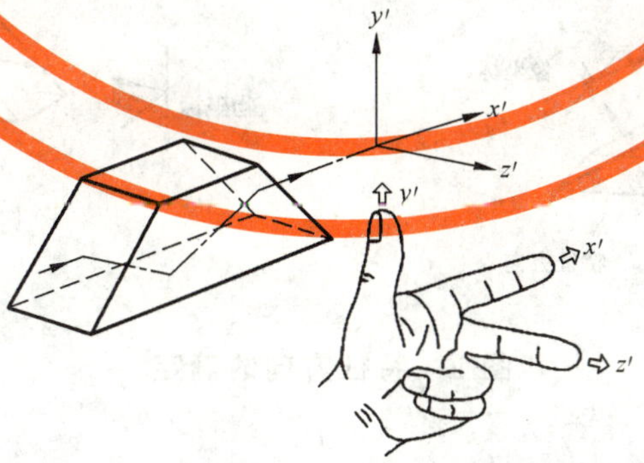


图 1　左手定则

### 3.2　像偏转特性参数

#### 3.2.1　作用矩阵

反映棱镜物向量与像向量共轭关系的矩阵，用 $R$ 表示。

物向量为$\overline{A}$，其像向量为$\overline{A'}$，它们的关系为：

$$\overline{A'}=R\,\overline{A}$$

本部分所有向量均在标定坐标系内标定。

### 3.2.2 像偏转的度量

像体的微量旋转，用微量转角向量$\overline{\mu'}$表示。它的方向表示像体旋转的转轴方向，模表示转角大小，其符号按左手定则。

像偏转可以分解为以下分量：

a) $x'$像偏转：像偏转$\overline{\mu'}$在$x'$轴上的投影，用$\mu'_{x'}$表示。

b) $y'$像偏转：像偏转$\overline{\mu'}$在$y'$轴上的投影，用$\mu'_{y'}$表示。

c) $z'$像偏转：像偏转$\overline{\mu'}$在$z'$轴上的投影，用$\mu'_{z'}$表示。

### 3.2.3 特征方向和特征转角

a) 对于任何反射棱镜，其空间都存在这样一个特定方向，即当棱镜以该方向为轴线微量旋转时，像体不产生偏转。该方向称为特征方向，用单位自由向量$\overline{T}$表示。

b) 偶次反射棱镜的像坐标是物坐标以特征方向为轴线，转一特定角度而成；奇次反射棱镜的像坐标是物坐标反向后，以特征方向为轴线，转一特定角度而成。该特定角度，称为特征转角，用$2\varphi$表示，其符号符合左手定则。

c) 特征方向和特征转角可由对棱镜物坐标经各工作面反射追迹到像坐标，根据物、像坐标相互关系，并按3.2.3b)规则得到。

示例1：

图2a)所示为一个偶次反射棱镜，即半五棱镜BⅡ-60，其像坐标$x'$、$y'$、$z'$是物坐标$x$、$y$、$z$绕$\overline{T}$轴转60°角而成。

示例2：

图2b)所示为一个奇次反射棱镜，即道威棱镜DⅠ-0，其像坐标$x'$、$y'$、$z'$是物坐标$x$、$y$、$z$反向后，绕$\overline{T}$轴转180°角而成。

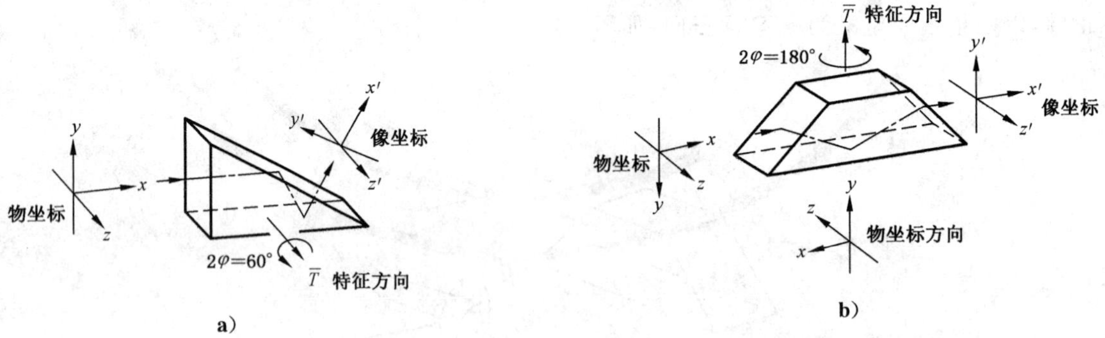


图2 特征方向的确定

### 3.2.4 像偏转极值轴向和像偏转极值

棱镜绕不同方向的轴，转过同一微量转角时，以其中产生像偏转最大值的轴向作为像偏转极值轴向，此最大值称为像偏转极值。

像偏转极值轴向和像偏转极值的表达方式如下：

a) $x'$像偏转极值轴向——棱镜绕其转动产生$x'$像偏转最大值的轴向，用单位自由向量$\overline{u}$表示。

b) $y'$像偏转极值轴向——棱镜绕其转动产生$y'$像偏转最大值的轴向，用单位自由向量$\overline{v}$表示。

c) $z'$像偏转极值轴向——棱镜绕其转动产生 $z'$像偏转最大值的轴向，用单位自由向量$\overline{w}$表示。

d) $x'$像偏转极值、$y'$像偏转极值、$z'$像偏转极值分别用 $\mu'_{x'\max}$、$\mu'_{y'\max}$、$\mu'_{z'\max}$或 $\delta_u$、$\delta_v$、$\delta_w$ 表示。

# 4 棱镜图表

## 4.1 总则

表 1～表 70 给出了常用棱镜像偏转特性的图示和像偏转的有关计算公式，其中包括：

——物坐标($x$,$y$,$z$)、像坐标($x'$,$y'$,$z'$)和作用矩阵 $R$；

——特征方向$\overline{T}$和特征转角 $2\varphi$；

——像偏转极值轴($\overline{u}$,$\overline{v}$,$\overline{w}$)和像偏转极值($\mu'_{x'\max}$,$\mu'_{y'\max}$,$\mu'_{z'\max}$)的计算公式；

——棱镜在微量转动以及角度存在制造误差时，像偏转($\mu'_{x'}$,$\mu'_{y'}$,$\mu'_{z'}$)的计算公式。

## 4.2 符号

除以上已说明的符号外，表 1～表 70 中的其他符号说明如下：

1、2、3……为棱镜工作面序号，以光轴前进方向为序；

①、②、③……为复合棱镜中单棱镜的序号，或空间棱镜可分解的单棱镜序号，以光轴前进方向为序。

$\alpha_0$ ——光轴在棱镜反射面或屋脊棱上的入射角；

$\beta$ ——光轴入射棱镜前的正方向与光轴出射后的正方向之间的夹角；

$\gamma_A$ ——A 棱差(见 GB/T 7660.1—2013 的 3.20)；

$\gamma_C$ ——C 棱差(见 GB/T 7660.1—2013 的 3.22)；

$\Delta\alpha$ ——棱镜的微量转角；

$\Delta\omega_{y'}$ ——制造误差导致出射表面绕 $y'$ 轴偏转的角度；

$\Delta\omega_{z'}$ ——制造误差导致出射表面绕 $z'$ 轴偏转的角度；

Δ×× ——光轴截面内××角的角度误差；

$\theta_{\mathrm{I}}$ ——第一光学平行度(见 GB/T 7660.1—2013 的 3.17)；

$\theta_{\mathrm{II}}$ ——第二光学平行度(见 GB/T 7660.1—2013 的 3.18)；

$\theta_{e,f(\mathrm{I})}$ ——棱镜第 $e$ 面与第 $f$ 面的第一平行度，$e$、$f$ 为棱镜图中的面序号；

$n$ ——棱镜材料的折射率；

$\overline{P}$ ——任意给定转轴方向的单位自由向量；

$P_{x'}$、$P_{y'}$、$P_{z'}$ ——分别为$\overline{P}$在坐标系 $x'$、$y'$、$z'$ 轴上的投影；

$\oplus$ ——垂直于纸面的坐标轴或向量，其箭头背向读者；

$\odot$ ——垂直于纸面的坐标轴或向量，其箭头指向读者。

## 4.3 平面棱镜

### 4.3.1 单棱镜

表 1～表 37 列出了常用单棱镜像偏转特性参数的图示和像偏转的有关计算公式。

**表 1　道威棱镜 DⅠ-0**

| 物坐标、像坐标、特征方向、像偏转极值轴向示意图 |
|---|

$2\varphi = 180°$

$\alpha_0 = 45° + \arcsin\dfrac{\sqrt{2}}{2n}$

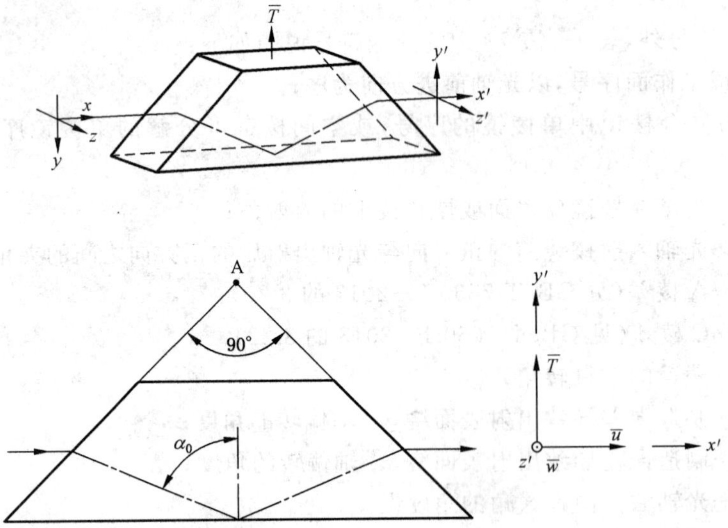


| 作用矩阵 | 像偏转极值 | 像偏转 | |
|---|---|---|---|
| | | 绕任意轴$\overline{P}$转$\Delta\alpha$角产生的像偏转 | 制造误差产生的像偏转 |
| $R = \begin{bmatrix} 1 & 0 & 0 \\ 0 & -1 & 0 \\ 0 & 0 & 1 \end{bmatrix}$ | $\mu'_{x'\max} = 2\Delta\alpha$<br>$\mu'_{y'\max} = 0$<br>$\mu'_{z'\max} = 2\Delta\alpha$ | $\mu'_{x'} = 2\Delta\alpha P_{x'}$<br>$\mu'_{y'} = 0$<br>$\mu'_{z'} = 2\Delta\alpha P_{z'}$ | $\mu'_{x'} = 2\gamma_A \sin\alpha_0$<br>$\mu'_{y'} = 2n\gamma_A \cos\alpha_0$<br>$\mu'_{z'} = \sqrt{2n^2-1} \cdot \theta_1 + \Delta 90°$ |

## 表 2　等腰棱镜 DⅠ-45

**物坐标、像坐标、特征方向、像偏转极值轴向示意图**

$2\varphi=180^\circ$

| 作用矩阵 | 像偏转极值 | 像偏转 | |
|---|---|---|---|
| | | 绕任意轴 $\overline{P}$ 转 $\Delta\alpha$ 角产生的像偏转 | 制造误差产生的像偏转 |
| $R=\begin{bmatrix} \frac{\sqrt{2}}{2} & -\frac{\sqrt{2}}{2} & 0 \\ -\frac{\sqrt{2}}{2} & -\frac{\sqrt{2}}{2} & 0 \\ 0 & 0 & 1 \end{bmatrix}$ | $\mu'_{x'\max}=1.85\Delta\alpha$<br>$\mu'_{y'\max}=0.77\Delta\alpha$<br>$\mu'_{z'\max}=2\Delta\alpha$ | $\mu'_{x'}=\Delta\alpha(1.71P_{x'}-0.71P_{y'})$<br>$\mu'_{y'}=\Delta\alpha(-0.71P_{x'}+0.29P_{y'})$<br>$\mu'_{z'}=2\Delta\alpha P_{z'}$ | $\mu'_{x'}=1.85\gamma_A$<br>$\mu'_{y'}=n\theta_{\mathrm{II}}$<br>$\mu'_{z'}=n\theta_{\mathrm{I}}+\Delta 45^\circ$ |

表 3 等腰棱镜 DⅠ-60

| 物坐标、像坐标、特征方向、像偏转极值轴向示意图 |
|---|
| $2\varphi=180°$ 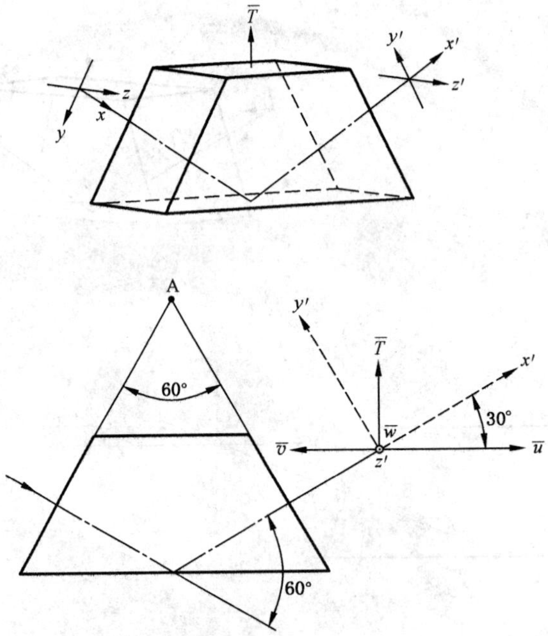  |

| 作用矩阵 | 像偏转极值 | 像偏转 | |
|---|---|---|---|
| | | 绕任意轴$\overline{P}$转Δα角产生的像偏转 | 制造误差产生的像偏转 |
| $R=\begin{bmatrix}\frac{1}{2} & -\frac{\sqrt{3}}{2} & 0\\ -\frac{\sqrt{3}}{2} & -\frac{1}{2} & 0\\ 0 & 0 & 1\end{bmatrix}$ | $\mu'_{x'\max}=1.73\Delta\alpha$<br>$\mu'_{y'\max}=\Delta\alpha$<br>$\mu'_{z'\max}=2\Delta\alpha$ | $\mu'_{x'}=\Delta\alpha(1.50P_{x'}-0.87P_{y'})$<br>$\mu'_{y'}=\Delta\alpha(-0.87P_{x'}+0.50P_{y'})$<br>$\mu'_{z'}=2\Delta\alpha P_z$ | $\mu'_{x'}=1.73\gamma_A$<br>$\mu'_{y'}=n\theta_{\mathrm{II}}$<br>$\mu'_{z'}=n\theta_{\mathrm{I}}+\Delta 60°$ |

## 表 4 等腰棱镜 DⅠ-80

物坐标、像坐标、特征方向、像偏转极值轴向示意图

$2\varphi = 180°$

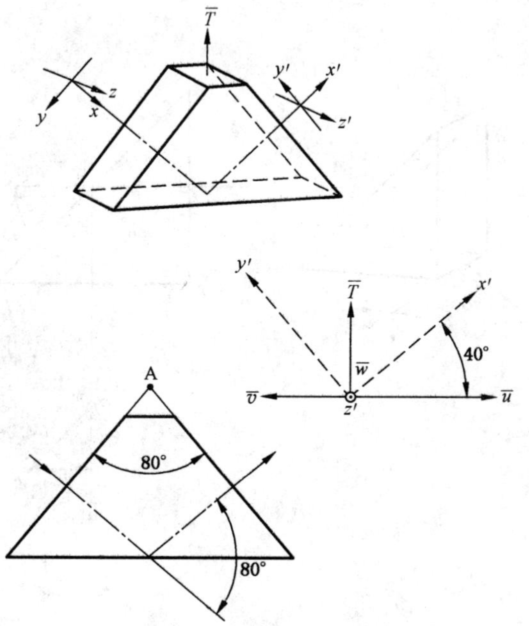


| 作用矩阵 | 像偏转极值 | 像偏转 | |
|---|---|---|---|
| | | 绕任意轴 $\overline{P}$ 转 $\Delta\alpha$ 角产生的像偏转 | 制造误差产生的像偏转 |
| $R=\begin{bmatrix} 0.17 & -0.99 & 0 \\ -0.99 & -0.17 & 0 \\ 0 & 0 & 1 \end{bmatrix}$ | $\mu'_{x'\max}=1.53\Delta\alpha$<br>$\mu'_{y'\max}=1.29\Delta\alpha$<br>$\mu'_{z'\max}=2\Delta\alpha$ | $\mu'_{x'}=\Delta\alpha(1.17P_{x'}-0.99P_{y'})$<br>$\mu'_{y'}=\Delta\alpha(-0.99P_{x'}+0.83P_{y'})$<br>$\mu'_{z'}=2\Delta\alpha P_{z'}$ | $\mu'_{x'}=1.53\gamma_A$<br>$\mu'_{y'}=n\theta_{\mathrm{II}}$<br>$\mu'_{z'}=n\theta_{\mathrm{I}}+\Delta 80°$ |

**表 5　直角棱镜 DⅠ-90**

| 物坐标、像坐标、特征方向、像偏转极值轴向示意图 |
|---|
| $2\varphi=180^\circ$ 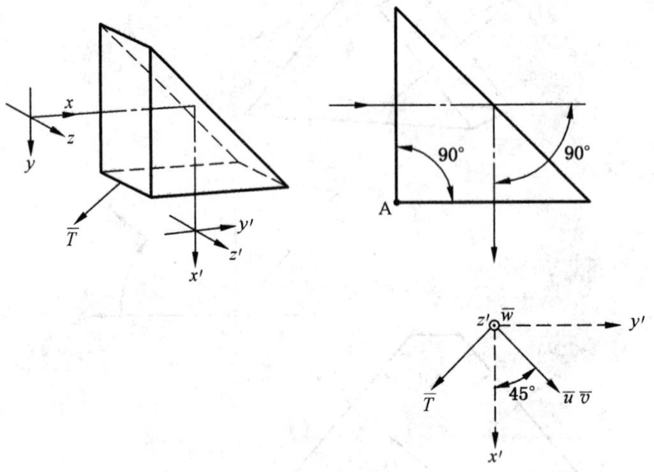 |



| 作用矩阵 | 像偏转极值 | 像偏转 | |
|---|---|---|---|
| | | 绕任意轴$\overline{P}$转$\Delta\alpha$角产生的像偏转 | 制造误差产生的像偏转 |
| $R=\begin{bmatrix}0 & 1 & 0\\1 & 0 & 0\\0 & 0 & 1\end{bmatrix}$ | $\mu'_{x'\max}=1.41\Delta\alpha$<br>$\mu'_{y'\max}=1.41\Delta\alpha$<br>$\mu'_{z'\max}=2\Delta\alpha$ | $\mu'_{x'}=\Delta\alpha(P_{x'}+P_{y'})$<br>$\mu'_{y'}=\Delta\alpha(P_{x'}+P_{y'})$<br>$\mu'_{z'}=2\Delta\alpha P_{z'}$ | $\mu'_{x'}=1.41\gamma_{A}$<br>$\mu'_{y'}=n\theta_{\mathrm{II}}$<br>$\mu'_{z'}=n\theta_{\mathrm{I}}+\Delta 90^\circ$ |

**表 6　等腰棱镜 DⅠ-105**

物坐标、像坐标、特征方向、像偏转极值轴向示意图

$2\varphi=180°$

| 作用矩阵 | 像偏转极值 | 像偏转 | |
|---|---|---|---|
| | | 绕任意轴 $\overline{P}$ 转 $\Delta\alpha$ 角产生的像偏转 | 制造误差产生的像偏转 |
| $R=\begin{bmatrix}-0.26 & -0.97 & 0\\-0.97 & 0.26 & 0\\0 & 0 & 1\end{bmatrix}$ | $\mu'_{x'\max}=1.22\Delta\alpha$<br>$\mu'_{y'\max}=1.59\Delta\alpha$<br>$\mu'_{z'\max}=2\Delta\alpha$ | $\mu'_{x'}=\Delta\alpha(0.74P_{x'}-0.97P_{y'})$<br>$\mu'_{y'}=\Delta\alpha(-0.97P_{x'}+1.26P_{y'})$<br>$\mu'_{z'}=2\Delta\alpha P_{z'}$ | $\mu'_{x'}=1.22\gamma_A$<br>$\mu'_{y'}=n\theta_{\text{II}}$<br>$\mu'_{z'}=n\theta_{\text{I}}+\Delta 105°$ |

**表 7 等腰棱镜 DⅠ-β(β<90°)**

| 物坐标、像坐标、特征方向、像偏转极值轴向示意图 | |
|---|---|
| $2\varphi=180°$ 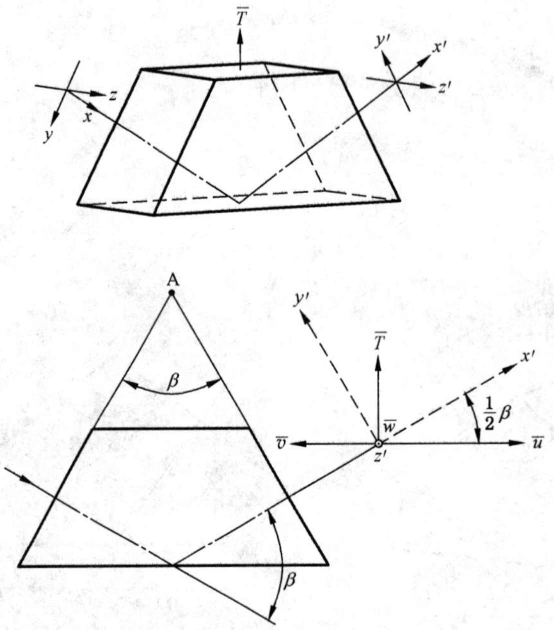  | |
| 作用矩阵 | 像偏转极值 |
| $R=\begin{bmatrix}\cos\beta & -\cos(90°-\beta) & 0\\ -\cos(90°-\beta) & -\cos\beta & 0\\ 0 & 0 & 1\end{bmatrix}$ | $\mu'_{x'\max}=2\Delta\alpha\cos(\beta/2)$<br>$\mu'_{y'\max}=2\Delta\alpha\sin(\beta/2)$<br>$\mu'_{z'\max}=2\Delta\alpha$ |
| 像偏转 | |
| 绕任意轴$\overline{P}$转$\Delta\alpha$角产生的像偏转 | 制造误差产生的像偏转 |
| $\mu'_{x'}=\Delta\alpha[(1+\cos\beta)P_{x'}-\cos(90°-\beta)P_{y'}]$<br>$\mu'_{y'}=\Delta\alpha[-\cos(90°-\beta)P_{x'}+(1-\cos\beta)P_{y'}]$<br>$\mu'_{z'}=2\Delta\alpha P_{z'}$ | $\mu'_{x'}=2\gamma_{A}\cos(\beta/2)$<br>$\mu'_{y'}=n\theta_{\mathrm{II}}$<br>$\mu'_{z'}=n\theta_{\mathrm{I}}+\Delta\beta$ |

## 表 8 等腰棱镜 DⅠ-β(β>90°)

<table>
<tr><td colspan="2">物坐标、像坐标、特征方向、像偏转极值轴向示意图</td></tr>
<tr><td colspan="2">$2\varphi=180^\circ$<br>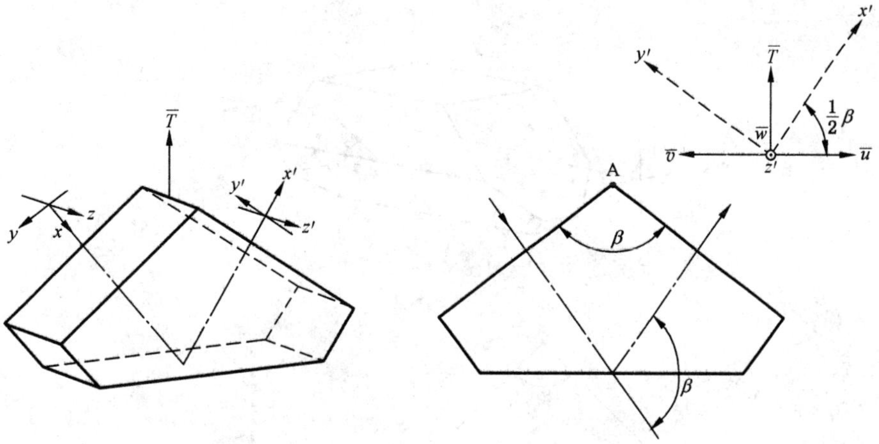<br></td></tr>
<tr><td>作用矩阵</td><td>像偏转极值</td></tr>
<tr><td>$$R=\begin{bmatrix}\cos\beta & -\cos(\beta-90^\circ) & 0\\ -\cos(90^\circ-\beta) & -\cos\beta & 0\\ 0 & 0 & 1\end{bmatrix}$$</td><td>$$\mu'_{x'\max}=2\Delta\alpha\cos(\beta/2)$$ $$\mu'_{y'\max}=2\Delta\alpha\sin(\beta/2)$$ $$\mu'_{z'\max}=2\Delta\alpha$$</td></tr>
<tr><td colspan="2">像偏转</td></tr>
<tr><td>绕任意轴$\overline{P}$转$\Delta\alpha$角产生的像偏转</td><td>制造误差产生的像偏转</td></tr>
<tr><td>$$\mu'_{x'}=\Delta\alpha[(1+\cos\beta)P_{x'}-\cos(\beta-90^\circ)P_{y'}]$$ $$\mu'_{y'}=\Delta\alpha[-\cos(\beta-90^\circ)P_{x'}+(1-\cos\beta)P_{y'}]$$ $$\mu'_{z'}=2\Delta\alpha P_{z'}$$</td><td>$$\mu'_{x'}=2\gamma_{A}\cos(\beta/2)$$ $$\mu'_{y'}=n\theta_{\text{II}}$$ $$\mu'_{z'}=n\theta_{\text{I}}+\Delta\beta$$</td></tr>
</table>

## 表 9 道威屋脊棱镜 DⅠ$_{J}$-0

**物坐标、像坐标、特征方向、像偏转极值轴向示意图**

$2\varphi=180°$

$\alpha_0=45°+\arcsin\dfrac{\sqrt{2}}{2n}$

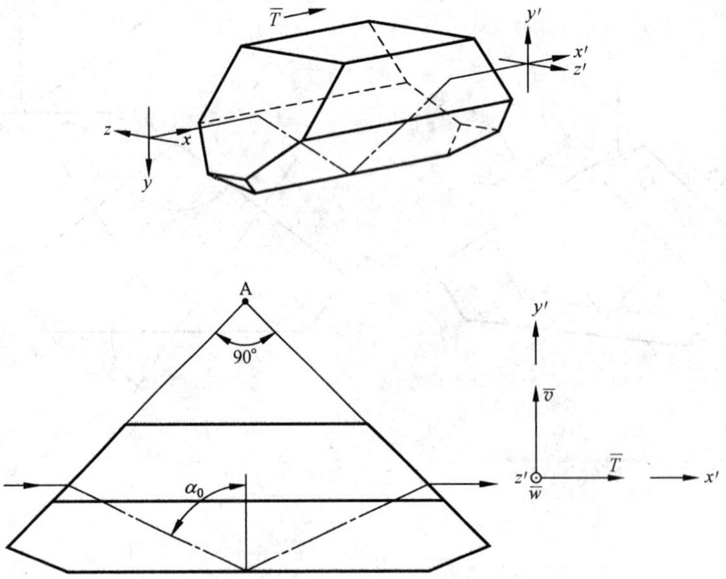


| 作用矩阵 | 像偏转极值 | 像偏转 | |
|---|---|---|---|
| | | 绕任意轴$\overline{P}$转$\Delta\alpha$角产生的像偏转 | 制造误差产生的像偏转 |
| $R=\begin{bmatrix}1 & 0 & 0\\0 & -1 & 0\\0 & 0 & -1\end{bmatrix}$ | $\mu'_{x'\max}=0$<br>$\mu'_{y'\max}=2\Delta\alpha$<br>$\mu'_{z'\max}=2\Delta\alpha$ | $\mu'_{x'}=0$<br>$\mu'_{y'}=2\Delta\alpha P_{y'}$<br>$\mu'_{z'}=2\Delta\alpha P_{z'}$ | $\mu'_{x'}=2\gamma_C\cos\alpha_0$<br>$\mu'_{y'}=2n\gamma_C\sin\alpha_0$<br>$\mu'_{z'}=\sqrt{2n^2-1}\cdot\theta_I+\Delta 90°$ |

## 表 10 等腰屋脊棱镜 $\mathrm{D\,I_J}$-45

<table>
<tr><td colspan="4">物坐标、像坐标、特征方向、像偏转极值轴向示意图</td></tr>
<tr><td colspan="4">

$2\varphi=180°$

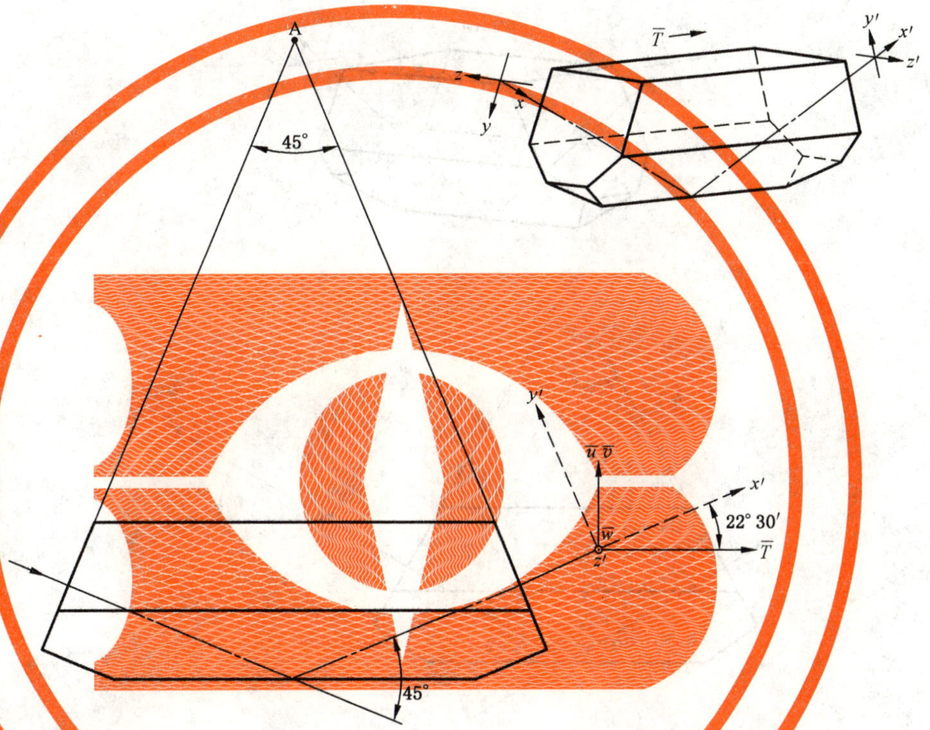


</td></tr>
<tr><td rowspan="2">作用矩阵</td><td rowspan="2">像偏转极值</td><td colspan="2">像偏转</td></tr>
<tr><td>绕任意轴 $\overline{P}$ 转 $\Delta\alpha$ 角产生的像偏转</td><td>制造误差产生的像偏转</td></tr>
<tr><td>$R=\begin{bmatrix}\frac{\sqrt{2}}{2} & -\frac{\sqrt{2}}{2} & 0\\ -\frac{\sqrt{2}}{2} & -\frac{\sqrt{2}}{2} & 0\\ 0 & 0 & -1\end{bmatrix}$</td><td>$\mu'_{x'\max}=0.77\Delta\alpha$<br>$\mu'_{y'\max}=1.85\Delta\alpha$<br>$\mu'_{z'\max}=2\Delta\alpha$</td><td>$\mu'_{x'}=\Delta\alpha(0.29P_{x'}+0.71P_{y'})$<br>$\mu'_{y'}=\Delta\alpha(0.71P_{x'}+1.71P_{y'})$<br>$\mu'_{z'}=2\Delta\alpha P_{z'}$</td><td>$\mu'_{x'}=0.77\gamma_C$<br>$\mu'_{y'}=n\theta_{\mathrm{II}}$<br>$\mu'_{z'}=n\theta_{\mathrm{I}}+\Delta45°$</td></tr>
</table>

## 表 11　等腰屋脊棱镜 DⅠ$_J$-60

物坐标、像坐标、特征方向、像偏转极值轴向示意图

$2\varphi=180°$

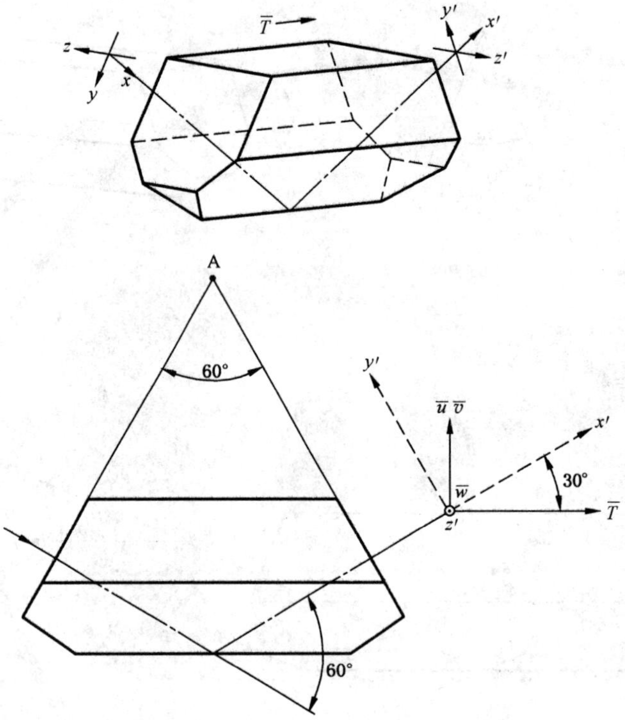


| 作用矩阵 | 像偏转极值 | 像偏转 | |
|---|---|---|---|
| | | 绕任意轴$\overline{P}$转Δα角产生的像偏转 | 制造误差产生的像偏转 |
| $R=\begin{bmatrix}\frac{1}{2} & -\frac{\sqrt{3}}{2} & 0\\ -\frac{\sqrt{3}}{2} & -\frac{1}{2} & 0\\ 0 & 0 & -1\end{bmatrix}$ | $\mu'_{x'\max}=\Delta\alpha$<br>$\mu'_{y'\max}=1.73\Delta\alpha$<br>$\mu'_{z'\max}=2\Delta\alpha$ | $\mu'_{x'}=\Delta\alpha(0.50P_{x'}+0.87P_{y'})$<br>$\mu'_{y'}=\Delta\alpha(0.87P_{x'}+1.50P_{y'})$<br>$\mu'_{z'}=2\Delta\alpha P_{z'}$ | $\mu'_{x'}=\gamma_C$<br>$\mu'_{y'}=n\theta_{\mathrm{II}}$<br>$\mu'_{z'}=n\theta_{\mathrm{I}}+\Delta 60°$ |

## 表 12　等腰屋脊棱镜 D Ⅰ$_J$-80

**物坐标、像坐标、特征方向、像偏转极值轴向示意图**

$2\varphi = 180°$

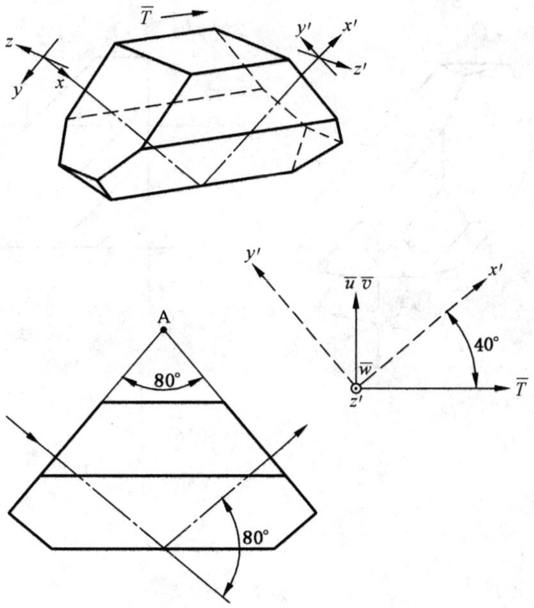


| 作用矩阵 | 像偏转极值 | 像偏转 | |
|---|---|---|---|
| | | 绕任意轴$\overline{P}$转Δα角产生的像偏转 | 制造误差产生的像偏转 |
| $R=\begin{bmatrix} 0.17 & -0.99 & 0 \\ -0.99 & -0.17 & 0 \\ 0 & 0 & -1 \end{bmatrix}$ | $\mu'_{x'\max}=1.29\Delta\alpha$<br>$\mu'_{y'\max}=1.53\Delta\alpha$<br>$\mu'_{z'\max}=2\Delta\alpha$ | $\mu'_{x'}=\Delta\alpha(0.83P_{x'}+0.99P_{y'})$<br>$\mu'_{y'}=\Delta\alpha(0.99P_{x'}+1.17P_{y'})$<br>$\mu'_{z'}=2\Delta\alpha P_{z'}$ | $\mu'_{x'}=1.29\gamma_C$<br>$\mu'_{y'}=n\theta_{\mathrm{II}}$<br>$\mu'_{z'}=n\theta_{\mathrm{I}}+\Delta 80°$ |

## 表 13　直角屋脊棱镜 D$\mathrm{I}_{J}$-90

物坐标、像坐标、特征方向、像偏转极值轴向示意图

$2\varphi=180^{\circ}$

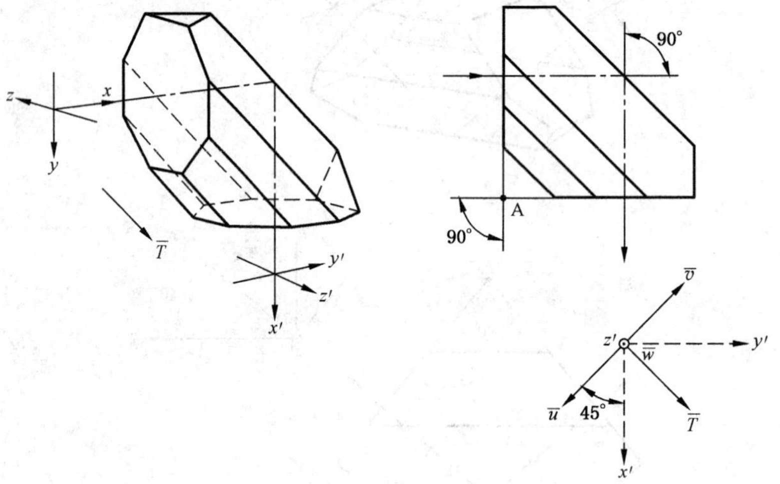


| 作用矩阵 | 像偏转极值 | 像偏转 | |
|---|---|---|---|
| | | 绕任意轴 $\overline{P}$ 转 $\Delta\alpha$ 角产生的像偏转 | 制造误差产生的像偏转 |
| $R=\begin{bmatrix}0 & 1 & 0\\1 & 0 & 0\\0 & 0 & -1\end{bmatrix}$ | $\mu'_{x'\max}=1.41\Delta\alpha$<br>$\mu'_{y'\max}=1.41\Delta\alpha$<br>$\mu'_{z'\max}=2\Delta\alpha$ | $\mu'_{x'}=\Delta\alpha(P_{x'}-P_{y'})$<br>$\mu'_{y'}=\Delta\alpha(-P_{x'}+P_{y'})$<br>$\mu'_{z'}=2\Delta\alpha P_{z'}$ | $\mu'_{x'}=1.41\gamma_{C}$<br>$\mu'_{y'}=n\theta_{\mathrm{II}}$<br>$\mu'_{z'}=n\theta_{\mathrm{I}}+\Delta 90^{\circ}$ |

**表 14　等腰屋脊棱镜 $\mathrm{D\,I_J}$-$\beta$（$\beta$<90°）**

| 物坐标、像坐标、特征方向、像偏转极值轴向示意图 | |
|---|---|
| $2\varphi=180°$<br>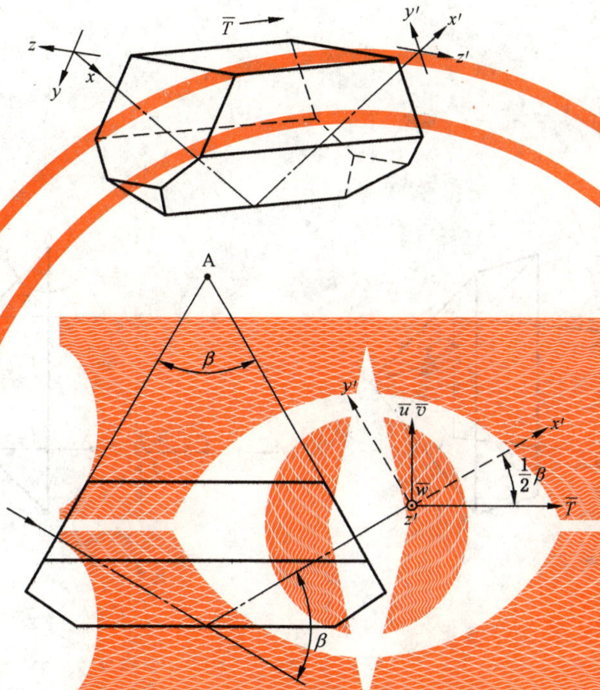<br> | |
| 作用矩阵 | 像偏转极值 |
| $R=\begin{bmatrix}\cos\beta & -\cos(90°-\beta) & 0\\ -\cos(90°-\beta) & -\cos\beta & 0\\ 0 & 0 & -1\end{bmatrix}$ | $\mu'_{x'\max}=2\Delta\alpha\sin(\beta/2)$<br>$\mu'_{y'\max}=2\Delta\alpha\cos(\beta/2)$<br>$\mu'_{z'\max}=2\Delta\alpha$ |
| 像偏转 | |
| 绕任意轴 $\overline{P}$ 转 $\Delta\alpha$ 角产生的像偏转 | 制造误差产生的像偏转 |
| $\mu'_{x'}=\Delta\alpha[(1-\cos\beta)P_{x'}+\cos(90°-\beta)P_{y'}]$<br>$\mu'_{y'}=\Delta\alpha[\cos(90°-\beta)P_{x'}+(1+\cos\beta)P_{y'}]$<br>$\mu'_{z'}=2\Delta\alpha P_{z'}$ | $\mu'_{x'}=2\gamma_C\sin(\beta/2)$<br>$\mu'_{y'}=n\theta_{\mathrm{II}}$<br>$\mu'_{z'}=n\theta_{\mathrm{I}}+\Delta\beta$ |

## 表 15　直角棱镜 DⅡ-180

物坐标、像坐标、特征方向、像偏转极值轴向示意图

$2\varphi=180^\circ$

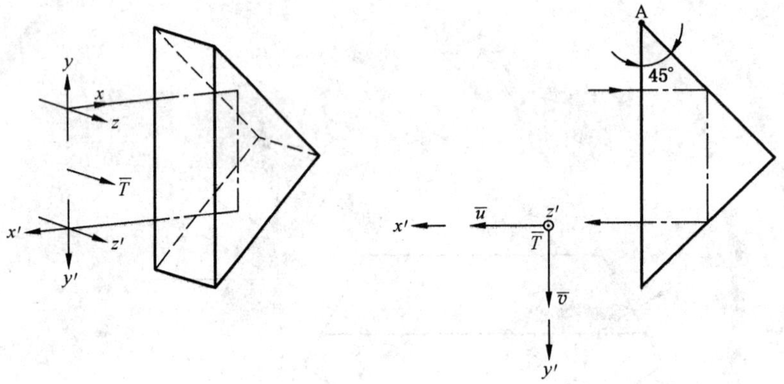


| 作用矩阵 | 像偏转极值 | 像偏转 | |
|---|---|---|---|
| | | 绕任意轴 $\overline{P}$ 转 $\Delta\alpha$ 角产生的像偏转 | 制造误差产生的像偏转 |
| $R=\begin{bmatrix}-1 & 0 & 0\\ 0 & -1 & 0\\ 0 & 0 & 1\end{bmatrix}$ | $\mu'_{x'\max}=2\Delta\alpha$<br>$\mu'_{y'\max}=2\Delta\alpha$<br>$\mu'_{z'\max}=0$ | $\mu'_{x'}=2\Delta\alpha P_{x'}$<br>$\mu'_{y'}=2\Delta\alpha P_{y'}$<br>$\mu'_{z'}=0$ | $\mu'_{x'}=1.41\gamma_A$<br>$\mu'_{y'}=n\theta_{\text{Ⅱ}}$<br>$\mu'_{z'}=n\theta_{\text{Ⅰ}}$ |

## 表 16　斜方棱镜 XⅡ-0

<table>
<tr><td colspan="4">物坐标、像坐标、特征方向、像偏转极值轴向示意图</td></tr>
<tr><td colspan="4">$2\varphi=0°$<br>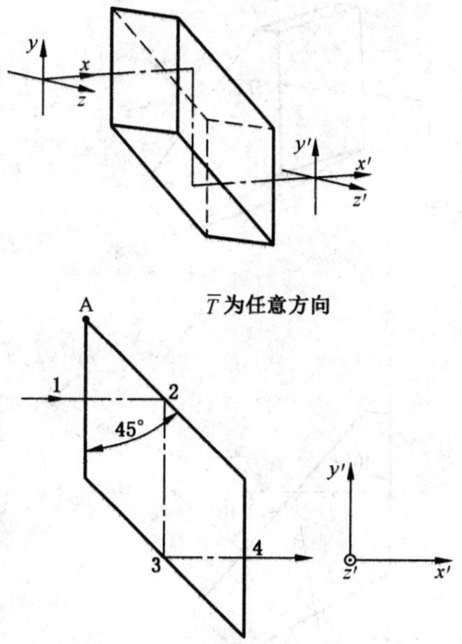</td></tr>
<tr><td rowspan="2">作用矩阵</td><td rowspan="2">像偏转极值</td><td colspan="2">像偏转</td></tr>
<tr><td>绕任意轴$\overline{P}$转$\Delta\alpha$角产生的像偏转</td><td>制造误差产生的像偏转</td></tr>
<tr><td>$R=\begin{bmatrix}1&0&0\\0&1&0\\0&0&1\end{bmatrix}$</td><td>$\mu'_{x'\max}=0$<br>$\mu'_{y'\max}=0$<br>$\mu'_{z'\max}=0$</td><td>$\mu'_{x'}=0$<br>$\mu'_{y'}=0$<br>$\mu'_{z'}=0$</td><td>$\mu'_{x'}=1.41\gamma_{A3}$<br>$\mu'_{y'}=n\theta_{\mathrm{II}}+\gamma_{A4}$<br>$\mu'_{z'}=n\theta_{\mathrm{I}}+\theta_{1.4(\mathrm{I})}$</td></tr>
</table>

## 表 17 半五棱镜 BⅡ-40

物坐标、像坐标、特征方向、像偏转极值轴向示意图

$2\varphi=40°$

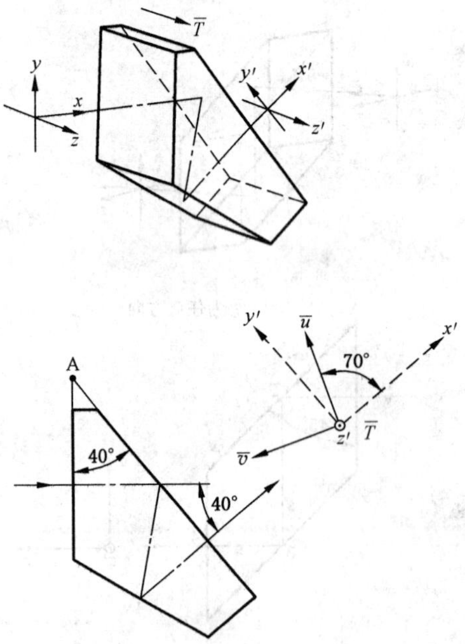


| 作用矩阵 | 像偏转极值 | 像偏转 | |
|---|---|---|---|
| | | 绕任意轴 $\overline{P}$ 转 $\Delta\alpha$ 角产生的像偏转 | 制造误差产生的像偏转 |
| $R=\begin{bmatrix}0.77 & -0.64 & 0\\0.64 & 0.77 & 0\\0 & 0 & 1\end{bmatrix}$ | $\mu'_{x'\max}=0.68\Delta\alpha$<br>$\mu'_{y'\max}=0.68\Delta\alpha$<br>$\mu'_{z'\max}=0$ | $\mu'_{x'}=\Delta\alpha(0.23P_{x'}+0.64P_{y'})$<br>$\mu'_{y'}=\Delta\alpha(-0.64P_{x'}+0.23P_{y'})$<br>$\mu'_{z'}=0$ | $\mu'_{x'}=0.68\gamma_{A}$<br>$\mu'_{y'}=n\theta_{\mathrm{II}}$<br>$\mu'_{z'}=n\theta_{\mathrm{I}}+\Delta 40°$ |

## 表 18 半五棱镜 BⅡ-45

| 物坐标、像坐标、特征方向、像偏转极值轴向示意图 |
|---|
| 2$\varphi$=45° 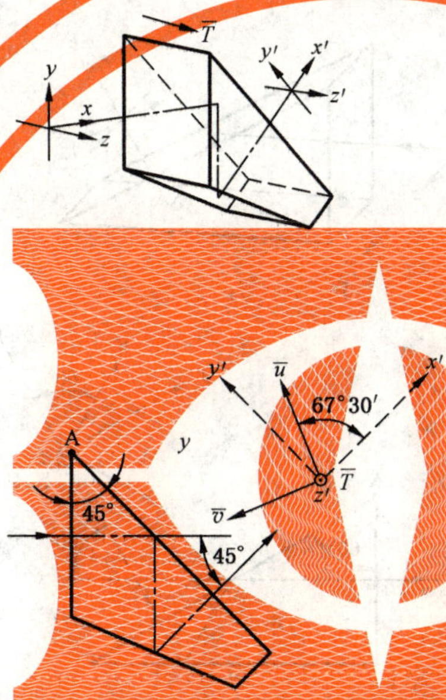  |

| 作用矩阵 | 像偏转极值 | 像偏转 | |
|---|---|---|---|
| | | 绕任意轴$\overline{P}$转Δα角产生的像偏转 | 制造误差产生的像偏转 |
| $R=\begin{bmatrix} \frac{\sqrt{2}}{2} & -\frac{\sqrt{2}}{2} & 0 \\ \frac{\sqrt{2}}{2} & \frac{\sqrt{2}}{2} & 0 \\ 0 & 0 & 1 \end{bmatrix}$ | $\mu'_{x'\max}=0.77\Delta\alpha$<br>$\mu'_{y'\max}=0.77\Delta\alpha$<br>$\mu'_{z'\max}=0$ | $\mu'_{x'}=\Delta\alpha(0.29P_{x'}+0.71P_{y'})$<br>$\mu'_{y'}=\Delta\alpha(-0.71P_{x'}+0.29P_{y'})$<br>$\mu'_{z'}=0$ | $\mu'_{x'}=0.77\gamma_{A}$<br>$\mu'_{y'}=n\theta_{Ⅱ}$<br>$\mu'_{z'}=n\theta_{Ⅰ}+\Delta 45°$ |

表 19　半五棱镜 BⅡ-60

<table>
<tr><td colspan="4">物坐标、像坐标、特征方向、像偏转极值轴向示意图</td></tr>
<tr><td colspan="4">$2\varphi=60^\circ$<br>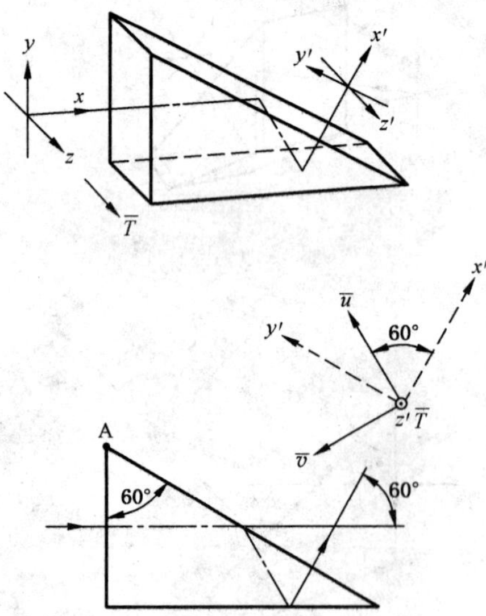<br></td></tr>
<tr><td rowspan="2">作用矩阵</td><td rowspan="2">像偏转极值</td><td colspan="2">像偏转</td></tr>
<tr><td>绕任意轴$\overline{P}$转Δα角产生的像偏转</td><td>制造误差产生的像偏转</td></tr>
<tr><td>$R=\begin{bmatrix}\frac{1}{2} & -\frac{\sqrt{3}}{2} & 0\\ \frac{\sqrt{3}}{2} & \frac{1}{2} & 0\\ 0 & 0 & 1\end{bmatrix}$</td><td>$\mu'_{x'\max}=\Delta\alpha$<br>$\mu'_{y'\max}=\Delta\alpha$<br>$\mu'_{z'\max}=0$</td><td>$\mu'_{x'}=\Delta\alpha(0.50P_{x'}+0.87P_{y'})$<br>$\mu'_{y'}=\Delta\alpha(-0.87P_{x'}+0.50P_{y'})$<br>$\mu'_{z'}=0$</td><td>$\mu'_{x'}=\gamma_{A}$<br>$\mu'_{y'}=n\theta_{\mathrm{II}}$<br>$\mu'_{z'}=n\theta_{\mathrm{I}}+\Delta 60^\circ$</td></tr>
</table>

**表 20　五棱镜 WⅡ-60**

物坐标、像坐标、特征方向、像偏转极值轴向示意图

$2\varphi=60°$

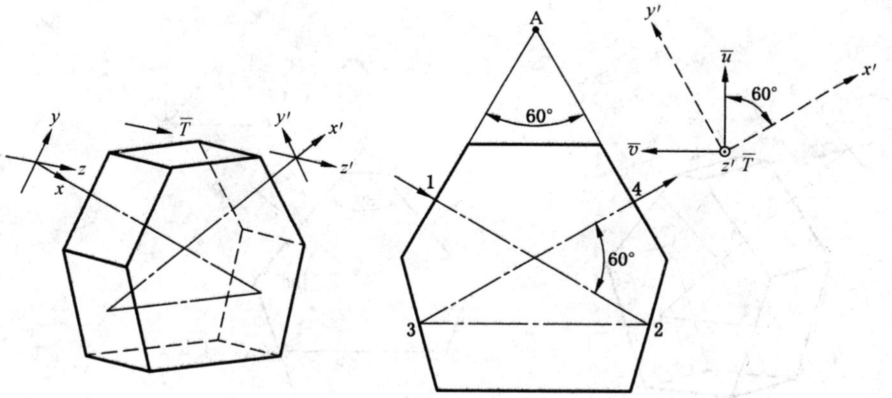


| 作用矩阵 | 像偏转极值 | 像偏转 | |
|---|---|---|---|
| | | 绕任意轴$\overline{P}$转Δα角产生的像偏转 | 制造误差产生的像偏转 |
| $R=\begin{bmatrix}\frac{1}{2} & -\frac{\sqrt{3}}{2} & 0\\ \frac{\sqrt{3}}{2} & \frac{1}{2} & 0\\ 0 & 0 & 1\end{bmatrix}$ | $\mu'_{x'\max}=\Delta\alpha$<br>$\mu'_{y'\max}=\Delta\alpha$<br>$\mu'_{z'\max}=0$ | $\mu'_{x'}=\Delta\alpha(0.50P_{x'}+0.87P_{y'})$<br>$\mu'_{y'}=\Delta\alpha(-0.87P_{x'}+0.50P_{y'})$<br>$\mu'_{z'}=0$ | $\mu'_{x'}=0.52(\gamma_{A2}+\gamma_{A3})$<br>$\mu'_{y'}=n\theta_{\mathrm{II}}$<br>$\mu'_{z'}=n\theta_{\mathrm{I}}+\Delta 60°$ |

## 表 21 五棱镜 WⅡ-80

| 物坐标、像坐标、特征方向、像偏转极值轴向示意图 |
| --- |
| 2φ=80° 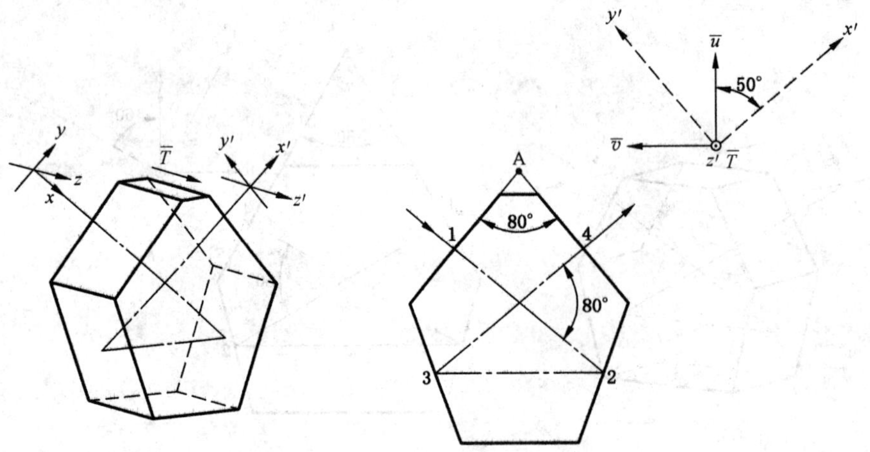  |

| 作用矩阵 | 像偏转极值 | 像偏转 | |
| --- | --- | --- | --- |
| | | 绕任意轴$\overline{P}$转$\Delta\alpha$角产生的像偏转 | 制造误差产生的像偏转 |
| $R=\begin{bmatrix}0.17 & -0.99 & 0\\0.99 & 0.17 & 0\\0 & 0 & 1\end{bmatrix}$ | $\mu'_{x'\max}=1.29\Delta\alpha$<br>$\mu'_{y'\max}=1.29\Delta\alpha$<br>$\mu'_{z'\max}=0$ | $\mu'_{x'}=\Delta\alpha(0.83P_{x'}+0.99P_{y'})$<br>$\mu'_{y'}=\Delta\alpha(-0.99P_{x'}+0.83P_{y'})$<br>$\mu'_{z'}=0$ | $\mu'_{x'}=0.68(\gamma_{A2}+\gamma_{A3})$<br>$\mu'_{y'}=n\theta_{\mathrm{II}}$<br>$\mu'_{z'}=n\theta_{\mathrm{I}}+\Delta 80°$ |

表 22 五棱镜 WⅡ-90

| 物坐标、像坐标、特征方向、像偏转极值轴向示意图 |
| --- |
| $2\varphi=90°$   |

| 作用矩阵 | 像偏转极值 | 像偏转 | |
| --- | --- | --- | --- |
| | | 绕任意轴 $\overline{P}$ 转 $\Delta\alpha$ 角产生的像偏转 | 制造误差产生的像偏转 |
| $R=\begin{bmatrix}0 & 1 & 0\\ -1 & 0 & 0\\ 0 & 0 & 1\end{bmatrix}$ | $\mu'_{x'\max}=1.41\Delta\alpha$<br>$\mu'_{y'\max}=1.41\Delta\alpha$<br>$\mu'_{z'\max}=0$ | $\mu'_{x'}=\Delta\alpha(P_{x'}-P_{y'})$<br>$\mu'_{y'}=\Delta\alpha(P_{x'}+P_{y'})$<br>$\mu'_{z'}=0$ | $\mu'_{x'}=0.77(\gamma_{A2}+\gamma_{A3})$<br>$\mu'_{y'}=n\theta_{\text{II}}$<br>$\mu'_{z'}=n\theta_{\text{I}}+\Delta 90°$ |

### 表 23　乌拉司棱镜 WLⅡ-90

物坐标、像坐标、特征方向、像偏转极值轴向示意图

$2\varphi = 90°$

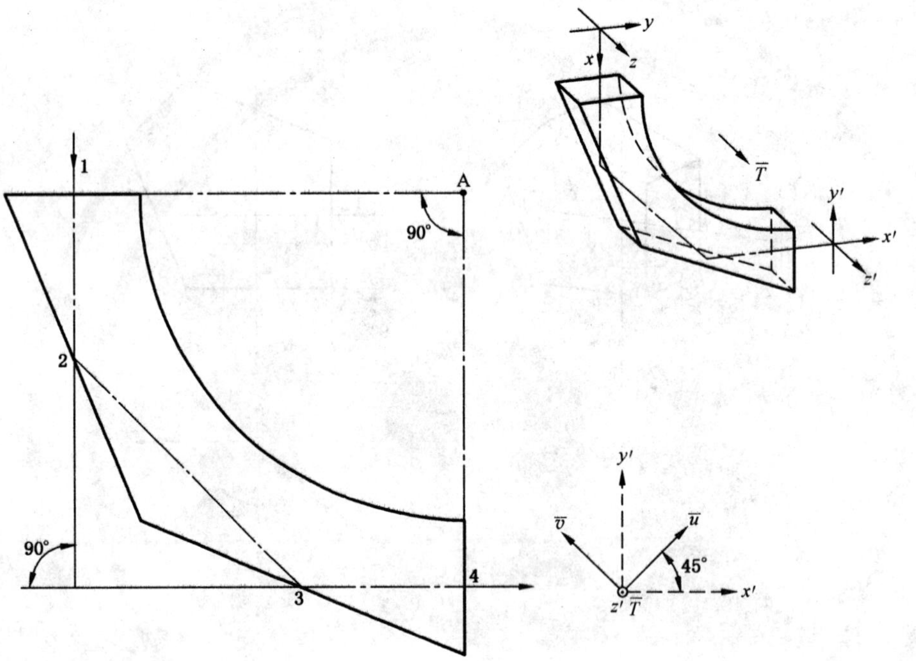


| 作用矩阵 | 像偏转极值 | 像偏转 | |
|---|---|---|---|
| | | 绕任意轴 $\overline{P}$ 转 $\Delta\alpha$ 角产生的像偏转 | 制造误差产生的像偏转 |
| $R=\begin{bmatrix}0 & -1 & 0\\1 & 0 & 0\\0 & 0 & 1\end{bmatrix}$ | $\mu'_{x'\max}=1.41\Delta\alpha$<br>$\mu'_{y'\max}=1.41$<br>$\mu'_{z'\max}=0$ | $\mu'_{x'}=\Delta\alpha(P_{x'}+P_{y'})$<br>$\mu'_{y'}=\Delta\alpha(-P_{x'}+P_{y'})$<br>$\mu'_{z'}=0$ | $\mu'_{x'}=1.85(\gamma_{A2}+\gamma_{A3})$<br>$\mu'_{y'}=n\theta_{Ⅱ}$<br>$\mu'_{z'}=n\theta_{Ⅰ}+\Delta 90°$ |

**表 24　四棱镜 SⅡ-90**

<table>
<tr><td colspan="4">物坐标、像坐标、特征方向、像偏转极值轴向示意图</td></tr>
<tr><td colspan="4">

$2\varphi = 90°$

$\alpha_0 = 45° - \arcsin\dfrac{\sqrt{2}}{2n}$

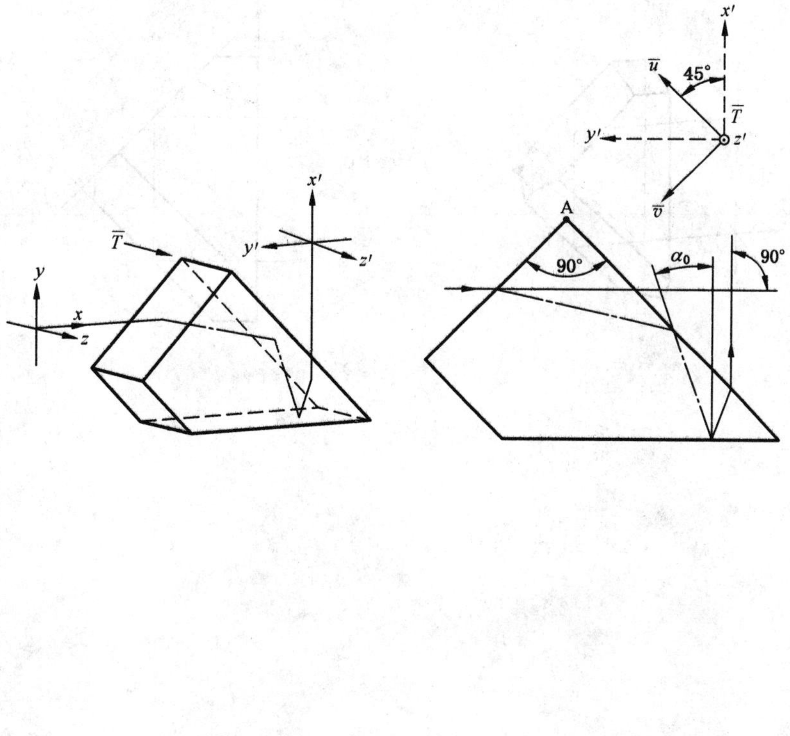


</td></tr>
<tr><td rowspan="2">作用矩阵</td><td rowspan="2">像偏转极值</td><td colspan="2">像偏转</td></tr>
<tr><td>绕任意轴 $\overline{P}$ 转 Δα 角产生的像偏转</td><td>制造误差产生的像偏转</td></tr>
<tr><td>$R = \begin{bmatrix} 0 & -1 & 0 \\ 1 & 0 & 0 \\ 0 & 0 & 1 \end{bmatrix}$</td><td>$\mu'_{x'\max} = 1.41\Delta\alpha$<br>$\mu'_{y'\max} = 1.41\Delta\alpha$<br>$\mu'_{z'\max} = 0$</td><td>$\mu'_{x'} = \Delta\alpha(P_{x'} + P_{y'})$<br>$\mu'_{y'} = \Delta\alpha(-P_{x'} + P_{y'})$<br>$\mu'_{z'} = 0$</td><td>$\mu'_{x'} = 2\gamma_A \sin\alpha_0$<br>$\mu'_{y'} = 2n\gamma_A \cos\alpha_0$<br>$\mu'_{z'} = \sqrt{2n^2 - 1} \cdot \theta_I + \Delta 90°$</td></tr>
</table>

**表 25　直角屋脊棱镜 D Ⅱ$_J$-180**

| 物坐标、像坐标、特征方向、像偏转极值轴向示意图 | | | |
|---|---|---|---|
| $2\varphi=0°$ 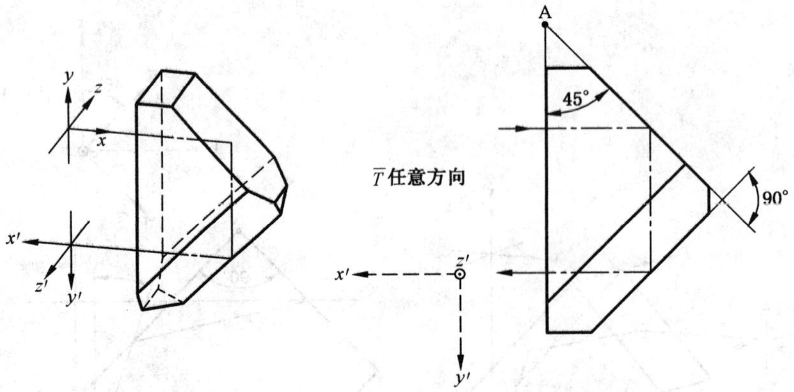  | | | |
| 作用矩阵 | 像偏转极值 | 像偏转 | |
| | | 绕任意轴$\overline{P}$转$\Delta\alpha$角产生的像偏转 | 制造误差产生的像偏转 |
| $R=\begin{bmatrix}-1 & 0 & 0\\ 0 & -1 & 0\\ 0 & 0 & -1\end{bmatrix}$ | $\mu'_{x'\max}=0$<br>$\mu'_{y'\max}=0$<br>$\mu'_{z'\max}=0$ | $\mu'_{x'}=0$<br>$\mu'_{y'}=0$<br>$\mu'_{z'}=0$ | $\mu'_{x'}=1.41\gamma_C$<br>$\mu'_{y'}=n\theta_{\text{II}}$<br>$\mu'_{z'}=n\theta_{\text{I}}$ |

## 表 26 角隅棱镜 JⅢ-180

物坐标、像坐标、特征方向、像偏转极值轴向示意图

$2\varphi=0^\circ$

| 作用矩阵 | 像偏转极值 | 像偏转 | |
|---|---|---|---|
| | | 绕任意轴 $\overline{P}$ 转 $\Delta\alpha$ 角产生的像偏转 | 制造误差产生的像偏转 |
| $R=\begin{bmatrix}-1 & 0 & 0\\ 0 & -1 & 0\\ 0 & 0 & -1\end{bmatrix}$ | $\mu'_{x'\max}=0$<br>$\mu'_{y'\max}=0$<br>$\mu'_{z'\max}=0$ | $\mu'_{x'}=0$<br>$\mu'_{y'}=0$<br>$\mu'_{z'}=0$ | $\mu'_{x'}=1.63\gamma_C$<br>$\mu'_{y'}=n\theta_{\rm II}$<br>$\mu'_{z'}=n\theta_{\rm I}$ |

## 表 27 屋脊半五棱镜 $\mathrm{B}Ⅱ_{\mathrm{J}}$-45

| 物坐标、像坐标、特征方向、像偏转极值轴向示意图 |
|---|
| $2\varphi=135°$ 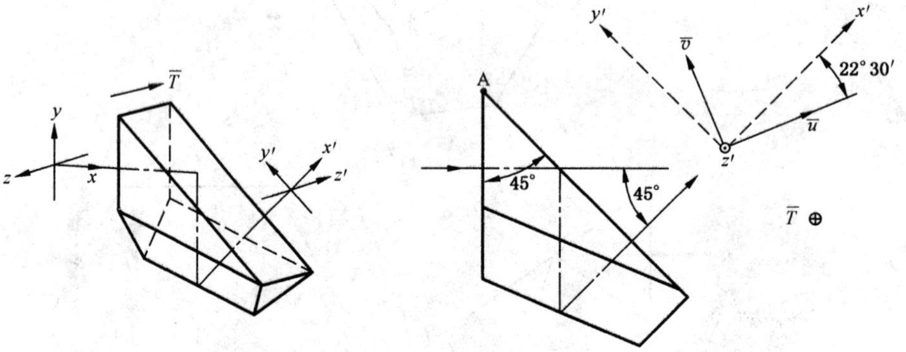  |

| 作用矩阵 | 像偏转极值 | 像偏转 | |
|---|---|---|---|
| | | 绕任意轴 $\overline{P}$ 转 $\Delta\alpha$ 角产生的像偏转 | 制造误差产生的像偏转 |
| $R=\begin{bmatrix}\frac{\sqrt{2}}{2} & -\frac{\sqrt{2}}{2} & 0\\ \frac{\sqrt{2}}{2} & \frac{\sqrt{2}}{2} & 0\\ 0 & 0 & -1\end{bmatrix}$ | $\mu'_{x'\max}=1.85\Delta\alpha$<br>$\mu'_{y'\max}=1.85\Delta\alpha$<br>$\mu'_{z'\max}=0$ | $\mu'_{x'}=\Delta\alpha(1.71P_{x'}-0.71P_{y'})$<br>$\mu'_{y'}=\Delta\alpha(0.71P_{x'}+1.71P_{y'})$<br>$\mu'_{z'}=0$ | $\mu'_{x'}=1.85\gamma_{\mathrm{C}}$<br>$\mu'_{y'}=n\theta_{\mathrm{II}}$<br>$\mu'_{z'}=n\theta_{\mathrm{I}}+\Delta 45°$ |

## 表 28 屋脊半五棱镜 BⅡ$_J$-60

<table>
<tr><td colspan="4">物坐标、像坐标、特征方向、像偏转极值轴向示意图</td></tr>
<tr><td colspan="4">2φ=120°<br>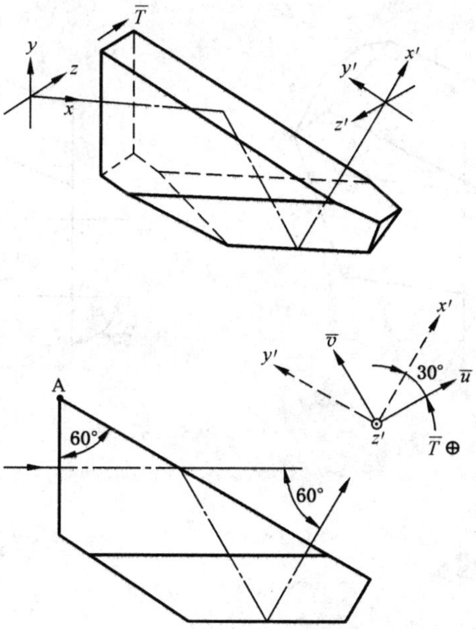<br></td></tr>
<tr><td rowspan="2">作用矩阵</td><td rowspan="2">像偏转极值</td><td colspan="2">像偏转</td></tr>
<tr><td>绕任意轴 $\overline{P}$ 转 Δα 角产生的像偏转</td><td>制造误差产生的像偏转</td></tr>
<tr><td>$R=\begin{bmatrix}\frac{1}{2} & -\frac{\sqrt{3}}{2} & 0\\ \frac{\sqrt{3}}{2} & \frac{1}{2} & 0\\ 0 & 0 & -1\end{bmatrix}$</td><td>$\mu'_{x'\max}=1.73\Delta\alpha$<br>$\mu'_{y'\max}=1.73\Delta\alpha$<br>$\mu'_{z'\max}=0$</td><td>$\mu'_{x'}=\Delta\alpha(1.50P_{x'}-0.87P_{y'})$<br>$\mu'_{y'}=\Delta\alpha(0.87P_{x'}+1.50P_{y'})$<br>$\mu'_{z'}=0$</td><td>$\mu'_{x'}=1.73\gamma_C$<br>$\mu'_{y'}=n\theta_{II}$<br>$\mu'_{z'}=n\theta_I+\Delta 60°$</td></tr>
</table>

## 表 29　屋脊五棱镜 WⅡ$_{J}$-90

**物坐标、像坐标、特征方向、像偏转极值轴向示意图**

$2\varphi=90°$

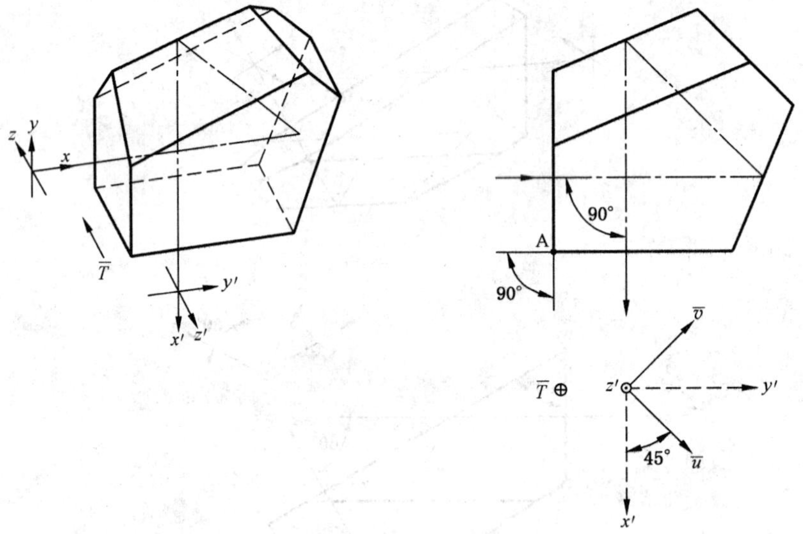


| 作用矩阵 | 像偏转极值 | 像偏转 | |
|---|---|---|---|
| | | 绕任意轴 $\overline{P}$ 转 $\Delta\alpha$ 角产生的像偏转 | 制造误差产生的像偏转 |
| $R=\begin{bmatrix}0 & 1 & 0\\ -1 & 0 & 0\\ 0 & 0 & -1\end{bmatrix}$ | $\mu'_{x'\max}=1.41\Delta\alpha$<br>$\mu'_{y'\max}=1.41\Delta\alpha$<br>$\mu'_{z'\max}=0$ | $\mu'_{x'}=\Delta\alpha(P_{x'}+P_{y'})$<br>$\mu'_{y'}=\Delta\alpha(-P_{x'}+P_{y'})$<br>$\mu'_{z'}=0$ | $\mu'_{x'}=0.77\gamma_{A}+1.85\gamma_{C}$<br>$\mu'_{y'}=n\theta_{\text{II}}$<br>$\mu'_{z'}=n\theta_{\text{I}}+\Delta 90°$ |

## 表 30 屋脊斜方棱镜 X$\mathrm{II}_{\mathrm{J}}$-0

物坐标、像坐标、特征方向、像偏转极值轴向示意图

$2\varphi=180°$

| 作用矩阵 | 像偏转极值 | 像偏转 | |
|---|---|---|---|
| | | 绕任意轴 $\overline{P}$ 转 $\Delta\alpha$ 角产生的像偏转 | 制造误差产生的像偏转 |
| $R=\begin{bmatrix}1 & 0 & 0\\0 & 1 & 0\\0 & 0 & -1\end{bmatrix}$ | $\mu'_{x'\max}=2\Delta\alpha$<br>$\mu'_{y'\max}=2\Delta\alpha$<br>$\mu'_{z'\max}=0$ | $\mu'_{x'}=2\Delta\alpha P_{x'}$<br>$\mu'_{y'}=2\Delta\alpha P_{y'}$<br>$\mu'_{z'}=0$ | $\mu'_{x'}=1.41\gamma_{\mathrm{C}}$<br>$\mu'_{y'}=n\theta_{\mathrm{II}}+\gamma_{\mathrm{C}}$<br>$\mu'_{z'}=n\theta_{\mathrm{I}}+\theta_{1.4(\mathrm{I})}$ |

## 表 31 列曼棱镜 LⅢ-0

物坐标、像坐标、特征方向、像偏转极值轴向示意图

$2\varphi=180°$

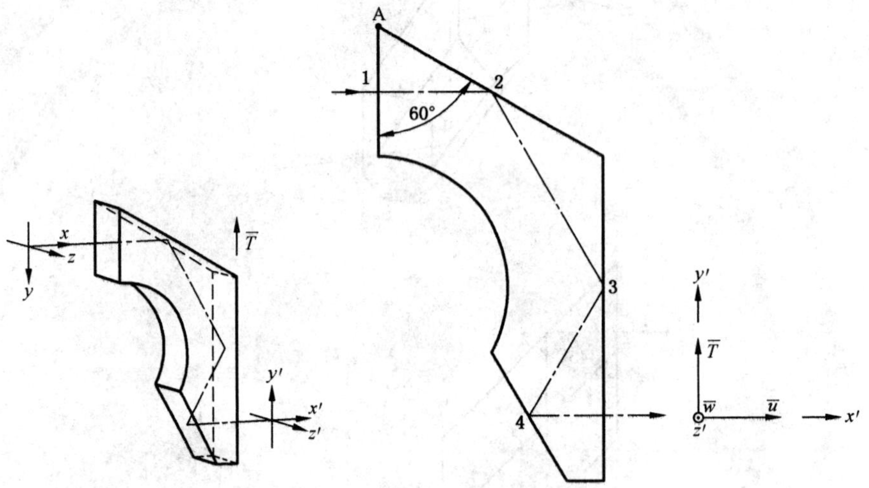


| 作用矩阵 | 像偏转极值 | 像偏转 | |
|---|---|---|---|
| | | 绕任意轴 $\overline{P}$ 转 $\Delta\alpha$ 角产生的像偏转 | 制造误差产生的像偏转 |
| $R=\begin{bmatrix}1 & 0 & 0\\0 & -1 & 0\\0 & 0 & 1\end{bmatrix}$ | $\mu'_{x'\max}=2\Delta\alpha$<br>$\mu'_{y'\max}=0$<br>$\mu'_{z'\max}=2\Delta\alpha$ | $\mu'_{x'}=2\Delta\alpha P_{x'}$<br>$\mu'_{y'}=0$<br>$\mu'_{z'}=2\Delta\alpha P_{z'}$ | $\mu'_{x'}=1.73\gamma_{A3}+\gamma_{A4}$<br>$\mu'_{y'}=n\theta_{\text{Ⅱ}}+\gamma_{A3}$<br>$\mu'_{z'}=n\theta_{\text{Ⅰ}}+\theta_{1,3(\text{Ⅰ})}$ |

**表 32　施密特棱镜 DⅢ-45**

<table>
<tr><td colspan="4">物坐标、像坐标、特征方向、像偏转极值轴向示意图</td></tr>
<tr><td colspan="4">

$2\varphi=180^\circ$

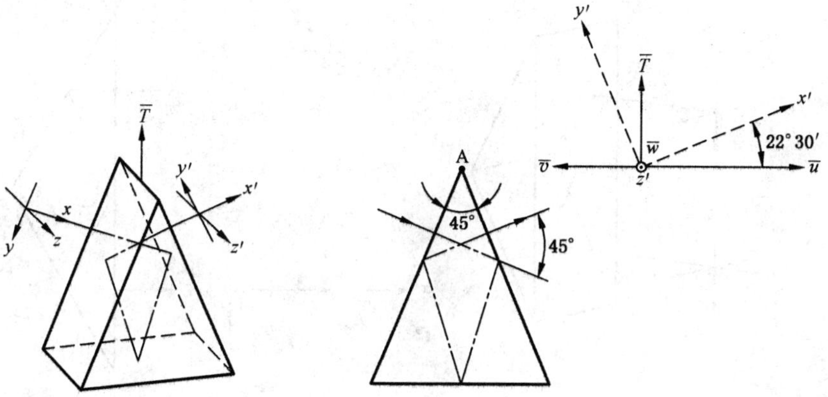


</td></tr>
<tr><td rowspan="2">作用矩阵</td><td rowspan="2">像偏转极值</td><td colspan="2">像偏转</td></tr>
<tr><td>绕任意轴 $\overline{P}$ 转 Δα 角产生的像偏转</td><td>制造误差产生的像偏转</td></tr>
<tr><td>$R=\begin{bmatrix}\frac{\sqrt{2}}{2} & -\frac{\sqrt{2}}{2} & 0\\ -\frac{\sqrt{2}}{2} & -\frac{\sqrt{2}}{2} & 0\\ 0 & 0 & 1\end{bmatrix}$</td><td>$\mu'_{x'\max}=1.85\Delta\alpha$<br>$\mu'_{y'\max}=0.77\Delta\alpha$<br>$\mu'_{z'\max}=2\Delta\alpha$</td><td>$\mu'_{x'}=\Delta\alpha(1.71P_{x'}-0.71P_{y'})$<br>$\mu'_{y'}=\Delta\alpha(-0.71P_{x'}+0.29P_{y'})$<br>$\mu'_{z'}=2\Delta\alpha P_{z'}$</td><td>$\mu'_{x'}=0.77\gamma_A$<br>$\mu'_{y'}=n\theta_{II}$<br>$\mu'_{z'}=n\theta_{I}+\Delta 45^\circ$</td></tr>
</table>

## 表 33 等腰棱镜 DⅢ-180

物坐标、像坐标、特征方向、像偏转极值轴向示意图

$2\varphi=180°$

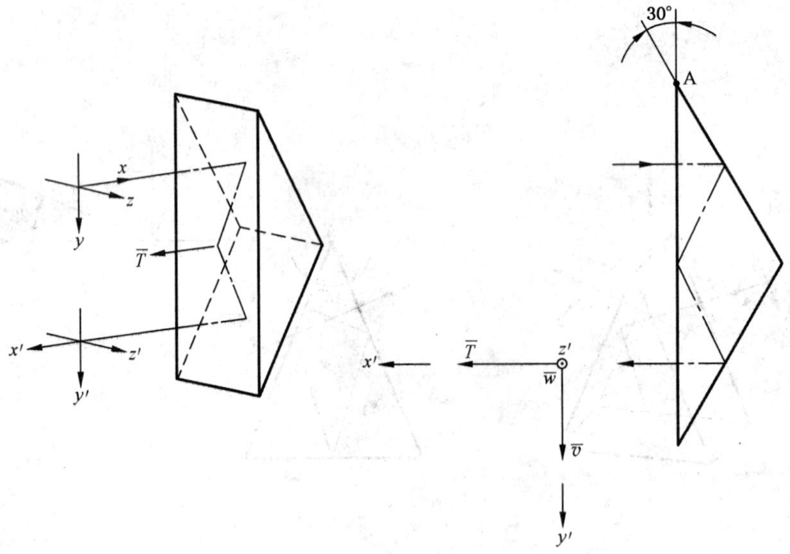


| 作用矩阵 | 像偏转极值 | 像偏转 | |
|---|---|---|---|
| | | 绕任意轴$\overline{P}$转Δα角产生的像偏转 | 制造误差产生的像偏转 |
| $R=\begin{bmatrix}-1 & 0 & 0\\ 0 & 1 & 0\\ 0 & 0 & 1\end{bmatrix}$ | $\mu'_{x'\max}=0$<br>$\mu'_{y'\max}=2\Delta\alpha$<br>$\mu'_{z'\max}=2\Delta\alpha$ | $\mu'_{x'}=0$<br>$\mu'_{y'}=2\Delta\alpha P_{y'}$<br>$\mu'_{z'}=2\Delta\alpha P_{z'}$ | $\mu'_{x'}=\gamma_{A}$<br>$\mu'_{y'}=n\theta_{\text{II}}$<br>$\mu'_{z'}=n\theta_{\text{I}}$ |

## 表 34　列曼屋脊棱镜 L Ⅲ$_J$-0

物坐标、像坐标、特征方向、像偏转极值轴向示意图

$2\varphi=180°$

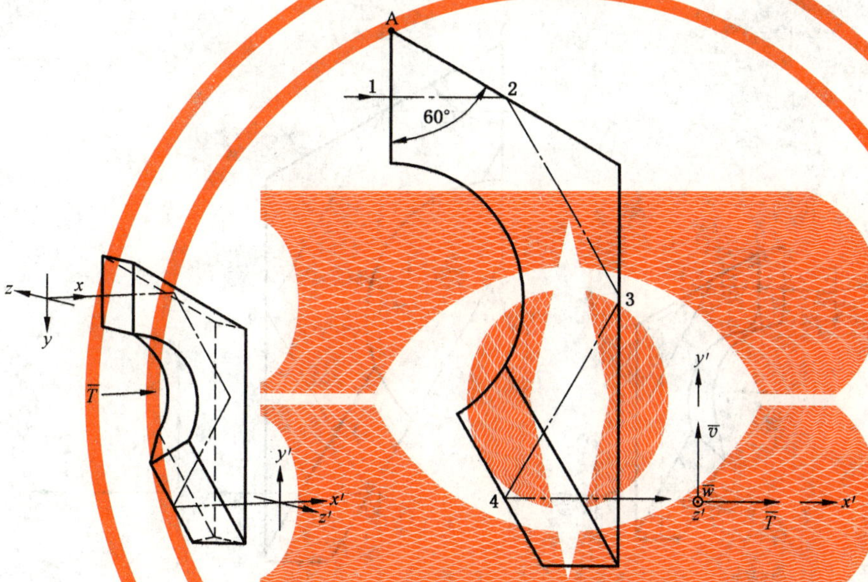


| 作用矩阵 | 像偏转极值 | 像偏转 | |
|---|---|---|---|
| | | 绕任意轴$\overline{P}$转$\Delta\alpha$角产生的像偏转 | 制造误差产生的像偏转 |
| $R=\begin{bmatrix}1 & 0 & 0\\ 0 & -1 & 0\\ 0 & 0 & -1\end{bmatrix}$ | $\mu'_{x'\max}=0$<br>$\mu'_{y'\max}=2\Delta\alpha$<br>$\mu'_{z'\max}=2\Delta\alpha$ | $\mu'_{x'}=0$<br>$\mu'_{y'}=2\Delta\alpha P_{y'}$<br>$\mu'_{z'}=2\Delta\alpha P_{z'}$ | $\mu'_{x'}=1.73(\gamma_A+\gamma_C)$<br>$\mu'_{y'}=n\theta_{\rm II}+\gamma_A$<br>$\mu'_{z'}=n\theta_{\rm I}+\theta_{1,3(\rm I)}$ |

## 表 35 列曼屋脊棱镜 LⅢ$_J$-0

| 物坐标、像坐标、特征方向、像偏转极值轴向示意图 |
|---|
| $2\varphi=180°$ |

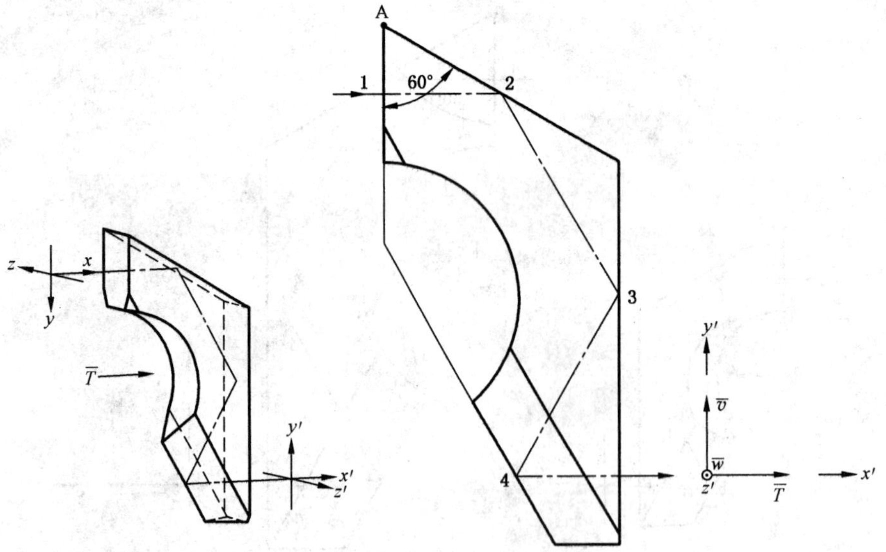


| 作用矩阵 | 像偏转极值 | 像偏转 | |
|---|---|---|---|
| | | 绕任意轴 $\overline{P}$ 转 $\Delta\alpha$ 角产生的像偏转 | 制造误差产生的像偏转 |
| $R=\begin{bmatrix}1 & 0 & 0\\0 & -1 & 0\\0 & 0 & -1\end{bmatrix}$ | $\mu'_{x'\max}=0$<br>$\mu'_{y'\max}=2\Delta\alpha$<br>$\mu'_{z'\max}=2\Delta\alpha$ | $\mu'_{x'}=0$<br>$\mu'_{y'}=2\Delta\alpha P_{y'}$<br>$\mu'_{z'}=2\Delta\alpha P_{z'}$ | $\mu'_{x'}=1.73(\gamma_A+\gamma_C)$<br>$\mu'_{y'}=n\theta_{\rm II}+\gamma_A$<br>$\mu'_{z'}=n\theta_{\rm II}+\theta_{1,3(\rm I)}$ |

**表 36　施密特屋脊棱镜 DⅢ$_J$-45**

物坐标、像坐标、特征方向、像偏转极值轴向示意图

$2\varphi=180°$

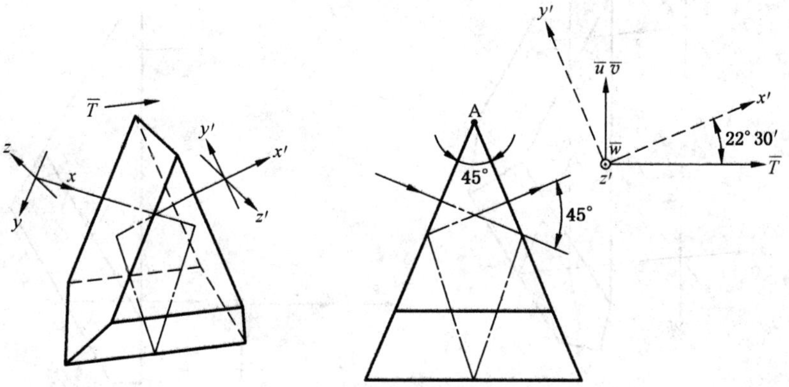


| 作用矩阵 | 像偏转极值 | 像偏转 | |
|---|---|---|---|
| | | 绕任意轴 $\overline{P}$ 转 $\Delta\alpha$ 角产生的像偏转 | 制造误差产生的像偏转 |
| $R=\begin{bmatrix} \frac{\sqrt{2}}{2} & -\frac{\sqrt{2}}{2} & 0 \\ -\frac{\sqrt{2}}{2} & -\frac{\sqrt{2}}{2} & 0 \\ 0 & 0 & -1 \end{bmatrix}$ | $\mu'_{x'\max}=0.77\Delta\alpha$<br>$\mu'_{y'\max}=1.85\Delta\alpha$<br>$\mu'_{z'\max}=2\Delta\alpha$ | $\mu'_{x'}=\Delta\alpha(0.29P_{x'}+0.71P_{y'})$<br>$\mu'_{y'}=\Delta\alpha(0.71P_{x'}+1.71P_{y'})$<br>$\mu'_{z'}=2\Delta\alpha P_{z'}$ | $\mu'_{x'}=1.85\gamma_C$<br>$\mu'_{y'}=n\theta_{II}$<br>$\mu'_{z'}=n\theta_I+\Delta 45°$ |

## 表 37　等腰屋脊棱镜 DⅢ$_J$-180

物坐标、像坐标、特征方向、像偏转极值轴向示意图

$2\varphi = 180°$

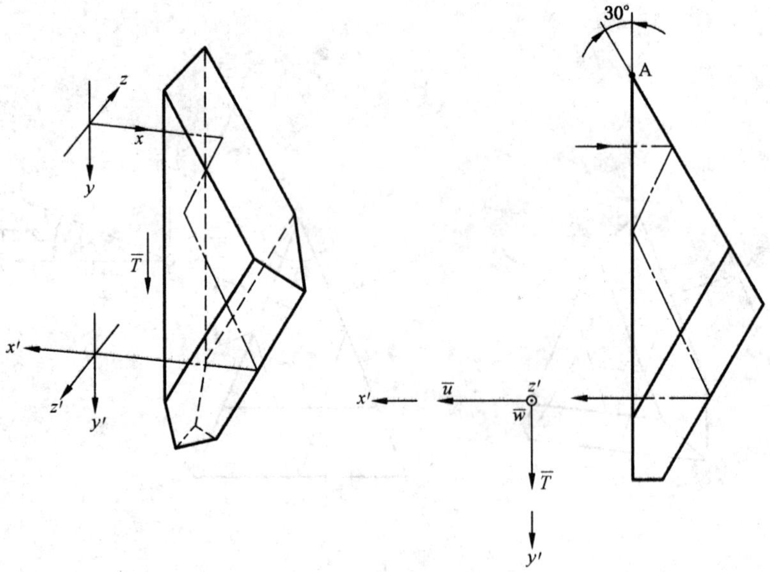


| 作用矩阵 | 像偏转极值 | 像偏转 | |
| --- | --- | --- | --- |
| | | 绕任意轴$\overline{P}$转$\Delta\alpha$角产生的像偏转 | 制造误差产生的像偏转 |
| $R=\begin{bmatrix} -1 & 0 & 0 \\ 0 & 1 & 0 \\ 0 & 0 & -1 \end{bmatrix}$ | $\mu'_{x'\max}=2\Delta\alpha$<br>$\mu'_{y'\max}=0$<br>$\mu'_{z'\max}=2\Delta\alpha$ | $\mu'_{x'}=2\Delta\alpha P_{x'}$<br>$\mu'_{y'}=0$<br>$\mu'_{z'}=2\Delta\alpha P_{z'}$ | $\mu'_{x'}=1.73\gamma_C$<br>$\mu'_{y'}=n\theta_{\mathrm{II}}$<br>$\mu'_{z'}=n\theta_{\mathrm{I}}$ |

### 4.3.2 复合棱镜

表 38～表 54 列出了常用复合棱镜像偏转特性参数的图示和像偏转的有关计算公式。

**表 38 立方棱镜 FLⅠ-0**

物坐标、像坐标、特征方向、像偏转极值轴向示意图

$2\varphi=180°$

$\alpha_0=45°+\arcsin\dfrac{\sqrt{2}}{2n}$

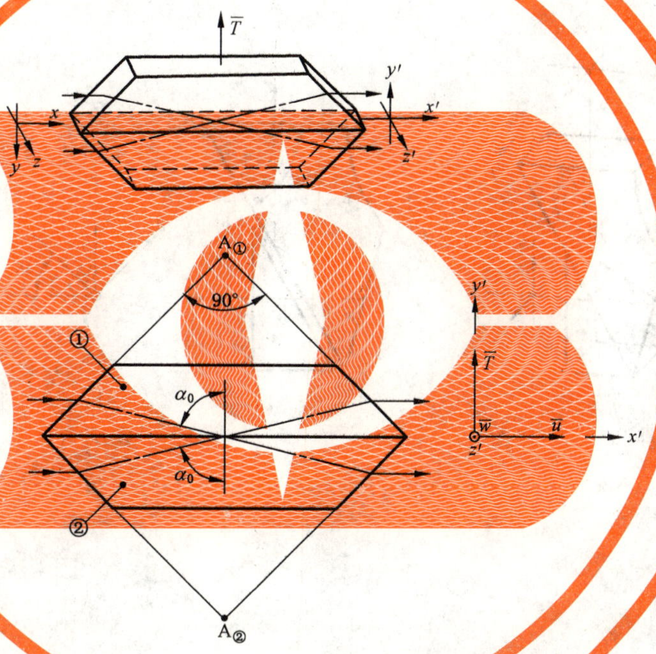


| 作用矩阵 | 像偏转极值 | 像偏转 | |
|---|---|---|---|
| | | 绕任意轴 $\overline{P}$ 转 $\Delta\alpha$ 角产生的像偏转 | 制造误差产生的像偏转 |
| $R=\begin{bmatrix}1 & 0 & 0\\0 & -1 & 0\\0 & 0 & 1\end{bmatrix}$ | $\mu'_{x'\max}=2\Delta\alpha$<br>$\mu'_{y'\max}=0$<br>$\mu'_{z'\max}=2\Delta\alpha$ | $\mu'_{x'}=2\Delta\alpha P_{x'}$<br>$\mu'_{y'}=0$<br>$\mu'_{z'}=2\Delta\alpha P_{z'}$ | $\mu'_{x'}=2\gamma_A\sin\alpha_0$<br>$\mu'_{y'}=2n\gamma_A\cos\alpha_0$<br>$\mu'_{z'}=n\theta_{\mathrm{I}}+\Delta 90°$ |

## 表 39　靴形棱镜 FXⅡ-90

物坐标、像坐标、特征方向、像偏转极值轴向示意图

$2\varphi=90°$

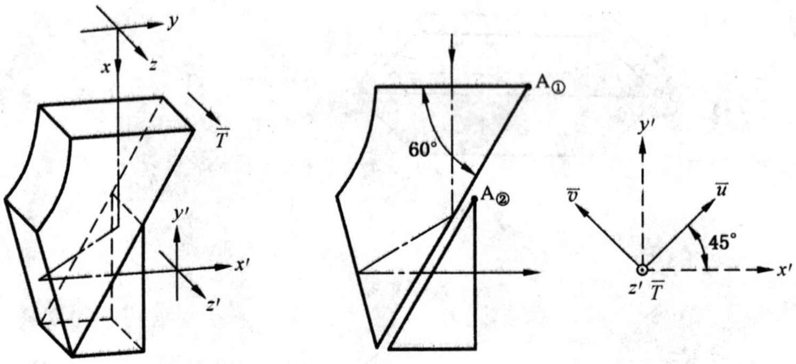


| 作用矩阵 | 像偏转极值 | 像偏转 | |
|---|---|---|---|
| | | 绕任意轴 $\overline{P}$ 转 $\Delta\alpha$ 角产生的像偏转 | 制造误差产生的像偏转 |
| $R=\begin{bmatrix}0 & -1 & 0\\1 & 0 & 0\\0 & 0 & 1\end{bmatrix}$ | $\mu'_{x'\max}=1.41\Delta\alpha$<br>$\mu'_{y'\max}=1.41\Delta\alpha$<br>$\mu'_{z'\max}=0$ | $\mu'_{x'}=\Delta\alpha(P_{x'}+P_{y'})$<br>$\mu'_{y'}=\Delta\alpha(-P_{x'}+P_{y'})$<br>$\mu'_{z'}=0$ | $\mu'_{x'}=0.52\gamma_{A①}$<br>$\mu'_{y'}=n\theta_{\mathrm{II}}$<br>$\mu'_{z'}=n\theta_{\mathrm{I}}+\Delta A_{①}+\Delta A_{②}$ |

## 表 40 靴形屋脊棱镜 $FX\,\mathrm{II}_{J}$-90

| 物坐标、像坐标、特征方向、像偏转极值轴向示意图 |
|---|
| $2\varphi=90^{\circ}$ 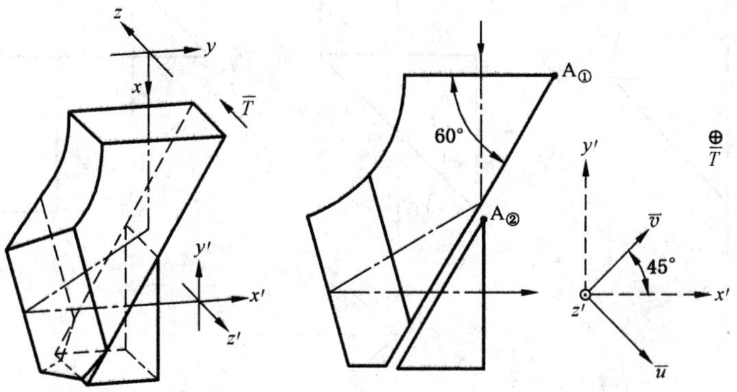  |

| 作用矩阵 | 像偏转极值 | 像偏转 | |
|---|---|---|---|
| | | 绕任意轴$\overline{P}$转Δα角产生的像偏转 | 制造误差产生的像偏转 |
| $R=\begin{bmatrix}0 & -1 & 0\\1 & 0 & 0\\0 & 0 & -1\end{bmatrix}$ | $\mu'_{x'\max}=1.41\Delta\alpha$<br>$\mu'_{y'\max}=1.41\Delta\alpha$<br>$\mu'_{z'\max}=0$ | $\mu'_{x'}=\Delta\alpha(P_{x'}-P_{y'})$<br>$\mu'_{y'}=\Delta\alpha(P_{x'}+P_{y'})$<br>$\mu'_{z'}=0$ | $\mu'_{x'}=1.93\gamma_{C}$<br>$\mu'_{y'}=n\theta_{\mathrm{II}}$<br>$\mu'_{z'}=n\theta_{\mathrm{I}}+\Delta A_{①}+\Delta A_{②}$ |

## 表 41 保罗棱镜 FBⅢ-90

**物坐标、像坐标、特征方向、像偏转极值轴向示意图**

$2\varphi=90°$

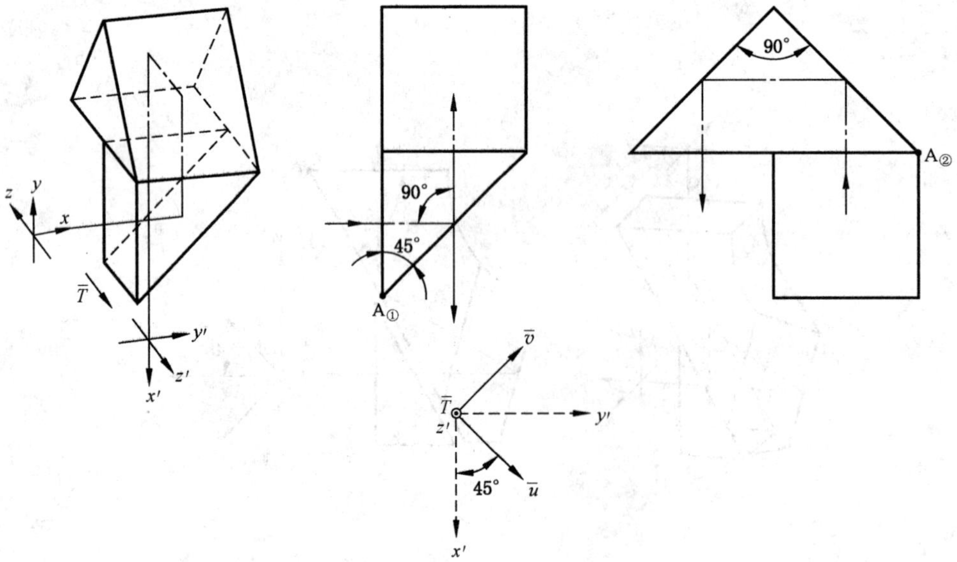


| 作用矩阵 | 像偏转极值 | 像偏转 | |
|---|---|---|---|
| | | 绕任意轴$\overline{P}$转$\Delta\alpha$角产生的像偏转 | 制造误差产生的像偏转 |
| $R=\begin{bmatrix}0&1&0\\-1&0&0\\0&0&-1\end{bmatrix}$ | $\mu'_{x'\max}=1.41\Delta\alpha$<br>$\mu'_{y'\max}=1.41\Delta\alpha$<br>$\mu'_{z'\max}=0$ | $\mu'_{x'}=\Delta\alpha(P_{x'}+P_{y'})$<br>$\mu'_{y'}=\Delta\alpha(-P_{x'}+P_{y'})$<br>$\mu'_{z'}=0$ | $\mu'_{x'}=1.41(\gamma_{A①}+\gamma_{A②})$<br>$\mu'_{y'}=n\theta_{Ⅱ}+\Delta\omega_{y'}$<br>$\mu'_{z'}=n\theta_{Ⅰ}+\Delta\omega_{z'}$ |

## 表 42 保罗棱镜 FBⅢ-90

物坐标、像坐标、特征方向、像偏转极值轴向示意图

$2\varphi=90°$

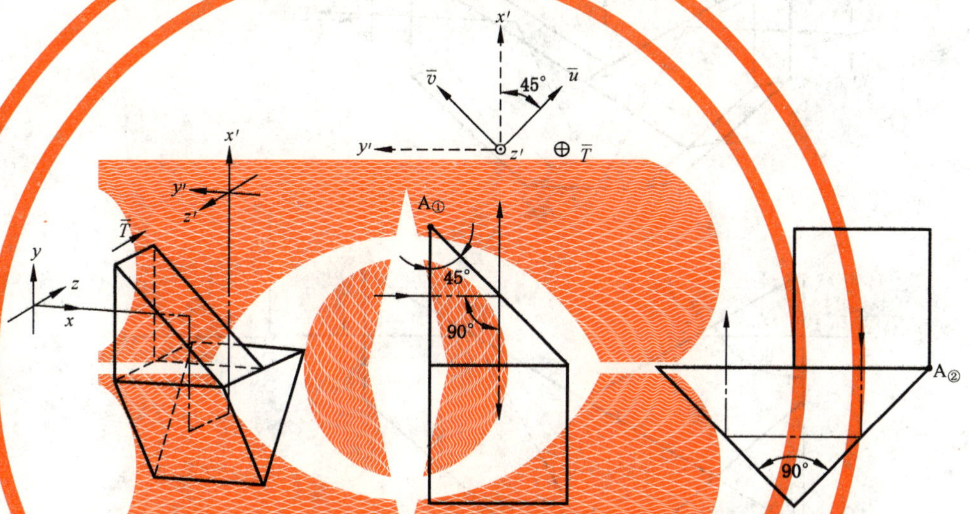


| 作用矩阵 | 像偏转极值 | 像偏转 | |
|---|---|---|---|
| | | 绕任意轴 $\overline{P}$ 转 $\Delta\alpha$ 角产生的像偏转 | 制造误差产生的像偏转 |
| $R=\begin{bmatrix}0 & -1 & 0\\ 1 & 0 & 0\\ 0 & 0 & -1\end{bmatrix}$ | $\mu'_{x'\max}=1.41\Delta\alpha$<br>$\mu'_{y'\max}=1.41\Delta\alpha$<br>$\mu'_{z'\max}=0$ | $\mu'_{x'}=\Delta\alpha(P_{x'}-P_{y'})$<br>$\mu'_{y'}=\Delta\alpha(P_{x'}+P_{y'})$<br>$\mu'_{z'}=0$ | $\mu'_{x'}=1.41(\gamma_{A①}+\gamma_{A②})$<br>$\mu'_{y'}=n\theta_{Ⅱ}+\Delta\omega_{y'}$<br>$\mu'_{z'}=n\theta_{Ⅰ}+\Delta\omega_{z'}$ |

## 表 43 阿贝棱镜 FAⅢ-0

| 物坐标、像坐标、特征方向、像偏转极值轴向示意图 | | | |
|---|---|---|---|
| $2\varphi=180°$ 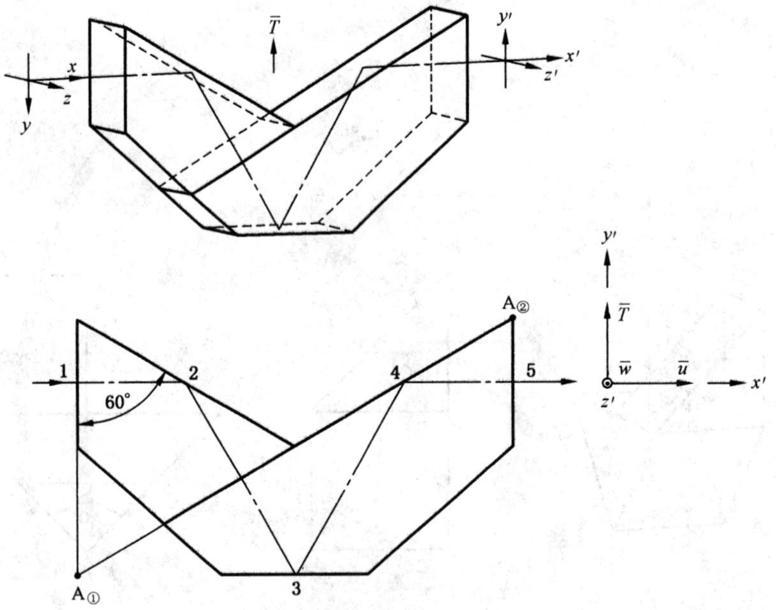  | | | |
| 作用矩阵 | 像偏转极值 | 像偏转 | |
| | | 绕任意轴$\overline{P}$转Δα角产生的像偏转 | 制造误差产生的像偏转 |
| $R=\begin{bmatrix}1 & 0 & 0\\0 & -1 & 0\\0 & 0 & 1\end{bmatrix}$ | $\mu'_{x'\max}=2\Delta\alpha$<br>$\mu'_{y'\max}=0$<br>$\mu'_{z'\max}=2\Delta\alpha$ | $\mu'_{x'}=2\Delta\alpha P_{x'}$<br>$\mu'_{y'}=0$<br>$\mu'_{z'}=2\Delta\alpha P_{z'}$ | $\mu'_{x'}=1.73\gamma_{A①}+\gamma_{A②}$<br>$\mu'_{y'}=n\theta_{\mathrm{II}}$<br>$\mu'_{z'}=n\theta_{\mathrm{I}}+\theta_{1,5(\mathrm{I})}$ |

**表 44 阿贝屋脊棱镜 FAⅢ$_J$-0**

物坐标、像坐标、特征方向、像偏转极值轴向示意图

$2\varphi=180°$

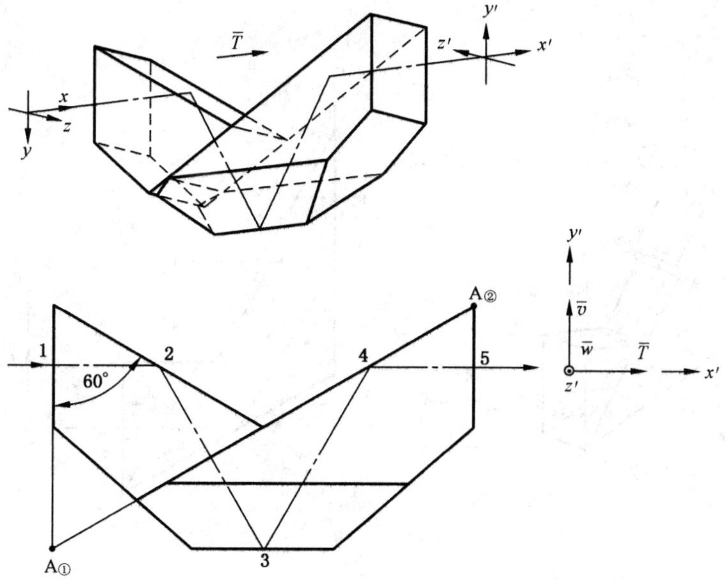


| 作用矩阵 | 像偏转极值 | 像偏转 | |
|---|---|---|---|
| | | 绕任意轴$\overline{P}$转Δα角产生的像偏转 | 制造误差产生的像偏转 |
| $R=\begin{bmatrix}1 & 0 & 0\\0 & -1 & 0\\0 & 0 & -1\end{bmatrix}$ | $\mu'_{x'\max}=0$<br>$\mu'_{y'\max}=2\Delta\alpha$<br>$\mu'_{z'\max}=2\Delta\alpha$ | $\mu'_{x'}=0$<br>$\mu'_{y'}=2\Delta\alpha P_{y'}$<br>$\mu'_{z'}=2\Delta\alpha P_{z'}$ | $\mu'_{x'}=1.73(\gamma_{A①}+\gamma_{A②})$<br>$\mu'_{y'}=n\theta_{Ⅱ}$<br>$\mu'_{z'}=n\theta_{Ⅰ}+\theta_{1,5(Ⅰ)}$ |

**表 45 潜望棱镜 FQⅢ-0**

| 物坐标、像坐标、特征方向、像偏转极值轴向示意图 | | | |
|---|---|---|---|
| $2\varphi=180°$ 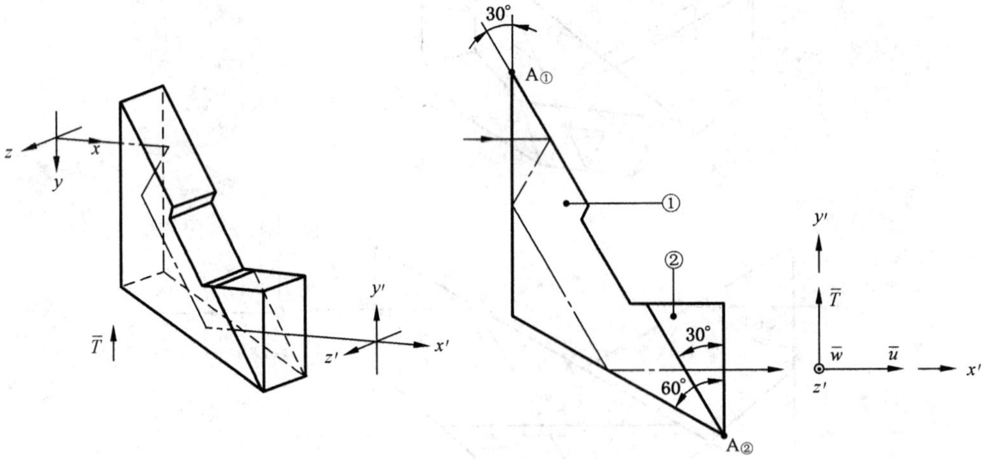 | | | |
| 作用矩阵 | 像偏转极值 | 像偏转 | |
| | | 绕任意轴$\overline{P}$转$\Delta\alpha$角产生的像偏转 | 制造误差产生的像偏转 |
| $R=\begin{bmatrix}1 & 0 & 0\\0 & -1 & 0\\0 & 0 & 1\end{bmatrix}$ | $\mu'_{x'\max}=2\Delta\alpha$<br>$\mu'_{y'\max}=0$<br>$\mu'_{z'\max}=2\Delta\alpha$ | $\mu'_{x'}=2\Delta\alpha P_{x'}$<br>$\mu'_{y'}=0$<br>$\mu'_{z'}=2\Delta\alpha P_{z'}$ | $\mu'_{x'}=1.73\gamma_{A①}$<br>$\mu'_{y'}=n\theta_{Ⅱ}$<br>$\mu'_{z'}=n\theta_{Ⅰ}+\Delta A_{①}+\Delta A_{②}$ |

**表 46 烟斗棱镜 FYⅢ-60**

| 物坐标、像坐标、特征方向、像偏转极值轴向示意图 |
|---|
| $2\varphi=180°$ |

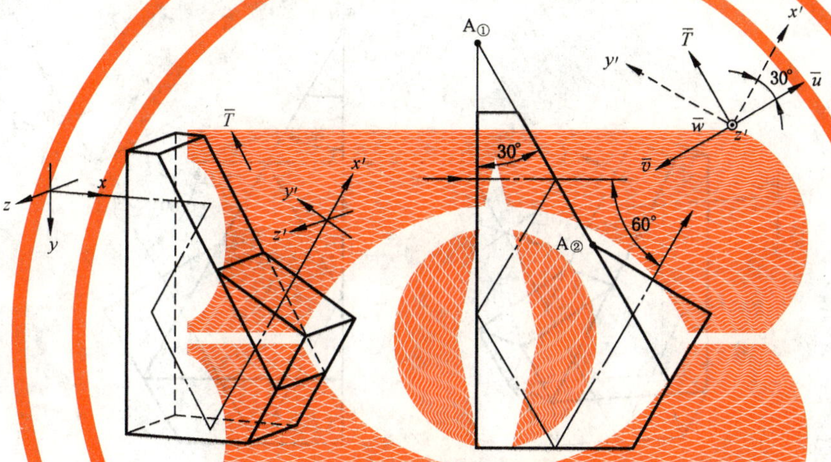


| 作用矩阵 | 像偏转极值 | 像偏转 | |
|---|---|---|---|
| | | 绕任意轴 $\overline{P}$ 转 $\Delta\alpha$ 角产生的像偏转 | 制造误差产生的像偏转 |
| $R=\begin{bmatrix}\frac{1}{2} & -\frac{\sqrt{3}}{2} & 0\\ -\frac{\sqrt{3}}{2} & -\frac{1}{2} & 0\\ 0 & 0 & 1\end{bmatrix}$ | $\mu'_{x'\max}=1.73\Delta\alpha$<br>$\mu'_{y'\max}=\Delta\alpha$<br>$\mu'_{z'\max}=2\Delta\alpha$ | $\mu'_{x'}=\Delta\alpha(1.50P_{x'}-0.87P_{y'})$<br>$\mu'_{y'}=\Delta\alpha(-0.87P_{x'}+0.50P_{y'})$<br>$\mu'_{z'}=2\Delta\alpha P_{z'}$ | $\mu'_{x'}=\gamma_{A①}$<br>$\mu'_{y'}=n\theta_{Ⅱ}$<br>$\mu'_{z'}=n\theta_{Ⅰ}+\Delta A_{①}+\Delta A_{②}$ |

表 47　烟斗屋脊棱镜 FYⅢ$_J$-60

<table>
<tr><td colspan="4">物坐标、像坐标、特征方向、像偏转极值轴向示意图</td></tr>
<tr><td colspan="4">$2\varphi=180°$<br>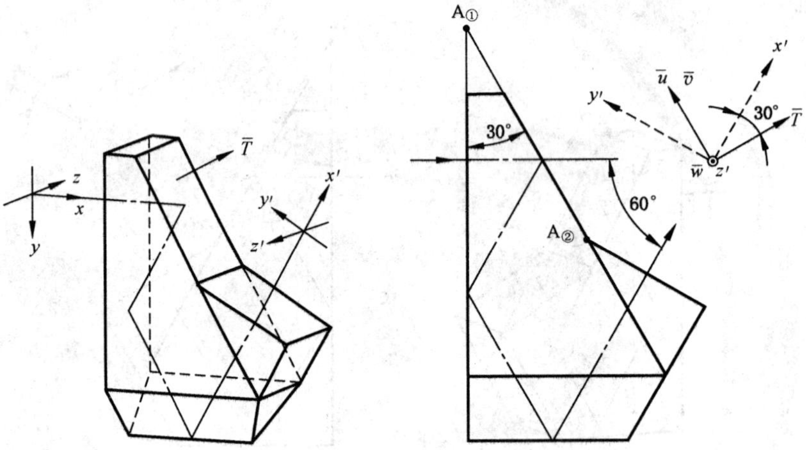<br></td></tr>
<tr><td rowspan="2">作用矩阵</td><td rowspan="2">像偏转极值</td><td colspan="2">像偏转</td></tr>
<tr><td>绕任意轴$\overline{P}$转$\Delta\alpha$角产生的像偏转</td><td>制造误差产生的像偏转</td></tr>
<tr><td>$R=\begin{bmatrix}\frac{1}{2} & -\frac{\sqrt{3}}{2} & 0\\ -\frac{\sqrt{3}}{2} & -\frac{1}{2} & 0\\ 0 & 0 & -1\end{bmatrix}$</td><td>$\mu'_{x'\max}=\Delta\alpha$<br>$\mu'_{y'\max}=1.73\Delta\alpha$<br>$\mu'_{z'\max}=2\Delta\alpha$</td><td>$\mu'_{x'}=\Delta\alpha(0.50P_{x'}+0.87P_{y'})$<br>$\mu'_{y'}=\Delta\alpha(0.87P_{x'}+1.50P_{y'})$<br>$\mu'_{z'}=2\Delta\alpha P_{z'}$</td><td>$\mu'_{x'}=1.73\gamma_C$<br>$\mu'_{y'}=n\theta_{\mathrm{II}}$<br>$\mu'_{z'}=n\theta_{\mathrm{I}}+\Delta A_{①}+\Delta A_{②}$</td></tr>
</table>

## 表 48 保罗棱镜 FPⅣ-0

物坐标、像坐标、特征方向、像偏转极值轴向示意图

$2\varphi=180°$

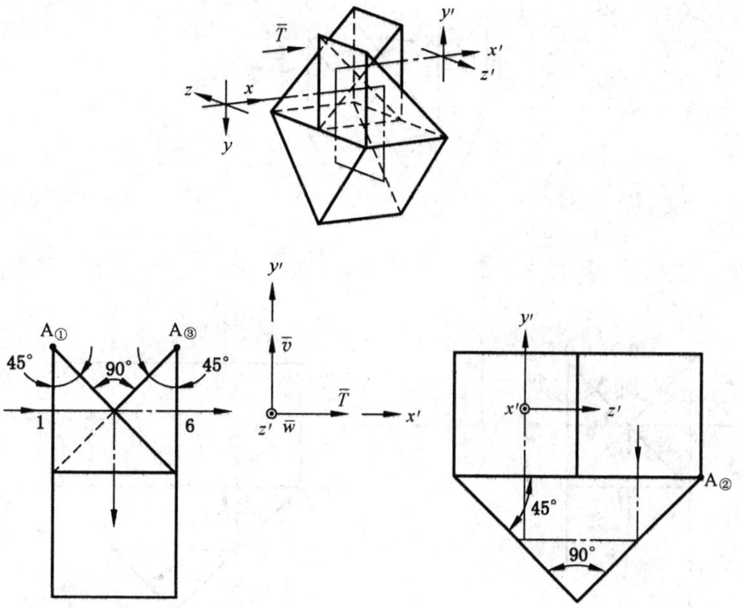


| 作用矩阵 | 像偏转极值 | 像偏转 | |
|---|---|---|---|
| | | 绕任意轴$\overline{P}$转$\Delta\alpha$角产生的像偏转 | 制造误差产生的像偏转 |
| $R=\begin{bmatrix}1 & 0 & 0\\0 & -1 & 0\\0 & 0 & -1\end{bmatrix}$ | $\mu'_{x'\max}=0$<br>$\mu'_{y'\max}=2\Delta\alpha$<br>$\mu'_{z'\max}=2\Delta\alpha$ | $\mu'_{x'}=0$<br>$\mu'_{y'}=2\Delta\alpha P_{y'}$<br>$\mu'_{z'}=2\Delta\alpha P_{z'}$ | $\mu'_{x'}=1.41\gamma_{A②}$<br>$\mu'_{y'}=n\theta_{\rm II}$<br>$\mu'_{z'}=n\theta_{\rm I}+\theta_{1,6(\rm I)}$ |

## 表 49 保罗棱镜 FPⅣ-0

<table>
<tr><td colspan="5">物坐标、像坐标、特征方向、像偏转极值轴向示意图</td></tr>
<tr><td colspan="5">$2\varphi=180^{\circ}$<br>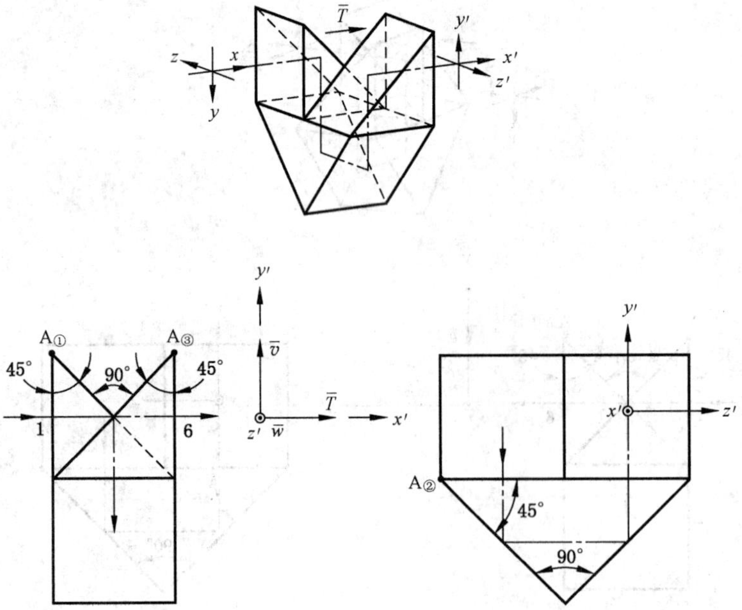</td></tr>
<tr><td rowspan="2">作用矩阵</td><td rowspan="2">像偏转极值</td><td colspan="2">像偏转</td></tr>
<tr><td>绕任意轴 $\overline{P}$ 转 $\Delta\alpha$ 角产生的像偏转</td><td>制造误差产生的像偏转</td></tr>
<tr><td>$R=\begin{bmatrix}1&0&0\\0&-1&0\\0&0&-1\end{bmatrix}$</td><td>$\mu'_{x'\max}=0$<br>$\mu'_{y'\max}=2\Delta\alpha$<br>$\mu'_{z'\max}=2\Delta\alpha$</td><td>$\mu'_{x'}=0$<br>$\mu'_{y'}=2\Delta\alpha P_{y'}$<br>$\mu'_{z'}=2\Delta\alpha P_{z'}$</td><td>$\mu'_{x'}=1.41\gamma_{A②}$<br>$\mu'_{y'}=n\theta_{Ⅱ}$<br>$\mu'_{z'}=n\theta_{Ⅰ}+\theta_{1,6(Ⅰ)}$</td></tr>
</table>

## 表 50 保罗棱镜 FPⅣ-0

**物坐标、像坐标、特征方向、像偏转极值轴向示意图**

$2\varphi=180°$

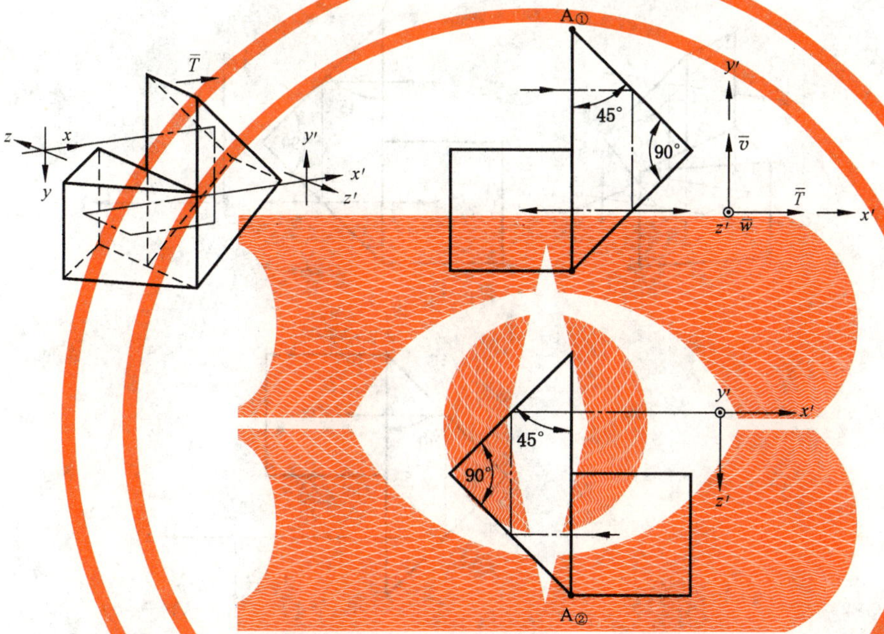


| 作用矩阵 | 像偏转极值 | 像偏转 | |
|---|---|---|---|
| | | 绕任意轴 $\overline{P}$ 转 $\Delta\alpha$ 角产生的像偏转 | 制造误差产生的像偏转 |
| $R=\begin{bmatrix}1 & 0 & 0\\0 & -1 & 0\\0 & 0 & -1\end{bmatrix}$ | $\mu'_{x'\max}=0$<br>$\mu'_{y'\max}=2\Delta\alpha$<br>$\mu'_{z'\max}=2\Delta\alpha$ | $\mu'_{x'}=0$<br>$\mu'_{y'}=2\Delta\alpha P_{y'}$<br>$\mu'_{z'}=2\Delta\alpha P_{z'}$ | $\mu'_{x'}=1.41(\gamma_{A①}+\gamma_{A②})$<br>$\mu'_{y'}=n\theta_{\mathrm{II}}$<br>$\mu'_{z'}=n\theta_{\mathrm{I}}$ |

## 表 51　保罗棱镜 FPⅣ-0

| 物坐标、像坐标、特征方向、像偏转极值轴向示意图 |
|---|
| $2\varphi=180^\circ$ 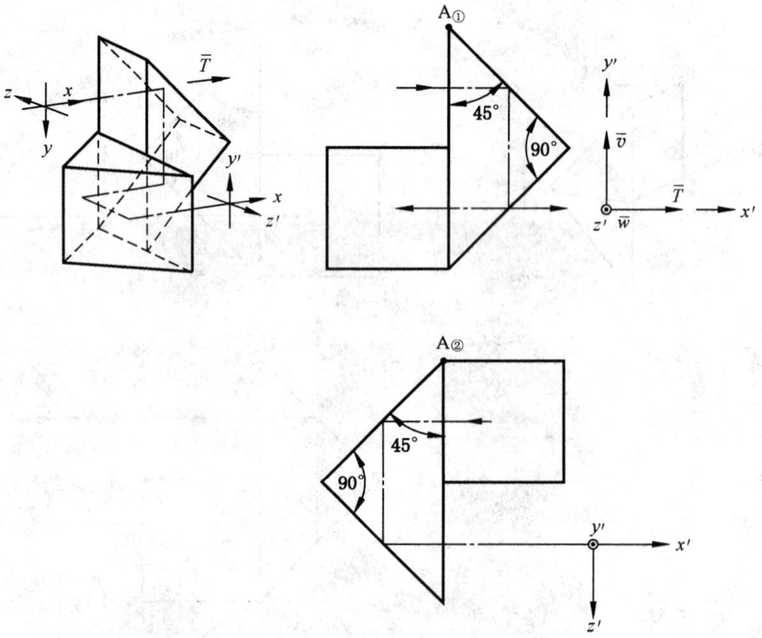 |



| 作用矩阵 | 像偏转极值 | 像偏转 | |
|---|---|---|---|
| | | 绕任意轴 $\overline{P}$ 转 $\Delta\alpha$ 角产生的像偏转 | 制造误差产生的像偏转 |
| $R=\begin{bmatrix}1 & 0 & 0\\0 & -1 & 0\\0 & 0 & -1\end{bmatrix}$ | $\mu'_{x'\max}=0$<br>$\mu'_{y'\max}=2\Delta\alpha$<br>$\mu'_{z'\max}=2\Delta\alpha$ | $\mu'_{x'}=0$<br>$\mu'_{y'}=2\Delta\alpha P_{y'}$<br>$\mu'_{z'}=2\Delta\alpha P_{z'}$ | $\mu'_{x'}=1.41(\gamma_{A①}+\gamma_{A②})$<br>$\mu'_{y'}=n\theta_{Ⅱ}$<br>$\mu'_{z'}=n\theta_{Ⅰ}$ |

## 表 52 别汉棱镜 FBⅤ-0

物坐标、像坐标、特征方向、像偏转极值轴向示意图

$2\varphi=180°$

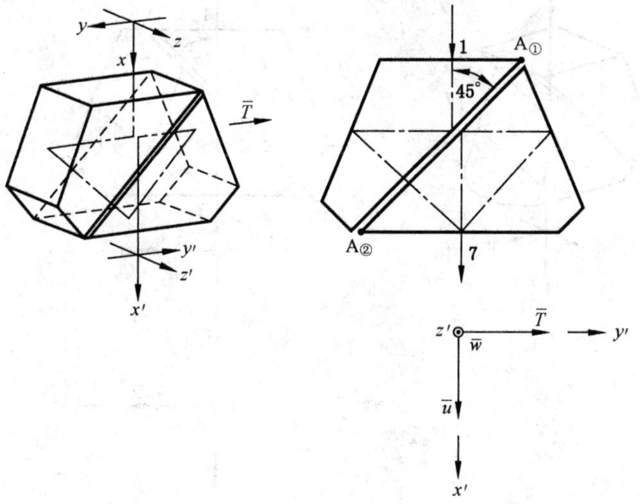


| 作用矩阵 | 像偏转极值 | 像偏转 | |
|---|---|---|---|
| | | 绕任意轴 $\overline{P}$ 转 $\Delta\alpha$ 角产生的像偏转 | 制造误差产生的像偏转 |
| $R=\begin{bmatrix}1 & 0 & 0\\0 & -1 & 0\\0 & 0 & 1\end{bmatrix}$ | $\mu'_{x'\max}=2\Delta\alpha$<br>$\mu'_{y'\max}=0$<br>$\mu'_{z'\max}=2\Delta\alpha$ | $\mu'_{x'}=2\Delta\alpha P_{x'}$<br>$\mu'_{y'}=0$<br>$\mu'_{z'}=2\Delta\alpha P_{z'}$ | $\mu'_{x'}=0.77(\gamma_{A①}+\gamma_{A②})$<br>$\mu'_{y'}=n\theta_{Ⅱ}$<br>$\mu'_{z'}=n\theta_{Ⅰ}+\theta_{1,7(Ⅰ)}$ |

## 表 53 别汉屋脊棱镜 FBⅤ$_J$-0

物坐标、像坐标、特征方向、像偏转极值轴向示意图

$2\varphi=180°$

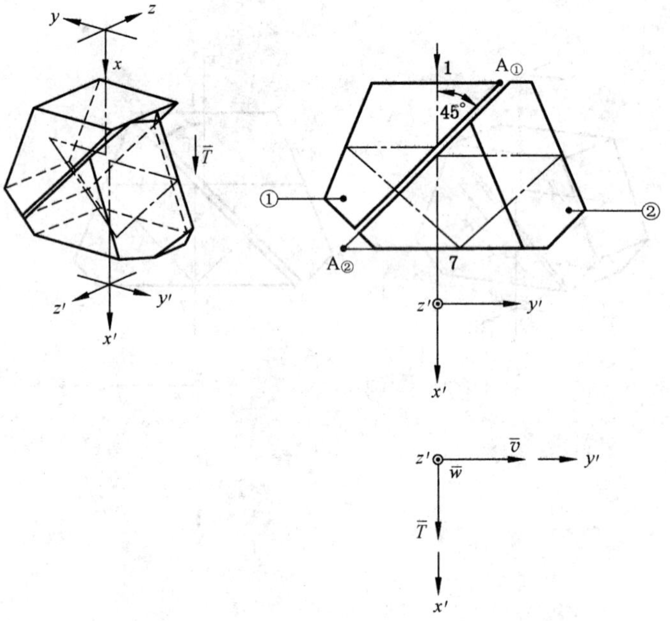


| 作用矩阵 | 像偏转极值 | 像偏转 | |
|---|---|---|---|
| | | 绕任意轴 $\overline{P}$ 转 $\Delta\alpha$ 角产生的像偏转 | 制造误差产生的像偏转 |
| $R=\begin{bmatrix}1 & 0 & 0\\ 0 & -1 & 0\\ 0 & 0 & -1\end{bmatrix}$ | $\mu'_{x'\max}=0$<br>$\mu'_{y'\max}=2\Delta\alpha$<br>$\mu'_{z'\max}=2\Delta\alpha$ | $\mu'_{x'}=0$<br>$\mu'_{y'}=2\Delta\alpha P_{y'}$<br>$\mu'_{z'}=2\Delta\alpha P_{z'}$ | $\mu'_{x'}=0.77\gamma_{A①}+1.85\gamma_{C②}$<br>$\mu'_{y'}=n\theta_{Ⅱ}$<br>$\mu'_{z'}=n\theta_{Ⅰ}+\theta_{1,7(Ⅰ)}$ |

## 表 54　别汉屋脊棱镜 FB$\mathrm{V_J}$-0

| 物坐标、像坐标、特征方向、像偏转极值轴向示意图 |
|---|
| $2\varphi=180^\circ$ 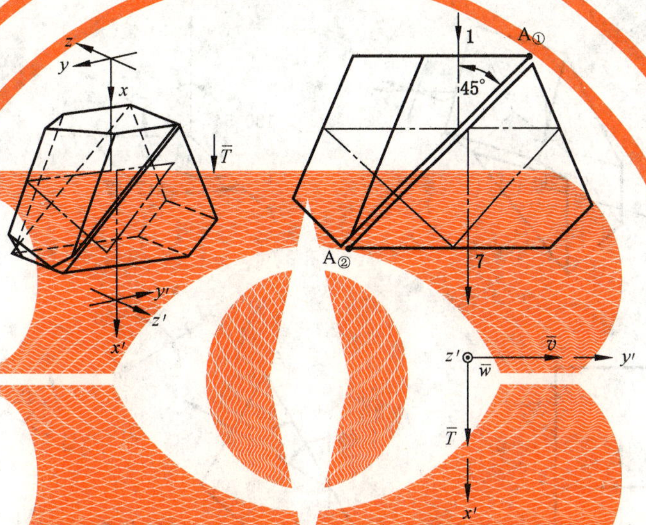 |



| 作用矩阵 | 像偏转极值 | 像偏转 | |
|---|---|---|---|
| | | 绕任意轴 $\overline{P}$ 转 $\Delta\alpha$ 角产生的像偏转 | 制造误差产生的像偏转 |
| $R=\begin{bmatrix}1 & 0 & 0\\ 0 & -1 & 0\\ 0 & 0 & -1\end{bmatrix}$ | $\mu'_{x'\max}=0$<br>$\mu'_{y'\max}=2\Delta\alpha$<br>$\mu'_{z'\max}=2\Delta\alpha$ | $\mu'_{x'}=0$<br>$\mu'_{y'}=2\Delta\alpha P_{y'}$<br>$\mu'_{z'}=2\Delta\alpha P_{z'}$ | $\mu'_{x'}=0.77\gamma_{A②}+1.58\gamma_{C①}$<br>$\mu'_{y'}=n\theta_{\mathrm{II}}$<br>$\mu'_{z'}=n\theta_{\mathrm{I}}+\theta_{1,7(\mathrm{I})}$ |

## 4.4 空间棱镜

表 55～表 70 列出了常用空间棱镜像偏转特性参数的图示和像偏转的有关计算公式。

**表 55 空间棱镜 KⅡ-90-60**

物坐标、像坐标、特征方向、像偏转极值轴向示意图

$2\varphi=138°36'$

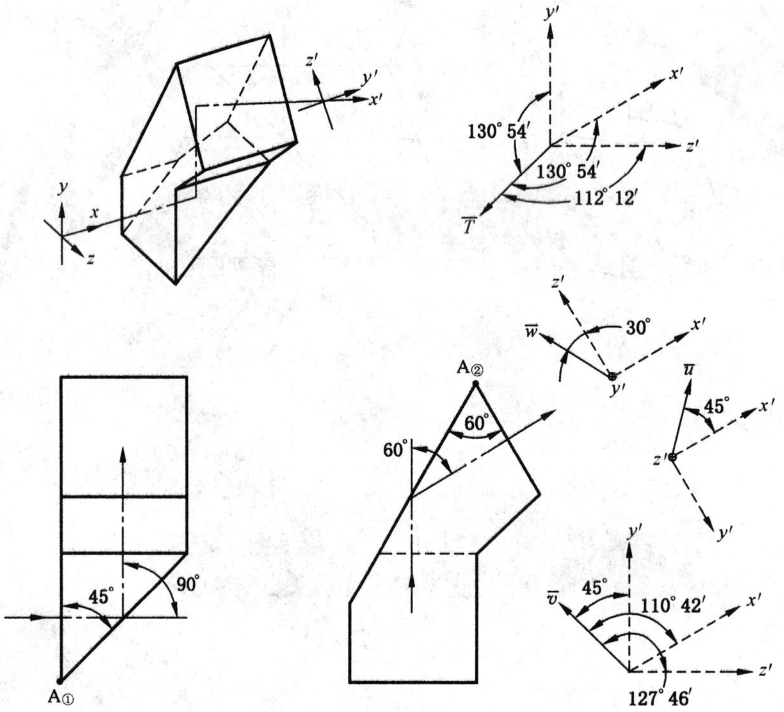


| 作用矩阵 | 像偏转极值 | 像偏转：绕任意轴 $\overline{P}$ 转 $\Delta\alpha$ 角产生的像偏转 | 像偏转：制造误差产生的像偏转 |
|---|---|---|---|
| $R=\begin{bmatrix}0 & 1 & 0\\ \frac{1}{2} & 0 & \frac{\sqrt{3}}{2}\\ \frac{\sqrt{3}}{2} & 0 & -\frac{1}{2}\end{bmatrix}$ | $\mu'_{x'\max}=1.41\Delta\alpha$<br>$\mu'_{y'\max}=1.41\Delta\alpha$<br>$\mu'_{z'\max}=1.73\Delta\alpha$ | $\mu'_{x'}=\Delta\alpha(P_{x'}-P_{y'})$<br>$\mu'_{y'}=\Delta\alpha(-0.50P_{x'}+P_{y'}-0.87P_{z'})$<br>$\mu'_{z'}=\Delta\alpha(-0.87P_{x'}+1.50P_{z'})$ | $\mu'_{x'}=1.41\gamma_{A①}+1.73\gamma_{A②}$<br>$\mu'_{y'}=n\theta_{\mathrm{II}}+\Delta\omega_{y'}$<br>$\mu'_{z'}=n\theta_{\mathrm{I}}+\Delta\omega_{z'}$ |

## 表 56 空间棱镜 KⅡ-90-60

物坐标、像坐标、特征方向、像偏转极值轴向示意图

$2\varphi=138°36'$

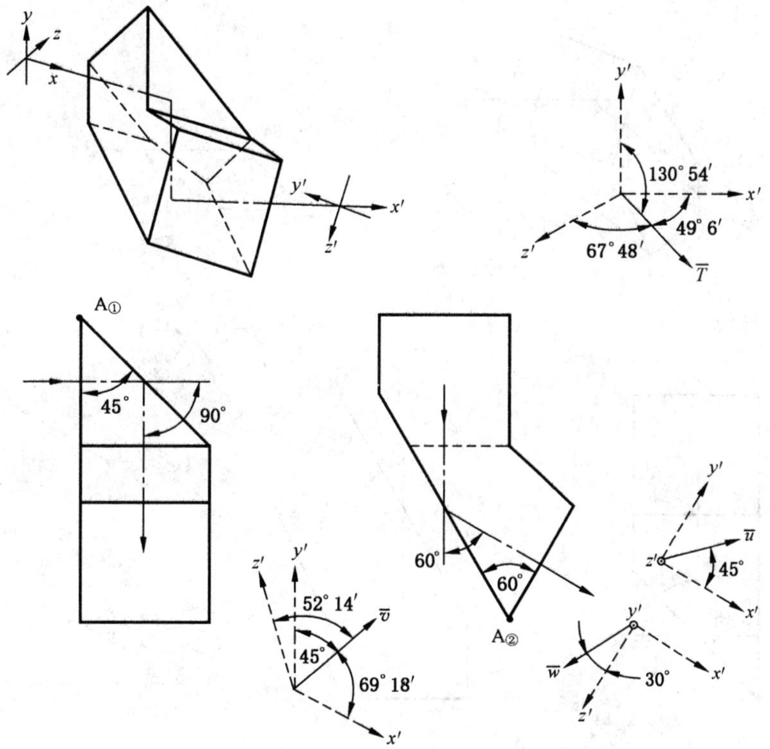


| 作用矩阵 | 像偏转极值 | 像偏转 | |
|---|---|---|---|
| | | 绕任意轴 $\overline{P}$ 转 $\Delta\alpha$ 角产生的像偏转 | 制造误差产生的像偏转 |
| $R=\begin{bmatrix} 0 & -1 & 0 \\ -\frac{1}{2} & 0 & -\frac{\sqrt{3}}{2} \\ \frac{\sqrt{3}}{2} & 0 & -\frac{1}{2} \end{bmatrix}$ | $\mu'_{x'\max}=1.41\Delta\alpha$<br>$\mu'_{y'\max}=1.41\Delta\alpha$<br>$\mu'_{z'\max}=1.73\Delta\alpha$ | $\mu'_{x'}=\Delta\alpha(P_{x'}+P_{y'})$<br>$\mu'_{y'}=\Delta\alpha(0.50P_{x'}+P_{y'}+0.87P_{z'})$<br>$\mu'_{z'}=\Delta\alpha(-0.87P_{x'}+1.50P_{z'})$ | $\mu'_{x'}=1.41\gamma_{A①}+1.73\gamma_{A②}$<br>$\mu'_{y'}=n\theta_{Ⅱ}+\Delta\omega_{y'}$<br>$\mu'_{z'}=n\theta_{Ⅰ}+\Delta\omega_{z'}$ |

## 表 57 空间棱镜 KⅡ-90-60

物坐标、像坐标、特征方向、像偏转极值轴向示意图

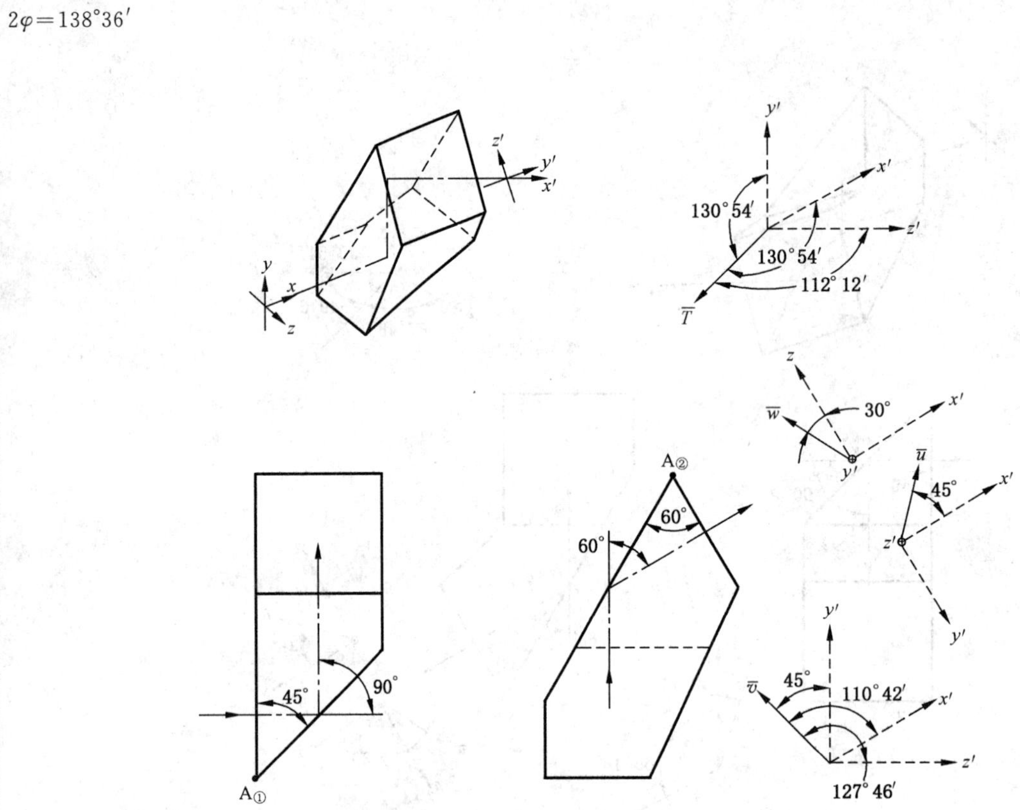


| 作用矩阵 | 像偏转极值 | 像偏转 | |
|---|---|---|---|
| | | 绕任意轴 $\overline{P}$ 转 $\Delta\alpha$ 角产生的像偏转 | 制造误差产生的像偏转 |
| $R=\begin{bmatrix}0 & 1 & 0\\ \frac{1}{2} & 0 & \frac{\sqrt{3}}{2}\\ \frac{\sqrt{3}}{2} & 0 & -\frac{1}{2}\end{bmatrix}$ | $\mu'_{x'\max}=1.41\Delta\alpha$<br>$\mu'_{y'\max}=1.41\Delta\alpha$<br>$\mu'_{z'\max}=1.73\Delta\alpha$ | $\mu'_{x'}=\Delta\alpha(P_{x'}-P_{y'})$<br>$\mu'_{y'}=\Delta\alpha(-0.50P_{x'}+P_{y'}-0.87P_{z'})$<br>$\mu'_{z'}=\Delta\alpha(-0.87P_{x'}+1.50P_{z'})$ | $\mu'_{x'}=1.41\gamma_{A①}+1.73\gamma_{A②}$<br>$\mu'_{y'}=n\theta_{Ⅱ}+\Delta\omega_{y'}$<br>$\mu'_{z'}=n\theta_{Ⅰ}+\Delta\omega_{z'}$ |

## 表 58　空间棱镜 KⅡ-90-60

物坐标、像坐标、特征方向、像偏转极值轴向示意图

$2\varphi=138°36'$

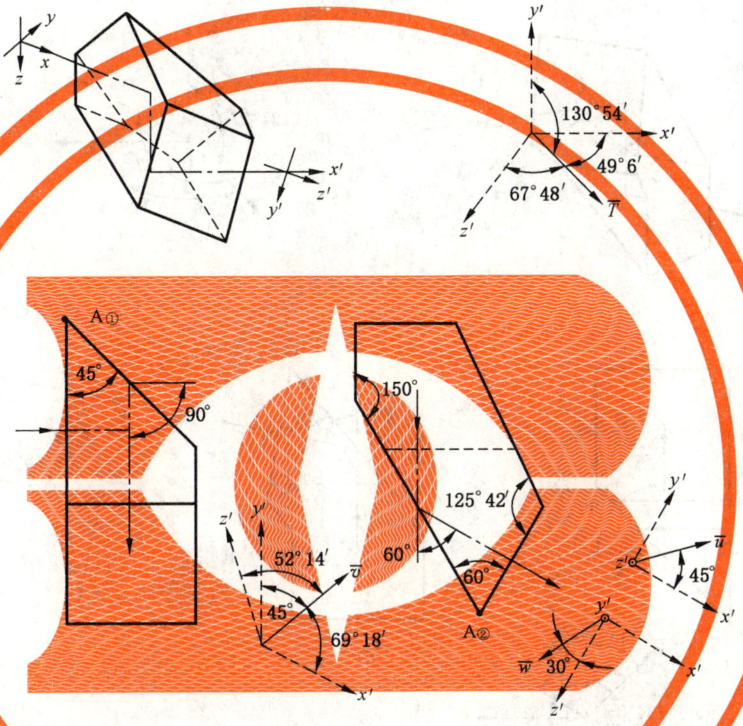


| 作用矩阵 | 像偏转极值 | 像偏转 | |
|---|---|---|---|
| | | 绕任意轴$\overline{P}$转$\Delta\alpha$角产生的像偏转 | 制造误差产生的像偏转 |
| $R=\begin{bmatrix}0 & -1 & 0\\ -\frac{1}{2} & 0 & -\frac{\sqrt{3}}{2}\\ \frac{\sqrt{3}}{2} & 0 & -\frac{1}{2}\end{bmatrix}$ | $\mu'_{x'\max}=1.41\Delta\alpha$<br>$\mu'_{y'\max}=1.41\Delta\alpha$<br>$\mu'_{z'\max}=1.73\Delta\alpha$ | $\mu'_{x'}=\Delta\alpha(P_{x'}+P_{y'})$<br>$\mu'_{y'}=\Delta\alpha(0.50P_{x'}+P_{y'}+0.87P_{z'})$<br>$\mu'_{z'}=\Delta\alpha(-0.87P_{x'}+1.50P_{z'})$ | $\mu'_{x'}=1.41\gamma_{A①}+1.73\gamma_{A②}$<br>$\mu'_{y'}=n\theta_{Ⅱ}+\Delta\omega_{y'}$<br>$\mu'_{z'}=n\theta_{Ⅰ}\Delta\omega_{z'}$ |

## 表 59　空间棱镜 KⅡ-90-80

物坐标、像坐标、特征方向、像偏转极值轴向示意图

$2\varphi = 125°56'$

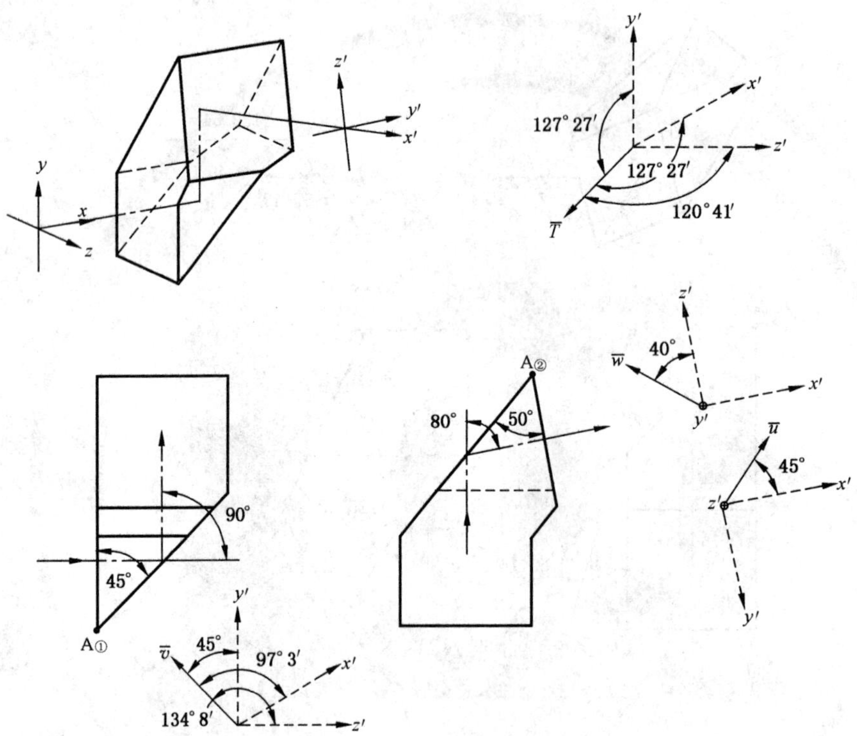


| 作用矩阵 | 像偏转极值 | 像偏转：绕任意轴 $\overline{P}$ 转 $\Delta\alpha$ 角产生的像偏转 | 像偏转：制造误差产生的像偏转 |
|---|---|---|---|
| $R=\begin{bmatrix} 0 & 1 & 0 \\ 0.17 & 0 & 0.99 \\ 0.99 & 0 & -0.17 \end{bmatrix}$ | $\mu'_{x'\max}=1.41\Delta\alpha$<br>$\mu'_{y'\max}=1.41\Delta\alpha$<br>$\mu'_{z'\max}=1.53\Delta\alpha$ | $\mu'_{x'}=\Delta\alpha(P_{x'}-P_{y'})$<br>$\mu'_{y'}=\Delta\alpha(-0.17P_{x'}+P_{y'}-0.99P_{z'})$<br>$\mu'_{z'}=\Delta\alpha(-0.99P_{x'}+1.17P_{z'})$ | $\mu'_{x'}=1.41\gamma_{A①}+1.53\gamma_{A②}$<br>$\mu'_{y'}=n\theta_{\mathrm{III}}+\Delta\omega_{y'}$<br>$\mu'_{z'}=n\theta_{\mathrm{II}}+\Delta\omega_{z'}$ |

# 表 60 空间棱镜 KⅡ-90-80

| 物坐标、像坐标、特征方向、像偏转极值轴向示意图 | | | |
|---|---|---|---|
| $2\varphi=125°56'$ 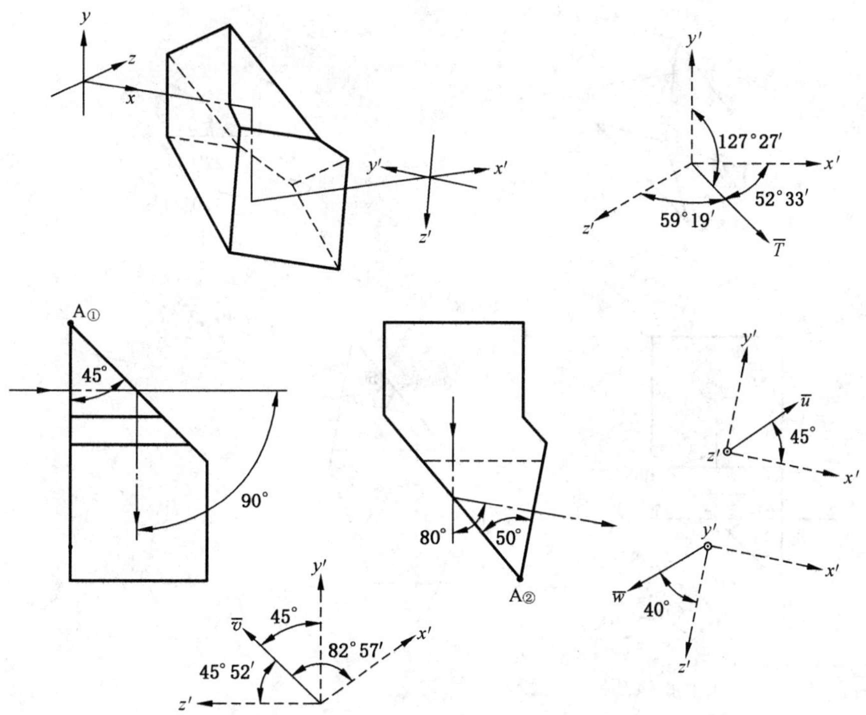  | | | |
| 作用矩阵 | 像偏转极值 | 像偏转 | |
| | | 绕任意轴$\overline{P}$转$\Delta\alpha$角产生的像偏转 | 制造误差产生的像偏转 |
| $R=\begin{bmatrix} 0 & -1 & 0 \\ -0.17 & 0 & -0.99 \\ 0.99 & 0 & -0.17 \end{bmatrix}$ | $\mu'_{x'\max}=1.41\Delta\alpha$<br>$\mu'_{y'\max}=1.41\Delta\alpha$<br>$\mu'_{z'\max}=1.53\Delta\alpha$ | $\mu'_{x'}=\Delta\alpha(P_{x'}+P_{y'})$<br>$\mu'_{y'}=\Delta\alpha(0.17P_{x'}+P_{y'}+0.99P_{z'})$<br>$\mu'_{z'}=\Delta\alpha(-0.99P_{x'}+1.17P_{z'})$ | $\mu'_{x'}=1.41\gamma_{A①}+1.53\gamma_{A②}$<br>$\mu'_{y'}=n\theta_{\mathrm{II}}+\Delta\omega_{y'}$<br>$\mu'_{z'}=n\theta_{\mathrm{I}}+\Delta\omega_{z'}$ |

## 表 61 空间棱镜 KⅡ-90-80

| 物坐标、像坐标、特征方向、像偏转极值轴向示意图 |
|---|
| $2\varphi=125°56'$ 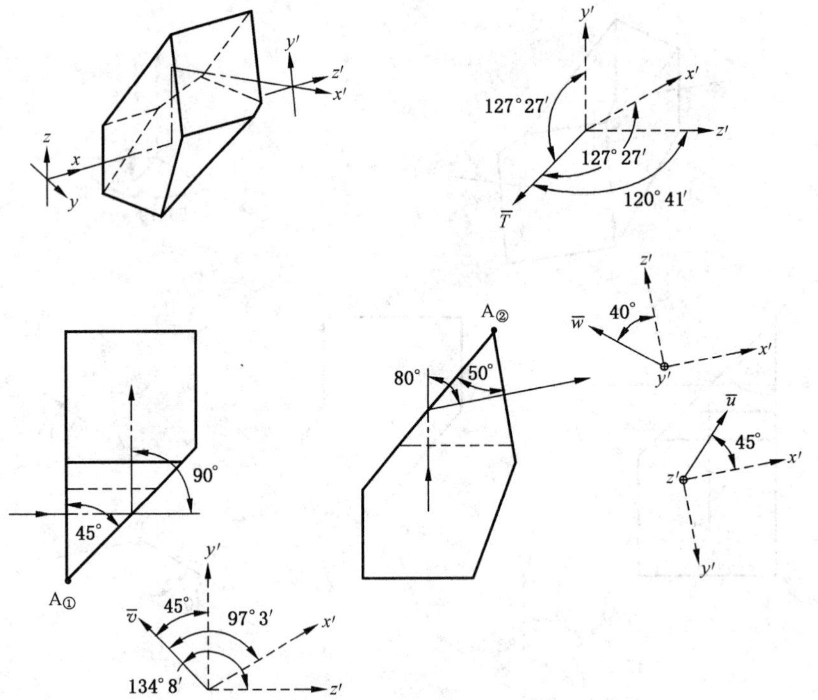  |

| 作用矩阵 | 像偏转极值 | 像偏转 | |
|---|---|---|---|
| | | 绕任意轴$\overline{P}$转Δα角产生的像偏转 | 制造误差产生的像偏转 |
| $R=\begin{bmatrix}0 & 1 & 0\\0.17 & 0 & 0.99\\0.99 & 0 & -0.17\end{bmatrix}$ | $\mu'_{x'\max}=1.41\Delta\alpha$<br>$\mu'_{y'\max}=1.41\Delta\alpha$<br>$\mu'_{z'\max}=1.53\Delta\alpha$ | $\mu'_{x'}=\Delta\alpha(P_{x'}-P_{y'})$<br>$\mu'_{y'}=\Delta\alpha(-0.17P_{x'}+P_{y'}-0.99P_{z'})$<br>$\mu'_{z'}=\Delta\alpha(-0.99P_{x'}+1.17P_{z'})$ | $\mu'_{x'}=1.41\gamma_{A①}+1.53\gamma_{A②}$<br>$\mu'_{y'}=n\theta_{Ⅱ}+\Delta\omega_{y'}$<br>$\mu'_{z'}=n\theta_{Ⅰ}+\Delta\omega_{z'}$ |

## 表 62　空间棱镜 KⅡ-90-80

**物坐标、像坐标、特征方向、像偏转极值轴向示意图**

$2\varphi=125°56'$

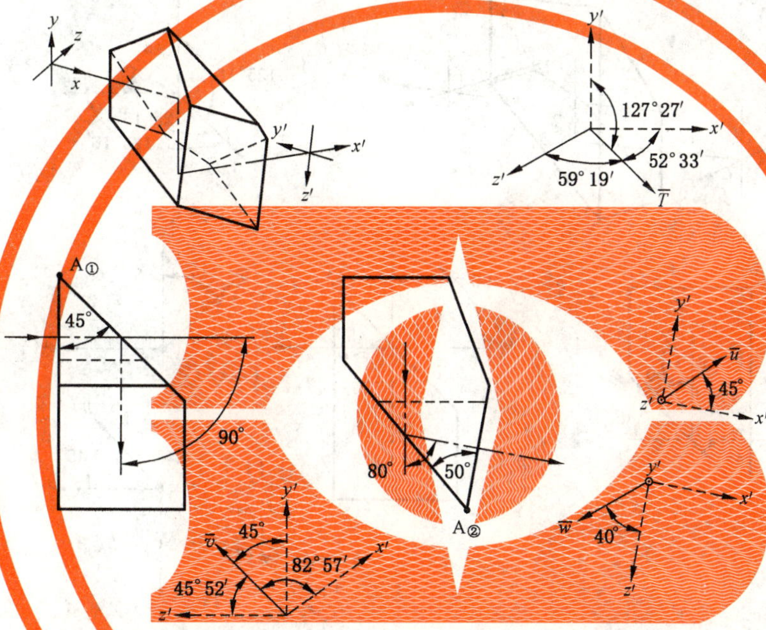


| 作用矩阵 | 像偏转极值 | 像偏转：绕任意轴 $\overline{P}$ 转 $\Delta\alpha$ 角产生的像偏转 | 像偏转：制造误差产生的像偏转 |
|---|---|---|---|
| $R=\begin{bmatrix} 0 & -1 & 0 \\ -0.17 & 0 & -0.99 \\ 0.99 & 0 & -0.17 \end{bmatrix}$ | $\mu'_{x'\max}=1.41\Delta\alpha$<br>$\mu'_{y'\max}=1.41\Delta\alpha$<br>$\mu'_{z'\max}=1.53\Delta\alpha$ | $\mu'_{x'}=\Delta\alpha(P_{x'}+P_{y'})$<br>$\mu'_{y'}=\Delta\alpha(0.17P_{x'}+P_{y'}+0.99P_{z'})$<br>$\mu'_{z'}=\Delta\alpha(-0.99P_{x'}+1.17P_{z'})$ | $\mu'_{x'}=1.41\gamma_{A①}+1.53\gamma_{A②}$<br>$\mu'_{y'}=n\theta_{Ⅱ}+\Delta\omega_{y'}$<br>$\mu'_{z'}=n\theta_{Ⅰ}+\Delta\omega_{z'}$ |

### 表 63 空间棱镜 KⅡ-90-90

| 物坐标、像坐标、特征方向、像偏转极值轴向示意图 |
|---|
| $2\varphi=120^\circ$ 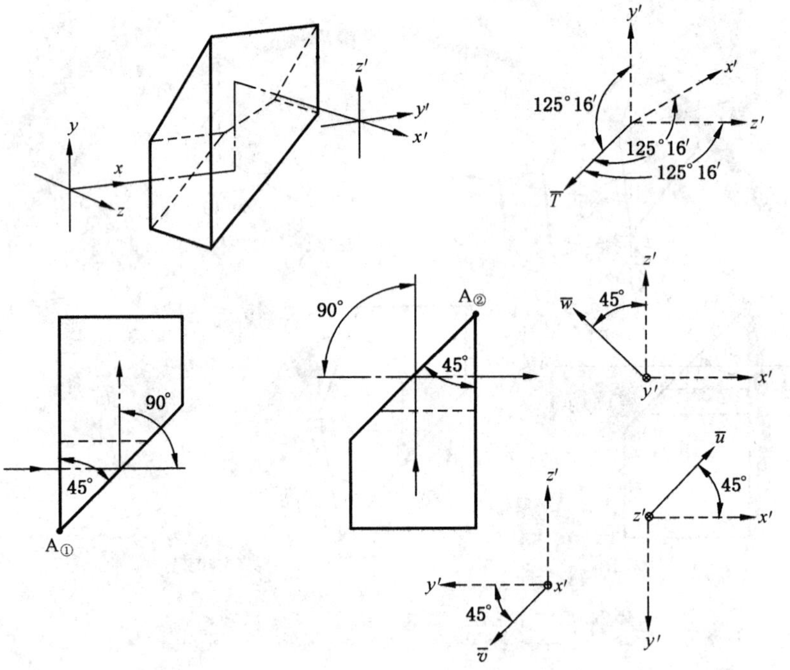  |

| 作用矩阵 | 像偏转极值 | 像偏转 | |
|---|---|---|---|
| | | 绕任意轴$\overline{P}$转$\Delta\alpha$角产生的像偏转 | 制造误差产生的像偏转 |
| $R=\begin{bmatrix}0&1&0\\0&0&1\\1&0&0\end{bmatrix}$ | $\mu'_{x'\max}=1.41\Delta\alpha$<br>$\mu'_{y'\max}=1.41\Delta\alpha$<br>$\mu'_{z'\max}=1.41\Delta\alpha$ | $\mu'_{x'}=\Delta\alpha(P_{x'}-P_{y'})$<br>$\mu'_{y'}=\Delta\alpha(P_{y'}-P_{z'})$<br>$\mu'_{z'}=\Delta\alpha(-P_{x'}+P_{z'})$ | $\mu'_{x'}=1.41(\gamma_{\text{A①}}+\gamma_{\text{A②}})$<br>$\mu'_{y'}=n\theta_{\mathrm{II}}+\Delta\omega_{y'}$<br>$\mu'_{z'}=n\theta_{\mathrm{I}}+\Delta\omega_{z'}$ |

## 表 64　空间棱镜 KⅡ-90-90

**物坐标、像坐标、特征方向、像偏转极值轴向示意图**

$2\varphi=120°$

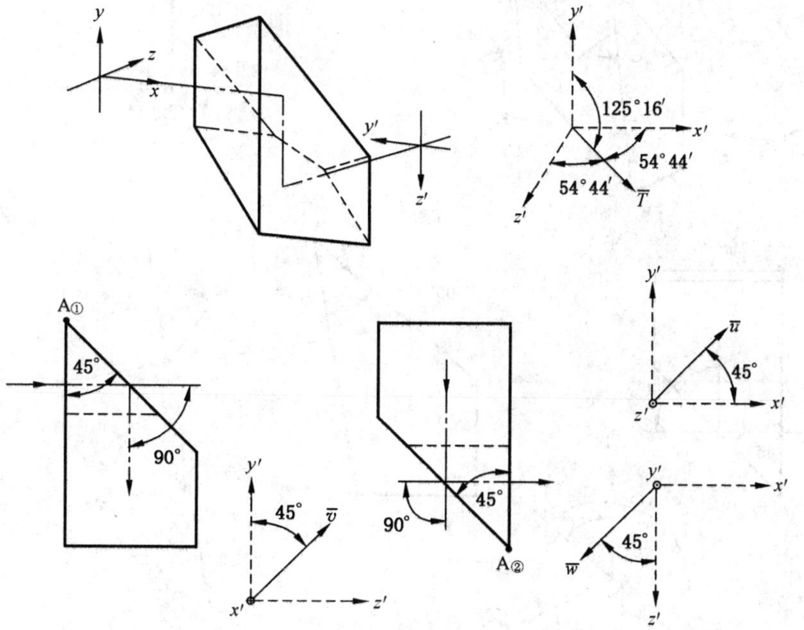


| 作用矩阵 | 像偏转极值 | 像偏转 | |
|---|---|---|---|
| | | 绕任意轴$\overline{P}$转$\Delta\alpha$角产生的像偏转 | 制造误差产生的像偏转 |
| $R=\begin{bmatrix}0 & -1 & 0\\ 0 & 0 & -1\\ 1 & 0 & 0\end{bmatrix}$ | $\mu'_{x'\max}=1.41\Delta\alpha$<br>$\mu'_{y'\max}=1.41\Delta\alpha$<br>$\mu'_{z'\max}=1.41\Delta\alpha$ | $\mu'_{x'}=\Delta\alpha(P_{x'}+P_{y'})$<br>$\mu'_{y'}=\Delta\alpha(P_{y'}+P_{z'})$<br>$\mu'_{z'}=\Delta\alpha(-P_{x'}+P_{z'})$ | $\mu'_{x'}=1.41(\gamma_{A①}+\gamma_{A②})$<br>$\mu'_{y'}=n\theta_{Ⅱ}+\Delta\omega_{y'}$<br>$\mu'_{z'}=n\theta_{Ⅰ}+\Delta\omega_{z'}$ |

## 表 65 空间棱镜 KⅡ-90-100

物坐标、像坐标、特征方向、像偏转极值轴向示意图

$2\varphi = 114°24'$

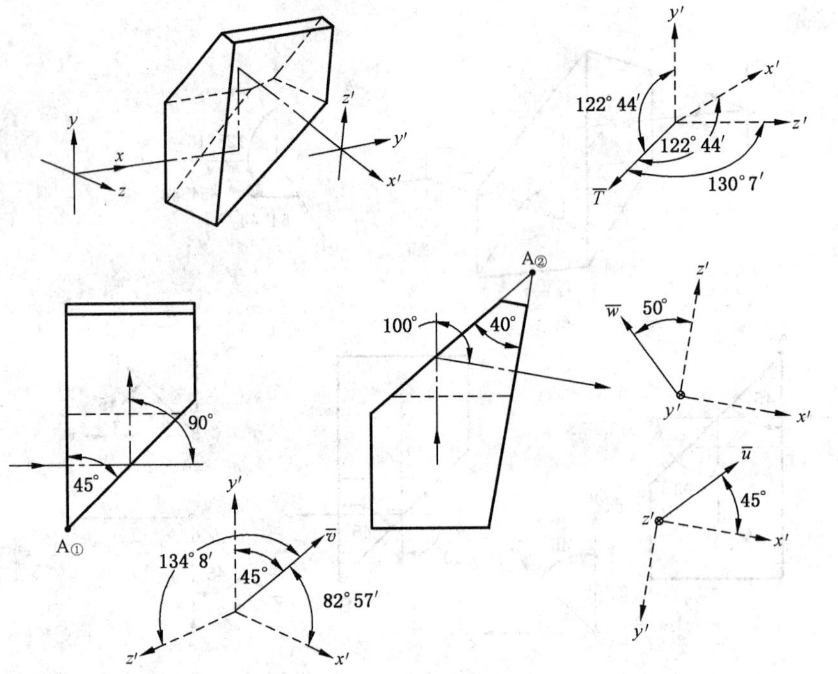


| 作用矩阵 | 像偏转极值 | 像偏转 | |
|---|---|---|---|
| | | 绕任意轴 $\overline{P}$ 转 $\Delta\alpha$ 角产生的像偏转 | 制造误差产生的像偏转 |
| $R=\begin{bmatrix} 0 & 1 & 0 \\ -0.17 & 0 & 0.99 \\ 0.99 & 0 & 0.17 \end{bmatrix}$ | $\mu'_{x'\max}=1.41\Delta\alpha$<br>$\mu'_{y'\max}=1.41\Delta\alpha$<br>$\mu'_{z'\max}=1.29\Delta\alpha$ | $\mu'_{x'}=\Delta\alpha(P_{x'}-P_{y'})$<br>$\mu'_{y'}=\Delta\alpha(0.17P_{x'}+P_{y'}-0.99P_{z'})$<br>$\mu'_{z'}=\Delta\alpha(-0.99P_{x'}+0.83P_{z'})$ | $\mu'_{x'}=1.41\gamma_{A①}+1.29\gamma_{A②}$<br>$\mu'_{y'}=n\theta_{Ⅱ}+\Delta\omega_{y'}$<br>$\mu'_{z'}=n\theta_{Ⅰ}+\Delta\omega_{z'}$ |

## 表 66　空间棱镜 KⅡ-90-100

物坐标、像坐标、特征方向、像偏转极值轴向示意图

$2\varphi = 114°24'$

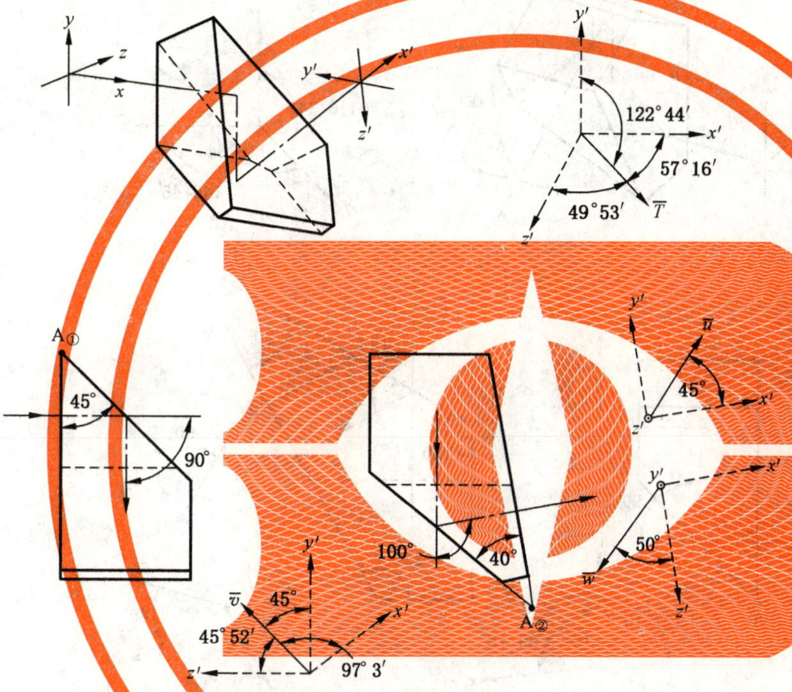


| 作用矩阵 | 像偏转极值 | 像偏转 | |
|---|---|---|---|
| | | 绕任意轴 $\overline{P}$ 转 Δα 角产生的像偏转 | 制造误差产生的像偏转 |
| $R=\begin{bmatrix} 0 & -1 & 0 \\ 0.17 & 0 & -0.99 \\ 0.99 & 0 & 0.17 \end{bmatrix}$ | $\mu'_{x'\max}=1.41\Delta\alpha$<br>$\mu'_{y'\max}=1.41\Delta\alpha$<br>$\mu'_{z'\max}=1.29\Delta\alpha$ | $\mu'_{x'}=\Delta\alpha(P_{x'}+P_{y'})$<br>$\mu'_{y'}=\Delta\alpha(-0.17P_{x'}+P_{y'}+0.99P_{z'})$<br>$\mu'_{z'}=\Delta\alpha(-0.99P_{x'}+0.83P_{z'})$ | $\mu'_{x'}=1.41\gamma_{A①}+1.29\gamma_{A②}$<br>$\mu'_{y'}=n\theta_{Ⅱ}+\Delta\omega_{y'}$<br>$\mu'_{z'}=n\theta_{Ⅰ}+\Delta\omega_{z'}$ |

## 表 67 空间棱镜 KⅡ-90-120

物坐标、像坐标、特征方向、像偏转极值轴向示意图

$2\varphi=104°29'$

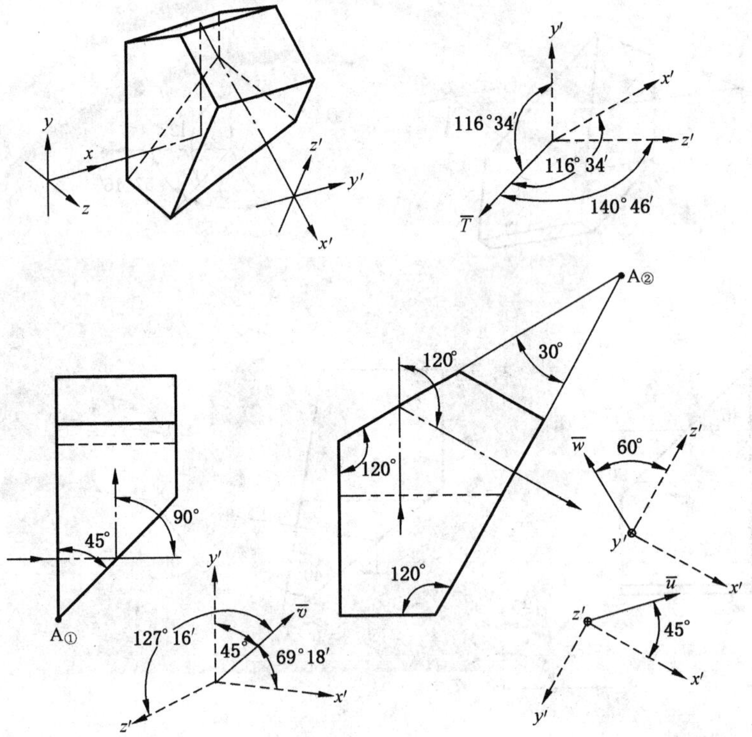


| 作用矩阵 | 像偏转极值 | 像偏转 | |
|---|---|---|---|
| | | 绕任意轴$\overline{P}$转$\Delta\alpha$角产生的像偏转 | 制造误差产生的像偏转 |
| $R=\begin{bmatrix}0 & 1 & 0\\ -\frac{1}{2} & 0 & \frac{\sqrt{3}}{2}\\ \frac{\sqrt{3}}{2} & 0 & \frac{1}{2}\end{bmatrix}$ | $\mu'_{x'\max}=1.41\Delta\alpha$<br>$\mu'_{y'\max}=1.41\Delta\alpha$<br>$\mu'_{z'\max}=\Delta\alpha$ | $\mu'_{x'}=\Delta\alpha(P_{x'}-P_{y'})$<br>$\mu'_{y'}=\Delta\alpha(0.50P_{x'}+P_{y'}-0.87P_{z'})$<br>$\mu'_{z'}=\Delta\alpha(-0.87P_{x'}+0.50P_{z'})$ | $\mu'_{x'}=1.41\gamma_{A①}+\gamma_{A②}$<br>$\mu'_{y'}=n\theta_{Ⅱ}+\Delta\omega_{y'}$<br>$\mu'_{z'}=n\theta_{Ⅰ}+\Delta\omega_{z'}$ |

## 表 68 空间棱镜 KⅡ-90-120

**物坐标、像坐标、特征方向、像偏转极值轴向示意图**

$2\varphi = 104°29'$

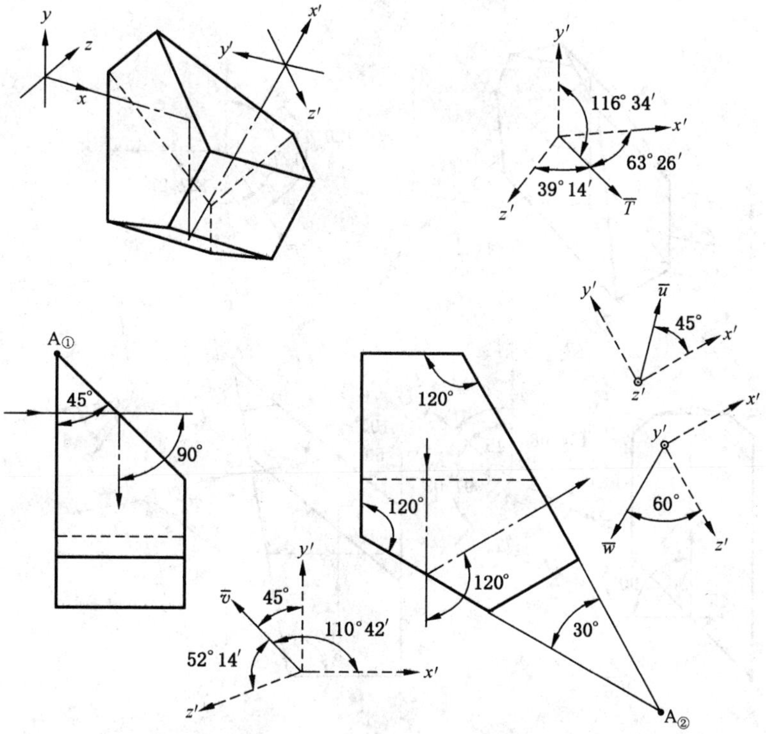


| 作用矩阵 | 像偏转极值 | 像偏转 | |
|---|---|---|---|
| | | 绕任意轴 $\overline{P}$ 转 $\Delta\alpha$ 角产生的像偏转 | 制造误差产生的像偏转 |
| $R=\begin{bmatrix} 0 & -1 & 0 \\ \frac{1}{2} & 0 & -\frac{\sqrt{3}}{2} \\ \frac{\sqrt{3}}{2} & 0 & \frac{1}{2} \end{bmatrix}$ | $\mu'_{x'\max}=1.41\Delta\alpha$<br>$\mu'_{y'\max}=1.41\Delta\alpha$<br>$\mu'_{z'\max}=\Delta\alpha$ | $\mu'_{x'}=\Delta\alpha(P_{x'}+P_{y'})$<br>$\mu'_{y'}=\Delta\alpha(-0.50P_{x'}+P_{y'}+0.87P_{z'})$<br>$\mu'_{z'}=\Delta\alpha(-0.87P_{x'}+0.50P_{z'})$ | $\mu'_{x'}=1.41\gamma_{A①}+\gamma_{A②}$<br>$\mu'_{y'}=n\theta_{Ⅱ}+\Delta\omega_{y'}$<br>$\mu'_{z'}=n\theta_{Ⅰ}+\Delta\omega_{z'}$ |

## 表 69 空间屋脊棱镜 KⅡ$_J$-90-100

物坐标、像坐标、特征方向、像偏转极值轴向示意图

$2\varphi=125°56'$

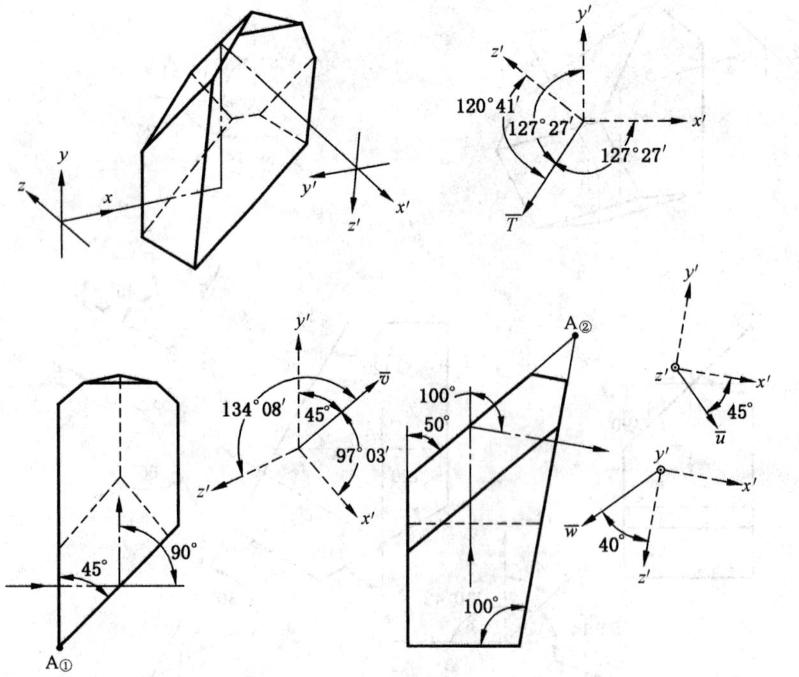


| 作用矩阵 | 像偏转极值 | 像偏转 | |
|---|---|---|---|
| | | 绕任意轴 $\overline{P}$ 转 $\Delta\alpha$ 角产生的像偏转 | 制造误差产生的像偏转 |
| $R=\begin{bmatrix}0 & -1 & 0\\ -0.17 & 0 & -0.99\\ -0.99 & 0 & 0.17\end{bmatrix}$ | $\mu'_{x'\max}=1.41\Delta\alpha$<br>$\mu'_{y'\max}=1.41\Delta\alpha$<br>$\mu'_{z'\max}=1.53\Delta\alpha$ | $\mu'_{x'}=\Delta\alpha(P_{x'}-P_{y'})$<br>$\mu'_{y'}=\Delta\alpha(-0.17P_{x'}+P_{y'}-0.99P_{z'})$<br>$\mu'_{z'}=\Delta\alpha(-0.99P_{x'}+1.17P_{z'})$ | $\mu'_{x'}=1.41\gamma_{A①}+1.53\gamma_{C②}$<br>$\mu'_{y'}=n\theta_{Ⅱ}+\Delta\omega_{y'}$<br>$\mu'_{z'}=n\theta_{Ⅰ}+\Delta\omega_{z'}$ |

## 表 70 空间屋脊棱镜 KⅡ$_J$-90-100

物坐标、像坐标、特征方向、像偏转极值轴向示意图

$2\varphi = 125°56'$

| 作用矩阵 | 像偏转极值 | 像偏转 | |
|---|---|---|---|
| | | 绕任意轴$\overline{P}$转$\Delta\alpha$角产生的像偏转 | 制造误差产生的像偏转 |
| $R=\begin{bmatrix} 0 & 1 & 0 \\ 0.17 & 0 & 0.99 \\ -0.99 & 0 & 0.17 \end{bmatrix}$ | $\mu'_{x'\max}=1.41\Delta\alpha$<br>$\mu'_{y'\max}=1.41\Delta\alpha$<br>$\mu'_{z'\max}=1.53\Delta\alpha$ | $\mu'_{x'}=\Delta\alpha(P_{x'}+P_{y'})$<br>$\mu'_{y'}=\Delta\alpha(0.17P_{x'}+P_{y'}+0.99P_{z'})$<br>$\mu'_{z'}=\Delta\alpha(-0.99P_{x'}+1.17P_{z'})$ | $\mu'_{x'}=1.41\gamma_{A①}+1.53\gamma_{C②}$<br>$\mu'_{y'}=n\theta_{\mathrm{II}}+\Delta\omega_{y'}$<br>$\mu'_{z'}=n\theta_{\mathrm{I}}+\Delta\omega_{z'}$ |

# 附 录 A
## （资料性附录）
## 棱镜的作用矩阵

### A.1 由棱镜的物、像坐标求作用矩阵

棱镜物、像坐标基底的转换矩阵就是棱镜的作用矩阵。

物坐标 $x$、$y$、$z$ 的基底为 $i$、$j$、$k$，像坐标 $x'$、$y'$、$z'$ 的基底为 $i'$、$j'$、$k'$，两坐标基底间的关系为式(A.1)所示：

$$\begin{pmatrix} i \\ j \\ k \end{pmatrix} = R \begin{pmatrix} i' \\ j' \\ k' \end{pmatrix} \qquad \cdots\cdots\cdots(A.1)$$

式中：

$$R = \begin{pmatrix} \cos(x,\wedge x') & \cos(x,\wedge y') & \cos(x,\wedge z') \\ \cos(y,\wedge x') & \cos(y,\wedge y') & \cos(y,\wedge z') \\ \cos(z,\wedge x') & \cos(z,\wedge y') & \cos(z,\wedge z') \end{pmatrix} \qquad \cdots\cdots\cdots(A.2)$$

式中：

$\wedge$——符号两侧元素之间的夹角。

$R$ 反映了棱镜物、像方向共扼关系，称为棱镜的作用矩阵。物向量为$\overline{A}$，像向量为$\overline{A'}$，它们的关系为式(A.3)所示。

$$\overline{A'} = R\,\overline{A} \qquad \cdots\cdots\cdots(A.3)$$

根据棱镜物、像坐标的几何关系，$R$ 即可求得。

**示例：**求屋脊半五棱镜 BⅡ$_J$-60 的作用矩阵。

由图 A.1 和物、像坐标的几何关系，得：

$$R = \begin{pmatrix} \cos60^\circ & -\sin60^\circ & 0 \\ \sin60^\circ & \cos60^\circ & 0 \\ 0 & 0 & -1 \end{pmatrix} = \begin{pmatrix} 1/2 & -\sqrt{3}/2 & 0 \\ \sqrt{3}/2 & 1/2 & 0 \\ 0 & 0 & -1 \end{pmatrix}$$

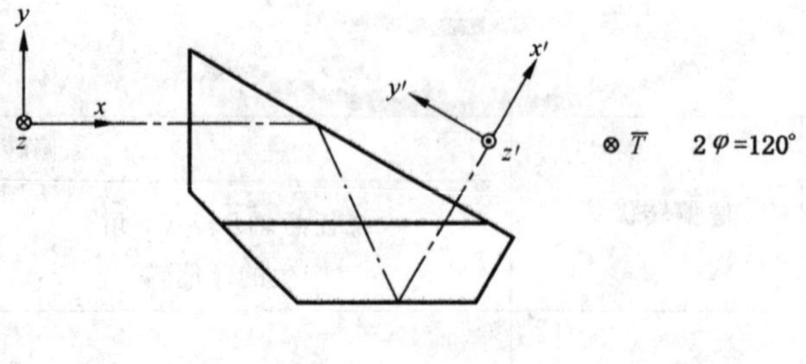


图 A.1

### A.2 由特征方向和特征转角求作用矩阵

根据特征方向和特征转角的定义，偶次反射棱镜的任一像向量$\overline{A'}$可由其共扼的物向量$\overline{A}$绕$\overline{T}$转 $2\varphi$

而成；奇次反射棱镜的任一像向量$\overline{A'}$可由其共扼的物向量$\overline{A}$的反向量$(-\overline{A})$绕$\overline{T}$转 $2\varphi$ 而成。其数学表达式为式(A.4)所示。

$$\overline{A'}=S_{\overline{T}\cdot 2\varphi}\cdot(-1)^{t}\,\overline{A} \qquad\cdots\cdots(\text{A.4})$$

式中：

$t$——棱镜反射次数；

$S_{\overline{T}\cdot 2\varphi}$可按下式求取：

$$S_{\overline{T}\cdot 2\varphi}=\begin{pmatrix} \cos2\varphi+2T_{x'}^{2}\sin^{2}\varphi & -T_{z'}\sin2\varphi+2T_{x'}T_{y'}\sin^{2}\varphi & T_{y'}\sin2\varphi+2T_{x'}T_{z'}\sin^{2}\varphi \\ T_{z'}\sin2\varphi+2T_{x'}T_{y'}\sin^{2}\varphi & \cos2\varphi+2T_{y'}^{2}\sin^{2}\varphi & -T_{x'}\sin2\varphi+2T_{y'}T_{z'}\sin^{2}\varphi \\ -T_{y'}\sin2\varphi+2T_{x'}T_{z'}\sin^{2}\varphi & T_{x'}\sin\varphi+2T_{y'}T_{z'}\sin^{2}\varphi & \cos2\varphi+2T_{z'}^{2}\sin^{2}\varphi \end{pmatrix}$$

将式(A.4)与式(A.3)比较，可得到式(A.5)。

$$R=(-1)^{t}\cdot S_{\overline{T}\cdot 2\varphi} \qquad\cdots\cdots(\text{A.5})$$

**示例**：求屋脊半五棱镜 $\text{B}\text{II}_{\text{J}}$-60 的作用矩阵。

由图 A.1 可知：

$$T_{x'}=0$$
$$T_{y'}=0$$
$$T_{z'}=-1$$
$$2\varphi=120^{\circ}$$
$$t=3$$

代入式(A.5)得：

$$R=(-1)^{3}\begin{pmatrix} \cos120^{\circ} & \sin120^{\circ} & 0 \\ -\sin120^{\circ} & \cos120^{\circ} & 0 \\ 0 & 0 & \cos120^{\circ}+2\sin^{2}60^{\circ} \end{pmatrix}=\begin{pmatrix} 1/2 & -\sqrt{3}/2 & 0 \\ \sqrt{3}/2 & 1/2 & 0 \\ 0 & 0 & -1 \end{pmatrix}$$

# 附 录 B
# （资料性附录）
# 像偏转

## B.1 总则

棱镜位于平行光路中时，$\mu'_{x'}$表示像倾斜，$\mu'_{y'}$、$\mu'_{z'}$表示光轴偏；棱镜位于会聚光路中时，$\mu'_{x'}$仍旧表示像倾斜，$\mu'_{y'}$、$\mu'_{z'}$表示像面偏。

## B.2 棱镜微量转动产生的像偏转

### B.2.1 由棱镜调整定理(余弦律和差向量法则)计算极值特性向量和像偏转分量

棱镜调整定理如下：

$r'$像偏转 $\mu'_{r'}$同引起像偏转的棱镜微量转角向量 $\Delta\alpha\,\overline{P}$间的关系受余弦律支配，如式(B.1)所示：

$$\mu'_{r'}=\overline{P}\cdot\overline{\delta}_h=\delta_h\cos(\overline{P}\cdot\delta_h) \qquad \cdots\cdots(\text{B.1})$$

式中：

$\overline{\delta}_h$——余弦律中的唯一矢参量。

$\overline{\delta}_h$可依据差向量法则，按式(B.2)求得：

$$\overline{\delta}_h=\Delta\alpha[\overline{r'}-(-1)^{t}\overline{r}] \qquad \cdots\cdots(\text{B.2})$$

式中：

$\overline{r}$和$\overline{r'}$——棱镜物像空间内的一对共扼的单位向量。

用像空间 $x'$，$y'$，$z'$轴取代余弦律和差向量法则中的 $r'$，则定理中的公式相应地变成式(B.3)和式(B.4)：

$$\left.\begin{cases}\mu'_{x'}=\overline{P}\cdot\overline{\delta}_u=\delta_u\cos(\overline{P},\wedge\overline{\delta}_u)=\Delta\delta_u\cos\alpha\\ \mu'_{y'}=\overline{P}\cdot\overline{\delta}_v=\delta_v\cos(\overline{P},\wedge\overline{\delta}_v)=\Delta\delta_v\cos\beta\\ \mu'_{z'}=\overline{P}\cdot\overline{\delta}_w=\delta_w\cos(\overline{P},\wedge\overline{\delta}_w)=\Delta\delta_w\cos\gamma\end{cases}\right\} \qquad \cdots\cdots(\text{B.3})$$

$$\left.\begin{cases}\overline{\delta}_u=\Delta\alpha[i'-(-1)^{t_i}]=\delta_u\,\overline{u}\\ \overline{\delta}_v=\Delta\alpha[j'-(-1)^{t_j}]=\delta_v\,\overline{v}\\ \overline{\delta}_w=\Delta\alpha[k'-(-1)^{t_k}]=\delta_w\,\overline{w}\end{cases}\right\} \qquad \cdots\cdots(\text{B.4})$$

式中：

$i$、$j$、$k$ ——沿 $x$、$y$、$z$ 轴的单位向量；

$i'$、$j'$、$k'$——沿 $x'$、$y'$、$z'$轴的单位向量；

$\alpha$，$\beta$，$\gamma$ ——棱镜转轴$\overline{P}$分别与单位向量$\overline{u}$、$\overline{v}$、$\overline{w}$的夹角。

由式(B.3)可见，当$\overline{P}$平行于$\overline{\delta}_u$(或$\overline{\delta}_u$平行于$\overline{P}$)时：

$$\mu'_{x'}=\delta_u\cos0^\circ=\delta_u=\mu'_{x'\max}$$

同理，当$\overline{P}$平行于$\overline{\delta}_v$(或$\overline{\delta}_v$平行于$\overline{P}$)时：

$$\mu'_{y'}=\delta_v\cos0^\circ=\delta_v=\mu'_{y'\max}$$

同理，当$\overline{P}$平行于$\overline{\delta}_w$（或$\overline{\delta}_w$平行于$\overline{P}$）时：

$$\mu'_{z'}=\delta_w\cos 0^\circ=\delta_w=\mu'_{z'\max}$$

根据这一特点，将 $u$、$v$、$w$ 分别命名为$\mu'_{x'}$、$\mu'_{y'}$、$\mu'_{z'}$的极值轴向；

将 $\delta_u$、$\delta_v$、$\delta_w$分别命名为$x'$、$y'$、$z'$的像偏转极值；

而$\overline{\delta}_u$、$\overline{\delta}_v$、$\overline{\delta}_w$本身被命名为$\mu'_{x'}$、$\mu'_{y'}$、$\mu'_{z'}$的极值特性向量。

实际上，三个极值特性向量$\overline{\delta}_u$、$\overline{\delta}_v$、$\overline{\delta}_w$在很大程度上反映了棱镜的调整特性，因此，它们是棱镜调整特性参量中的一个重要组成部分。

示例：求靴形屋脊棱镜 FXⅡ$_J$-90（图 B.1）的极值轴向、像偏转极值和绕空间任意轴微量旋转产生的像偏转。

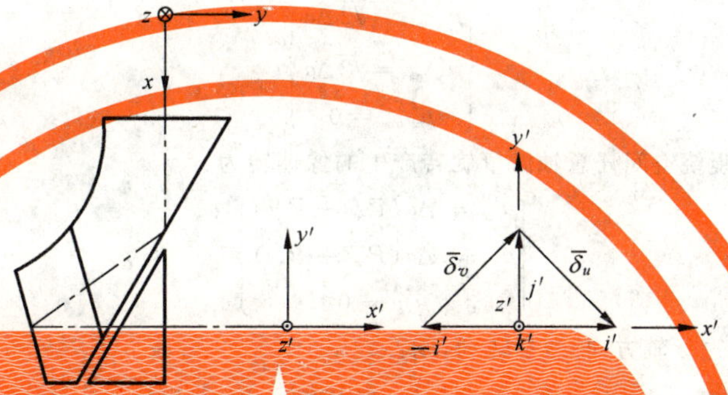


图 B.1

由图 B.1 和式(B.4)可得：

$$\begin{cases}\overline{\delta}_u=\Delta\alpha[i'-j']=\delta_u\overline{u}\\ \overline{\delta}_v=\Delta\alpha[i'+j']=\delta_v\overline{v}\\ \overline{\delta}_w=0\end{cases}$$

根据像偏转极值定义，可得：

$$\begin{cases}\mu'_{x'\max}=\delta_u=\sqrt{2}\Delta\alpha\\ \mu'_{y'\max}=\delta_v=\sqrt{2}\Delta\alpha\\ \mu'_{z'\max}=0\end{cases}$$

若棱镜绕竖直轴（图 B.1 中的 $x$ 轴方向）微量转动，由式(B.3)可得：

$$\begin{cases}\mu'_{x'}=\sqrt{2}\Delta\alpha\cos 45^\circ=\Delta\alpha\\ \mu'_{y'}=\sqrt{2}\Delta\alpha\cos 135^\circ=-\Delta\alpha\\ \mu'_{z'}=0\end{cases}$$

**B.2.2 由棱镜转动定理计算极值轴向和像偏转**

棱镜转动定理可写成式(B.5)数学形式：

$$\overline{\mu'}=[E-(-1)^{tR}]\Delta\alpha\cdot\overline{P} \qquad\cdots\cdots(B.5)$$

令：

$$D=E-(-1)^{tR} \qquad\cdots\cdots(B.6)$$

则：

$$\overline{\mu'}=D\cdot\Delta\alpha\cdot\overline{P} \qquad\cdots\cdots(B.7)$$

矩阵 $D$ 的各行所对应的向量分别是$\overline{u}$、$\overline{v}$、$\overline{w}$的方向，其模乘以 $\Delta\alpha$ 分别是$\mu'_{x'\max}$、$\mu'_{y'\max}$、$\mu'_{z'\max}$。

示例：求靴形屋脊棱镜 FXⅡ$_J$-90（图 B.1）的极值轴向、像偏转极值和绕空间任意轴微量旋转产生的像偏转。

将此棱镜的作用矩阵 $R$ 代入式(B.6)，得到：

$$D=\begin{pmatrix}1 & -1 & 0\\1 & 1 & 0\\0 & 0 & 0\end{pmatrix}$$

由此得极值轴向为：

$$\begin{cases}\overline{u}=\dfrac{\sqrt{2}}{2}i'-\dfrac{\sqrt{2}}{2}j'\\ \overline{v}=\dfrac{\sqrt{2}}{2}i'+\dfrac{\sqrt{2}}{2}j'\\ \overline{w}=0\end{cases}$$

像偏转极值为：

$$\begin{cases}\mu'_{x'\max}=\sqrt{2}\Delta\alpha\\ \mu'_{y'\max}=\sqrt{2}\Delta\alpha\\ \mu'_{z'\max}=0\end{cases}$$

将 $D$ 代入式(B.7)，求得棱镜绕空间任意轴微量旋转产生的像偏转为：

$$\begin{cases}\mu'_{x'}=\Delta\alpha(P_{x'}-P_{y'})\\ \mu'_{y'}=\Delta\alpha(P_{x'}+P_{y'})\\ \mu'_{z'}=0\end{cases} \qquad\qquad \text{(B.8)}$$

若棱镜绕竖直轴(图 B.1 中的 $x$ 轴方向)微量转动，则：

$$\begin{cases}P_{x'}=0\\ P_{y'}=-1\\ P_{z'}=0\end{cases}$$

代入式(B.8)求得像偏转为：

$$\begin{cases}\mu'_{x'}=\Delta\alpha\\ \mu'_{y'}=-\Delta\alpha\\ \mu'_{z'}=0\end{cases}$$

## B.3 安装误差引起的像偏转

棱镜安装在系统中，其位置由机械结构的定位面确定，当定位面与光学系统的光轴的夹角存在误差时，通过棱镜的像体将产生像偏转，其量值可通过把任意轴$\overline{P}$设定为与定位面关联的轴向，用本部分棱镜图表给出的公式求得。

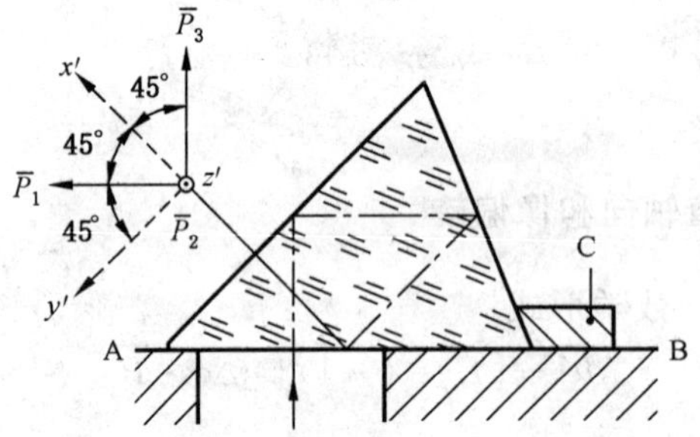


图 B.2

**示例**：如图 B.2 所示，施密特棱镜 DⅢ-45 以 $AB$ 面和挡块 $C$ 定位，试求当定位面与光学系统的光轴的夹角存在误差时，通过棱镜的像体将产生像偏转。

a) 由于 AB 面与不垂直于光轴，棱镜绕$\overline{P}_1$轴转 $\Delta\alpha_1$ 角产生的像偏转

根据表 35 下方表中所列，可得：

$$\mu'_{1x'}=\Delta\alpha_1(1.71P_{1x'}-0.71P_{1y'})=\Delta\alpha_1[1.71\cos(45^\circ)-0.71\cos(-45^\circ)]=0.71\Delta\alpha_1$$

$$\mu'_{1y'}=\Delta\alpha_1(-0.71P_{1x'}+0.29P_{1y'})=\Delta\alpha_1[-0.71\cos(45^\circ)+0.29\cos(-45^\circ)]=-0.30\Delta\alpha_1$$

$$\mu'_{1z'}=2\Delta\alpha_1P_{1z'}=0$$

b) 由于 AB 面不垂直于光轴，棱镜绕$\overline{P}_2$轴转 $\Delta\alpha_2$ 角产生的像偏转

根据表 35 下方表中所列，可得：

$$\mu'_{2x'}=\Delta\alpha_2(1.71P_{2x'}-0.71P_{2y'})=0$$

$$\mu'_{2y'}=\Delta\alpha_2(-0.71P_{2x'}+0.29P_{2y'})=0$$

$$\mu'_{2z'}=2\Delta\alpha_2P_{2z'}=2\Delta\alpha_2$$

c) 由于挡块 C 的方向偏斜，棱镜绕$\overline{P}_3$轴转 $\Delta\alpha_3$ 角产生的像偏转

根据表 35 下方表中所列，可得：

$$\mu'_{3x'}=\Delta\alpha_3(1.71P_{3x'}-0.71P_{3y'})=\Delta\alpha_3[1.71\cos(-45^\circ)-0.71\cos(-135^\circ)]=1.72\Delta\alpha_3$$

$$\mu'_{3y'}=\Delta\alpha_3(-0.71P_{3x'}+0.29P_{3y'})=\Delta\alpha_1[-0.71\cos(-45^\circ)+0.29\cos(-135^\circ)]=-0.71\Delta\alpha_3$$

$$\mu'_{3z'}=2\Delta\alpha_3P_{3z'}=0$$

依据以上结果，根据系统所允许的像偏转，可以推算定位面合理的角度公差。

## B.4 制造误差引起的像偏转

**B.4.1** 对于实际光学系统的任何一个棱镜，都希望处于设计位置，使系统的光轴折转固定角度，从而保证系统光轴的共轴性。如果存在制造误差，即使棱镜处于设计位置，光轴经棱镜折转后，仍会偏离正确方向，使出射棱镜后的光轴不再与入射前的光轴重合。同时，制造误差也会产生像倾斜。

**B.4.2** 以 A 棱为基准棱（基准棱的选取原则见 GB/T 7660.1—2013）。即使基准棱位于设计位置，制造误差仍会使其他工作面法线或屋脊棱偏离正确位置，从而导致像偏转。

**B.4.3** 制造误差产生的 $y'$、$z'$像偏转。

a) 以入射表面和出射表面交棱为基准棱，使用时光轴又是垂直入射面入射的棱镜，制造误差产生的 $y'$、$z'$像偏转见式(B.9)：

$$\begin{cases}\mu'_{y'}=n\theta_{\mathrm{II}}\\ \mu'_{z'}=n\theta_{\mathrm{I}}+\Delta\omega_{z'}\end{cases}\qquad\cdots\cdots(\text{B.9})$$

使用时光轴不垂直入射表面入射的棱镜，制造误差产生的 $y'$、$z'$像偏转见式(B.10)：

$$\begin{cases}\mu'_{y'}=n\theta_{\mathrm{II}}\\ \mu'_{z'}=\dfrac{\sqrt{n^2-\sin^2 i_0}}{\cos i_0}\theta_{\mathrm{I}}+\Delta\omega_{z'}\end{cases}\qquad\cdots\cdots(\text{B.10})$$

式中：

$i_0$ ——光轴在入射表面上的入射角。

$\theta_{\mathrm{I}}$——GB/T 7660.1—2013 规定的第一光学平行度；

$\theta_{\mathrm{II}}$——GB/T 7660.1—2013 规定的第二光学平行度；

b) 以入射面和第一个反射面交棱为基准棱的棱镜像偏转见(B.11)式：

$$\begin{cases}\mu'_{y'}=n\theta_{\mathrm{II}}+\Delta\omega_{y'}\\ \mu'_{z'}=n\theta_{\mathrm{I}}+\Delta\omega_{z'}\end{cases}\qquad\cdots\cdots(\text{B.11})$$

c) 式(B.9)～式(B.11)中各量均为代数量。

**B.4.4** 制造误差产生的 $x'$像偏转（像倾斜）。

制造误差产生的 $x'$像偏转是由棱差引起的。A 棱差使反射面法线绕该反射面的$\overline{u}$轴旋转，C 棱差使屋脊棱绕两屋脊面构成的双面镜之$\overline{u}$轴旋转。它们产生的 $x'$像偏转见式(B.12)：

$$\begin{cases} \mu'_{y'A} = 2\gamma_A \cos\alpha_0 \\ \mu'_{z'C} = 2\gamma_C \cos\alpha_0 \end{cases} \qquad \text{(B.12)}$$

式中：

$\alpha_0$——光轴在反射面或屋脊棱上的入射角；

$\gamma_A$——GB/T 7660.1—2013 规定的 A 棱差；

$\gamma_C$——GB/T 7660.1—2013 规定的 C 棱差。

**B.4.5** 既然制造误差产生的像偏转是各量代数相加，必然要有符号规定，公式本身也会出现正负号，问题比较复杂。而制造误差产生的像偏转主要用于给定角度公差，无论是按极限误差还是按均方误差给定公差，有意义的是各误差源的绝对值，故图表中给出的关系式均用相加形式。

ICS 37.020
N 30

# 中华人民共和国国家标准

GB/T 7660.3—2013
代替 GB/T 7660.1—1987

# 反射棱镜
# 第3部分:光学平行度及其检验方法

Reflecting prisms—
Part 3:Optical parallelism and test method

2013-12-17 发布　　2014-07-15 实施

中华人民共和国国家质量监督检验检疫总局
中国国家标准化管理委员会　发布

# 前　言

GB/T 7660《反射棱镜》分为三个部分：

——第1部分：几何特性；

——第2部分：像偏转特性；

——第3部分：光学平行度及其检验方法。

本部分是GB/T 7660的第3部分。

本部分按照GB/T 1.1—2009给出的规则起草。

本部分代替GB/T 7660.1—1987《反射棱镜　光轴、光轴长度、光轴截面与光学平行度》，与GB/T 7660.1—1987相比，除编辑性修改外，主要技术差异如下：

——对标准编号和名称进行了修改，将原标准第2章的内容和附录A合并到GB/T 7660.1—2013《反射棱镜　第1部分：几何特性》之中，并对本部分的范围作了重新界定；

——增加了规范性引用文件；

——增加了光学平行度及其检验方法的概述；

——增、删和修改了部分术语和定义，并增加了术语的英译；

——更新了所有插图；

——修改了部分检验方法和计算方法；

——增加了检验示例。

本部分由中国机械工业联合会提出。

本部分由全国光学和光子学标准化技术委员会(SAC/TC 103)归口。

本部分起草单位：贵阳新天光电科技有限公司、上海理工大学、贵州省光学测量工程技术研究中心、苏州一光仪器有限公司、南京东利来光电实业有限公司、梧州奥卡光学仪器公司、宁波市教学仪器有限公司、宁波湛京光学仪器有限公司、宁波舜宇仪器有限公司、宁波永新光学股份有限公司、南京江南永新光学有限公司、麦克奥迪实业集团有限公司、北京博飞仪器股份有限公司、宁波华光精密仪器有限公司、广州粤显光学仪器有限责任公司、重庆光电仪器有限公司。

本部分主要起草人：胡清、黄卫佳、盛梅、冯天书、杨广烈、张景华、王国瑞、熊守裕、胡森虎、曾丽珠、李晞、肖倩、阙江、徐利明、李弥高、夏硕。

本部分所代替标准的历次版本发布情况为：

——GB/T 7660.1—1987。

# 反射棱镜
# 第3部分：光学平行度及其检验方法

## 1 范围

GB/T 7660的本部分规定了与反射棱镜光学平行度相关的术语和定义，以及使用自准直仪作为检验工具时的光学平行度的检验方法。

本部分适用于指导反射棱镜的制造和检验。

## 2 规范性引用文件

下列文件对于本文件的应用是必不可少的。凡是注日期的引用文件，仅注日期的版本适用于本文件。凡是不注日期的引用文件，其最新版本(包括所有的修改单)适用于本文件。

GB/T 7660.1—2013 反射棱镜 第1部分：几何特性

GB/T 7660.2—2013 反射棱镜 第2部分：像偏转特性

## 3 术语和定义

下列术语和定义适用于本文件。

3.1

**反射棱镜 reflecting prism**

利用内反射平面的反射作用，转折光路、转像、倒像和扫描，并能展开成等效平板的棱镜，以下简称"棱镜"。

注：本部分插图中，以双点画线表示棱镜的展开部分，如图1所示。

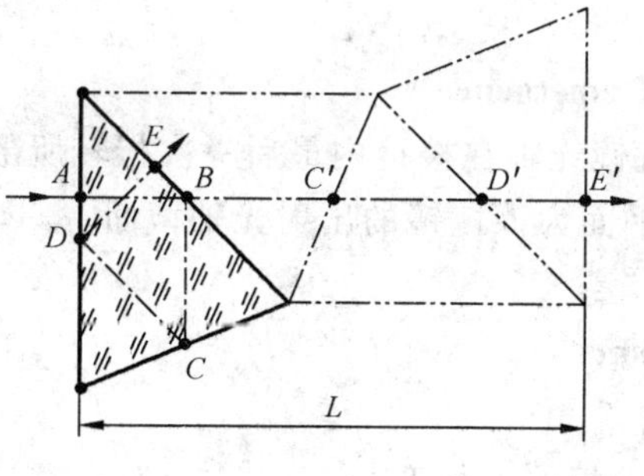


说明：

L——等效平板厚度。

图1

3.2

**棱镜光轴 optical axis of prism**

光学系统中，光轴通过棱镜的部分。如图2中的$ABC$折线为棱镜光轴。

若将棱镜展开成等效平板，则棱镜光轴为一条直线，如图1中的$ABC'D'E'$。

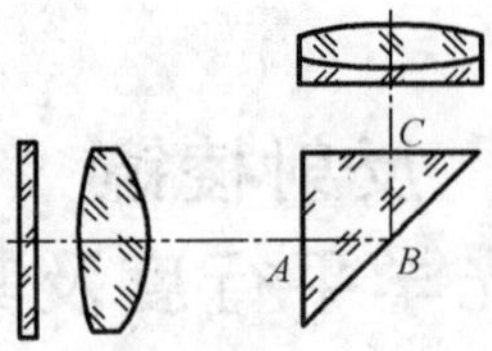


图 2

3.3

**光轴截面　axis section**

当棱镜光轴在反射面(或屋脊棱)上发生折转时，通过折转前、后光轴的平面为光轴截面。根据棱镜光轴的分布，一块棱镜可以具有一个或几个光轴截面。

如图 3 所示棱镜，阴影的平面为该棱镜的光轴截面。

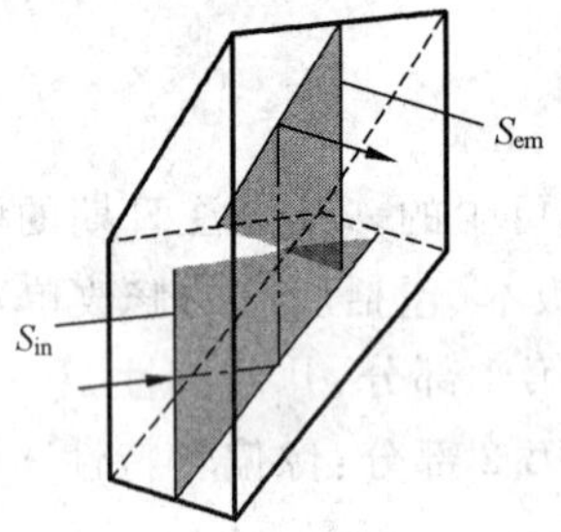


说明：

$S_{in}$ ——入射光轴截面；

$S_{em}$——出射光轴截面。

图 3

3.4

**入射光轴截面　axis section of incidence**

自棱镜入射面起、出射面止，棱镜光轴在棱镜内第一次折转所形成的光轴截面。

如图 3 所示棱镜，阴影的 $S_{in}$ 平面为该棱镜的入射光轴截面。

3.5

**出射光轴截面　axis section of emergence**

自棱镜入射面起、出射面止，棱镜光轴在棱镜内最后一次折转所形成的光轴截面。

如图 3 所示棱镜，阴影的 $S_{em}$ 平面为该棱镜的出射光轴截面。

3.6

**光学平行度　optical parallelism**

$\theta$

将棱镜展开成等效平板后，该平板的平行度。

3.7

**第一光学平行度　first optical parallelism**

$\theta_{\mathrm{I}}$

光学平行度在入射光轴截面内的分量；它由棱镜各工作面在光轴截面上的角度误差引起。

3.8

**第二光学平行度　second optical parallelism**

$\theta_{\mathrm{II}}$

光学平行度在入射光轴截面法向的分量；它由棱镜各棱的方向误差引起。

## 4 光学平行度及其检验方法

### 4.1 概述

当反射棱镜的工作面与工作面、棱与棱、棱与工作面之间的夹角存在误差时，若展开成等效平板，平板的两个面不会严格平行，其后果是使光学系统光轴方向改变和引起像偏转，从而影响成像质量，故等效平板两平面之间的夹角应在工作图规定的光学平行度公差值范围内。对于反射棱镜，只需检验光学平行度（对于屋脊棱镜，还需检验双像差），就可以对各面、各棱的夹角误差进行全面监控，一般无需再对各面、各棱的角度逐一进行检验。

根据检验得到的光学平行度，通过计算，还可以求得棱镜部分面与面、棱与面、棱与棱的夹角误差。在检验光学平行度的同时，还可以附带检验屋脊棱镜的双像差。

各种常用棱镜光学平行度与棱镜的角度误差关系式，见 GB/T 7660.1—2013；其光学平行度所引起的像偏转，见 GB/T 7660.2—2013。

### 4.2 检验方法

#### 4.2.1 检验工具

使用自准直仪检验反射棱镜的光学平行度，设备简单、操作和计算简便，是最常用的检验方法。

#### 4.2.2 检验程序

将被检棱镜入射光轴截面呈水平方向放置在自准直仪物镜前方，使棱镜入射面朝向物镜。调整自准直仪，使其光轴与棱镜入射面垂直，以便从棱镜返回的全部自准像出现在自准直仪视场中。由于反射棱镜品种繁多、形状各异，检验时出现在自准直仪视场中自准像的个数有所不同，对自准像的判断和光学平行度计算方法也有所不同。

示例 1～示例 6 给出了 6 种典型棱镜在检验光学平行度时，对自准像的判断和光学平行度计算方法。

**示例 1**：直角棱镜 DI-90 的光学平行度检验程序：

调整自准直仪，使其视场内的棱镜入射面和出射面的两个自准像分别落在分划板的水平标尺和垂直标尺上，如图 4 所示，读出 $\beta_1$ 和 $\beta_2$，按式(1)和式(2)计算棱镜的光学平行度。

$$\theta_{\mathrm{I}} = \frac{\beta_1 \times C}{2n} \qquad \cdots\cdots(1)$$

$$\theta_{\mathrm{II}} = \frac{\beta_2 \times C}{2n} \qquad \cdots\cdots(2)$$

式中：

$\theta_{\mathrm{I}}$ ——第一光学平行度，单位为秒(″)或分(′)；

$\theta_{\mathrm{II}}$ ——第二光学平行度，单位为秒(″)或分(′)；

$\beta_1$ ——两个自准像之间所包含的水平标尺分格数；

$\beta_2$ ——两个自准像之间所包含的垂直标尺分格数；

$C$ ——标尺的分格值，单位为秒(″)或分(′)；

$n$ ——棱镜材料的折射率。

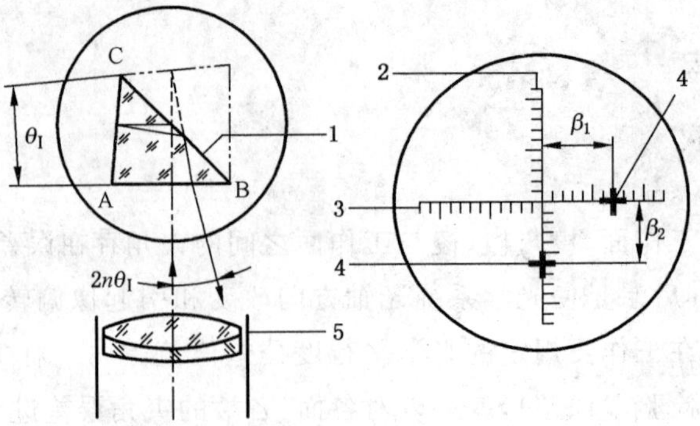


说明：

1——被检棱镜；

2——自准直仪视场的垂直标尺；

3——自准直仪视场的水平标尺；

4——自准像；

5——自准直仪。

图 4

根据 $\theta_{II}$ 还可以按式(3)计算，得到 A 棱与 BC 面的平行度(也称 A 棱差)：

$$\gamma_A = \frac{\theta_{II}}{1.41} \quad \cdots\cdots\cdots(3)$$

式中：

$\theta_{II}$——第二光学平行度，单位为秒(″)或分(′)；

$\gamma_A$——A 棱差，单位为秒(″)或分(′)。

**示例 2**：道威棱镜 DI-0 的光学平行度检验程序：

虽然道威棱镜在使用条件下，入射面不与光轴垂直，但在检验光学平行度时，仍使自准直仪光轴垂直棱镜入射面进行检验。在准直光束不能射到棱镜出射面上时，如图 5 中的 $L_1$ 所示，可以用溴代奈在棱镜反射面上粘贴平行度≤5″，具有一定厚度的平行玻璃板来补偿光路，以便准直光束能够射到棱镜出射面上，如图 5 中的 $L_2$ 所示，然后进行检验。

检验时自准直仪的调整、读数和光学平行度的计算，与示例 1 相同。

根据 $\theta_{II}$ 还可以按式(3)计算，得到 A 棱与反射面的平行度(也称 A 棱差)$\gamma_A$。

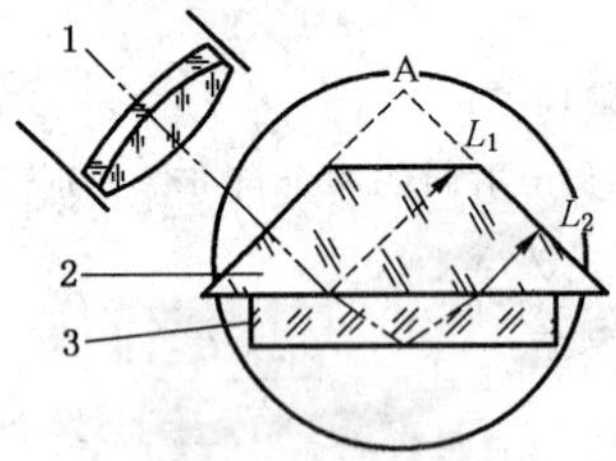


说明：

1 ——自准直仪；

2 ——被检棱镜；

3 ——平行玻璃板；

$L_1$——不贴平行玻璃板时的准直光束；

$L_2$——经平行玻璃板反射的准直光束。

图 5

**示例 3**：直角棱镜 DII-180 的光学平行度检验程序：

直角棱镜 DII-180 具有两个反射面，由于准直光束由入射面和出射面同时进入棱镜，将会看到 5 个自准像；如图 6b)所示的 A、B、C、D、E；调整自准直仪，使其视场内的 D、E 和 A 自准像分别落在分划板的水平标尺和垂直标尺上。

可以将棱镜微微摆动，将会发现 D、E 两像不随棱镜的摆动而移动，且较为明亮，可以判断这两个像是经两直角面全反射的像，这两个像之间所包含的水平标尺分划格数为 $\beta_1$；而独立像 A 则为棱镜入射面反射像，B、C 为入射面的内反射像，以 B 或 C 像到 A 像之间的垂直标尺分划格数为 $\beta_2$，按式(1)和式(2)计算棱镜的光学平行度。

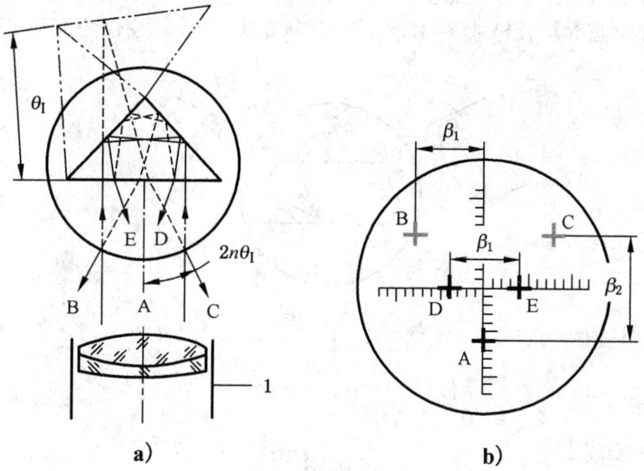


说明：

1 ——自准直仪；

A、B、C、D、E——自准像。

图 6

根据 $\theta_I$ 还可以按式(4)计算，得到直角的角度误差：

$$\Delta 90^\circ = \frac{\theta_I}{2} \quad \cdots\cdots(4)$$

式中：

$\theta_I$ ——第一光学平行度，单位为秒(″)或分(′)；

$\Delta 90^\circ$——直角的角度误差，单位为秒(″)或分(′)。

也可以用遮光的方法判断自准像。

若用遮光板将光束遮挡一半，如图 7 所示，将只会看到 A、C 或图 6b)中的 A、B 两个像。这两个像之间所包含的水平和垂直标尺分划格数就是 $\beta_1$ 和 $\beta_2$，按式(1)和式(2)计算棱镜的光学平行度。

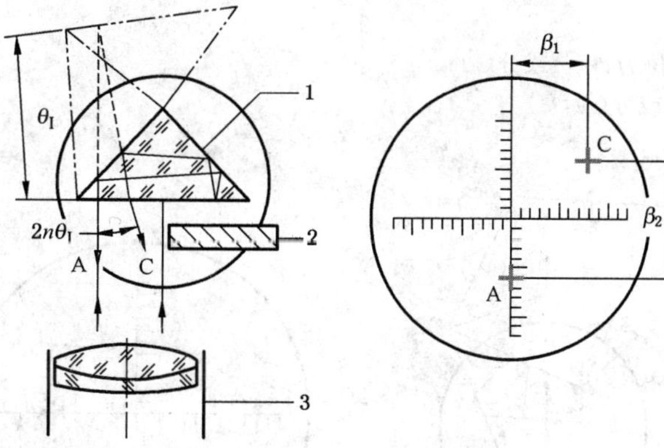


说明：

1——被检棱镜；

2——遮光板；

3——自准直仪。

图 7

**示例 4**：等腰棱镜 DI-45 采用透射法的光学平行度检验程序：

使两台自准直仪的光轴分别垂直棱镜入射面和出射面，如图 8 所示。调整 A、B 两台自准直仪，使其各自相对的棱镜表面反射像分别落在各自分划板的十字线交点上。从自准直仪 B 上读出来自自准直仪 A 并透过棱镜的准直像与本身自准像之间所包含的水平和垂直标尺分格数 $\beta_1$ 和 $\beta_2$，按式(5)和式(6)计算棱镜的光学平行度。

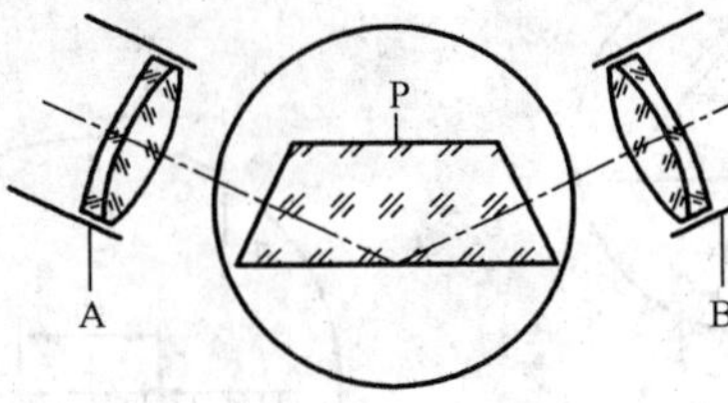


说明：

A——自准直仪 A；

B——自准直仪 B；

P——被检棱镜。

**图 8**

$$\theta_{\mathrm{I}} = \frac{\beta_1 \times C}{n} \qquad \cdots\cdots(5)$$

$$\theta_{\mathrm{II}} = \frac{\beta_2 \times C}{n} \qquad \cdots\cdots(6)$$

式中：

$\theta_{\mathrm{I}}$ ——第一光学平行度，单位为秒(″)或分(′)；

$\theta_{\mathrm{II}}$ ——第二光学平行度，单位为秒(″)或分(′)；

$\beta_1$ ——透过棱镜的准直像与出射面自准像之间所包含的水平标尺分格数；

$\beta_2$ ——透过棱镜的准直像与出射面自准像之间所包含的垂直标尺分格数；

$C$ ——标尺的分格值，单位为秒(″)或分(′)；

$n$ ——棱镜材料的折射率。

**示例 5**：五棱镜 WII-90 的光学平行度检验程序：

如图 9 所示，五棱镜在检验时，有两个自准像；其光学平行度的检验程序和计算方法与示例 1 相同。

根据 $\theta_{\mathrm{II}}$ 还可以按式(7)计算得到 A 和 C 棱在 AC 连线方向的平行度(也称 B 棱差)$\gamma_{\mathrm{B}}$。

$$\gamma_{\mathrm{B}} = \frac{\theta_{\mathrm{II}}}{1.41} \qquad \cdots\cdots(7)$$

式中：

$\theta_{\mathrm{II}}$ ——第二光学平行度，单位为秒(″)或分(′)；

$\gamma_{\mathrm{B}}$ ——B 棱差，单位为秒(″)或分(′)。

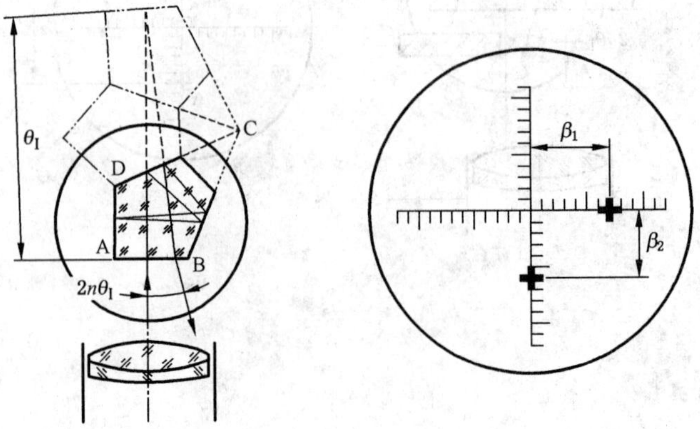


**图 9**

**示例 6**：施密特屋脊棱镜 $DIII_J$-45 的光学平行度检验程序：

如图 10 所示，当施密特屋脊棱镜存在角度误差和屋脊角不等于 90°时，在自准直仪视场中将出现 3 个自准像。对着 AB 面哈一口气，可以判断亮度不变的像为入射面 AC 的反射像(图 10 中像①)，另外两个像是出射面 AB 经两个屋脊面反射回来的像(图 10 中②③像)。

调整自准直仪，使其视场内的棱镜入射面自准像①和出射面的两个自准像②③的分别落在分划板的水平标尺和垂直标尺上，读出自准像①和自准像②或③之间所包含的水平标尺分格数 $\beta_1$、自准像①和自准像②③中点之间所包含的垂直标尺分格数 $\beta_2$ 按式(1)和式(2)计算棱镜的光学平行度。

读出自准像②③之间所包含的垂直标尺分格数 $\beta_3$，按式(8)计算屋脊双像差。

$$S=\frac{\beta_3\times C}{2n} \quad \cdots\cdots(8)$$

式中：

$S$ ——屋脊双像差，单位为秒(″)或分(′)；

$\beta_3$ ——自准像②③之间所包含的垂直标尺分格数；

$C$ ——标尺的分格值，单位为秒(″)或分(′)；

$n$ ——棱镜材料的折射率。

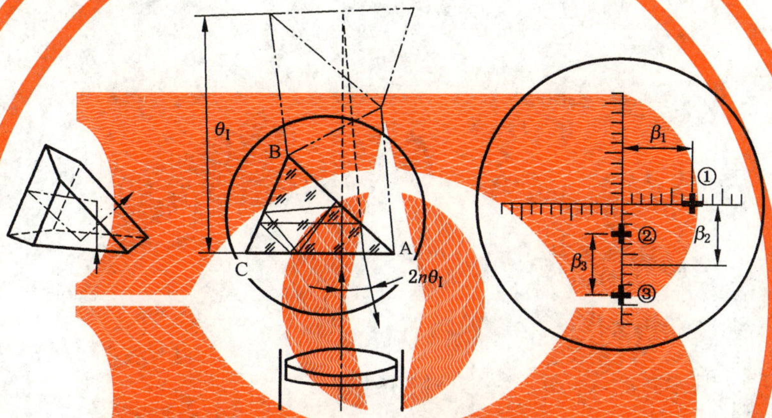


图 10

**注 1**：在检验某些棱镜时，棱镜出射面自准像会较为昏暗，当影响读数时，允许以镀有金属外反射膜的反射镜用溴代奈或其他介质粘贴于棱镜出射面上，以增强反光。

ICS 59.100.10
Q 36

# 中华人民共和国国家标准

GB/T 7689.1—2013
代替 GB/T 7689.1—2001

# 增强材料 机织物试验方法
# 第1部分:厚度的测定

**Reinforcements—Test method for woven fabrics—**
**Part 1:Determination of thickness**

(ISO 4603:1993,Texitle glass—Woven fabrics—
Determiantion of thickness,MOD)

2013-11-27 发布 2014-08-01 实施

中华人民共和国国家质量监督检验检疫总局
中国国家标准化管理委员会 发布

# 前　言

GB/T 7689《增强材料　机织物试验方法》分为5个部分：

——第1部分：厚度的测定；

——第2部分：经、纬密度的测定；

——第3部分：宽度和长度的测定；

——第4部分：弯曲硬挺度的测定；

——第5部分：玻璃纤维拉伸断裂强力和断裂伸长的测定。

本部分是GB/T 7689的第1部分。

本部分按照GB/T 1.1—2009给出的规则起草。

本部分代替GB/T 7689.1—2001《增强材料　机织物试验方法　第1部分：玻璃纤维厚度的测定》，与GB/T 7689.1—2001的主要差异如下：

——将适用范围由玻璃纤维增加到增强材料(见第1章，2001年版的第1章)；

——将适用范围中机织物的厚度由“大于等于0.1 mm”修改为“大于或等于0.01 mm”(见第1章，2001年版的第1章)；

——删除了“规范性引用文件”中的GB/T 18374—2001，增加了GB/T 2918—1998和ISO 2602(见第2章，2001年版的第2章)；

——增加了一种测试条件(见5.2，2001年版的5.2)；

——试验报告中增加了需要给出的内容[见第9章中的e)项和f)项，2001年版的第10章中的g)项和h)项]。

本部分使用重新起草法修改采用ISO 4603:1993《纺织玻璃　机织物　厚度的测定》。

本部分与ISO 4603:1993的技术性差异及其原因如下：

——为增大标准的使用范围，适用的产品由玻璃纤维机织物扩大到增强材料机织物(见第1章)；

——关于规范性引用文件，本部分做了具有技术性差异的调整，以适应我国的技术条件，调整的情况集中反映在第2章“规范性引用文件”中，具体调整如下：

- 删除了“规范性引用文件”中的ISO 139。

本部分做了下列编辑性修改：

——为与现有标准系列一致，将标准名称改为《增强材料　机织物试验方法　第1部分：厚度的测定》。

——增加了ISO 4603:1993/Amd.1:2010的内容。

本部分由全国玻璃纤维标准化技术委员会(SAC/TC 245)归口。

本部分负责起草单位：南京玻璃纤维研究设计院有限公司、国家玻璃纤维产品质量监督检验中心。

本部分主要起草人：唐健、徐琪、陈建明、王玉梅、陈尚、师卓。

GB/T 7689.1—2001的历次版本发布情况为：

——GB/T 7689.1—1987。

# 增强材料　机织物试验方法
# 第1部分:厚度的测定

## 1　范围

GB/T 7689的本部分规定了增强材料机织物厚度的测定方法。

本方法适用于由单纱、并捻(合股)纱(连续的或定长的)、无捻粗纱、变形纱或它们的复合物织成的厚度大于或等于0.01 mm机织物。

对于由定长纤维纱或变形纱织造的机织物,包括仅由这些纱构成经纱或纬纱的织物,本方法也可用于测定其压缩率。

## 2　规范性引用文件

下列文件对于本文件的应用是必不可少的。凡是注日期的引用文件,仅注日期的版本适用于本文件。凡是不注日期的引用文件,其最新版本(包括所有的修改单)适用于本文件。

GB/T 2918—1998　塑料试样状态调节和试验的标准环境(idt ISO 291:1997)

ISO 2602　试验结果的统计分析　平均值的评估　置信区间(Statistical interpretation of test results—Estimation of the mean—Confidence interval)

## 3　术语和定义

下列术语和定义适用于本文件。

3.1

**织物厚度　thickness of a fabric**

在规定压力下织物两表面之间的垂直距离,以毫米(mm)为单位。

## 4　原理

用适当的仪器测量在规定的压力下经调湿的试样厚度。

## 5　仪器

5.1　**静载测微仪**,具有两个磨平和抛光的圆形表面,其平面度小于0.001 mm,平行度小于0.003 mm。测量面应能在垂直于自身的轴上移动,测柱的主轴应垂直。测微计的框架应有足够的刚度,当未与测柱压脚接触时,对表壳施加15 N的力不会使框架产生大于0.01 mm的变形,变形可从测微计上读出。用于检查测微计的校准计应精确至±0.001 mm。

可使用a)或b)所述的测微计。

a)　**电子测微计**,能显示至0.001 mm。

b)　**刻度盘测微计**,刻度盘的直径至少应大于50 mm,能连续地直接读至0.01 mm(小数点后第三位估读)。装备有计数器记录大指针转过的圈数。指示器机构应使用宝石轴承。

5.2 装载测柱压脚并能在织物上施加规定压力的合适系统(见表1)。

表1 玻璃纤维厚度测定的测量条件

| 测量条件 | 由连续纤维单纱和/或并捻(合股)纱和/或无捻粗纱制成的机织物 | | 由定长纤维纱或变形纱制成的机织物(包括仅由这些纱构成经纱或纬纱的机织物) |
|---|---|---|---|
| | 条件1[a] | 条件2[a] | |
| 测柱压脚直径(面积) | 6.35 mm(0.32 $cm^2$) | 56.43 mm(25 $cm^2$) | 56.43 mm(25 $cm^2$) |
| 标准压力 | 176 kPa(17.6 $N/cm^2$) | 2.0 kPa(0.2 $N/cm^2$) | — |
| 低压力 | — | | 0.5 kPa(5 $cN/cm^2$) |
| 高压力 | —[b] | | 2.0 kPa(20 $cN/cm^2$) |

[a] 条件的选择应经相关各方同意。

[b] 对某些玻璃纤织物(例如高密度的或者电子电气用织物)在测量厚度时可以施加比标准压力显著大的压力和使用更小的测柱压脚直径。这种测试是用来评估所测织物制作层合板(使用高压固化)的铺层厚度变化的,测试时施加的压力应仅由相关各方确定。

5.3 合适的裁剪工具,例如刀或剪刀。

## 6 试样

6.1 测量应在表面无折叠或变形的织物上进行。

6.2 测量可以:

——可在整卷织物上;

——也可从织物裁取至少150 mm宽的整幅织物条(见7.1)。

## 7 操作

7.1 测量点距布卷的始端或终端不得少于300 mm,距布边不得少于50 mm。

对于斜切织物,测试点距切边不少于50 mm。

7.2 对于定长纤维纱或变形纱织物,在GB/T 2918—1998规定的温度为(23±2)℃、相对湿度为(50±10)%的标准环境下调湿6 h,在相同环境下测试。

7.3 按表1给出的测量条件用测微计(5.1)测试无张力的织物厚度。

给织物施压力30 s后,读取测量值,精确至0.001 mm[见5.1中a)]或0.01 mm[见5.1中b)],对于后者,估读至小数点后第三位,修约至0.01 mm。

在整幅织物上等间隔地测量10点,各测点间隔不少于75 mm。

7.4 对于由定长纤维纱或变形纱织成的织物,按7.3操作,但每点使用下述压力测量两次(不改变测柱压脚与织物的接触位置):

——第一次测量:低压力;

——第二次测量:高压力。

7.5 在95%的置信度下的平均值的双侧置信区间(见ISO 2602定义)的相对长度应不大于4%(对于由定长纤维纱或变形纱织成的织物,应分别计算低压力和高压力下的置信度)。

如果置信区间的相对长度超过4%,要增加试验量至置信区间的相对长度等于4%。

## 8 结果表示

织物的厚度为10个点(见7.3)或更多点(见7.5)的测量值的算术平均值,单位为毫米(mm),精确至0.001 mm[见5.1中a)]或0.01 mm[见5.1中b)]。

由定长纤维纱和变形纱织成的织物,以低压力下测量的结果作为厚度测量值。

按式(1)计算压缩率$C$,以百分数(%)表示:

$$C=\frac{h_1-h_2}{h_1}\times 100\% \qquad (1)$$

式中:

$h_1$——低压力下测量的厚度,单位为毫米(mm);

$h_2$——高压力下测量的厚度,单位为毫米(mm)。

## 9 试验报告

试验报告应包括以下内容:

a) 说明依据本部分;

b) 识别被测织物的必要详情;

c) 调湿温度和相对湿度;

d) 调湿时间,单位为小时(h);

e) 测量时施加的压力[对于由连续纤维单纱和/或并捻(合股)纱和/或无捻粗纱制成的织物,明确采用表1中给出的哪一种压力;对于所有的织物而言,如果测量时采用的压力不同于表1,则要给出实际所用的压力值];

f) 测柱压脚的直径[对于由连续纤维单纱和/或并捻(合股)纱和/或无捻粗纱制成的织物,明确采用表1中给出的哪一种直径;对于所有的织物而言,如果测量时测柱压脚直径和表1不同,则要给出实际采用的测柱压脚直径];

g) 若测点数与标准规定不同,应注明测点数;

h) 厚度的平均值以及单值;

i) 压缩率的平均值(对于由定长纤维纱或变形纱织成的织物);

j) 本部分中未提到的任何操作细节和可能影响试验结果的任何因素。

ICS 59.100.10
Q 36

# 中华人民共和国国家标准

GB/T 7689.2—2013/ISO 4602:2010
代替 GB/T 7689.2—2001

# 增强材料　机织物试验方法
# 第2部分:经、纬密度的测定

**Reinforcements—Test method for woven fabrics—**
**Part 2:Determination of number of yarns per unit length of warp and weft**

(ISO 4602:2010, Reinforcements—Woven fabrics—
Determination of number of yarns per unit length of warp and weft, IDT)

2013-09-18 发布　　　　2014-06-01 实施

中华人民共和国国家质量监督检验检疫总局
中国国家标准化管理委员会　发布

# 前言

GB/T 7689《增强材料　机织物试验方法》分为5个部分：

——第1部分：厚度的测定；

——第2部分：经、纬密度的测定；

——第3部分：宽度和长度的测定；

——第4部分：弯曲硬挺度的测定；

——第5部分：玻璃纤维拉伸断裂强力和断裂伸长的测定。

本部分为GB/T 7689的第2部分。

本部分按照GB/T 1.1—2009给出的规则起草。

本部分代替GB/T 7689.2—2001《增强材料　机织物试验方法　第2部分：经、纬密度的测定》，与GB/T 7689.2—2001相比，除编辑性修改外主要技术变化如下：

——删除了“引用标准”和“定义”两个章节（见2001年版的第2章、第3章）；

——增加了“基于固定的纱线根数，测量首尾纱线之间距离”的方法（见第2章）；

——增加了织物分析镜的示意图（见3.2，图1）；

——一个单位产品或实验室样本的测量次数由五次改为四次（见5.1.5，5.2.5）；

——“精确至小数点后第一位”修改为“取三位有效数字”（见6.3）；

——增加了“精密度”一章（见第7章）。

本部分使用翻译法等同采用ISO 4602:2010《增强材料　机织物　单位长度的经、纬纱线根数的测定》，作了下列编辑性修改：

——修改了标准名称。

本部分由全国玻璃纤维标准化技术委员会（SAC/TC 245）归口。

本部分负责起草单位：南京玻璃纤维研究设计院有限公司、国家玻璃纤维产品质量监督检验中心。

本部分主要起草人：马丹、许敏、王玉梅、陈尚、师卓、徐琪。

本标准所代替标准的历次版本发布情况为：

——GB/T 7689.2—1987，GB/T 7689.2—2001。

# 增强材料　机织物试验方法
# 第2部分:经、纬密度的测定

## 1　范围

GB/T 7689 的本部分规定了机织物经向和纬向密度的两种测量方法。

本方法适用于玻璃纤维、碳纤维、芳纶和其他的增强纤维织成的增强机织物。

## 2　原理

使用合适的纱线计数装置,测量单位长度内的经向和纬向的纱线根数。有 A 和 B 两种方法:方法 A,基于固定的纱线根数,测量首尾纱线之间的距离;方法 B,基于固定的长度,测量该长度内的纱线根数。通常由利益相关方或材料规范来选择测量的方法。

## 3　仪器

3.1　**尺**,刻度为毫米。

3.2　**纱线计数器**,合适的放大装置,例如织物分析镜(如图 1 所示)或往复移动式织物密度镜。

3.3　**针**,在需要时分隔纱线。

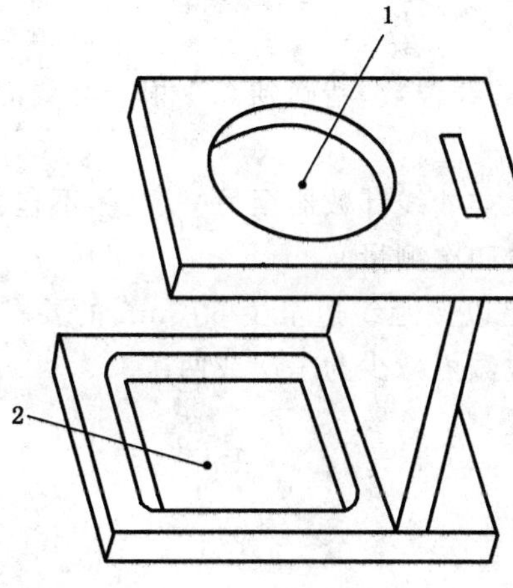


说明:

1——放大镜(通常放大倍数为 7 倍～10 倍);

2——窗口(通常尺寸为 10 mm～30 mm)。

**图 1　织物分析镜示意图**

## 4　测试区域

试样测试区域应无折痕或变形。

## 5 操作

### 5.1 方法 A 基于固定纱线根数的测量

5.1.1 确定被数的纱线根数，测量首尾纱线之间的距离，该距离应在 10 mm～200 mm 之间。应至少能数 50 根纱，当 50 根纱线测量长度超过 200 mm，可减少纱线根数，最低 20 根。

5.1.2 将织物自然平整地铺放在水平台面上。

5.1.3 测量区域应距织边至少 50 mm。

5.1.4 把尺(3.1)或纱线计数器(3.2)放在织物上，使零点(或任一合适的参照点)与经纱的右侧边缘相重合。

计数按 5.1.1 确定的纱线根数，必要时，用针(3.3)将已数过和未数过的纱线分隔开。

测量起始点至最后计数的纱线右侧边缘的精确长度，结果应读至 0.5 mm 或更小。

5.1.5 以此作为一次测量。移动尺或纱线计数器至另一位置，不包含计数过的纱线，沿着相同方向，按照上述操作重复至少三次，共计至少四次测量。

对于窄幅织物，织物的宽度不足以按距织边至少 50 mm 的要求(见 5.1.3)测量四次(见本条款第一段)时，经利益相关方同意，测量次数可减少为三次或两次。

5.1.6 重复相同操作测量纬向纱线。

### 5.2 方法 B 基于固定长度的测量

5.2.1 确定的测量距离应至少能数 20 根纱，距离选择范围为 10 mm～200 mm。

5.2.2 将织物自然平整地铺放在水平台面上。

5.2.3 测量区域应距织边至少 50 mm。

5.2.4 把尺(3.1)或纱线计数器(3.2)放在织物上，使零点(或任一合适的参照点)与经纱的右侧边缘相重合。

计数按 5.2.1 确定的距离内的纱线根数，精确到 0.1 根。必要时，用针(3.3)将已数过和未数过的纱线分隔开。

5.2.5 以此作为一次测量。移动尺或纱线计数器至另一位置，不包含计数过的纱线，沿着相同方向，按照上述操作重复至少三次，共计至少四次测量。

对于窄幅织物，织物的宽度不足以按距织边至少 50 mm 的要求(见 5.2.3)测量四次(见本条款第一段)时，经利益相关方同意，测量次数可减少为三次或两次。

5.2.6 重复相同操作测量纬向纱线。

## 6 结果表示

6.1 按下式计算每次测量的试样的经纬密度 $N$，以单位长度 $l$(10 mm 或 25 mm)内的纱线根数为单位，分别记为 $N_{10}$ 或 $N_{25}$。

$$N=\frac{n\times l}{a}$$

式中：

$n$ ——测量的纱线根数，单位为根；

$a$ ——与测量的纱线根数相对应的距离，单位为毫米(mm)；

$l$ ——单位长度，10 mm 或 25 mm。

6.2 分别按经向和纬向计算测量值的算术平均值。

6.3 以单位长度内的纱线根数，表示机织物的经、纬密度，取三位有效数字。

## 7 精密度

由于没有得到不同实验室的数据，本试验方法的精密度未知。一旦获得不同实验室的数据，后续版本中将增加精密度表述。

## 8 试验报告

试验报告包括下述内容：

a) 说明依据本部分和测量方法(A 或 B)；
b) 识别所测机织物的必要详情；
c) 织物分析镜窗口的尺寸(如需要)；
d) 每次测量的纱线根数(方法 A)或测量距离(方法 B)；
e) 经、纬密度的测试单值和平均值；
f) 本部分中任何没有规定的操作细节和可能影响测试结果的任何情况；
g) 试验日期。

ICS 59.100.10
Q 36

# 中华人民共和国国家标准

GB/T 7689.3—2013
代替 GB/T 7689.3—2001

# 增强材料　机织物试验方法
# 第3部分:宽度和长度的测定

**Reinforcements—Test method for woven fabrics—**
**Part 3:Determination of width and length**

(ISO 5025:1997,Reinforcement products—Woven fabrics—Determination of width and length,MOD)

2013-11-27 发布　　2014-08-01 实施

中华人民共和国国家质量监督检验检疫总局
中国国家标准化管理委员会　发布

# 前　言

GB/T 7689《增强材料　机织物试验方法》分为5个部分：

——第1部分：厚度的测定；

——第2部分：经、纬密度的测定；

——第3部分：宽度和长度的测定；

——第4部分：弯曲硬挺度的测定；

——第5部分：玻璃纤维拉伸断裂强力和断裂伸长的测定。

本部分为GB/T 7689的第3部分。

本部分按照GB/T 1.1—2009给出的规则起草。

本部分代替GB/T 7689.3—2001《增强材料　机织物试验方法　第3部分：宽度和长度的测定》，与GB/T 7689.3—2001的主要差异如下：

——删除了"引用标准"一章(见2001年版的第2章)；

——增加了"宽度"的定义(见3.1)；

——增加"张力对长度测量结果的影响"的说明(见4.2)；

——增加了"精密度"一章(见第8章)。

本部分使用重新起草法修改采用ISO 5025:1997《增强制品　机织物　宽度和长度的测定》。

本部分与ISO 5025:1997的技术性差异及其原因如下：

——由于ISO 1886已经废止，所以删除了关于批产品抽样的形式和数量的规定，章标题修改为"试样和调湿"(第5章，ISO 5025:1997的第5章)；

本部分做了下列编辑性修改：

——为与现有标准系列一致，将标准名称改为《增强材料　机织物试验方法　第3部分：宽度和长度的测定》。

本部分由全国玻璃纤维标准化技术委员会(SAC/TC 245)归口。

本部分负责起草单位：南京玻璃纤维研究设计院有限公司、国家玻璃纤维产品质量监督检验中心。

本部分主要起草人：马丹、郝郑涛、王玉梅、师卓、许敏、徐琪。

GB/T 7689.3—2001的历次版本发布情况为：

——GB/T 7689.4—1989。

# 增强材料　机织物试验方法
# 第3部分：宽度和长度的测定

## 1　范围

本部分规定了增强纤维制成的机织物宽度和长度的测定方法。

本方法适用于以卷状形式提供的增强纤维机织物。

## 2　原理

用刻度尺或其他合适的测量仪器测量宽度和长度，宽度以厘米(cm)为单位，长度以米(m)为单位。

## 3　术语和定义

下列术语和定义适用于本文件。

3.1

**宽度　width**

最外侧两根经纱外缘之间的垂直距离。

## 4　仪器

### 4.1　测量仪器(例如直尺)

长度应大于被测织物的宽度，刻度为 mm。

机织物的宽度小于或等于 150 cm，测量尺的最大误差不应超过 0.1 cm；大于 150 cm 的机织物，测量误差不应超过总长度的 0.15%。

### 4.2　测量装置

该测量设备能够满足最大误差不超过被测长度的 1%。对于在线使用的测量设备，应能使织物平整、无滑动地连续运转。

根据卷装长度，在计数器上配备直尺或转盘是可接受的。

卷状织物的张力可影响织物长度的测量结果，测量设备校准时应考虑张力的影响，在织物产品规范中写明。

## 5　试样和调湿

取一卷机织物作为试样。无需调湿处理。

## 6　操作

### 6.1　宽度

用测量仪器(4.1)测量织物宽度，沿着机织物长度方向至少间隔 100 cm 进行 2 次测量，取平均值，精确到 0.1 cm。

测量应在整卷织物的外层端部进行。若机织物有明显的损坏或变形，应展开足够长的织物，以确保测量具有代表性。

织物产品规范或测试委托方可以要求在同卷织物其他部位增加测量。

经利益相关方同意，也可以测量整个宽度，即包括毛边的宽度。

### 6.2 长度

用测量装置(4.2)测量织物长度，精确到 1 m。如果需要，为了达到测量精度为 1% 的要求，可精确到几分之一米。

也可以从转盘计数器上读出被测织物的长度。

## 7 结果

### 7.1 宽度

以两次测量的算术平均值作为机织物的宽度，用厘米(cm)表示，精确到 0.1 cm。

若对同卷织物进行了更多次的测量，则产品规范或测试委托方应指明测量结果如何处理。

### 7.2 长度

将实测的卷长作为机织物的长度，精确到 1 m 或几分之一米(见 6.2)。

## 8 精密度

由于没有得到不同实验室的数据，本试验方法的精密度未知。一旦获得不同实验室的数据，后续版本中将增加精密度表述。

## 9 试验报告

试验报告应包括下述内容：

a) 说明依据本部分；

b) 被测机织物的详细说明；

c) 长度和宽度；

d) 本部分中没有规定的任何操作细节和可能影响测试结果的任何情况。

---

ICS 59.100.10
Q 36

# 中华人民共和国国家标准

GB/T 7689.4—2013/ISO 4604:2011
代替 GB/T 7689.4—2001

# 增强材料 机织物试验方法 第4部分:弯曲硬挺度的测定

**Reinforcements—Test method for woven fabrics—**
**Part 4: Determination of flexural stiffness**

(ISO 4604:2011 Reinforcement fabrics—
Determination of conventional flexural stiffness—
Fixed-angle flexometer method,IDT)

2013-11-27 发布　　2014-08-01 实施

中华人民共和国国家质量监督检验检疫总局
中国国家标准化管理委员会　发布

# 前　言

GB/T 7689《增强材料　机织物试验方法》分为5个部分：

——第1部分：厚度的测定；

——第2部分：经、纬密度的测定；

——第3部分：宽度和长度的测定；

——第4部分：弯曲硬挺度的测定；

——第5部分：玻璃纤维拉伸断裂强力和断裂伸长的测定。

本部分是GB/T 7689的第4部分。

本部分按照GB/T 1.1—2009给出的规则起草。

本部分代替GB/T 7689.4—2001《增强材料　机织物试验方法　第4部分：硬挺度的测定》，与GB/T 7689.4—2001的主要差异如下：

——明确了标准不适用的对象(见第1章，2001年版的第1章)；

——"规范性引用文件"中删除了GB/T18374—2001，增加了ISO 291和ISO 3374(见第2章，2001年版的第2章)；

——删除了"定义"一章(见2001年版的第3章)；

——在原理后增加了注，说明原理的技术来源(见第3章中的注)；

——调温调湿增加对质量变化的限制(见第5章，2001年版的7.2)；

——"试验报告"中增加了需要给出的信息[见第9章的h)项、i)项和j)项]。

本部分使用翻译法等同采用ISO 4604:2011《增强织物　普通弯曲硬挺度的测定　固定角弯曲计法》。

与本部分中规范性引用的国际文件有一致性对应关系的我国文件如下：

——GB/T 2918—1998 塑料试样状态调节和试验的标准环境(ISO 291:1997,IDT)；

——GB/T 9914.3—2013　增强制品试验方法　第3部分：单位面积质量的测定(ISO 3374:2000，MOD)。

本部分做了下列编辑性修改：

——为与现有标准系列一致，将标准名称改为《增强材料　机织物试验方法　第4部分：弯曲硬挺度的测定》。

本部分由全国玻璃纤维标准化技术委员会(SAC/TC 245)归口。

本部分负责起草单位：南京玻璃纤维研究设计院有限公司、国家玻璃纤维产品质量监督检验中心。

本部分主要起草人：唐健、马丹、方允伟、陈尚、陈建明、黄英。

GB/T 7689.4—2001的历次版本发布情况为：

——GB/T 7689.5—1989。

# 增强材料 机织物试验方法 第4部分:弯曲硬挺度的测定

## 1 范围

GB/T 7689 的本部分规定了用固定角弯曲计测定增强织物弯曲硬挺度的方法。

本方法不适用于柔软的或有显著卷曲、扭转倾向的或磨损的织物。

## 2 规范性引用文件

下列文件对于本文件的应用是必不可少的。凡是注日期的引用文件,仅注日期的版本适用于本文件。凡是不注日期的引用文件,其最新版本(包括所有的修改单)适用于本文件。

ISO 291 塑料 试样状态调节和试验的标准环境(Plastics—Standard atmospheres for conditioning and testing)

ISO 3374 增强制品试验方法 毡和织物 单位面积质量的测定(Reinforcement priducts—Mats and Fabrics—Determination of mass per unit area)

## 3 原理

将一矩形试样条放置在水平平台上,其长度方向垂直于平台的前缘。沿试样长度方向移动试样,使试样伸出长度逐渐增加,在自重的作用下,这部分会缓慢下弯,当试样条的前端弯曲到与平台的延长面成41.5°的平面时,测量伸出部分的长度。

根据试样的伸出长度和单位面积质量,计算普通弯曲硬挺度。

注:本测试方法是基于以下两个公开出版的报告,Shirley Institute Memoirs 第9卷(1930),第81页和 Journal of the textile institute 第21卷(1930),T380 。

## 4 仪器

4.1 **固定角弯曲计**,其构成如图1所示。

在水平平台P上有一个滑尺S,在滑尺的上表面有以毫米为单位的刻度。

滑尺下表面有一层高摩擦的抗静电材料,如橡胶片。水平平台P的上表面要打磨光滑,当滑尺S向前移动时能够带动试样一起向前移动。

滑尺的宽度应为25 mm,长度至少为300 mm,质量应为每厘米长度10 g±2 g。

当水平平台P的前缘与滑尺S的前缘重合时,滑尺S的零刻度线和仪器的基准线D重合。两条刻在仪器透明侧壁上的标识线 $L_1$ 和 $L_2$,与水平平台P的前缘相交,同时组成与水平平台P的延长面成41.5°的平面。

仪器的测量范围由它的尺寸决定,仪器的尺寸应能足以测量试样伸出部分的长度。

4.2 **模板**,其尺寸为250 mm×25 mm。

4.3 **适当的裁剪工具**。

单位为毫米

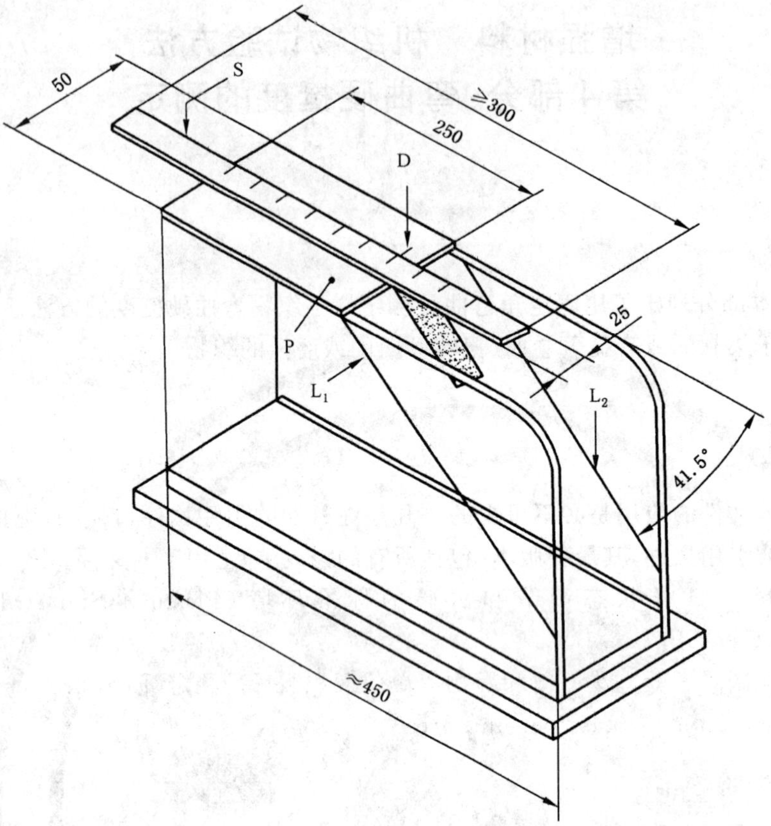


说明：

D ——水平平台上的基准线；

$L_1$ ——标识线；

$L_2$ ——标识线；

P ——水平平台；

S ——滑尺。

**图 1 固定角弯曲计**

## 5 调湿和试验环境

试样应该按 ISO 291 规定的温度为 23 ℃±2 ℃，相对湿度为(50±10)%的标准环境条件下调湿至少 6 h，直至在 2 h 间隔内每个试样的质量变化不超过初始质量的 0.25%。

试验应在相同的环境中进行。

## 6 试样

从被测织物上裁取宽 25 mm，长 250 mm 的矩形试样。

试样的长边平行于织物的经纱方向(称为经向试样)和垂直于织物的经纱方向(称为纬向试样)各裁取 6 个试样，每个试样都要标记织物的正反面。

尽可能地使所有的经向试样都不含有相同的经纱，或纬向试样都不含有相同的纬纱。

不应在织边、布端或有折痕和折叠的部分裁取试样，织物和试样应尽可能少地操作。

## 7 操作

7.1 把弯曲计(4.1)放在水平的桌面上，把试样放在水平平台 P 上，使其一端和水平平台的前缘重合。把滑尺 S 放在试样上，使滑尺的零点和基准线 D 对齐。缓慢地向前推动滑尺，使试样伸出平台的边缘，试样在自重作用下向下弯曲，继续向前推动滑尺直到试样的前端到达标识线 $L_1$ 和 $L_2$ 组成的平面。

若试样扭转，应使前端的中点和标识线对齐。

读出与准基准线 D 重合的滑尺 S 的读数，该读数即为试样的伸出长度，以毫米(mm)表示。

注 1：在读数前，对滑尺的位置微调使得滑尺的刻度线与基准线平行。

注 2：按下述的方法放置弯曲计对操作是有帮助的，滑尺的零点对着操作者，并使其处于能方便读数的高度。在仪器的一侧放置或粘贴一面镜子，可以方便地观察试样前端与标识线 $L_1$ 和 $L_2$ 组成的平面接触的情况。

7.2 按照同样的操作测试另外两个相同方向、相同表面的试样。重复操作测试同一方向、另一表面的试样。

7.3 重复 7.1 和 7.2 测试另一方向的试样。

## 8 结果表示

分别按经向和纬向计算正反两个表面试样伸出长度的平均值 $L$。

用上述平均值，分别按式(1)计算经向和纬向正反两个表面的普通弯曲硬挺度 $G$：

$$G = 9.81\rho_A\left(\frac{L}{2}\right)^3 \qquad \cdots\cdots(1)$$

式中：

$G$ ——普通弯曲硬挺度，单位为毫牛米(mN·m)；

$\rho_A$ ——单位面积质量，单位为克每平方米($g/m^2$)，按 ISO 3374 测试；

$L$ ——伸出长度平均值，单位为米(m)。

## 9 试验报告

试验报告应包括以下内容：

a) 说明依据本部分；

b) 识别所有被测织物的必要详情，包括织物结构；

c) 调湿和试验的温湿度；

d) 调湿时间，如不同于规定；

e) 经向和纬向试样数量，如不同于规定；

f) 织物经向正面和反面的弯曲硬挺度；

g) 织物纬向正面和反面的弯曲硬挺度；

h) 本部分没有规定的任何操作细节和可能影响测试结果的任何情况；

i) 试验日期；

j) 其他相关信息。

ICS 59.100.10
Q 36

# 中华人民共和国国家标准

GB/T 7689.5—2013
代替 GB/T 7689.5—2001

# 增强材料 机织物试验方法 第5部分：玻璃纤维拉伸断裂强力和断裂伸长的测定

**Reinforcements—Test method for woven fabrics—Part 5: Determination of glass fibre tensile breaking force and elongation at break**

(ISO 4606:1995, Textile glass—Woven fabric—Determination of tensile breaking force and elongation at break by the strip method, MOD)

2013-11-27 发布 2014-08-01 实施

中华人民共和国国家质量监督检验检疫总局
中国国家标准化管理委员会 发布

# 前　言

GB/T 7689《增强材料　机织物试验方法》分为5个部分：

——第1部分：厚度的测定；

——第2部分：经、纬密度的测定；

——第3部分：宽度和长度的测定；

——第4部分：弯曲硬挺度的测定；

——第5部分：玻璃纤维拉伸断裂强力和断裂伸长的测定。

本部分是GB/T 7689的第5部分。

本部分按照GB/T 1.1—2009给出的规则起草。

本部分代替GB/T 7689.5—2001《增强材料　机织物试验方法　第5部分：玻璃纤维拉伸断裂强力和断裂伸长的测定》，与GB/T 7689.5—2001的主要差异如下：

——明确了等速伸长法为推荐的试验方法(见5.1.2)；

——对织物密度非常小的试样，因其宽度与标准的Ⅰ型和Ⅱ型试样不同的，将此宽度称之为“备选宽度”，与ISO 4606:1995的表述方式相同，不再沿用原标准的“其他可能的试样”的表述方式(见7.1.3，2001年版7.1.3)；

——规定了应从断裂强力值中减去预张力值(见9.1)；

——增加了精密度(见第11章)；

——增加了资料性附录A(见附录A)。

本部分使用重新起草法修改采用ISO 4606:1995《纺织玻璃纤维　机织物　拉伸强力和断裂伸长的测定(条样法)》。

本部分与ISO 4606:1995的技术性差异及其原因如下：

——关于规范性引用文件，本部分做了具有技术性差异的调整，以适应我国的技术条件，调整的情况集中反映在第2章“规范性引用文件”中，具体调整如下：

- 删除了“规范性引用文件”中的ISO 139。

本部分做了下列编辑性修改：

——为与现有标准系列一致，将标准名称改为《增强材料　机织物试验方法　第5部分：玻璃纤维拉伸断裂强力和断裂伸长的测定》。

本部分由全国玻璃纤维标准化技术委员会(SAC/TC 245)归口。

本部分负责起草单位：南京玻璃纤维研究设计院有限公司、国家玻璃纤维产品质量监督检验中心。

本部分主要起草人：陈建明、方允伟、王玉梅、陈尚、黄英、马丹。

GB/T 7689.5—2001的历次版本发布情况为：

——GB/T 7689.6—1989。

# 增强材料 机织物试验方法<br>第5部分：玻璃纤维拉伸断裂强力<br>和断裂伸长的测定

## 1 范围

GB/T 7689的本部分规定了玻璃纤维机织物拉伸断裂强力和断裂伸长的测定方法。

本方法适用于未浸渍的和用浆料或硬化剂浸渍的织物，不适用于涂覆橡胶或塑料的织物(参见附录A)。

## 2 规范性引用文件

下列文件对于本文件的应用是必不可少的。凡是注日期的引用文件，仅注日期的版本适用于本文件。凡是不注日期的引用文件，其最新版本(包括所有的修改单)适用于本文件。

GB/T 2918—1998 塑料试样状态调节和试验的标准环境(idt ISO 291:1997)

## 3 术语和定义

下列术语和定义适用于本文件。

3.1

**初始有效长度 initial gauge length**

在规定的预张力下，两夹具起始位置钳口之间试样的长度。

3.2

**断裂强力 breaking force**

拉伸试样至断裂时施加到试样上的最大载荷。

3.3

**断裂伸长 clongation; extension**

试样在拉伸时的长度增量，通常以初始长度的百分数表示。

## 4 原理

用合适的仪器将机织物条样拉伸至断裂，并指示断裂强力和断裂伸长。断裂强力或断裂伸长可直接在仪器的指示装置上读出，也可以通过自动记录的力值-伸长曲线得出。

本部分规定了两种不同类型的试样：

——Ⅰ型适用于硬挺织物(例如，线密度大于或等于300 tex的粗纱织成的网格布，或经处理剂或硬化剂处理的纱线织成的织物)；

——Ⅱ型适用于较柔软的织物，以便于操作，减少试验误差。

## 5 仪器

### 5.1 拉伸试验机

#### 5.1.1 一对合适的夹具

夹具的宽度应大于拆边的试样宽度(见 7.1 和 7.2),如大于 50 mm(或大于 25 mm,见 7.1)。夹具的夹持面应平整且相互平行,在整个试样的夹持宽度上均匀施加压力,并应防止试样在夹具内打滑或有任何损坏(必要时,可采用液压或气动系统)。

夹具的夹持面应尽可能平滑,若夹持试样不能满足要求时,可使用衬垫、锯齿形或波形的夹具。纸、毡、皮革、塑料或橡胶片都可作为衬垫材料。

夹具应设计成使试样的中心轴线与试验时试样的受力方向保持一致。上下夹具的初始距离(有效长度)对于Ⅰ型试样应为 200 mm±2 mm,对于Ⅱ型试样应为 100 mm±1 mm。

#### 5.1.2 拉伸试验机

推荐使用等速伸长(CRE)试验机,对于试样的拉伸速度应满足Ⅰ型试样为 100 mm/min±5 mm/min,Ⅱ型试样为 50 mm/min±3 mm/min。

也可采用其他类型的试验机,例如等速牵引(CRT)和等加负荷(CRL)试验机,但 CRE 型试验机所测得的结果与其他类型的试验机测得的结果没有普遍的相关性。为避免争议,等速伸长(CRE)方法为推荐的方法。

当采用等速牵引(CRT)和等加负荷(CRL)试验机时,设定的试验速度应使试样在 5 s±2 s 内断裂,或由利益相关方同意,按式(1)计算断裂时间:

$$t_B = \frac{E_l \times 60}{\mathrm{CRE}} \qquad \cdots\cdots(1)$$

式中:

$t_B$ ——断裂时间,单位为秒(s);

$E_l$ ——断裂伸长,单位为毫米(mm);

CRE——拉伸速度(按表 1 规定),单位为毫米每分(mm/min)。

**表 1 试样和试验参数**

| 试验参数 | 单位 | 试样 | |
|---|---|---|---|
| | | Ⅰ型 | Ⅱ型 |
| 试样长度 | mm | 350 | 250 |
| 未拆边试样宽度 | mm | 65 | 40 |
| 有效长度 | mm | 200 | 100 |
| 拆边试样宽度 | mm | 50 | 25 |
| 拉伸速度 | mm/min | 100 | 50 |

#### 5.1.3 指示或记录施加到试样上力值的装置

该装置在规定的试验速度下,应无惯性,在规定试验条件下,示值最大误差不超过1%。

5.1.4　指示或记录试样伸长值的装置

该装置在规定的试验速度下，应无惯性，精度应优于1%。

5.2　其他设备

5.2.1　模板(见图1)：用于从试验室样本上裁取过渡试样，对于Ⅰ型试样尺寸为350 mm×370 mm，对于Ⅱ型试样尺寸为250 mm×270 mm。模板应有两个槽口用于标记试样中间部分(有效长度)。

单位为毫米

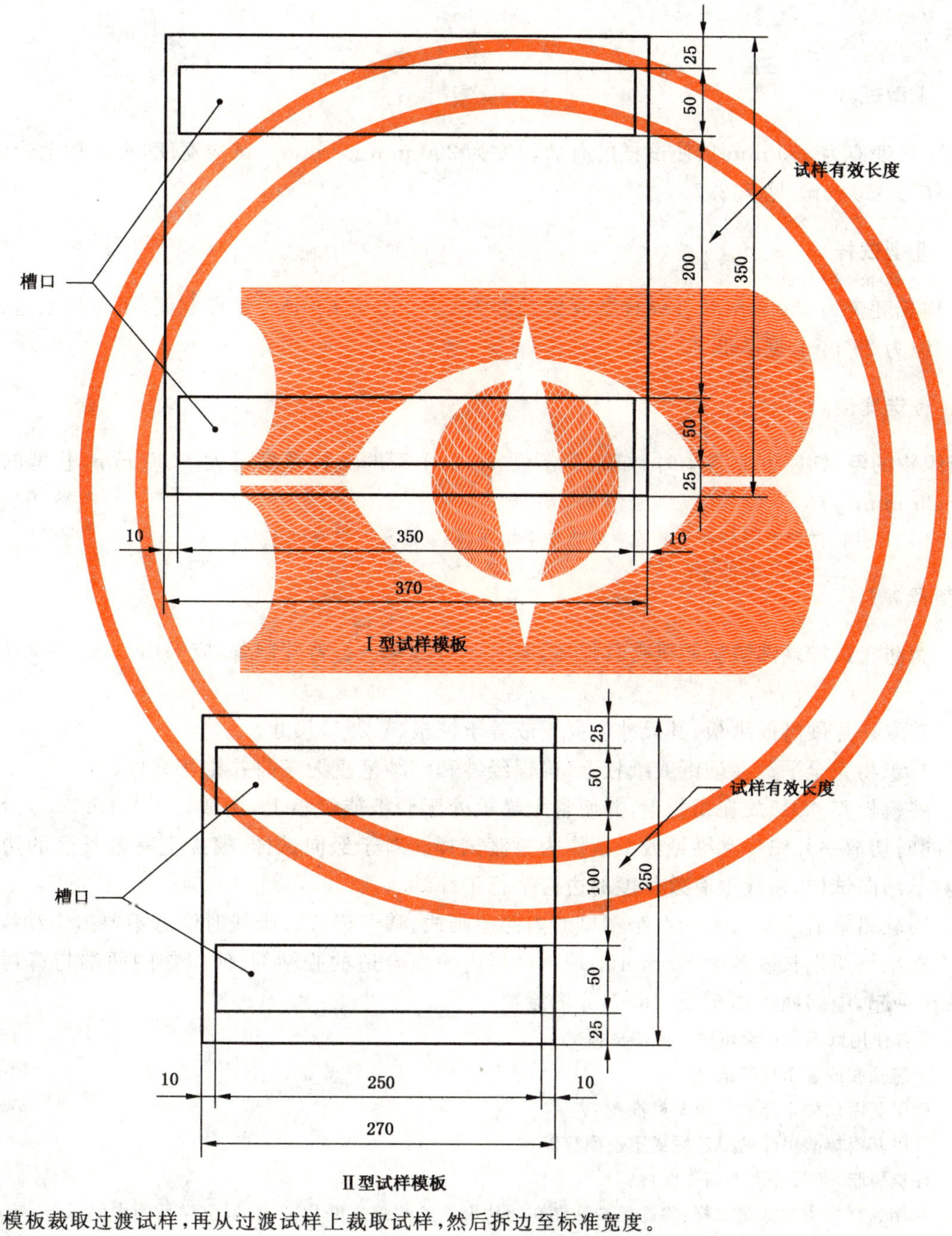


注：用模板裁取过渡试样，再从过渡试样上裁取试样，然后拆边至标准宽度。

图1　模板示例

5.2.2 合适的裁切工具:如刀、剪刀或切割轮。

## 6 取样

除非产品规范或利益相关方另有规定,去除可能有损伤的布卷最外层(至少去掉 1 m),裁取长约 1 m的布段为试验室样本。

## 7 试样

### 7.1 尺寸

#### 7.1.1 Ⅰ型试样

试样长度应为 350 mm 以使试样的有效长度为 200 mm±2 mm。试样宽度,不包括毛边(试样的拆边部分)应为 50 mm,见 7.2.7。

#### 7.1.2 Ⅱ型试样

试样长度应为 250 mm 以使试样的有效长度为 100 mm±1 mm。试样宽度,不包括毛边(试样的拆边部分)应为 25 mm,见 7.2.7。

#### 7.1.3 备选宽度

当织物的经、纬密度非常小时(如低于 3 根/cm),Ⅰ型的试样宽度可大于 50 mm,Ⅱ型的试样宽度可大于 25 mm。

注:不同尺寸试样和不同拉伸速度的测试结果不相同,多数情况下没有可比性。

### 7.2 制备

7.2.1 为防止试样端部被试验机夹具损坏,有必要对试样进行特殊制备,应采用 7.2.2～7.2.8 的步骤处理。

7.2.2 裁取一片硬纸或纸板,其尺寸应大于或等于模板(5.2.1)尺寸。

7.2.3 将织物完全平铺在硬纸或纸板上,确保经纱和纬纱笔直无弯曲并相互垂直。

7.2.4 将模板(5.2.1)放在织物上,并使整个模板处于硬纸或纸板上,用裁切工具(5.2.2)沿着模板的外边缘同时切取一片织物和硬纸或纸板作为过渡试样。对于经向试样,模板上有效长度的边应平行于经纱;对于纬向试样,模板上有效长度的边应平行于纬纱。

7.2.5 用软铅笔沿着模板上的两个槽口的内侧边画线,移开模板。画线时注意不要损伤纱线。

7.2.6 在织物两端长度各为 75 mm 的端部区域内涂覆合适的胶粘剂,使织物的两端与背衬的硬纸或纸板粘在一起,中间两条铅笔线之间部分不涂覆。

注:推荐使用以下材料涂覆试样的端部:

a) 天然橡胶或氯丁橡胶溶液;
b) 聚甲基丙烯酸丁酯的二甲苯溶液;
c) 聚甲基丙烯酸甲酯的二乙酮或甲乙酮溶液;
d) 环氧树脂(尤其适用于高强度材料)。

也可采用这样的方法涂覆试样:将样品端部夹在两片聚乙烯醇缩丁醛片之间,留出样品的中间部分,然后再在两片聚乙烯醇缩丁醛片表面铺上硬纸或纸板,并用电熨斗将聚乙烯醇缩丁醛片熨软,使其渗入织物。

7.2.7 将过渡试样烘干后,沿垂直于两条铅笔线的方向裁切成条状试样。对于Ⅰ型试样宽度为 65 mm,制成尺寸为 350 mm×65 mm 的试样;对于Ⅱ型试样宽度为 40 mm,制成尺寸为 250 mm×

40 mm的试样。

每个试样包括了长度为 200 mm(Ⅰ型试样)或 100 mm(Ⅱ型试样)无涂覆的中间部分,和两端各为 75 mm 的涂覆部分。

7.2.8 细心地拆去试样两边的纵向纱线,两边拆去的纱线根数应大致相同,直到试样宽度为 50 mm(Ⅰ型试样)或 25 mm(Ⅱ型试样),或尽可能接近。

对于纱线线密度大于或等于 300 tex 的织物(无捻粗纱布)和稀松组织织物而言,应拆去整数根纱线,并确保试样宽度尽可能接近但不小于 50 mm 或 25 mm,或符合备选宽度(见 7.1.3)。在这种情形下,同一织物的所有试样的纱线根数应相同,应测量每一个试样的实际宽度,计算五个试样宽度的算术平均值,精确至 1 mm,并列入测试报告中。

## 8 调湿和试验环境

### 8.1 调湿环境

在 GB/T 2918—1998 规定的温度为(23±2)℃、相对湿度为(50±10)%的标准环境下进行调湿,调湿时间为 16 h 或由利益相关方商定。

### 8.2 试验环境

在与调湿环境相同的环境下进行试验。

## 9 操作

9.1 调整夹具(5.1.1)间距,Ⅰ型试样的间距为 200 mm±2 mm,Ⅱ型试样的间距为 100 mm±1 mm。确保夹具相互对准并平行。使试样的纵轴贯穿两个夹具前边缘的中点,夹紧其中一个夹具。在夹紧另一夹具前,从试样的中部与试样纵轴相垂直的方向切断备衬纸板,并在整个试样宽度方向上均匀地施加预张力,预张力大小为预期强力的(1±0.25)%,然后夹紧另一个夹具。

如果强力机(5.1)配有记录仪(5.1.3)或计算机,可以通过移动活动夹具施加预张力。应从断裂载荷中减去预张力值。

9.2 在与不同类型的试验机和不同类型的试样(按 5.1 和 7.1 的规定)相适应的条件下,启动活动夹具,拉伸试样至断裂。

9.3 记录最终断裂强力。除非另有商定,当织物分为两个或以上阶段断裂时,如双层或更复杂的织物,记录第一组纱断裂时的最大强力,并将其作为织物的拉伸断裂强力。

9.4 记录断裂伸长,精确至 1 mm。

9.5 如果有试样断裂在两个夹具中任一夹具的接触线 10 mm 以内,则在报告中记录实际情况,但计算结果时舍去该断裂强力和断裂伸长,并用新试样重新试验。

注:有 3 种因素导致试样在夹具内或夹具附近断裂:

——织物存在薄弱点(随机分布);

——夹具附近应力集中;

——由夹具导致试样受损。

问题是如何区分由夹具引起的破坏还是由其他两种因素引起的破坏。实际上,要区分开来是不太可能的,最好的办法是舍弃低测试值。虽然有统计方法用于剔除异常测试值,但是在常规试验中几乎不适用。

## 10 结果表示

### 10.1 断裂强力

计算每个方向(经向和纬向)断裂强力的算术平均值,分别作为织物经向和纬向的断裂强力测定值,用牛顿表示，保留小数点后两位。如果实际宽度不是50 mm或25 mm，将按9.3所记录的断裂强力换算成宽度为50 mm或25 mm的强力。

### 10.2 断裂伸长

计算织物每个方向(经向和纬向)断裂伸长的算术平均值，以断裂伸长增量与初始有效长度的百分比表示，保留两位有效数字，分别作为织物经向和纬向的断裂伸长。

## 11 精密度

由于没有得到不同实验室的数据，本试验方法的精密度未知。一旦获得不同实验室的数据，后续版本中将增加精密度表述。

## 12 试验报告

试验报告应包括以下内容：

a) 说明依据本部分；
b) 识别被测织物的必要详情；
c) 不同于本部分中所述的取样方法；
d) 调湿和试验环境；
e) 若调湿时间不是16 h，应注明调湿时间，用小时(h)表示；
f) 若经向或纬向的试样数量低于标准规定的最小试样数量，应注明试样数量；
g) 试样类型；
h) 若试样宽度与标准规定宽度不同，应注明试样宽度；
i) 胶粘剂的类型和选用施加的方法，以及所用的干燥和/或固化制度；
j) 每个方向(经向或纬向)上断裂强力，以及各有效单值；
k) 每个方向(经向或纬向)上断裂伸长，以及各有效单值；
l) 试验过程中剔除的试样数量；
m) 所用的试验机和夹具类型，若采用CRL和CRT试验机则给出断裂时间；
n) 任何本部分中没有规定的操作细节和可能影响试验结果的情况。

## 附　录　A
## （资料性附录）
## 相关国际标准

ISO 1421:1977　涂覆橡胶或塑料的织物　断裂强度和断裂伸长的测定

ISO 5081:1977　纺织品　机织物　断裂强度和断裂伸长的测定（条样法）

ISO 5082:1982　纺织品　机织物　断裂强度的测定（抓样法）

ICS 59.100.10
Q 36

# 中华人民共和国国家标准

GB/T 7690.1—2013/ISO 1889:2009
代替 GB/T 7690.1—2001

# 增强材料 纱线试验方法 第1部分:线密度的测定

## Reinforcements—Test method for yarns— Part 1:Determination of linear density

(ISO 1889:2009,Reinforcement yarns—Determination of linear density,IDT)

2013-11-27 发布 2014-08-01 实施

中华人民共和国国家质量监督检验检疫总局
中国国家标准化管理委员会 发布

# 前　言

GB/T 7690《增强材料　纱线试验方法》分为6个部分：

——第1部分：线密度的测定；

——第2部分：捻度的测定；

——第3部分：玻璃纤维断裂强力和断裂伸长的测定；

——第4部分：硬挺度的测定；

——第5部分：玻璃纤维纤维直径的测定；

——第6部分：捻度平衡指数的测定。

本部分为GB/T 7690的第1部分。

本部分按照GB/T 1.1—2009给出的规则起草。

本部分代替GB/T 7690.1—2001《增强材料　纱线试验方法　第1部分：线密度的测定》，与GB/T 7690.1—2001的主要差异如下：

——在应用范围上更为广泛，除原标准覆盖的玻璃纤维、碳纤维和芳纶纤维纱线外，还包括了其他增强纤维(见第1章)；

——删除了"引用标准"中的GB/T 18374，增加了ISO 291，ISO 1887和ISO 3344、ISO 10548：2002(见第2章，2001年版的第2章)；

——"术语和定义"中增加了"线密度"的定义(见3.1)；

——"原理"中增加了碳纤维线密度测定原理的表述内容(见第4章)。

本部分使用翻译法等同采用ISO 1889:2009《增强纱线　线密度的测定》。

本部分做了下列编辑性修改：

——为与现有标准系列一致，将标准名称改为《增强材料 纱线试验方法　第1部分：线密度的测定》。

与本标准规范性引用的国际文件有一致性对应关系的我国标准如下：

——GB/T 2918—1998　塑料试样状态调节和试验的标准环境(ISO 291:1997，IDT)；

——GB/T 9914.1—2013　增强制品试验方法　第1部分：含水率的测定(ISO 3344:1997，IDT)；

——GB/T 9914.2—2013　增强制品试验方法　第2部分：玻璃纤维可燃物含量的测定(ISO 1887:1995，MOD)。

本部分由全国玻璃纤维标准化技术委员会(SAC/TC 245)归口。

本部分负责起草单位：南京玻璃纤维研究设计院有限公司、国家玻璃纤维产品质量监督检验中心。

本部分主要起草人：徐琪、石玉强、王玉梅、郝郑涛、黄英、许敏。

GB/T 7690.1—2001的历次版本发布情况为：

——GB/T 7690.1—1987。

# 增强材料　纱线试验方法
# 第1部分:线密度的测定

## 1　范围

GB/T 7690 的本部分规定了玻璃纤维、碳纤维、芳纶纤维或其他增强纤维纱线线密度的测定方法。

本方法适用于各种类型的纱,包括单纱、并捻纱、缆线、变形纱、无捻粗纱和定长纤维纱。

## 2　规范性引用文件

下列文件对于本文件的应用是必不可少的。凡是注日期的引用文件,仅注日期的版本适用于本文件。凡是不注日期的引用文件,其最新版本(包括所有的修改单)适用于本文件。

ISO 291　塑料　试样状态调节和试验的标准环境(Plastics—Standard atmosphere for conditioning and testing)

ISO 1887　纺织玻璃纤维　可燃物含量的测定(Textile glass—Determination of combustible-matter content)

ISO 3344　增强制品　含水率的测定(Reinforcement products—Determination of moisture content)

ISO 10548:2002　碳纤维　浸润剂含量的测定(Carbon fibre—Determination of size content)

## 3　术语和定义

下列术语和定义适用于本文件。

3.1

**线密度　linear density**

＜纱线＞带或不带浸润剂的纱线单位长度的质量。

注:通常使用的单位是 tex,相当于每千米纱线的质量是 1 g。

## 4　原理

称取已知长度的含有或去除浸润剂的纱线试样质量,计算其单位长度质量。

去除浸润剂可以采用萃取烘干(对芳纶纤维)、灼烧(对玻璃纤维)、萃取或热解(对碳纤维)的方法。

对于碳纤维纱,去除浸润剂的纱线线密度可以由含有浸润剂的纱线线密度和浸润剂含量计算得到。浸润剂含量按 ISO 10548:2002 测得。然而,由于测定浸润剂含量时存在固有误差导致通过计算得到的结果也会存在小的误差。

## 5　仪器

### 5.1　测定含浸润剂纱线的仪器

5.1.1　**绕线架**,周长为 1 m。通常带有排纱装置,纱线卷绕时形成均匀的薄层。还可带有一张力装置,取样时对试样施加一定的张力。

绕线架应被校准，对所有长度的试样，实际长度应精确至±0.3%。校准应考虑试样的长度、纱线的类型和材料的种类。校准时应在纱线上施加一特定的张力，操作者应注意到这个张力。

对于长度小于 5 m 的试样(如碳纤维、芳纶纤维和 2 000 tex 及以上的玻璃纤维无捻粗纱)，可由其他能满足长度和精度要求的装置代替绕线架。这种装置的示意图如图 1 所示。

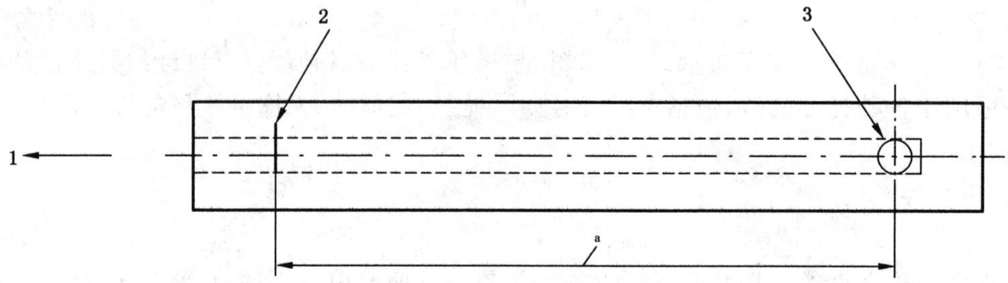


说明：

1——张力；

2——切割刀片；

3——导向棒。

[a] 2.50m 或更小，取决于要求的试样长度。

**图 1　长度不超过 5 m 的试样取样装置**

5.1.2　**试样皿**，称量前盛放试样，需要时，也可用于在烘箱和/或马弗炉中盛放试样。

5.1.3　**通风烘箱**，空气置换率 20 次/h～50 次/h，并能控制温度在 105 ℃±3 ℃范围内。

5.1.4　**分析天平**，精确至 0.1 mg。

5.1.5　**合适的工具**，例如剪刀或小刀。

5.1.6　**具塞称量瓶**，用于芳纶纤维纱的称量。

5.1.7　**干燥器**，内置合适的干燥剂(如硅胶)。

5.1.8　**不锈钢夹钳**，用于夹持试样。

## 5.2　测定去除浸润剂纱线的附加仪器

### 5.2.1　玻璃纤维

同 ISO 1887，核心设备是马弗炉，温度能控制在 625 ℃±20 ℃内。

### 5.2.2　碳纤维

同 ISO 10548:2002，核心设备是索氏萃取器(方法 A)或带可通氮气的热解装置(方法 C)。

### 5.2.3　芳纶纤维

索氏萃取器和溶剂(例如二氯甲烷)。

## 6 试样

原则上一个单位产品[1]或实验室样本[2]取一个试样。表1给出了公称线密度与取样长度的关系。

表 1

| 纱线类型 | 公称线密度 $T_t$<br>tex | 试样长度<br>m |
|---|---|---|
| 玻璃纤维 | $T_t$<25 | 500 |
| | 25≤$T_t$<45 | 200 |
| | 45≤$T_t$<280 | 100 |
| | 280≤$T_t$<650 | 50 |
| | 650≤$T_t$<2 000 | 10 |
| | 2 000≤$T_t$ | 5 |
| 碳纤维 | $T_t$<50 | 质量大于0.25 g的长度 |
| | 50≤$T_t$<125 | 5 |
| | 125≤$T_t$<250 | 2 |
| | 250≤$T_t$ | 1 |
| 芳纶纤维 | — | 质量3 g～10 g之间的长度 |

产品规范或测试委托方可以要求在单位产品或实验室样本上相邻的位置取较多的试样进行测定。此外,也可以要求在单位产品或实验室样本上不同位置取样重复测定。

## 7 调湿和试验环境

如果测定去除浸润剂的试样,则不需要调湿。其他情况下,在开始测试之前,应确保单位产品或实验室样本置于ISO 291规定的温度为23 ℃±2 ℃的环境下。

在ISO 291规定的温度为23 ℃±2 ℃,相对湿度为(50±10)%的标准环境条件下进行试验。

对芳纶纤维,采用温度为20 ℃±2 ℃,相对湿度为(65±5)%的环境条件。

## 8 操作

### 8.1 浸润剂的影响

注:在纱线命名中,线密度通常指干燥、去除浸润剂的裸纱线密度。但是线密度测试时可以带浸润剂或不带浸润剂。因此,纱线规范是基于哪种方法检验的是非常重要的,以便于给试验操作者提供明确的说明。

从另一方面来说,玻璃纤维和碳纤维纱仅含有少量的水分,如果按照ISO 3344测得的含水率不超过0.2%,则可测试未经干燥的含浸润剂的纱线。

### 8.2 准备

用绕线架(或5.1.1中提到的替代装置)按照第6章的规定绕取外观无可见损伤的纱线试样。当从

1) 单位产品:交付产品时商业上通常可得到的最小单位。

2) 实验室样本是单位产品的一部分,当单位产品不易带入试验室时,取一个实验室样本,从其上裁取所需试样。

一个卷装上取样时，建议先退掉可能局部受损的外层纱。

将试样从绕线架上取下，折叠成易于放在分析天平(5.1.4)或称量瓶(5.1.6)中称量的形状。

### 8.3 去除浸润剂试样的测定

#### 8.3.1 通则

如果用试样皿(5.1.2)或称量瓶称样，应先将其在干燥试样所用的温度下干燥至质量恒定。在干燥器(5.1.7)中冷却至室温。然后根据所测纱线的种类分别按8.3.2、8.3.3或8.3.4规定的方法进行。

#### 8.3.2 玻璃纤维纱或无捻粗纱

将试样放在试样皿中，一起放入温度控制在625 ℃±20 ℃的马弗炉(5.2.1)中。

灼烧$20^{+10}_{0}$ min，注意试样不能触及炉壁。

将试样在干燥器中冷却至室温。

称取试样质量，精确至1 mg。

#### 8.3.3 碳纤维纱

##### 8.3.3.1 索氏萃取法(ISO 10548:2002，方法A)

将试样放入内装有机溶剂的索氏萃取器中萃取2 h。常用的有机溶剂有：丁酮、四氢呋喃、丙酮、二氯甲烷、二氯乙烷。

置于105 ℃±3 ℃温度下干燥$90^{+10}_{0}$ min。

将试样在干燥器中冷却至室温。

称取试样质量，精确至1 mg。

##### 8.3.3.2 热解法(ISO 10548:2002，方法C)

将试样放置在温度为450 ℃±5 ℃充满氮气的热解炉中$15^{+10}_{0}$ min。

取出后在干燥器中冷却至室温。

称取试样质量，精确至1 mg。

#### 8.3.4 芳纶纤维纱

将试样放入内装有如二氯甲烷溶剂的索氏萃取器中萃取4 h。

置于105 ℃±3 ℃温度下干燥$30^{+10}_{0}$ min。

将试样在干燥器中冷却至室温。

称取试样质量，精确至1 mg。

### 8.4 含浸润剂试样的测定

如果产品规范中指明是含浸润剂的线密度(见8.1中的注)，应采用以下操作对玻璃纤维或碳纤维试样进行干燥处理。芳纶纤维试样不作干燥要求。

如果取样时试样的含水率不超过0.2%，则立即称量按8.2绕取的试样质量。

若试样需要干燥，则将试样置于105 ℃±3 ℃的烘箱(5.1.3)中$60^{+10}_{0}$ min。然后在干燥器中冷却至室温。

称取试样质量，精确至1 mg。

注意在处理试样的任何时候，应避免材料损失。

如果称量试样时使用试样皿或称量瓶，应先将试样皿或称量瓶在烘箱中干燥至质量恒定，在干燥器中冷却至室温，再用于盛放试样。

## 9 结果表示

9.1 如果称量试样时使用试样皿或称量瓶时，则减去其质量即得到试样质量。

9.2 按式(1)计算试样的线密度 $T_t$，单位为特克斯(tex)：

$$T_t = \frac{1\,000m}{L} \qquad (1)$$

式中：

$m$ ——试样质量，单位为克(g)；

$L$ ——试样长度，单位为米(m)。

如果测试一个以上试样时(见第 6 章)，得到的各个试样的测试结果应按相关规范或测试委托方要求进行处理。

## 10 精密度

由于缺乏有效的实验室间的测试数据，所以不能确定本方法的精密度。

## 11 试验报告

试验报告应包括以下内容：

a) 说明依据本部分；

b) 识别被测纱线的必要详情；

c) 每产品单位试样的数量、长度以及取样位置；

d) 方法细节，例如：

- 去除浸润剂的试样；
- 经干燥处理含浸润剂的试样；
- 未经处理的含浸润剂的试样。

e) 各个测试单值，以及根据这些单值所得的每个试样的测定结果；

f) 本部分中未提到的任何操作细节，以及可能影响结果的任何因素；

g) 试验日期。

ICS 59.100.10
Q 36

# 中华人民共和国国家标准

GB/T 7690.2—2013/ISO 1890:2009
代替 GB/T 7690.2—2001

# 增强材料　纱线试验方法
# 第2部分:捻度的测定

## Reinforcements—Test method for yarns—
## Part 2:Determination of twist

(ISO 1890:2009,Reinforcement yarns—Determination of twist,IDT)

2013-11-27 发布　　2014-08-01 实施

中华人民共和国国家质量监督检验检疫总局
中国国家标准化管理委员会　发布

# 前 言

GB/T 7690《增强材料　纱线试验方法》分为6个部分：

——第1部分：线密度的测定；

——第2部分：捻度的测定；

——第3部分：玻璃纤维断裂强力和断裂伸长的测定；

——第4部分：硬挺度的测定；

——第5部分：玻璃纤维纤维直径的测定；

——第6部分：捻度平衡指数的测定。

本部分为GB/T 7690的第2部分。

本部分按照GB/T 1.1—2009给出的规则起草。

本部分代替GB/T 7690.2—2001《增强材料　纱线试验方法　第2部分：捻度的测定》，与GB/T 7690.2—2001的主要差异如下：

——在应用范围上更为广泛，除原标准覆盖的玻璃纤维、碳纤维和芳纶纤维纱线外，还包括了其他增强纤维（见第1章）；

——删除了"引用标准"中的GB/T 7690.1和GB/T 18374，增加了ISO 2:1973，ISO 291和ISO 1889（见第2章，2001年版的第2章）。

本部分使用翻译法等同采用ISO 1890:2009《增强纱线　捻度的测定》。

本部分做了下列编辑性修改：

——为与现有标准系列一致，将标准名称改为《增强材料　纱线试验方法　第2部分：捻度的测定》。

本标准规范性引用的国际文件有一致性对应关系的我国标准如下：

——GB/T 2918—1998　塑料试样状态调节和试验的标准环境（ISO 291:1997，IDT）；

——GB/T 7690.1—2013　增强材料　纱线试验方法　第1部分：线密度的测定（ISO 1889:1997，IDT）。

本部分由全国玻璃纤维标准化技术委员会（SAC/TC 245）归口。

本部分负责起草单位：南京玻璃纤维研究设计院有限公司、国家玻璃纤维产品质量监督检验中心。

本部分主要起草人：徐琪、王玉梅、郝郑涛、陈建明、方允伟、许敏。

GB/T 7690.2—2001的历次版本发布情况为：

——GB/T 7690.2—1987。

# 增强材料　纱线试验方法
# 第2部分:捻度的测定

## 1　范围

GB/T 7690的本部分规定了玻璃纤维、碳纤维、芳纶纤维或其他增强纤维纱线捻度的测定方法。

本方法适用于单纱(一次加捻)、合股纱或缆线(二次或多次加捻)。对于合股纱和缆线,本方法通常仅适用于终捻的测定。

本方法适用于卷绕纱。如果试样为经轴纱(经纱)或从织物中抽取的纱,则测试结果仅作为状态指示。

本方法不适用于定长纤维制品。

## 2　规范性引用文件

下列文件对于本文件的应用是必不可少的。凡是注日期的引用文件,仅注日期的版本适用于本文件。凡是不注日期的引用文件,其最新版本(包括所有的修改单)适用于本文件。

ISO 2:1973　纺织品　纱线及其制品捻向的表示法(Textiles—Designation of the direction of twist in yarns and related products)

ISO 291　塑料　试样状态调节和试验的标准环境(Plastics—Standard atmosphere for conditioning and testing)

ISO 1889　增强纱线　线密度的测定(Reinforcement yarns—Determination of linear density)

## 3　术语和定义

下列术语和定义适用于本文件。

3.1

**Z捻　Z twist**

**S捻　S twist**

垂直握住纱线,如果纤维或单丝围绕它自身的中轴形成的螺旋线以与字母Z或S的中间部分相同的方向倾斜,则相应地称为Z捻或S捻。

注:见ISO 2:1973中第2章。

## 4　原理

已知长度的试样的捻度可以通过解捻来消除,即相当于固定试样的一端不动,旋转另一端,直至组成试样的所有单元(纱或单丝)平行。

记录纱线的捻向和捻度,即使1 m长度的纱线消除捻度所需的转数。

测量时必须考虑到引出方式对测试结果的影响。

当纱线切向引出时,捻度不会发生改变。如果是端部引出,则捻度测试值要根据管纱周长而修正,增加或减少取决于纱从卷装的底部或顶端引出。

本方法是基于切向引出的。

如需要，端部引出修正后的捻度值可通过测量得到或是由式(1)计算得到的近似值。

$$T_{端}=T_{切向}\pm\frac{1}{\pi D} \quad \cdots\cdots(1)$$

式中：

$\frac{1}{\pi D}$——端部引出的修正值；

$D$ ——取样处管纱的直径，单位为米(m)。

## 5 仪器

5.1 **捻度试验机**，具有两个夹具，一个夹具可水平移动，另一个夹具固定在一个棒上可以转动。

捻度试验机应满足下列条件：

——能精确测量到1个捻回。

——夹具应能夹紧纱线，不打滑，不损伤纱线。

——应配有能精确到±1 mm的测量两夹具间纱线长度的装置。

——应能根据公称线密度调节夹具间纱线的张力。实际上，对于单纱(和合股纱或缆线的终捻)，此张力并不影响测试结果。对于常规检验和由解捻产生的纱线伸长的测量不做要求时，张力的调节机构可以省略，但要确保试样被固定在夹具间时，应恰好被绷直。

——夹具间的初始距离应为(500±1)mm。

——对于没有捻度或捻度小于20捻/m的碳纤维纱，线纱规范和测试委托方可以要求采用一种能够测试试样长度 $L$ 为4 m～5 m的带有固定夹具的操作台进行。为了计算捻度，实际长度的测量值应精确至0.05 m。

5.2 **分样针或薄刀片**。

5.3 **放大镜**，便于观察试样中纱线的分离情况。

## 6 试样

测量是基于从单位产品[1)]或实验室样本[2)]中连续取三个试样进行的。

纱线规范或测试委托方可以规定测试更多的试样，这些试样通常取自同一单位产品和实验室样本上的相邻位置。

此外，也可以规定在单位产品或实验室样本内不同的位置重复测试，或引出给定的长度，或在圆柱体部分引出(若不全是圆柱体)。

## 7 调湿和试验环境

无需调湿。若有争议，应在ISO 291规定的温度为(23±2)℃，相对湿度为(50±10)%的标准环境条件下进行。

---

1) 单位产品：交付产品时商业上通常可得到的最小单位。

2) 实验室样本是单位产品的一部分，当单位产品不易带入试验室时，取一个实验室样本，从其上裁取所需试样。

## 8 操作

### 8.1 单纱

8.1.1 如要求，调节纱线的张力为(0.25±0.1)cN/tex。

8.1.2 如果纱线的线密度未知，则按 ISO 1889 规定的方法测量。

8.1.3 确保待测单位产品或实验室样本没有表面损伤。若需要，去除表层纱以获得未受损的纱线。

8.1.4 切向(垂直于卷装的轴线方向)将纱引出，勿切断，直接夹到捻度机的固定可转动夹具上，再将另一端夹到滑动夹具上。确保在这些夹持操作过程中纱线恰好被绷直，首先是单位产品或实验室样本与转动夹具之间，然后是两个夹具之间。

8.1.5 捻度试验机清零。

8.1.6 以解捻方向旋转转动夹具，直至使插在组元纱间的分样针或薄刀片可以完全在转动夹具和滑动夹具之间移动。若需要，可用放大镜和分样针配合来确定是否完全解捻。

8.1.7 记录捻度机计数器的读数和捻向(Z 捻或 S 捻，按照 ISO 2)。

8.1.8 重复测量其他两个试样。

### 8.2 合股纱和缆线

8.1 所描述的操作可同样适用于合股纱和缆线终捻的测量。终捻测量完毕后，如果初捻也需测定，则按下述步骤进行。

终捻测量完毕后，紧接着：

——割断试样的所有纱，只保留一根；

——将计数器清零并对试样施加微小的张力确保其绷直；

——测量捻度，应注意到试样的实际长度；

——若需要(对于缆线)，重复上述操作以得到初捻。

## 9 结果表示

按式(2)计算每个试样的捻度 $T$，单位为捻每米(捻/m)：

$$T=\frac{N}{L} \qquad \cdots\cdots(2)$$

式中：

$N$ ——使试样解捻所需的转数；

$L$——解捻前标准张力下试样的长度，单位为米(m)。

以三个试样测试平均值 $\overline{T}$ 作为测试结果报告值，单位为捻每米(捻/m)。

若试样多于三个(见第 6 章)，结果的处理按纱线规范或测试委托方的要求进行。

## 10 精密度

由于缺乏有效的实验室试验数据，所以不能确定本方法的精密度。

## 11 试验报告

试验报告应包括以下内容：

a) 说明依据本部分；

b) 识别被测纱线的必要详情；

c) 取样操作方法和试样长度(不是0.5 m)；

d) 测试结果(捻向和捻度),若需要,每个试样的测试结果；

e) 本部分中未提及的任何操作细节,以及可能影响结果的任何因素；

f) 试验日期。

---

ICS 59.100.10
Q 36

# 中华人民共和国国家标准

GB/T 7690.3—2013
代替 GB/T 7690.3—2001

# 增强材料 纱线试验方法 第3部分:玻璃纤维断裂强力和断裂伸长的测定

**Reinforcements—Test method for yarns—**
**Part 3:Determination of breaking force and breaking elongation for glass fibre**

(ISO 3341:2000,Textile glass—Yarns—
Determination of breaking force and breaking elongation,MOD)

2013-11-27 发布 2014-08-01 实施

中华人民共和国国家质量监督检验检疫总局
中国国家标准化管理委员会 发布

# 前　言

GB/T 7690《增强材料　纱线试验方法》分为6个部分：

——第1部分：线密度的测定；

——第2部分：捻度的测定；

——第3部分：玻璃纤维断裂强力和断裂伸长的测定；

——第4部分：硬挺度的测定；

——第5部分：玻璃纤维纤维直径的测定；

——第6部分：捻度平衡指数的测定。

本部分为GB/T 7690的第3部分。

本部分按照GB/T 1.1—2009给出的规则起草。

本部分代替GB/T 7690.3—2001《增强材料　纱线试验方法　第3部分：玻璃纤维断裂强力和伸长率的测定》，与GB/T 7690.3—2001的主要差异如下：

——删除了"规范性引用文件"中的GB/T 18374，增加了GB/T 2918—1998(第2章，见2001年版的第2章)；

——增加了三个定义(见3.1、3.2、3.5)。

本部分使用重新起草法修改采用ISO 3341:2000《纺织玻璃　纱线　断裂强力和断裂伸长的测定》。

本部分与ISO 3341:2000的技术性差异及其原因如下：

——为增加数据的精密度，修改了断裂强力、断裂强度和断裂伸长结果数值的保留位数(见9.1、9.2和9.3)；

——第10章"精密度"作为资料性附录A出现，与GB/T 9914.3—2013协调统一(参见附录A，ISO 3341:2000的第10章)。

本部分做了下列编辑性修改：

——为与现有标准系列一致，将标准名称改为《增强材料　纱线试验方法　第3部分：玻璃纤维断裂强力和断裂伸长的测定》。

本部分由全国玻璃纤维标准化技术委员会(SAC/TC 245)归口。

本部分负责起草单位：南京玻璃纤维研究设计院有限公司、国家玻璃纤维产品质量监督检验中心。

本部分主要起草人：黄英、王玉梅、陈尚、师卓、陈建明、马丹。

GB/T 7690.3—2001的历次版本发布情况为：

——GB/T 7690.3—1987。

# 增强材料 纱线试验方法 第3部分:玻璃纤维断裂强力和断裂伸长的测定

## 1 范围

1.1 GB/T 7690的本部分规定了以卷装形式提供的玻璃纤维纱线断裂强力和断裂伸长的测定方法。

1.2 本方法适用于各种类型的玻璃纤维纱(单纱、合股纱、缆纱、原丝、绝对无捻粗纱、无捻粗纱等)。对于单纱、合股纱和缆纱,基本上适合于从卷装所取的直径小于2 mm或线密度小于2 000 tex的纱,如果提供的测试条件能够为各利益相关方接受,也可以用于直径大于2 mm或线密度大于2 000 tex的纱的测定。

1.3 本方法不适用于经标准环境调湿和施加5 mN/tex预张力条件下伸长率超过0.5%的玻璃纤维纱。这种纱可在各利益相关方同意的条件下,采用较低的预张力(如2.5 mN/tex或1 mN/tex)进行测试。这种情况主要出现在定长纤维纱。

注1:本方法也可用以测定经轴纱或取自织物的纱,但测试结果只能作为状态指示。

注2:本方法主要用于测定材料性能和质量控制。纤维和纤维间的摩擦以及诸如张力不匀(悬垂性)等因素将增加测试结果的离散性,导致试验值偏低。这必然将影响到纱线性能和最终应用效果之间的准确相关性。如果该方法用于规范的目的,宜特别注意。

注3:虽然本部分提供了测定断裂伸长的可能性,但并不推荐此方法。的确,断裂伸长正确的测定方式只能用引伸计而不是根据移动夹具横梁的位移测定。但另一方面,实验表明,使用引伸计测量虽很准确但易损伤试样。

## 2 规范性引用文件

下列文件对于本文件的应用是必不可少的。凡是注日期的引用文件,仅注日期的版本适用于本文件。凡是不注日期的引用文件,其最新版本(包括所有的修改单)适用于本文件。

GB/T 2918—1998 塑料试样状态调节和试验的标准环境(ISO 291:1997,IDT)

GB/T 7690.1—2013 增强材料 纱线试验方法 第1部分:线密度的测定(ISO 1889:2009,IDT)

## 3 术语和定义

下列术语和定义适用于本文件。

3.1

**断裂强力 breaking force**

拉伸试验时,试样断裂时所承受的最大力(或载荷),单位为牛顿(N)。

3.2

**断裂强度 breaking strength**

试样单位线密度所承受的拉伸断裂强力,单位为牛顿每特克斯(N/tex)。

3.3

**断裂伸长 elongation**

试样断裂时,在有效长度内的长度增量,可用长度单位表示,如“mm”,也可用有效长度的百分率表示，称为“伸长率”。

3.4

**有效长度　gauge length**

在规定的预张力下，两夹具起始位置钳口之间试样的长度，包括试样的任何非直线部分。

3.5

**卷装　package**

能够退绕和适于贮存或运输的纱线、无捻粗纱等单元。

注：卷装可以是无支撑的，或以各种形式卷绕在筒管、纬管、锥形管、纡管、线轴、纱管或织轴上的单元。

## 4　原理

4.1　通过使用适当的机械装置拉伸试样至断裂来测定断裂强力和断裂伸长。必要时，可以测定规定载荷下的伸长或规定伸长下的载荷。

4.2　必要时，可以计算单位线密度的断裂强力值，即断裂强度。

## 5　仪器

### 5.1　拉伸试验机

5.1.1　本方法是为等速伸长型试验机(CRE)设计的。如果使用其他类型试验机，例如等加负荷型(CRL)或等速牵引型(CRT)，试验结果与推荐的等速伸长型试验机结果不同。

有争议时，应以等速伸长型试验机(CRE)的试验结果为准。

拉伸试验机应包括：

a)　一对合适的用于夹持试样的夹具；

b)　拉伸试样的装置；

c)　能指示或记录施加在试样上的载荷和相应伸长的装置。

最好配有自动记录仪，记录载荷-伸长曲线。记录系统惯性应足够低，以避免“载荷-伸长”曲线畸变。

5.1.2　在量程范围内，任意点的载荷的最大误差应不超过1%。夹具间隔的指示误差应不超过1 mm。

5.1.3　夹具的设计对于获得正确的断裂和一致的结果是关键因素。夹具应能夹住试样并不打滑，不会使试样受到明显损伤，并使试样不在离钳口10 mm内断裂。

常用的市售试验机配有平板或圆弧式两种夹具，其测试结果因夹具的不同而不同。图1为两种夹具的示意图。

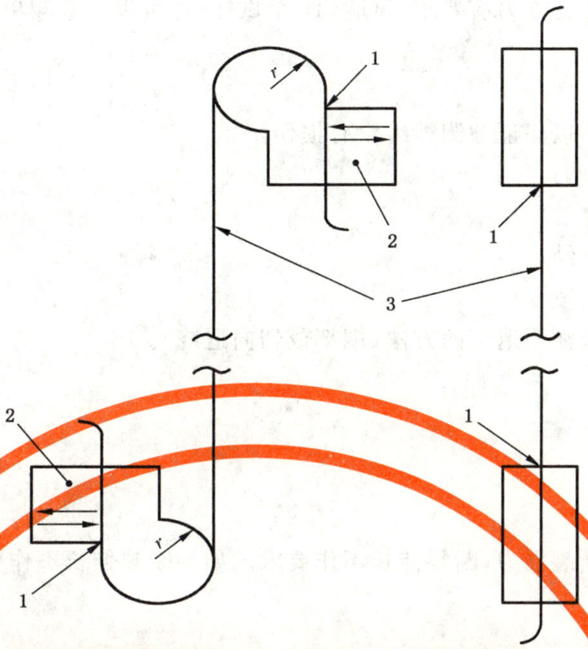


说明：
1——试样固定点(有效长度末端)；
2——活动钳口；
3——试样。

**图 1 圆弧式和平板式夹具示意图**

对圆弧式夹具，圆弧半径 $r$ 为 12 mm～25 mm 的夹具适用于线密度小于 500 tex 的纱线；圆弧半径 $r$ 为 25 mm～45 mm 的夹具适用于线密度大于 500 tex 的纱线和无捻粗纱。

夹钳的两个夹持面应有保护层或用胶带粘贴，以保持纱线定位，不受损伤。

5.1.4 试验机应能调节到恒定速率 200 mm/min±20 mm/min。应根据夹具的类型设定移动夹具的初始位置。

典型的公称有效长度为：

——平板式夹具为 500 mm；

——圆弧式夹具为 250 mm～350 mm。

实际有效长度应在试验报告中注明。

**警告：由于使用不同类型的夹具可能得到不同的结果，所以实验室间结果比对仅限于相同类型的夹具和相同有效长度。**

## 6 调湿

单位产品[1]应在 GB/T 2918—1998 规定的温度为 23 ℃±2 ℃，相对湿度为(50±10)%的标准环境中放置至少 6 h。

## 7 试样

### 7.1 试样数量

除非另有规定，每个单位产品测试 10 个试样，每个试样依次进行测试，相邻两个试样间隔不超过 3 m。

1) 单位产品：交付产品时商业上通用可得到的最小单位。

如果产品规范或测试委托方另有要求，试验(10个试样)也可以在被测单位产品的指定位置进行。

### 7.2 试样的选取

必要时，去掉外层纱线，以保证被测纱线没有损伤。

取样时，退绕纱线应做到：

——不损伤纱线；

——不使纱线成圈或打结；

——不使捻度产生显著改变。

产品规范和试验报告应注明退绕的方法(端部或切向退绕)。

## 8 操作

### 8.1 总则

通常产品规范只规定断裂强力，断裂伸长不作要求。如果断裂伸长不作要求，操作者不需考虑相关细则。

### 8.2 测试

8.2.1 按第6章的规定调湿后，将试样夹持在夹具上，确保试样与所施加的力平行。不要用裸手触摸有效长度(两夹具间的部分)内的任一部分试样。夹具夹紧时，试样应绷直。

8.2.2 如果拉伸试验机具有预张力能力，则对试样施加(5±2.5)mN/tex的预张力。该预张力是根据纱线的公称线密度计算出来的。但如果该预张力使试样伸长超过0.5%，则这种方法不适用(见1.3)。

有争议时，试验应在具有预张力能力的试验机上进行。

8.2.3 运行移动夹具。试样断裂后，记录断裂载荷和该断裂载荷下的伸长。移动夹具回到零位，取下断裂的试样。

8.2.4 对其余试样重复上述步骤进行试验。

8.2.5 舍弃在夹钳中打滑或在夹钳内断裂及在距钳口10 mm范围内断裂的测试结果。如果舍弃的试样数量超过被测试样数的10%，应重新调整夹具。必要时，应采用非直接式夹具(例如使用绞盘式夹具)。在这种情况下，测得的伸长值与直接式夹具测得的结果没有可比性。

## 9 结果表示

### 9.1 断裂强力

计算10个试样断裂强力的算术平均值，保留一位小数，以牛顿(N)为单位，作为单位产品的拉伸强力测试值。

如果在同一卷装内重复测试，则试验结果应按产品规范或试验委托方要求的方式报告。

### 9.2 断裂伸长

若有此项要求，计算10个试样断裂伸长的算术平均值，以毫米(mm)为单位，以有效长度的百分数表示。

测试结果保留一位小数，作为该单位产品的测试结果。

### 9.3 断裂强度

若需要，断裂强度可以通过按本方法测定的断裂强力和按GB/T 7690.1—2013测定的纱线线密度来计算，以牛顿每特克斯(N/tex)为单位，保留一位小数。

进行这一步计算时，应使用单位产品的测试结果而不是每个试样的测试单值。

## 10 精密度

本方法的精密度参见附录A。

## 11 试验报告

试验报告应包括以下部分：

a) 说明依据本部分；

b) 识别被测纱线的必要详情；

c) 被测单位产品的种类和取样时纱线退绕的方式；

d) 试样调湿环境；

e) 断裂强力平均值，如果需要，每个试样的测试单值；

f) 如要求，断裂伸长的平均值和每个试样的断裂伸长测试单值；

g) 如要求，断裂强度的测试结果；

h) 任何可能影响测试结果有关测试设备、夹具类型、有效长度和试验条件的细节；

i) 试验日期。

# 附 录 A
（资料性附录）
# 精 密 度

表 A.1 依据 1998 年进行的循环法测试而得到，该方法符合 ISO 5725-2:1994《测量方法和结果的准确度(正确度和精密度) 第 2 部分：标准测量方法重复性和再现性测量基本方法》的规定。它包括 6 个实验室分别对 6 种玻璃纤维纱或无捻粗纱进行的测试。相同管纱的试样被分到不同的实验室。每个试验结果是 10 个测量单值的平均值(断裂时)。每个实验室对每种材料获得 4 个试验结果。

**注意：关于如下 *r* 和 *R* 的说明仅作为一种考虑本方法近似精密度的有意义的方法。表 A.1 中的数据不宜作为用于对材料的验收或拒收，因为这些数据仅用于循环法中测试的试样，不可能严格地代表别的批次、配方、条件、材料或实验室。**

如果同一实验室和不同实验室的变异系数 $(CV)_r$ 和 $(CV)_R$ 由一个足够大的数据群和测试结果计算而来的，而每个测试结果是 10 个试样测试结果的平均值，那么：

**重复性**：如果同一实验室获得的两个测试结果的差异大于材料的 $r$ 值，则不能判定它们相等。$r$ 代表相同材料由同一操作者，在同一实验室同一天用同一仪器设备所得的两个测试结果的临界差异。

**再现性**：如果不同实验室获得的两个测试结果的差异大于材料的 $R$ 值，则不能判定它们相等。$R$ 代表相同材料由不同操作者，在不同实验室使用不同仪器设备所得到的两个测试结果的临界差异。

符合上述规定的任一判定的置信区间为 95%(0.95)。

**表 A.1 玻璃纤维断裂强力**

| 材料 | 断裂强力平均值<br>N | $(CV)_r$<br>% | $(CV)_R$<br>% | $r$<br>% | $R$<br>% |
|---|---|---|---|---|---|
| 34 tex 纱 | 15.55 | 3.65 | 7.56 | 10.23 | 21.16 |
| 136 tex 纱 | 85.82 | 4.37 | 10.67 | 12.24 | 29.89 |
| 272 tex 纱 | 174.24 | 2.48 | 7.35 | 6.94 | 20.58 |
| 300 tex 无捻粗纱 | 178.93 | 2.44 | 15.24 | 6.84 | 42.67 |
| 1 200 tex 无捻粗纱 | 666.02 | 2.82 | 14.45 | 7.89 | 40.46 |
| 2 400 tex 无捻粗纱 | 1 283.30 | 1.72 | 12.96 | 4.80 | 36.29 |

注：
$(CV)_r$ 表示同一试验室测试结果变异系数；
$(CV)_R$ 表示不同试验室测试结果变异系数；
$r$ 表示同一实验室两个测试结果的临界范围，即 $2.8\times(CV)_r$；
$R$ 表示不同实验室两个测试结果的临界范围，即 $2.8\times(CV)_R$。
上述测试数据均由同一数据组使用两种夹具而得。变异系数数据表明有好的重复性[$(CV)_r$]，但在不同实验室测试时，数据波动范围较大[$(CV)_R$]。

ICS 59.100.10
Q 36

# 中华人民共和国国家标准

GB/T 7690.4—2013
代替 GB/T 7690.4—2001

# 增强材料 纱线试验方法 第4部分:硬挺度的测定

Reinforcements—Test method for yarns—Part 4: Determination of stiffness

(ISO 3375:2009, Textile glass—Determination of stiffness of rovings, MOD)

2013-09-18 发布 2014-06-01 实施

中华人民共和国国家质量监督检验检疫总局
中国国家标准化管理委员会 发布

# 前　言

GB/T 7690《增强材料纱线试验方法》分为6个部分：

——第1部分：线密度的测定；

——第2部分：捻度的测定；

——第3部分：玻璃纤维断裂强力和断裂伸长的测定；

——第4部分：硬挺度的测定；

——第5部分：玻璃纤维纤维直径的测定；

——第6部分：捻度平衡指数的测定。

本部分为GB/T 7690的第4部分。

本部分按照GB/T 1.1—2009给出的规则起草。

本部分代替GB/T 7690.4—2001《增强材料　纱线试验方法　第4部分：硬挺度的测定》，与GB/T 7690.4—2001相比，除编辑性修改外主要技术变化如下：

——删除了"规范性引用文件"中的GB/T 18374—2001，增加了ISO 291（见第2章，2001年版的第2章）；

——删除了"定义"一章（见2001年版的第3章）；

——试样的调湿时间由原来的至少16 h改为至少6 h（见第5章，2001年版中的第6章）。

本部分使用重新起草法修改采用ISO 3375:2009《纺织玻璃　无捻粗纱硬挺度的测定》。本部分与ISO 3375:2009的主要技术性差异是：适用的产品范围由玻璃纤维无捻粗纱扩大到增强材料无捻粗纱。

本部分作了下列编辑性修改：

——修改了标准名称。

与本部分中规范性引用的国际文件有一致性对应关系的我国文件如下：

——GB/T 2918—1998　塑料试样状态调节和试验的标准环境（ISO 291:1997，IDT）。

本部分由全国玻璃纤维标准化技术委员会（SAC/TC 245）归口。

本部分负责起草单位：南京玻璃纤维研究设计院有限公司、国家玻璃纤维产品质量监督检验中心。

本部分主要起草人：黄英、杨春颖、王玉梅、马丹、师卓、郝郑涛。

本标准所代替标准的历次版本发布情况为：

——GB/T 7690.4—1989，GB/T 7690.4—2001。

# 增强材料　纱线试验方法
# 第4部分：硬挺度的测定

## 1　范围

GB/T 7690的本部分规定了无捻粗纱硬挺度的测定方法。

本方法适用于各类增强材料无捻粗纱，不适用于有捻结构纱。

## 2　规范性引用文件

下列文件对于本文件的应用是必不可少的。凡是注日期的引用文件，仅注日期的版本适用于本文件。凡是不注日期的引用文件，其最新版本(包括所有的修改单)适用于本文件。

ISO 291　塑料　试样状态调节和试验的标准环境(Plastics—Standard atmospheres for conditioning and testing)

## 3　原理

把一定长度的试样在其中点悬挂起来，测量悬挂点下规定距离处试样两个悬置端间的距离。

## 4　仪器

4.1　无捻粗纱控制退绕装置(见图1)。

4.2　无捻粗纱硬挺度仪。圆形截面的不锈钢钩子为悬挂点，在悬挂点下60 mm处有一滑动标尺，见图2。

单位为毫米

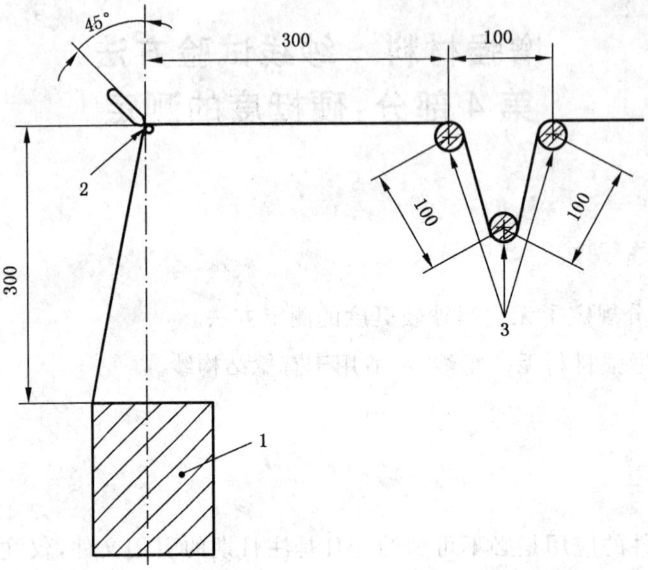


说明：

1——无捻粗纱管；

2——陶瓷导纱钩；

3——$\phi$10 不锈钢辊。

**图 1　无捻粗纱控制退绕装置**

单位为毫米

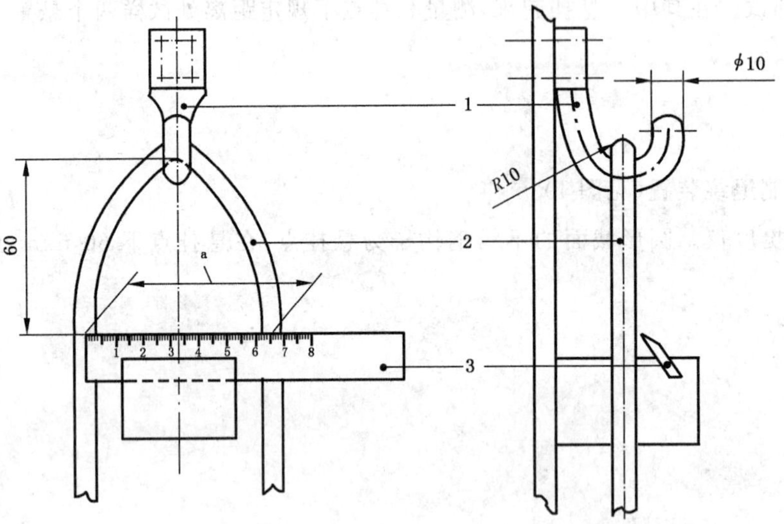


说明：

1——不锈钢钩；

2——试样；

3——滑动标尺。

[a] 无捻粗纱硬挺度。

**图 2　无捻粗纱硬挺度仪**

## 5 调湿

将打开包装的无捻粗纱卷装放置在ISO 291规定的温度为(23±2)℃,相对湿度为(50±10)%的标准环境中至少6 h。

## 6 操作

6.1 在ISO 291规定的温度为(23±2)℃,相对湿度为(50±10)%的标准环境中进行试验。

6.2 从卷装外层退出无捻粗纱,使之穿过退绕装置的陶瓷导纱钩,并绕过不锈钢辊,如图1所示。

6.3 退绕速度约为100 mm/s,试样必须小心操作,不应受到太大的张力。

6.4 先去掉卷装外层至少10 m的纱线,然后用利刀截取5个试样,每个试样长度为500 mm±5 mm。

6.5 将试样中点悬挂在无捻粗纱硬挺度仪的钩子上,(30±5)s后进行测试。

6.6 站在钩子左侧试样端部的正对面(以避免任何视差),将滑动标尺的零点对准无捻粗纱的中心。

6.7 站在钩子右侧试样端部的正对面(以避免任何视差),读出无捻粗纱两悬垂端部中心之间的距离,单位为毫米(mm)。

6.8 只能在试样的悬垂端部中心和滑动标尺顶部的交叉点上读取数值,滑动标尺顶部距钩子顶部60 mm。

6.9 用同样的方法对其余四个试样进行测试。

## 7 结果表示

以5个试样的算术平均值作为无捻粗纱硬挺度的报告值,以毫米(mm)为单位。

## 8 试验报告

试验报告应包括以下内容:

a) 说明依据本部分;
b) 识别被测无捻粗纱的必要详情;
c) 取样处无捻粗纱卷装的外径;
d) 调湿和试验环境;
e) 单值和平均值;
f) 试验日期。

ICS 59.100.10
Q 36

# 中华人民共和国国家标准

GB/T 7690.5—2013/ISO 1888:2006
代替 GB/T 7690.5—2001

# 增强材料　纱线试验方法
# 第5部分:玻璃纤维纤维直径的测定

**Reinforcements—Test method for yarns—**
**Part 5:Determination of fiber diameter for glass fiber**

(ISO 1888:2006,Textile glass—Staple fibers or filaments—
Determination of average diameter,IDT)

2013-09-18 发布　　　　2014-06-01 实施

中华人民共和国国家质量监督检验检疫总局
中国国家标准化管理委员会　发布

# 前　言

GB/T 7690《增强材料　纱线试验方法》分为 6 部分：

——第 1 部分：线密度的测定；

——第 2 部分：捻度的测定；

——第 3 部分：玻璃纤维断裂强力和断裂伸长的测定；

——第 4 部分：硬挺度的测定；

——第 5 部分：玻璃纤维纤维直径的测定；

——第 6 部分：捻度平衡指数的测定。

本部分为 GB/T 7690 的第 5 部分。

本部分按照 GB/T 1.1—2009 给出的规则起草。

本部分代替 GB/T 7690.5—2001《增强材料　纱线试验方法　第 5 部分：玻璃纤维纤维直径的测定》，与 GB/T 7690.5—2001 相比，除编辑性修改外主要技术变化如下：

——将“范围”中注 1 的内容变更为正文（见第 1 章，2001 年版的第 1 章中的注 1）；

——删除了“引用标准”和“定义”两个章节（见 2001 年版的第 2 章和第 3 章）；

——显微镜的最小放大倍数由“500 倍”修改为“400 倍”（见 2.2.1，2001 年版的 4.2.1）；

——增加了去除纤维中浸润剂的方法（见 2.3.1）。

本部分使用翻译法等同采用 ISO 1888:2006《纺织玻璃　定长纤维和连续纤维　平均直径的测定》，作了下列编辑性修改：

——修改了标准名称。

本部分由全国玻璃纤维标准化技术委员会（SAC/TC 245）归口。

本部分负责起草单位：南京玻璃纤维研究设计院有限公司、国家玻璃纤维产品质量监督检验中心。

本部分主要起草人：唐健、李建军、陈尚、方允伟、师卓、陈建明。

本标准所代替标准的历次版本发布情况为：

——GB/T 7690.5—1989，GB/T 7690.5—2001。

# 增强材料 纱线试验方法 第5部分:玻璃纤维纤维直径的测定

## 1 范围

GB/T 7690的本部分规定了玻璃纤维产品中纤维平均直径(即实际直径的平均值)的两种测试方法,即纵向法和横截面法。

本方法适用于玻璃纤维制品中的定长纤维或连续纤维。

不得将平均直径与公称直径相混淆,公称直径是用来命名纱线和其构成材料的,是与平均直径相关的修约成整数的数值。

## 2 方法A:纵向法

### 2.1 原理

将纤维和单丝浸入一种与其折射率不同的液体介质中,在显微镜下观察其纵向轮廓线并测量直径。

### 2.2 仪器

2.2.1 显微镜,配备以下装置:

——内装测微计的目镜,目镜与物镜的总放大倍数至少为400倍,最好能达到1 000倍。显微镜的分辨率应能满足测量值至少能精确到0.5 μm(见注);

——可横向移动和转动的载物台;

——照明系统。

注:该系统可用显微投影仪代替或配合,在显微投影仪上面可用透明的标尺(弧形尺更好)测量试样。

推荐的显微镜是采用平面偏光,并配有科勒光源照明系统和阿贝聚光镜。为了读数更准确也可安装一个绿色滤光片。

2.2.2 **测微计标尺**,用于光学系统的校准,最小分度值为0.01mm。

2.2.3 **载玻片**(厚度1.10 mm～1.35 mm)和**盖玻片**(厚度0.16 mm～0.19 mm),盖玻片的厚度应定期校验。

2.2.4 **液体介质**,折射率与被测纤维的折射率不同(但不要相差太大)。苄醇、水杨酸甲酯、1:2的甘油和水的混合物都是适合的介质。

2.2.5 **刀片或剪刀**。

2.2.6 **马弗炉**,温度能控制在(625±25)℃。

### 2.3 操作

2.3.1 除去被测纱线的浸润剂不是必须的。然而如果纱线中的纤维在液体介质中不能分散时,应在625 ℃的马弗炉(2.2.6)中灼烧纱线以去除纤维表面的浸润剂。

2.3.2 安装配有相应光学系统和可移动载物台的显微镜(2.2.1)。用测微计标尺(2.2.2)校准光学系统。

2.3.3 按如下方法制备试样：

用锋利的刀片或剪刀(2.2.5)切取长度不超过25 mm的纤维作为试样。

将试样放置在载玻片(2.2.3)上。

将纤维分开，使它们不再是紧密的一束，但仍基本保持相互平行。

用玻璃棒蘸取一滴液体介质在载玻片上，浸渍试样并覆盖上盖玻片。

2.3.4 将载玻片放在载物台上，调节试样的位置至纤维边缘轮廓清晰，调整载玻片的位置，使目镜内测微计刻度尺与一根纤维垂直。

2.3.5 将测微计从纤维的一个边移到另一个边，记录移动距离。

当使用显微投影仪(见2.2.1中的注)测量时，只需利用透明标尺刻度测量纤维的一边到另一边的距离。

2.3.6 移动载玻片，随机选择纤维，直至获得25个读数。

## 3 方法B：横截面法

### 3.1 原理

在显微镜下观察被固化树脂包裹的纱束的横截面，测量纱束中给定数量的纤维直径。

### 3.2 仪器

3.2.1 **显微镜**，配备以下装置：

——内装测微计的目镜，目镜与物镜的总放大倍数至少为400倍，最好能达到1 000倍。显微镜的分辨率应能满足测量值至少能精确到0.5 μm(见注)；

——可横向移动和转动的载物台；

——照明系统。

注：该系统可用显微投影仪代替或配合，在显微投影仪上面可用透明的标尺(弧形尺更好)测量试样。

推荐的显微镜是采用平面偏光，并配有科勒光源照明系统和阿贝聚光镜。为了读数更准确也可安装一个绿色滤光片。

3.2.2 **测微计标尺**，作为光学系统的校准，其最小分度值为0.01 mm。

3.2.3 **浸渍系统**，快速固化的聚酯或环氧树脂。

3.2.4 **模具**(示意图见图1)。

3.2.5 **锯**，适合于切割试样。

3.2.6 **抛光设备**。

单位为毫米

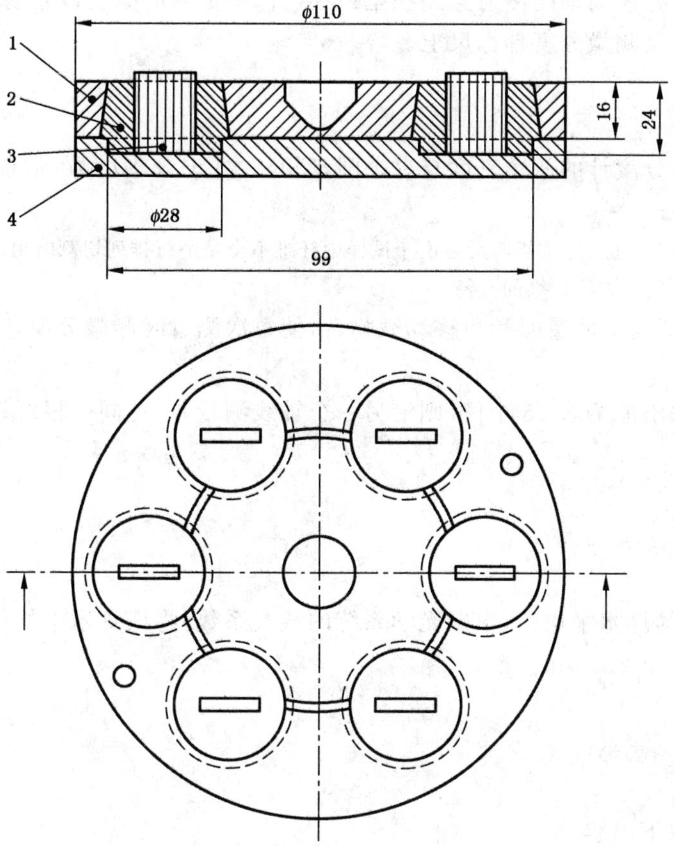


说明：

1——试样固定器(金属的)；

2——树脂；

3——纱线/小平板；

4——模具(橡胶或硅胶)。

**图 1　试样模塑装置示例**

## 3.3　操作

### 3.3.1　预备操作

安装配有相应光学系统和可移动载物台的显微镜(3.2.1)。用测微计标尺(3.2.2)校准光学系统。

### 3.3.2　试样制备

用少量树脂(3.2.3)将一段待测纤维直径的纱束粘结到用合适材料制作的小薄片上，使树脂固化。

将该薄片放入模具(3.2.4)中，使其竖立。将准备好的树脂注入模具中并使其固化。

用抛光装置(3.2.6)将模塑体的上表面抛光，直至获得非常平坦、光滑的表面。

脱去模具，用锯(3.2.5)从模塑体上部截取一个薄盘状(约 4 mm 厚)试样，用来在显微镜下进行测试。

### 3.3.3　试样的定位和对中

为便于试样在视场中定位，可先降低放大倍数，例如 150 倍。当试样已定位，再将放大倍数调高并完全对中。

玻璃纤维的端部将呈现出一个亮的圆盘。

调节照明减少每个亮面周围的漫射光面积至最小。保持足够的亮度以容易读取刻度。

将这些亮的圆盘调至测微分度计标尺上。

### 3.3.4 测量

移动载物台使测微分度计的一个刻度与一个圆盘相切，并记录刻度数，估读精确至半个刻度，相当于该圆盘直径。

注：测量时可能出现椭圆面。这些椭圆面是由于试样中纤维不全是平行排列切割时出现斜切造成的。测量椭圆面中的短轴长度，可代表连续纤维的直径。

随机地测取 25 个圆盘。测量时稍稍移动载物台，使每次测量时测微分度计的一个刻度与一个圆盘相切。

如果按照这种方法不能测取 25 个值，则沿另一个轴线测量，避免同一根纤维被测量两次，直至完成 25 次测量。

## 4 结果表示

计算 25 个测量值的算术平均值，根据光学系统的放大系数，将该算术平均值换算成以微米(μm)为单位的数值。结果修约至 0.5 μm。

## 5 试验报告

试验报告应包括以下内容：

a) 说明按本部分及所选用的方法(A 或 B)；

b) 识别被测纱线的必要详情；

c) 如果适用，给出去除浸润剂带来的影响的说明；

d) 所用的放大倍数；

e) 25 个测量值的算术平均值；

f) 本部分中未提到的任何操作细节和可能影响结果的任何因素；

g) 试验日期。

ICS 59.100.10
Q 36

# 中华人民共和国国家标准

GB/T 7690.6—2013/ISO 3343:2010
代替 GB/T 7690.6—2001

# 增强材料　纱线试验方法 第6部分:捻度平衡指数的测定

**Reinforcements—Test method for yarns—Part 6:Determination of twist balance index**

(ISO 3343:2010,Reinforcement yarns—Determination of twist balance index,IDT)

2013-09-18 发布　　　　2014-06-01 实施

中华人民共和国国家质量监督检验检疫总局
中国国家标准化管理委员会　发布

# 前　言

GB/T 7690《增强材料纱线试验方法》分为6个部分：

——第1部分：线密度的测定；

——第2部分：捻度的测定；

——第3部分：玻璃纤维断裂强力和断裂伸长的测定；

——第4部分：硬挺度的测定；

——第5部分：玻璃纤维纤维直径的测定；

——第6部分：捻度平衡指数的测定。

本部分为GB/T 7690的第6部分。

本部分按照GB/T 1.1—2009给出的规则起草。

本部分代替GB/T 7690.6—2001《增强材料　纱线试验方法　第6部分：捻度平衡指数的测定》，与GB/T 7690.6—2001相比，除编辑性修改外主要技术变化如下：

——在应用范围上更为广泛，除原标准覆盖的玻璃纤维、碳纤维和芳纶纤维纱线外，还包括了其他增强纤维(见第1章)；

——删除了“引用标准”中的GB/T 18374，增加了ISO 291(见第2章，2001年版的第2章)；

——删除了“定义”一章(见2001年版的第3章)；

——增加了“试样”和“调湿和试验环境”两章(见第4章，第5章)。

本部分使用翻译法等同采用ISO 3343:2010《增强纱线　捻度平衡指数的测定》，作了下列编辑性修改：

——修改了标准名称。

与本部分规范性引用的国际文件有一致性对应关系的我国文件如下：

——GB/T 2918—1998　塑料试样状态调节和试验的标准环境(ISO 291:1997，IDT)。

本部分由全国玻璃纤维标准化技术委员会(SAC/TC 245)归口。

本部分负责起草单位：南京玻璃纤维研究设计院有限公司、国家玻璃纤维产品质量监督检验中心。

本部分主要起草人：徐琪、王玉梅、黄英、陈尚、师卓、方允伟。

本标准所代替标准的历次版本发布情况为：

——GB/T 7690.6—1989，GB/T 7690.6—2001。

# 增强材料 纱线试验方法
# 第6部分:捻度平衡指数的测定

## 1 范围

GB/T 7690的本部分规定了由玻璃纤维、碳纤维、芳纶纤维或其他增强纤维制成的合股纱和缆线捻度平衡指数的测定方法。

## 2 规范性引用文件

下列文件对于本文件的应用是必不可少的。凡是注日期的引用文件,仅注日期的版本适用于本文件。凡是不注日期的引用文件,其最新版本(包括所有的修改单)适用于本文件。

ISO 291 塑料 试样状态调节和试验的标准环境(Plastics—Standard atmosphere for conditioning and testing)

## 3 原理

将纱线放成规定长度和宽度的开口线圈,计数纱线自身造成的捻回数。

## 4 试样

一个单位产品[1)]或实验室样本[2)]连续取五个试样进行测定。

## 5 调湿和试验环境

无需调湿。若有争议,应在ISO 291规定的温度为(23±2)℃,相对湿度为(50±10)%的标准环境条件下进行。

## 6 操作

6.1 先从卷装上沿切向方向退掉50 m纱线,以获得有代表性的试样。用拇指和食指捏住纱线,但不要把它切断。

6.2 沿切向引出1 m纱线作为试样,按6.1所述,用另一手捏住试样另一端,但不要切断。将试样悬空并形成一个两端相距100 mm的开口线圈。

6.3 记录开口线圈自身造成的捻回数($N_i$)以及线圈的捻向(S或Z)。可以采用退捻的方法计数捻回数。

1) 单位产品:交付产品时商业上通常可得到的最小单位。

2) 实验室样本是单位产品的一部分,当单位产品不易带入试验室时,取一个实验室样本,从其上裁取所需试样。

6.4 重复 6.2 的操作，各试样应彼此紧接，注意使试样靠近卷装以避免任何捻度损失。按 6.3 所述记录结果。

## 7 结果表示

纱线的捻度平衡指数 $E_i$ 以纱线自身造成的捻回数 $N_i$ 表示：

$$E_i = N_i$$

捻度平衡指数的测定结果取五个试样的算术平均值，修约至小数点后一位。

## 8 试验报告

试验报告应包括下列内容：

a) 说明依据本部分；

b) 识别所测纱线的必要详情；

c) 引出方式；

d) 测定的结果（捻度平衡指数和线圈的捻向）和每个试样的测试结果（如有要求）；

e) 本部分中未提及的任何操作细节，以及可能影响结果的任何因素；

f) 试验日期。